"十二五"普通高等教育本科国家级规划教材配套用书

误差理论与测量平差基础知识解析和练习

Analyses and Exercises for Error Theory and Foundation of Surveying Adjustment

刘长建　冯　绪　编著

测绘出版社
·北京·

内容简介

本书根据作者多年教学科研经历，围绕测量平差内容体系，从误差理论、数学模型、估计准则、基本推导、方法应用、方法扩展、模型检验七个方面，对参数平差、条件平差、具有参数的条件平差、具有约束条件的参数平差、概括函数模型的平差等五种基本平差方法的理论进行了由浅入深的解析，在培养学生对平差知识系统性理解的同时，通过精心设计的练习，培养学生对平差知识的应用和创新。本书具备“教、学、用”功能，既可以作为教师的教学用书，也可以作为学生的学习用书和考研用书，还可以作为测量数据处理工作者的参考用书。

图书在版编目（CIP）数据

误差理论与测量平差基础知识解析与练习 / 刘长建，冯绪编著. -- 北京 ：测绘出版社，2024. 12. --（高等学校教材）（“十二五”普通高等教育本科国家级规划教材配套用书）. -- ISBN 978 - 7 - 5030 - 4550 - 9

Ⅰ. O241.1；P207

中国国家版本馆 CIP 数据核字第 2024C8G509 号

误差理论与测量平差基础知识解析与练习

Wucha Lilun yu Celiang Pingcha Jichu Zhishi Jiexi yu Lianxi

责任编辑 陈西娅　**封面设计** 李　伟　**责任印制** 陈姝颖

出版发行	测绘出版社	**电　话**	010—68580735（发行部）
地　址	北京市西城区三里河路 50 号		010—68531363（编辑部）
邮政编码	100045	**网　址**	https://chs.sinomaps.com
电子信箱	smp@sinomaps.com	**经　销**	新华书店
成品规格	184mm×260mm	**印　刷**	建工社（河北）印刷有限公司
印　张	19.25	**字　数**	460 千字
版　次	2024 年 12 月第 1 版	**印　次**	2024 年 12 月第 1 次印刷
印　数	0001—1000	**定　价**	56.00 元

书　号 ISBN 978-7-5030-4550-9

本书如有印装质量问题，请与我社发行部联系调换。

前　言

误差理论与测量平差基础是高等学校测绘类本科的专业基础核心课程之一，其基本理论与方法是学好后续专业课程以及做好今后测量数据处理工作的重要基础。随着数据处理理论与测绘科学技术的快速发展，如何弥补课堂教学时数不足，加强学生理论水平和灵活运用平差方法能力，是本课程普遍面临的重要现实问题之一，也是本书编写初衷所在。

本书是在我院内部习题集和实习指导书的基础上经过大量扩编而成，突出了平差知识的系统性、应用性、创新性练习。系统性是对各种平差方法的具体应用内容，区分共性与个性，搭建易于类比学习的现代平差方法知识体系；应用性是针对不同平差方法应用场景、编程计算基础，凝练解算步骤与算法，达成解决常规问题的思路和能力；创新性是针对现代平差法及其特殊应用，设计衔接问题，启发从无至有解决新问题的能力。本书融入了作者多年的教学思考及科研经历，体现了教学组历代教员的集体智慧。

本书第一部分“内容与练习”和第二部分“内容测试”，组织架构与配套教材①相一致，通过“总—分—总”方式，对五种基本平差方法（参数平差、条件平差、具有参数的条件平差、具有约束条件的参数平差、概括函数模型的平差）的具体研究内容进行解析与拓展，设计了课后练习、章自测和综合测；第三部分“编程计算”，本着“学习—模仿—创新”的训练思路，逐步加大难度，采用了“填空式”编程实习法，并配有数字资源（可在测绘出版社官网 https：//chs. sinomaps. com 下载）。

本书第一、三部分由刘长建编写，第一部分答案和第二部分由冯绪编写，最后由刘长建定稿，柴洪洲教授审阅了全书。

本书的编写得到了信息工程大学地理空间信息学院领导的重视和关心，在此表示衷心的感谢。

尽管作者努力使本书谬误最小化，但仍可能存在令人不满意之处，恳请读者不吝给出宝贵意见或建议（errbook@163. com），以冀再版时修正。同时，也热忱期待与读者交流探讨实际数据处理难题，共同进步。

作者

2023 年 10 月

---

① 配套教材为《误差理论与测量平差基础》（第 2 版）（ISBN 978-7-5030-3993-5），作者为隋立芬、宋力杰、柴洪洲、刘长建，测绘出版社出版。

目　录

第一部分　内容与练习

第二部分 内容测试

第三部分 编程计算

第一部分

内容与练习

绪　论

一、内容解析

在多余观测的基础上，依据一定的数学模型和估计准则，对含有误差的观测数据进行合理调整，从而求得一组没有矛盾的最可靠结果并评定精度，这一过程称为测量平差，简称平差。为了从总体上理解测量平差，绪论介绍了测量条件、多余观测、必要观测、数学模型、最小二乘原理等知识点，概述了测量平差的发展概况，指出了测量平差的主要任务。

（一）地位与作用

什么是测量平差，测量平差方法如何分类，每种测量平差方法的理论与应用研究包含哪些内容，构成了本课程的内容主线和学习主线（以下统称课程主线），也可以作为今后进一步学习现代平差内容的主线。从课程主线看，绪论主要交代什么是测量平差以及测量平差方法如何分类。

测量平差的定义如前，该定义是对各种平差方法的总括，而各种平差方法的具体定义可视为该定义的具体化。

测量平差方法间的差异体现为使用的数学模型和估计准则的不同。其中，数学模型又称平差模型，包括函数模型和随机模型。描述观测值之间、未知参数与观测值之间以及未知参数之间函数关系的模型统称为函数模型；描述观测值统计特性的模型称为随机模型。函数模型、随机模型、估计准则将在后续章节中进一步深入探讨及具体化。三者之中只要有一个不同，通常便理解为不同的平差方法。

众多平差方法中，本课程主要讲授五种基本平差方法的理论与应用，即参数平差、条件平差、具有参数的条件平差、具有约束条件的参数平差、概括函数模型的平差。这五种平差方法均采用了相同的随机模型和估计准则（最小二乘原理），它们仅函数模型不同。课程第四章所列的分区平差、分组平差、序贯平差、参数加权平差等，可视为基本平差方法在解算方法等方面的扩展，而关于现代平差方法，则作为本课程的自学材料。

图 1-0-1 直观地给出了测量平差方法的分类情况。

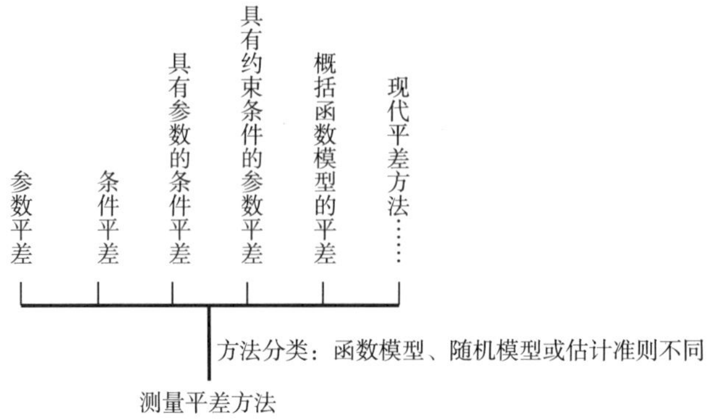

图 1-0-1 测量平差方法的分类

（二）知识点汇总

1. 测量平差内容体系

为了尽早熟悉、掌握测量平差内容体系，表 1-0-1 将测量平差研究内容分为误差理论与平差方法，误差理论部分是所有平差方法的共同基础。此外，每种平差方法的研究内容均可从数学模型、估计准则、基本推导、方法应用、方法扩展、模型检验等六个方面加以考察与分类。

数学模型。每种平差方法都有理论上的函数模型和随机模型，它们是实际问题的数学抽象。在测量平差的发展历程中，随机模型的理论研究相对函数模型少得多。虽然没有应用背景也能发展新的理论模型，但这类平差方法更偏重理论意义。现实中，要想得到严格符合实际的数学模型非常困难，模型精化问题是数据处理工作者在应用中面临的长期任务。

表 1-0-1 测量平差研究内容及本书章节分布

测量平差内容体系	误差理论	观测值及其误差；误差来源；误差分类；误差分布；观测值的精度评定；应用		第一部分第一、五章
	平差方法	数学模型	函数模型	第一部分第二至四章
			随机模型	第一部分第一章
		估计准则	最小二乘原理；极大似然估计；线性最小方差估计	第一部分第一、五章
		基本推导	平差解及其精度估计公式	第一部分第二至四章
		方法应用	结合具体数据处理问题，能够分析出必要观测和多余观测，然后按计算步骤使用相应公式进行平差解及其精度估计计算	第一部分第二至四章
		方法扩展	分区平差；分组平差；序贯平差；参数加权平差	第一部分第四章
		模型检验	平差结果的统计性质；针对具体检验问题构造的有关统计量	第一部分第五章

估计准则。为了得到数学模型的唯一解，需要引入求极值所用的估计准则。目前，应用最广泛的是最小二乘原理，其他常用的有极大似然估计、线性最小方差估计、贝叶斯（Bayes）估计等，它们在一定条件下所得解可能等价。估计准则也可以自己构造，但要能够解释其合理性。

基本推导。结合数学模型和估计准则得到唯一解的过程，体现的是数学推导过程，常常被称为某平差方法的原理。所得的唯一解有未知参数的平差值、观测值的平差值、未知参数和/或观测值函数的平差值等。但完整的平差结果还应包括对这些平差解所做的精度估计。测量平差的主要任务或传统任务是求出有关量的平差值并估计其精度。

方法应用。平差理论来源于实践，又用于指导实践。针对具体问题，了解必要背景知识，分析出必要观测和多余观测（见下面的“强化与拓展”），是正确应用平差方法的关键；而面对新问题，应用现有的理论与技术设计出必要观测和多余观测是创新应用的关键。

方法扩展。科学技术的快速发展使得数据处理问题更加多样化。例如，对数据处理结果的实时性要求越来越强，对海量数据的处理需求越来越多，对不同技术手段获得的数据进行融合处理越来越普遍。新问题的出现，一方面可以考虑对基本平差方法进行扩展或改进，另一方面也可能触发新方法的研究。

模型检验。最优解的优良性质是在一定的假设前提下得到的，特别是数学模型能否准确地描述客观实际。随着数据处理的质量要求越来越高，围绕平差模型的假设检验也越来越受到重视，甚至应与测量平差主要任务视为同等重要。

2. **本章知识点**

参照表 1-0-1，绪论涉及的知识点总结于表 1-0-2 中，其中，大部分知识点将在后续章节中继续深入讨论。

表 1-0-2 绪论知识点及说明

误差理论	观测值及其误差（有关概念，广义观测值思想）；误差来源（测量条件）；观测值的精度评定（等精度或非等精度观测值的定性描述）	
平差方法	数学模型	函数模型（定义，具体表达见第一部分第二至四章）
		随机模型（定义，具体表达见第一部分第一章）
	估计准则	最小二乘原理（简要说明，详细说明见第一部分第一章）
	基本推导	平差解（最或然改正数、最或然值概念，具体推导见第一部分第二至四章）
	方法应用	多余观测与必要观测的定义与简例分析（第一部分第二至四章结合更多的例子进行分析）
其 他	测量平差的定义；测量平差发展简史；测量平差的主要任务	

（三）强化与拓展

1. 观测值及其误差

测量或观测是观测者在特定的环境中借助仪器获取观测量数值的活动。观测量有几何性质的，也有物理性质的。例如，通过距离测量可以获得两点间的距离数值，通过重力测量可以获得地球表面某点处的重力加速度数值，其中，两点间的距离、地球表面某点处的重力加速度为观测量。通过观测所得的观测量的具体数值，称为该观测量的观测值；反映观测量真正大小、绝对准确的数值，称为该观测量的真值，为理论值，通常无法得知。相对真值，观测量的其他值可总称为估计值或估值，如观测值就是观测量真值的估值之一。

分析角度测量、距离测量等测量活动，一般离不开观测者、测量仪器、测量环境、观测对象四个要素——称为测量条件的四要素。实际中，测量条件总在随机变化，因此，观测前观测量的具体取值不定，只有观测后才能确定。依据概率论，观测相当于随机抽样，观测量是代表观测值总体的随机变量，每次观测结果是与总体变量同分布的样本随机变量，每次观测结果的具体数值（观测值）则为样本值。对某个观测量重复测量 n 次或对 n 个观测量分别观测 1 次构成的容量为 n 的样本，是测量平差常见的数据处理对象。

测量条件无法绝对理想，不能期望通过测量来得到观测量的真值，观测值总含有误差（称为测量误差或真误差）。设观测量真值为 X 或 $\widetilde{L}$，观测值为 L，则 L 的真误差 Δ 定义为

$$\Delta = L - X \tag{1-0-1}$$

本书中，X 被认为是固定的常数，Δ 与 L 仅相差一个常数。该式还可写为 $L = X + \Delta$、$L - \Delta = X$，前者说明观测值可理解为测量条件对真值的扰动，后者常被用于列出观测方程（见第二至四章）。

式（1-0-1）既用于代表具体值之间的关系，也用于代表随机变量之间的关系，今后将不再刻意强调 L 是观测量（总体随机变量）、每次观测结果（样本随机变量）还是观测值（样本值），可根据具体的场合进行理解，Δ 同理。类似的还有统计量与统计值、估计量与估计值等。

客观世界的有些未知量可以利用已有的或创新的技术直接测得，称为直接观测值，但更多的未知量则是借助直接观测值的函数关系获得，称为间接观测值。现代测量技术的复杂性使得二者越来越难以分清。通过后续学习，我们会认识到，平差值也是间接观测值。直接观测值、间接观测值甚至虚拟的观测值都可以作为平差处理的对象，这就是观测值概念的广义化或广义观测值的思想。观测值概念的广义化，使得平差方法的理论与应用更加丰富、灵活，是学好、用好测量平差必须掌握的思想之一。

2. 测量条件与等精度观测值的定性描述

测量是定量认识未知世界的重要途径。取得更精确的观测值是人们一贯追求的目标，也是测绘科学与技术不断进步的主要动力。

观测值的精度归根结底取决于测量条件。测量条件越好，观测结果质量就越高，观测精度也越高。通常将测量条件相同的观测称为等精度观测，所得观测值称为等精度观测值，而来自不同测量条件的观测值则称为非等精度观测值。严格讲，测量条件相同是做不到的，实际中常把遵循相同规范进行的测量视为等精度观测，所得观测值即等精度观测值。等精度观测值的定量描述由第一章将要讲述的精度指标来反映。

要从根本上提高观测成果的质量，必须尽可能完善测量条件，如提高观测者的作业水平，改进仪器和观测对象的结构设计，在最合适的测量环境中进行观测，等等。各种测量

技术都会对其测量条件细加研究，并制定出具体的质量保证措施，这些内容详细反映在相应测量技术的规范中。

3. **多余观测与必要观测**

多余观测与必要观测是密不可分的一对概念。必要观测（也称必需观测）是解决某一实际问题所需的最少观测，而多余观测则是多于必要观测的观测。例如：想知道某个量的大小，如桌子的长度，只需用钢卷尺测量 1 次即可；想确定某一平面三角形的形状，只需测量其 3 个内角中的任意 2 个即可。上述例子中，必要观测量分别是桌子的长度、平面三角形的任意 2 个内角，必要观测量个数（也称必要观测数）分别为 1、2。解决一个实际问题的必要观测数根据所采用的理论与技术是固定的，但必要观测量通常可以有多种选择，如通过测角、测边确定平面三角形形状和大小的问题中，必要观测数为 3，必要观测量则可以根据平面几何知识选择 3 个边长、2 个边长 1 个角度、2 个角度 1 个边长等。无论简单问题还是复杂问题，能够分析确定必要观测量是应用平差方法解决实际问题的关键。

虽然仅有必要观测可以解决实际问题，但其结果可靠性极差甚至为零。如桌子长度仅测量了 1 次，但这 1 次观测恰好发生了读数错误，我们也将因此取得错误的认知。如果对桌子测量了多次，如 3 次（其中 2 次为多余观测），则 3 次观测结果应该相差不大，如果差别很大，则表明测量中很可能出现了问题。因此，为了取得较可靠的认知，需要进行多余观测，主要目的就是提高观测结果的可靠性。有了多余观测，便产生了平差问题，即观测值必然含有误差，观测值之间的关系不再满足理论上的关系，如何消除观测值之间的矛盾（注：不是消除误差），得到有关量的最优估计值，便是测量平差要解决的内容。先略去证明，若对桌子长度独立等精度测量了 3 次，则 3 次结果的算术中数即桌子长度的平差值，它要比每个观测值的精度都高，因此，多余观测还有一个额外的作用——可以提供比观测值精度更高的估值。但要指出的是，多余观测会增加测量成本，需要更多的人力、物力、财力，仅靠增加多余观测提高平差值的精度效果是有限的，提高平差值精度的根本途径仍在于提高观测值的精度。实际测量中怎么平衡可靠性、精度、成本等因素，依然备受关注。

多余观测是测量平差的基础，没有多余观测就没有平差问题。后文平差方法的数学模型中，将统一用符号 t 表示必要观测数，n 表示观测值数，r 表示多余观测数，三者的关系及要求为

$$r=n-t \quad (t>0,\ r>0) \tag{1-0-2}$$

4. **最小二乘原理简介**

为了消除观测值 L_1，L_2，…，L_n 之间的矛盾，通常赋予它们相应改正数 v_1，v_2，…，v_n，以使平差值（$\hat{L}_i=L_i+v_i$）之间不再有矛盾。这样的改正数有无穷多组，为得到具有较好统计性质的唯一解，需要引入某种估计准则。若观测值间随机独立且等精度，可引入独立等精度最小二乘原理，即

$$\sum_{i=1}^{n} v_i^2=\min \tag{1-0-3}$$

式中，min 表示最小值。

若观测值间随机独立但非等精度，可引入独立非等精度最小二乘原理，即

$$\sum_{i=1}^{n} p_i v_i^2 = \min \tag{1-0-4}$$

其中，p_1，p_2，…，p_n 分别为 L_1，L_2，…，L_n 的权，表示观测值间的相对精度高低。

若观测值间随机相关，可使用相关最小二乘原理，即

$$\boldsymbol{V}^{\mathrm{T}}\boldsymbol{P}\boldsymbol{V} = \min \tag{1-0-5}$$

其中，$\boldsymbol{V} = [v_1 \quad v_2 \quad \cdots \quad v_n]^{\mathrm{T}}$ 称为最或然改正数向量或残差向量，$\boldsymbol{P}$ 称为观测值向量 $\boldsymbol{L} = [L_1 \quad L_2 \quad \cdots \quad L_n]^{\mathrm{T}}$ 的权矩阵，简称权阵，为非对角阵。

式（1-0-3）、式（1-0-4）是式（1-0-5）的特殊形式，即 $\boldsymbol{P} = \boldsymbol{I}$（单位阵），$\boldsymbol{P} = \mathrm{diag}(p_1，p_2，\cdots，p_n)$（对角阵）的特殊情况，其中，式（1-0-3）又是式（1-0-4）的特殊形式。有关权与权阵的定义及赋值将在第一章介绍。

数学模型与估计准则相结合所得的平差解，其中

$$\hat{L}_i = L_i + v_i \tag{1-0-6}$$

称为观测值 L_i 最或然值或平差值，v_i 称为 L_i 的最或然改正数，简称改正数或残差。式（1-0-6）的向量形式为

$$\hat{\boldsymbol{L}} = \boldsymbol{L} + \boldsymbol{V} \tag{1-0-7}$$

5. 测量平差发展的启示

自 1794 年德国科学家高斯最先使用、1806 年法国科学家勒让德最先命名最小二乘法以来，测量平差先后经历了缓慢和快速发展期。回顾测量平差的发展历程，可以获得重要启示。一是计算工具及数学理论的促进作用：计算机出现之前，经典平差长期局限于观测值随机独立的特殊情况，研究重点是平差计算的技巧等，当繁重的计算工作得到缓解，数学理论（矩阵论、概率统计、最优化理论等）的发展与引进极大地促进了平差理论的发展，有些新方法甚至就是数学方法。二是测量技术的促进作用：不断出现的新技术使得几何的、物理的、地面的、空中的等多种观测数据的获取变为现实，也极大地诱发了平差理论研究与应用。

若将测量平差视为一学科或系统，显然这一学科或系统是开放的，现在与未来仍需要我们注重计算技巧、数学理论、测量技术等方面的知识积累与更新，注重发现问题、分析问题和解决问题的能力素质培养，从而为平差理论发展与应用研究提供不竭动力。

(四) 其他说明

数学模型必须和估计准则相结合才能求得唯一的平差值。下面举个简单的例子。

例 1-0-1 为确定某平面三角形的形状，对其三个内角进行了独立等精度观测，观测值分别为 $L_1 = 62°17'52''$，$L_2 = 33°52'19''$，$L_3 = 83°49'43''$。试根据测量平差概念求出各内角的平差值。

分析： 必要观测数 $t = 2$，多余观测数 $r = n - t = 1$，可以进行测量平差。由于三内角真值之和理论上为 180°，但因观测值含有误差常常不满足该关系式，为此，分别对三个观测值赋以改正数 v_1、v_2、v_3，使其平差值满足应有的理论关系，即

$$(L_1 + v_1) + (L_2 + v_2) + (L_3 + v_3) = 180° \tag{1}$$

即测量平差消除观测值之间矛盾的实质是平差值 $\hat{L}_i=L_i+v_i$ 之间没有矛盾了。也可以这样消除矛盾：从观测值的平差值中选出 t 个未知参数，其余平差值根据理论关系式得出，如

$$\left.\begin{aligned}L_1+v_1&=\hat{x}_1\\L_2+v_2&=\hat{x}_2\\L_3+v_3&=180°-\hat{x}_1-\hat{x}_2\end{aligned}\right\}\tag{2}$$

式中，$\hat{x}_1$、$\hat{x}_2$ 是所选的未知参数。实际上，将式（2）消去未知参数后的表达式就是式（1）。式（1）、式（2）实质相同但消除矛盾的方法不同，测量平差中将它们分别归类为条件平差的函数模型和参数平差的函数模型。

观察函数模型可知，式（1）是 1 个方程求 3 个未知数（v_1，v_2，v_3），式（2）是 3 个方程求 5 个未知数（$\hat{x}_1$，$\hat{x}_2$，v_1，v_2，v_3）。因此，满足函数模型的解无穷多，需与某种估计准则相结合才能得到唯一解。由于三个内角观测值为独立等精度观测值，估计准则可选式（1-0-3）。

解法一：$n=3$，$t=2$，$r=n-t=1$。取 $\hat{L}_1=\hat{x}_1$，$\hat{L}_2=\hat{x}_2$，则式（2）等价为

$$\left.\begin{aligned}v_1&=\hat{x}_1-L_1\\v_2&=\hat{x}_2-L_2\\v_3&=180°-\hat{x}_1-\hat{x}_2-L_3\end{aligned}\right\}$$

式中，v_1、v_2、v_3 均为 $\hat{x}_1$、$\hat{x}_2$ 的函数，故 $\sum\limits_{i=1}^{3}v_i^2$ 也为 $\hat{x}_1$、$\hat{x}_2$ 的函数。由于要求 $\sum\limits_{i=1}^{3}v_i^2=$ min，根据高等数学中多元函数求极值原理，令

$$\left.\begin{aligned}\partial\Big(\sum_{i=1}^{3}v_i^2\Big)/\partial\hat{x}_1&=\sum_{i=1}^{3}\partial v_i^2/\partial\hat{x}_1=2(\hat{x}_1-L_1)-2(180°-\hat{x}_1-\hat{x}_2-L_3)=0\\\partial\Big(\sum_{i=1}^{3}v_i^2\Big)/\partial\hat{x}_2&=\sum_{i=1}^{3}\partial v_i^2/\partial\hat{x}_2=2(\hat{x}_2-L_2)-2(180°-\hat{x}_1-\hat{x}_2-L_3)=0\end{aligned}\right\}$$

可得未知参数的平差解为

$$\hat{x}_1=L_1+\frac{180°-L_1-L_2-L_3}{3}=\hat{L}_1,\quad \hat{x}_2=L_2+\frac{180°-L_1-L_2-L_3}{3}=\hat{L}_2$$

从而

$$\hat{L}_3=180°-\hat{x}_1-\hat{x}_2=L_3+\frac{180°-L_1-L_2-L_3}{3}$$

代入观测值，三内角平差值为

$$\hat{L}_1=62°17'54'',\ \hat{L}_2=33°52'21'',\ \hat{L}_3=83°49'45''$$

可见，$\hat{L}_1+\hat{L}_2+\hat{L}_3=180°$，从而获得了消除矛盾的唯一平差结果。

解法二：$n=3$，$t=2$，$r=n-t=1$。由于式（1）代表未知数 v_1、v_2、v_3 所满足的关系，同时要求 $\sum\limits_{i=1}^{3}v_i^2=\min$，于是，根据高等数学中拉格朗日法求条件极值的原理，可组成函数

$$\phi=\sum_{i=1}^{3}v_i^2+k(v_1+v_2+v_3+L_1+L_2+L_3-180°)$$

其中，k 为联系数未知量（拉格朗日乘数）。令

$$\left.\begin{aligned}\frac{\partial\phi}{\partial v_1}=2v_1+k=0\\\frac{\partial\phi}{\partial v_2}=2v_2+k=0\\\frac{\partial\phi}{\partial v_3}=2v_3+k=0\end{aligned}\right\}$$

得

$$v_1=v_2=v_3=-\frac{k}{2}$$

回代入式（1），得

$$k=\frac{2}{3}(L_1+L_2+L_3-180°)$$

故

$$v_1=v_2=v_3=\frac{180°-L_1-L_2-L_3}{3}=2''$$

从而三内角的平差值为

$$\hat{L}_1=L_1+v_1=L_1+\frac{180°-L_1-L_2-L_3}{3}=62°17'54''$$

$$\hat{L}_2=L_2+v_2=L_2+\frac{180°-L_1-L_2-L_3}{3}=33°52'21''$$

$$\hat{L}_3=L_3+v_3=L_3+\frac{180°-L_1-L_2-L_3}{3}=83°49'45''$$

同样可见，$\hat{L}_1+\hat{L}_2+\hat{L}_3=180°$，也获得了消除矛盾的唯一平差结果。

该例表明了如何建立数学模型以及如何结合估计准则进行平差值求解。其中，解法一对应测量平差中的参数平差求解原理，解法二对应测量平差中的条件平差求解原理。但是，以上代数形式解法存在如下不便：换一平差问题时，仍要进行极值推导；规律性很差，特别是多余观测数或必要观测数很多时（如成千上万个），解算变得异常困难。为此，测量平差通过及时引入数学理论中的矩阵符号及矩阵运算，将数学模型进行了高度概括并利用矩阵形式来推导求解，从而克服了代数形式解法不够规律的困难。因此，熟练使用矩阵形式进行表达、推导、求解，是学好本课程的重要数学能力。

二、练习题

1-0-1 对某个未知量独立等精度测量了 n 次，观测结果记为 L_1，L_2，…，L_n，试根据测量平差概念，推导该未知量的平差值表达式。

1-0-2 对某个未知量独立非等精度测量了 n 次，观测结果记为 L_1，L_2，…，L_n，权

记为 p_1，p_2，…，p_n，试根据测量平差概念，推导该未知量的平差值表达式。

1-0-3　设平面三角形三内角观测结果为 A、B、C，记 $W=A+B+C-180°$为三角形的闭合差，试根据测量平差概念，依据独立等精度最小二乘原理，证明三内角的平差值表达式为 $\hat{A}=A-\frac{W}{3}$，$\hat{B}=B-\frac{W}{3}$，$\hat{C}=C-\frac{W}{3}$。

三、练习题答案

1-0-1　$\hat{x}=\frac{L_1+L_2+\cdots+L_n}{n}$。提示：可仿照例 1-0-1 解法一，设 1 个未知参数。本题 $\hat{x}$ 为一个量 n 次独立等精度观测结果的平差值公式，即通常所称的算术平均数。

1-0-2　$\hat{x}=\frac{p_1L_1+p_2L_2+\cdots+p_nL_n}{p_1+p_2+\cdots+p_n}$。提示：可仿照例 1-0-1 解法一，设 1 个未知参数。本题 $\hat{x}$ 为通常所称的广义算术中数，练习题 1-0-1 所得公式是本题平差表达式的特殊情况，即 $p_1=p_2=\cdots=p_n=1$。

1-0-3　证明略。提示：可仿照例 1-0-1 解法二。题中结论即常用的三角形闭合差配赋公式。

第一章　误差理论与最小二乘原理

一、内容解析

平差值的精度主要取决于观测值的质量，观测值的质量又取决于测量条件，通常借助测量误差的一些统计特征来反映。对测量误差加以研究，将有助于改善测量条件，从而进一步提高观测值的质量，也是确定测量平差随机模型、研究测量平差结果统计性质的需要。

本章主体部分为误差理论，考虑五种基本平差方法均采用了相同的随机模型和最小二乘原理，对这部分共性内容一并进行介绍。

（一）地位与作用

本章内容对于理解、掌握各种平差方法（见表 1-0-1）至关重要，此外，误差理论知识还被广泛用于其他学科的专业课程中。

（二）知识点汇总

本章涉及的知识点总结于表 1-1-1 中。本章知识点较多，应结合概率论、现代测量学等课程的内容来理解。

表 1-1-1　第一章知识点及说明

误差理论	观测值及其误差	两类常见真误差；有关的向量表达
	误差分类	观测误差包含三类性质的误差：粗差、系统误差、偶然误差，五种基本平差方法均限定观测值中仅含偶然误差
	误差分布	仅讨论偶然误差的分布：确定观测误差与观测值分布的方法与步骤；服从正态分布的偶然误差的概率特性；真值的统计学意义
	观测值的精度评定	精度标准及其指标；向量间协方差阵的关系式（方差-协方差阵传播定律）；权与权阵；向量间权逆阵的关系式（权逆阵传播定律）；偶然误差与系统误差合并影响的精度估计；用真误差表示的单位权方差和单位权中误差；贝塞尔公式
	一些应用	极限误差及其制定；相对误差及其应用
数学模型	随机模型	表达式及其理解
估计准则	最小二乘原理	表达式及其理解
	极大似然估计	基于正态分布的表达式
模型检验	平差结果的统计性质	最优估计量的性质

(三) 强化与拓展

1. 观测值及其误差

绪论中指出，观测值总含有误差，即测量误差或真误差，其定义为

$$\Delta = L - \widetilde{L} \tag{1-1-1}$$

除了一些理论真值之外，其他真值无法得知，故真误差也无法得到。闭合差（如三角形闭合差、水准环闭合差、坐标闭合差等）、较差（一个量两次观测值之差）是借助理论真值可以得到的为数不多的两类真误差，在实际中有重要的用途。

今后还会遇到真值的一种近似情况，即已知值，如高等级水准网中水准点的高程，在低等级水准网平差中被视为已知值。严格意义上讲，这类已知值仅是精度相对较高而忽略了其误差的估值，借助它们得到的真误差实为近似。

无论对某个观测量重复测量 n 次或对 n 个观测量分别观测 1 次，均可用向量表示为

$$\boldsymbol{\Delta} = \boldsymbol{L} - \widetilde{\boldsymbol{L}} \tag{1-1-2}$$

其中，$\underset{n\times 1}{\boldsymbol{\Delta}} = \begin{bmatrix} \Delta_1 \\ \Delta_2 \\ \vdots \\ \Delta_n \end{bmatrix}$、$\underset{n\times 1}{\boldsymbol{L}} = \begin{bmatrix} L_1 \\ L_2 \\ \vdots \\ L_n \end{bmatrix}$、$\underset{n\times 1}{\widetilde{\boldsymbol{L}}} = \begin{bmatrix} \widetilde{L} \\ \widetilde{L} \\ \vdots \\ \widetilde{L} \end{bmatrix}$ 或 $\underset{n\times 1}{\widetilde{\boldsymbol{L}}} = \begin{bmatrix} \widetilde{L}_1 \\ \widetilde{L}_2 \\ \vdots \\ \widetilde{L}_n \end{bmatrix}$ 分别称为真误差向量、观测值向量、真值向量。注意，变量是向量的特例情况，如式（1-1-1）为式（1-1-2）的特例。

2. 误差分类

测量误差可能含有粗差（Δ_{g}）和系统误差（Δ_{s}），但一定含有偶然误差（Δ_{n}），通常说观测结果必然含有误差是指必然含有偶然误差。偶然误差有时又称随机误差。

为深入研究需要，可将测量误差表达为

$$\Delta = \Delta_{\mathrm{g}} + \Delta_{\mathrm{s}} + \Delta_{\mathrm{n}} \tag{1-1-3}$$

或

$$\underset{n\times 1}{\boldsymbol{\Delta}} = \underset{n\times 1}{\boldsymbol{\Delta}_{\mathrm{g}}} + \underset{n\times 1}{\boldsymbol{\Delta}_{\mathrm{s}}} + \underset{n\times 1}{\boldsymbol{\Delta}_{\mathrm{n}}} \tag{1-1-4}$$

其中，$\boldsymbol{\Delta}_{\mathrm{g}}$ 多数元素通常为 0，$\boldsymbol{\Delta}_{\mathrm{s}}$ 所有元素通常不为 0，$\boldsymbol{\Delta}_{\mathrm{n}}$ 所有元素无论大小和符号均随机。相对于偶然误差，粗差和系统误差通常认为是非随机的。

粗差、系统误差对认识问题的影响远较偶然误差严重，故实际中对它们的消除或减弱措施非常重视，以使观测结果仅含偶然误差，从而为测量平差提供“干净”的数据源。“消除”一般针对粗差；“消除或减弱”则针对系统误差，其中，“减弱”表示即使无法消除系统误差，也应将其减弱到相对偶然误差影响可以忽略的程度。

尽管有消除或减弱的措施，有时也难以保证观测值中完全不含粗差或系统误差。专门针对还含有粗差和/或系统误差的平差方法仍在发展之中，难点是粗差究竟出现在哪些观测值中、系统误差究竟呈何种规律性。

若不指明，本书总是假定观测值中仅含偶然误差，即

$$\Delta=\Delta_{\mathrm{n}} \quad 或 \quad \boldsymbol{\Delta}=\boldsymbol{\Delta}_{\mathrm{n}} \tag{1-1-5}$$

此时，Δ、$\boldsymbol{\Delta}$ 也称偶然真误差、偶然真误差向量。

3. 误差分布

1）随机变量与向量的常用数字特征

若随机变量 x 的概率密度函数为 $f(x)$，则 x 的数学期望和方差定义为

$$E(x)=\int_{-\infty}^{+\infty} x f(x)\mathrm{d}x \tag{1-1-6}$$

$$\sigma_x^2=E\{(x-E(x))^2\}=\int_{-\infty}^{+\infty}(x-E(x))^2 f(x)\mathrm{d}x \tag{1-1-7}$$

而 $\sigma_x=\sqrt{\sigma_x^2}$ 称为 x 的标准差。

若有二维随机变量（x，y），其联合密度函数为 $g(x, y)$，此时式（1-1-6）、式（1-1-7）中的 $f(x)$ 为 x 的边缘密度函数，即 $f(x)=\int_{-\infty}^{+\infty} g(x, y)\mathrm{d}y$。$x$ 与 y 的协方差定义为

$$\sigma_{xy}=E\{(x-E(x))(y-E(y))\}=\int_{-\infty}^{+\infty}\int_{-\infty}^{+\infty}(x-E(x))(y-E(y))g(x, y)\mathrm{d}x\mathrm{d}y \tag{1-1-8}$$

据此定义，显然有 $\sigma_{yx}=\sigma_{xy}$。注意，方差是协方差的特例情况，即式（1-1-7）是式（1-1-8）的特例。

x 与 y 的相关系数定义为

$$\rho_{xy}=\frac{\sigma_{xy}}{\sigma_x\sigma_y}\in[-1, 1] \tag{1-1-9}$$

含义如下：

（1）$\rho_{xy}=0$ 表示 x 与 y 随机不相关，等价于 $\sigma_{xy}=0$；x 与 y 随机独立，则 x 与 y 一定不相关，反之则不一定成立，但对于正态分布随机变量，不相关与随机独立等价；

（2）$|\rho_{xy}|=1$ 表示 x 与 y 存在线性函数关系，如 $y=ax+b$；

（3）$0<|\rho_{xy}|<1$ 表示 x 与 y 线性相关的程度，$|\rho_{xy}|$ 越大，线性相关的程度也越大。

将一维扩展，n 维随机向量 $\underset{n\times 1}{\boldsymbol{X}}=[x_1 \quad x_2 \quad \cdots \quad x_{\mathrm{n}}]^{\mathrm{T}}$ 的数学期望 $E(\boldsymbol{X})$ 定义为

$$E(\underset{n\times 1}{\boldsymbol{X}})=[E(x_1) \quad E(x_2) \quad \cdots \quad E(x_n)]^{\mathrm{T}} \tag{1-1-10}$$

其方差-协方差阵（简称协方差阵或自协方差阵）$\boldsymbol{\Sigma}_{\boldsymbol{X}}$ 定义为

$$\underset{n\times n}{\boldsymbol{\Sigma}_{\boldsymbol{X}}}=E\{(\boldsymbol{X}-E(\boldsymbol{X}))(\boldsymbol{X}-E(\boldsymbol{X}))^{\mathrm{T}}\}=\begin{bmatrix}\sigma_{x_1}^2 & \sigma_{x_1x_2} & \cdots & \sigma_{x_1x_n}\\ \sigma_{x_2x_1} & \sigma_{x_2}^2 & \cdots & \sigma_{x_2x_n}\\ \vdots & \vdots & & \vdots\\ \sigma_{x_nx_1} & \sigma_{x_nx_2} & \cdots & \sigma_{x_n}^2\end{bmatrix} \tag{1-1-11}$$

其中，矩阵或向量的数学期望就是对矩阵或向量元素分别取数学期望。

$\boldsymbol{\Sigma}_{\boldsymbol{X}}$ 的构成元素为：其对角线元素为各随机变量的方差，非对角线元素为随机变量之

间的协方差。例如，$\boldsymbol{\Sigma}_X$ 的第 i 个对角线元素为 $x_i(i=1, 2, \cdots, n)$ 的方差

$$\sigma_{x_i}^2 = E\{(x_i - E(x_i))^2\} \tag{1-1-12}$$

第 i 行、第 j 列元素（$i, j=1, 2, \cdots, n$）为 x_i 与 x_j 的协方差

$$\sigma_{x_i x_j} = E\{(x_i - E(x_i))(x_j - E(x_j))\} \tag{1-1-13}$$

$\boldsymbol{\Sigma}_X$ 必定对称且非负定（常记为 $\boldsymbol{\Sigma}_X \geqslant 0$），非负定矩阵不一定满秩，只有正定时（常记为 $\boldsymbol{\Sigma}_X > 0$）才一定满秩。

若 $\boldsymbol{X}$ 向量的元素互不相关（即两两互不相关，$\sigma_{x_i x_j}$ 均为 0），式（1-1-11）特例化为对角阵，即

$$\underset{n\times n}{\boldsymbol{\Sigma}_X} = E\{(\boldsymbol{X} - E(\boldsymbol{X}))(\boldsymbol{X} - E(\boldsymbol{X}))^{\mathrm{T}}\} = \mathrm{diag}(\sigma_{x_1}^2, \sigma_{x_2}^2, \cdots, \sigma_{x_n}^2) \tag{1-1-14}$$

此时，$\boldsymbol{\Sigma}_X$ 一定正定。注意，不相关是相关的特例情况，如式（1-1-14）就是式（1-1-11）的特例。

以上介绍中 $\boldsymbol{X}$ 代表一般随机向量，本书中，$\boldsymbol{X}$ 可以是偶然误差向量、观测值向量，也可以是观测值向量的函数向量（如平差值向量）等。

2）正态分布

一维正态分布完全由随机变量 x 的数学期望 $E(x)$ 和方差 σ_x^2 确定，常记为 $x \sim N(E(x), \sigma_x^2)$，其概率密度函数为

$$f(x) = \frac{1}{\sqrt{2\pi}\sigma_x} \mathrm{e}^{-\frac{(x-E(x))^2}{2\sigma_x^2}} \tag{1-1-15}$$

扩展至多维，多维正态分布也完全由随机向量 $\underset{n\times 1}{\boldsymbol{X}}$ 的数学期望 $E(\boldsymbol{X})$ 和协方差阵 $\boldsymbol{\Sigma}_X$ 确定，记为 $\boldsymbol{X} \sim N(E(\boldsymbol{X}), \boldsymbol{\Sigma}_X)$。若秩 $\mathrm{rk}(\boldsymbol{\Sigma}_X) = n$，称为 n 维正态分布；若 $\mathrm{rk}(\boldsymbol{\Sigma}_X) = m < n$，称为 m 维正态分布。n 维正态分布的联合分布密度函数为

$$f(\underset{n\times 1}{\boldsymbol{X}}) = \frac{1}{(2\pi)^{\frac{n}{2}}\sqrt{|\boldsymbol{\Sigma}_X|}} \exp\left\{-\frac{1}{2}(\boldsymbol{X} - E(\boldsymbol{X}))^{\mathrm{T}}\boldsymbol{\Sigma}_X^{-1}(\boldsymbol{X} - E(\boldsymbol{X}))\right\} \tag{1-1-16}$$

式中，$\exp\{\cdot\}$ 表示指数函数 $\mathrm{e}^{\{\cdot\}}$。

正态分布向量的重要性质之一：若 $\underset{n\times 1}{\boldsymbol{X}}$ 服从正态分布，则其线性函数向量

$$\underset{m\times 1}{\boldsymbol{Y}} = \begin{bmatrix} a_{11} & a_{12} & \cdots & a_{1n} \\ a_{21} & a_{22} & \cdots & a_{2n} \\ \vdots & \vdots & & \vdots \\ a_{m1} & a_{m2} & \cdots & a_{mn} \end{bmatrix} \begin{bmatrix} x_1 \\ x_2 \\ \vdots \\ x_n \end{bmatrix} + \begin{bmatrix} a_{10} \\ a_{20} \\ \vdots \\ a_{m0} \end{bmatrix} = \underset{m\times n}{\boldsymbol{A}}\,\underset{n\times 1}{\boldsymbol{X}} + \underset{m\times 1}{\boldsymbol{A}_0}$$

也服从正态分布，其中，$\boldsymbol{A}$、$\boldsymbol{A}_0$ 为常数矩阵和向量。

3）偶然误差的分布

观测误差服从何种分布，是研究平差结果的分布、构造统计量进行相关检验等所必须知道的。偶然误差是连续型随机变量，实际中只能通过样本分布对其理论分布进行推断。假设有一列来自相同测量条件下的观测误差，推断的第一步是初步判断为哪种已知类型的理论分布，方法有误差来源分析法、函数关系法、图表法等；第二步是对初步判断的结果进行检验确定，方法有 χ^2 检验法、偏度峰度检验法等。由于偶然真误差与观测值仅相差

一常数，它们具有相同类型的分布。

本书中，凡是涉及偶然误差分布时，总是认为偶然误差服从正态分布：$\Delta \sim N(0, \sigma_{\Delta}^{2})$，即 Δ 的数学期望和方差为

$$E(\Delta)=0 \tag{1-1-17}$$

$$\sigma_{\Delta}^{2}=E(\Delta^{2})=\sigma^{2} \tag{1-1-18}$$

其中，σ_{Δ}^{2} 常被略去下标，简记为 σ^{2}。Δ 的概率密度函数为

$$f(\Delta)=\frac{1}{\sqrt{2\pi}\,\sigma}\mathrm{e}^{-\frac{\Delta^{2}}{2\sigma^{2}}} \tag{1-1-19}$$

由概率论知，式（1-1-19）的曲线形状（单峰、对称，如图 1-1-1 所示）及概率区间为

$$P\{|\Delta| \leqslant \sigma\}=0.683\,0,\ P\{|\Delta|>\sigma\}=0.317\,0$$

$$P\{|\Delta| \leqslant 2\sigma\}=0.954\,5,\ P\{|\Delta|>2\sigma\}=0.045\,5$$

$$P\{|\Delta| \leqslant 3\sigma\}=0.997\,3,\ P\{|\Delta|>3\sigma\}=0.002\,7$$

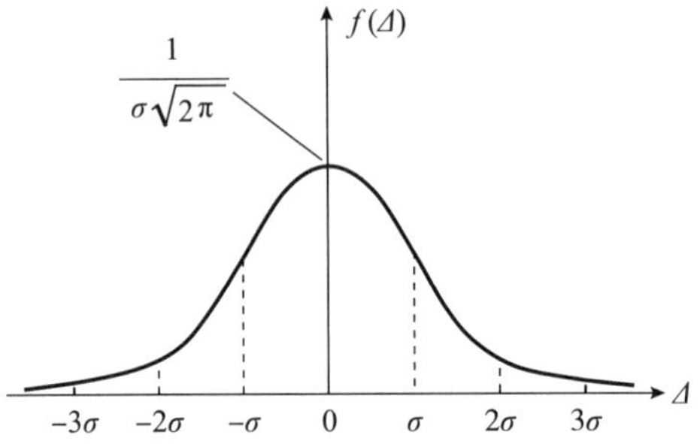

图 1-1-1 偶然误差的概率密度曲线

据此不难理解偶然误差的三个概率特性：界限性、聚中性、对称性。此外还可知，偶然误差的界限性与聚中性均与数值 σ 有关。

服从 n 维正态分布的偶然误差向量记为 $\underset{n\times 1}{\boldsymbol{\Delta}} \sim N(\boldsymbol{0}, \boldsymbol{\Sigma}_{\boldsymbol{\Delta}})$，而式（1-1-17）至式（1-1-19）可扩展为

$$E(\boldsymbol{\Delta})=[E(\Delta_{1})\quad E(\Delta_{2})\quad \cdots \quad E(\Delta_{n})]^{\mathrm{T}}=\boldsymbol{0} \tag{1-1-20}$$

$$\boldsymbol{\Sigma}_{\boldsymbol{\Delta}}=E(\boldsymbol{\Delta}\boldsymbol{\Delta}^{\mathrm{T}})=\begin{bmatrix}\sigma_{1}^{2} & \sigma_{12} & \cdots & \sigma_{1n}\\ \sigma_{21} & \sigma_{2}^{2} & \cdots & \sigma_{2n}\\ \vdots & \vdots & & \vdots\\ \sigma_{n1} & \sigma_{n2} & \cdots & \sigma_{n}^{2}\end{bmatrix}=\boldsymbol{\Sigma}>0 \tag{1-1-21}$$

$$f(\boldsymbol{\Delta})=\frac{1}{(2\pi)^{\frac{n}{2}}\sqrt{|\boldsymbol{\Sigma}|}}\exp\left\{-\frac{1}{2}\boldsymbol{\Delta}^{\mathrm{T}}\boldsymbol{\Sigma}^{-1}\boldsymbol{\Delta}\right\} \tag{1-1-22}$$

其中，协方差阵 $\boldsymbol{\Sigma}_{\boldsymbol{\Delta}}$ 常被简记为 $\boldsymbol{\Sigma}$，其元素为 $\sigma_{i}^{2}=E(\Delta_{i}^{2})$，$\sigma_{ij}=E(\Delta_{i}\Delta_{j})$。注意，本书仅讨论 $\boldsymbol{\Sigma}$ 正定（$\boldsymbol{\Sigma}>0$）的情况。

4）仅含偶然误差的观测值的分布

顾及式（1-1-17），对式（1-1-1）取数学期望，可得

$$E(L)=\widetilde{L} \tag{1-1-23}$$

$E(L)$ 称为观测量的统计真值（意味着即使进行无穷多次观测取平均，实际中仍无法获得，故也称为理论均值），于是，真误差又可以写为

$$\Delta = L - E(L) \tag{1-1-24}$$

根据方差的定义，见式（1-1-7），观测值的方差为

$$\sigma_L^2 = E\{(L - E(L))^2\} = E(\Delta^2) \tag{1-1-25}$$

对比式（1-1-18），可得仅含偶然误差的观测值与其偶然误差的方差相同，即

$$\sigma_L^2 = \sigma_\Delta^2 = E(\Delta^2) = \sigma^2 \tag{1-1-26}$$

对于服从正态分布的偶然真误差 Δ，与其相差为常数的观测值 L 自然也服从正态分布。于是有 $L \sim N(E(L), \sigma^2)$，概率密度函数为

$$f(L) = \frac{1}{\sqrt{2\pi}\,\sigma} e^{-\frac{(L-E(L))^2}{2\sigma^2}} \tag{1-1-27}$$

服从 n 维正态分布的观测值向量通常简记为 $\underset{n\times 1}{\boldsymbol{L}} \sim N(E(\boldsymbol{L}), \boldsymbol{\Sigma}_L)$，相应地，式（1-1-23）至式（1-1-27）被扩展为

$$E(\boldsymbol{L}) = \widetilde{\boldsymbol{L}} \tag{1-1-28}$$

$$\boldsymbol{\Delta} = \boldsymbol{L} - E(\boldsymbol{L}) = [L_1 - E(L_1) \quad L_2 - E(L_2) \quad \cdots \quad L_n - E(L_n)]^{\mathrm{T}} \tag{1-1-29}$$

$$\boldsymbol{\Sigma}_L = E\{(\boldsymbol{L} - E(\boldsymbol{L}))(\boldsymbol{L} - E(\boldsymbol{L}))^{\mathrm{T}}\} = E(\boldsymbol{\Delta}\boldsymbol{\Delta}^{\mathrm{T}}) = \boldsymbol{\Sigma}_\Delta = \boldsymbol{\Sigma} > 0 \tag{1-1-30}$$

$$f(\boldsymbol{L}) = \frac{1}{(2\pi)^{\frac{n}{2}}\sqrt{|\boldsymbol{\Sigma}|}} \exp\left\{-\frac{1}{2}(\boldsymbol{L} - E(\boldsymbol{L}))^{\mathrm{T}}\boldsymbol{\Sigma}^{-1}(\boldsymbol{L} - E(\boldsymbol{L}))\right\} \tag{1-1-31}$$

若 $\boldsymbol{L} = [L_1 \quad L_2 \quad \cdots \quad L_n]^{\mathrm{T}}$ 是一个观测量的 n 次独立非等精度观测值，还可以进一步写出特例形式，即

$$E(\boldsymbol{L}) = [E(L) \quad E(L) \quad \cdots \quad E(L)]^{\mathrm{T}}$$

$$\boldsymbol{\Sigma} = \mathrm{diag}(\sigma_1^2, \sigma_2^2, \cdots, \sigma_n^2)$$

$$f(\boldsymbol{L}) = \frac{1}{(2\pi)^{\frac{n}{2}}\prod_{i=1}^{n}\sigma_i} \exp\left\{-\frac{1}{2}\sum_{i=1}^{n}\frac{(L_i - E(L))^2}{\sigma_i^2}\right\} \tag{1-1-32}$$

其中，σ_i^2 为 L_i 的方差。

4. 观测值的精度评定

前文已指出，测量条件决定了观测结果的质量与精度。这是定性的描述，人们还希望能够定量地加以表示，以便进一步展开研究与应用。于是，给出精度的具体数值，以反映观测质量的高低、测量条件的好坏，这一过程被称为精度评定或精度估计。

1）精度及其指标

仅含偶然误差时，测量条件好坏与观测值总体分布的聚中性或离散程度相对应，将离散程度视为精度标准并加以指标化，便可反映测量条件的好坏，这是理论研究最成熟、应用最广泛的一种情况。但是，当观测结果中含有系统误差时，情况趋向复杂化，此时精度标准常被细分为精密度、准确度、精确度三类，分别描述观测值总体与其数学期望的接近程度、观测值数学期望与其真值的接近程度、观测值总体与其真值的接近程度。当观测值中仅含偶然误差时，观测值的数学期望即其真值，精密度和精确度等价，这时可以不再区

别，统称为精度。

通常认为，精密度、准确度、精确度分别反映了观测结果中偶然误差的影响程度、观测结果中系统误差的影响程度、观测结果中偶然误差与系统误差的综合影响程度，因此，作为它们数量化的指标，也必须具有相应的功能。在满足功能性要求的基础上，精度指标可以不唯一，有不同的定义和公式体现。精度指标分为理论指标与实用指标，前者用于理论研究，后者用于实际计算。

本书精度分类及其指标见表 1-1-2，其中：精密度理论指标间的理论关系为 $\theta=\sqrt{2/\pi}\sigma\approx 0.7979\sigma$，$C\approx 0.6745\sigma$；实用指标公式中使用了高斯求和符号“[·]”，该符号是一般求和符号“$\sum_{i=1}^{n}(\cdot)$”的简写，而符号“±”则是约定俗成的习惯，主要看其数值大小。要指出的是，当前对于系统误差与粗差的研究远不及偶然误差深入，不同专业或行业关于指标的定义甚至有些混乱。本书主要讨论偶然误差，接下来除非特别指出，总是将精度取为精密度，并选用方差和中误差作为指标。

表 1-1-2　精度分类及其指标

分类	指标			
	理论指标		实用指标	
精密度	方差	随机变量 L 与其数学期望之差的平方的数学期望 $\sigma^2=E\{(L-E(L))^2\}=E(\Delta^2)$	中误差	相同测量条件下一组独立的偶然真误差的平方中数的平方根 $m=\pm\sqrt{[\Delta\Delta]/n}$
	平均误差	相同测量条件下偶然误差绝对值的数学期望 $\theta=E(\lvert\Delta\rvert)=\int_{-\infty}^{+\infty}\lvert\Delta\rvert f(\Delta)\mathrm{d}\Delta$	平均误差	相同测量条件下一组独立的偶然真误差绝对值的算术中数 $t=\pm[\lvert\Delta\rvert]/n$
	或然误差	正数 C，使得在一定测量条件的误差总体中，绝对值大于和小于此数值的两部分误差出现的概率相等 $\int_{-C}^{C}f(\Delta)\mathrm{d}\Delta=\frac{1}{2}$	或然误差	相同测量条件下一组独立的偶然真误差绝对值的中位数 $\rho=\mathrm{median}\{\lvert\Delta\rvert\}$
准确度	偏差	观测值的数学期望与其真值之差 $\beta=E(L)-\widetilde{L}$	偏差	一个量多次测量结果的平均值与其高精度估值之差
精确度	均方误差	观测值与其真值之差的平方的数学期望 $\mathrm{MSE}(L)=E\{(L-\widetilde{L})^2\}$	均方根差	相同测量条件下一组独立的真误差的平方中数的平方根 $\mathrm{rms}=\pm\sqrt{[\Delta\Delta]/n}$

2）向量间协方差阵的关系式（方差-协方差阵传播律）

a）协方差阵与互协方差阵

Ⅰ. 协方差阵

针对观测向量 $\underset{n\times 1}{\boldsymbol{L}}=[L_1\quad L_2\quad\cdots\quad L_n]^{\mathrm{T}}$，全面反映其精度信息及相关性的是按

式（1-1-11）定义的协方差阵，即

$$\underset{n\times n}{\boldsymbol{\Sigma}_L}=E\{(\boldsymbol{L}-E(\boldsymbol{L}))(\boldsymbol{L}-E(\boldsymbol{L}))^{\mathrm{T}}\}=E\{\boldsymbol{\Delta\Delta}^{\mathrm{T}}\}=\begin{bmatrix}\sigma_1^2 & \sigma_{12} & \cdots & \sigma_{1n}\\ \sigma_{21} & \sigma_2^2 & \cdots & \sigma_{2n}\\ \vdots & \vdots & & \vdots\\ \sigma_{n1} & \sigma_{n2} & \cdots & \sigma_n^2\end{bmatrix}\tag{1-1-33}$$

作为该式特例，当观测值相互独立时，$\underset{n\times n}{\boldsymbol{\Sigma}_L}=\mathrm{diag}(\sigma_1^2,\cdots,\sigma_n^2)$；当观测值相互独立且等精度时（方差设为 σ^2），$\underset{n\times n}{\boldsymbol{\Sigma}_L}=\sigma^2\underset{n\times n}{\boldsymbol{I}}$。

实际中，常用中误差的平方代替协方差阵的对角线元素，其非对角元素用下式进行估计

$$m_{ij}=\frac{1}{n}\sum_{k=1}^{n}\Delta_i^{(k)}\Delta_j^{(k)}=\frac{[\Delta_i\Delta_j]}{n}$$

其中，$\Delta_i^{(k)}$、$\Delta_j^{(k)}$ 是 L_i、L_j 的第 k 对观测误差。用 m_i^2 代替 σ_i^2、m_{ij} 代替 σ_{ij}，作此替换后的协方差阵的估计矩阵，今后仍用 $\boldsymbol{\Sigma}_L$ 表示。

Ⅱ. 互协方差阵

设有两个随机向量 $\underset{n\times 1}{\boldsymbol{X}}=[x_1\quad x_2\quad\cdots\quad x_n]^{\mathrm{T}}$ 和 $\underset{m\times 1}{\boldsymbol{Y}}=[y_1\quad y_2\quad\cdots\quad y_m]^{\mathrm{T}}$，$\boldsymbol{X}$ 关于 $\boldsymbol{Y}$ 的互协方差阵 $\underset{n\times m}{\boldsymbol{\Sigma}_{XY}}$ 的定义为

$$\underset{n\times m}{\boldsymbol{\Sigma}_{XY}}=E\{(\boldsymbol{X}-E(\boldsymbol{X}))(\boldsymbol{Y}-E(\boldsymbol{Y}))^{\mathrm{T}}\}=E\{\Delta\boldsymbol{X}\Delta\boldsymbol{Y}^{\mathrm{T}}\}=\begin{bmatrix}\sigma_{x_1y_1} & \sigma_{x_1y_2} & \cdots & \sigma_{x_1y_m}\\ \sigma_{x_2y_1} & \sigma_{x_2y_2} & \cdots & \sigma_{x_2y_m}\\ \vdots & \vdots & & \vdots\\ \sigma_{x_ny_1} & \sigma_{x_ny_2} & \cdots & \sigma_{x_ny_m}\end{bmatrix}\tag{1-1-34}$$

由此定义可得出

$$\boldsymbol{\Sigma}_{YX}=\boldsymbol{\Sigma}_{XY}^{\mathrm{T}}\tag{1-1-35}$$

当 $\boldsymbol{X}$ 与 $\boldsymbol{Y}$ 互不相关（$\boldsymbol{X}$ 中的元素与 $\boldsymbol{Y}$ 中的元素两两互不相关）时，$\boldsymbol{\Sigma}_{XY}=\underset{n\times m}{\boldsymbol{0}}$，$\boldsymbol{\Sigma}_{YX}=\underset{m\times n}{\boldsymbol{0}}$。

方差是协方差的特例，协方差阵也是互协方差阵的特例。取 $\boldsymbol{X}=\boldsymbol{Y}=\boldsymbol{L}$ 时，式（1-1-34）即式（1-1-33），因此，协方差阵也称为自协方差阵，有时也用 $\boldsymbol{\Sigma}_{LL}$ 表示。本书今后也将自协方差阵、互协方差阵统一称为协方差阵，它们在具体场合中不难区分。

Ⅲ. 分块向量的协方差阵

设随机向量 $\underset{(n+m)\times 1}{\boldsymbol{U}}=\begin{bmatrix}\underset{n\times 1}{\boldsymbol{X}}\\ \underset{m\times 1}{\boldsymbol{Y}}\end{bmatrix}=[\boldsymbol{X}^{\mathrm{T}}\quad\boldsymbol{Y}^{\mathrm{T}}]^{\mathrm{T}}$ 是由向量 $\boldsymbol{X}$ 与向量 $\boldsymbol{Y}$ 组成的向量，则根据定义式（1-1-33）、式（1-1-34）可以得出

$$\boldsymbol{\Sigma}_U=\begin{bmatrix}\boldsymbol{\Sigma}_X & \boldsymbol{\Sigma}_{XY}\\ \boldsymbol{\Sigma}_{YX} & \boldsymbol{\Sigma}_Y\end{bmatrix}$$

还可以写出 $\boldsymbol{U}=\begin{bmatrix}\boldsymbol{X}^{\mathrm{T}} & \boldsymbol{Y}^{\mathrm{T}} & \boldsymbol{Z}^{\mathrm{T}}\end{bmatrix}^T$ 的协方差阵为

$$\boldsymbol{\Sigma}_U=\begin{bmatrix}\boldsymbol{\Sigma}_X & \boldsymbol{\Sigma}_{XY} & \boldsymbol{\Sigma}_{XZ}\\ \boldsymbol{\Sigma}_{YX} & \boldsymbol{\Sigma}_Y & \boldsymbol{\Sigma}_{YZ}\\ \boldsymbol{\Sigma}_{ZX} & \boldsymbol{\Sigma}_{ZY} & \boldsymbol{\Sigma}_Z\end{bmatrix}$$

按此规律，更多分块的协方差阵同样可以写出。

b）向量间协方差阵的关系式

Ⅰ. 向量的微分

设 n 维随机向量 $\underset{n\times1}{\boldsymbol{X}}=\begin{bmatrix}x_1\\ x_2\\ \vdots\\ x_n\end{bmatrix}$，$m$ 维随机向量 $\underset{m\times1}{\boldsymbol{Y}}=\begin{bmatrix}y_1\\ y_2\\ \vdots\\ y_m\end{bmatrix}=\begin{bmatrix}f_1(x_1, x_2, \cdots, x_n)\\ f_2(x_1, x_2, \cdots, x_n)\\ \vdots\\ f_m(x_1, x_2, \cdots, x_n)\end{bmatrix}$，

$\boldsymbol{Y}$ 中元素为 $\boldsymbol{X}$ 的非线性函数，称 $\boldsymbol{Y}$ 是 $\boldsymbol{X}$ 的非线性函数，简记为 $\underset{m\times1}{\boldsymbol{Y}}=f(\underset{n\times1}{\boldsymbol{X}})$。它们的微分关系式为

$$\mathrm{d}\boldsymbol{Y}=\begin{bmatrix}\mathrm{d}y_1\\ \mathrm{d}y_2\\ \vdots\\ \mathrm{d}y_m\end{bmatrix}=\begin{bmatrix}\frac{\partial f_1}{\partial x_1}\mathrm{d}x_1+\frac{\partial f_1}{\partial x_2}\mathrm{d}x_2+\cdots+\frac{\partial f_1}{\partial x_n}\mathrm{d}x_n\\ \frac{\partial f_2}{\partial x_1}\mathrm{d}x_1+\frac{\partial f_2}{\partial x_2}\mathrm{d}x_2+\cdots+\frac{\partial f_2}{\partial x_n}\mathrm{d}x_n\\ \vdots\\ \frac{\partial f_m}{\partial x_1}\mathrm{d}x_1+\frac{\partial f_m}{\partial x_2}\mathrm{d}x_2+\cdots+\frac{\partial f_m}{\partial x_n}\mathrm{d}x_n\end{bmatrix}$$

$$=\begin{bmatrix}\frac{\partial f_1}{\partial x_1} & \frac{\partial f_1}{\partial x_2} & \cdots & \frac{\partial f_1}{\partial x_n}\\ \frac{\partial f_2}{\partial x_1} & \frac{\partial f_2}{\partial x_2} & \cdots & \frac{\partial f_2}{\partial x_n}\\ \vdots & \vdots & & \vdots\\ \frac{\partial f_m}{\partial x_1} & \frac{\partial f_m}{\partial x_2} & \cdots & \frac{\partial f_m}{\partial x_n}\end{bmatrix}\begin{bmatrix}\mathrm{d}x_1\\ \mathrm{d}x_2\\ \vdots\\ \mathrm{d}x_n\end{bmatrix}=\underset{m\times n}{\frac{\mathrm{d}\boldsymbol{Y}}{\mathrm{d}\boldsymbol{X}}}\mathrm{d}\boldsymbol{X} \tag{1-1-36}$$

其中，$\mathrm{d}\boldsymbol{Y}$、$\mathrm{d}\boldsymbol{X}$ 分别为向量 $\boldsymbol{Y}$、$\boldsymbol{X}$ 的微分；$\underset{m\times n}{\frac{\mathrm{d}\boldsymbol{Y}}{\mathrm{d}\boldsymbol{X}}}=\begin{bmatrix}\frac{\partial f_1}{\partial x_1} & \frac{\partial f_1}{\partial x_2} & \cdots & \frac{\partial f_1}{\partial x_n}\\ \frac{\partial f_2}{\partial x_1} & \frac{\partial f_2}{\partial x_2} & \cdots & \frac{\partial f_2}{\partial x_n}\\ \vdots & \vdots & & \vdots\\ \frac{\partial f_m}{\partial x_1} & \frac{\partial f_m}{\partial x_2} & \cdots & \frac{\partial f_m}{\partial x_n}\end{bmatrix}$ $\left(\text{也记为}\underset{m\times n}{\frac{\mathrm{d}f}{\mathrm{d}\boldsymbol{X}}}\right)$

称为$\boldsymbol{Y}$对$\boldsymbol{X}$的导数（矩阵），又称雅可比矩阵。若用误差向量$\Delta\boldsymbol{Y}$、$\Delta\boldsymbol{X}$代替微分，由式（1-1-36）可得近似式为

$$\Delta\boldsymbol{Y}\approx\frac{\mathrm{d}\boldsymbol{Y}}{\mathrm{d}\boldsymbol{X}}\Delta\boldsymbol{X}\quad\text{或}\quad\Delta\boldsymbol{Y}\approx\frac{\mathrm{d}f}{\mathrm{d}\boldsymbol{X}}\Delta\boldsymbol{X}\tag{1-1-37}$$

取$\boldsymbol{X}$为观测值向量$\boldsymbol{L}$，代入函数关系式$f(\cdot)$，则$\boldsymbol{Y}=f(\boldsymbol{L})$为广义观测值向量。函数关系式不仅代表了观测值的关系，也代表了观测量真值之间的关系，即$\widetilde{\boldsymbol{Y}}=f(\widetilde{\boldsymbol{L}})=f(\boldsymbol{L}-\boldsymbol{\Delta})$。将$f(\boldsymbol{L}-\boldsymbol{\Delta})$在$\boldsymbol{L}$处按泰勒级数展开并取至一次项（误差向量$\boldsymbol{\Delta}$的量级相对较小，通常有足够的近似），则有

$$\widetilde{\boldsymbol{Y}}=f(\boldsymbol{L}-\boldsymbol{\Delta})\approx f(\boldsymbol{L})-\frac{\mathrm{d}f}{\mathrm{d}\boldsymbol{L}}\boldsymbol{\Delta}=\boldsymbol{Y}-\frac{\mathrm{d}f}{\mathrm{d}\boldsymbol{L}}\boldsymbol{\Delta}$$

根据真误差的定义，可得

$$\Delta\boldsymbol{Y}=\boldsymbol{Y}-\widetilde{\boldsymbol{Y}}\approx\frac{\mathrm{d}f}{\mathrm{d}\boldsymbol{L}}\boldsymbol{\Delta}$$

该式即式（1-1-37）。因此，常用式（1-1-37）直接得到观测值向量与其函数向量的真误差关系。

例如，设$\boldsymbol{L}=\begin{bmatrix}L_1\\L_2\end{bmatrix}$，$\boldsymbol{Y}=\begin{bmatrix}y_1\\y_2\end{bmatrix}=\begin{bmatrix}L_1^2+L_2^2\\L_1+L_2\end{bmatrix}$，则$\Delta\boldsymbol{Y}\approx\dfrac{\mathrm{d}\boldsymbol{Y}}{\mathrm{d}\boldsymbol{L}}\boldsymbol{\Delta}$的具体表达就是$\begin{bmatrix}\Delta y_1\\\Delta y_2\end{bmatrix}\approx\begin{bmatrix}2L_1&2L_2\\1&1\end{bmatrix}\begin{bmatrix}\Delta_1\\\Delta_2\end{bmatrix}$。

注意，线性函数是非线性函数的特例。若

$$\underset{m\times1}{\boldsymbol{Y}}=\begin{bmatrix}y_1\\y_2\\\vdots\\y_m\end{bmatrix}=\begin{bmatrix}a_{10}+a_{11}x_1+a_{12}x_2+\cdots+a_{1n}x_n\\a_{20}+a_{21}x_1+a_{22}x_2+\cdots+a_{2n}x_n\\\vdots\\a_{m0}+a_{m1}x_1+a_{m2}x_2+\cdots+a_{mn}x_n\end{bmatrix}$$
$$=\begin{bmatrix}a_{11}&a_{12}&\cdots&a_{1n}\\a_{21}&a_{22}&\cdots&a_{2n}\\\vdots&\vdots&&\vdots\\a_{m1}&a_{m2}&\cdots&a_{mn}\end{bmatrix}\begin{bmatrix}x_1\\x_2\\\vdots\\x_n\end{bmatrix}+\begin{bmatrix}a_{10}\\a_{20}\\\vdots\\a_{m0}\end{bmatrix}=\underset{m\times n}{\boldsymbol{A}}\underset{n\times1}{\boldsymbol{X}}+\underset{m\times1}{\boldsymbol{A}_0}$$

其中，a_{ij}为常数，则$\underset{m\times n}{\dfrac{\mathrm{d}\boldsymbol{Y}}{\mathrm{d}\boldsymbol{X}}}=\underset{m\times n}{\boldsymbol{A}}$，式（1-1-36）、式（1-1-37）变为

$$\mathrm{d}\boldsymbol{Y}=\boldsymbol{A}\,\mathrm{d}\boldsymbol{X}\tag{1-1-38}$$

$$\Delta\boldsymbol{Y}=\boldsymbol{A}\Delta\boldsymbol{X}\tag{1-1-39}$$

Ⅱ. 公式推导

下面先就一般情况进行推导，然后说明其特殊形式。问题描述如下。

已知$\underset{s\times1}{\boldsymbol{U}}=\begin{bmatrix}u_1\\u_2\\\vdots\\u_s\end{bmatrix}=\begin{bmatrix}f_1(x_1,x_2,\cdots,x_n)\\\vdots\\f_s(x_1,x_2,\cdots,x_n)\end{bmatrix}=f(\underset{n\times1}{\boldsymbol{X}})$，$\underset{t\times1}{\boldsymbol{V}}=\begin{bmatrix}v_1\\v_2\\\vdots\\v_t\end{bmatrix}=\begin{bmatrix}\varphi_1(y_1,y_2,\cdots,y_m)\\\vdots\\\varphi_t(y_1,y_2,\cdots,y_m)\end{bmatrix}=$

$\varphi(\underset{m\times1}{\boldsymbol{Y}})$ 及 $\underset{n\times n}{\boldsymbol{\Sigma}_{X}}$、$\underset{m\times m}{\boldsymbol{\Sigma}_{Y}}$、$\underset{n\times m}{\boldsymbol{\Sigma}_{XY}}$，试推导 $\underset{s\times s}{\boldsymbol{\Sigma}_{U}}$、$\underset{t\times t}{\boldsymbol{\Sigma}_{V}}$、$\underset{s\times t}{\boldsymbol{\Sigma}_{UV}}$ 的表达式。

推导：由式（1-1-37）可得真误差关系为 $\underset{s\times1}{\Delta\boldsymbol{U}}\approx\underset{s\times n}{\dfrac{\mathrm{d}\boldsymbol{U}}{\mathrm{d}\boldsymbol{X}}}\Delta\underset{n\times1}{\boldsymbol{X}}$ 和 $\underset{t\times1}{\Delta\boldsymbol{V}}\approx\underset{t\times m}{\dfrac{\mathrm{d}\boldsymbol{V}}{\mathrm{d}\boldsymbol{Y}}}\Delta\underset{m\times1}{\boldsymbol{Y}}$，将它们简记为 $\underset{s\times1}{\Delta\boldsymbol{U}}\approx\underset{s\times n}{\boldsymbol{A}}\,\underset{n\times1}{\Delta\boldsymbol{X}}$ 和 $\underset{t\times1}{\Delta\boldsymbol{V}}\approx\underset{t\times m}{\boldsymbol{B}}\,\underset{m\times1}{\Delta\boldsymbol{Y}}$，于是，由协方差阵、互协方差阵的定义可得：

$$\underset{s\times s}{\boldsymbol{\Sigma}_{U}}=E(\Delta\boldsymbol{U}\Delta\boldsymbol{U}^{\mathrm{T}})\approx E(\boldsymbol{A}\Delta\boldsymbol{X}\Delta\boldsymbol{X}^{\mathrm{T}}\boldsymbol{A}^{\mathrm{T}})=\boldsymbol{A}E(\Delta\boldsymbol{X}\Delta\boldsymbol{X}^{\mathrm{T}})\boldsymbol{A}^{\mathrm{T}}=\underset{s\times n}{\boldsymbol{A}}\,\underset{n\times n}{\boldsymbol{\Sigma}_{X}}\,\underset{n\times s}{\boldsymbol{A}^{\mathrm{T}}}$$

$$\underset{t\times t}{\boldsymbol{\Sigma}_{V}}=E(\Delta\boldsymbol{V}\Delta\boldsymbol{V}^{\mathrm{T}})\approx E(\boldsymbol{B}\Delta\boldsymbol{Y}\Delta\boldsymbol{Y}^{\mathrm{T}}\boldsymbol{B}^{\mathrm{T}})=\boldsymbol{B}E(\Delta\boldsymbol{Y}\Delta\boldsymbol{Y}^{\mathrm{T}})\boldsymbol{B}^{\mathrm{T}}=\underset{t\times m}{\boldsymbol{B}}\,\underset{m\times m}{\boldsymbol{\Sigma}_{Y}}\,\underset{m\times t}{\boldsymbol{B}^{\mathrm{T}}}$$

$$\underset{s\times t}{\boldsymbol{\Sigma}_{UV}}=E(\Delta\boldsymbol{U}\Delta\boldsymbol{V}^{\mathrm{T}})\approx E(\boldsymbol{A}\Delta\boldsymbol{X}\Delta\boldsymbol{Y}^{\mathrm{T}}\boldsymbol{B}^{\mathrm{T}})=\boldsymbol{A}E(\Delta\boldsymbol{X}\Delta\boldsymbol{Y}^{\mathrm{T}})\boldsymbol{B}^{\mathrm{T}}=\underset{s\times n}{\boldsymbol{A}}\,\underset{n\times m}{\boldsymbol{\Sigma}_{XY}}\,\underset{m\times t}{\boldsymbol{B}^{\mathrm{T}}}$$

这些结果就是向量间协方差阵关系式的一般关系式（见表 1-1-3 中非线性函数类型 1）。根据线性函数是非线性函数的特例，变量是向量的特例，随机不相关是相关的特例，协方差阵是互协方差阵的特例，可由一般关系式写出各种特例情况下的关系式。下面就随机不相关时的常用函数类型 4 再做些说明。

表 1-1-3　不同函数表达式及向量间协方差阵的关系式

<table>
<tr><th>类型</th><th>非线性函数</th><th>线性函数</th></tr>
<tr><td rowspan="3">类型1</td><td>$\underset{s\times1}{\boldsymbol{U}}=f(\underset{n\times1}{\boldsymbol{X}})$，$\underset{t\times1}{\boldsymbol{V}}=\varphi(\underset{m\times1}{\boldsymbol{Y}})$</td><td>$\underset{s\times1}{\boldsymbol{U}}=\underset{}{\boldsymbol{A}}\underset{n\times1}{\boldsymbol{X}}+\boldsymbol{A}_0$，$\underset{t\times1}{\boldsymbol{V}}=\boldsymbol{B}\underset{m\times1}{\boldsymbol{Y}}+\boldsymbol{B}_0$</td></tr>
<tr><td colspan="2">$\underset{s\times s}{\boldsymbol{\Sigma}_{U}}=\boldsymbol{A}\underset{n\times n}{\boldsymbol{\Sigma}_{X}}\boldsymbol{A}^{\mathrm{T}}$，$\underset{t\times t}{\boldsymbol{\Sigma}_{V}}=\boldsymbol{B}\underset{m\times m}{\boldsymbol{\Sigma}_{Y}}\boldsymbol{B}^{\mathrm{T}}$，$\underset{s\times t}{\boldsymbol{\Sigma}_{UV}}=\boldsymbol{A}\underset{n\times m}{\boldsymbol{\Sigma}_{XY}}\boldsymbol{B}^{\mathrm{T}}$</td></tr>
<tr><td>需要求 $\underset{s\times n}{\boldsymbol{A}}=\dfrac{\mathrm{d}\boldsymbol{U}}{\mathrm{d}\boldsymbol{X}}$，$\underset{t\times m}{\boldsymbol{B}}=\dfrac{\mathrm{d}\boldsymbol{V}}{\mathrm{d}\boldsymbol{Y}}$</td><td>不用求 $\boldsymbol{A}$、$\boldsymbol{B}$</td></tr>
<tr><td rowspan="3">类型2</td><td>$\underset{s\times1}{\boldsymbol{U}}=f(\underset{n\times1}{\boldsymbol{X}})$，$\underset{t\times1}{\boldsymbol{V}}=\varphi(\underset{n\times1}{\boldsymbol{X}})$</td><td>$\underset{s\times1}{\boldsymbol{U}}=\boldsymbol{A}\underset{n\times1}{\boldsymbol{X}}+\boldsymbol{A}_0$，$\underset{t\times1}{\boldsymbol{V}}=\boldsymbol{B}\underset{n\times1}{\boldsymbol{X}}+\boldsymbol{B}_0$</td></tr>
<tr><td colspan="2">$\underset{s\times s}{\boldsymbol{\Sigma}_{U}}=\boldsymbol{A}\underset{n\times n}{\boldsymbol{\Sigma}_{X}}\boldsymbol{A}^{\mathrm{T}}$，$\underset{t\times t}{\boldsymbol{\Sigma}_{V}}=\boldsymbol{B}\underset{n\times n}{\boldsymbol{\Sigma}_{X}}\boldsymbol{B}^{\mathrm{T}}$，$\underset{s\times t}{\boldsymbol{\Sigma}_{UV}}=\boldsymbol{A}\underset{n\times n}{\boldsymbol{\Sigma}_{X}}\boldsymbol{B}^{\mathrm{T}}$</td></tr>
<tr><td>需要求 $\underset{s\times n}{\boldsymbol{A}}=\dfrac{\mathrm{d}\boldsymbol{U}}{\mathrm{d}\boldsymbol{X}}$，$\underset{t\times n}{\boldsymbol{B}}=\dfrac{\mathrm{d}\boldsymbol{V}}{\mathrm{d}\boldsymbol{X}}$</td><td>不用求 $\boldsymbol{A}$、$\boldsymbol{B}$</td></tr>
<tr><td rowspan="3">类型3</td><td>$\underset{s\times1}{\boldsymbol{U}}=f(\underset{n\times1}{\boldsymbol{X}})$</td><td>$\underset{s\times1}{\boldsymbol{U}}=\boldsymbol{A}\underset{n\times1}{\boldsymbol{X}}+\boldsymbol{A}_0$</td></tr>
<tr><td colspan="2">$\underset{s\times s}{\boldsymbol{\Sigma}_{U}}=\boldsymbol{A}\underset{n\times n}{\boldsymbol{\Sigma}_{X}}\boldsymbol{A}^{\mathrm{T}}$</td></tr>
<tr><td>需要求 $\underset{s\times n}{\boldsymbol{A}}=\dfrac{\mathrm{d}\boldsymbol{U}}{\mathrm{d}\boldsymbol{X}}$</td><td>不用求 $\boldsymbol{A}$</td></tr>
<tr><td rowspan="3">类型4</td><td>$\underset{1\times1}{z}=f(\underset{n\times1}{\boldsymbol{X}})=f(x_1,x_2,\cdots,x_n)$</td><td>$\underset{1\times1}{z}=k_1x_1+k_2x_2+\cdots+k_nx_n+k_0$</td></tr>
<tr><td colspan="2">$\sigma_z^2=\boldsymbol{K}^{\mathrm{T}}\underset{n\times n}{\boldsymbol{\Sigma}_{X}}\boldsymbol{K}$</td></tr>
<tr><td>需要求 $\boldsymbol{K}^{\mathrm{T}}=\left[\dfrac{\partial f}{\partial x_1}\quad\dfrac{\partial f}{\partial x_2}\quad\cdots\quad\dfrac{\partial f}{\partial x_n}\right]$</td><td>$\boldsymbol{K}^{\mathrm{T}}=[k_1\quad k_2\quad\cdots\quad k_n]$</td></tr>
</table>

将式（1-1-14）代入非线性函数类型 4 的公式中，可得

$$\sigma_z^2=\left(\frac{\partial f}{\partial x_1}\right)^2\sigma_{x_1}^2+\left(\frac{\partial f}{\partial x_2}\right)^2\sigma_{x_2}^2+\cdots+\left(\frac{\partial f}{\partial x_n}\right)^2\sigma_{x_n}^2 \tag{1-1-40}$$

若为线性函数，则偏导数$\frac{\partial f}{\partial x_i}$就是系数$k_i$，于是

$$\sigma_z^2=k_1^2\sigma_{x_1}^2+k_2^2\sigma_{x_2}^2+\cdots+k_n^2\sigma_{x_n}^2 \tag{1-1-41}$$

由该式可得到倍数函数 $z=kx$ 的关系式为 $\sigma_z=k\sigma_x$ 等。实际中，式（1-1-40）、式（1-1-41）变为

$$m_z^2=\left(\frac{\partial f}{\partial x_1}\right)^2 m_{x_1}^2+\left(\frac{\partial f}{\partial x_2}\right)^2 m_{x_2}^2+\cdots+\left(\frac{\partial f}{\partial x_n}\right)^2 m_{x_n}^2 \tag{1-1-42}$$

$$m_z^2=k_1^2 m_{x_1}^2+k_2^2 m_{x_2}^2+\cdots+k_n^2 m_{x_n}^2 \tag{1-1-43}$$

它们分别被特称为方差传播定律、中误差传播定律。

Ⅲ. 公式应用

向量间协方差阵的关系式（方差-协方差阵传播律）在理论推导与实际中被广泛应用。应用一般思路是，首先列出正确的函数关系式，然后正确地使用表 1-1-3 中的相应公式(特别要注意，公式右端变量之间是否相关)。

一些应用中的公式化结果有由三角形闭合差计算测角中误差的菲列罗公式$\left(m=\pm\sqrt{\frac{[WW]}{3n}}\right)$、一个量独立等精度观测算术中数的中误差公式$\left(m_x=\frac{m}{\sqrt{n}}\right)$、水准测量观测高差的精度公式($m_h=K\sqrt{s}$)、三角高程测量观测高差的精度公式$\left(m_h=s\frac{m''_\alpha}{\rho''}\right)$。正确使用这些公式需要理解其前提以及符号的具体含义，下文就水准测量观测高差的精度公式做进一步的解释。

当水准测量每测站前后标尺距离大致相等时，水准距离 s 上的往测高差和返测高差精度相同，均可表示为

$$m_{h_{往}}=m_{h_{返}}=K\sqrt{s}$$

式中，K 为每千米水准测量往测或返测高差中误差。于是，距离 s 上的往测高差和返测高差的中数的中误差为

$$m_{h_{中}}=\frac{K}{\sqrt{2}}\sqrt{s}=K'\sqrt{s}$$

因 $K'=K/\sqrt{2}$，故 K'为每千米观测高差中数的中误差。通常将 K'也记为 K，于是三种高差的中误差公式统一为

$$m_h=K\sqrt{s}$$

实际中要注意甄别不同情况，本书不指明时，h 一般为$h_{中}$。

3）权、权阵及其赋值

a）权

Ⅰ. 定义及说明

权是表示精度的相对数值，特别强调，本书用小写字母 p 表示。对于任意观测值 L，其权定义为

$$p_L = \frac{\sigma_0^2}{\sigma_L^2} \tag{1-1-44}$$

式中，σ_L^2 为 L 的方差；σ_0^2 为任取的非零常数，称为单位权方差；p_L 为 L 的权，随 σ_0^2 的选取不同而有不同的值。当 $p_L=1$ 时，p_L 称为单位权，L 称为单位权观测值。由于 σ_0^2 的任取性且只有当 $\sigma_L^2=\sigma_0^2$ 时，$p_L=1$，所以，单位权观测值 L 既可以是实际的观测值，也可以是虚拟的观测值。实际中，常用 μ^2 代替 σ_0^2（μ 称为单位权中误差），m_L^2 代替 σ_L^2。

对一组观测值 L_1，L_2，…，L_n 进行定权时，σ_0^2 或 μ 必须取值相同，以维持权的比例关系不变，即

$$p_1 : p_2 : \cdots : p_n = (1/\sigma_1^2) : (1/\sigma_2^2) : \cdots : (1/\sigma_n^2)$$

或

$$p_1 : p_2 : \cdots : p_n = (1/m_1^2) : (1/m_2^2) : \cdots : (1/m_n^2)$$

因此，观测值间的权比由绝对精度唯一决定。必须注意，只有 σ_0^2 或 μ 相同时，比较一组权的大小才有意义，此时，权越大的量其精度就越高。

关于权的其他进一步说明有：按定义 $p>0$ 且为有限值，但有时取 $p=0$ 或 $p\to+\infty$ 可以增加实际数据处理的灵活性；权可以有单位，如既有角度观测值又有边长观测值一起平差时，μ 常选为角度中误差，此时边长的权便有单位；权的定义中涉及三个量，知道任意两个量便可求出第三个量，平差结果的精度估计就是采用 μ、p 求 m 的方式，即

$$m = \mu\sqrt{\frac{1}{p}} \tag{1-1-45}$$

其中，$1/p$ 称为权倒数。

Ⅱ. 一些常用定权公式

按权的定义，知道了绝对精度可以很容易确定观测值的权，这是定权的基本方法，但有时不够简便或因绝对精度未知而不可行。一些常用定权公式均是利用方差-协方差阵传播律公式和权的定义推出的结果，如：

算术中数的权，$p_x=np$。p_x 为一个量 n 次独立等精度观测结果算术中数的权，p 为单个观测值的权，应用时可简单地取为 1，此时 $p_x=n$。

水准测量观测高差的权，$p_h=s_0/s$。p_h 为路线长度为 s 的水准高差 h 的权，h 要么是单程高差，要么是往返测高差的中数；s_0 为任意选定的路线长度。

三角高程测量观测高差的权，$p_h=s_0^2/s^2$。p_h 为距离为 s 的三角高程高差 h 的权，其中，要求三角高程测量中垂直角的观测精度相同，h 要么是单程高差，要么是往返测高差的中数；s_0 为任意选定的距离。

b）权阵

Ⅰ. 定义及说明

将权的定义加以扩展，便得观测值向量 $\underset{n\times1}{\boldsymbol{L}}=[L_1 \quad L_2 \quad \cdots \quad L_n]^{\mathrm{T}}$ 的权阵定义为

$$\boldsymbol{P_L}=\sigma_0^2\boldsymbol{\Sigma}_L^{-1}=\sigma_0^2\begin{bmatrix}\sigma_1^2 & \sigma_{12} & \cdots & \sigma_{1n}\\ \sigma_{21} & \sigma_2^2 & \cdots & \sigma_{2n}\\ \vdots & \vdots & & \vdots\\ \sigma_{n1} & \sigma_{n2} & \cdots & \sigma_n^2\end{bmatrix}^{-1}=\begin{bmatrix}P_{11} & P_{12} & \cdots & P_{1n}\\ P_{21} & P_{22} & \cdots & P_{2n}\\ \vdots & \vdots & & \vdots\\ P_{n1} & P_{n2} & \cdots & P_{nn}\end{bmatrix}>0 \tag{1-1-46}$$

由于本书限定协方差阵正定，故权阵也对称正定。

观测值相关时，$\boldsymbol{P}_L$ 的对角线元素 P_{ii} 并不等于相应观测值的权 $p_i=\sigma_0^2/\sigma_i^2$。但当观测值不相关时，$\boldsymbol{\Sigma}_L$ 为对角阵，$\boldsymbol{P}_L$ 也为对角阵，此时 $P_{ii}=p_i$，即

$$\boldsymbol{P}_L=\sigma_0^2\boldsymbol{\Sigma}_L^{-1}=\sigma_0^2\begin{bmatrix}\sigma_1^2 & & & \\ & \sigma_2^2 & & \\ & & \ddots & \\ & & & \sigma_n^2\end{bmatrix}^{-1}=\begin{bmatrix}p_1 & & & \\ & p_2 & & \\ & & \ddots & \\ & & & p_n\end{bmatrix} \tag{1-1-47}$$

依据式（1-1-30），相应有

$$\boldsymbol{P}_L=\boldsymbol{P}_\Delta=\boldsymbol{P}=\sigma_0^2\boldsymbol{\Sigma}^{-1} \tag{1-1-48}$$

即略去下标简写时，$\boldsymbol{P}$ 既可以理解为 $\boldsymbol{L}$ 的权阵，又可以理解为其真误差向量 $\boldsymbol{\Delta}$ 的权阵。

Ⅱ. 权阵的赋值

权阵的定义式是确定权阵的基本方法，但该方法同样有时不够简便或不可行。观测值不相关时的情况在实际中出现较多，由式（1-1-47）可知，这时只要采用前面的常用定权公式定出各个观测值的权，便可得到权阵。观测值不相关且等精度时，权阵确定最简单，可直接取为单位阵 $\boldsymbol{I}$。此外，有时也可由权逆阵确定权阵。

4）向量间权逆阵的关系式（权逆阵传播定律）

a）权逆阵与相关权逆阵

Ⅰ. 权逆阵与权倒数

权逆阵就是权阵的逆矩阵（又称协因数阵），因此，权逆阵的定义为

$$\boldsymbol{Q}=\boldsymbol{P}^{-1}=\frac{1}{\sigma_0^2}\boldsymbol{\Sigma}=\frac{1}{\sigma_0^2}\begin{bmatrix}\sigma_1^2 & \sigma_{12} & \cdots & \sigma_{1n}\\ \sigma_{21} & \sigma_2^2 & \cdots & \sigma_{2n}\\ \vdots & \vdots & & \vdots\\ \sigma_{n1} & \sigma_{n2} & \cdots & \sigma_n^2\end{bmatrix}=\begin{bmatrix}q_1 & q_{12} & \cdots & q_{1n}\\ q_{21} & q_2 & \cdots & q_{2n}\\ \vdots & \vdots & & \vdots\\ q_{n1} & q_{n2} & \cdots & q_n\end{bmatrix}>0 \tag{1-1-49}$$

式中，$\boldsymbol{Q}$ 既可以理解为 $\boldsymbol{L}$ 的权逆阵，又可以理解为其真误差向量 $\boldsymbol{\Delta}$ 的权逆阵。

权逆阵的元素均有明确的含义：对角线元素 $q_i=\dfrac{\sigma_i^2}{\sigma_0^2}=\dfrac{1}{p_i}$ 是第 i 个观测值的权倒数，非对角线元素 $q_{ij}=\dfrac{\sigma_{ij}}{\sigma_0^2}=\dfrac{1}{p_{ij}}$ 为第 i 个观测值与第 j 个观测值的相关权倒数$\Big($为便于称呼，本书将 $p_{ij}=\dfrac{\sigma_0^2}{\sigma_{ij}}$ 称为相关权$\Big)$。

可见，若已知权逆阵，不仅可以求得权阵，还可以求得观测值的权以及两两观测值之间的相关权。

Ⅱ. 相关权逆阵

相关权逆阵又称互协因数阵。仿照式（1-1-49），既然权逆阵与协方差阵为倍数关系，类似地，相关权逆阵与互协方差阵也为倍数关系，定义为

$$Q_{XY}=\frac{1}{\sigma_0^2}\boldsymbol{\Sigma}_{XY}=\frac{1}{\sigma_0^2}\begin{bmatrix}\sigma_{x_1y_1} & \sigma_{x_1y_2} & \cdots & \sigma_{x_1y_m}\\ \sigma_{x_2y_1} & \sigma_{x_2y_2} & \cdots & \sigma_{x_2y_m}\\ \vdots & \vdots & & \vdots\\ \sigma_{x_ny_1} & \sigma_{x_ny_2} & \cdots & \sigma_{x_ny_m}\end{bmatrix} \tag{1-1-50}$$

可见，当 $\boldsymbol{X}=\boldsymbol{Y}=\boldsymbol{L}$ 时，该式即式（1-1-49），即权逆阵是相关权逆阵的特例形式。因此，Q_L 有时也用 Q_{LL} 表示。

此外，依据式（1-1-35），总有

$$Q_{YX}=Q_{XY}^{\mathrm{T}} \tag{1-1-51}$$

作为特例情况，当 $\boldsymbol{X}$ 与 $\boldsymbol{Y}$ 不相关时，$Q_{XY}=\underset{n\times m}{\mathbf{0}}$，$Q_{YX}=\underset{m\times n}{\mathbf{0}}$。

Ⅲ. 分块向量的权逆阵

设随机向量 $\boldsymbol{U}=\begin{bmatrix}\boldsymbol{X}\\ \boldsymbol{Y}\end{bmatrix}=\begin{bmatrix}\boldsymbol{X}^{\mathrm{T}} & \boldsymbol{Y}^{\mathrm{T}}\end{bmatrix}^{\mathrm{T}}$ 是由 $\boldsymbol{X}$ 与 $\boldsymbol{Y}$ 构成的向量，则不难得出

$$Q_U=\begin{bmatrix}Q_X & Q_{XY}\\ Q_{YX} & Q_Y\end{bmatrix}$$

还可以写出 $\boldsymbol{U}=\begin{bmatrix}\boldsymbol{X}^{\mathrm{T}} & \boldsymbol{Y}^{\mathrm{T}} & \boldsymbol{Z}^{\mathrm{T}}\end{bmatrix}^{\mathrm{T}}$ 的协方差阵为

$$Q_U=\begin{bmatrix}Q_X & Q_{XY} & Q_{XZ}\\ Q_{YX} & Q_Y & Q_{YZ}\\ Q_{ZX} & Q_{ZY} & Q_Z\end{bmatrix}$$

按此规律，更多分块向量的权逆阵同样可以写出。

b） 向量间权逆阵的关系式

由权倒数、权逆阵、相关权逆阵与方差、协方差阵、互协方差阵的关系易知，将表 1-1-3 公式中的 σ^2 换为 $1/p$、$\boldsymbol{\Sigma}$ 换为 $\boldsymbol{Q}$，便得到权逆阵关系式的一般公式和各种特例公式。其中，式（1-1-40）、式（1-1-42）的对应式为

$$\frac{1}{p_z}=\left(\frac{\partial f}{\partial x_1}\right)^2\frac{1}{p_{x_1}}+\left(\frac{\partial f}{\partial x_2}\right)^2\frac{1}{p_{x_2}}+\cdots+\left(\frac{\partial f}{\partial x_n}\right)^2\frac{1}{p_{x_n}} \tag{1-1-52}$$

式（1-1-41）、式（1-1-43）的对应式为

$$\frac{1}{p_z}=k_1^2\frac{1}{p_{x_1}}+k_2^2\frac{1}{p_{x_2}}+\cdots+k_n^2\frac{1}{p_{x_n}} \tag{1-1-53}$$

以上两式被特称为非线性函数和线性函数的权倒数传播律。

5） 用真误差表示的单位权方差和单位权中误差

实际中，若能够获得真误差（如闭合差、较差），通常就能够估计有关量的中误差与协方差。为了区别，今后将这种通过真误差估计的精度归为验前精度，通过平差结果中残差估计的精度归为验后精度。验前精度可广义地理解为平差之前得到的中误差与协方差，它既可用于观测值的精度评定，也可用于平差时权阵的确定。

中误差仅适用于一组独立等精度偶然真误差的情况，作为扩展，用真误差表示的单位权中误差代表了一种更为普遍的验前精度估计方法。

a）公式与方法

设观测向量 $\underset{n\times 1}{\boldsymbol{L}}$ 的误差向量为 $\underset{n\times 1}{\boldsymbol{\Delta}}$，其权阵为 $\underset{n\times n}{\boldsymbol{P}}$，可推得单位权方差为

$$\sigma_0^2=\frac{E(\boldsymbol{\Delta}^{\mathrm{T}}\boldsymbol{P}\boldsymbol{\Delta})}{n} \tag{1-1-54}$$

去掉数学期望便得 σ_0^2 的无偏估值，记为 $\hat{\sigma}_0^2$（有时也记为 μ^2），则

$$\hat{\sigma}_0=\pm\sqrt{\frac{\boldsymbol{\Delta}^{\mathrm{T}}\boldsymbol{P}\boldsymbol{\Delta}}{n}} \tag{1-1-55}$$

待求量 $\boldsymbol{Z}$ 的协方差阵为

$$\boldsymbol{\Sigma}_{\boldsymbol{Z}}=\hat{\sigma}_0^2\boldsymbol{Q}_{\boldsymbol{Z}} \tag{1-1-56}$$

式（1-1-55）就是用真误差表示的单位权中误差公式，求出其值后，利用式（1-1-56）便可求得有关量的协方差阵。不难发现，中误差定义式实为式（1-1-55）的特例（$\boldsymbol{P}=\boldsymbol{I}$）。此外，还可得出其他一些特例，如权阵为对角阵 $\boldsymbol{P}=\mathrm{diag}(p_1，p_2，\cdots，p_n)$ 时，式（1-1-55）变为

$$\hat{\sigma}_0=\pm\sqrt{(\sum_{i=1}^{n}p_i\Delta_i\Delta_i)/n}=\pm\sqrt{\frac{[\boldsymbol{p\Delta\Delta}]}{n}} \tag{1-1-57}$$

$\boldsymbol{Z}$ 为变量 z 时，式（1-1-56）变为

$$m_z=\hat{\sigma}_0\sqrt{q_z}=\hat{\sigma}_0\sqrt{\frac{1}{p_z}} \tag{1-1-58}$$

顾及三角形闭合差相关性的菲列罗公式也可以按此法推出。实践中，利用多个水准环闭合差计算每千米观测高差中数的中误差公式，就是式（1-1-55）。

b）依双次观测的差值计算中误差

这类问题实质是式（1-1-57）、式（1-1-58）的具体应用。问题描述如下：设有 n 个同类型观测量，对每个观测量均进行了一对等精度观测，得观测值对为：L_1'、L_1''，L_2'、L_2''，…，L_n'、L_n''；又知所有观测值相互独立且每对观测值的权为 $p_{L_i'}=p_{L_i''}=p_i$，试估计有关量的精度。

由描述知，较差 $d_i=L_i'-L_i''$ 相互独立且有 $p_{d_i}=\frac{p_i}{2}$。将 d_i、p_{d_i} 代入式（1-1-57），得 $\hat{\sigma}_0=\pm\sqrt{\sum_{i=1}^{n}p_{d_i}d_id_i/n}=\pm\sqrt{\frac{[pdd]}{2n}}$，然后由式（1-1-58）可得有关量的中误差，如：d_i 的中误差为 $m_{d_i}=\hat{\sigma}_0\sqrt{\frac{2}{p_i}}$，$L_i'$ 或 L_i'' 的中误差为 $m_{L_i'}=m_{L_i''}=\hat{\sigma}_0\sqrt{\frac{1}{p_i}}$；$L_i'$ 与 L_i'' 中数的中误差为 $m_{\hat{L}_i}=\hat{\sigma}_0\sqrt{\frac{1}{2p_i}}$ 等。以上各计算式中，需注意 p_i 的含义。

将以上情况进一步特例化，若对内观测值与对间观测值精度都相同时，可取 $p_i=1$，于是有 $\hat{\sigma}_0=\pm\sqrt{\frac{[dd]}{2n}}$，$m_{d_i}=\sqrt{2}\hat{\sigma}_0$，$m_{L_i'}=m_{L_i''}=\hat{\sigma}_0$，$m_{\hat{L}_i}=\hat{\sigma}_0/\sqrt{2}$。

测量实践中，利用水准测量往返测不符值计算每千米观测高差中数的中误差，使用的就是依双次观测的差值计算中误差的方法。

c) $\dfrac{\boldsymbol{\Delta}^{\mathrm{T}}\boldsymbol{P}\boldsymbol{\Delta}}{\sigma_0^2}$的分布

为今后深入学习之需，下面证明一个重要结论：已知 $\underset{n\times1}{\boldsymbol{\Delta}} \sim N(\boldsymbol{0}, \boldsymbol{\Sigma}=\sigma_0^2\boldsymbol{P}^{-1}>0)$，则 $\dfrac{\boldsymbol{\Delta}^{\mathrm{T}}\boldsymbol{P}\boldsymbol{\Delta}}{\sigma_0^2} \sim \chi^2(n)$。

证法一： 利用正定矩阵的满秩分解。矩阵论中，正定矩阵 $\underset{n\times n}{\boldsymbol{R}}$ 可分解为 $\boldsymbol{R}=\boldsymbol{S}\boldsymbol{S}^{\mathrm{T}}$，其中，$\underset{n\times n}{\boldsymbol{S}}$ 为可逆矩阵。

因 $\underset{n\times n}{\boldsymbol{P}}$ 正定，故可分解为 $\boldsymbol{P}=\boldsymbol{S}\boldsymbol{S}^{\mathrm{T}}$，其中，$\underset{n\times n}{\boldsymbol{S}}$ 为可逆矩阵。令 $\underset{n\times1}{\boldsymbol{Y}}=\boldsymbol{S}^{\mathrm{T}}\underset{n\times1}{\boldsymbol{\Delta}}$，则 $E(\boldsymbol{Y})=\boldsymbol{S}^{\mathrm{T}}E(\boldsymbol{\Delta})=\boldsymbol{0}$，$\boldsymbol{\Sigma}_{\boldsymbol{Y}}=\boldsymbol{S}^{\mathrm{T}}\boldsymbol{\Sigma}\boldsymbol{S}=\sigma_0^2\boldsymbol{S}^{\mathrm{T}}\boldsymbol{P}^{-1}\boldsymbol{S}=\sigma_0^2\boldsymbol{S}^{\mathrm{T}}(\boldsymbol{S}^{\mathrm{T}})^{-1}\boldsymbol{S}^{-1}\boldsymbol{S}=\sigma_0^2\underset{n\times n}{\boldsymbol{I}}$，故 $\underset{n\times1}{\boldsymbol{Y}} \sim N(\boldsymbol{0}, \sigma_0^2\boldsymbol{I})$，因此，$y_i$ 相互独立且 $y_i \sim N(0, \sigma_0^2)$。于是有 $\sum\limits_{i=1}^{n}\dfrac{y_i^2}{\sigma_0^2}=\dfrac{1}{\sigma_0^2}\sum\limits_{i=1}^{n}y_i^2=\dfrac{1}{\sigma_0^2}\boldsymbol{Y}^{\mathrm{T}}\boldsymbol{Y}=\dfrac{1}{\sigma_0^2}\boldsymbol{\Delta}^{\mathrm{T}}\boldsymbol{S}\boldsymbol{S}^{\mathrm{T}}\boldsymbol{\Delta}=\dfrac{\boldsymbol{\Delta}^{\mathrm{T}}\boldsymbol{P}\boldsymbol{\Delta}}{\sigma_0^2} \sim \chi^2(n)$。

证法二： 利用正规矩阵的谱分解。矩阵论中，任何一个 n 阶实对称矩阵 $\boldsymbol{A}$，总存在正交矩阵 $\boldsymbol{T}$，使得 $\boldsymbol{T}^{\mathrm{T}}\boldsymbol{A}\boldsymbol{T}=\mathrm{diag}(\lambda_1, \lambda_2, \cdots, \lambda_n)$，其中，$\lambda_i$ 为 $\boldsymbol{A}$ 的特征值（可以有重根），$\boldsymbol{T}$ 为特征值对应的线性无关特征向量组成的特征矩阵。

因 $\underset{n\times n}{\boldsymbol{P}}$ 对称正定，故存在正交矩阵 $\underset{n\times n}{\boldsymbol{S}}$，使得 $\boldsymbol{S}^{\mathrm{T}}\boldsymbol{P}\boldsymbol{S}=\boldsymbol{\Lambda}$ 或 $\boldsymbol{P}=\boldsymbol{S}\boldsymbol{\Lambda}\boldsymbol{S}^{\mathrm{T}}$，其中，$\boldsymbol{\Lambda}=\mathrm{diag}(\lambda_1, \lambda_2, \cdots, \lambda_n)$，$\lambda_i>0$ 为 $\underset{n\times n}{\boldsymbol{P}}$ 的特征值。令 $\underset{n\times1}{\boldsymbol{Y}}=\boldsymbol{\Lambda}^{\frac{1}{2}}\boldsymbol{S}^{\mathrm{T}}\underset{n\times1}{\boldsymbol{\Delta}}$，其中 $\boldsymbol{\Lambda}^{\frac{1}{2}}=\mathrm{diag}(\sqrt{\lambda_1}, \sqrt{\lambda_2}, \cdots, \sqrt{\lambda_n})$，则 $E(\boldsymbol{Y})=\boldsymbol{0}$，$\boldsymbol{\Sigma}_{\boldsymbol{Y}}=\boldsymbol{\Lambda}^{\frac{1}{2}}\boldsymbol{S}^{\mathrm{T}}\boldsymbol{\Sigma}\boldsymbol{S}\boldsymbol{\Lambda}^{\frac{1}{2}}=\sigma_0^2\boldsymbol{\Lambda}^{\frac{1}{2}}\boldsymbol{S}^{\mathrm{T}}\boldsymbol{P}^{-1}\boldsymbol{S}\boldsymbol{\Lambda}^{\frac{1}{2}}=\sigma_0^2\boldsymbol{\Lambda}^{\frac{1}{2}}\boldsymbol{S}^{\mathrm{T}}(\boldsymbol{S}^{\mathrm{T}})^{-1}\boldsymbol{\Lambda}^{-1}\boldsymbol{S}^{-1}\boldsymbol{S}\boldsymbol{\Lambda}^{\frac{1}{2}}=\sigma_0^2\boldsymbol{I}$，故 $\underset{n\times1}{\boldsymbol{Y}} \sim N(\boldsymbol{0}, \sigma_0^2\boldsymbol{I})$，因此，$y_i$ 相互独立且 $y_i \sim N(0, \sigma_0^2)$。于是有 $\sum\limits_{i=1}^{n}\dfrac{y_i^2}{\sigma_0^2}=\dfrac{1}{\sigma_0^2}\sum\limits_{i=1}^{n}y_i^2=\dfrac{1}{\sigma_0^2}\boldsymbol{Y}^{\mathrm{T}}\boldsymbol{Y}=\dfrac{1}{\sigma_0^2}\boldsymbol{\Delta}^{\mathrm{T}}\boldsymbol{S}\boldsymbol{\Lambda}\boldsymbol{S}^{\mathrm{T}}\boldsymbol{\Delta}=\dfrac{\boldsymbol{\Delta}^{\mathrm{T}}\boldsymbol{P}\boldsymbol{\Delta}}{\sigma_0^2} \sim \chi^2(n)$。

证法三： 利用二次型分布定理。设 n 维随机向量 $\underset{n\times1}{\boldsymbol{X}} \sim N(E(\boldsymbol{X}), \boldsymbol{\Sigma}_{\boldsymbol{X}}=\sigma_0^2\boldsymbol{P}_{\boldsymbol{X}}^{-1}>0)$，若二次型 $\boldsymbol{X}^{\mathrm{T}}\underset{n\times n}{\boldsymbol{B}}\boldsymbol{X}$ 中的 $\boldsymbol{B}$ 满足 $\boldsymbol{B}\boldsymbol{\Sigma}_{\boldsymbol{X}}$ 为幂等阵，则 $\boldsymbol{X}^{\mathrm{T}}\boldsymbol{B}\boldsymbol{X} \sim \chi'^2(\mathrm{rk}(\boldsymbol{B}), E^{\mathrm{T}}(\boldsymbol{X})\boldsymbol{B}E(\boldsymbol{X}))$，其中，$\chi'$ 为非中心 χ^2 分布。若 $E(\boldsymbol{X})=\boldsymbol{0}$，则 $\boldsymbol{X}^{\mathrm{T}}\boldsymbol{B}\boldsymbol{X} \sim \chi^2(\mathrm{rk}(\boldsymbol{B}))$。

因 $\underset{n\times1}{\boldsymbol{\Delta}} \sim N(\boldsymbol{0}, \boldsymbol{\Sigma}=\sigma_0^2\boldsymbol{P}^{-1}>0)$，对于 $\dfrac{\boldsymbol{\Delta}^{\mathrm{T}}\boldsymbol{P}\boldsymbol{\Delta}}{\sigma_0^2}$，有 $\underset{n\times n}{\boldsymbol{B}}=\dfrac{1}{\sigma_0^2}\boldsymbol{P}$ 且 $\boldsymbol{B}\boldsymbol{\Sigma}=\dfrac{1}{\sigma_0^2}\boldsymbol{P}\times\sigma_0^2\boldsymbol{P}^{-1}=\underset{n\times n}{\boldsymbol{I}}$，可见，$\boldsymbol{B}\boldsymbol{\Sigma}$ 为幂等阵，$\mathrm{rk}(\boldsymbol{B})=\mathrm{rk}(\boldsymbol{P})=n$，$E(\boldsymbol{\Delta})=\boldsymbol{0}$，故 $\dfrac{\boldsymbol{\Delta}^{\mathrm{T}}\boldsymbol{P}\boldsymbol{\Delta}}{\sigma_0^2} \sim \chi^2(n)$。

上述三种证明方法，在本书尤其是现代平差的证明与推导中，经常被用到。

d) 关于验后精度

贝塞尔（Bessel）公式的实质是利用残差计算中误差，因此，属于验后精度。

设未知量 x 的 n 次独立等精度观测值为 $L_1, L_2, \cdots, L_n$，可得算术中数为 $\hat{x}=\dfrac{[L]}{n}$。

令 $v_i=\hat{x}-L_i$，贝塞尔公式 $m=\pm\sqrt{\frac{[vv]}{n-1}}$ 即观测值的中误差，可得 $m_{\hat{x}}=\frac{m}{\sqrt{n}}$。

贝塞尔公式借助第二章参数平差方法很容易推导出来，它是一个量 n 次独立等精度观测结果的平差公式之一，有广泛的应用。验后精度估计方法的优点是不用知道真误差，通过平差即可求得。

6）偶然误差与系统误差合并影响的精度估计

观测值中同时含有偶然误差和系统误差时的精度估计，仍有待深入研究。下面以观测值中含有不变的系统误差（或常数系统误差）为例进行说明。该部分采用的符号与前面不太一致，具体如下：

式（1-1-1）被重写为

$$\delta=L-X$$

不包含粗差，式（1-1-3）被重写为

$$\delta=\lambda+\Delta$$

其中，λ 为常数系统误差。

于是，观测值的均方误差（见表 1-1-2，记为 σ_δ^2）经简单推导后得

$$\sigma_\delta^2=\mathrm{MSE}(L)=E(\delta^2)=\sigma_\Delta^2+\lambda^2 \tag{1-1-59}$$

式中，σ_Δ^2 为偶然误差的方差。实践中式（1-1-59）常被记为

$$m_\delta^2=m_\Delta^2+\lambda^2 \tag{1-1-60}$$

式（1-1-59）、式（1-1-60）可说明系统误差部分是偶然误差部分的 1/3 或者更小$\left(|\lambda|\leqslant\frac{1}{3}\sigma_\Delta \text{ 或 } |\lambda|\leqslant\frac{1}{3}|m_\Delta|\right)$时，可取 $\sigma_\delta^2\approx\sigma_\Delta^2$ 或 $m_\delta^2\approx m_\Delta^2$，即系统误差被减弱到了可以忽略的程度。

a）系统误差的传播

设函数 z 是 n 个观测量的线性函数

$$z=k_1L_1+k_2L_2+\cdots+k_nL_n+k_0$$

则其偶然误差与系统误差分别为

$$\Delta_z=k_1\Delta_1+k_2\Delta_2+\cdots+k_n\Delta_n=\sum_{i=1}^{n}k_i\Delta_i=[k\Delta] \tag{1-1-61}$$

$$\lambda_z=k_1\lambda_1+k_2\lambda_2+\cdots+k_n\lambda_n=\sum_{i=1}^{n}k_i\lambda_i=[k\lambda] \tag{1-1-62}$$

若为非线性函数 $z=f(L_1,L_2,\cdots,L_n)$，以上两式近似成立，其中，$k_i=\frac{\partial f}{\partial L_i}$。

将观测量 L_i 的系统误差 λ_i 限定为常数时，其含义是：无论 L_i 的具体观测值如何，它们均含有相同的 λ_i，故 z 的具体值中也总含有相同的 λ_z。$\lambda_1=\lambda_2=\cdots=\lambda_n=\lambda$，此时，$\lambda_z=[k]\lambda$。

b）偶然误差与系统误差合并影响的精度估计公式

根据式（1-1-59）或式（1-1-60），z 的均方误差由两部分合成，即

$$\sigma_{\delta_z}^2=\mathrm{MSE}(z)=E(\delta_z^2)=\sigma_{\Delta_z}^2+\lambda_z^2=\sum_{i=1}^{n}k_i^2\sigma_{\Delta_i}^2+(\sum_{i=1}^{n}k_i\lambda_i)^2 \tag{1-1-63}$$

或

$$m_{\delta_z}^2=m_{\Delta_z}^2+\lambda_z^2=\sum_{i=1}^{n}k_i^2m_{\Delta_i}^2+(\sum_{i=1}^{n}k_i\lambda_i)^2 \tag{1-1-64}$$

其中，$\sigma_{\Delta_z}^2=\sum_{i=1}^{n}k_i^2\sigma_{\Delta_i}^2$ 和 $m_{\Delta_z}^2=\sum_{i=1}^{n}k_i^2m_{\Delta_i}^2$ 为观测值中偶然误差引起的 z 的均方误差部分，$\lambda_z^2=(\sum_{i=1}^{n}k_i\lambda_i)^2$ 为观测值中系统误差引起的 z 的均方误差部分。

m_{δ_z} 有时也未加区别地被称为中误差并记为 m_z。此外，常用通过检验求得的系统中误差 m_{λ_i} 来代替 λ_i，因此，式（1-1-64）又被写为

$$m_z^2=m_{\Delta_z}^2+m_{\lambda_z}^2=\sum_{i=1}^{n}k_i^2m_{\Delta_i}^2+(\sum_{i=1}^{n}k_im_{\lambda_i})^2 \tag{1-1-65}$$

利用上式解决问题时，应注意“合成”的思路，即分别计算出由偶然误差影响的函数 z 的中误差部分（$m_{\Delta_z}^2=\sum_{i=1}^{n}k_i^2m_{\Delta_i}^2$）、由系统误差影响的函数 z 的中误差部分（$m_{\lambda_z}=\sum_{i=1}^{n}k_im_{\lambda_i}$），再将二者“合成”（$m_z^2=m_{\Delta_z}^2+m_{\lambda_z}^2$）。

5. 误差理论在测量中的其他应用

1）限差及其应用

限差又称极限误差，其理论依据是偶然误差的概率特性——界限性。由偶然误差的分布知，概率事件 $P(|\Delta|>2\sigma)=0.0455$ 和 $P(|\Delta|>3\sigma)=0.0027$ 均为小概率事件或实际不可能事件，因此，可取 3σ 作为偶然误差 Δ 的限差，要求更严格时则取为 2σ，即

$$\Delta_{限}=3\sigma \quad 或 \quad \Delta_{限}=2\sigma$$

或

$$\Delta_{限}=3m \quad 或 \quad \Delta_{限}=2m$$

限差是基于偶然误差的概率特性确定的，因此，当真误差 Δ 的值 $|\Delta|\leqslant|\Delta_{限}|$ 时，便认为真误差 Δ 中仅含偶然误差，反之则认为真误差 Δ 中可能含有粗差，相应的观测成果应重测或不予采用。由于观测结果中可能含有无法消除的系统误差，有时将限差数值适当放大一些，以免大量观测值超限。限差是判断观测值中是否仅含偶然误差的常用方法之一。

限差应用于真误差数值可知的场合，常被用于判断闭合差和较差是否超限，实际中大量出现在各种测量规范中，如三角测量、水准测量、导线测量等规范。

2）相对中误差及其应用

相对误差为误差值与相应观测值之比，相对中误差为中误差与相应观测值之比。当观测值精度与观测值大小有关时，用相对中误差更能表达观测质量的优劣。相对中误差是个

无名数，一般化为 $1/N$ 的形式。相对中误差常用于距离观测值的精度比较，角度观测值的精度与角度大小无关，仅与组成角度的两个方向值的精度有关。

导线测量中，为了确定未知点的坐标，既要测角又要测边，因此，点的位置误差是测角误差与测距误差的综合，常要求横向相对中误差与纵向相对中误差大致相等，即

$$\frac{m''_\alpha}{\rho''} \approx \frac{m_s}{s}$$

其中，m''_α 为角度中误差，m_s 为边长中误差。

6. **随机模型**

随机模型用于描述观测值的统计特征，通常用数学期望与协方差阵表达。五种基本平差方法采用的共同随机模型为：

$$E(\boldsymbol{\Delta}) = \boldsymbol{0} \tag{1-1-66}$$

$$\boldsymbol{P} = \boldsymbol{Q}^{-1} = \sigma_0^2 \boldsymbol{\Sigma}^{-1} > 0 \tag{1-1-67}$$

通常认为粗差与系统误差的数学期望不为 0，因此，式（1-1-66）代表观测值中仅含偶然误差，其另一含义是 $\boldsymbol{L}$ 无偏，见式（1-1-23）。式（1-1-67）是权阵的定义，其中，σ_0^2 为任意选取的单位权方差；$\boldsymbol{\Sigma}$ 既表示 $\boldsymbol{\Sigma}_L$，又表示 $\boldsymbol{\Sigma}_\Delta$，$\boldsymbol{P}$、$\boldsymbol{Q}$ 同理，本书限制它们正定。注意，上述随机模型并未要求指出偶然误差的分布。

7. **估计准则**

1）最小二乘原理

绪论中已给出的最小二乘原理一般表达为

$$\boldsymbol{V}^{\mathrm{T}}\boldsymbol{P}\boldsymbol{V} = \min$$

其中，$\boldsymbol{P}$ 为随机模型中的权阵，见式（1-1-67）。按最小二乘原理求解时需要知道权阵，关于权阵的赋值前文已介绍，应用中要注意方法的灵活性。

第五章将证明，无须知道偶然误差的分布，在函数模型、随机模型正确时，基于最小二乘原理所得的估计量，即为最优线性无偏估计量，这也是最小二乘原理在众多学科领域广泛应用的主要原因。但如前文所述，平差方法的有些理论与应用需要知道偶然误差的分布，此时，本书默认其服从正态分布。

2）极大似然估计

与最小二乘原理不同，极大似然估计以观测样本 $\underset{n\times 1}{\boldsymbol{L}}$ 的联合分布密度函数最大化作为准则，故需要知道 $\underset{n\times 1}{\boldsymbol{L}}$ 的分布。在随机模型基础上进一步假设偶然误差服从正态分布，则式（1-1-31）即 $\underset{n\times 1}{\boldsymbol{L}}$ 的联合分布密度函数，以该式为最大进行求解等价于以 $(\boldsymbol{L} - E(\boldsymbol{L}))^{\mathrm{T}}\boldsymbol{\Sigma}^{-1}(\boldsymbol{L} - E(\boldsymbol{L}))$ 为最小进行求解。设解得的 $E(\boldsymbol{L})$ 的估值为 $\hat{\boldsymbol{L}}$，则 $\hat{\boldsymbol{L}}$ 必定满足

$$(\boldsymbol{L} - \hat{\boldsymbol{L}})^{\mathrm{T}}\boldsymbol{\Sigma}^{-1}(\boldsymbol{L} - \hat{\boldsymbol{L}}) = \min \quad 或 \quad (\boldsymbol{L} - \hat{\boldsymbol{L}})^{\mathrm{T}}\boldsymbol{P}(\boldsymbol{L} - \hat{\boldsymbol{L}}) = \min$$

令 $\hat{\boldsymbol{L}} = \boldsymbol{L} + \boldsymbol{V}$，上式又等价于

$$\boldsymbol{V}^{\mathrm{T}}\boldsymbol{P}\boldsymbol{V} = \min$$

可见，此时极大似然估计解也是最小二乘原理解，但是，按最小二乘原理求解并未要求知道观测值的分布。

8. 最优估计量的性质

基于观测量 $\underset{n\times 1}{\boldsymbol{L}}$ 可以对多个未知量进行估计，所得估计量均是 $\underset{n\times 1}{\boldsymbol{L}}$ 的函数。例如，用一维函数 $\hat{\theta}=g(\boldsymbol{L})$、$m$ 维函数 $\hat{\boldsymbol{\theta}}=G(\boldsymbol{L})$ 分别作为未知量 θ、$\boldsymbol{\theta}$ 的估计量。由于 $\boldsymbol{L}$ 的随机性，估计量也是随机变量或随机向量。测量平差中，平差结果（平差值 $\hat{\boldsymbol{L}}$、残差 $\boldsymbol{V}$ 等）都是基于 $\boldsymbol{L}$ 的估计量。

衡量估计量优劣最常用的标准是无偏性、有效性和一致性，这里就向量情况进行介绍，变量为其特例。

（1）无偏性。若 $\underset{m\times 1}{\hat{\boldsymbol{\theta}}}=G(\boldsymbol{L})$ 是 $\underset{m\times 1}{\boldsymbol{\theta}}$ 的估计量，其无偏性为

$$E(\hat{\boldsymbol{\theta}})=\boldsymbol{\theta} \tag{1-1-68}$$

（2）有效性。若 $\underset{m\times 1}{\hat{\boldsymbol{\theta}}_1}=G_1(\boldsymbol{L})$ 和 $\underset{m\times 1}{\hat{\boldsymbol{\theta}}_2}=G_2(\boldsymbol{L})$ 均是 $\underset{m\times 1}{\boldsymbol{\theta}}$ 的无偏估计量，且满足

$$\mathrm{tr}(\boldsymbol{\Sigma}_{\hat{\boldsymbol{\theta}}_1})<\mathrm{tr}(\boldsymbol{\Sigma}_{\hat{\boldsymbol{\theta}}_2}) \tag{1-1-69}$$

则称 $\underset{m\times 1}{\hat{\boldsymbol{\theta}}_1}=G_1(\boldsymbol{L})$ 较 $\underset{m\times 1}{\hat{\boldsymbol{\theta}}_2}=G_2(\boldsymbol{L})$ 有效，其中，符号 $\mathrm{tr}(\cdot)$ 表示矩阵的迹。进一步，若所有 $\underset{m\times 1}{\boldsymbol{\theta}}$ 的无偏估计量中，有 $\underset{m\times 1}{\hat{\boldsymbol{\theta}}}=G(\boldsymbol{L})$ 满足

$$\mathrm{tr}(\boldsymbol{\Sigma}_{\hat{\boldsymbol{\theta}}})=\min \tag{1-1-70}$$

则称 $\underset{m\times 1}{\hat{\boldsymbol{\theta}}}=G(\boldsymbol{L})$ 为最小方差无偏估计量、最优无偏估计量或最优估计量。当函数 $G(\cdot)$ 是 $\boldsymbol{L}$ 的线性函数时，$\hat{\boldsymbol{\theta}}$ 又称为最优线性无偏估计量。

（3）一致性。当观测样本容量无限增加（n 趋于无穷）时，若 $\underset{m\times 1}{\hat{\boldsymbol{\theta}}}=G(\boldsymbol{L})$ 依概率收敛于其真值 $\underset{m\times 1}{\boldsymbol{\theta}}$，即

$$\lim_{n\to\infty}P(\|\hat{\boldsymbol{\theta}}-\boldsymbol{\theta}\|<\varepsilon)=1 \tag{1-1-71}$$

则称估计量 $\underset{m\times 1}{\hat{\boldsymbol{\theta}}}=G(\boldsymbol{L})$ 具有一致性。式中，ε 为任意小的正数，$\|\cdot\|$ 为向量的Ⅱ范数。

最优估计量也具有一致性，因此，证明估计量是否最优，只需证明其是否满足式（1-1-68）、式（1-1-70）即可。

（四）其他说明

1. 权阵、权逆阵与协方差阵

本书会经常出现三者的相互表达，其数学表达式为

$$\boldsymbol{P}=\boldsymbol{Q}^{-1}=\sigma_0^2\boldsymbol{\Sigma}^{-1}$$

$$\boldsymbol{Q}=\boldsymbol{P}^{-1}=\frac{1}{\sigma_0^2}\boldsymbol{\Sigma}$$

$$\boldsymbol{\Sigma}=\sigma_0^2\boldsymbol{P}^{-1}=\sigma_0^2\boldsymbol{Q}$$

2. 一些数学中的基本运算规则和性质

测量平差理论与应用中，经常会用到数学中的运算规则和性质，以下先列出部分常用的规则和性质，后续不再单独指出，其他用到的时候再给出。

1）数学期望的运算规则

设 $\boldsymbol{X}$、$\boldsymbol{Y}$ 为随机向量，$\boldsymbol{A}$、$\boldsymbol{B}$ 为常数矩阵，数学期望的一些运算规则有

$$E(\boldsymbol{A})=\boldsymbol{A}$$

$$E(\boldsymbol{AX})=\boldsymbol{A}E(\boldsymbol{X})$$

$$E(\boldsymbol{AX}+\boldsymbol{BY})=\boldsymbol{A}E(\boldsymbol{X})+\boldsymbol{B}E(\boldsymbol{Y})$$

$$E((\boldsymbol{AX})(\boldsymbol{BY})^{\mathrm{T}})=\boldsymbol{A}E((\boldsymbol{XY})^{\mathrm{T}})\boldsymbol{B}^{\mathrm{T}}$$

$$E(\boldsymbol{X}^{\mathrm{T}})=(E(\boldsymbol{X}))^{\mathrm{T}}=E^{\mathrm{T}}(\boldsymbol{X})$$

$$E((\boldsymbol{XY})^{\mathrm{T}})=E(\boldsymbol{X})E^{\mathrm{T}}(\boldsymbol{Y})\ (\boldsymbol{X}、\boldsymbol{Y}\text{ 随机独立})$$

2）矩阵迹的性质

$$\mathrm{tr}(\underset{m\times n}{\boldsymbol{A}}\ \underset{n\times m}{\boldsymbol{B}})=\mathrm{tr}(\underset{n\times m}{\boldsymbol{B}}\ \underset{m\times n}{\boldsymbol{A}})$$

若两矩阵能够交换相乘，则它们乘积的迹相同。

3）迹与数学期望的混合运算

$$E(\mathrm{tr}(\cdot))=\mathrm{tr}(E(\cdot))$$

先求迹再取数学期望，和先取数学期望再求迹等价。

二、练习题

1-1-1　独立等精度观测某三角网共得 15 个三角形闭合差，如下表所示。试求任一三角形内角和的中误差、平均误差和或然误差。

三角形编号	W/(″)	三角形编号	W/(″)	三角形编号	W/(″)
1	−1.4	6	−0.8	11	−0.4
2	+0.8	7	−0.3	12	−0.7
3	−1.0	8	+0.5	13	+1.6
4	+0.4	9	−0.2	14	+2.0
5	−1.8	10	+1.1	15	+0.6

1-1-2　为了估计经纬仪的测角精度，在相同条件下对已知水平角（45°00′03″）观测了 6 次，观测结果如下表。试求各观测值的中误差、平均误差和或然误差。

序号	角度值/（°　′　″）	序号	角度值/（°　′　″）
1	45　00　07	4	45　00　04
2	44　59　55	5	44　59　59
3	44　59　58	6	44　59　57

1-1-3　实测得某一等三角锁共28个三角形，其闭合差如下表所示：

三角形编号	W/(″)	三角形编号	W/(″)	三角形编号	W/(″)	三角形编号	W/(″)
1	+1.45	8	−0.83	15	+0.87	22	+0.80
2	−0.30	9	+0.51	16	−0.76	23	−0.54
3	+1.25	10	+1.00	17	−2.14	24	−0.72
4	+1.79	11	−1.23	18	−0.54	25	+2.15
5	−1.07	12	−0.78	19	+1.00	26	−1.18
6	+0.36	13	+1.28	20	−0.32	27	+0.82
7	+0.80	14	−1.62	21	−1.97	28	−0.67

（1）试统计闭合差落在［−0.5″，0.5″］及［−1.0″，1.0″］区间内的个数和频率；

（2）计算每一个三角形闭合差的中误差、平均误差和或然误差；

（3）若以2倍的中误差为极限误差（简称限差），问闭合差有无超限者？

1-1-4　已知两组来自不同测量条件下的真误差为

Ⅰ：1，0，2，−2，−1

Ⅱ：−2，3，−2，2，−3

试比较两组观测结果的精度并求Ⅰ中每个真误差相应的观测值的精度。

1-1-5　设一段距离的观测值为2 000 m，相对中误差为1/200 000，试求其绝对中误差。

1-1-6　已知导线测量中，距离观测值为1 000 m±2 mm，问角度观测值以什么样的精度才与其相匹配（$\rho=2\times10^5$）？

1-1-7　已知导线测量中，距离观测值为500 m，角度中误差为±1″，问边长观测值以什么样的精度才使点位纵横向误差相等（$\rho=2\times10^5$）？

1-1-8　已知某段距离的观测值及其中误差为652.48 m±9 mm，试估计：

（1）该观测值真误差95.45%的置信区间；

（2）该观测值的相对中误差。

1-1-9　设对某段距离独立等精度观测了七次，观测结果分别为1 503.24、1 503.25、1 503.26、1 503.27、1 503.28、1 503.29、1 503.30（单位：m），试估计该组观测值的精度。

1-1-10　设x为一维随机变量，$\tilde{x}$为其真值，x与$\tilde{x}$的接近程度通常用均方误差$\mathrm{MSE}(x)=E\{(x-\tilde{x})^2\}$表示。

（1）令偏差$\beta=E(x)-\tilde{x}$，试推导x的均方误差公式；

（2）试解释$\mathrm{MSE}(x)$与方差σ_x^2的区别；

（3）试推导n维随机列向量$\boldsymbol{X}$的均方误差$\mathrm{MSE}(\boldsymbol{X})=E\{(\boldsymbol{X}-\tilde{\boldsymbol{X}})^{\mathrm{T}}(\boldsymbol{X}-\tilde{\boldsymbol{X}})\}$公式。

1-1-11　假设圆周长的中误差为±3.14 mm，试求圆半径的中误差（$\pi=3.14$）。

1-1-12　设两观测量 L_1、L_2 的五组观测误差如下：

组号	1	2	3	4	5
Δ_1	1	0	2	−2	−1
Δ_2	−2	3	−2	2	−3

试求 L_1、L_2 的方差及协方差的估值。

1-1-13　设两段长度观测结果为 $S_1=600\ \text{m}\pm4\ \text{cm}$，$S_2=400\ \text{m}\pm3\ \text{cm}$，试计算两结果的和及差的中误差，并比较和及差哪个相对精度高。

1-1-14　在一平面三角形中，三内角中误差分别为 $\pm4''$、$\pm3''$、$\pm2''$，求此三角形三角和及三角形闭合差的中误差。

1-1-15　如图所示，已知相互独立的三个方向值 α_1、α_2、α_3 的方差均为 σ^2，试求角度 L_1、L_2、L_3 的方差及其协方差。

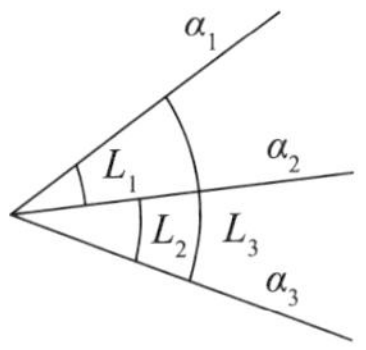

1-1-16　设有独立观测值 L_1、L_2，其方差分别为 σ_1^2、σ_2^2，若 $x=L_1+L_2$，$y=L_1-L_2$，试求 x、y 的方差及相关系数。

1-1-17　已知每个方向的中误差均为 m_t，试求 n 边形闭合差的限差（取 2 倍限差）。

1-1-18　已知 $\boldsymbol{A}=[a_1\quad a_2\quad \cdots\quad a_n]^{\mathrm{T}}$，$\boldsymbol{B}=[b_1\quad b_2\quad \cdots\quad b_n]^{\mathrm{T}}$，$\boldsymbol{C}=[c_1\quad c_2\quad \cdots\quad c_n]^{\mathrm{T}}$，$\boldsymbol{L}=[L_1\quad L_2\quad \cdots\quad L_n]^{\mathrm{T}}$，$\boldsymbol{x}=\boldsymbol{A}^{\mathrm{T}}\boldsymbol{L}$，$\boldsymbol{y}=\boldsymbol{B}^{\mathrm{T}}\boldsymbol{L}$，$\boldsymbol{z}=\boldsymbol{C}^{\mathrm{T}}\boldsymbol{L}$，式中，$\boldsymbol{A}$、$\boldsymbol{B}$、$\boldsymbol{C}$ 为已知向量，$L_i(i=1,\ 2,\ \cdots,\ n)$ 为相互独立观测值。

（1）若 L_i 的中误差均为 m，试求 m_x、m_y、m_z、m_{xy}、m_{xz}、m_{yz}；

（2）若 L_i 的中误差为 m_i，试求 m_x、m_y、m_z、m_{xy}、m_{xz}、m_{yz}。

1-1-19　已知一组观测值为 L_1、L_2、$\cdots$、L_n，其函数为 $x_1=a_1L_1+a_2L_2+\cdots+a_nL_n$，$x_2=b_1L_1+b_2L_2+\cdots+b_nL_n$，$\boldsymbol{L}=[L_1\quad L_2\quad \cdots\quad L_n]^{\mathrm{T}}$，$\boldsymbol{\Sigma}_{\boldsymbol{L}}=\boldsymbol{I}$。

（1）试求向量 $X=\begin{bmatrix}x_1\\x_2\end{bmatrix}$ 的协方差阵 $\boldsymbol{\Sigma}_{\boldsymbol{X}}$；

（2）若 $b_i=2a_i(i=1,\ 2,\ \cdots,\ n)$，试求 $|\boldsymbol{\Sigma}_{\boldsymbol{X}}|$ 及 $\rho_{x_1x_2}$。

1-1-20　已知 $\boldsymbol{X}=\begin{bmatrix}1&-1\\1&1\end{bmatrix}\boldsymbol{L}$，$\boldsymbol{Y}=\begin{bmatrix}2&-1\\-1&2\end{bmatrix}\boldsymbol{X}$，$\boldsymbol{\Sigma}_{\boldsymbol{L}}=\begin{bmatrix}2&1\\1&2\end{bmatrix}$，试求 $\boldsymbol{\Sigma}_{\boldsymbol{X}}$、$\boldsymbol{\Sigma}_{\boldsymbol{Y}}$、$\boldsymbol{\Sigma}_{\boldsymbol{XY}}$、$\boldsymbol{\Sigma}_{\boldsymbol{YX}}$、$\boldsymbol{\Sigma}_{\boldsymbol{XL}}$、$\boldsymbol{\Sigma}_{\boldsymbol{LY}}$、$\sigma_{x_1y_2}$，并指出 x_1、x_2 是否相关。

1-1-21　已知 $\boldsymbol{U}=\boldsymbol{AX}+\boldsymbol{BY}$，$\boldsymbol{V}=\boldsymbol{CX}+\boldsymbol{DZ}$，$\boldsymbol{A}$、$\boldsymbol{B}$、$\boldsymbol{C}$、$\boldsymbol{D}$ 为常系数矩阵，试给出：

（1）随机向量 $\boldsymbol{X}$、$\boldsymbol{Y}$、$\boldsymbol{Z}$ 互相独立时，$\boldsymbol{\Sigma}_{\boldsymbol{U}}$、$\boldsymbol{\Sigma}_{\boldsymbol{V}}$、$\boldsymbol{\Sigma}_{\boldsymbol{UX}}$、$\boldsymbol{\Sigma}_{\begin{bmatrix}\boldsymbol{U}\\\boldsymbol{V}\end{bmatrix}}$ 的表达式；

（2）随机向量 $\boldsymbol{X}$、$\boldsymbol{Y}$、$\boldsymbol{Z}$ 相关时，$\boldsymbol{\Sigma}_{\boldsymbol{U}}$、$\boldsymbol{\Sigma}_{\boldsymbol{V}}$、$\boldsymbol{\Sigma}_{\boldsymbol{UX}}$、$\boldsymbol{\Sigma}_{\begin{bmatrix}\boldsymbol{U}\\\boldsymbol{V}\end{bmatrix}}$ 的表达式。

1-1-22 已知 $W=A+B+C-180°$，A、B、C 相互独立且中误差均为 $\pm 3''$，W 的中误差为 $\pm 3\sqrt{3}''$，试求 $\hat{A}=A-\dfrac{W}{3}$ 的中误差 $m_{\hat{A}}$。

1-1-23 已知 $\hat{x}=\dfrac{1}{n}(L_1+L_2+\cdots+L_n)$，$L_i(i=1,\cdots,n)$ 独立等精度，设 $v_i=\hat{x}-L_i$，试证明 v_i 与 $\hat{x}$ 不相关。

1-1-24 在像片上的投影差改正公式为 $\delta=\dfrac{\Delta h}{H}\gamma$，式中，高差 Δh 的中误差为 m_h，像点至底点距离 γ 的中误差为 m_γ，航高 H 的中误差为 m_H，试给出投影差改正数 δ 的中误差表达式。

1-1-25 已知函数 $x=2L+10$，$y=x+L^2$，$z=x^2-y+L-14$，L 的中误差为 m_L，试求 m_x、m_y、m_z、m_{xy}、m_{xz}、m_{yz}。

1-1-26 已知 $\boldsymbol{L}=[L_1\quad L_2\quad L_3]^{\mathrm{T}}$，其协方差阵为 $\boldsymbol{\Sigma}_L=\begin{bmatrix}4 & 0 & 0\\ 0 & 3 & -1\\ 0 & -1 & 2\end{bmatrix}$，试求函数向量 $\boldsymbol{Z}=\begin{bmatrix}L_1^2\\ L_2L_3\end{bmatrix}$ 的协方差阵。

1-1-27 已知边长 s（以米为单位）和坐标方位角 α（以弧度为单位）的中误差为 m_s（以米为单位）和 m_α（以弧度为单位）。

（1）试推导坐标增量 $\Delta x=s\cos\alpha$ 和 $\Delta y=s\sin\alpha$ 的协方差阵表达式；

（2）若将坐标方位角中误差改为以角秒为单位，试重新写出（1）中协方差阵表达式。

1-1-28 设在三角形 ABC 中独立等精度观测了三个内角，中误差均为 $\pm 3''$，A、B 之间的已知边长为 $s_c=1\ 500.00$ m，$\hat{A}=A-\dfrac{W}{3}=40°10'30''$ 为将闭合差平均分配后得到的 A 角估值，同理，$\hat{B}=50°05'20''$，$\hat{C}=89°44'10''$，试求由分配闭合差之后的角度算得的边长 $\hat{s}_a$、$\hat{s}_b$ 及其协方差阵（$\rho=206\ 000$）。

1-1-29 已知某三角网中各角独立等精度，三角形闭合差分别为 $-3''$、$+4''$、$-5''$、$+4''$、$+8''$、$+9''$、$-6''$、$-6''$、$+5''$，试估计测角中误差。

1-1-30 设半测回方向观测值中误差为 μ，试求一测回角度中误差。

1-1-31 角度 α 是 4 个测回的中数，每测回中误差为 $\pm 8.0''$，角度 β 是 9 个测回的中数，每测回中误差为 $\pm 9.0''$，试求 $\gamma=\alpha+\beta$ 的中误差。

1-1-32 两水准点间的单程高差测量中，共设了 16 个测站，已知每一测站的高差是四个同精度水准仪观测结果的中数，此中数的中误差为 ± 2 mm，试求：

（1）单程高差的中误差；

（2）每一测站只用其中一台水准仪进行观测时单程高差的中误差。

1-1-33 水准测量中，已知 9 km 观测高差的中误差为 ± 27 mm，则每千米观测高差的中误差为多少？

1-1-34 若水准测量每站距离约为 100 m，每站观测高差中误差为 ± 1 mm，试求路线长约为 1 600 m 的高差的中误差。

1-1-35　已知水准测量中 10 km 观测高差的中误差为±2 mm，试求 5 km 观测高差的中误差。

1-1-36　用 30 m 长的卷尺丈量两点间的距离，得距离长分别为 179.24 m、179.35 m、179.34 m、179.22 m、179.14 m，试估求每尺段丈量结果的中误差。

1-1-37　设对某一段距离进行了独立等精度观测，观测结果为 183.563 m、183.560 m、183.568 m、183.564 m、183.575 m、183.572 m，欲使算术中数的精度提高到±1 mm，应增加约多少次观测？

1-1-38　在三角形 ABC 中，A、B 两角每测回中误差均为±4″，其中，A 角测了 2 测回。若要求由 A、B 算得的 C 角中误差 $|m_C|\leqslant 3''$，则 B 角至少要测多少测回？

1-1-39　如图所示，由两已知水准点 A、B 测高差确定 P 点高程，要求 P 点高程中误差 $|m_P|\leqslant 10$ mm，问每千米观测高差中误差应限制在什么范围？

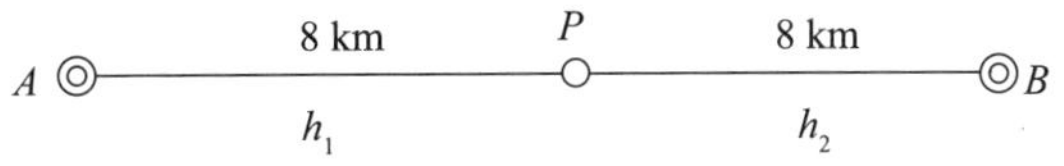

1-1-40　已知水准点 A 的高程中误差为±2 mm，每千米观测高差的中误差也为±2 mm，若由 A 点进行水准测量确定 P 点高程，要求 P 点高程中误差在±1 cm 以内，问至多可布设多长的水准路线？

1-1-41　二、三等三角测量的测角中误差分别为±1.0″和±1.8″，试解释规范中为什么规定它们的三角形闭合差应分别小于±3.5″和±7.0″。

1-1-42　对一个 9 边形闭合导线的每个内角均以±10″的中误差进行观测，问其内角和在什么范围内观测才算合限（2 倍限差）？

1-1-43　若每千米水准路线往返测高差的允许闭合差为±12 mm，问 4 km 路线往返高差的闭合差的绝对值应小于多少？

1-1-44　如下图所示，在高等级水准点 A、B（其高程视为无误差）间布设水准路线，路线长为 $s_1=2$ km，$s_2=6$ km，$s_3=4$ km，设每千米观测高差中误差为 $K=\pm 1.0$ mm，试求：

（1）将水准路线闭合差按距离配赋之后 P_1、P_2 两点间高差的中误差；

（2）配赋闭合差后所得 P_1、P_2 点高程中误差。

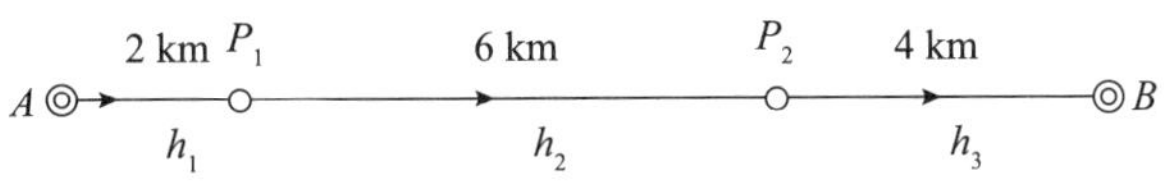

1-1-45　三角高程测量中，由大量实验资料得到 10 km 左右的边长，单向高差中误差约为 $m_{单}=\pm 0.37$ m，试解释：规范中为什么规定每条边往返测算得的高差较差不大于 1 m（2 倍限差）？

1-1-46　用尺长为 L 的钢尺丈量某段距离 S，共量了 9 个尺段。已知尺长检定中误差 $m_\lambda=\pm 2$ mm，一次丈量的中误差 $m_\Delta=\pm 4$ mm，试求：

（1）由尺长检定中误差引起的全长中误差；

（2）由丈量中误差引起的全长中误差；

（3）由尺长检定中误差和丈量中误差共同引起的全长中误差。

1-1-47 用 $L=50\ \text{m}\pm1\ \text{cm}$（$\pm1$ cm 为系统中误差）的钢尺丈量 A、B 之间的距离，往返各一次，得中数约为 $S_{AB}=400$ m，已知每尺段丈量中误差 $m_{\Delta}=\pm2$ cm，试求：

（1）A、B 间距离中数的中误差；

（2）A、B 间往返距离差值的限差（2 倍中误差）。

1-1-48 用尺长为 $50\ \text{m}\pm1\ \text{mm}$（$\pm1$ mm 为系统中误差）的钢尺，丈量得长方形的一条长边和一条短边，观测值约为 $a=200$ m，$b=100$ m，已知每尺段丈量中误差均为 ±3 mm，试求长方形周长及面积的中误差。

1-1-49 已知 $\boldsymbol{L}$ 的真误差向量为 $\underset{n\times1}{\boldsymbol{\delta}}=\underset{n\times1}{\boldsymbol{\Delta}}+\underset{n\times1}{\boldsymbol{\lambda}}$，$\boldsymbol{\Sigma}_{\Delta}=E(\boldsymbol{\Delta}\boldsymbol{\Delta}^{\mathrm{T}})$，其中，$\boldsymbol{\Delta}$ 为偶然误差向量，$\boldsymbol{\lambda}$ 为系统误差向量。现有 $\boldsymbol{L}$ 的两组线性函数为 $\left.\begin{aligned}\underset{t\times1}{\boldsymbol{U}}&=\underset{t\times n}{\boldsymbol{A}}\,\underset{n\times1}{\boldsymbol{L}}+\underset{t\times1}{\boldsymbol{A}_0}\\\underset{s\times1}{\boldsymbol{V}}&=\underset{s\times n}{\boldsymbol{B}}\,\underset{n\times1}{\boldsymbol{L}}+\underset{s\times1}{\boldsymbol{B}_0}\end{aligned}\right\}$，试推求 $\boldsymbol{\Sigma}_U=E(\boldsymbol{\delta}_U\boldsymbol{\delta}_U^{\mathrm{T}})$，$\boldsymbol{\Sigma}_{UV}=E(\boldsymbol{\delta}_U\boldsymbol{\delta}_V^{\mathrm{T}})$。

1-1-50 设三角形三个内角的中误差为 $m_A=\pm2''$，$m_B=\pm4''$，$m_C=\pm8''$，试确定三内角的权比。

1-1-51 导线网和边角网均有两类观测值：方向（或角度）和电磁波测距边，已知各方向独立等精度，中误差均为 $m_{\alpha}=\pm2.5''$，边长中误差的公式为 $m_s=\pm(a+bs)$（单位：mm）（式中，a 是与距离无关的误差部分，称为固定误差；b 是与距离有关的误差部分，称为比例误差，无单位）。现知某边长观测值 $s=2\ 185.061$ m，若 $a=2$ mm，$b=0.5\times10^{-6}$，试以方向观测值的中误差为单位权中误差，确定此边长的权。

1-1-52 若 A、B、C 为三个角的观测值，对应的权分别为 $\frac{1}{4}$、$\frac{1}{16}$、4，B 角的中误差为 $\pm8''$，试求：

（1）单位权中误差；

（2）A 角、C 角的中误差。

1-1-53 三角形中有两个角用同一经纬仪测了两测回，每测回的中误差均为 $\pm5''$，若第三个角用另一经纬仪测量，其每测回中误差为 $\pm10''$，则第三个角应测几测回才能与第一、二角的权相等。

1-1-54 已知三角形中 A 角观测了 9 测回，每一测回的中误差为 $\pm9''$，B 角观测了 4 测回，每一测回的中误差为 $\pm8''$，试求：

（1）C 角的中误差；

（2）单位权中误差取 $\mu=\pm60''$ 时三个角的权。

1-1-55 已知角度 $\gamma=\frac{1}{2}(\alpha-\beta)$，$\alpha$ 角观测了 4 次，每次观测中误差为 $\pm4''$，β 角观测了 16 次，每次观测中误差为 $\pm8''$。若将单位权中误差取为 $\pm4''$，试确定 γ 角的权。

1-1-56 某角度以每测回中误差为 $\pm3''$ 的精度观测了 9 测回，取其平均值的权为 1，试求单位权中误差。

1-1-57 设水准路线长 4 500 m 的高差之权为 4，则高差之权为 1 的水准路线长应为多少？路线长为 1 800 m 的高差之权又为多少？

1-1-58　三角高程测量中，已知 1 km 高差之权为 1，则 2 km、500 m 高差之权各为多少？

1-1-59　已知 L_1、L_2、L_3 的权分别为$\frac{1}{16}$、$\frac{1}{4}$、$\frac{1}{25}$，求函数 $z=\frac{1}{4}L_1+\frac{1}{2}L_2-\frac{1}{5}L_3+4$ 的权。

1-1-60　已知某 GPS 基线向量（两个空间位置点之间的三维坐标差向量）的协方差阵为 $\boldsymbol{\Sigma}=\begin{bmatrix}2.32\times10^{-7} & -5.10\times10^{-7} & -4.37\times10^{-7}\\ -5.10\times10^{-7} & 1.34\times10^{-6} & 1.11\times10^{-6}\\ -4.37\times10^{-7} & 1.11\times10^{-6} & 1.01\times10^{-6}\end{bmatrix}$ (m^2)，若取 $\mu=\pm2.98$ mm，试确定此基线向量的权阵及权逆阵。

1-1-61　已知观测向量 $\boldsymbol{L}=[L_1\quad L_2\quad L_3]^{\mathrm{T}}$ 的协方差阵为 $\boldsymbol{\Sigma_L}=\begin{bmatrix}2 & -1 & -1\\ -1 & 2 & 0\\ -1 & 0 & 3\end{bmatrix}$，若取 $\mu=\pm1$，试求 $\boldsymbol{Q_L}$、$\boldsymbol{P_L}$、p_{L_1}、p_{L_2}、p_{L_3}。

1-1-62　某点平面坐标 x、y 的中误差分别为±4.0 cm、±3.0 cm，试求出：

(1) 若 $m_{xy}=9.0$ (cm^2)，向量 $\boldsymbol{Z}=[x\quad y]^{\mathrm{T}}$ 的协方差阵和 x、y 的相关系数 ρ_{xy}；

(2) 若 $\rho_{xy}=-0.5$，$\boldsymbol{Z}$ 的协方差阵；

(3) 若 $\mu^2=9$ (cm^2)，(1) 和 (2) 中 $\boldsymbol{Z}$ 的权阵。

1-1-63　已知 $\boldsymbol{P_L}=\begin{bmatrix}3 & -2\\ -2 & 4\end{bmatrix}$，$\sigma_0^2=8$，试求 p_{L_1}、p_{L_2}、$\boldsymbol{Q_L}$、$\boldsymbol{\Sigma_L}$。

1-1-64　设 $\underset{3\times1}{\boldsymbol{Z}}=\begin{bmatrix}\underset{2\times1}{\boldsymbol{X}}\\ \underset{1\times1}{\boldsymbol{y}}\end{bmatrix}$ 的权阵为 $\boldsymbol{P_Z}=\begin{bmatrix}2 & 0 & -1\\ 0 & 2 & -1\\ -1 & -1 & 2\end{bmatrix}$，试求 $\boldsymbol{P_X}$、p_{x_1}、p_{x_2}、$\boldsymbol{Q_{Xy}}$、$p_{\boldsymbol{y}}$。

1-1-65　已知独立观测值 L_i 的权为 $p_i(i=1,2,\cdots,n)$，试求广义算术中数（或权中数）$\hat{x}=\dfrac{\sum_{i=1}^{n}p_iL_i}{\sum_{i=1}^{n}p_i}$ $\left(\text{或 }\hat{x}=\dfrac{[pL]}{[p]}\right)$的权。

1-1-66　三角形中，A 角观测了 3 测回，B 角观测了 2 测回，若每一测回的权均为 1，求 C 角的权。

1-1-67　设 v_i 由公式 $v_i=\hat{x}-L_i$ 计算，其中，$\hat{x}=\frac{1}{n}(L_1+L_2+\cdots+L_n)$，$\hat{x}$ 的权为 $p_{\hat{x}}$，$L_i(i=1,2,\cdots,n)$ 独立等精度，权为 p，试求 v_i 的权。

1-1-68　设 x、y 相互独立且权均为 p，试求函数 $z=xy$ 的权。

1-1-69　已知 $z=x+y$，$x=L^2$，$y=2L$，L 的权为 p，试求 x、y、z 的权及 p_{xy}。

1-1-70　已知 $\boldsymbol{X}=\begin{bmatrix}2 & 1\\ 1 & 1\end{bmatrix}\boldsymbol{L}$，$\boldsymbol{Y}=\begin{bmatrix}1 & -1\\ -1 & 1\end{bmatrix}\boldsymbol{X}$，$\boldsymbol{Q_L}=\begin{bmatrix}2 & -1\\ -1 & 2\end{bmatrix}$，试求 $\boldsymbol{Q_X}$、$\boldsymbol{Q_Y}$、

$\boldsymbol{Q}_{XL}$、$\boldsymbol{Q}_{XY}$、$\boldsymbol{Q}_{YX}$ 及 p_{x_1}、p_{y_2}，并给出 y_1、y_2 的相关系数。

1-1-71 如下图所示，各方向 $\alpha_i(i=1, 2, \cdots, 6)$ 为独立等精度观测值，试确定角度向量 $\boldsymbol{L}=[L_1\quad L_2\quad L_3]^{\mathrm{T}}$ 的权逆阵。

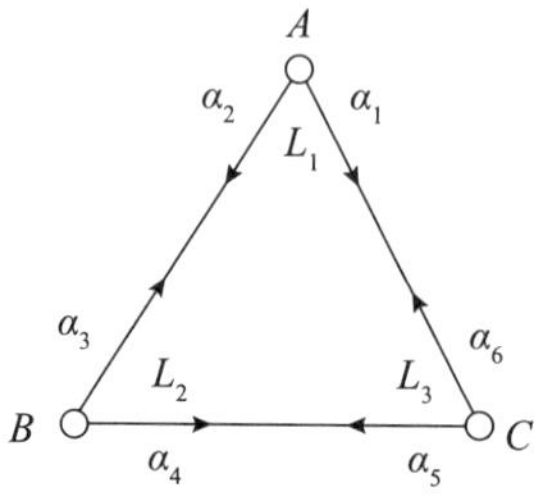

1-1-72 如下图所示，在测站 O 独立等精度观测了四个方向 $\alpha_i(i=1, 2, 3, 4)$，试确定角度向量 $\boldsymbol{L}_{\mathrm{I}}=[L_1\quad L_2\quad L_4]^{\mathrm{T}}$、$\boldsymbol{L}_{\mathrm{II}}=[L_1\quad L_2\quad L_5]^{\mathrm{T}}$、$\boldsymbol{L}_{\mathrm{III}}=[L_1\quad L_2\quad L_3\quad L_4]^{\mathrm{T}}$ 的权逆阵并指出它们是否可逆。

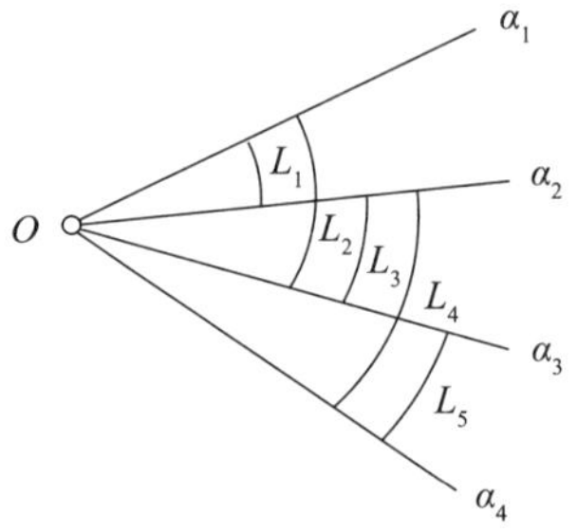

1-1-73 已知 $\boldsymbol{U}=\boldsymbol{AX}+\boldsymbol{BY}$，$\boldsymbol{V}=\boldsymbol{CX}+\boldsymbol{DZ}$，$\boldsymbol{A}$、$\boldsymbol{B}$、$\boldsymbol{C}$、$\boldsymbol{D}$ 为常系数矩阵，试分别给出向量 $\boldsymbol{X}$、$\boldsymbol{Y}$、$\boldsymbol{Z}$ 相互独立和相关时 $\boldsymbol{Q}_{\begin{bmatrix}\boldsymbol{U}\\ \boldsymbol{V}\end{bmatrix}}$ 的表达式。

1-1-74 试推导验前单位权中误差公式 $\mu=\pm\sqrt{\dfrac{\boldsymbol{\Delta}^{\mathrm{T}}\boldsymbol{P}_{\Delta}\boldsymbol{\Delta}}{n}}$，其中，$n$ 为真误差向量 $\boldsymbol{\Delta}$ 的维数，$\boldsymbol{P}_{\Delta}$ 为其权阵。

1-1-75 下表中 $d_i(i=1, 2, \cdots, 5)$ 为水准测量往返测之差，试求 1 km 单程观测高差中误差、第二段高差中数及全长高差中数的中误差。

序　号	1	2	3	4	5
d/cm	2	4	−2	−3	0
S/km	4	4	2	3	5

1-1-76 用系统中误差为±1 mm、最大刻度为 40 m 的钢尺往返丈量 A、B 间的距离各一次，得结果如下表，试求：

(1) 全长单程 $S_{\text{单}}$ 的中误差；

(2) 较差 $d_i=S_i^{\text{往}}-S_i^{\text{返}}$ 的限差（2 倍限差）。

单位：m

往或返	S_1	S_2	S_3	S_4
往	39.998	40.002	40.005	39.996
返	39.994	40.008	40.001	39.998

三、练习题答案

1-1-1　$m=\pm1.06''$；$t=\pm0.91''$或 $t\approx\frac{4}{5}m=\pm0.85''$；$\rho=\pm0.80''$或 $\rho\approx\frac{2}{3}m=\pm0.71''$。

说明：三角形闭合差是三角形内角和的真误差，用三角形闭合差计算的精度也是三角形内角和的精度。

1-1-2　$m=\pm5.1''$；$t=\pm4.7''$；$\rho=\pm4.5''$。

说明：由于观测值均来自相同的测量条件，故它们的中误差、平均误差、或然误差均为$\pm5.1''$、$\pm4.7''$、$\pm4.5''$。

1-1-3　(1) 闭合差落在区间 $[-0.5'', 0.5'']$ 内的个数为 3，频率为 3/28；闭合差落在区间 $[-1.0'', 1.0'']$ 内的个数为 17，频率为 17/28。

(2) $m=\pm1.15''$，$t=\pm1.03''$，$\rho\approx\frac{2}{3}m=0.77''$。

(3) $2m=\pm2.30''$，$|W_i|$均小于$|2m|$，无超限者。

1-1-4　由第Ⅰ组真误差计算可得 $m_{\mathrm{I}}=\pm\sqrt{2}$，第Ⅱ组真误差计算可得 $m_{\mathrm{II}}=\pm\sqrt{6}$，故第Ⅰ组观测值的精度高；第Ⅰ组每个观测值的精度均为 m_{I}。

1-1-5　±1 cm

1-1-6　$\pm0.4''$

1-1-7　±2.5 mm

1-1-8　(1) [−18 mm，18 mm]；(2) 1/72 498。

1-1-9　约±2.2 cm

1-1-10　(1) $\mathrm{MSE}(x)=\sigma_x^2+\beta^2$。

(2) 若 x 无偏时，$E(x)=\tilde{x}$，$\beta=0$，均方误差等于方差，即 $\mathrm{MSE}(x)=\sigma_x^2$；若 x 有偏时，$E(x)\neq\tilde{x}$，$\beta\neq0$，均方误差不等于方差，即 $\mathrm{MSE}(x)\neq\sigma_x^2$，此时方差小，但均方误差不一定也小。

(3) 对于 n 维随机列向量 $\boldsymbol{X}$，有

$$\mathrm{MSE}(\boldsymbol{X})=E\{(\boldsymbol{X}-\tilde{\boldsymbol{X}})^{\mathrm{T}}(\boldsymbol{X}-\tilde{\boldsymbol{X}})\}=E\left\{\sum_{i=1}^{n}(x_i-\tilde{x}_i)^2\right\}=\sum_{i=1}^{n}E\{(x_i-\tilde{x}_i)^2\}$$

$$=\sum_{i=1}^{n}E\{(x_i-E(x_i)+E(x_i)-\tilde{x}_i)^2\}$$

$$=\sum_{i=1}^{n}(\sigma_{x_i}^2+\beta_i^2)=\sum_{i=1}^{n}\sigma_{x_i}^2+\sum_{i=1}^{n}\beta_i^2$$
$$=\mathrm{tr}(\boldsymbol{\Sigma}_{\boldsymbol{X}})+\boldsymbol{\beta}^{\mathrm{T}}\boldsymbol{\beta}$$

式中，tr(•) 表示矩阵的迹；$\boldsymbol{\beta}=E(\boldsymbol{X})-\widetilde{\boldsymbol{X}}$。

说明：均方误差在现代平差方法（如有偏估计）中会用到。

1-1-11 ±0.5 mm

1-1-12 $m_1^2=2$，$m_2^2=6$，$m_{12}=-1.4$

1-1-13 $m_{和}=m_{差}=\pm 5$ cm；$\dfrac{m_{和}}{S_{和}}=\dfrac{0.05\ \text{m}}{1\ 000\ \text{m}}=\dfrac{1}{2\times 10^4}$，$\dfrac{m_{差}}{S_{差}}=\dfrac{0.05\ \text{m}}{200\ \text{m}}=\dfrac{1}{4\times 10^3}$，和的相对精度高。

1-1-14 均为$\pm\sqrt{29}''$

1-1-15 $\sigma_{L_1}^2=\sigma_{L_2}^2=\sigma_{L_3}^2=2\sigma^2$，$\sigma_{L_1L_2}=\sigma_{L_2L_1}=-\sigma^2$，$\sigma_{L_1L_3}=\sigma_{L_3L_1}=\sigma^2$，$\sigma_{L_2L_3}=\sigma_{L_3L_2}=\sigma^2$。

说明：相互独立的观测值，其函数值之间往往相关，若以这些函数值作为测量平差的观测值，这些函数值便为相关观测值。

1-1-16 $\sigma_x^2=\sigma_1^2+\sigma_2^2$，$\sigma_y^2=\sigma_1^2+\sigma_2^2$，$\sigma_{xy}=\sigma_1^2-\sigma_2^2$，$\rho_{xy}=\dfrac{\sigma_1^2-\sigma_2^2}{\sigma_1^2+\sigma_2^2}$

1-1-17 $2\sqrt{2n}m_t$

1-1-18 (1) $m_x=m\sqrt{\sum_{i=1}^{n}a_i^2}$，$m_y=m\sqrt{\sum_{i=1}^{n}b_i^2}$，$m_z=m\sqrt{\sum_{i=1}^{n}c_i^2}$，$m_{xy}=m^2\sum_{i=1}^{n}a_ib_i$，$m_{xz}=m^2\sum_{i=1}^{n}a_ic_i$，$m_{yz}=m^2\sum_{i=1}^{n}b_ic_i$；

(2) $m_x=\pm\sqrt{\sum_{i=1}^{n}a_i^2m_i^2}$，$m_y=\pm\sqrt{\sum_{i=1}^{n}b_i^2m_i^2}$，$m_z=\pm\sqrt{\sum_{i=1}^{n}c_i^2m_i^2}$，$m_{xy}=\sum_{i=1}^{n}a_ib_im_i^2$，$m_{xz}=\sum_{i=1}^{n}a_ic_im_i^2$，$m_{yz}=\sum_{i=1}^{n}b_ic_im_i^2$。

1-1-19 (1) $\boldsymbol{\Sigma}_{\boldsymbol{X}}=\begin{bmatrix}[aa] & [ab]\\ [ab] & [bb]\end{bmatrix}$；

(2) $|\boldsymbol{\Sigma}_{\boldsymbol{X}}|=0$，$\rho_{x_1x_2}=1$。

说明：当 $b_i=2a_i(i=1,2,\cdots,n)$ 时，$x_2=2x_1$，二者具有线性关系，故二者的相关系数为 1，$\boldsymbol{\Sigma}_{\boldsymbol{X}}$ 降秩。

1-1-20 $\boldsymbol{\Sigma}_{\boldsymbol{X}}=\begin{bmatrix}2 & 0\\ 0 & 6\end{bmatrix}$，$\boldsymbol{\Sigma}_{\boldsymbol{Y}}=\begin{bmatrix}14 & -16\\ -16 & 26\end{bmatrix}$，$\boldsymbol{\Sigma}_{\boldsymbol{XY}}=\begin{bmatrix}4 & -2\\ -6 & 12\end{bmatrix}$，$\boldsymbol{\Sigma}_{\boldsymbol{YX}}=\begin{bmatrix}4 & -6\\ -2 & 12\end{bmatrix}$，$\boldsymbol{\Sigma}_{\boldsymbol{XL}}=\begin{bmatrix}1 & -1\\ 3 & 3\end{bmatrix}$，$\boldsymbol{\Sigma}_{\boldsymbol{LY}}=\begin{bmatrix}-1 & 5\\ -5 & 7\end{bmatrix}$，$\sigma_{x_1y_2}=-2$，$x_1$、$x_2$ 不相关。

1-1-21　（1）$\boldsymbol{\Sigma}_U=\boldsymbol{A\Sigma}_X\boldsymbol{A}^{\mathrm{T}}+\boldsymbol{B\Sigma}_Y\boldsymbol{B}^{\mathrm{T}}$，$\boldsymbol{\Sigma}_V=\boldsymbol{C\Sigma}_X\boldsymbol{C}^{\mathrm{T}}+\boldsymbol{D\Sigma}_Z\boldsymbol{D}^{\mathrm{T}}$，$\boldsymbol{\Sigma}_{UX}=\boldsymbol{A\Sigma}_X$，$\boldsymbol{\Sigma}_{\begin{bmatrix}U\\V\end{bmatrix}}=\begin{bmatrix}\boldsymbol{A\Sigma}_X\boldsymbol{A}^{\mathrm{T}}+\boldsymbol{B\Sigma}_Y\boldsymbol{B}^{\mathrm{T}} & \boldsymbol{A\Sigma}_X\boldsymbol{C}^{\mathrm{T}}\\ \boldsymbol{C\Sigma}_X\boldsymbol{A}^{\mathrm{T}} & \boldsymbol{C\Sigma}_X\boldsymbol{C}^{\mathrm{T}}+\boldsymbol{D\Sigma}_Z\boldsymbol{D}^{\mathrm{T}}\end{bmatrix}$；

（2）$\boldsymbol{\Sigma}_U=\boldsymbol{A\Sigma}_X\boldsymbol{A}^{\mathrm{T}}+\boldsymbol{A\Sigma}_{XY}\boldsymbol{B}^{\mathrm{T}}+\boldsymbol{B\Sigma}_Y\boldsymbol{B}^{\mathrm{T}}+\boldsymbol{B\Sigma}_{YX}\boldsymbol{A}^{\mathrm{T}}$，$\boldsymbol{\Sigma}_V=\boldsymbol{C\Sigma}_X\boldsymbol{C}^{\mathrm{T}}+\boldsymbol{C\Sigma}_{XZ}\boldsymbol{D}^{\mathrm{T}}+\boldsymbol{D\Sigma}_Z\boldsymbol{D}^{\mathrm{T}}+\boldsymbol{D\Sigma}_{ZX}\boldsymbol{C}^{\mathrm{T}}$，$\boldsymbol{\Sigma}_{UX}=\boldsymbol{A\Sigma}_X+\boldsymbol{B\Sigma}_{YX}$，$\boldsymbol{\Sigma}_{\begin{bmatrix}U\\V\end{bmatrix}}=\begin{bmatrix}\boldsymbol{A\Sigma}_X\boldsymbol{A}^{\mathrm{T}}+\boldsymbol{A\Sigma}_{XY}\boldsymbol{B}^{\mathrm{T}}+\boldsymbol{B\Sigma}_Y\boldsymbol{B}^{\mathrm{T}}+\boldsymbol{B\Sigma}_{YX}\boldsymbol{A}^{\mathrm{T}} & \boldsymbol{A\Sigma}_X\boldsymbol{C}^{\mathrm{T}}+\boldsymbol{A\Sigma}_{XZ}\boldsymbol{D}^{\mathrm{T}}+\boldsymbol{B\Sigma}_{YX}\boldsymbol{C}^{\mathrm{T}}+\boldsymbol{B\Sigma}_{YZ}\boldsymbol{D}^{\mathrm{T}}\\ \boldsymbol{C\Sigma}_X\boldsymbol{A}^{\mathrm{T}}+\boldsymbol{C\Sigma}_{XY}\boldsymbol{B}^{\mathrm{T}}+\boldsymbol{D\Sigma}_{ZX}\boldsymbol{A}^{\mathrm{T}}+\boldsymbol{D\Sigma}_{ZY}\boldsymbol{B}^{\mathrm{T}} & \boldsymbol{C\Sigma}_X\boldsymbol{C}^{\mathrm{T}}+\boldsymbol{C\Sigma}_{XZ}\boldsymbol{D}^{\mathrm{T}}+\boldsymbol{D\Sigma}_Z\boldsymbol{D}^{\mathrm{T}}+\boldsymbol{D\Sigma}_{ZX}\boldsymbol{C}^{\mathrm{T}}\end{bmatrix}$。

说明：协方差阵的传播具有规律性，不仅要能够熟练进行推导，还应该在理解规律性的基础上，具备能够直接写出结果的能力。

1-1-22　$m_{\hat{A}}=\sqrt{6}''$

1-1-23　证明：将 $\hat{x}$ 的表达式代入 v_i，得

$$v_i=\hat{x}-L_i=\frac{1}{n}L_1+\cdots+\frac{1}{n}L_{i-1}+\frac{1-n}{n}L_i+\frac{1}{n}L_{i+1}+\cdots\frac{1}{n}L_n$$

由于 $L_i(i=1,2,\cdots,n)$ 独立等精度，故可设观测值向量 $\boldsymbol{L}$ 的协方差矩阵为 $\boldsymbol{\Sigma}_L=\sigma^2\boldsymbol{I}$，于是有

$$\sigma_{v_i\hat{x}}=\begin{bmatrix}\frac{1}{n} & \cdots & \frac{1}{n} & \frac{1-n}{n} & \frac{1}{n} & \cdots & \frac{1}{n}\end{bmatrix}\boldsymbol{\Sigma}_L\begin{bmatrix}\frac{1}{n}\\ \frac{1}{n}\\ \vdots\\ \frac{1}{n}\end{bmatrix}=\sigma^2\left[(n-1)\times\frac{1}{n^2}+\frac{1-n}{n^2}\right]=0$$

可见，v_i 与 $\hat{x}$ 互不相关。

1-1-24　$m_\delta=\pm\dfrac{1}{|H|}\sqrt{\gamma^2m_h^2+(\Delta h)^2m_\gamma^2+\delta^2m_H^2}$

1-1-25　$m_x=2m_L$，$m_y=2(L+1)m_L$，$m_z=3(2L+13)m_L$，$m_{xy}=4(L+1)m_L^2$，$m_{xz}=6(2L+13)m_L^2$，$m_{yz}=6(2L^2+15L+13)m_L^2$

1-1-26　$\boldsymbol{\Sigma}_Z=\begin{bmatrix}16L_1^2 & 0\\ 0 & 2L_2^2-2L_2L_3+3L_3^2\end{bmatrix}$

1-1-27　（1）$\boldsymbol{\Sigma}_{\begin{bmatrix}\Delta x\\ \Delta y\end{bmatrix}}=\begin{bmatrix}m_s^2\left(\dfrac{\Delta x}{s}\right)^2+m_\alpha^2(\Delta y)^2 & (m_s^2-m_\alpha^2s^2)\dfrac{\Delta x\Delta y}{s^2}\\ (m_s^2-m_\alpha^2s^2)\dfrac{\Delta x\Delta y}{s^2} & m_s^2\left(\dfrac{\Delta y}{s}\right)^2+m_\alpha^2(\Delta x)^2\end{bmatrix}(\mathrm{m}^2)$；

（2）$\boldsymbol{\Sigma}_{\begin{bmatrix}\Delta x\\ \Delta y\end{bmatrix}}=\begin{bmatrix}m_s^2\left(\dfrac{\Delta x}{s}\right)^2+\left(\dfrac{m''_\alpha}{\rho''}\right)^2(\Delta y)^2 & \left(m_s^2-\left(\dfrac{m''_\alpha}{\rho''}\right)^2s^2\right)\dfrac{\Delta x\Delta y}{s^2}\\ \left(m_s^2-\left(\dfrac{m''_\alpha}{\rho''}\right)^2s^2\right)\dfrac{\Delta x\Delta y}{s^2} & m_s^2\left(\dfrac{\Delta y}{s}\right)^2+\left(\dfrac{m''_\alpha}{\rho''}\right)^2(\Delta x)^2\end{bmatrix}(\mathrm{m}^2)$。

1-1-28 $\begin{bmatrix}\hat{s}_a\\\hat{s}_b\end{bmatrix}\approx\begin{bmatrix}967.70\\1150.57\end{bmatrix}$ (m)，$\boldsymbol{\Sigma}_{\begin{bmatrix}\hat{s}_a\\\hat{s}_b\end{bmatrix}}\approx\begin{bmatrix}1.9 & -0.8\\-0.8 & 1.3\end{bmatrix}$ (cm^2)

1-1-29 $m\approx\pm3.4''$

1-1-30 μ

1-1-31 $m_\gamma=\pm5.0''$

1-1-32 (1) ±8 mm；(2) ±16 mm。

1-1-33 ±9 mm

1-1-34 ±4 mm

1-1-35 $\pm\sqrt{2}$ mm

1-1-36 约±3.6 cm

1-1-37 27

1-1-38 16

1-1-39 ±5 mm 以内

1-1-40 24 km

1-1-41 略。提示：取 2 倍中误差作为限差，考虑角度观测中可能存在系统误差后进行适当放大得到。

1-1-42 [1 259°59′，1 260°01′]

1-1-43 24 mm

1-1-44 (1) $\pm\sqrt{3}$ mm；(2) $m_{\hat{H}_{P_1}}=\pm\sqrt{\frac{5}{3}}$ mm，$m_{\hat{H}_{P_2}}=\pm2\sqrt{\frac{2}{3}}$ mm。

1-1-45 略

1-1-46 (1) ±18 mm；(2) ±12 mm；(3) $\pm6\sqrt{13}$ mm。

1-1-47 (1) $\pm4\sqrt{5}$ cm；(2) ±16 cm。

1-1-48 $m_l=\pm6\sqrt{10}$ mm，$m_S=\pm\sqrt{1.72}$ m^2

1-1-49 $\boldsymbol{\Sigma}_U=\boldsymbol{A}\boldsymbol{\Sigma}_\Delta\boldsymbol{A}^T+\boldsymbol{A}\boldsymbol{\lambda}\boldsymbol{\lambda}^T\boldsymbol{A}^T$，$\boldsymbol{\Sigma}_{UV}=\boldsymbol{A}\boldsymbol{\Sigma}_\Delta\boldsymbol{B}^T+\boldsymbol{A}\boldsymbol{\lambda}\boldsymbol{\lambda}^T\boldsymbol{B}^T$

1-1-50 $p_A:p_B:p_C=16:4:1$

1-1-51 约±0.7 $('')^2/mm^2$

1-1-52 (1) ±2″；(2) $m_A=\pm4''$，$m_C=\pm1''$。

1-1-53 8 测回

1-1-54 (1) $m_C=\pm5''$；(2) $p_A=400$，$p_B=225$，$p_C=144$。

1-1-55 $p_\gamma=8$

1-1-56 ±1″

1-1-57 18 km，10

1-1-58 0.25，4

1-1-59 $p_z=\frac{1}{3}$

1-1-60 $\boldsymbol{P}=\begin{bmatrix}249.724 & 61.824 & 40.104\\ 61.824 & 89.248 & -71.335\\ 40.104 & -71.335 & 104.542\end{bmatrix}$，$\boldsymbol{Q}=\begin{bmatrix}0.026 & -0.057 & -0.049\\ -0.057 & 0.151 & 0.125\\ -0.049 & 0.125 & 0.114\end{bmatrix}$

1-1-61 $\boldsymbol{Q}_L=\begin{bmatrix}2 & -1 & -1\\ -1 & 2 & 0\\ -1 & 0 & 3\end{bmatrix}$，$\boldsymbol{P}_L=\frac{1}{7}\begin{bmatrix}6 & 3 & 2\\ 3 & 5 & 1\\ 2 & 1 & 3\end{bmatrix}$，$p_{L_1}=\frac{1}{2}$，$p_{L_2}=\frac{1}{2}$，$p_{L_3}=\frac{1}{3}$

1-1-62 （1）$\boldsymbol{\Sigma}_Z=\begin{bmatrix}16 & 9\\ 9 & 9\end{bmatrix}$（$\mathrm{cm}^2$），$\rho_{xy}=\frac{3}{4}$；（2）$\boldsymbol{\Sigma}_Z=\begin{bmatrix}16 & -6\\ -6 & 9\end{bmatrix}$（$\mathrm{cm}^2$）；

（3）$\boldsymbol{P}_Z=\frac{1}{7}\begin{bmatrix}9 & -9\\ -9 & 16\end{bmatrix}$，$\boldsymbol{P}_Z=\frac{1}{12}\begin{bmatrix}9 & 6\\ 6 & 16\end{bmatrix}$。

1-1-63 $p_{L_1}=2$，$p_{L_2}=\frac{8}{3}$，$\boldsymbol{Q}_L=\frac{1}{8}\begin{bmatrix}4 & 2\\ 2 & 3\end{bmatrix}$，$\boldsymbol{\Sigma}_L=\begin{bmatrix}4 & 2\\ 2 & 3\end{bmatrix}$

1-1-64 $\boldsymbol{P}_X=\frac{1}{2}\begin{bmatrix}3 & -1\\ -1 & 3\end{bmatrix}$，$p_{x_1}=p_{x_2}=\frac{4}{3}$，$\boldsymbol{Q}_{Xy}=\frac{1}{2}\begin{bmatrix}1\\ 1\end{bmatrix}$，$p_y=1$

1-1-65 $p_{\hat{x}}=[p]$

1-1-66 $p_C=1.2$

1-1-67 $p_{v_i}=\frac{n}{n-1}p$

1-1-68 $p_z=\frac{p}{x^2+y^2}$

1-1-69 $p_x=\frac{p}{4L^2}$，$p_y=\frac{p}{4}$，$p_z=\frac{p}{4(L+1)^2}$，$p_{xy}=\frac{p}{4L}$

1-1-70 $\boldsymbol{Q}_X=\begin{bmatrix}6 & 3\\ 3 & 2\end{bmatrix}$，$\boldsymbol{Q}_Y=\begin{bmatrix}2 & -2\\ -2 & 2\end{bmatrix}$，$\boldsymbol{Q}_{XL}=\begin{bmatrix}3 & 0\\ 1 & 1\end{bmatrix}$，$\boldsymbol{Q}_{XY}=\begin{bmatrix}3 & -3\\ 1 & -1\end{bmatrix}$，

$\boldsymbol{Q}_{YX}=\begin{bmatrix}3 & 1\\ -3 & -1\end{bmatrix}$，$p_{x_1}=\frac{1}{6}$，$p_{y_2}=\frac{1}{2}$，$\rho_{y_1y_2}=-1$

1-1-71 可取 $\boldsymbol{P}_\alpha=\boldsymbol{I}$，则 $\boldsymbol{Q}_L=2\boldsymbol{I}$。

说明：此题答案不唯一。

1-1-72 $\boldsymbol{L}_{\mathrm{I}}$、$\boldsymbol{L}_{\mathrm{II}}$满秩可逆，$\boldsymbol{L}_{\mathrm{III}}$降秩不可逆。

1-1-73 独立时，$\boldsymbol{Q}_{\begin{bmatrix}U\\ V\end{bmatrix}}=\begin{bmatrix}\boldsymbol{AQ}_X\boldsymbol{A}^{\mathrm{T}}+\boldsymbol{BQ}_Y\boldsymbol{B}^{\mathrm{T}} & \boldsymbol{AQ}_X\boldsymbol{C}^{\mathrm{T}}\\ \boldsymbol{CQ}_X\boldsymbol{A}^{\mathrm{T}} & \boldsymbol{CQ}_X\boldsymbol{C}^{\mathrm{T}}+\boldsymbol{DQ}_Z\boldsymbol{D}^{\mathrm{T}}\end{bmatrix}$；相关时，$\boldsymbol{Q}_{\begin{bmatrix}U\\ V\end{bmatrix}}=$

$\begin{bmatrix}\boldsymbol{AQ}_X\boldsymbol{A}^{\mathrm{T}}+\boldsymbol{AQ}_{XY}\boldsymbol{B}^{\mathrm{T}}+\boldsymbol{BQ}_Y\boldsymbol{B}^{\mathrm{T}}+\boldsymbol{BQ}_{YX}\boldsymbol{A}^{\mathrm{T}} & \boldsymbol{AQ}_X\boldsymbol{C}^{\mathrm{T}}+\boldsymbol{AQ}_{XZ}\boldsymbol{D}^{\mathrm{T}}+\boldsymbol{BQ}_{YX}\boldsymbol{C}^{\mathrm{T}}+\boldsymbol{BQ}_{YZ}\boldsymbol{D}^{\mathrm{T}}\\ \boldsymbol{CQ}_X\boldsymbol{A}^{\mathrm{T}}+\boldsymbol{CQ}_{XY}\boldsymbol{B}^{\mathrm{T}}+\boldsymbol{DQ}_{ZX}\boldsymbol{A}^{\mathrm{T}}+\boldsymbol{DQ}_{ZY}\boldsymbol{B}^{\mathrm{T}} & \boldsymbol{CQ}_X\boldsymbol{C}^{\mathrm{T}}+\boldsymbol{CQ}_{XZ}\boldsymbol{D}^{\mathrm{T}}+\boldsymbol{DQ}_Z\boldsymbol{D}^{\mathrm{T}}+\boldsymbol{DQ}_{ZX}\boldsymbol{C}^{\mathrm{T}}\end{bmatrix}$。

说明：权逆阵的传播具有规律性，与协方差阵的传播规律性相同，应该在理解规律性的基础上，具备能够直接写出结果的能力。

1-1-74 由权阵的定义知

$$\boldsymbol{P}_\Delta=\sigma_0^2\boldsymbol{\Sigma}_\Delta^{-1}$$

上式两端右乘 $\boldsymbol{\Sigma}_\Delta=E(\boldsymbol{\Delta\Delta}^{\mathrm{T}})$ 得

$$E(\boldsymbol{P}_{\Delta}\boldsymbol{\Delta}\boldsymbol{\Delta}^{\mathrm{T}})=\sigma_0^2\underset{n\times n}{\boldsymbol{I}}$$

再对上式两端取迹，有

$$\mathrm{tr}(E(\boldsymbol{P}_{\Delta}\boldsymbol{\Delta}\boldsymbol{\Delta}^{\mathrm{T}}))=E(\mathrm{tr}(\underbrace{\boldsymbol{P}_{\Delta}\boldsymbol{\Delta}}_{n\times1}\underbrace{\boldsymbol{\Delta}^{\mathrm{T}}}_{1\times n}))=E(\mathrm{tr}(\underbrace{\boldsymbol{\Delta}^{\mathrm{T}}}_{1\times n}\underbrace{\boldsymbol{P}_{\Delta}\boldsymbol{\Delta}}_{n\times1}))=E(\boldsymbol{\Delta}^{\mathrm{T}}\boldsymbol{P}_{\Delta}\boldsymbol{\Delta})$$

$$\sigma_0^2\mathrm{tr}(\underset{n\times n}{\boldsymbol{I}})=n\sigma_0^2$$

两式相等，故

$$\sigma_0^2=\frac{E(\boldsymbol{\Delta}^{\mathrm{T}}\boldsymbol{P}_{\Delta}\boldsymbol{\Delta})}{n}$$

将去掉数学期望后得到的无偏估值记为μ^2，于是得

$$\mu=\pm\sqrt{\frac{\boldsymbol{\Delta}^{\mathrm{T}}\boldsymbol{P}_{\Delta}\boldsymbol{\Delta}}{n}}$$

1-1-75 $\mu=\pm1$ cm，$m_{2中}=\pm\sqrt{2}$ cm，$m_{全长中}=\pm3$ cm

1-1-76 （1）$m_{S_{单}}=\pm2\sqrt{13}$ mm；（2）$d_{i限}=\pm6\sqrt{2}$ mm。

第二章　参数平差

一、内容解析

参数平差是五种基本平差方法中应用较早的平差方法，因其解算规律性强，易于编程，也是目前测量数据处理中应用最广泛的平差方法。各种平差方法均符合测量平差的定义，是测量平差定义的具体化。参数平差选取与观测值有一定关系的未知量作为参数，列出所有观测值与这些未知参数之间的关系式，然后依据最小二乘原理，解出包括未知参数在内的有关量的平差值，并做出相应的精度评定。由于所选取的参数常常不是直接观测量，所以又称间接平差。

（一）地位与作用

学好参数平差，是进一步学好其他平差方法的重要基础，也是灵活进行实际数据处理的基础。围绕课程主线，本章主要介绍参数平差的相关内容。

（二）知识点汇总

本章知识点及说明见表 1-2-1，主要包括参数平差的数学模型、估计准则、基本推导、方法应用四个方面。关于参数平差的方法扩展、模型检验则分别放在第一部分第四章和第五章介绍。

表 1-2-1　参数平差在本章中的知识点及说明

数学模型	函数模型	具体化为观测方程或误差方程，是参数平差公式推导和应用的基础。需要深刻理解观测方程和误差方程的细节，如未知参数如何选取，误差方程如何列立，非线性误差方程如何线性化等
	随机模型	见第一部分第一章
估计准则	最小二乘原理	见第一部分绪论和第一章
基本推导	平差值公式	重要推导为法方程的推导。需要深刻理解法方程的细节，如法方程式个数、法矩阵性质、观测值相互独立时组成法方程的快速算法等
	精度估计公式	包括验后单位权中误差公式推导和有关量权逆阵的公式推导，与第一部分第一章内容关系密切。所有公式不仅要能够熟练推导，还应掌握规律性结论
方法应用	需要深刻理解参数平差原理，熟练掌握参数平差计算步骤。具体应用有一个量独立观测结果的平差、测站平差、水准网平差、平面控制网平差、GNSS 向量网平差、曲面拟合等，本书第三部分的编程计算包含了后三个应用的简单案例	

（三）强化与拓展

1. 函数模型

函数模型既可以用观测方程又可以用误差方程表示，二者具有明确的书写转换关系；前者常用于理论推导，后者常用于求解计算。实际问题中，非线性观测方程和误差方程更为普遍。

1）函数模型1——线性模型（不输入未知参数近似值）

观测方程
$$\underset{n\times1}{\widetilde{\boldsymbol{L}}}=\underset{n\times t}{\boldsymbol{A}}\underset{t\times1}{\boldsymbol{X}}+\underset{n\times1}{\boldsymbol{D}},\ \mathrm{rk}(\underset{n\times t}{\boldsymbol{A}})=t \tag{1-2-1}$$

误差方程
$$\underset{n\times1}{\hat{\boldsymbol{L}}}=\underset{n\times t}{\boldsymbol{A}}\underset{t\times1}{\hat{\boldsymbol{X}}}+\underset{n\times1}{\boldsymbol{D}},\ \mathrm{rk}(\underset{n\times t}{\boldsymbol{A}})=t \tag{1-2-2}$$

顾及
$$\widetilde{\boldsymbol{L}}=\boldsymbol{L}-\boldsymbol{\Delta} \tag{1-2-3}$$
$$\hat{\boldsymbol{L}}=\boldsymbol{L}+\boldsymbol{V} \tag{1-2-4}$$

则式（1-2-1）、式（1-2-2）分别等价于

观测方程
$$-\underset{n\times1}{\boldsymbol{\Delta}}=\underset{n\times t}{\boldsymbol{A}}\underset{t\times1}{\boldsymbol{X}}+\underset{n\times1}{\boldsymbol{l}},\ \underset{n\times1}{\boldsymbol{l}}=\underset{n\times1}{\boldsymbol{D}}-\underset{n\times1}{\boldsymbol{L}},\ \mathrm{rk}(\underset{n\times t}{\boldsymbol{A}})=t \tag{1-2-5}$$

误差方程
$$\underset{n\times1}{\boldsymbol{V}}=\underset{n\times t}{\boldsymbol{A}}\underset{t\times1}{\hat{\boldsymbol{X}}}+\underset{n\times1}{\boldsymbol{l}},\ \underset{n\times1}{\boldsymbol{l}}=\underset{n\times1}{\boldsymbol{D}}-\underset{n\times1}{\boldsymbol{L}},\ \mathrm{rk}(\underset{n\times t}{\boldsymbol{A}})=t \tag{1-2-6}$$

模型中，n 为观测值个数，t 为必要观测数；$\widetilde{\boldsymbol{L}}$、$\hat{\boldsymbol{L}}$ 分别为观测值向量 $\boldsymbol{L}$ 的真值、平差值；$\boldsymbol{X}$、$\hat{\boldsymbol{X}}$ 分别为未知参数向量的真值、平差值，未知参数要求足数（个数等于 t）和函数独立（参数间不构成函数关系），满足此原则下选取的参数可以不同；$\boldsymbol{A}$ 为系数矩阵，有时也称为设计矩阵，必须为列满秩矩阵（矩阵的秩等于矩阵的列数）；$\boldsymbol{D}$ 为常数向量，在具体应用的特殊情况下可能为0；$\boldsymbol{l}$ 称为自由项向量。

对比以上观测方程和误差方程，它们的书写转换关系为：$\hat{\boldsymbol{L}}$ 和 $\widetilde{\boldsymbol{L}}$ 相互代替，$\hat{\boldsymbol{X}}$ 和 $\boldsymbol{X}$ 相互代替，$\boldsymbol{V}$ 和 $-\boldsymbol{\Delta}$ 相互代替。注意，代替不意味相等。

观测值真值和参数真值之间没有矛盾，它们之间的函数关系式（理论关系式）也是平差值之间必须满足的关系式，这就是通过参数平差可以消除矛盾的含义。

2）函数模型2——线性模型（输入未知参数近似值）

很多情况下，为模型1中的未知参数赋以近似值 $\boldsymbol{X}_0$（选取的常数）更能方便计算，此时，未知参数的未知性相应转换为对应的改正数，即
$$\boldsymbol{X}=\boldsymbol{X}_0+\delta\boldsymbol{X} \tag{1-2-7}$$
$$\hat{\boldsymbol{X}}=\boldsymbol{X}_0+\delta\hat{\boldsymbol{X}} \tag{1-2-8}$$

代入式（1-2-1）、式（1-2-2）并顾及式（1-2-3）、式（1-2-4），可得

观测方程
$$-\underset{n\times1}{\boldsymbol{\Delta}}=\underset{n\times t}{\boldsymbol{A}}\underset{t\times1}{\delta\boldsymbol{X}}+\underset{n\times1}{\boldsymbol{l}},\ \underset{n\times1}{\boldsymbol{l}}=\underset{n\times t}{\boldsymbol{A}}\underset{t\times1}{\boldsymbol{X}_0}+\underset{n\times1}{\boldsymbol{D}}-\underset{n\times1}{\boldsymbol{L}},\ \mathrm{rk}(\underset{n\times t}{\boldsymbol{A}})=t \tag{1-2-9}$$

误差方程
$$\underset{n\times1}{\boldsymbol{V}}=\underset{n\times t}{\boldsymbol{A}}\underset{t\times1}{\delta\hat{\boldsymbol{X}}}+\underset{n\times1}{\boldsymbol{l}},\ \underset{n\times1}{\boldsymbol{l}}=\underset{n\times t}{\boldsymbol{A}}\underset{t\times1}{\boldsymbol{X}_0}+\underset{n\times1}{\boldsymbol{D}}-\underset{n\times1}{\boldsymbol{L}},\ \mathrm{rk}(\underset{n\times t}{\boldsymbol{A}})=t \tag{1-2-10}$$

该两式为模型2中的观测方程和误差方程。要注意的是，其自由项仍采用了 $\boldsymbol{l}$ 表示，但与模型1中 $\boldsymbol{l}$ 的表达式不同。

模型2的观测方程和误差方程对应的书写转换关系为：$\delta\hat{\boldsymbol{X}}$ 和 $\delta\boldsymbol{X}$ 相互代替，$\boldsymbol{V}$ 和 $-\boldsymbol{\Delta}$ 相互代替。

3）函数模型 3——非线性模型

观测方程
$$\underset{n\times1}{\widetilde{\boldsymbol{L}}}=f(\underset{t\times1}{\boldsymbol{X}}) \tag{1-2-11}$$

误差方程
$$\underset{n\times1}{\hat{\boldsymbol{L}}}=f(\underset{t\times1}{\hat{\boldsymbol{X}}}) \tag{1-2-12}$$

或

观测方程
$$-\underset{n\times1}{\boldsymbol{\Delta}}=f(\underset{t\times1}{\boldsymbol{X}})-\underset{n\times1}{\boldsymbol{L}} \tag{1-2-13}$$

误差方程
$$\underset{n\times1}{\boldsymbol{V}}=f(\underset{t\times1}{\hat{\boldsymbol{X}}})-\underset{n\times1}{\boldsymbol{L}} \tag{1-2-14}$$

测量平差关于线性函数模型有成熟的理论体系，而对于非线性函数模型，总是将其线性化后再进行求解。模型 2 中的 $\boldsymbol{X}_0$ 理论上可以任意选取且不会改变 $\hat{\boldsymbol{X}}$ 的解，但对于模型 3，线性化时必须选取 $\boldsymbol{X}_0$，为了尽可能减小线性化带来的误差，要求 $\boldsymbol{X}_0$ 越接近其理论值越好。实用中，通常将 $\boldsymbol{X}_0$ 取为观测值或观测值的函数值，一般能够有较好的近似。

设参数近似值为 $\boldsymbol{X}_0$，对式（1-2-14）进行线性化，即按泰勒级数展开仅取至一次项为

$$\begin{aligned}\boldsymbol{V}&=f(\hat{\boldsymbol{X}})-\boldsymbol{L}=f(\boldsymbol{X}_0+\delta\hat{\boldsymbol{X}})-\boldsymbol{L}\\&\approx f(\boldsymbol{X}_0)+\left(\frac{\mathrm{d}f}{\mathrm{d}\hat{\boldsymbol{X}}}\right)_{\hat{\boldsymbol{X}}=\boldsymbol{X}_0}\delta\hat{\boldsymbol{X}}-\boldsymbol{L}=\underset{n\times t}{\boldsymbol{A}}\,\underset{t\times1}{\delta\hat{\boldsymbol{X}}}+\underset{n\times1}{\boldsymbol{l}}\end{aligned} \tag{1-2-15}$$

其中，$\boldsymbol{A}=\left(\frac{\mathrm{d}f}{\mathrm{d}\hat{\boldsymbol{X}}}\right)_{\hat{\boldsymbol{X}}=\boldsymbol{X}_0}$ 表示导数矩阵在 $\boldsymbol{X}_0$ 处取值，自由项向量 $\boldsymbol{l}=f(\boldsymbol{X}_0)-\boldsymbol{L}$。可见，模型 3 线性化后与模型 2 的误差方程在形式上完全相同，故接下来便可使用模型 2 的求解公式。

以上用矩阵形式表达的线性化，便于原理说明，实际计算中，为得到 $\boldsymbol{A}=\left(\frac{\mathrm{d}f}{\mathrm{d}\hat{\boldsymbol{X}}}\right)_{\hat{\boldsymbol{X}}=\boldsymbol{X}_0}$ 和 $\boldsymbol{l}=f(\boldsymbol{X}_0)-\boldsymbol{L}$ 的具体元素值，通常会对每个非线性误差方程式分别进行线性化。例如，对式（1-2-14）中的第 i 个误差方程式，因

$$\begin{aligned}v_i&=f_i(\hat{x}_1,\hat{x}_2,\cdots,\hat{x}_t)-L_i=f_i(x_{01}+\delta\hat{x}_1,x_{02}+\delta\hat{x}_2,\cdots,x_{0t}+\delta\hat{x}_t)-L_i\\&\approx f_i(x_{01},x_{02},\cdots,x_{0t})+\left(\frac{\partial f_i}{\partial\hat{x}_1}\right)_{\hat{\boldsymbol{X}}=\boldsymbol{X}_0}\delta\hat{x}_1+\left(\frac{\partial f_i}{\partial\hat{x}_2}\right)_{\hat{\boldsymbol{X}}=\boldsymbol{X}_0}\delta\hat{x}_2+\cdots+\left(\frac{\partial f_i}{\partial\hat{x}_t}\right)_{\hat{\boldsymbol{X}}=\boldsymbol{X}_0}\delta\hat{x}_t-L_i\end{aligned}$$

于是，$\left[\frac{\partial f_i}{\partial\hat{x}_1}\quad\frac{\partial f_i}{\partial\hat{x}_2}\quad\cdots\quad\frac{\partial f_i}{\partial\hat{x}_t}\right]_{\hat{\boldsymbol{X}}=\boldsymbol{X}_0}$ 就构成了式（1-2-15）中系数阵 $\boldsymbol{A}$ 的第 i 个行向量，$f_i(x_{01},x_{02},\cdots,x_{0t})-L_i$ 就构成了 $\boldsymbol{l}$ 的第 i 个分量。

以上参数平差的函数模型是对实际问题的抽象，应用时要针对具体问题具体化。顺便指出，不同文献关于参数平差的观测方程和误差方程可能会使用不同的符号表达，如 $\boldsymbol{V}=\boldsymbol{A}\hat{\boldsymbol{X}}-\boldsymbol{L}$、$\boldsymbol{V}=\boldsymbol{A}\delta\hat{\boldsymbol{X}}-\boldsymbol{l}$、$\boldsymbol{V}=\boldsymbol{B}\boldsymbol{x}-\boldsymbol{l}$ 等。对于其他平差方法也有类似符号情况，今后不再一一指出。

2. 随机模型

虽然第一章已经阐述，但这里再次强调，五种基本平差方法使用了相同的随机模型，即

$$E(\underset{n\times1}{\boldsymbol{\Delta}})=\boldsymbol{0} \tag{1-2-16}$$

$$\underset{n\times n}{\boldsymbol{P}}=\underset{n\times n}{\boldsymbol{Q}}^{-1}=\sigma_0^2\underset{n\times n}{\boldsymbol{\Sigma}}^{-1}>0 \tag{1-2-17}$$

式（1-2-16）表示观测误差仅含偶然误差，因此 $\boldsymbol{\Sigma}_\Delta=\boldsymbol{\Sigma}_L=\boldsymbol{\Sigma}$；式（1-2-17）中的权矩阵 $\boldsymbol{P}$ 既可以认为是 $\boldsymbol{P}_\Delta$ 也可以认为是 $\boldsymbol{P}_L$，对于权逆阵或协因数阵 $\boldsymbol{Q}$ 同理。此外，式（1-2-17）还强调了 $\boldsymbol{P}$、$\boldsymbol{Q}$、$\boldsymbol{\Sigma}$ 必须为正定矩阵。

3. **估计准则**

参数平差误差方程中的未知量（$\boldsymbol{V}$ 与 $\hat{\boldsymbol{X}}$ 或 $\boldsymbol{V}$ 与 $\delta\hat{\boldsymbol{X}}$）的个数等于（$n+t$），大于误差方程式个数（$n$），欲得到唯一解必须引入某种估计准则。五种基本平差方法均使用最小二乘原理（见绪论和第一章），即

$$\boldsymbol{V}^{\mathrm{T}}\boldsymbol{P}\boldsymbol{V}=\min \tag{1-2-18}$$

4. **基本公式推导**

有了数学模型与估计准则便可进行基本公式的数学推导，以下就三种函数模型分别讨论。

1）函数模型 1——线性模型（不输入未知参数近似值）

a）平差值公式

由式（1-2-6）知，$\boldsymbol{V}^{\mathrm{T}}\boldsymbol{P}\boldsymbol{V}$ 可视为 $\hat{\boldsymbol{X}}$ 的函数，求满足式（1-2-18）的极值，令

$$\frac{\mathrm{d}(\boldsymbol{V}^{\mathrm{T}}\boldsymbol{P}\boldsymbol{V})}{\mathrm{d}\hat{\boldsymbol{X}}}=\boldsymbol{V}^{\mathrm{T}}\frac{\mathrm{d}(\boldsymbol{P}\boldsymbol{V})}{\mathrm{d}\hat{\boldsymbol{X}}}+(\boldsymbol{P}\boldsymbol{V})^{\mathrm{T}}\frac{\mathrm{d}\boldsymbol{V}}{\mathrm{d}\hat{\boldsymbol{X}}}=\boldsymbol{V}^{\mathrm{T}}\boldsymbol{P}\frac{\mathrm{d}\boldsymbol{V}}{\mathrm{d}\hat{\boldsymbol{X}}}+\boldsymbol{V}^{\mathrm{T}}\boldsymbol{P}\frac{\mathrm{d}\boldsymbol{V}}{\mathrm{d}\hat{\boldsymbol{X}}}=2\boldsymbol{V}^{\mathrm{T}}\boldsymbol{P}\boldsymbol{A}=\boldsymbol{0}$$

注意，求导中应用了列向量的求导公式 $\dfrac{\mathrm{d}\boldsymbol{Y}^{\mathrm{T}}\boldsymbol{Z}}{\mathrm{d}\boldsymbol{X}}=\boldsymbol{Y}^{\mathrm{T}}\dfrac{\mathrm{d}\boldsymbol{Z}}{\mathrm{d}\boldsymbol{X}}+\boldsymbol{Z}^{\mathrm{T}}\dfrac{\mathrm{d}\boldsymbol{Y}}{\mathrm{d}\boldsymbol{X}}$，其中，$\boldsymbol{X}$、$\boldsymbol{Y}$、$\boldsymbol{Z}$ 均为列向量。

上式等价于

$$\boldsymbol{A}^{\mathrm{T}}\boldsymbol{P}\boldsymbol{V}=\boldsymbol{0} \tag{1-2-19}$$

代入式（1-2-6），则得法方程为

$$\boldsymbol{A}^{\mathrm{T}}\boldsymbol{P}\boldsymbol{A}\hat{\boldsymbol{X}}+\boldsymbol{A}^{\mathrm{T}}\boldsymbol{P}\boldsymbol{l}=\boldsymbol{0}$$

若令

$$\underset{t\times t}{\boldsymbol{N}}=\boldsymbol{A}^{\mathrm{T}}\boldsymbol{P}\boldsymbol{A},\ \underset{t\times 1}{\boldsymbol{U}}=\boldsymbol{A}^{\mathrm{T}}\boldsymbol{P}\boldsymbol{l} \tag{1-2-20}$$

法方程又可简写为

$$\boldsymbol{N}\hat{\boldsymbol{X}}+\boldsymbol{U}=\boldsymbol{0} \tag{1-2-21}$$

法方程系数阵 $\boldsymbol{N}$ 也称法矩阵，$\boldsymbol{U}$ 为法方程的自由项，需要注意它们的阶数或维数。矩阵 $\boldsymbol{N}$ 对称，正定性质由 $\boldsymbol{A}$ 列满秩、$\boldsymbol{P}$ 正定共同确定，故 $\boldsymbol{N}^{-1}$ 不仅存在且对称、正定。于是，通过法方程可解得未知参数的唯一解 $\hat{\boldsymbol{X}}$，而其他有关量的平差值也可相应得出，即

未知参数的平差值 $$\hat{\boldsymbol{X}}=-\boldsymbol{N}^{-1}\boldsymbol{U} \tag{1-2-22}$$

残差向量 $$\boldsymbol{V}=\boldsymbol{A}\hat{\boldsymbol{X}}+\boldsymbol{l} \tag{1-2-23}$$

观测量的平差值 $$\hat{\boldsymbol{L}}=\boldsymbol{L}+\boldsymbol{V} \tag{1-2-24}$$

观测量平差值的函数值 $$\hat{\boldsymbol{Z}}=f(\hat{\boldsymbol{L}}) \tag{1-2-25}$$

未知参数平差值的函数值 $$\hat{\boldsymbol{Y}}=\varphi(\hat{\boldsymbol{X}}) \tag{1-2-26}$$

其中，$\hat{\boldsymbol{Z}}$、$\hat{\boldsymbol{Y}}$ 称为相应函数的平差值。

另外指出，式（1-2-19）也被称为参数平差的检核式，可检核 $\boldsymbol{V}$ 的计算是否正确。

b）精度估计公式

由 $\boldsymbol{P}=\sigma_0^2\boldsymbol{\Sigma}^{-1}$ 定权时，σ_0^2 称为验前单位权方差（已知值），利用第一章公式 $\hat{\sigma}_0^2=\frac{\boldsymbol{\Delta}^{\mathrm{T}}\boldsymbol{P}\boldsymbol{\Delta}}{n}$ 计算的方差被称为验前单位权方差（估计值），它们有时无法得知。实际平差计算中，一般通过验后单位权中误差和权逆阵的计算来估计有关量的精度，即平差值 $\hat{\boldsymbol{X}}$、$\boldsymbol{V}$、$\hat{\boldsymbol{L}}$、$f(\hat{\boldsymbol{L}})$、$\varphi(\hat{\boldsymbol{X}})$ 的精度估计可统一表示为

$$\boldsymbol{\Sigma}=\mu^2\boldsymbol{Q} \tag{1-2-27}$$

或分量形式

$$m=\mu\sqrt{\frac{1}{p}}=\mu\sqrt{q} \tag{1-2-28}$$

其中，μ^2 称为验后单位权方差，μ 称为验后单位权中误差。

精度估计公式的推导指的就是 μ 及 $\boldsymbol{Q}$ 的推导，其他平差方法同理，今后不再一一指出。

Ⅰ. 验后单位权中误差

顾及式（1-2-20）、式（1-2-22），由式（1-2-23）得

$$\boldsymbol{V}=(\boldsymbol{I}-\boldsymbol{A}\boldsymbol{N}^{-1}\boldsymbol{A}^{\mathrm{T}}\boldsymbol{P})\boldsymbol{l}$$

再顾及式（1-2-5），得

$$\boldsymbol{V}=(\boldsymbol{I}-\boldsymbol{A}\boldsymbol{N}^{-1}\boldsymbol{A}^{\mathrm{T}}\boldsymbol{P})(-\boldsymbol{\Delta}-\boldsymbol{A}\boldsymbol{X})=-(\boldsymbol{I}-\boldsymbol{A}\boldsymbol{N}^{-1}\boldsymbol{A}^{\mathrm{T}}\boldsymbol{P})\boldsymbol{\Delta}$$

$$\begin{aligned}\boldsymbol{V}^{\mathrm{T}}\boldsymbol{P}\boldsymbol{V}&=\boldsymbol{\Delta}^{\mathrm{T}}(\boldsymbol{I}-\boldsymbol{A}\boldsymbol{N}^{-1}\boldsymbol{A}^{\mathrm{T}}\boldsymbol{P})^{\mathrm{T}}\boldsymbol{P}(\boldsymbol{I}-\boldsymbol{A}\boldsymbol{N}^{-1}\boldsymbol{A}^{\mathrm{T}}\boldsymbol{P})\boldsymbol{\Delta}\\&=\underbrace{\boldsymbol{\Delta}^{\mathrm{T}}(\boldsymbol{P}-\boldsymbol{P}\boldsymbol{A}\boldsymbol{N}^{-1}\boldsymbol{A}^{\mathrm{T}}\boldsymbol{P})}_{1\times n}\underbrace{\boldsymbol{\Delta}}_{n\times 1}=\mathrm{tr}\left\{\underbrace{\boldsymbol{\Delta}^{\mathrm{T}}(\boldsymbol{P}-\boldsymbol{P}\boldsymbol{A}\boldsymbol{N}^{-1}\boldsymbol{A}^{\mathrm{T}}\boldsymbol{P})}_{1\times n}\underbrace{\boldsymbol{\Delta}}_{n\times 1}\right\}\\&=\mathrm{tr}\{\boldsymbol{\Delta}\boldsymbol{\Delta}^{\mathrm{T}}(\boldsymbol{P}-\boldsymbol{P}\boldsymbol{A}\boldsymbol{N}^{-1}\boldsymbol{A}^{\mathrm{T}}\boldsymbol{P})\}\end{aligned}$$

两端取数学期望，得

$$\begin{aligned}E(\boldsymbol{V}^{\mathrm{T}}\boldsymbol{P}\boldsymbol{V})&=\mathrm{tr}\{E(\boldsymbol{\Delta}\boldsymbol{\Delta}^{\mathrm{T}})(\boldsymbol{P}-\boldsymbol{P}\boldsymbol{A}\boldsymbol{N}^{-1}\boldsymbol{A}^{\mathrm{T}}\boldsymbol{P})\}=\mathrm{tr}\{\sigma_0^2\boldsymbol{P}^{-1}(\boldsymbol{P}-\boldsymbol{P}\boldsymbol{A}\boldsymbol{N}^{-1}\boldsymbol{A}^{\mathrm{T}}\boldsymbol{P})\}\\&=\sigma_0^2\,\mathrm{tr}\{\underset{n\times n}{\boldsymbol{I}}-\boldsymbol{A}\boldsymbol{N}^{-1}\boldsymbol{A}^{\mathrm{T}}\boldsymbol{P})\}=\sigma_0^2\{\mathrm{tr}(\underset{n\times n}{\boldsymbol{I}})-\mathrm{tr}(\boldsymbol{A}\boldsymbol{N}^{-1}\boldsymbol{A}^{\mathrm{T}}\boldsymbol{P})\}\\&=\sigma_0^2\{\mathrm{tr}(\underset{n\times n}{\boldsymbol{I}})-\mathrm{tr}(\boldsymbol{N}^{-1}\boldsymbol{A}^{\mathrm{T}}\boldsymbol{P}\boldsymbol{A})\}\\&=\sigma_0^2\{\mathrm{tr}(\underset{n\times n}{\boldsymbol{I}})-\mathrm{tr}(\underset{t\times t}{\boldsymbol{I}})\}=\sigma_0^2(n-t)\end{aligned}$$

得

$$\sigma_0^2=\frac{E(\boldsymbol{V}^{\mathrm{T}}\boldsymbol{P}\boldsymbol{V})}{n-t}$$

去掉数学期望符号便是 σ_0^2 的无偏估值 μ^2，故验后单位权中误差 μ 为

$$\mu=\pm\sqrt{\frac{\boldsymbol{V}^{\mathrm{T}}\boldsymbol{P}\boldsymbol{V}}{n-t}} \tag{1-2-29}$$

以上推导思路基本适用于所有平差方法，即通过 $\boldsymbol{V}$ 与 $\boldsymbol{\Delta}$ 的关系式，对二次型 $\boldsymbol{V}^{\mathrm{T}}\boldsymbol{P}\boldsymbol{V}$ 取数学期望，经过推导便得 μ 的公式。今后还将看到，五种基本平差方法的 μ 公式实质上相同，即 μ 公式中的分母均为平差问题的多余观测数 r。

μ 的计算涉及 $\boldsymbol{V}^{\mathrm{T}}\boldsymbol{P}\boldsymbol{V}$ 的计算。$\boldsymbol{V}^{\mathrm{T}}\boldsymbol{P}\boldsymbol{V}$ 除了采用直接相乘计算外，还有一些间接计算公

式。顾及式（1-2-19）～式（1-2-23），易推得

$$\boldsymbol{V}^{\mathrm{T}}\boldsymbol{PV}=\boldsymbol{l}^{\mathrm{T}}\boldsymbol{Pl}+\boldsymbol{U}^{\mathrm{T}}\hat{\boldsymbol{X}}=\boldsymbol{l}^{\mathrm{T}}\boldsymbol{Pl}-\boldsymbol{U}^{\mathrm{T}}\boldsymbol{N}^{-1}\boldsymbol{U}=\boldsymbol{l}^{\mathrm{T}}\boldsymbol{Pl}-\hat{\boldsymbol{X}}^{\mathrm{T}}\boldsymbol{N}\hat{\boldsymbol{X}} \tag{1-2-30}$$

Ⅱ. 有关量的权逆阵及相关权逆阵

常用推导思路是将有关量均表达为观测值 $\boldsymbol{L}$ 的函数，然后应用第一章的权逆阵传播律。如

$$\boldsymbol{L}=\boldsymbol{L}$$

$$\boldsymbol{l}=\boldsymbol{D}-\boldsymbol{L}$$

$$\hat{\boldsymbol{X}}=-\boldsymbol{N}^{-1}\boldsymbol{A}^{\mathrm{T}}\boldsymbol{Pl}=\boldsymbol{N}^{-1}\boldsymbol{A}^{\mathrm{T}}\boldsymbol{PL}-\boldsymbol{N}^{-1}\boldsymbol{A}^{\mathrm{T}}\boldsymbol{PD}$$

$$\boldsymbol{V}=\boldsymbol{A}\hat{\boldsymbol{X}}+\boldsymbol{l}=(\boldsymbol{I}-\boldsymbol{AN}^{-1}\boldsymbol{A}^{\mathrm{T}}\boldsymbol{P})\boldsymbol{l}=-(\boldsymbol{I}-\boldsymbol{AN}^{-1}\boldsymbol{A}^{\mathrm{T}}\boldsymbol{P})\boldsymbol{L}+(\boldsymbol{I}-\boldsymbol{AN}^{-1}\boldsymbol{A}^{\mathrm{T}}\boldsymbol{P})\boldsymbol{D}$$

$$\hat{\boldsymbol{L}}=\boldsymbol{L}+\boldsymbol{V}=\boldsymbol{AN}^{-1}\boldsymbol{A}^{\mathrm{T}}\boldsymbol{PL}+(\boldsymbol{I}-\boldsymbol{AN}^{-1}\boldsymbol{A}^{\mathrm{T}}\boldsymbol{P})\boldsymbol{D}$$

应用权逆阵传播律可得

$$\boldsymbol{Q}_{l}=\boldsymbol{Q}_{L}=\boldsymbol{P}^{-1}$$

$$\boldsymbol{Q}_{\hat{X}}=\boldsymbol{N}^{-1}\boldsymbol{A}^{\mathrm{T}}\boldsymbol{PQ}_{L}(\boldsymbol{N}^{-1}\boldsymbol{A}^{\mathrm{T}}\boldsymbol{P})^{\mathrm{T}}=\boldsymbol{N}^{-1}\boldsymbol{A}^{\mathrm{T}}\boldsymbol{PAN}^{-1}=\boldsymbol{N}^{-1}$$

$$\boldsymbol{Q}_{\hat{L}}=\boldsymbol{AN}^{-1}\boldsymbol{A}^{\mathrm{T}}\boldsymbol{PQ}_{L}(\boldsymbol{AN}^{-1}\boldsymbol{A}^{\mathrm{T}}\boldsymbol{P})^{\mathrm{T}}=\boldsymbol{AN}^{-1}\boldsymbol{A}^{\mathrm{T}}\boldsymbol{PAN}^{-1}\boldsymbol{A}^{\mathrm{T}}=\boldsymbol{AN}^{-1}\boldsymbol{A}^{\mathrm{T}}$$

$$\boldsymbol{Q}_{V}=(\boldsymbol{I}-\boldsymbol{AN}^{-1}\boldsymbol{A}^{\mathrm{T}}\boldsymbol{P})\boldsymbol{Q}_{L}(\boldsymbol{I}-\boldsymbol{AN}^{-1}\boldsymbol{A}^{\mathrm{T}}\boldsymbol{P})^{\mathrm{T}}=\boldsymbol{Q}_{L}-\boldsymbol{AN}^{-1}\boldsymbol{A}^{\mathrm{T}}$$

$$\boldsymbol{Q}_{V\hat{X}}=-(\boldsymbol{I}-\boldsymbol{AN}^{-1}\boldsymbol{A}^{\mathrm{T}}\boldsymbol{P})\boldsymbol{Q}_{L}(\boldsymbol{N}^{-1}\boldsymbol{A}^{\mathrm{T}}\boldsymbol{P})^{\mathrm{T}}=-(\boldsymbol{I}-\boldsymbol{AN}^{-1}\boldsymbol{A}^{\mathrm{T}}\boldsymbol{P})\boldsymbol{AN}^{-1}=\boldsymbol{0}$$

$$\boldsymbol{Q}_{\hat{L}V}=-\boldsymbol{AN}^{-1}\boldsymbol{A}^{\mathrm{T}}\boldsymbol{PQ}_{L}(\boldsymbol{I}-\boldsymbol{AN}^{-1}\boldsymbol{A}^{\mathrm{T}}\boldsymbol{P})^{\mathrm{T}}=-\boldsymbol{AN}^{-1}\boldsymbol{A}^{\mathrm{T}}(\boldsymbol{I}-\boldsymbol{PAN}^{-1}\boldsymbol{A}^{\mathrm{T}})=\boldsymbol{0}$$

其中，$\boldsymbol{Q}_{L}=\boldsymbol{P}^{-1}$。一些文献中常将权逆阵 $\boldsymbol{Q}_{\hat{X}}$、$\boldsymbol{Q}_{\hat{L}}$、$\boldsymbol{Q}_{V}$ 写为 $\boldsymbol{Q}_{\hat{X}\hat{X}}$、$\boldsymbol{Q}_{\hat{L}\hat{L}}$、$\boldsymbol{Q}_{VV}$。

平差值函数的权逆阵可根据式（1-2-25）、式（1-2-26）应用权逆阵传播律公式得到，即

$$\boldsymbol{Q}_{\hat{Z}}=\left(\frac{\mathrm{d}f}{\mathrm{d}\hat{\boldsymbol{L}}}\right)\boldsymbol{Q}_{\hat{L}}\left(\frac{\mathrm{d}f}{\mathrm{d}\hat{\boldsymbol{L}}}\right)^{\mathrm{T}}$$

$$\boldsymbol{Q}_{\hat{Y}}=\left(\frac{\mathrm{d}\varphi}{\mathrm{d}\hat{\boldsymbol{X}}}\right)\boldsymbol{Q}_{\hat{X}}\left(\frac{\mathrm{d}\varphi}{\mathrm{d}\hat{\boldsymbol{X}}}\right)^{\mathrm{T}}$$

其中，导数矩阵的具体值可将平差值代入计算，也常用 $\boldsymbol{L}$ 或 $\boldsymbol{X}_0$ 代入近似计算。

2）函数模型 2——线性模型（输入未知参数近似值）

a）平差值公式

由式（1-2-10）知，$\boldsymbol{V}^{\mathrm{T}}\boldsymbol{PV}$ 可视为 $\delta\hat{\boldsymbol{X}}$ 的函数，求满足式（1-2-18）的极值，可令

$$\frac{\mathrm{d}(\boldsymbol{V}^{\mathrm{T}}\boldsymbol{PV})}{\mathrm{d}\delta\hat{\boldsymbol{X}}}=\boldsymbol{V}^{\mathrm{T}}\frac{\mathrm{d}(\boldsymbol{PV})}{\mathrm{d}\delta\hat{\boldsymbol{X}}}+(\boldsymbol{PV})^{\mathrm{T}}\frac{\mathrm{d}\boldsymbol{V}}{\mathrm{d}\delta\hat{\boldsymbol{X}}}=\boldsymbol{V}^{\mathrm{T}}\boldsymbol{P}\frac{\mathrm{d}\boldsymbol{V}}{\mathrm{d}\delta\hat{\boldsymbol{X}}}+\boldsymbol{V}^{\mathrm{T}}\boldsymbol{P}\frac{\mathrm{d}\boldsymbol{V}}{\mathrm{d}\delta\hat{\boldsymbol{X}}}=2\boldsymbol{V}^{\mathrm{T}}\boldsymbol{PA}=\boldsymbol{0}$$

等价于

$$\boldsymbol{A}^{\mathrm{T}}\boldsymbol{PV}=\boldsymbol{0} \tag{1-2-31}$$

再将式（1-2-10）代入式（1-2-31），得法方程为

$$\boldsymbol{A}^{\mathrm{T}}\boldsymbol{PA}\delta\hat{\boldsymbol{X}}+\boldsymbol{A}^{\mathrm{T}}\boldsymbol{Pl}=\boldsymbol{0}$$

若令

$$\underset{t\times t}{\boldsymbol{N}}=\boldsymbol{A}^{\mathrm{T}}\boldsymbol{PA},\quad \underset{t\times 1}{\boldsymbol{U}}=\boldsymbol{A}^{\mathrm{T}}\boldsymbol{Pl} \tag{1-2-32}$$

法方程又可写为

$$\boldsymbol{N}\delta\hat{\boldsymbol{X}}+\boldsymbol{U}=\boldsymbol{0} \tag{1-2-33}$$

利用该法方程可求得未知参数的唯一解 $\delta\hat{\boldsymbol{X}}$，于是，其他有关量的平差值便可相应得出，即

未知参数改正数 $$\delta\hat{\boldsymbol{X}}=-\boldsymbol{N}^{-1}\boldsymbol{U} \tag{1-2-34}$$

未知参数平差值 $$\hat{\boldsymbol{X}}=\boldsymbol{X}_0+\delta\hat{\boldsymbol{X}} \tag{1-2-35}$$

残差向量 $$\boldsymbol{V}=\boldsymbol{A}\delta\hat{\boldsymbol{X}}+\boldsymbol{l} \tag{1-2-36}$$

观测量的平差值 $$\hat{\boldsymbol{L}}=\boldsymbol{L}+\boldsymbol{V} \tag{1-2-37}$$

观测量函数的平差值 $$\hat{\boldsymbol{Z}}=f(\hat{\boldsymbol{L}}) \tag{1-2-38}$$

未知参数函数的平差值 $$\hat{\boldsymbol{Y}}=\varphi(\hat{\boldsymbol{X}}) \tag{1-2-39}$$

可以证明，平差值 $\hat{\boldsymbol{X}}$、$\boldsymbol{V}$、$\hat{\boldsymbol{L}}$、$\hat{\boldsymbol{Z}}$、$\hat{\boldsymbol{Y}}$ 与函数模型 1 中的解完全相同。如对于 $\hat{\boldsymbol{X}}$，函数模型 1 的解为

$$\hat{\boldsymbol{X}}=-\boldsymbol{N}^{-1}\boldsymbol{U}=-\boldsymbol{N}^{-1}\boldsymbol{A}^{\mathrm{T}}\boldsymbol{P}(\boldsymbol{D}-\boldsymbol{L})$$

函数模型 2 的解也为

$$\hat{\boldsymbol{X}}=\boldsymbol{X}_0+\delta\hat{\boldsymbol{X}}=\boldsymbol{X}_0-\boldsymbol{N}^{-1}\boldsymbol{A}^{\mathrm{T}}\boldsymbol{P}(\boldsymbol{A}\boldsymbol{X}_0+\boldsymbol{D}-\boldsymbol{L})=-\boldsymbol{N}^{-1}\boldsymbol{A}^{\mathrm{T}}\boldsymbol{P}(\boldsymbol{D}-\boldsymbol{L})$$

这也等价地证明了，对于线性函数模型，$\hat{\boldsymbol{X}}$ 的解与 $\boldsymbol{X}_0$ 无关，即 $\boldsymbol{X}_0$ 可以是任意选取的常数。实质上，函数模型 1 可视为函数模型 2 取 $\boldsymbol{X}_0=\boldsymbol{0}$ 时的特例。

b) 精度估计公式

Ⅰ. 验后单位权方差

顾及式（1-2-32）、式（1-2-34），由式（1-2-36）得

$$\boldsymbol{V}=(\boldsymbol{I}-\boldsymbol{A}\boldsymbol{N}^{-1}\boldsymbol{A}^{\mathrm{T}}\boldsymbol{P})\boldsymbol{l}$$

再顾及式（1-2-9），得

$$\begin{aligned}
\boldsymbol{V}&=(\boldsymbol{I}-\boldsymbol{A}\boldsymbol{N}^{-1}\boldsymbol{A}^{\mathrm{T}}\boldsymbol{P})(-\boldsymbol{\Delta}-\boldsymbol{A}\delta\boldsymbol{X})=-(\boldsymbol{I}-\boldsymbol{A}\boldsymbol{N}^{-1}\boldsymbol{A}^{\mathrm{T}}\boldsymbol{P})\boldsymbol{\Delta}\\
\boldsymbol{V}^{\mathrm{T}}\boldsymbol{P}\boldsymbol{V}&=\boldsymbol{\Delta}^{\mathrm{T}}(\boldsymbol{I}-\boldsymbol{A}\boldsymbol{N}^{-1}\boldsymbol{A}^{\mathrm{T}}\boldsymbol{P})^{\mathrm{T}}\boldsymbol{P}(\boldsymbol{I}-\boldsymbol{A}\boldsymbol{N}^{-1}\boldsymbol{A}^{\mathrm{T}}\boldsymbol{P})\boldsymbol{\Delta}\\
&=\underbrace{\boldsymbol{\Delta}^{\mathrm{T}}(\boldsymbol{P}-\boldsymbol{P}\boldsymbol{A}\boldsymbol{N}^{-1}\boldsymbol{A}^{\mathrm{T}}\boldsymbol{P})}_{1\times n}\underbrace{\boldsymbol{\Delta}}_{n\times 1}=\mathrm{tr}\left\{\underbrace{\boldsymbol{\Delta}^{\mathrm{T}}(\boldsymbol{P}-\boldsymbol{P}\boldsymbol{A}\boldsymbol{N}^{-1}\boldsymbol{A}^{\mathrm{T}}\boldsymbol{P})}_{1\times n}\underbrace{\boldsymbol{\Delta}}_{n\times 1}\right\}\\
&=\mathrm{tr}\{\boldsymbol{\Delta}\boldsymbol{\Delta}^{\mathrm{T}}(\boldsymbol{P}-\boldsymbol{P}\boldsymbol{A}\boldsymbol{N}^{-1}\boldsymbol{A}^{\mathrm{T}}\boldsymbol{P})\}
\end{aligned}$$

两端取数学期望，得

$$\begin{aligned}
E(\boldsymbol{V}^{\mathrm{T}}\boldsymbol{P}\boldsymbol{V})&=\mathrm{tr}\{E(\boldsymbol{\Delta}\boldsymbol{\Delta}^{\mathrm{T}})(\boldsymbol{P}-\boldsymbol{P}\boldsymbol{A}\boldsymbol{N}^{-1}\boldsymbol{A}^{\mathrm{T}}\boldsymbol{P})\}=\mathrm{tr}\{\sigma_0^2\boldsymbol{P}^{-1}(\boldsymbol{P}-\boldsymbol{P}\boldsymbol{A}\boldsymbol{N}^{-1}\boldsymbol{A}^{\mathrm{T}}\boldsymbol{P})\}\\
&=\sigma_0^2\,\mathrm{tr}\{\underset{n\times n}{\boldsymbol{I}}-\boldsymbol{A}\boldsymbol{N}^{-1}\boldsymbol{A}^{\mathrm{T}}\boldsymbol{P})\}=\sigma_0^2\{\mathrm{tr}(\underset{n\times n}{\boldsymbol{I}})-\mathrm{tr}(\boldsymbol{A}\boldsymbol{N}^{-1}\boldsymbol{A}^{\mathrm{T}}\boldsymbol{P})\}\\
&=\sigma_0^2\{\mathrm{tr}(\underset{n\times n}{\boldsymbol{I}})-\mathrm{tr}(\underset{t\times t}{\boldsymbol{I}})\}=\sigma_0^2(n-t)
\end{aligned}$$

$$\sigma_0^2=\frac{E(\boldsymbol{V}^{\mathrm{T}}\boldsymbol{P}\boldsymbol{V})}{n-t}$$

去掉数学期望符号便是 σ_0^2 的无偏估值 μ^2，故验后单位权中误差 μ 为

$$\mu=\pm\sqrt{\frac{\boldsymbol{V}^{\mathrm{T}}\boldsymbol{P}\boldsymbol{V}}{n-t}} \tag{1-2-40}$$

$\boldsymbol{V}^{\mathrm{T}}\boldsymbol{P}\boldsymbol{V}$ 的间接计算公式为

$$\boldsymbol{V}^{\mathrm{T}}\boldsymbol{P}\boldsymbol{V}=\boldsymbol{l}^{\mathrm{T}}\boldsymbol{P}\boldsymbol{l}+\boldsymbol{U}^{\mathrm{T}}\delta\hat{\boldsymbol{X}}=\boldsymbol{l}^{\mathrm{T}}\boldsymbol{P}\boldsymbol{l}-\boldsymbol{U}^{\mathrm{T}}\boldsymbol{N}^{-1}\boldsymbol{U}=\boldsymbol{l}^{\mathrm{T}}\boldsymbol{P}\boldsymbol{l}-\delta\hat{\boldsymbol{X}}^{\mathrm{T}}\boldsymbol{N}\delta\hat{\boldsymbol{X}} \tag{1-2-41}$$

Ⅱ. 有关量的权逆阵及相关权逆阵

$$\boldsymbol{L}=\boldsymbol{L}$$
$$\boldsymbol{l}=\boldsymbol{A}\boldsymbol{X}_0+\boldsymbol{D}-\boldsymbol{L}$$
$$\delta\hat{\boldsymbol{X}}=-\boldsymbol{N}^{-1}\boldsymbol{A}^{\mathrm{T}}\boldsymbol{P}\boldsymbol{l}=\boldsymbol{N}^{-1}\boldsymbol{A}^{\mathrm{T}}\boldsymbol{P}\boldsymbol{L}-\boldsymbol{N}^{-1}\boldsymbol{A}^{\mathrm{T}}\boldsymbol{P}\boldsymbol{D}-\boldsymbol{X}_0$$
$$\hat{\boldsymbol{X}}=\boldsymbol{X}_0+\delta\hat{\boldsymbol{X}}=\boldsymbol{N}^{-1}\boldsymbol{A}^{\mathrm{T}}\boldsymbol{P}\boldsymbol{L}-\boldsymbol{N}^{-1}\boldsymbol{A}^{\mathrm{T}}\boldsymbol{P}\boldsymbol{D}$$
$$\boldsymbol{V}=\boldsymbol{A}\delta\hat{\boldsymbol{X}}+\boldsymbol{l}=(\boldsymbol{I}-\boldsymbol{A}\boldsymbol{N}^{-1}\boldsymbol{A}^{\mathrm{T}}\boldsymbol{P})\boldsymbol{l}=-(\boldsymbol{I}-\boldsymbol{A}\boldsymbol{N}^{-1}\boldsymbol{A}^{\mathrm{T}}\boldsymbol{P})\boldsymbol{L}+(\boldsymbol{I}-\boldsymbol{A}\boldsymbol{N}^{-1}\boldsymbol{A}^{\mathrm{T}}\boldsymbol{P})\boldsymbol{D}$$
$$\hat{\boldsymbol{L}}=\boldsymbol{L}+\boldsymbol{V}=\boldsymbol{A}\boldsymbol{N}^{-1}\boldsymbol{A}^{\mathrm{T}}\boldsymbol{P}\boldsymbol{L}+(\boldsymbol{I}-\boldsymbol{A}\boldsymbol{N}^{-1}\boldsymbol{A}^{\mathrm{T}}\boldsymbol{P})\boldsymbol{D}$$

应用权逆阵传播定律，可得

$$\boldsymbol{Q}_l=\boldsymbol{Q}_L=\boldsymbol{P}^{-1}$$
$$\boldsymbol{Q}_{\hat{X}}=\boldsymbol{N}^{-1}\boldsymbol{A}^{\mathrm{T}}\boldsymbol{P}\boldsymbol{Q}_L(\boldsymbol{N}^{-1}\boldsymbol{A}^{\mathrm{T}}\boldsymbol{P})^{\mathrm{T}}=\boldsymbol{N}^{-1}\boldsymbol{A}^{\mathrm{T}}\boldsymbol{P}\boldsymbol{A}\boldsymbol{N}^{-1}=\boldsymbol{N}^{-1}$$
$$\boldsymbol{Q}_V=(\boldsymbol{I}-\boldsymbol{A}\boldsymbol{N}^{-1}\boldsymbol{A}^{\mathrm{T}}\boldsymbol{P})\boldsymbol{Q}_L(\boldsymbol{I}-\boldsymbol{A}\boldsymbol{N}^{-1}\boldsymbol{A}^{\mathrm{T}}\boldsymbol{P})^{\mathrm{T}}=\boldsymbol{Q}_L-\boldsymbol{A}\boldsymbol{N}^{-1}\boldsymbol{A}^{\mathrm{T}}$$
$$\boldsymbol{Q}_{\hat{L}}=\boldsymbol{A}\boldsymbol{N}^{-1}\boldsymbol{A}^{\mathrm{T}}\boldsymbol{P}\boldsymbol{Q}_L(\boldsymbol{A}\boldsymbol{N}^{-1}\boldsymbol{A}^{\mathrm{T}}\boldsymbol{P})^{\mathrm{T}}=\boldsymbol{A}\boldsymbol{N}^{-1}\boldsymbol{A}^{\mathrm{T}}\boldsymbol{P}\boldsymbol{A}\boldsymbol{N}^{-1}\boldsymbol{A}^{\mathrm{T}}=\boldsymbol{A}\boldsymbol{N}^{-1}\boldsymbol{A}^{\mathrm{T}}$$
$$\boldsymbol{Q}_{V\hat{X}}=-(\boldsymbol{I}-\boldsymbol{A}\boldsymbol{N}^{-1}\boldsymbol{A}^{\mathrm{T}}\boldsymbol{P})\boldsymbol{Q}_L(\boldsymbol{N}^{-1}\boldsymbol{A}^{\mathrm{T}}\boldsymbol{P})^{\mathrm{T}}=-(\boldsymbol{I}-\boldsymbol{A}\boldsymbol{N}^{-1}\boldsymbol{A}^{\mathrm{T}}\boldsymbol{P})\boldsymbol{A}\boldsymbol{N}^{-1}=\boldsymbol{0}$$
$$\boldsymbol{Q}_{\hat{L}V}=-\boldsymbol{A}\boldsymbol{N}^{-1}\boldsymbol{A}^{\mathrm{T}}\boldsymbol{P}\boldsymbol{Q}_L(\boldsymbol{I}-\boldsymbol{A}\boldsymbol{N}^{-1}\boldsymbol{A}^{\mathrm{T}}\boldsymbol{P})^{\mathrm{T}}=-\boldsymbol{A}\boldsymbol{N}^{-1}\boldsymbol{A}^{\mathrm{T}}(\boldsymbol{I}-\boldsymbol{P}\boldsymbol{A}\boldsymbol{N}^{-1}\boldsymbol{A}^{\mathrm{T}})=\boldsymbol{0}$$

3）函数模型 3——非线性模型

前文已指出，模型 3 的误差方程线性化后即为模型 2，故接下来的平差值求解和精度估计也使用模型 2 中的公式。由于存在线性化误差，特别是 $\boldsymbol{X}_0$ 与其理论值相差较大时，模型 3 的最终解通常采用迭代求解方式。

设第一次求解时参数近似值为 $\boldsymbol{X}_0$，$\delta\hat{\boldsymbol{X}}$ 和 $\hat{\boldsymbol{X}}=\boldsymbol{X}_0+\delta\hat{\boldsymbol{X}}$ 的第 1 次解记为$\hat{\boldsymbol{X}}^{(1)}=\boldsymbol{X}_0+\delta\hat{\boldsymbol{X}}^{(1)}$，接下来进行判断：若 $\delta\hat{\boldsymbol{X}}^{(1)}$ 中绝对值最大的分量不大于某个指定的小正数 ε，即 $\max(|\delta x_i^{(1)}|)\leqslant\varepsilon$，则迭代收敛，并将$\hat{\boldsymbol{X}}^{(1)}$作为最后的平差值进行其他平差值和精度估计的计算；若 $\max(|\delta x_i^{(1)}|)>\varepsilon$，则将$\hat{\boldsymbol{X}}^{(1)}$作为新的 $\boldsymbol{X}_0$ 重新进行线性化并进行第 2 次的计算和判断。按上述步骤进行循环，假设第 J 次收敛，则参数的最终解为$\hat{\boldsymbol{X}}^{(J)}=\hat{\boldsymbol{X}}^{(J-1)}+\delta\hat{\boldsymbol{X}}^{(J)}$。

尽管通常采用迭代方式求解非线性误差方程，但围绕非线性函数模型的有关理论与应用研究，仍有待深入。

5. 观测值独立时组成法方程的快速算法

组成参数平差的法方程就是计算法矩阵 $\boldsymbol{N}$ 和自由项 $\boldsymbol{U}$。实际问题中，很多情况下观测值相互独立，此时权矩阵为对角阵，于是，由 $\underset{t\times t}{\boldsymbol{N}}=\boldsymbol{A}^{\mathrm{T}}\boldsymbol{P}\boldsymbol{A}$，$\underset{t\times 1}{\boldsymbol{U}}=\boldsymbol{A}^{\mathrm{T}}\boldsymbol{P}\boldsymbol{l}$ 的元素表达便可得出组成法方程的快速算法，这种算法能够显著提高观测值相互独立时的计算效率。

设 $\boldsymbol{A}$、$\boldsymbol{l}$ 与 $\boldsymbol{P}$ 的元素表达分别为

$$\underset{n\times t}{\boldsymbol{A}}=\begin{bmatrix}a_1 & b_1 & \cdots & t_1\\ a_2 & b_2 & \cdots & t_2\\ \vdots & \vdots & & \vdots\\ a_n & b_n & \cdots & t_n\end{bmatrix},\quad \underset{n\times 1}{\boldsymbol{l}}=\begin{bmatrix}l_1\\ l_2\\ \vdots\\ l_n\end{bmatrix},\quad \underset{n\times n}{\boldsymbol{P}}=\begin{bmatrix}p_1 & 0 & \cdots & 0\\ 0 & p_2 & \cdots & 0\\ \vdots & \vdots & & \vdots\\ 0 & 0 & \cdots & p_n\end{bmatrix}$$

则 $\boldsymbol{N}$、$\boldsymbol{U}$ 的相应元素表达为

$$\underset{t\times t}{\boldsymbol{N}}=\begin{bmatrix}[paa] & [pab] & \cdots & [pat]\\ [pba] & [pbb] & \cdots & [pbt]\\ \vdots & \vdots & & \vdots\\ [pta] & [ptb] & \cdots & [ptt]\end{bmatrix},\quad \underset{t\times 1}{\boldsymbol{U}}=\begin{bmatrix}[pal]\\ [pbl]\\ \vdots\\ [ptl]\end{bmatrix}$$

式中，$[paa]=\sum_{i=1}^{n}p_i a_i a_i=\boldsymbol{N}_{11}$，$[pab]=\sum_{i=1}^{n}p_i a_i b_i=\boldsymbol{N}_{12}$，$[pal]=\sum_{i=1}^{n}p_i a_i l_i=\boldsymbol{U}_1$，$\boldsymbol{N}$、$\boldsymbol{U}$ 的其他元素依此类推。可见，$\boldsymbol{N}_{ij}$ 等于 $\boldsymbol{P}$ 的对角线元素与 $\boldsymbol{A}$ 的第 i 列元素、第 j 列元素对应乘积之和，$\boldsymbol{U}_i$ 等于 $\boldsymbol{P}$ 的对角线元素与 $\boldsymbol{A}$ 的第 i 列元素、$\boldsymbol{l}$ 的元素对应乘积之和。由于 $\boldsymbol{P}$ 中为 0 的大量非对角线元素不用参与计算，故上述计算 $\boldsymbol{N}_{ij}$、$\boldsymbol{U}_i$ 的算法提高了计算效率。考虑 $\boldsymbol{N}$ 为对称矩阵，实际计算时可以仅计算 $\boldsymbol{N}$ 的下三角元素 $\boldsymbol{N}_{ij}(i\geqslant j)$ 或上三角元素 $\boldsymbol{N}_{ij}$ $(j\geqslant i)$，相应的上三角元素或下三角元素可由对称性得出。

以上元素表达形式不仅适用于已经得到 $\boldsymbol{A}$、$\boldsymbol{l}$、$\boldsymbol{P}$ 的情况，还可用于按观测值顺序循环组成法方程，即法方程叠加算法。当一个新观测值出现后（记为第 i 个观测值），利用其误差方程式的元素（a_i、b_i、…、t_i、l_i、p_i）便可更新 $\boldsymbol{N}$、$\boldsymbol{U}$ 中的所有元素，当最后一个观测值出现并完成更新后就得到了总的法方程。

6. **方法应用**

参数平差的应用领域非常广泛，实际应用无法一一列举。除了表 1-2-1 中所给出的例子外，今后必然还将遇到其他应用，只要具备一定的背景知识，熟悉参数平差原理，遵循参数平差计算步骤，一般问题是能够解决的。

下面首先简要介绍测量平差传统应用之一的控制网平差的概况，然后通过两个示例给出参数平差的具体的解题步骤，最后以一个特例对灵活应用参数平差加以启发。

1）控制网平差简介

控制网是指在一定范围内建立的，为测制地图、工程设计、地球动力学研究等提供控制基础的“网”，通俗地讲，就是为上述应用或研究提供高精度的起算数据（如精确坐标等）。建立控制网一般要经过图上设计、实际选点、造标、埋石、野外观测、数据预处理、平差计算等步骤，最终得到精确的点的几何和/或物理要素值。例如，高程控制网可以提供高程控制点精确的高程（正常高，几何要素），水平控制网可以提供水平控制点精确的水平坐标（大地经纬度或高斯平面坐标，几何要素），全球导航卫星系统（GNSS）控制网可以提供三维控制点精确的三维坐标（大地经纬度与大地高或大地空间直角坐标，几何要素），重力控制网可以提供重力控制点精确的重力值（重力加速度，物理要素）。建立控制网的最后一步均需要测量平差来消除观测值之间的矛盾并提供控制点要素的唯一估值，这就是常称的控制网平差。

了解各种控制网的平差，必须对起算数据加以认识。起算数据源自目前实践中依然存在的一对矛盾：人们通常更关心精确的绝对数据（如点的高程），但往往只能获取精确的相对观测值（如只能测得精确的高差）。于是，人们想方设法建立了水准原点、大地原点、地球参考框架、重力原点等用于不同目的、具有精确绝对数据的最高等级已知点。但是，使用相对观测技术，仅仅基于上述有限已知点去获取大范围的绝对数据，很难在短期内取得最终成果。为此，根据经济建设、国防建设、科学研究的轻重缓急或不同精度应用需求等，人们采用“控制网”的形式将最高等级已知点的绝对数据进行分级传递，进而形成了不同等级或精度的网点数据。我国国家控制网就是按照分级布网、逐级控制等原则布设的。高一级控制网的平差结果，为其以下级别的控制网提供起算数据，测量平差的传统处理是将这些起算数据视为不含误差的基准数据。

可见，控制网平差必需的数据包括起算数据和观测数据。

a）高程控制网平差

主要目的：确定未知点的正常高。高程控制网属于一维控制网。

观测值：经过各项改正后的点间正常高高差。观测技术有水准测量、三角高程测量。

必要起算数据：1个点的已知正常高，个数为1。实际上，所有来自上级控制网点的正常高均可视为起算数据，其中，为推算未知点正常高所至少需要的起算数据称为必要起算数据（以下其他控制网同理）。

未知参数选择及其个数：通常取为未知点高程平差值，仅有或多于必要起算数据时未知参数个数为未知点的个数。

误差方程式的一般形式：$v_{ij}=\hat{x}_j-\hat{x}_i-h_{ij}=\delta\hat{x}_j-\delta\hat{x}_i+(x_{0j}-x_{0i}-h_{ij})$，其中，$h_{ij}$为$i$点至$j$点的点间高差；$\hat{x}_i$、$\hat{x}_j$分别为$i$点、$j$点的高程平差值，$x_{0i}$、$x_{0j}$分别为利用起算数据和观测数据推算的$i$点、$j$点的高程近似值。

权矩阵：对角阵。对角线元素由常用定权公式或权的定义式确定。

b）水平控制网平差

主要目的：确定未知点的水平坐标（大地经纬度或高斯平面坐标）。水平控制网属于二维控制网。

观测值：经过各项改正后的点间方向值或角度值、边长值，其中，边长值中隐含着尺度信息。观测值可以是参考椭球面上的值也可以是高斯投影平面上的值，前者常用于大范围的水平控制网平差，后者常用于小区域的水平控制网平差。观测技术有方向或角度测量、距离测量。

必要起算数据：对于仅测方向或角度的测角三角网，个数为4，即2个已知点（水平坐标已知），或等价为1个已知点、1个已知方位角、1条已知边长；对于既测角又测边的边角网、导线网和仅测边的测边网，个数为3，即1个已知点、1个已知方位角。

未知参数选择及其个数：通常取为未知点水平坐标的平差值，仅有或多于必要起算数据时，未知参数个数通常为未知点个数的2倍或3倍。

误差方程式与权矩阵：见本书第三部分的附合导线平差。

c）GNSS控制网平差

主要目的：确定未知点的三维坐标（大地经纬度与大地高或大地空间直角坐标）。GNSS控制网属于三维控制网。

观测值：GNSS控制网平差一般分两步进行。先由GNSS基线解算软件平差得到三维基线向量（点间三维坐标差，含有尺度信息和方位信息），然后对基线向量进行GNSS基线向量网平差。前者观测值为多台接收机同时观测卫星所得伪距、载波相位等数据，后者为基线向量。观测技术为GNSS测量。

必要起算数据：对于第二步平差，为 1 个点的已知三维坐标，个数为 3。

未知参数选择：对于第二步平差，通常取未知点三维坐标的平差值，仅有或多于必要起算数据时未知参数个数为未知点个数的 3 倍。

误差方程式与权阵：见本书第三部分的 GNSS 向量网平差。

d）一些说明

以上关于未知参数的选择，是从易于编程计算的角度考虑的。

仅有必要起算数据的控制网被称为经典自由网或独立网；除必要起算数据外，还有多余独立起算数据的控制网称为非自由网或附合网；必要起算数据不足的控制网被称为自由网或秩亏网。对于平面控制网，点间方位角、边长均可由坐标算得。假如网中有两个已知点，虽然有 2 对水平坐标、1 个方位角、1 条边长共 6 个起算数据，但真正独立的只有 4 个，这 4 个独立起算数据可选为 2 对水平坐标，或 1 对水平坐标和 1 个方位角、1 条边长；此外，若网中有高精度方位角观测值（天文方位角）和高精度边长观测值时，传统数据处理也将它们视为已知的独立起算数据。

上述介绍的控制网均属于几何控制网，其中，独立网和附合网经平差后在几何空间中既不能平移也不能旋转和缩放（一维网只对应平移），未知点高程或坐标因而被唯一地、最优地确定下来；自由网平差通常无法固定未知点高程或坐标，常用于其他目的，如变形监测等。

控制网也可以采用条件平差等其他平差方法，灵活解决实际中各种情况下的控制网平差问题，今后可结合其他课程（如“控制测量学”“测量平差程序设计”等）进一步学习领会。

2）计算步骤

参数平差的计算规律性很强，主要体现在参数选定后每有一个观测值就列一个误差方程式。下面结合两个例子给出的计算步骤对应着编程计算的基本流程。

例 1-2-1　设在测站 O 独立等精度观测了四个角度，观测值如下：

$$L_1=45°20'44''$$
$$L_2=42°35'38''$$
$$L_3=33°47'19''$$
$$L_4=87°56'25''$$

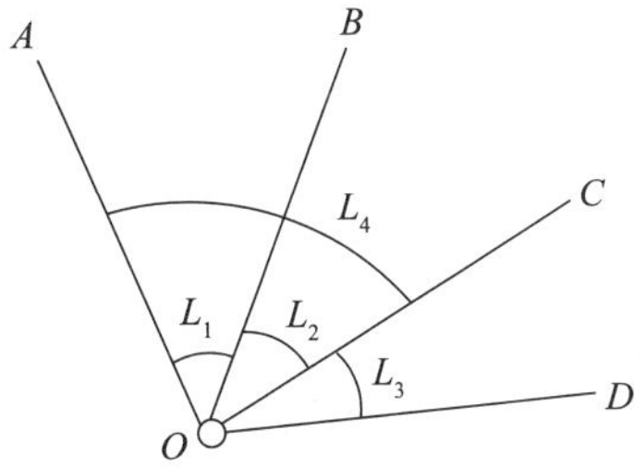

（1）试求各角最或然值（即平差值）及其权逆阵、协方差阵；

（2）若$\angle BOD=76°22'53''$，试重新计算各角最或然值及其权逆阵、协方差阵。

背景与分析：在传统平面控制网（测角三角网、边角同测三角网、导线网）中，某个测站可能与周围多个站点发生联系，存在多个方向。测站平差的主要目的是确定测站各方向之间的唯一相对关系。因为一个角度可以确定两个方向间的相对关系，两个角度可以确定三个方向的相对关系，故问题（1）中必要观测数为 3，且 L_3 的平差值必须作为未知参数；问题（2）中 OB、OD 方向的关系已经固定，当分别确定 OA、OC 与它们的关系后，四个方向的关系就全部确定了，因此必要观测数为 2。总结起来，在以角度为观测值的测站平差中，有已知角度时，必要观测数为未知方向个数；无已知角度时，必要观测数为未知方向个数减 1。

解：(1) $n=4$，$t=3$，$r=n-t=1$。取 $\hat{x}_1=\hat{L}_1$，$\hat{x}_2=\hat{L}_2$，$\hat{x}_3=\hat{L}_3$，$x_{01}=L_1$，$x_{02}=L_2$，$x_{03}=L_3$；$\boldsymbol{P}=\boldsymbol{I}$。误差方程为

$$\left.\begin{aligned}L_1+v_1&=\hat{x}_1=\delta\hat{x}_1+x_{01}=\delta\hat{x}_1+L_1\\L_2+v_2&=\hat{x}_2=\delta\hat{x}_2+x_{02}=\delta\hat{x}_2+L_2\\L_3+v_3&=\hat{x}_3=\delta\hat{x}_3+x_{03}=\delta\hat{x}_3+L_3\\L_4+v_4&=\hat{x}_1+\hat{x}_2=\delta\hat{x}_1+\delta\hat{x}_2+x_{01}+x_{02}=\delta\hat{x}_1+\delta\hat{x}_2+L_1+L_2\end{aligned}\right\}$$

代入数据后，矩阵形式的误差方程为

$$\begin{bmatrix}v_1\\v_2\\v_3\\v_4\end{bmatrix}=\begin{bmatrix}1&0&0\\0&1&0\\0&0&1\\1&1&0\end{bmatrix}\begin{bmatrix}\delta\hat{x}_1\\\delta\hat{x}_2\\\delta\hat{x}_3\end{bmatrix}+\begin{bmatrix}0\\0\\0\\-3\end{bmatrix}('')$$

由参数平差公式可解得

$$\boldsymbol{N}=\boldsymbol{A}^{\mathrm{T}}\boldsymbol{PA}=\begin{bmatrix}2&1&0\\1&2&0\\0&0&1\end{bmatrix},\ \boldsymbol{N}^{-1}=\frac{1}{3}\begin{bmatrix}2&-1&0\\-1&2&0\\0&0&3\end{bmatrix}$$

$$\boldsymbol{U}=\boldsymbol{A}^{\mathrm{T}}\boldsymbol{Pl}=\begin{bmatrix}-3\\-3\\0\end{bmatrix}(''),\ \delta\hat{\boldsymbol{X}}=-\boldsymbol{N}^{-1}\boldsymbol{U}=\begin{bmatrix}1\\1\\0\end{bmatrix}('')$$

$$\boldsymbol{V}=\boldsymbol{A}\delta\hat{\boldsymbol{X}}+\boldsymbol{l}=\begin{bmatrix}1\\1\\0\\-1\end{bmatrix}(''),\ \hat{\boldsymbol{L}}=\boldsymbol{L}+\boldsymbol{V}=\begin{bmatrix}45^{\circ}20'45''\\42^{\circ}35'39''\\33^{\circ}47'19''\\87^{\circ}56'24''\end{bmatrix}$$

$$\boldsymbol{V}^{\mathrm{T}}\boldsymbol{PV}=3('')^2,\ \mu^2=\frac{\boldsymbol{V}^{\mathrm{T}}\boldsymbol{PV}}{n-t}=\frac{3}{1}=3('')^2$$

$$\boldsymbol{Q}_{\hat{L}}=\boldsymbol{AN}^{-1}\boldsymbol{A}^{\mathrm{T}}=\frac{1}{3}\begin{bmatrix}2&-1&0&1\\-1&2&0&1\\0&0&3&0\\1&1&0&2\end{bmatrix},\ \boldsymbol{\Sigma}_{\hat{L}}=\mu^2\boldsymbol{Q}_{\hat{L}}=\begin{bmatrix}2&-1&0&1\\-1&2&0&1\\0&0&3&0\\1&1&0&2\end{bmatrix}('')^2$$

(2) $n=4$，$t=2$，$r=n-t=2$。取 $\hat{x}_1=\hat{L}_1$，$\hat{x}_2=\hat{L}_2$，$x_{01}=L_1$，$x_{02}=L_2$；$\boldsymbol{P}=\boldsymbol{I}$。误差方程为

$$\left.\begin{aligned}L_1+v_1&=\hat{x}_1=\delta\hat{x}_1+x_{01}=\delta\hat{x}_1+L_1\\L_2+v_2&=\hat{x}_2=\delta\hat{x}_2+x_{02}=\delta\hat{x}_2+L_2\\L_3+v_3&=\angle BOD-\hat{x}_2=-\delta\hat{x}_2+\angle BOD-x_{02}=-\delta\hat{x}_2+\angle BOD-L_2\\L_4+v_4&=\hat{x}_1+\hat{x}_2=\delta\hat{x}_1+\delta\hat{x}_2+x_{01}+x_{02}=\delta\hat{x}_1+\delta\hat{x}_2+L_1+L_2\end{aligned}\right\}$$

代入数据后，矩阵形式的误差方程为

$$\begin{bmatrix} v_1 \\ v_2 \\ v_3 \\ v_4 \end{bmatrix} = \begin{bmatrix} 1 & 0 \\ 0 & 1 \\ 0 & -1 \\ 1 & 1 \end{bmatrix} \begin{bmatrix} \delta\hat{x}_1 \\ \delta\hat{x}_2 \end{bmatrix} + \begin{bmatrix} 0 \\ 0 \\ -4 \\ -3 \end{bmatrix} ('')$$

由参数平差公式可解得

$$\boldsymbol{N} = \boldsymbol{A}^{\mathrm{T}}\boldsymbol{P}\boldsymbol{A} = \begin{bmatrix} 2 & 1 \\ 1 & 3 \end{bmatrix},\ \boldsymbol{N}^{-1} = \frac{1}{5}\begin{bmatrix} 3 & -1 \\ -1 & 2 \end{bmatrix}$$

$$\boldsymbol{U} = \boldsymbol{A}^{\mathrm{T}}\boldsymbol{P}\boldsymbol{l} = \begin{bmatrix} -3 \\ 1 \end{bmatrix} (''),\ \delta\hat{\boldsymbol{X}} = -\boldsymbol{N}^{-1}\boldsymbol{U} = \begin{bmatrix} 2 \\ -1 \end{bmatrix} ('')$$

$$\boldsymbol{V} = \boldsymbol{A}\delta\hat{\boldsymbol{X}} + \boldsymbol{l} = \begin{bmatrix} 2 \\ -1 \\ -3 \\ -2 \end{bmatrix} (''),\ \hat{\boldsymbol{L}} = \boldsymbol{L} + \boldsymbol{V} = \begin{bmatrix} 45°20'46'' \\ 42°35'37'' \\ 33°47'16'' \\ 87°56'23'' \end{bmatrix}$$

$$\boldsymbol{V}^{\mathrm{T}}\boldsymbol{P}\boldsymbol{V} = 18('')^2,\ \mu^2 = \frac{\boldsymbol{V}^{\mathrm{T}}\boldsymbol{P}\boldsymbol{V}}{n-t} = \frac{18}{2} = 9('')^2$$

$$\boldsymbol{Q}_{\hat{L}} = \boldsymbol{A}\boldsymbol{N}^{-1}\boldsymbol{A}^{\mathrm{T}} = \frac{1}{5}\begin{bmatrix} 3 & -1 & 1 & 2 \\ -1 & 2 & -2 & 1 \\ 1 & -2 & 2 & -1 \\ 2 & 1 & -1 & 3 \end{bmatrix},\ \boldsymbol{\Sigma}_{\hat{L}} = \mu^2\boldsymbol{Q}_{\hat{L}} = \frac{9}{5}\begin{bmatrix} 3 & -1 & 1 & 2 \\ -1 & 2 & -2 & 1 \\ 1 & -2 & 2 & -1 \\ 2 & 1 & -1 & 3 \end{bmatrix} ('')^2$$

说明：(1) 正确选取未知参数与确定观测值的权阵是参数平差计算的开端也是关键，必须确保正确，否则，后续计算即使无误得到的最终结果也是错误的。未知参数在满足足数且函数独立的原则下可以有不同的选取，如（2）问中还可以选取 $\hat{x}_1 = \hat{L}_2$，$\hat{x}_2 = \hat{L}_4$ 或其他；观测值权阵的确定可见第一章。

(2) 有了误差方程（$\boldsymbol{A}$、$\boldsymbol{l}$）和权矩阵（$\boldsymbol{P}$）后，只需要代入参数平差有关公式，便可得到有关量的平差值及其精度。若观测值相互独立，可以使用观测值独立时组成法方程的快速算法以提高计算效率。若要检核计算是否有误，可使用 $\boldsymbol{A}^{\mathrm{T}}\boldsymbol{P}\boldsymbol{V} = \boldsymbol{0}$ 或 $\hat{L}_i$ 之间应满足的理论关系式。

(3) 要善于观察与分析平差结果，以不断提高自身理论与应用水平乃至创新能力。如从本例可以发现，观测值相互独立但平差值不一定相互独立，观测值等精度但平差值不一定等精度。对于这些发现，大家可以尝试加以理论分析或证明。

例 1-2-2　如图所示的简单水准网中，A、B、C、D 为四个水准点，h_i 为观测高差（箭头指向高程增加方向），观测高差及所在路线长 s_i 如下：

$h_1 = 0.97$ m　$s_1 = 1$ km

$h_2 = 0.55$ m　$s_2 = 2$ km

$h_3 = 0.74$ m　$s_3 = 2$ km

$h_4 = 0.77$ m　$s_4 = 2$ km

$h_5 = 0.17$ m　$s_5 = 2$ km

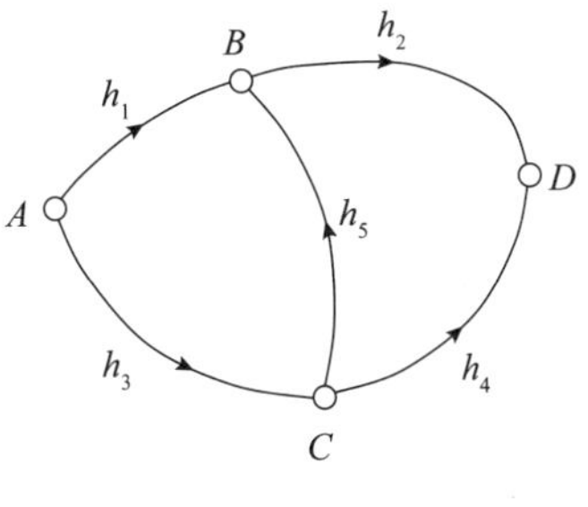

（1）若水准点高程均未知，试求各高差的平差值及其中误差；

（2）若 A 点、D 点高程已知，$H_A=84.21$ m，$H_D=85.62$ m，试求 B 点、C 点高程平差值及其中误差；

（3）若（2）中，没有进行高差观测，如何判断 B 点、C 点高程平差值的精度高低？

背景与分析： 关于箭头指向，一般默认为高差观测方向，高差观测值可正可负。这里说明为高程增加方向，就是将负的观测高差反号为正的观测高差，原箭头相应反向。两种情况下，高差理论值均为箭头终点高程理论值减去起点高程理论值，对平差结果无实质影响，今后不再说明。问题（1）中没有已知点（无必要起算数据），无法确定未知点高程，通过平差只能消除观测高差之间的矛盾，得到点间高程的唯一相对关系，常用于评价观测高差的质量（独立网亦有此功能）。该情况若使用参数平差，未知参数只能选为高差平差值，未知参数个数即未知点个数减 1。问题（2）中有两个已知点（相当于附合网），可以确定未知点的高程，通过平差不仅能够消除纯观测高差之间的矛盾，还可以消除因多余独立起算数据引起的矛盾。该情况若使用参数平差，未知参数既可以选未知点高程平差值又可以选高差平差值，个数即未知点个数，独立水准网未知参数选取同样如此。问题（3）中不需要观测高差具体值即可评估未知点高程平差值的精度高低，常用于水准网的优化设计阶段。

解：（1）$n=5$，$t=3$，$r=n-t=2$。取 $\hat{x}_1=\hat{h}_1$，$\hat{x}_2=\hat{h}_2$，$\hat{x}_3=\hat{h}_3$，$x_{01}=h_1$，$x_{02}=h_2$，$x_{03}=h_3$；$s_0=2$ km，$\boldsymbol{P}=\text{diag}(2,1,1,1,1)$。误差方程为

$$\left.\begin{aligned}
&h_1+v_1=\hat{x}_1=\delta\hat{x}_1+x_{01}=\delta\hat{x}_1+h_1\\
&h_2+v_2=\hat{x}_2=\delta\hat{x}_2+x_{02}=\delta\hat{x}_2+h_2\\
&h_3+v_3=\hat{x}_3=\delta\hat{x}_3+x_{03}=\delta\hat{x}_3+h_3\\
&h_4+v_4=\hat{x}_1+\hat{x}_2-\hat{x}_3=\delta\hat{x}_1+\delta\hat{x}_2-\delta\hat{x}_3+x_{01}+x_{02}-x_{03}=\delta\hat{x}_1+\delta\hat{x}_2-\delta\hat{x}_3+h_1+h_2-h_3\\
&h_5+v_5=\hat{x}_1-\hat{x}_3=\delta\hat{x}_1-\delta\hat{x}_3+x_{01}-x_{03}=\delta\hat{x}_1-\delta\hat{x}_3+h_1-h_3
\end{aligned}\right\}$$

代入数据后，矩阵形式的误差方程为

$$\begin{bmatrix}v_1\\v_2\\v_3\\v_4\\v_5\end{bmatrix}=\begin{bmatrix}1&0&0\\0&1&0\\0&0&1\\1&1&-1\\1&0&-1\end{bmatrix}\begin{bmatrix}\delta\hat{x}_1\\\delta\hat{x}_2\\\delta\hat{x}_3\end{bmatrix}+\begin{bmatrix}0\\0\\0\\1\\6\end{bmatrix}(\text{cm})$$

由参数平差公式可解得

$$\boldsymbol{N}=\boldsymbol{A}^{\mathrm{T}}\boldsymbol{PA}=\begin{bmatrix}4&1&-2\\1&2&-1\\-2&-1&3\end{bmatrix},\ \boldsymbol{N}^{-1}=\frac{1}{13}\begin{bmatrix}5&-1&3\\-1&8&2\\3&2&7\end{bmatrix}$$

$$\boldsymbol{U}=\boldsymbol{A}^{\mathrm{T}}\boldsymbol{Pl}=\begin{bmatrix}7\\1\\-7\end{bmatrix}(\text{cm}),\ \delta\hat{\boldsymbol{X}}=-\boldsymbol{N}^{-1}\boldsymbol{U}=\begin{bmatrix}-1\\1\\2\end{bmatrix}(\text{cm})$$

$$\boldsymbol{V}=\boldsymbol{A}\delta\hat{\boldsymbol{X}}+\boldsymbol{l}=\begin{bmatrix}-1\\1\\2\\-1\\3\end{bmatrix}(\text{cm}),\ \hat{\boldsymbol{h}}=\boldsymbol{h}+\boldsymbol{V}=\begin{bmatrix}0.96\\0.56\\0.76\\0.76\\0.20\end{bmatrix}(\text{m})$$

$$\boldsymbol{V}^{\mathrm{T}}\boldsymbol{P}\boldsymbol{V}=17(\text{cm}^2),\ \mu=\pm\sqrt{\frac{\boldsymbol{V}^{\mathrm{T}}\boldsymbol{P}\boldsymbol{V}}{n-t}}=\pm\sqrt{\frac{17}{2}}(\text{cm})$$

$$m_{\hat{h}_1}=\mu\sqrt{q_{\hat{x}_1}}=\pm\sqrt{\frac{17}{2}}\times\sqrt{\frac{5}{13}}=\pm\sqrt{\frac{85}{26}}(\text{cm})$$

$$m_{\hat{h}_2}=\mu\sqrt{q_{\hat{x}_2}}=\pm\sqrt{\frac{17}{2}}\times\sqrt{\frac{8}{13}}=\pm\sqrt{\frac{68}{13}}(\text{cm})$$

$$m_{\hat{h}_3}=\mu\sqrt{q_{\hat{x}_3}}=\pm\sqrt{\frac{17}{2}}\times\sqrt{\frac{7}{13}}=\pm\sqrt{\frac{119}{26}}(\text{cm})$$

（注意，$q_{\hat{x}_1}$、$q_{\hat{x}_2}$、$q_{\hat{x}_3}$ 为 $\boldsymbol{N}^{-1}$ 的对角线元素，因为 $\boldsymbol{Q}_{\hat{X}}=\boldsymbol{N}^{-1}$）

$$\hat{h}_4=\hat{x}_1+\hat{x}_2-\hat{x}_3=\begin{bmatrix}1 & 1 & -1\end{bmatrix}\begin{bmatrix}\hat{x}_1\\\hat{x}_2\\\hat{x}_3\end{bmatrix}=\boldsymbol{F}^{\mathrm{T}}\hat{\boldsymbol{X}}$$

$$q_{\hat{h}_4}=\frac{1}{p_{\hat{h}_4}}=\boldsymbol{F}^{\mathrm{T}}\boldsymbol{Q}_{\hat{X}}\boldsymbol{F}=\begin{bmatrix}1 & 1 & -1\end{bmatrix}\times\frac{1}{13}\begin{bmatrix}5 & -1 & 3\\-1 & 8 & 2\\3 & 2 & 7\end{bmatrix}\times\begin{bmatrix}1\\1\\-1\end{bmatrix}=\frac{8}{13}$$

$$m_{\hat{h}_4}=\mu\sqrt{q_{\hat{h}_4}}=\pm\sqrt{\frac{17}{2}}\times\sqrt{\frac{8}{13}}=\pm\sqrt{\frac{68}{13}}(\text{cm})$$

$$\hat{h}_5=\hat{x}_1-\hat{x}_3=\begin{bmatrix}1 & 0 & -1\end{bmatrix}\begin{bmatrix}\hat{x}_1\\\hat{x}_2\\\hat{x}_3\end{bmatrix}=\boldsymbol{F}^{\mathrm{T}}\hat{\boldsymbol{X}}$$

$$q_{\hat{h}_5}=\frac{1}{p_{\hat{h}_5}}=\boldsymbol{F}^{\mathrm{T}}\boldsymbol{Q}_{\hat{X}}\boldsymbol{F}=\begin{bmatrix}1 & 0 & -1\end{bmatrix}\times\frac{1}{13}\begin{bmatrix}5 & -1 & 3\\-1 & 8 & 2\\3 & 2 & 7\end{bmatrix}\times\begin{bmatrix}1\\0\\-1\end{bmatrix}=\frac{6}{13}$$

$$m_{\hat{h}_5}=\mu\sqrt{q_{\hat{h}_5}}=\pm\sqrt{\frac{17}{2}}\times\sqrt{\frac{6}{13}}=\pm\sqrt{\frac{51}{13}}(\text{cm})$$

（2）$n=5$，$t=2$，$r=n-t=3$。取 $\hat{x}_1=\hat{H}_B$，$\hat{x}_2=\hat{H}_C$，$x_{01}=H_A+h_1=85.18\ \text{m}$，$x_{02}=H_A+h_3=84.95\ \text{m}$；$s_0=2\ \text{km}$，$\boldsymbol{P}=\text{diag}(2,1,1,1,1)$。误差方程为

$$\left.\begin{aligned}
h_1+v_1&=\hat{x}_1-H_A=\delta\hat{x}_1+x_{01}-H_A=\delta\hat{x}_1+h_1\\
h_2+v_2&=H_D-\hat{x}_1=-\delta\hat{x}_1+H_D-x_{01}=-\delta\hat{x}_1+H_D-H_A-h_1\\
h_3+v_3&=\hat{x}_2-H_A=\delta\hat{x}_2+x_{02}-H_A=\delta\hat{x}_2+h_3\\
h_4+v_4&=H_D-\hat{x}_2=-\delta\hat{x}_2+H_D-x_{02}=-\delta\hat{x}_2+H_D-H_A-h_3\\
h_5+v_5&=\hat{x}_1-\hat{x}_2=\delta\hat{x}_1-\delta\hat{x}_2+x_{01}-x_{02}=\delta\hat{x}_1-\delta\hat{x}_2+h_1-h_3
\end{aligned}\right\}$$

代入数据后，矩阵形式的误差方程为

$$\begin{bmatrix}v_1\\v_2\\v_3\\v_4\\v_5\end{bmatrix}=\begin{bmatrix}1&0\\-1&0\\0&1\\0&-1\\1&-1\end{bmatrix}\begin{bmatrix}\delta\hat{x}_1\\\delta\hat{x}_2\end{bmatrix}+\begin{bmatrix}0\\-11\\0\\-10\\6\end{bmatrix}(\text{cm})$$

由参数平差公式可解得

$$\boldsymbol{N}=\boldsymbol{A}^{\mathrm{T}}\boldsymbol{PA}=\begin{bmatrix}4&-1\\-1&3\end{bmatrix}，\boldsymbol{N}^{-1}=\frac{1}{11}\begin{bmatrix}3&1\\1&4\end{bmatrix}$$

$$\boldsymbol{U}=\boldsymbol{A}^{\mathrm{T}}\boldsymbol{Pl}=\begin{bmatrix}17\\4\end{bmatrix}(\text{cm})，\delta\hat{\boldsymbol{X}}=-\boldsymbol{N}^{-1}\boldsymbol{U}=\begin{bmatrix}-5\\-3\end{bmatrix}(\text{cm})，\hat{\boldsymbol{X}}=\boldsymbol{X}_0+\delta\hat{\boldsymbol{X}}=\begin{bmatrix}85.13\\84.92\end{bmatrix}(\text{m})$$

$$\boldsymbol{V}=\boldsymbol{A}\delta\hat{\boldsymbol{X}}+\boldsymbol{l}=\begin{bmatrix}-5\\-6\\-3\\-7\\4\end{bmatrix}(\text{cm})，\hat{\boldsymbol{h}}=\boldsymbol{h}+\boldsymbol{V}=\begin{bmatrix}0.92\\0.49\\0.71\\0.70\\0.21\end{bmatrix}(\text{m})$$

$$\boldsymbol{V}^{\mathrm{T}}\boldsymbol{PV}=160(\text{cm}^2)，\mu=\pm\sqrt{\frac{\boldsymbol{V}^{\mathrm{T}}\boldsymbol{PV}}{n-t}}=\pm\sqrt{\frac{160}{3}}(\text{cm})$$

$$m_{\hat{H}_B}=\mu\sqrt{q_{\hat{x}_1}}=\pm\sqrt{\frac{160}{3}}\times\sqrt{\frac{3}{11}}=\pm\sqrt{\frac{160}{11}}(\text{cm})$$

$$m_{\hat{H}_C}=\mu\sqrt{q_{\hat{x}_2}}=\pm\sqrt{\frac{160}{3}}\times\sqrt{\frac{4}{11}}=\pm\sqrt{\frac{640}{33}}(\text{cm})$$

(3) $n=5$，$t=2$，$r=n-t=3$。取 $\hat{x}_1=\hat{H}_B$，$\hat{x}_2=\hat{H}_C$；$s_0=2$ km，$\boldsymbol{P}=\mathrm{diag}(2，1，1，1，1)$。误差方程为

$$\left.\begin{aligned}
h_1+v_1&=\hat{x}_1-H_A\\
h_2+v_2&=H_D-\hat{x}_1\\
h_3+v_3&=\hat{x}_2-H_A\\
h_4+v_4&=H_D-\hat{x}_2\\
h_5+v_5&=\hat{x}_1-\hat{x}_2
\end{aligned}\right\}$$

矩阵形式的误差方程为

$$\begin{bmatrix} v_1 \\ v_2 \\ v_3 \\ v_4 \\ v_5 \end{bmatrix} = \begin{bmatrix} 1 & 0 \\ -1 & 0 \\ 0 & 1 \\ 0 & -1 \\ 1 & -1 \end{bmatrix} \begin{bmatrix} \hat{x}_1 \\ \hat{x}_2 \end{bmatrix} + \begin{bmatrix} -H_A - h_1 \\ H_D - h_2 \\ -H_A - h_3 \\ H_D - h_4 \\ -h_5 \end{bmatrix}$$

由参数平差公式得

$$\boldsymbol{N} = \boldsymbol{A}^{\mathrm{T}} \boldsymbol{P} \boldsymbol{A} = \begin{bmatrix} 4 & -1 \\ -1 & 3 \end{bmatrix},\ \boldsymbol{N}^{-1} = \frac{1}{11} \begin{bmatrix} 3 & 1 \\ 1 & 4 \end{bmatrix}$$

因

$$q_{\hat{H}_B} = q_{\hat{x}_1} = \frac{3}{11},\ q_{\hat{H}_C} = q_{\hat{x}_2} = \frac{4}{11},\ q_{\hat{H}_B} < q_{\hat{H}_C} \text{ 或 } p_{\hat{H}_B} > p_{\hat{H}_C}$$

权是表示精度高低的相对指标，故 B 点高程平差值的精度高于 C 点高程平差值的精度。

说明：类似问题（3）的应用可称为控制网优化设计，其特点是不用获得具体观测值便可得到所关注量的权逆阵。欲进一步获得绝对精度，还可使用验前单位权方差 $\hat{\sigma}_0^2$ 代替 μ^2 进行估计，即 $\boldsymbol{\Sigma} = \hat{\sigma}_0^2 \boldsymbol{Q}$。

3）一个量独立等精度观测结果的平差

设一个量 n 次独立等精度观测值为 L_1、L_2、…、L_n，取权阵 $\boldsymbol{P} = \boldsymbol{I}$，相应有

平均值（即平差值） $$\hat{x} = \frac{[L]}{n} \tag{1-2-42}$$

观测值残差 $$v_i = \hat{x} - L_i \tag{1-2-43}$$

单位权中误差 $$\mu = \pm \sqrt{\frac{[vv]}{n-1}} \tag{1-2-44}$$

平均值的权 $$p_{\hat{x}} = n \tag{1-2-45}$$

平均值的中误差 $$m_{\hat{x}} = \mu \sqrt{\frac{1}{p_{\hat{x}}}} = \pm \sqrt{\frac{[vv]}{(n-1)n}} \tag{1-2-46}$$

其中，单位权中误差公式即第一章中的贝塞尔公式，也是观测值的中误差。

在某些应用场合，观测值是按时间顺序获得的，每个观测时刻均需计算此前所有观测值的平均值以及单位权中误差。但是，利用上述已有公式，从编程角度考虑存在占用内存多（需要存储以前所有观测值）、计算效率低的不足，为此，可以尝试对已有公式进行改化。

设（$i-1$）时刻的平均值、单位权中误差为

$$\hat{x}_{i-1} = \frac{1}{i-1}(L_1 + L_2 + \cdots + L_{i-1})$$

$$\mu_{i-1} = \sqrt{\sum_{j=1}^{i-1} v'^2_j / (i-2)},\ v'_j = \hat{x}_{i-1} - L_j$$

则 i 时刻的平均值为

$$\hat{x}_i = \frac{1}{i}(L_1 + L_2 + \cdots + L_{i-1}) + \frac{1}{i} L_i = \frac{(i-1)\hat{x}_{i-1}}{i} + \frac{1}{i} L_i = \hat{x}_{i-1} + \frac{1}{i}(L_i - \hat{x}_{i-1}) \tag{1-2-47}$$

单位权中误差为

$$\mu_i = \sqrt{\sum_{j=1}^{i} v_j^2/(i-1)}，\ v_j = \hat{x}_i - L_j$$

可推得

$$(i-1)\mu_i^2 - (i-2)\mu_{i-1}^2 = \frac{i-1}{i}(L_i - \hat{x}_{i-1})^2$$

$$\mu_i^2 = \frac{i-2}{i-1}\mu_{i-1}^2 + \frac{1}{i}(L_i - \hat{x}_{i-1})^2 \tag{1-2-48}$$

于是，在取得初值 $\hat{x}_1 = L_1$ 并指定 μ_1^2 后，从 $i=2$ 时刻开始，便可利用式（1-2-47）、式（1-2-48）快速计算当前观测时刻的 $\hat{x}_i$、μ_i。改化后的公式仅需保存前一时刻的 $\hat{x}_{i-1}$、μ_{i-1}，不仅节省了存储单元也提高了计算效率，作为算法可称为递推算法，作为平差方法的扩展则体现了序贯平差的思想（见本部分第四章）。

（四）其他说明

为了深刻掌握参数平差等各种平差方法，本章再强调几点：①数学模型通常是对各种实际数据处理应用情况的抽象，来源于实践，具有高度概括性，需要结合实际应用不断体会如何建立相应模型以便能够灵活应用各平差方法；②有了数学模型和估值准则，便可根据数学知识进行公式推导，公式推导能力是测量平差理论研究应具备的基本能力之一；③在计算机如此普及的今天，要树立如何进行编程计算的意识，并注重算法积累。

二、练习题

1-2-1 下列简单水准环或网中，A、B、C、D 为已知水准点，已知高程分别为 H_A、H_B、H_C、H_D，P 或 P_i 表示未知点，h_i 表示各观测高差，试确定各图中独立未知参数的个数并列出矩阵形式的误差方程。

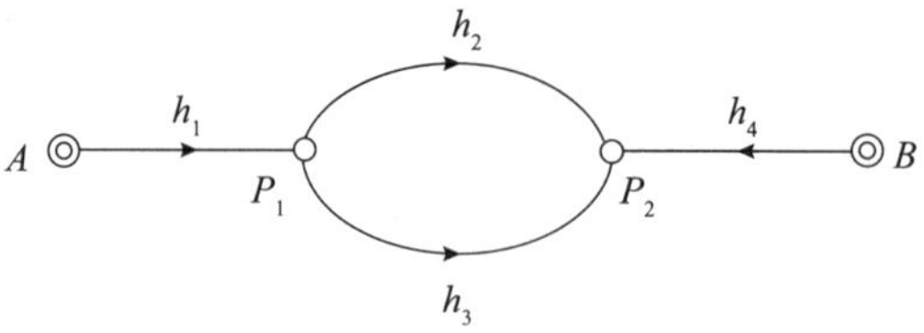

（1）

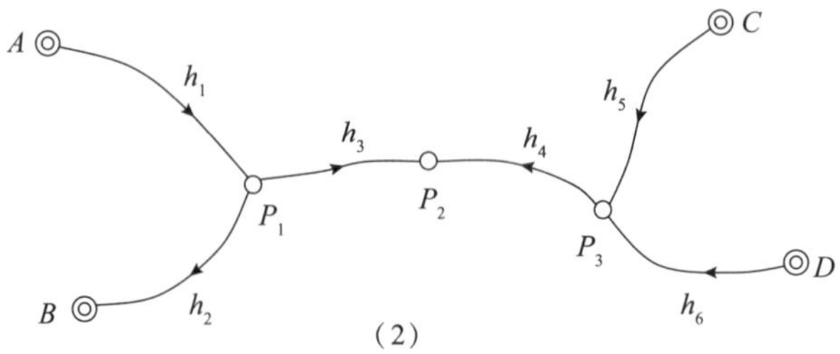

（2）

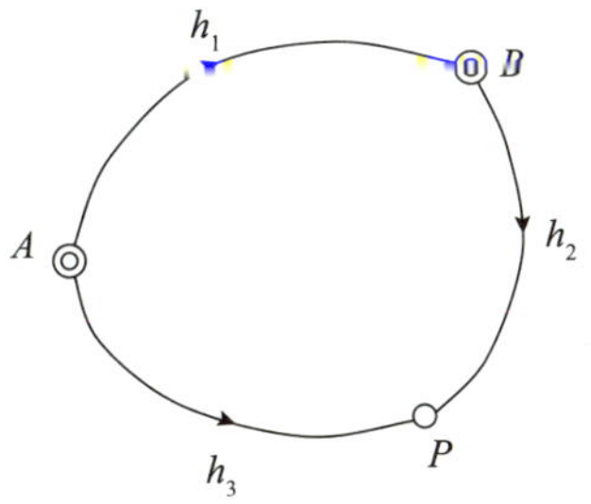

（3）

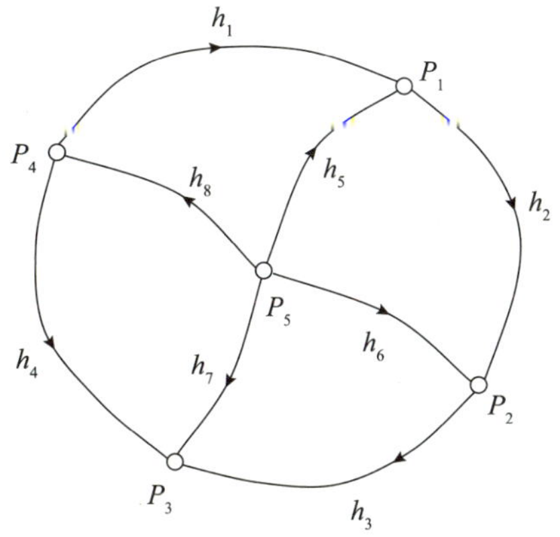

（4）

1-2-2　在下列各图中，O 表示测站，双线表示已知方向（方位角已知），单线表示未知方向，L_i 为观测角度值，若要平差这些图形，试列出其矩阵形式的误差方程。

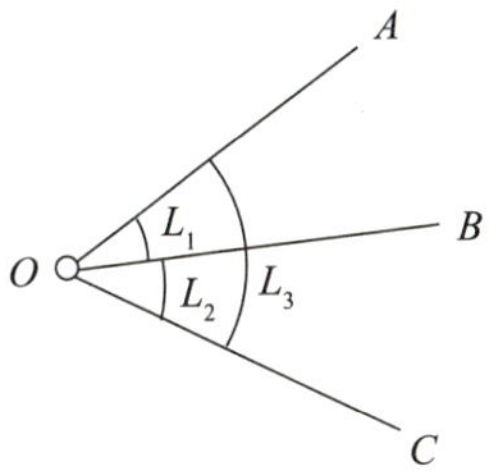

（1）

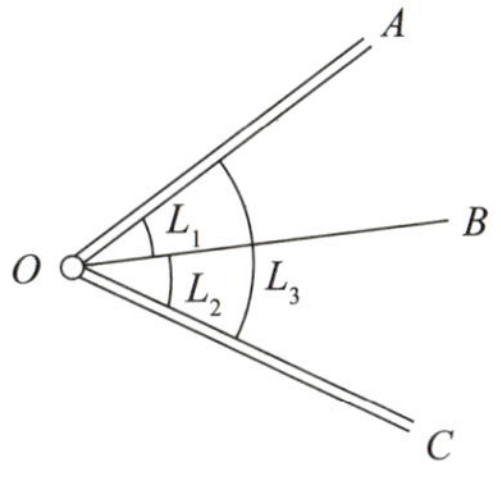

（2）

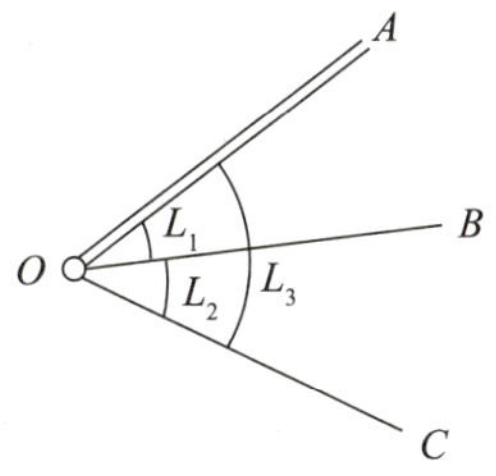

（3）

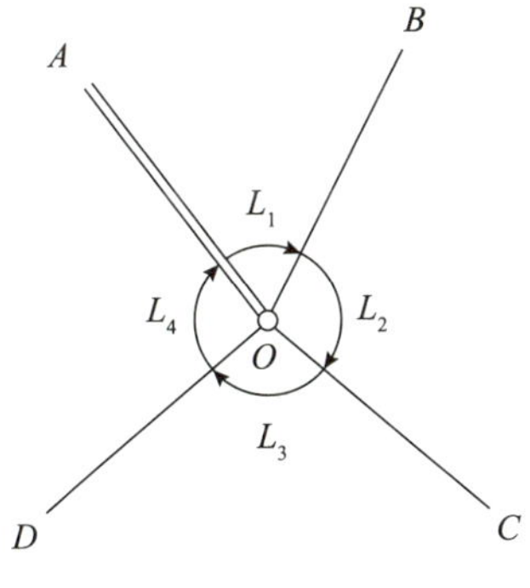

（4）

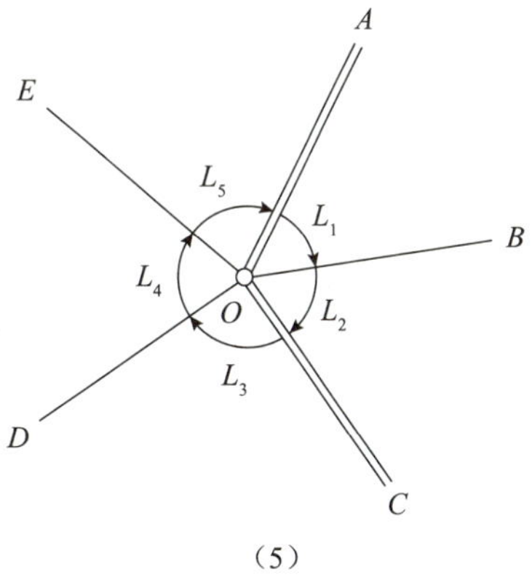

（5）

1-2-3　（曲线拟合）已知 n（$n>2$）个点的平面坐标值分别（x_1，y_1），（x_2，y_2），…，（x_n，y_n），试列出用这些点拟合直线 $y=ax+b$ 时的矩阵形式误差方程。

1-2-4　（绝对重力测量）采用自由落体运动方程 $z=z_0+v_0t+\frac{1}{2}gt^2$ 测定重力加速度 g 时，已测得 n（$n>3$）组时间，位移为（t_1，z_1），（t_2，z_2），…，（t_n，z_n），试列出估

求 g 时的矩阵形式误差方程。

1-2-5 （平面坐标转换参数求取）取二维直角坐标变换模型为 $\begin{bmatrix} x \\ y \end{bmatrix} = \begin{bmatrix} \Delta x_0 \\ \Delta y_0 \end{bmatrix} + \begin{bmatrix} a & -b \\ b & a \end{bmatrix} \begin{bmatrix} x' \\ y' \end{bmatrix}$，其中，$x$、$y$ 为 oxy 坐标系中的坐标，x'、y'为 $x'o'y'$坐标系中的坐标，Δx_0、Δy_0、a、b 为坐标转换参数（待求量）。若已知 n（$n>2$）个点的两套坐标值（x_i，y_i）和（x_i'，y_i'），试列出求取转换参数时的矩阵形式误差方程。

1-2-6 （三维坐标转换参数求取）取三维直角坐标变换模型为 $\begin{bmatrix} x \\ y \\ z \end{bmatrix} = \begin{bmatrix} \Delta x_0 \\ \Delta y_0 \\ \Delta z_0 \end{bmatrix} + (1+m) \begin{bmatrix} x' \\ y' \\ z' \end{bmatrix} + \begin{bmatrix} 0 & \varepsilon_z & -\varepsilon_y \\ -\varepsilon_z & 0 & \varepsilon_x \\ \varepsilon_y & -\varepsilon_x & 0 \end{bmatrix} \begin{bmatrix} x' \\ y' \\ z' \end{bmatrix}$（布尔莎模型），其中，$x$、$y$、$z$ 为 $oxyz$ 坐标系中的坐标，x'、y'、z'为 $o'x'y'z'$坐标系中的坐标，Δx_0、Δy_0、Δz_0、m、ε_x、ε_y、ε_z 为坐标转换参数（待求量）。若已知 n（$n\geqslant 3$）个点的两套坐标值为（x_i，y_i，z_i）和（x_i'，y_i'，z_i'），试列出求取转换参数时的矩阵形式误差方程。

1-2-7 设误差方程为 $\boldsymbol{V}=\boldsymbol{A}\hat{\boldsymbol{X}}+\boldsymbol{l}$，$\boldsymbol{l}=\boldsymbol{D}-\boldsymbol{L}$，观测值向量的权阵为 $\boldsymbol{P}$，试依据最小二乘原理推导参数平差的法方程。

1-2-8 已知某量的 n 次独立非等精度观测值为 $L_i(i=1, 2, \cdots, n)$，L_i 的权为 p_i，试利用参数平差法推导该量的平差值公式 $\hat{x}=\dfrac{[pL]}{[p]}$。

1-2-9 已知平面三角形三内角 L_1、L_2、L_3 为独立等精度观测值，设三角形闭合差为 $W=L_1+L_2+L_3-180°$，试利用参数平差法证明三角形闭合差配赋时各内角所得改正数均为 $-\dfrac{W}{3}$。

1-2-10 下图为具有两个未知点的水准附合路线，A、B 为已知水准点，P_i 为未知水准点，观测高差为 h_i，高差相应路线长为 s_i（单位：km）。

（1）利用参数平差法推导各高差的改正数；

（2）根据（1）中结果，写出具有 $n-1$（$n\geqslant 2$）个未知点的水准附合路线各观测高差所得改正数的通用公式。

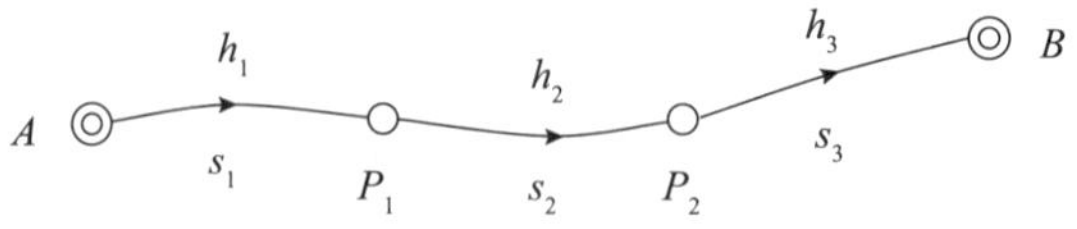

1-2-11 下图为具有三个未知点的水准环，P_i 为未知水准点，观测高差为 h_i，高差相应路线长为 s_i（单位：km）。

（1）利用参数平差法推导各高差的改正数；

（2）根据（1）中结果，写出具有 $n(n\geqslant 2)$ 个未知点的水准环各观测高差所得改正数的通用公式。

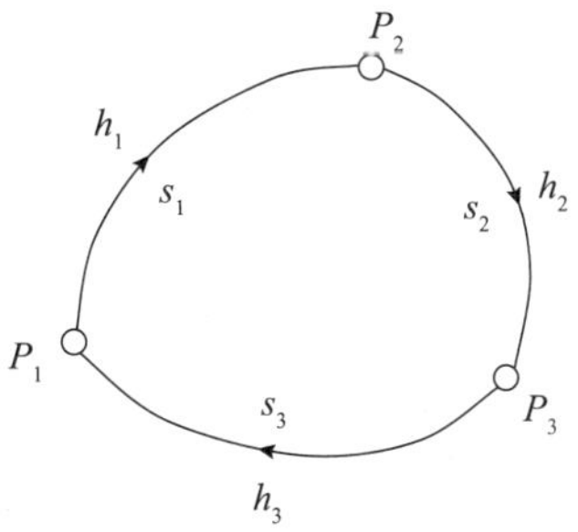

1-2-12　利用输入未知参数近似值的方法，按步骤列出练习题 1-2-1 中矩阵形式的误差方程。

1-2-13　利用输入未知参数近似值的方法，按步骤列出练习题 1-2-2 中矩阵形式的误差方程。

1-2-14　下图为一简单 GNSS 向量网，用两台 GNSS 接收机测得 5 条基线向量。其中，A 点为已知点，B、C、D 为未知点，取未知点三维坐标为未知参数，试列出矩阵形式的误差方程（观测数据、已知点坐标、未知点近似坐标见表 1 和表 2）。

表 1

点号	X/m	Y/m	Z/m
A	−1 974 638.734 0	4 590 014.819 0	3 953 144.923 5
B	−1 973 420.174 0	4 591 054.046 7	3 951 407.205 0
C	−1 974 825.701 0	4 591 232.194 0	3 950 235.813 0
D	−1 974 909.198 0	4 590 518.041 0	3 951 265.012 0

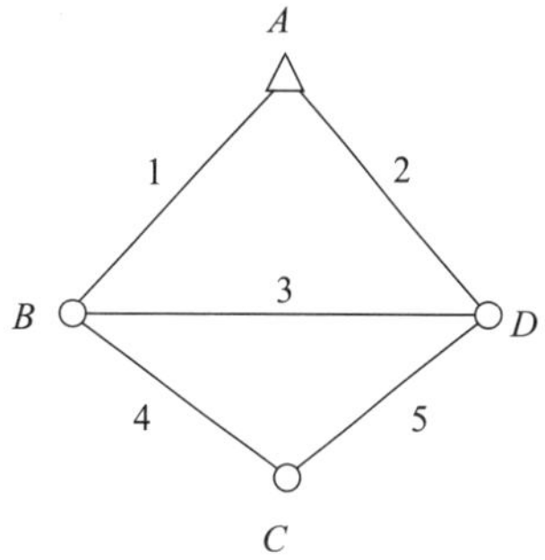

表 2

基线号	起点	终点	ΔX/m	ΔY/m	ΔZ/m
1	B	A	−1 218.561	−1 039.227	1 737.720
2	D	A	270.457	−503.208	1 879.923
3	D	B	1 489.013	536.030	142.218
4	C	B	1 405.531	−178.157	1 171.380
5	D	C	83.497	714.153	−1 029.199

1-2-15　如下图所示，向高级三角网内插一个未知点，观测三条边长 $s_1=387.363$ m，$s_2=306.065$ m，$s_3=354.862$ m。已知 A、B、C 三点的平面坐标为 $x_A=2\ 692.201$ m，$y_A=5\ 203.153$ m；$x_B=2\ 092.765$ m，$y_B=5\ 132.304$ m；$x_C=2\ 210.593$ m，$y_C=5\ 665.422$ m。若取 P 点的平面坐标为未知参数且近似坐标为 $x_P^0=2\ 326.259$ m，$y_P^0=5\ 330.184$ m，试列出矩阵形式的线性化误差方程。

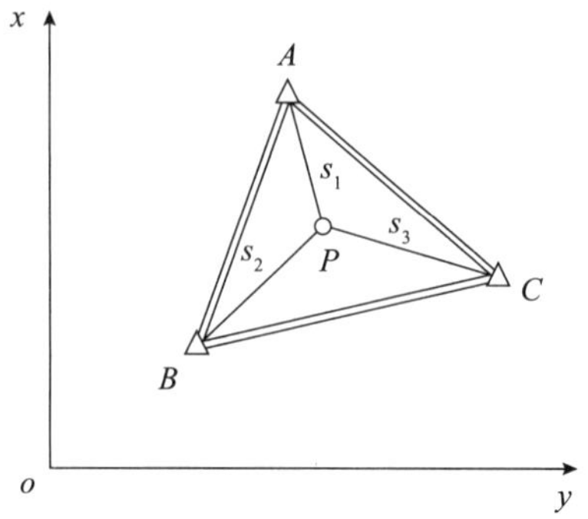

1-2-16 设误差方程为 $\boldsymbol{V}=\boldsymbol{A}\delta\hat{\boldsymbol{X}}+\boldsymbol{l}$，$\boldsymbol{l}=\boldsymbol{A}\boldsymbol{X}_0+\boldsymbol{D}-\boldsymbol{L}$，观测值向量的权阵为 $\boldsymbol{P}$，试依据最小二乘原理推导参数平差的法方程。

1-2-17 设误差方程为 $\boldsymbol{V}=\boldsymbol{A}\delta\hat{\boldsymbol{X}}+\boldsymbol{l}$，$\boldsymbol{l}=\boldsymbol{A}\boldsymbol{X}_0+\boldsymbol{D}-\boldsymbol{L}$，观测值权阵为 $\boldsymbol{P}$，试证明参数平差值 $\hat{\boldsymbol{X}}$ 与 $\boldsymbol{X}_0$ 的选取无关。

1-2-18 设误差方程为 $\boldsymbol{V}=\boldsymbol{A}\delta\hat{\boldsymbol{X}}+\boldsymbol{l}$，$\boldsymbol{l}=\boldsymbol{A}\boldsymbol{X}_0+\boldsymbol{D}-\boldsymbol{L}$，观测值权阵为 $\boldsymbol{P}$，试证明残差向量 $\boldsymbol{V}$ 与 $\boldsymbol{X}_0$ 的选取无关。

1-2-19 已知平面三角形中，$A=61°21'23''$为 4 个测回之中数，$B=34°52'49''$和 $C=83°45'43''$均为 2 个测回之中数，所有测回均独立等精度，试求各角最或然值。

1-2-20 如图，在测站 O 独立等精度观测得到的角度值如下：

$$L_1=30°30'20''$$
$$L_2=20°10'10''$$
$$L_3=50°40'24''$$

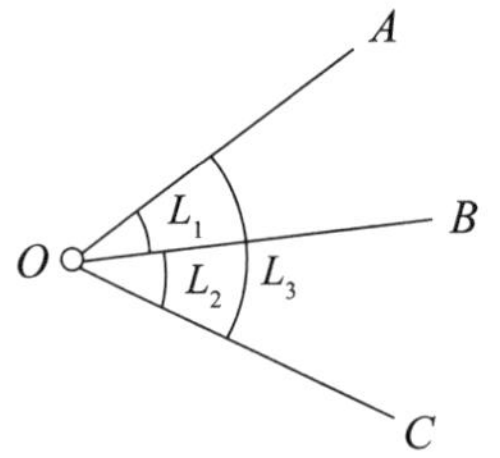

(1) 试求各角的最或然值；

(2) 若$\angle AOC=50°40'28''$，试重新求各角的最或然值。

1-2-21 （水准网平差箭头指向探讨）如下图所示，A 为已知水准点，$H_A=101.721$ m；P_i 为未知水准点。观测高差及路线长如下：

$h_1=4.121$ m　　$s_1=2$ km

$h_2=-5.719$ m　　$s_2=4$ km

$h_3=1.591$ m　　$s_3=8$ km

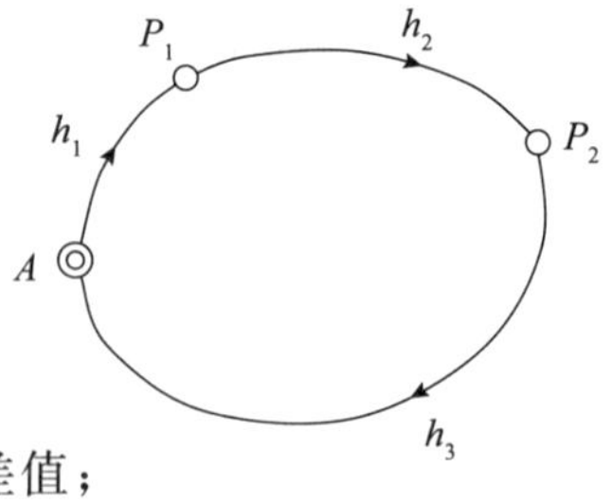

(1) 试确定各高差的平差值及未知点高程平差值；

(2) 将所有高差表达为正值，试确定各高差的平差值及未知点高程平差值；

(3) 说明 (1) 中结果和 (2) 中结果的关系。

1-2-22 （高杠杆或强权观测值探讨）如下图所示，A 为已知水准点，$H_A=101.721$ m；P_i 为未知水准点。观测高差及路线长如下：

$h_1=4.121\ \text{m}\quad s_1=2\ \text{km}$

$h_2=5.719\ \text{m}\quad s_2=4\ \text{km}$

$h_3=1.591\ \text{m}\quad s_3=8\ \text{km}$

$h_4=2.422\ \text{m}\quad s_4=1\ \text{km}$

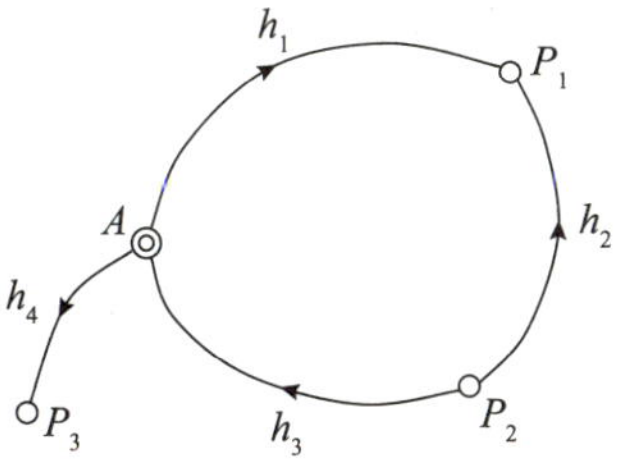

（1）试确定各高差的平差值及未知点高程平差值；

（2）试解释 $h_1 \sim h_4$ 具体值改变时，h_4 的改正数总为 0 或不得改正数的原因。

1-2-23 （完全多余观测值探讨）如下图所示，A、B 为已知水准点，$H_A=101.721\ \text{m}$，$H_B=105.846\ \text{m}$；P 为未知水准点。观测高差及路线长如下：

$h_1=4.121\ \text{m}\quad s_1=2\ \text{km}$

$h_2=5.719\ \text{m}\quad s_2=4\ \text{km}$

$h_3=1.591\ \text{m}\quad s_3=8\ \text{km}$

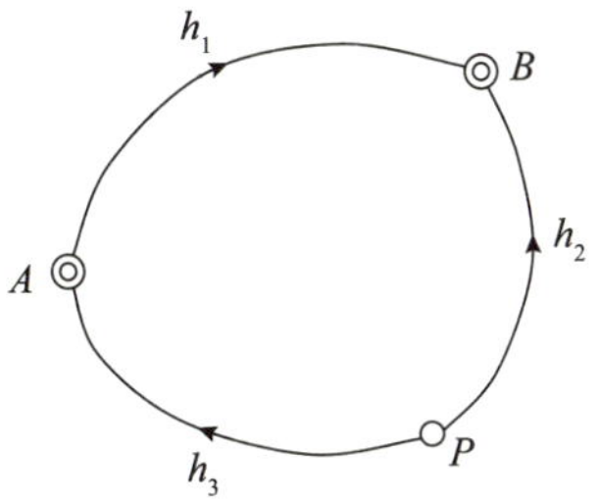

（1）试确定未知点高程平差值；

（2）若 A、B 间没有观测值 h_1，试重新确定未知点高程平差值。

1-2-24 （平差基准问题探讨——秩亏网平差与经典自由网平差）如下图所示，P_i 点为未知水准点，观测高差及路线长如下：

$h_1=4.121\ \text{m}\quad s_1=2\ \text{km}$

$h_2=5.719\ \text{m}\quad s_2=4\ \text{km}$

$h_3=1.591\ \text{m}\quad s_3=8\ \text{km}$

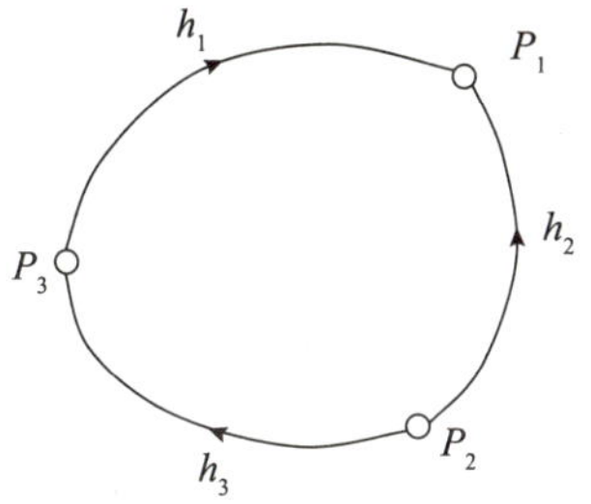

（1）试求各高差的平差值；

（2）若取 P_1、P_2、P_3 点的高程平差值为未知参数 $\hat{x}_1$、$\hat{x}_2$、$\hat{x}_3$，试探讨参数解的唯一性；

（3）任取一个未知点并为其指定一个高程（设为 a），将其余未知点高程平差值设为未知参数，试探讨参数解的唯一性及与（1）中结果的异同。

1-2-25 （水准网平差基准问题探讨——附合网平差）如下图所示，A、B 两点的已知高程来自上级水准网平差结果：$H_A=420.178\ \text{m}$ 和 $H_B=422.336\ \text{m}$，P_1、P_2 为未知水准点，它们所在路线长均为 6 km，观测高差如下：

$h_1=0.422\ \text{m}$

$h_2=1.734\ \text{m}$

$h_3=1.764\ \text{m}$

$h_4=2.182\ \text{m}$

$h_5=0.018\ \text{m}$

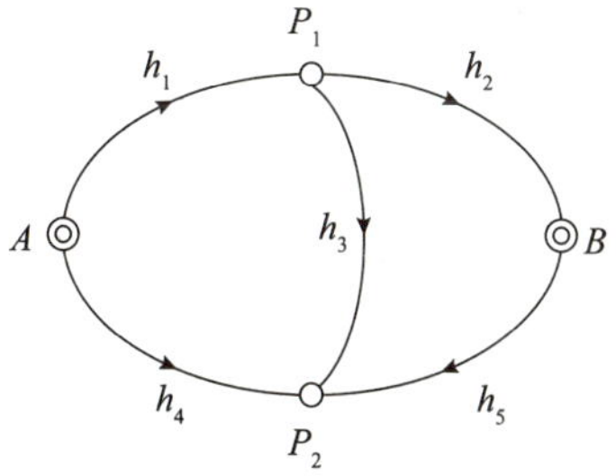

（1）视 H_A、H_B 为无误差的已知值（传统做法），试求各高差的平差值及未知点的高程平差值；

（2）考虑 A、B 两点的精度，视 H_A、H_B 为虚拟或广义观测值，与观测高差共同定权后，权阵为 $\boldsymbol{P}=\begin{bmatrix}\boldsymbol{P}_{\mathrm{I}} & \\ & \boldsymbol{P}_{\mathrm{II}}\end{bmatrix}$，其中，$\boldsymbol{P}_{\mathrm{I}}=\boldsymbol{I}$ 为 $[h_1 \quad h_2 \quad \cdots \quad h_5]^{\mathrm{T}}$ 的权阵，$\boldsymbol{P}_{\mathrm{II}}=\begin{bmatrix}3 & 1\\1 & 1\end{bmatrix}$ 为 $[H_A \quad H_B]^{\mathrm{T}}$ 的权阵，现以所有点高程平差值为未知参数进行参数平差，试求各高差的平差值及所有点的高程平差值。

1-2-26 如下图所示，A、B 两点的已知高程为 $H_A=107.438$ m 和 $H_B=110.344$ m，P_1、P_2 为未知点，观测高差及路线长如下：

$h_1=1.415$ m　$s_1=1$ km

$h_2=1.494$ m　$s_2=2$ km

$h_3=1.237$ m　$s_3=2$ km

$h_4=1.663$ m　$s_4=1$ km

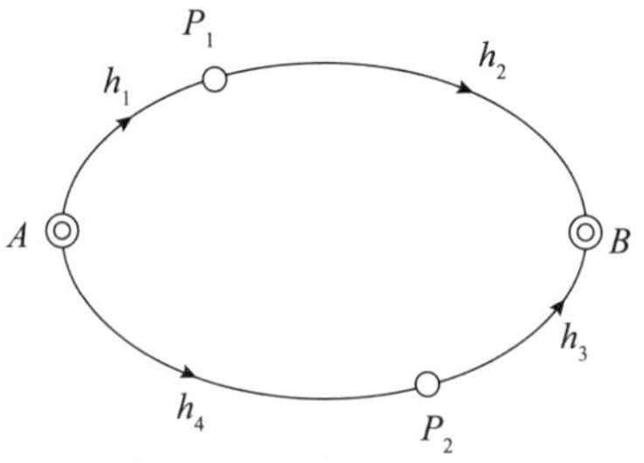

（1）试按参数平差法求未知点的高程平差值；

（2）将上图拆分为两条附合路线（路线 1：$A \to P_1 \to B$；路线 2：$A \to P_2 \to B$）后，分别进行参数平差也可得到未知点高程平差值，试比较这样做的结果是否与（1）中结果相同；

（3）从数学模型分块的角度说明（2）中做法的合理性。

1-2-27 已知某个量的两个观测值为 $L_1=650.10$ 和 $L_2=650.18$，观测值的权逆阵为 $\boldsymbol{Q_L}=\begin{bmatrix}2 & -1\\-1 & 4\end{bmatrix}$，试求该量的最或然值。

1-2-28 在测站 O 独立等精度观测了四个方向值为 $\alpha_1=0°00'00''$，$\alpha_2=29°35'28''$，$\alpha_3=59°40'30''$，$\alpha_4=89°09'12''$，已知 $\angle AOD=89°09'06''$。

（1）试以下图（1）中的角度 L_1、L_2、L_3 为观测值求各方向的平差值；

（2）试以下图（2）中的角度 L_1、L_2、L_3 为观测值求各方向的平差值。

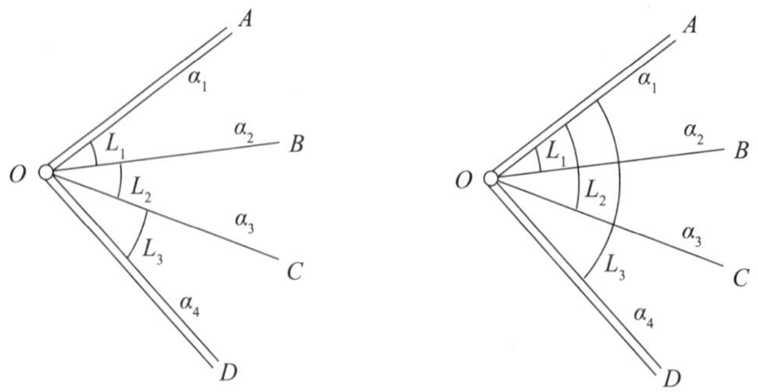

（1）　　　　（2）

1-2-29　为确定一正方形的面积，对一条边独立等精度量测了三次，观测值分别为 $L_1=10.00$ m，$L_2=9.98$ m，$L_3=10.02$ m。试以面积为未知参数，比较参数近似值分别取为 100 m^2 和 $(10.01)^2$ m^2 时的参数平差非迭代结果，并说明两个结果差异的原因。

1-2-30　设参数平差的观测方程为 $-\boldsymbol{\Delta}=\boldsymbol{A}\delta\boldsymbol{X}+\boldsymbol{l}$，$\boldsymbol{l}=\boldsymbol{A}\boldsymbol{X}_0+\boldsymbol{D}-\boldsymbol{L}$，误差方程为 $\boldsymbol{V}=\boldsymbol{A}\delta\hat{\boldsymbol{X}}+\boldsymbol{l}$，$\boldsymbol{l}=\boldsymbol{A}\boldsymbol{X}_0+\boldsymbol{D}-\boldsymbol{L}$，观测值权阵为 $\boldsymbol{P}$，试推导 $\boldsymbol{V}$ 与 $\boldsymbol{\Delta}$ 的关系式。

1-2-31　设误差方程为 $\boldsymbol{V}=\boldsymbol{A}\delta\hat{\boldsymbol{X}}+\boldsymbol{l}$，$\boldsymbol{l}=\boldsymbol{A}\boldsymbol{X}_0+\boldsymbol{D}-\boldsymbol{L}$，观测值权阵为 $\boldsymbol{P}$，试推导验后单位权中误差 μ 的公式。

1-2-32　设观测值的权阵为 $\boldsymbol{P}$，根据参数平差有关量的表达式，试推导下表中上三角部分（含对角线部分）的相关权逆阵表达式，然后根据相关权逆阵的性质，写出下三角部分空白的相关权逆阵表达式。

有关量	$\boldsymbol{L}$	$\boldsymbol{l}$	$\delta\hat{\boldsymbol{X}}$	$\hat{\boldsymbol{X}}$	$\boldsymbol{V}$	$\hat{\boldsymbol{L}}$
$\boldsymbol{L}$	$\boldsymbol{Q}_L$	$\boldsymbol{Q}_{Ll}$	$\boldsymbol{Q}_{L\delta\hat{X}}$	$\boldsymbol{Q}_{L\hat{X}}$	$\boldsymbol{Q}_{LV}$	$\boldsymbol{Q}_{L\hat{L}}$
$\boldsymbol{l}$		$\boldsymbol{Q}_l$	$\boldsymbol{Q}_{l\delta\hat{X}}$	$\boldsymbol{Q}_{l\hat{X}}$	$\boldsymbol{Q}_{lV}$	$\boldsymbol{Q}_{l\hat{L}}$
$\delta\hat{\boldsymbol{X}}$			$\boldsymbol{Q}_{\delta\hat{X}}$	$\boldsymbol{Q}_{\delta\hat{X}\hat{X}}$	$\boldsymbol{Q}_{\delta\hat{X}V}$	$\boldsymbol{Q}_{\delta\hat{X}\hat{L}}$
$\hat{\boldsymbol{X}}$				$\boldsymbol{Q}_{\hat{X}}$	$\boldsymbol{Q}_{\hat{X}V}$	$\boldsymbol{Q}_{\hat{X}\hat{L}}$
$\boldsymbol{V}$					$\boldsymbol{Q}_V$	$\boldsymbol{Q}_{V\hat{L}}$
$\hat{\boldsymbol{L}}$						$\boldsymbol{Q}_{\hat{L}}$

1-2-33　设误差方程为 $\boldsymbol{V}=\boldsymbol{A}\hat{\boldsymbol{X}}+\boldsymbol{l}$，$\boldsymbol{l}=\boldsymbol{D}-\boldsymbol{L}$，观测值权阵为 $\boldsymbol{P}$，试推导验后单位权中误差 μ 的估值公式。

1-2-34　利用参数平差原理推导贝塞尔公式 $m=\pm\sqrt{\dfrac{[vv]}{n-1}}$ 并解释其含义。

1-2-35　已知误差方程为 $\boldsymbol{V}=\boldsymbol{A}\hat{\boldsymbol{X}}+\boldsymbol{l}$，$\boldsymbol{l}=\boldsymbol{D}-\boldsymbol{L}$，观测值权阵为 $\boldsymbol{P}$，试推导下表中下三角部分（含对角线部分）的相关权逆阵表达式，然后根据相关权逆阵的性质，写出上三角部分空白的相关权逆阵表达式。

有关量	$\boldsymbol{L}$	$\boldsymbol{l}$	$\hat{\boldsymbol{X}}$	$\boldsymbol{V}$	$\hat{\boldsymbol{L}}$
$\boldsymbol{L}$	$\boldsymbol{Q}_L$				
$\boldsymbol{l}$	$\boldsymbol{Q}_{lL}$	$\boldsymbol{Q}_l$			
$\hat{\boldsymbol{X}}$	$\boldsymbol{Q}_{\hat{X}L}$	$\boldsymbol{Q}_{\hat{X}l}$	$\boldsymbol{Q}_{\hat{X}}$		
$\boldsymbol{V}$	$\boldsymbol{Q}_{VL}$	$\boldsymbol{Q}_{Vl}$	$\boldsymbol{Q}_{V\hat{X}}$	$\boldsymbol{Q}_V$	
$\hat{\boldsymbol{L}}$	$\boldsymbol{Q}_{\hat{L}L}$	$\boldsymbol{Q}_{\hat{L}l}$	$\boldsymbol{Q}_{\hat{L}\hat{X}}$	$\boldsymbol{Q}_{\hat{L}V}$	$\boldsymbol{Q}_{\hat{L}}$

1-2-36　已知某平差问题的误差方程如下：

$$\left.\begin{aligned} v_1 &= \delta\hat{x}_1 + 0 \\ v_2 &= \delta\hat{x}_2 + 0 \\ v_3 &= -\delta\hat{x}_1 + \delta\hat{x}_2 - 8 \\ v_4 &= \delta\hat{x}_2 - \delta\hat{x}_3 - 7 \\ v_5 &= \delta\hat{x}_1 - \delta\hat{x}_2 + \delta\hat{x}_3 + 6 \end{aligned}\right\}$$

又知观测值向量的权阵为单位阵，试求：

(1) $\hat{x}_1$ 的权倒数 $q_{\hat{x}_1}$ 或 $\frac{1}{p_{\hat{x}_1}}$；

(2) 函数 $\hat{z}=\hat{x}_2+\hat{x}_3$ 的权倒数 $q_{\hat{z}}$ 或 $\frac{1}{p_{\hat{z}}}$；

(3) $q_{\hat{L}_1}$ 或 $\frac{1}{p_{\hat{L}_1}}$，$q_{\hat{L}_3}$ 或 $\frac{1}{p_{\hat{L}_3}}$；

(4) q_{v_1} 或 $\frac{1}{p_{v_1}}$，q_{v_4} 或 $\frac{1}{p_{v_4}}$；

(5) $\boldsymbol{Q}_{\hat{X}}$、$\boldsymbol{Q}_{V}$、$\boldsymbol{Q}_{\hat{L}}$ 的秩 $\mathrm{rk}(\boldsymbol{Q}_{\hat{X}})$、$\mathrm{rk}(\boldsymbol{Q}_{V})$、$\mathrm{rk}(\boldsymbol{Q}_{\hat{L}})$。

1-2-37 某参数平差中，共有 10 个观测值，其法方程如下：

$$\begin{bmatrix} 10 & -2 \\ -2 & 8 \end{bmatrix}\begin{bmatrix} \delta\hat{x}_1 \\ \delta\hat{x}_2 \end{bmatrix} + \begin{bmatrix} 6 \\ 14 \end{bmatrix} = 0$$

若 $\boldsymbol{l}^{\mathrm{T}}\boldsymbol{P}\boldsymbol{l}=66$，试求单位权中误差 μ 及函数 $\hat{z}=4\hat{x}_1+3\hat{x}_2$ 的中误差。

1-2-38 设有两组互不相关的观测值向量 $\underset{n_1\times 1}{\boldsymbol{L}_1}$、$\underset{n_2\times 1}{\boldsymbol{L}_2}$，其权阵分别为 $\boldsymbol{P}_1$、$\boldsymbol{P}_2$，误差方程为 $\begin{cases}\boldsymbol{V}_1=\hat{\boldsymbol{X}}-\boldsymbol{L}_1 \\ \boldsymbol{V}_2=\boldsymbol{A}_2\hat{\boldsymbol{X}}-\boldsymbol{L}_2\end{cases}$，试求 $\boldsymbol{Q}_{\hat{X}}$ 及向量 $\underset{m\times 1}{\hat{\boldsymbol{Z}}}=\boldsymbol{F}\hat{\boldsymbol{L}}_2$ 的权逆阵。

1-2-39 参数平差中，令 $\boldsymbol{J}_A=\boldsymbol{A}\boldsymbol{N}^{-1}\boldsymbol{A}^{\mathrm{T}}\boldsymbol{P}$，试证明：

(1) $\boldsymbol{J}_A$、$\boldsymbol{I}-\boldsymbol{J}_A$ 为幂等阵；

(2) $\boldsymbol{I}-\boldsymbol{J}_A=\boldsymbol{Q}_V\boldsymbol{P}$；

(3) 若 $\boldsymbol{P}$ 为对角阵，则 $\boldsymbol{J}_A$、$\boldsymbol{I}-\boldsymbol{J}_A$ 的对角线元素均在区间 [0，1] 上。

1-2-40 如下图所示，A、B 两点的已知高程为 $H_A=420.178$ m 和 $H_B=422.336$ m，P_1、P_2 为未知水准点，它们所在路线长均为 4 km，观测高差（箭头指向高程增加方向）如下：

$h_1=0.422$ m

$h_2=1.734$ m

$h_3=1.766$ m

$h_4=2.182$ m

$h_5=0.022$ m

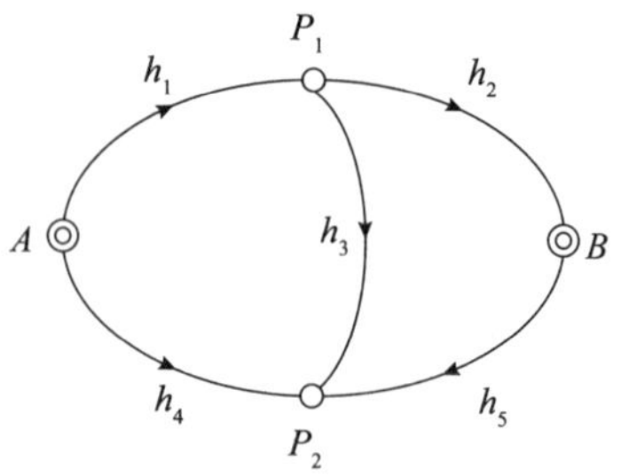

(1) 试估计每千米观测高差的中误差；

(2) 若视 B 点也为未知点，试重新估计每千米观测高差的中误差。

1-2-41 如下图所示，已知 $\angle AOB=85°00'00''$，各观测角度独立且等精度，取权阵 $\boldsymbol{P}=\boldsymbol{I}$，试求：

（1）各角度的最或然值；

（2）Q_V、$Q_{\hat{L}}$ 及它们的秩；

（3）各角度最或然值的中误差。

$L_1=30°00'21''$

$L_2=60°20'42''$

$L_3=30°20'17''$

$L_4=54°59'35''$

$L_5=24°39'22''$

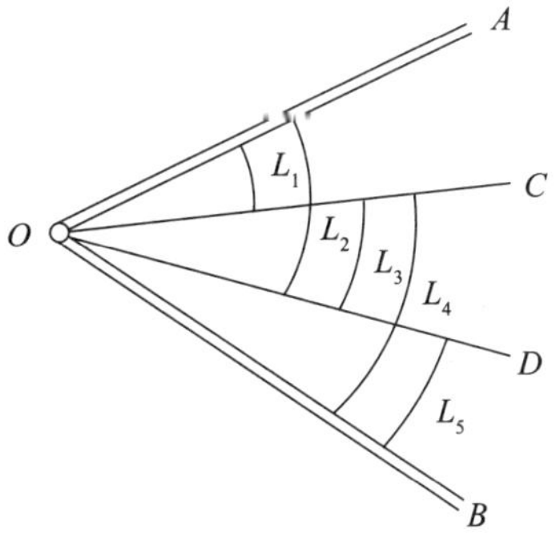

1-2-42　如下图所示，在 A、B、C 三个测站上，以同样精度观测了五个角度，试求：

（1）各角度的最或然值；

（2）Q_V 及 $Q_{\hat{L}}$ 的秩；

（3）各角度最或然值的中误差，并指出精度最高的角度最或然值；

（4）$\hat{z}=\hat{L}_3+\hat{L}_4$ 的中误差。

$L_1=43°52'32''$

$L_2=91°27'40''$

$L_3=44°39'50''$

$L_4=70°15'10''$

$L_5=114°55'10''$

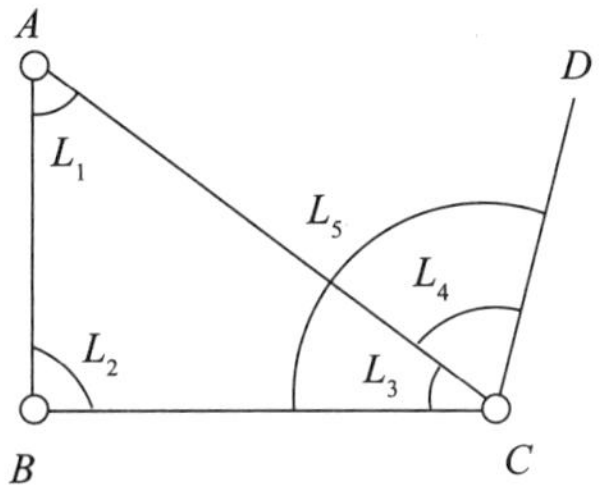

1-2-43　已知练习题 1-2-1（1）中，$H_A=H_B=14.001$ m，观测高差及所在距离分别为 $h_1=1.004$ m，$s_1=2$ km；$h_2=1.516$ m，$s_2=1$ km；$h_3=1.525$ m，$s_3=1$ km；$h_4=2.520$ m，$s_4=2$ km。试求：

（1）观测高差的平差值；

（2）残差向量和观测高差平差值向量的权逆阵的秩；

（3）P_1、P_2 两点高程平差值及其中误差。

1-2-44　已知 $H_A=12.736$ m，为求 P_1、P_2 点的高程，进行了四条路线的水准测量，结果如下所示。试用参数平差法求：

（1）P_1、P_2 点高程平差值及其中误差；

（2）平差后 P_1、P_2 点间高差中误差。

$h_1=4.250$ m　$s_1=1$ km

$h_2=8.537$ m　$s_2=2$ km

$h_3=12.784$ m　$s_3=1$ km

$h_4=8.537$ m　$s_4=2$ km

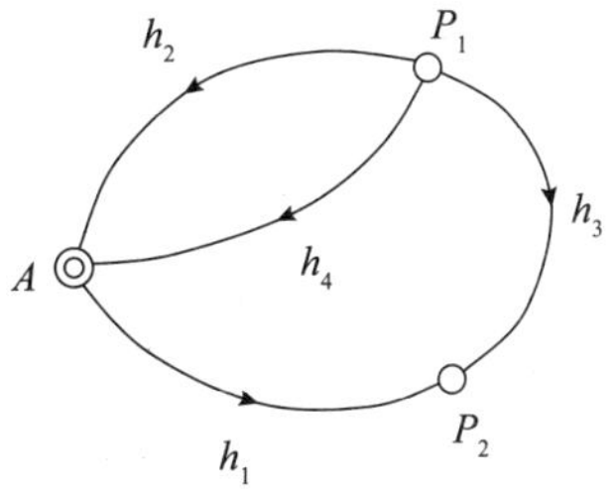

1-2-45　如下图所示，A、B、C 为已知水准点，$H_A=20$ m，$H_B=10$ m，$H_C=11$ m，观测高差及所在距离如下。试用参数平差法求 P_1、P_2 点高程平差值及其中误差。

$h_1=2.02$ m　$s_1=10$ km

$h_2=3.12$ m　$s_2=5$ km

$h_3=15.21$ m　$s_3=5$ km

$h_4=14.14$ m　$s_4=5$ km

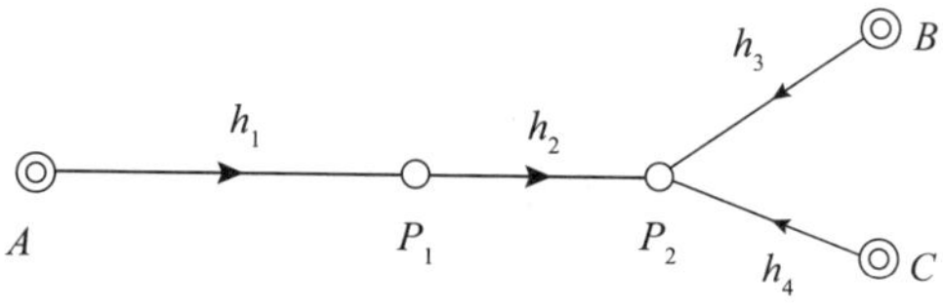

1-2-46　如下图所示的水准网中，A 为已知水准点，$H_A=10.100$ m，B、C、D 为未知水准点，各观测高差及所在距离如下。试用参数平差法求：

（1）B、C、D 点高程的最或然值及其中误差；

（2）B、C 点间高差最或然值及其中误差。

$h_1=2.455$ m　$s_1=3$ km

$h_2=1.114$ m　$s_2=3$ km

$h_3=4.568$ m　$s_3=3$ km

$h_4=3.564$ m　$s_4=6$ km

$h_5=3.459$ m　$s_5=6$ km

$h_6=7.023$ m　$s_6=6$ km

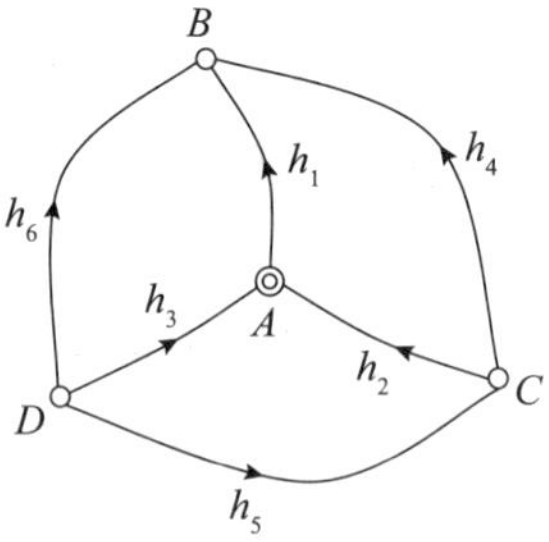

1-2-47　下图为设计的简单水准网，A、B 为已知水准点，C、D、E 为未知水准点，待观测高差为 h_i，h_i 所在距离均为 2 km。

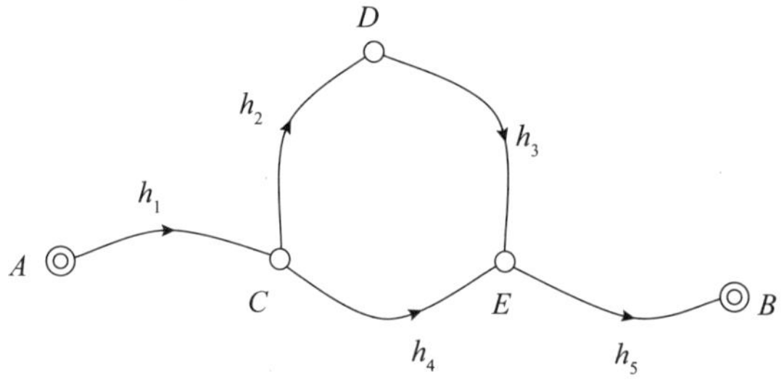

（1）试确定高程平差值精度最低的点；

（2）若按四等水准观测高差（每千米观测高差的中误差为±10 mm），试估计精度最低点的高程平差值中误差。

三、练习题答案

【答案说明】①在满足足数和函数独立的原则下，未知参数可以有多种选法，即允许未知参数的选取不相同；②确定权阵时单位权方差可以选取任意大于 0 的常数，权阵或权逆阵也可以不相同；③当误差方程为线性方程时未知参数近似值可以任意选取，为非线性方程时在满足线性化条件下可以任意选取。

除此之外，其他如 $\boldsymbol{V}$、$\hat{\boldsymbol{L}}$、$\hat{\boldsymbol{X}}$ 以及协方差阵等绝对量应和参考答案相同。

1-2-1　（1）$n=4$，$t=2$，$r=n-t=2$。取 $\hat{x}_1=\hat{H}_{P_1}$，$\hat{x}_2=\hat{H}_{P_2}$，则误差方程为

$$\begin{bmatrix} v_1 \\ v_2 \\ v_3 \\ v_4 \end{bmatrix} = \begin{bmatrix} 1 & 0 \\ -1 & 1 \\ -1 & 1 \\ 0 & 1 \end{bmatrix} \begin{bmatrix} \hat{x}_1 \\ \hat{x}_2 \end{bmatrix} + \begin{bmatrix} -H_A-h_1 \\ -h_2 \\ -h_3 \\ -H_B-h_4 \end{bmatrix}$$

（2）$n=6$，$t=3$，$r=n-t=3$。取 $\hat{x}_1=\hat{H}_{P_1}$，$\hat{x}_2=\hat{H}_{P_2}$，$\hat{x}_3=\hat{H}_{P_3}$，则误差方程为

$$\begin{bmatrix} v_1 \\ v_2 \\ v_3 \\ v_4 \\ v_5 \\ v_6 \end{bmatrix} = \begin{bmatrix} 1 & 0 & 0 \\ -1 & 0 & 0 \\ -1 & 1 & 0 \\ 0 & 1 & -1 \\ 0 & 0 & 1 \\ 0 & 0 & 1 \end{bmatrix} \begin{bmatrix} \hat{x}_1 \\ \hat{x}_2 \\ \hat{x}_3 \end{bmatrix} + \begin{bmatrix} -H_A-h_1 \\ H_B-h_2 \\ -h_3 \\ -h_4 \\ -H_C-h_5 \\ -H_D-h_6 \end{bmatrix}$$

（3）$n=3$，$t=1$，$r=n-t=2$。取 $\hat{x}=\hat{H}_P$，则误差方程为

$$\begin{bmatrix} v_1 \\ v_2 \\ v_3 \end{bmatrix} = \begin{bmatrix} 0 \\ 1 \\ 1 \end{bmatrix} \hat{x} + \begin{bmatrix} H_B-H_A-h_1 \\ -H_B-h_2 \\ -H_A-h_3 \end{bmatrix}$$

（4）$n=8$，$t=4$，$r=n-t=4$。取 $\hat{x}_1=\hat{h}_5$，$\hat{x}_2=\hat{h}_6$，$\hat{x}_3=\hat{h}_7$，$\hat{x}_4=\hat{h}_8$，则误差方程为

$$\begin{bmatrix} v_1 \\ v_2 \\ v_3 \\ v_4 \\ v_5 \\ v_6 \\ v_7 \\ v_8 \end{bmatrix} = \begin{bmatrix} 1 & 0 & 0 & -1 \\ -1 & 1 & 0 & 0 \\ 0 & -1 & 1 & 0 \\ 0 & 0 & 1 & -1 \\ 1 & 0 & 0 & 0 \\ 0 & 1 & 0 & 0 \\ 0 & 0 & 1 & 0 \\ 0 & 0 & 0 & 1 \end{bmatrix} \begin{bmatrix} \hat{x}_1 \\ \hat{x}_2 \\ \hat{x}_3 \\ \hat{x}_4 \end{bmatrix} + \begin{bmatrix} -h_1 \\ -h_2 \\ -h_3 \\ -h_4 \\ -h_5 \\ -h_6 \\ -h_7 \\ -h_8 \end{bmatrix}$$

1-2-2　（1）$n=3$，$t=2$，$r=n-t=1$。取 $\hat{x}_1=\hat{L}_1$，$\hat{x}_2=\hat{L}_2$，则误差方程为

$$\begin{bmatrix} v_1 \\ v_2 \\ v_3 \end{bmatrix} = \begin{bmatrix} 1 & 0 \\ 0 & 1 \\ 1 & 1 \end{bmatrix} \begin{bmatrix} \hat{x}_1 \\ \hat{x}_2 \end{bmatrix} + \begin{bmatrix} -L_1 \\ -L_2 \\ -L_3 \end{bmatrix}$$

（2）$n=3$，$t=1$，$r=n-t=2$。取 $\hat{x}=\hat{L}_1$，则误差方程为

$$\begin{bmatrix} v_1 \\ v_2 \\ v_3 \end{bmatrix} = \begin{bmatrix} 1 \\ -1 \\ 0 \end{bmatrix} \hat{x} + \begin{bmatrix} -L_1 \\ \angle AOC-L_2 \\ \angle AOC-L_3 \end{bmatrix}$$

（3）同（1）。

（4）$n=4$，$t=3$，$r=n-t=1$。取 $\hat{x}_1=\hat{L}_1$，$\hat{x}_2=\hat{L}_2$，$\hat{x}_3=\hat{L}_3$，则误差方程为

$$\begin{bmatrix} v_1 \\ v_2 \\ v_3 \\ v_4 \end{bmatrix} = \begin{bmatrix} 1 & 0 & 0 \\ 0 & 1 & 0 \\ 0 & 0 & 1 \\ -1 & -1 & -1 \end{bmatrix} \begin{bmatrix} \hat{x}_1 \\ \hat{x}_2 \\ \hat{x}_3 \end{bmatrix} + \begin{bmatrix} -L_1 \\ -L_2 \\ -L_3 \\ 360° - L_4 \end{bmatrix}$$

（5）$n=5$，$t=3$，$r=n-t=2$。取 $\hat{x}_1=\hat{L}_1$，$\hat{x}_2=\hat{L}_3$，$\hat{x}_3=\hat{L}_4$，则误差方程为

$$\begin{bmatrix} v_1 \\ v_2 \\ v_3 \\ v_4 \\ v_5 \end{bmatrix} = \begin{bmatrix} 1 & 0 & 0 \\ -1 & 0 & 0 \\ 0 & 1 & 0 \\ 0 & 0 & 1 \\ 0 & -1 & -1 \end{bmatrix} \begin{bmatrix} \hat{x}_1 \\ \hat{x}_2 \\ \hat{x}_3 \end{bmatrix} + \begin{bmatrix} -L_1 \\ \angle AOC - L_2 \\ -L_3 \\ -L_4 \\ 360° - \angle AOC - L_5 \end{bmatrix}$$

1-2-3 误差方程为

$$\begin{bmatrix} v_1 \\ v_2 \\ \vdots \\ v_n \end{bmatrix} = \begin{bmatrix} x_1 & 1 \\ x_2 & 1 \\ \vdots & \vdots \\ x_n & 1 \end{bmatrix} \begin{bmatrix} \hat{a} \\ \hat{b} \end{bmatrix} + \begin{bmatrix} -y_1 \\ -y_2 \\ \vdots \\ -y_n \end{bmatrix}$$

说明：通常忽略 x_i 的误差，仅将 y_i 视为观测值。曲面拟合类似。

1-2-4 误差方程为

$$\begin{bmatrix} v_1 \\ v_2 \\ \vdots \\ v_n \end{bmatrix} = \begin{bmatrix} 1 & t_1 & \frac{1}{2}t_1^2 \\ 1 & t_2 & \frac{1}{2}t_2^2 \\ \vdots & \vdots & \vdots \\ 1 & t_n & \frac{1}{2}t_n^2 \end{bmatrix} \begin{bmatrix} \hat{z}_0 \\ \hat{v}_0 \\ \hat{g} \end{bmatrix} + \begin{bmatrix} -z_1 \\ -z_2 \\ \vdots \\ -z_n \end{bmatrix}$$

说明：通常忽略 t_i 的误差，仅将 z_i 视为观测值。

1-2-5 误差方程为

$$\begin{bmatrix} v_{x_1} \\ v_{y_1} \\ \vdots \\ v_{x_n} \\ v_{y_n} \end{bmatrix} = \begin{bmatrix} 1 & 0 & x'_1 & -y'_1 \\ 0 & 1 & y'_1 & x'_1 \\ \vdots & \vdots & \vdots & \vdots \\ 1 & 0 & x'_n & -y'_n \\ 0 & 1 & y'_n & x'_n \end{bmatrix} \begin{bmatrix} \Delta\hat{x}_0 \\ \Delta\hat{y}_0 \\ \hat{a} \\ \hat{b} \end{bmatrix} + \begin{bmatrix} -x_1 \\ -y_1 \\ \vdots \\ -x_n \\ -y_n \end{bmatrix}$$

说明：通常忽略（x'_i，y'_i）的误差，仅视（x_i，y_i）为观测值。

1-2-6 误差方程为

$$\begin{bmatrix} v_{\Delta x_1} \\ v_{\Delta y_1} \\ v_{\Delta z_1} \\ \vdots \\ v_{\Delta x_n} \\ v_{\Delta y_n} \\ v_{\Delta z_n} \end{bmatrix} = \begin{bmatrix} 1 & 0 & 0 & x_1' & 0 & -z_1' & y_1' \\ 0 & 1 & 0 & y_1' & z_1' & 0 & -x_1' \\ 0 & 0 & 1 & z_1' & -y_1' & x_1' & 0 \\ \vdots & \vdots & \vdots & \vdots & \vdots & \vdots & \vdots \\ 1 & 0 & 0 & x_n' & 0 & -z_n' & y_n' \\ 0 & 1 & 0 & y_n' & z_n' & 0 & -x_n' \\ 0 & 0 & 1 & z_n' & -y_n' & x_n' & 0 \end{bmatrix} \begin{bmatrix} \Delta\hat{x}_0 \\ \Delta\hat{y}_0 \\ \Delta\hat{z}_0 \\ \hat{m} \\ \hat{\varepsilon}_x \\ \hat{\varepsilon}_y \\ \hat{\varepsilon}_z \end{bmatrix} + \begin{bmatrix} -(x_1-x_1') \\ -(y_1-y_1') \\ -(z_1-z_1') \\ \vdots \\ -(x_n-x_n') \\ -(y_n-y_n') \\ -(z_n-z_n') \end{bmatrix}$$

说明：通常将（x_i-x_i'）、（y_i-y_i'）、（z_i-z_i'）视为观测值，系数矩阵中 x_i'、y_i'、z_i' 的误差被忽略。

1-2-7　略。

1-2-8　略。

说明：可以将此题与练习题 1-0-2 进行比较，以体会测量平差引入矩阵表达和运算后带来的便利。

1-2-9　略。

说明：可以将此题与例 1-0-1 解法一进行比较，以体会测量平差引入矩阵表达和运算后带来的便利。

1-2-10　（1）$n=3$，$t=2$，$r=n-t=1$。取 $\hat{x}_1=\hat{h}_1$，$\hat{x}_2=\hat{h}_2$；$s_0=1$ km，$\boldsymbol{P}=\mathrm{diag}\left(\frac{1}{s_1}, \frac{1}{s_2}, \frac{1}{s_3}\right)$。误差方程为

$$\left.\begin{aligned} h_1+v_1&=\hat{x}_1 \\ h_2+v_2&=\hat{x}_2 \\ h_3+v_3&=H_B-H_A-\hat{x}_1-\hat{x}_2 \end{aligned}\right\}$$

矩阵形式为

$$\begin{bmatrix} v_1 \\ v_2 \\ v_3 \end{bmatrix} = \begin{bmatrix} 1 & 0 \\ 0 & 1 \\ -1 & -1 \end{bmatrix} \begin{bmatrix} \hat{x}_1 \\ \hat{x}_2 \end{bmatrix} + \begin{bmatrix} -h_1 \\ -h_2 \\ H_B-H_A-h_3 \end{bmatrix}$$

于是，由参数平差公式得

$$\boldsymbol{N}=\boldsymbol{A}^{\mathrm{T}}\boldsymbol{P}\boldsymbol{A}=\begin{bmatrix} \dfrac{s_1+s_3}{s_1 s_3} & \dfrac{1}{s_3} \\ \dfrac{1}{s_3} & \dfrac{s_2+s_3}{s_2 s_3} \end{bmatrix}$$

$$\boldsymbol{N}^{-1}=\frac{1}{[s]}\begin{bmatrix} s_1(s_2+s_3) & -s_1 s_2 \\ -s_1 s_2 & s_2(s_1+s_3) \end{bmatrix}$$

$$\boldsymbol{U}=\boldsymbol{A}^{\mathrm{T}}\boldsymbol{P}\boldsymbol{l}=\begin{bmatrix} -\dfrac{1}{s_1}h_1-\dfrac{1}{s_3}(H_B-H_A-h_3) \\ -\dfrac{1}{s_2}h_2-\dfrac{1}{s_3}(H_B-H_A-h_3) \end{bmatrix}$$

$$\hat{\boldsymbol{X}}=\begin{bmatrix}\hat{x}_1\\\hat{x}_2\end{bmatrix}=-\boldsymbol{N}^{-1}\boldsymbol{U}=-\frac{1}{[s]}\begin{bmatrix}-(s_2+s_3)h_1+s_1h_2-s_1(H_B-H_A-h_3)\\s_2h_1-(s_1+s_3)h_2-s_2(H_B-H_A-h_3)\end{bmatrix}$$

代入误差方程可得

$$\begin{bmatrix}v_1\\v_2\\v_3\end{bmatrix}=-\frac{1}{[s]}\begin{bmatrix}s_1(H_A+h_1+h_2+h_3-H_B)\\s_2(H_A+h_1+h_2+h_3-H_B)\\s_3(H_A+h_1+h_2+h_3-H_B)\end{bmatrix}$$

(2) $v_i=-\frac{s_i}{[s]}W(i=1,2,\cdots,n)$，其中，$s_i$ 为相应h_i 的路线长，$W=H_A+h_1+\cdots+h_n-H_B$ 为水准附合路线的闭合差。

说明：(2) 中 v_i 的表达式为水准附合路线闭合差按距离配赋公式，可见，水准路线越长，观测高差的精度越低，相应改正数的绝对值也越大。

1-2-11 (1) $\begin{bmatrix}v_1\\v_2\\v_3\end{bmatrix}=-\frac{1}{[s]}\begin{bmatrix}s_1(h_1+h_2+h_3)\\s_2(h_1+h_2+h_3)\\s_3(h_1+h_2+h_3)\end{bmatrix}$；(2)$v_i=-\frac{s_i}{[s]}W(i=1,2,\cdots,n)$，其中，$s_i$ 为相应 h_i 的路线长，$W=h_1+h_2+\cdots+h_n$ 为水准环闭合差。

说明：本题中 v_i 的表达式为水准环闭合差按距离配赋公式。

1-2-12 (1) $n=4$，$t=2$，$r=n-t=2$。取 $\hat{x}_1=\hat{H}_{P_1}$，$\hat{x}_2=\hat{H}_{P_2}$，$x_{01}=H_A+h_1$，$x_{02}=H_B+h_4$，则误差方程为

$$\begin{bmatrix}v_1\\v_2\\v_3\\v_4\end{bmatrix}=\begin{bmatrix}1&0\\-1&1\\-1&1\\0&1\end{bmatrix}\begin{bmatrix}\delta\hat{x}_1\\\delta\hat{x}_2\end{bmatrix}+\begin{bmatrix}0\\H_B-H_A+h_4-h_1-h_2\\H_B-H_A+h_4-h_1-h_3\\0\end{bmatrix}$$

(2) $n=6$，$t=3$，$r=n-t=3$。取 $\hat{x}_1=\hat{H}_{P_1}$，$\hat{x}_2=\hat{H}_{P_2}$，$\hat{x}_3=\hat{H}_{P_3}$，$x_{01}=H_A+h_1$，$x_{02}=H_A+h_1+h_3$，$x_{03}=H_C+h_5$，则误差方程为

$$\begin{bmatrix}v_1\\v_2\\v_3\\v_4\\v_5\\v_6\end{bmatrix}=\begin{bmatrix}1&0&0\\-1&0&0\\-1&1&0\\0&1&-1\\0&0&1\\0&0&1\end{bmatrix}\begin{bmatrix}\delta\hat{x}_1\\\delta\hat{x}_2\\\delta\hat{x}_3\end{bmatrix}+\begin{bmatrix}0\\H_B-H_A-h_1-h_2\\0\\H_A-H_C+h_1+h_3-h_4-h_5\\0\\H_C-H_D+h_5-h_6\end{bmatrix}$$

(3) $n=3$，$t=1$，$r=n-t=2$。取 $\hat{x}=\hat{H}_P$，$x_0=H_A+h_3$，则误差方程为

$$\begin{bmatrix}v_1\\v_2\\v_3\end{bmatrix}=\begin{bmatrix}0\\1\\1\end{bmatrix}\delta\hat{x}+\begin{bmatrix}H_B-H_A-h_1\\H_A-H_B+h_3-h_2\\0\end{bmatrix}$$

（4）$n=8$，$t=4$，$r=n-t=4$。取 $\hat{x}_1=\hat{h}_5$，$\hat{x}_2=\hat{h}_6$，$\hat{x}_3=\hat{h}_7$，$\hat{x}_4=\hat{h}_8$，$x_{01}=h_5$，$x_{02}=h_6$，$x_{03}=h_7$，$x_{04}=h_8$，则误差方程为

$$\begin{bmatrix} v_1 \\ v_2 \\ v_3 \\ v_4 \\ v_5 \\ v_6 \\ v_7 \\ v_8 \end{bmatrix} = \begin{bmatrix} 1 & 0 & 0 & -1 \\ -1 & 1 & 0 & 0 \\ 0 & -1 & 1 & 0 \\ 0 & 0 & 1 & -1 \\ 1 & 0 & 0 & 0 \\ 0 & 1 & 0 & 0 \\ 0 & 0 & 1 & 0 \\ 0 & 0 & 0 & 1 \end{bmatrix} \begin{bmatrix} \delta\hat{x}_1 \\ \delta\hat{x}_2 \\ \delta\hat{x}_3 \\ \delta\hat{x}_4 \end{bmatrix} + \begin{bmatrix} h_5-h_8-h_1 \\ h_6-h_5-h_2 \\ h_7-h_6-h_3 \\ h_7-h_8-h_4 \\ 0 \\ 0 \\ 0 \\ 0 \end{bmatrix}$$

1-2-13　（1）$n=3$，$t=2$，$r=n-t=1$。取 $\hat{x}_1=\hat{L}_1$，$\hat{x}_2=\hat{L}_2$，$x_{01}=L_1$，$x_{02}=L_2$，则误差方程为

$$\begin{bmatrix} v_1 \\ v_2 \\ v_3 \end{bmatrix} = \begin{bmatrix} 1 & 0 \\ 0 & 1 \\ 1 & 1 \end{bmatrix} \begin{bmatrix} \delta\hat{x}_1 \\ \delta\hat{x}_2 \end{bmatrix} + \begin{bmatrix} 0 \\ 0 \\ L_1+L_2-L_3 \end{bmatrix}$$

（2）$n=3$，$t=1$，$r=n-t=2$。取 $\hat{x}=\hat{L}_1$，$x_0=L_1$，则误差方程为

$$\begin{bmatrix} v_1 \\ v_2 \\ v_3 \end{bmatrix} = \begin{bmatrix} 1 \\ -1 \\ 0 \end{bmatrix} \delta\hat{x} + \begin{bmatrix} 0 \\ \angle AOC-L_1-L_2 \\ \angle AOC-L_3 \end{bmatrix}$$

（3）同（1）。

（4）$n=4$，$t=3$，$r=n-t=1$。取 $\hat{x}_1=\hat{L}_1$，$\hat{x}_2=\hat{L}_2$，$\hat{x}_3=\hat{L}_3$，$x_{01}=L_1$，$x_{02}=L_2$，$x_{03}=L_3$，则误差方程为

$$\begin{bmatrix} v_1 \\ v_2 \\ v_3 \\ v_4 \end{bmatrix} = \begin{bmatrix} 1 & 0 & 0 \\ 0 & 1 & 0 \\ 0 & 0 & 1 \\ -1 & -1 & -1 \end{bmatrix} \begin{bmatrix} \delta\hat{x}_1 \\ \delta\hat{x}_2 \\ \delta\hat{x}_3 \end{bmatrix} + \begin{bmatrix} 0 \\ 0 \\ 0 \\ 360^\circ-L_1-L_2-L_3-L_4 \end{bmatrix}$$

（5）$n=5$，$t=3$，$r=n-t=2$。取 $\hat{x}_1=\hat{L}_1$，$\hat{x}_2=\hat{L}_3$，$\hat{x}_3=\hat{L}_4$，$x_{01}=L_1$，$x_{02}=L_3$，$x_{03}=L_4$，则误差方程为

$$\begin{bmatrix} v_1 \\ v_2 \\ v_3 \\ v_4 \\ v_5 \end{bmatrix} = \begin{bmatrix} 1 & 0 & 0 \\ -1 & 0 & 0 \\ 0 & 1 & 0 \\ 0 & 0 & 1 \\ 0 & -1 & -1 \end{bmatrix} \begin{bmatrix} \delta\hat{x}_1 \\ \delta\hat{x}_2 \\ \delta\hat{x}_3 \end{bmatrix} + \begin{bmatrix} 0 \\ \angle AOC-L_1-L_2 \\ 0 \\ 0 \\ 360^\circ-\angle AOC-L_3-L_4-L_5 \end{bmatrix}$$

1-2-14 $n=15$，$t=9$，$r=n-t=6$。取 $\hat{X}_B=X_B^0+\delta\hat{X}_B$，$\hat{Y}_B=Y_B^0+\delta\hat{Y}_B$，$\hat{Z}_B=Z_B^0+\delta\hat{Z}_B$，$\hat{X}_C=X_C^0+\delta\hat{X}_C$，$\hat{Y}_C=Y_C^0+\delta\hat{Y}_C$，$\hat{Z}_C=Z_C^0+\delta\hat{Z}_C$，$\hat{X}_D=X_D^0+\delta\hat{X}_D$，$\hat{Y}_D=Y_D^0+\delta\hat{Y}_D$，$\hat{Z}_D=Z_D^0+\delta\hat{Z}_D$，基线 1 至基线 5 的误差方程为

$$\begin{bmatrix} v_{\Delta X_1} \\ v_{\Delta Y_1} \\ v_{\Delta Z_1} \\ v_{\Delta X_2} \\ v_{\Delta Y_2} \\ v_{\Delta Z_2} \\ v_{\Delta X_3} \\ v_{\Delta Y_3} \\ v_{\Delta Z_3} \\ v_{\Delta X_4} \\ v_{\Delta Y_4} \\ v_{\Delta Z_4} \\ v_{\Delta X_5} \\ v_{\Delta Y_5} \\ v_{\Delta Z_5} \end{bmatrix} = \begin{bmatrix} -1 & 0 & 0 & 0 & 0 & 0 & 0 & 0 & 0 \\ 0 & -1 & 0 & 0 & 0 & 0 & 0 & 0 & 0 \\ 0 & 0 & -1 & 0 & 0 & 0 & 0 & 0 & 0 \\ 0 & 0 & 0 & 0 & 0 & 0 & -1 & 0 & 0 \\ 0 & 0 & 0 & 0 & 0 & 0 & 0 & -1 & 0 \\ 0 & 0 & 0 & 0 & 0 & 0 & 0 & 0 & -1 \\ 1 & 0 & 0 & 0 & 0 & -1 & 0 & 0 & 0 \\ 0 & 1 & 0 & 0 & 0 & 0 & -1 & 0 & 0 \\ 0 & 0 & 1 & 0 & 0 & 0 & 0 & 0 & -1 \\ 1 & 0 & 0 & -1 & 0 & 0 & 0 & 0 & 0 \\ 0 & 1 & 0 & 0 & -1 & 0 & 0 & 0 & 0 \\ 0 & 0 & 1 & 0 & 0 & -1 & 0 & 0 & 0 \\ 0 & 0 & 0 & 1 & 0 & 0 & -1 & 0 & 0 \\ 0 & 0 & 0 & 0 & 1 & 0 & 0 & -1 & 0 \\ 0 & 0 & 0 & 0 & 0 & 1 & 0 & 0 & -1 \end{bmatrix} \begin{bmatrix} \delta\hat{X}_B \\ \delta\hat{Y}_B \\ \delta\hat{Z}_B \\ \delta\hat{X}_C \\ \delta\hat{Y}_C \\ \delta\hat{Z}_C \\ \delta\hat{X}_D \\ \delta\hat{Y}_D \\ \delta\hat{Z}_D \end{bmatrix} + \begin{bmatrix} +1.0 \\ -0.7 \\ -1.5 \\ +7.0 \\ -14.0 \\ -11.5 \\ +11.0 \\ -24.3 \\ -25.0 \\ -4.0 \\ +9.7 \\ +12.0 \\ 0.0 \\ 0.0 \\ 0.0 \end{bmatrix} \text{(mm)}$$

1-2-15 $n=3$，$t=2$，$r=n-t=1$。取 $\hat{x}_P=x_P^0+\delta\hat{x}_P$，$\hat{y}_P=y_P^0+\delta\hat{y}_P$，误差方程为

$$\begin{bmatrix} v_1 \\ v_2 \\ v_3 \end{bmatrix} = \begin{bmatrix} -0.9447 & 0.3279 \\ 0.7629 & 0.6465 \\ 0.3262 & -0.9453 \end{bmatrix} \begin{bmatrix} \delta\hat{x}_P \\ \delta\hat{y}_P \end{bmatrix} + \begin{bmatrix} 0.0 \\ 0.0 \\ -23.1 \end{bmatrix} \text{(cm)}$$

1-2-16 略。

1-2-17 略。

1-2-18 略。

1-2-19 $\begin{bmatrix} \hat{A} \\ \hat{B} \\ \hat{C} \end{bmatrix} = \begin{bmatrix} 61°21'24'' \\ 34°52'51'' \\ 83°45'45'' \end{bmatrix}$

1-2-20 （1）$\begin{bmatrix} \hat{L}_1 \\ \hat{L}_2 \\ \hat{L}_3 \end{bmatrix} = \begin{bmatrix} 30°30'18'' \\ 20°10'08'' \\ 50°40'26'' \end{bmatrix}$；

（2）$\begin{bmatrix}\hat{L}_1\\ \hat{L}_2\\ \hat{L}_3\end{bmatrix}=\begin{bmatrix}30°30'19''\\ 20°10'09''\\ 50°40'28''\end{bmatrix}$。

1-2-21　（1）$\begin{bmatrix}\hat{h}_1\\ \hat{h}_2\\ \hat{h}_3\end{bmatrix}=\begin{bmatrix}4.122\\ -5.717\\ 1.595\end{bmatrix}$（m），$\begin{bmatrix}\hat{H}_{P_1}\\ \hat{H}_{P_2}\end{bmatrix}=\begin{bmatrix}105.843\\ 100.126\end{bmatrix}$（m）；

（2）$\begin{bmatrix}\hat{h}_1\\ \hat{h}_2\\ \hat{h}_3\end{bmatrix}=\begin{bmatrix}4.122\\ 5.717\\ 1.595\end{bmatrix}$（m）；

（3）由（1）、（2）结果可知，高差平差值的绝对值相同，高程平差值相同，两种箭头指向对平差结果并无实质影响，箭头指向高程增加方向也可理解为反向的高差观测方向。

1-2-22　（1）$\begin{bmatrix}\hat{h}_1\\ \hat{h}_2\\ \hat{h}_3\\ \hat{h}_4\end{bmatrix}=\begin{bmatrix}4.122\\ 5.717\\ 1.595\\ 2.422\end{bmatrix}$（m），$\begin{bmatrix}\hat{H}_{P_1}\\ \hat{H}_{P_2}\\ \hat{H}_{P_3}\end{bmatrix}=\begin{bmatrix}105.843\\ 100.126\\ 104.143\end{bmatrix}$（m）；

（2）$\begin{bmatrix}v_1\\ v_2\\ v_3\\ v_4\end{bmatrix}=\dfrac{1}{7}\begin{bmatrix}-(h_1-h_2+h_3)\\ 2(h_1-h_2+h_3)\\ -4(h_1-h_2+h_3)\\ 0\end{bmatrix}$，可见，$v_4$ 与 $h_1\sim h_4$ 的具体值无关，即 h_4 的改正数总为 0 或不得改正数，也即 P_3 点的高程平差值总是为 $\hat{H}_{P_3}=H_A+h_4$，仅与观测值 h_4 有关。

说明：本题中仅 h_4 参与了 P_3 点高程的确定，这样的观测值在现代平差中通常称为高杠杆或强权观测值，它对参数求解作用很大，但对自身可能含有的粗差毫无发现能力，具体原因既可以从图形中加以解释，也可以从误差方程的特点进行分析得出。

1-2-23　（1）$\hat{H}_P=\hat{x}=100.128$ m；

（2）$\hat{H}_P=100.128$ m。

说明：本题中 h_1 对确定未知点高程没有任何影响，这样的观测值在现代平差中通常称为完全多余观测值，它对参数求解不起作用，但对自身可能含有的粗差发现能力最强，具体原因既可以从图形中加以解释，也可以从误差方程的特点进行分析。

1-2-24　（1）$\begin{bmatrix}\hat{h}_1\\ \hat{h}_2\\ \hat{h}_3\end{bmatrix}=\begin{bmatrix}4.122\\ 5.717\\ 1.595\end{bmatrix}$（m）；

（2）未知参数的解有无穷多组；

（3）参数具有唯一解，高差的平差值仍与（1）中结果相同。

说明：(2) 中解不唯一的原因可追溯到误差方程系数阵 **A** 列降秩。这类问题的原因之一是在缺失基准情况下（必要起算数据不足，本题为无已知点高程）仍然选取了绝对量（本题为未知点高程）作为未知参数。**A** 列降秩情况下参数解无穷多，为得到唯一解，通常要对 $\delta\hat{\boldsymbol{X}}$ 施加一定的约束，这种平差方法在现代平差中称为秩亏网平差。类似 (3) 中的解法，仅提供必要起算数据以进行控制网的平差，观测值改正数不受起算数据的误差影响而仅与观测值间的图形结构有关，这种方法常被用于评价观测值的质量，如 GNSS 基线向量网正式平差前的基线质量检验。

1-2-25 (1) $\begin{bmatrix}\hat{h}_1\\ \hat{h}_2\\ \hat{h}_3\\ \hat{h}_4\\ \hat{h}_5\end{bmatrix}=\begin{bmatrix}0.421\\ 1.737\\ 1.760\\ 2.181\\ 0.023\end{bmatrix}$ (m)，$\begin{bmatrix}\hat{H}_{P_1}\\ \hat{H}_{P_2}\end{bmatrix}=\begin{bmatrix}420.599\\ 422.359\end{bmatrix}$ (m)；

(2) $\hat{\boldsymbol{h}}=\begin{bmatrix}\hat{h}_1\\ \hat{h}_2\\ \hat{h}_3\\ \hat{h}_4\\ \hat{h}_5\end{bmatrix}=\begin{bmatrix}0.421\ 75\\ 1.737\ 75\\ 1.760\ 00\\ 2.181\ 75\\ 0.022\ 25\end{bmatrix}$ (m)，$\begin{bmatrix}\hat{H}_{P_1}\\ \hat{H}_{P_2}\\ \hat{H}_A\\ \hat{H}_B\end{bmatrix}=\begin{bmatrix}420.599\ 25\\ 422.359\ 25\\ 420.177\ 50\\ 422.337\ 00\end{bmatrix}$ (m)。

说明：有多余独立起算数据的附合网平差时，如何处理基准数据有两种常用做法。类似解法 (1)，认为基准数据无误差或精度很高可以忽略；类似解法 (2)，考虑基准数据的误差并将其视为广义观测值。实际上，常说的已知数据一般也是通过测量或平差得到，因此，(2) 中做法更严密。由于基准数据精度很高时其权很大，相应的改正数往往很小（近似为不得改正数），(1) 中做法也一直延续至今，本书中的习题在不指明的情况下均采用了 (1) 中传统做法。根据目前情况，需要重视 (2) 中做法，这种做法理论上归属于第四章中参数平差的参数加权平差。

1-2-26 (1) $\hat{H}_{P_1}=108.852$ m，$\hat{H}_{P_2}=108.679$ m；

(2) 与 (1) 中结果相同；

(3) 题目 (2) 中的平差问题，可归纳为参数平差数学模型

$$\boldsymbol{V}=\boldsymbol{A}\hat{\boldsymbol{X}}+\boldsymbol{l},\ \boldsymbol{P}$$

的下述分块

$$\begin{bmatrix}\boldsymbol{V}_{\mathrm{I}}\\ \boldsymbol{V}_{\mathrm{II}}\end{bmatrix}=\begin{bmatrix}\boldsymbol{A}_{\mathrm{I}} & \boldsymbol{0}\\ \boldsymbol{0} & \boldsymbol{A}_{\mathrm{II}}\end{bmatrix}\begin{bmatrix}\hat{\boldsymbol{X}}_{\mathrm{I}}\\ \hat{\boldsymbol{X}}_{\mathrm{II}}\end{bmatrix}+\begin{bmatrix}\boldsymbol{l}_{\mathrm{I}}\\ \boldsymbol{l}_{\mathrm{II}}\end{bmatrix},\ \boldsymbol{P}=\begin{bmatrix}\boldsymbol{P}_{\mathrm{I}} & \boldsymbol{0}\\ \boldsymbol{0} & \boldsymbol{P}_{\mathrm{II}}\end{bmatrix}$$

代入参数平差公式，可得法方程的分块形式为

$$\begin{bmatrix}\boldsymbol{A}_{\mathrm{I}}^{\mathrm{T}}\boldsymbol{P}_{\mathrm{I}}\boldsymbol{A}_{\mathrm{I}} & \boldsymbol{0}\\ \boldsymbol{0} & \boldsymbol{A}_{\mathrm{II}}^{\mathrm{T}}\boldsymbol{P}_{\mathrm{II}}\boldsymbol{A}_{\mathrm{II}}\end{bmatrix}\begin{bmatrix}\hat{\boldsymbol{X}}_{\mathrm{I}}\\ \hat{\boldsymbol{X}}_{\mathrm{II}}\end{bmatrix}+\begin{bmatrix}\boldsymbol{A}_{\mathrm{I}}^{\mathrm{T}}\boldsymbol{P}_{\mathrm{I}}\boldsymbol{l}_{\mathrm{I}}\\ \boldsymbol{A}_{\mathrm{II}}^{\mathrm{T}}\boldsymbol{P}_{\mathrm{II}}\boldsymbol{l}_{\mathrm{II}}\end{bmatrix}=\begin{bmatrix}\boldsymbol{0}\\ \boldsymbol{0}\end{bmatrix}$$

故得

$$\hat{\boldsymbol{X}}_{\mathrm{I}}=-(\boldsymbol{A}_{\mathrm{I}}^{\mathrm{T}}\boldsymbol{P}_{\mathrm{I}}\boldsymbol{A}_{\mathrm{I}})^{-1}\boldsymbol{A}_{\mathrm{I}}^{\mathrm{T}}\boldsymbol{P}_{\mathrm{I}}\boldsymbol{l}_{\mathrm{I}}$$

$$\hat{\boldsymbol{X}}_{\mathrm{II}}=-(\boldsymbol{A}_{\mathrm{II}}^{\mathrm{T}}\boldsymbol{P}_{\mathrm{II}}\boldsymbol{A}_{\mathrm{II}})^{-1}\boldsymbol{A}_{\mathrm{II}}^{\mathrm{T}}\boldsymbol{P}_{\mathrm{II}}\boldsymbol{l}_{\mathrm{II}}$$

可见，当满足：①第Ⅰ组/类观测值与第Ⅱ组/类观测值相互独立；②第Ⅰ组/类观测值仅含参数$\hat{\boldsymbol{X}}_{\mathrm{I}}$、第Ⅱ组/类观测值仅含参数$\hat{\boldsymbol{X}}_{\mathrm{II}}$时，第Ⅰ、Ⅱ组/类观测值分别单独平差所得结果就是两组/类观测值一起平差的结果。以上结论还可以推广到多组/类观测值的情况。

本题具体情况如下

$$\boldsymbol{V}_{\mathrm{I}}=\begin{bmatrix}v_1\\v_2\end{bmatrix},\ \boldsymbol{V}_{\mathrm{II}}=\begin{bmatrix}v_3\\v_4\end{bmatrix},\ \boldsymbol{A}_{\mathrm{I}}=\begin{bmatrix}1\\-1\end{bmatrix},\ \boldsymbol{A}_{\mathrm{II}}=\begin{bmatrix}1\\-1\end{bmatrix}$$

$$\hat{\boldsymbol{X}}_{\mathrm{I}}=\hat{x}_1,\hat{\boldsymbol{X}}_{\mathrm{II}}=\hat{x}_2,\ \boldsymbol{P}_{\mathrm{I}}=\begin{bmatrix}2&0\\0&1\end{bmatrix},\ \boldsymbol{P}_{\mathrm{II}}=\begin{bmatrix}1&0\\0&2\end{bmatrix}$$

1-2-27　650.13

1-2-28　(1) $\begin{bmatrix}\hat{\alpha}_1\\\hat{\alpha}_2\\\hat{\alpha}_3\\\hat{\alpha}_4\end{bmatrix}=\begin{bmatrix}0°00'00''\\29°35'25''\\59°40'27''\\89°09'06''\end{bmatrix}$；

(2) 结果同 (1)。

1-2-29　100.000 0 m^2；99.999 9 m^2。以面积为未知参数，参数近似值分别取为 100 m^2 和 $(10.01)^2$ m^2 时的参数非迭代结果是有差异的。实际中，非线性误差方程线性化时通常要求未知参数近似值尽可能接近理论值，若近似值的近似程度较低，可将第一次的平差结果再次作为近似值以求出新的平差值，如此迭代，直至参数平差结果收敛为止。

1-2-30　$\boldsymbol{V}=-(\boldsymbol{I}-\boldsymbol{A}\boldsymbol{N}^{-1}\boldsymbol{A}^{\mathrm{T}}\boldsymbol{P})\boldsymbol{\Delta}$。

说明：由于$(\boldsymbol{I}-\boldsymbol{A}\boldsymbol{N}^{-1}\boldsymbol{A}^{\mathrm{T}}\boldsymbol{P})$为降秩方阵，希望通过$\boldsymbol{V}$来求$\boldsymbol{\Delta}$的方法是不可行的，真误差向量$\boldsymbol{\Delta}$通过平差是无法求得的。

1-2-31　略。

1-2-32　$\boldsymbol{L}=\boldsymbol{L}$

$$\boldsymbol{l}=\boldsymbol{A}\boldsymbol{X}_0+\boldsymbol{D}-\boldsymbol{L}$$

$$\delta\hat{\boldsymbol{X}}=-\boldsymbol{N}^{-1}\boldsymbol{A}^{\mathrm{T}}\boldsymbol{P}\boldsymbol{l}=\boldsymbol{N}^{-1}\boldsymbol{A}^{\mathrm{T}}\boldsymbol{P}\boldsymbol{L}-\boldsymbol{X}_0-\boldsymbol{N}^{-1}\boldsymbol{A}^{\mathrm{T}}\boldsymbol{P}\boldsymbol{D}$$

$$\hat{\boldsymbol{X}}=\boldsymbol{X}_0+\delta\hat{\boldsymbol{X}}=\boldsymbol{N}^{-1}\boldsymbol{A}^{\mathrm{T}}\boldsymbol{P}\boldsymbol{L}-\boldsymbol{N}^{-1}\boldsymbol{A}^{\mathrm{T}}\boldsymbol{P}\boldsymbol{D}$$

$$\boldsymbol{V}=\boldsymbol{A}\delta\hat{\boldsymbol{X}}+\boldsymbol{l}=(\boldsymbol{I}-\boldsymbol{A}\boldsymbol{N}^{-1}\boldsymbol{A}^{\mathrm{T}}\boldsymbol{P})\boldsymbol{l}=-(\boldsymbol{I}-\boldsymbol{A}\boldsymbol{N}^{-1}\boldsymbol{A}^{\mathrm{T}}\boldsymbol{P})\boldsymbol{L}+(\boldsymbol{I}-\boldsymbol{A}\boldsymbol{N}^{-1}\boldsymbol{A}^{\mathrm{T}}\boldsymbol{P})\boldsymbol{D}$$

$$\hat{\boldsymbol{L}}=\boldsymbol{L}+\boldsymbol{V}=\boldsymbol{A}\boldsymbol{N}^{-1}\boldsymbol{A}^{\mathrm{T}}\boldsymbol{P}\boldsymbol{L}+(\boldsymbol{I}-\boldsymbol{A}\boldsymbol{N}^{-1}\boldsymbol{A}^{\mathrm{T}}\boldsymbol{P})\boldsymbol{D}$$

由权逆阵传播定律，略其推导，可得上三角相关权逆阵的表达式为

$\boldsymbol{Q}_{L}=\boldsymbol{P}^{-1}$，$\boldsymbol{Q}_{Ll}=-\boldsymbol{P}^{-1}$，$\boldsymbol{Q}_{L\delta\hat{X}}=\boldsymbol{A}\boldsymbol{N}^{-1}$，$\boldsymbol{Q}_{L\hat{X}}=\boldsymbol{A}\boldsymbol{N}^{-1}$，$\boldsymbol{Q}_{LV}=-(\boldsymbol{Q}_{L}-\boldsymbol{A}\boldsymbol{N}^{-1}\boldsymbol{A}^{\mathrm{T}})$，$\boldsymbol{Q}_{L\hat{L}}=\boldsymbol{A}\boldsymbol{N}^{-1}\boldsymbol{A}^{\mathrm{T}}$(第一行)

$\boldsymbol{Q}_{l}=\boldsymbol{P}^{-1}$，$\boldsymbol{Q}_{l\delta\hat{X}}=-\boldsymbol{A}\boldsymbol{N}^{-1}$，$\boldsymbol{Q}_{l\hat{X}}=-\boldsymbol{A}\boldsymbol{N}^{-1}$，$\boldsymbol{Q}_{lV}=\boldsymbol{Q}_{L}-\boldsymbol{A}\boldsymbol{N}^{-1}\boldsymbol{A}^{\mathrm{T}}$，$\boldsymbol{Q}_{l\hat{L}}=-\boldsymbol{A}\boldsymbol{N}^{-1}\boldsymbol{A}^{\mathrm{T}}$(第二行)

$\boldsymbol{Q}_{\delta\hat{X}}=\boldsymbol{N}^{-1}$，$\boldsymbol{Q}_{\delta\hat{X}\hat{X}}=\boldsymbol{N}^{-1}$，$\boldsymbol{Q}_{\delta\hat{X}V}=\boldsymbol{0}$，$\boldsymbol{Q}_{\delta\hat{X}\hat{L}}=\boldsymbol{N}^{-1}\boldsymbol{A}^{\mathrm{T}}$(第三行)

$\boldsymbol{Q}_{\hat{X}}=\boldsymbol{N}^{-1}$，$\boldsymbol{Q}_{\hat{X}V}=\boldsymbol{0}$，$\boldsymbol{Q}_{\hat{X}\hat{L}}=\boldsymbol{N}^{-1}\boldsymbol{A}^{\mathrm{T}}$(第四行)

$\boldsymbol{Q}_{V}=\boldsymbol{Q}_{L}-\boldsymbol{A}\boldsymbol{N}^{-1}\boldsymbol{A}^{\mathrm{T}}$，$\boldsymbol{Q}_{V\hat{L}}=0$(第五行)

$\boldsymbol{Q}_{\hat{L}}=\boldsymbol{A}\boldsymbol{N}^{-1}\boldsymbol{A}^{\mathrm{T}}$(第六行)

由相关权逆阵的性质 $\boldsymbol{Q}_{YX}=\boldsymbol{Q}_{XY}^{\mathrm{T}}$，便可得下三角部分的相关权逆阵表达式（略）。

1-2-33 略。

1-2-34 略。

1-2-35 $\boldsymbol{L}=\boldsymbol{L}$

$\boldsymbol{l}=\boldsymbol{D}-\boldsymbol{L}$

$\hat{\boldsymbol{X}}=-\boldsymbol{N}^{-1}\boldsymbol{A}^{\mathrm{T}}\boldsymbol{P}\boldsymbol{l}=\boldsymbol{N}^{-1}\boldsymbol{A}^{\mathrm{T}}\boldsymbol{P}\boldsymbol{L}-\boldsymbol{N}^{-1}\boldsymbol{A}^{\mathrm{T}}\boldsymbol{P}\boldsymbol{D}$

$\boldsymbol{V}=\boldsymbol{A}\hat{\boldsymbol{X}}+\boldsymbol{l}=(\boldsymbol{I}-\boldsymbol{A}\boldsymbol{N}^{-1}\boldsymbol{A}^{\mathrm{T}}\boldsymbol{P})\boldsymbol{l}=-(\boldsymbol{I}-\boldsymbol{A}\boldsymbol{N}^{-1}\boldsymbol{A}^{\mathrm{T}}\boldsymbol{P})\boldsymbol{L}+(\boldsymbol{I}-\boldsymbol{A}\boldsymbol{N}^{-1}\boldsymbol{A}^{\mathrm{T}}\boldsymbol{P})\boldsymbol{D}$

$\hat{\boldsymbol{L}}=\boldsymbol{L}+\boldsymbol{V}=\boldsymbol{A}\boldsymbol{N}^{-1}\boldsymbol{A}^{\mathrm{T}}\boldsymbol{P}\boldsymbol{L}+(\boldsymbol{I}-\boldsymbol{A}\boldsymbol{N}^{-1}\boldsymbol{A}^{\mathrm{T}}\boldsymbol{P})\boldsymbol{D}$

由权逆阵传播律，略去推导，可得下三角相关权逆阵的表达式为

$\boldsymbol{Q}_{L}=\boldsymbol{P}^{-1}$(第一行)

$\boldsymbol{Q}_{lL}=-\boldsymbol{P}^{-1}$，$\boldsymbol{Q}_{l}=\boldsymbol{P}^{-1}$(第二行)

$\boldsymbol{Q}_{\hat{X}L}=\boldsymbol{N}^{-1}\boldsymbol{A}^{\mathrm{T}}$，$\boldsymbol{Q}_{\hat{X}l}=-\boldsymbol{N}^{-1}\boldsymbol{A}^{\mathrm{T}}$，$\boldsymbol{Q}_{\hat{X}}=\boldsymbol{N}^{-1}$(第三行)

$\boldsymbol{Q}_{VL}=-(\boldsymbol{Q}_{L}-\boldsymbol{A}\boldsymbol{N}^{-1}\boldsymbol{A}^{\mathrm{T}})$，$\boldsymbol{Q}_{Vl}=\boldsymbol{Q}_{L}-\boldsymbol{A}\boldsymbol{N}^{-1}\boldsymbol{A}^{\mathrm{T}}$，$\boldsymbol{Q}_{V\hat{X}}=\boldsymbol{0}$，$\boldsymbol{Q}_{V}=\boldsymbol{Q}_{L}-\boldsymbol{A}\boldsymbol{N}^{-1}\boldsymbol{A}^{\mathrm{T}}$(第四行)

$\boldsymbol{Q}_{\hat{L}L}=\boldsymbol{A}\boldsymbol{N}^{-1}\boldsymbol{A}^{\mathrm{T}}$，$\boldsymbol{Q}_{\hat{L}l}=-\boldsymbol{A}\boldsymbol{N}^{-1}\boldsymbol{A}^{\mathrm{T}}$，$\boldsymbol{Q}_{\hat{L}\hat{X}}=\boldsymbol{A}\boldsymbol{N}^{-1}$，$\boldsymbol{Q}_{\hat{L}V}=\boldsymbol{0}$，$\boldsymbol{Q}_{\hat{L}}=\boldsymbol{A}\boldsymbol{N}^{-1}\boldsymbol{A}^{\mathrm{T}}$(第五行)

由相关权逆阵的性质 $\boldsymbol{Q}_{YX}=\boldsymbol{Q}_{XY}^{\mathrm{T}}$，便可得上三角部分的相关权逆阵表达式（略）

1-2-36 （1）$q_{\hat{x}_1}=\dfrac{1}{2}$；

（2）$q_{\hat{z}}=\dfrac{21}{8}$；

（3）$q_{\hat{L}_1}=\dfrac{1}{2}$，$q_{\hat{L}_3}=\dfrac{5}{8}$；

（4）$q_{v_1}=\dfrac{1}{2}$，$q_{v_4}=\dfrac{3}{8}$；

（5）$\mathrm{rk}(\boldsymbol{Q}_{\hat{X}})=3$，$\mathrm{rk}(\boldsymbol{Q}_{V})=2$，$\mathrm{rk}(\boldsymbol{Q}_{\hat{L}})=3$。

1-2-37 $\mu=\pm 2$，$m_{\hat{z}}=\pm\sqrt{14}$

1-2-38 $\boldsymbol{Q}_{\hat{X}}=(\boldsymbol{P}_1+\boldsymbol{A}_2^{\mathrm{T}}\boldsymbol{P}_2\boldsymbol{A}_2)^{-1}$，$\boldsymbol{Q}_{Z}=\boldsymbol{F}\boldsymbol{A}_2\boldsymbol{Q}_{\hat{X}}\boldsymbol{A}_2^{\mathrm{T}}\boldsymbol{F}^{\mathrm{T}}$

1-2-39 （1）因 $\boldsymbol{J}_A^2=\boldsymbol{J}_A\boldsymbol{J}_A=\boldsymbol{A}\boldsymbol{N}^{-1}\boldsymbol{A}^{\mathrm{T}}\boldsymbol{P}\boldsymbol{A}\boldsymbol{N}^{-1}\boldsymbol{A}^{\mathrm{T}}\boldsymbol{P}=\boldsymbol{A}\boldsymbol{N}^{-1}\boldsymbol{A}^{\mathrm{T}}\boldsymbol{P}=\boldsymbol{J}_A$，故 $\boldsymbol{J}_A$ 为幂等阵。同理，因 $(\boldsymbol{I}-\boldsymbol{J}_A)^2=\boldsymbol{I}-\boldsymbol{J}_A$，故 $\boldsymbol{I}-\boldsymbol{J}_A$ 也为幂等阵。

（2）因 $\boldsymbol{Q}_{V}=\boldsymbol{Q}_{L}-\boldsymbol{A}\boldsymbol{N}^{-1}\boldsymbol{A}^{\mathrm{T}}$，故 $\boldsymbol{Q}_{V}\boldsymbol{P}=\boldsymbol{I}-\boldsymbol{A}\boldsymbol{N}^{-1}\boldsymbol{A}^{\mathrm{T}}\boldsymbol{P}=\boldsymbol{I}-\boldsymbol{J}_A$。

（3）由于权阵为对角阵，故 $(\boldsymbol{I}-\boldsymbol{J}_A)_{ii}=(\boldsymbol{Q}_V\boldsymbol{P})_{ii}=(\boldsymbol{Q}_V)_{ii}p_i$。因$(\boldsymbol{Q}_V)_{ii}\geqslant 0$，$p_i>0$，所以 $(\boldsymbol{I}-\boldsymbol{J}_A)_{ii}\geqslant 0$。又因 $(\boldsymbol{Q}_V)_{ii}=(\boldsymbol{Q}_L)_{ii}-(\boldsymbol{Q}_{\hat{L}})_{ii}\leqslant(\boldsymbol{Q}_L)_{ii}=\dfrac{1}{p_i}$，所以$(\boldsymbol{Q}_V)_{ii}p_i\leqslant 1$。综上有 $0\leqslant(\boldsymbol{I}-\boldsymbol{J}_A)_{ii}\leqslant 1$，因此也有 $0\leqslant(\boldsymbol{J}_A)_{ii}\leqslant 1$。

1-2-40 （1）$\pm\sqrt{3}$ mm；

（2）$\pm\dfrac{3\sqrt{2}}{2}$ mm。

说明：在有多余独立起算数据的附合网平差中，为了评价观测结果的质量，通常采用经典自由网平差的方法，但最终平差结果仍取为附合网平差结果。

1-2-41　(1) $\begin{bmatrix}\hat{L}_1\\ \hat{L}_2\\ \hat{L}_3\\ \hat{L}_4\\ \hat{L}_5\end{bmatrix}=\begin{bmatrix}30°00'23''\\ 60°20'40''\\ 30°20'17''\\ 54°59'37''\\ 24°39'20''\end{bmatrix}$；

(2) $\boldsymbol{Q}_{\boldsymbol{V}}=\frac{1}{8}\begin{bmatrix}5 & -1 & 2 & 3 & 1\\ -1 & 5 & -2 & 1 & 3\\ 2 & -2 & 4 & -2 & 2\\ 3 & 1 & -2 & 5 & -1\\ 1 & 3 & 2 & -1 & 5\end{bmatrix}$，$\boldsymbol{Q}_{\hat{\boldsymbol{L}}}=\frac{1}{8}\begin{bmatrix}3 & 1 & -2 & -3 & -1\\ 1 & 3 & 2 & -1 & -3\\ -2 & 2 & 4 & 2 & -2\\ -3 & -1 & 2 & 3 & 1\\ -1 & -3 & -2 & 1 & 3\end{bmatrix}$，

$\mathrm{rk}(\boldsymbol{Q}_{\boldsymbol{V}})=3$(即多余观测数)，$\mathrm{rk}(\boldsymbol{Q}_{\hat{\boldsymbol{L}}})=2$(即必要观测数)；

(3) $m_{\hat{L}_1}=m_{\hat{L}_2}=m_{\hat{L}_4}=m_{\hat{L}_5}=\pm\sqrt{2}''$，$m_{\hat{L}_3}=\pm\frac{2\sqrt{6}}{3}''$。

说明：本题结果验证了，参数平差中 $\mathrm{rk}(\boldsymbol{Q}_{\boldsymbol{V}})$ 总是等于多余观测数，$\mathrm{rk}(\boldsymbol{Q}_{\hat{\boldsymbol{L}}})$ 总是等于必要观测数；本题结果还表明了，如果观测值等精度则它们的平差值不一定等精度，这是因为平差值的精度还受到图形结构（参数平差中即 **A** 矩阵）的影响。

1-2-42　(1) $\begin{bmatrix}\hat{L}_1\\ \hat{L}_2\\ \hat{L}_3\\ \hat{L}_4\\ \hat{L}_5\end{bmatrix}=\begin{bmatrix}43°52'30''\\ 91°27'38''\\ 44°39'52''\\ 70°15'14''\\ 114°55'06''\end{bmatrix}$；

(2) $\mathrm{rk}(\boldsymbol{Q}_{\boldsymbol{V}})=2$(即多余观测数)，$\mathrm{rk}(\boldsymbol{Q}_{\hat{\boldsymbol{L}}})=3$(即必要观测数)；

(3) $m_{\hat{L}_1}=m_{\hat{L}_2}=m_{\hat{L}_4}=m_{\hat{L}_5}=\pm\left(\frac{\sqrt{55}}{2}\right)''$，$m_{\hat{L}_3}=\pm(\sqrt{11})''$，$\hat{L}_3$ 精度最高；

(4) $m_{\hat{z}}=m_{\hat{L}_3+\hat{L}_4}=m_{\hat{L}_5}=\pm\left(\frac{\sqrt{55}}{2}\right)''$。

1-2-43　(1) $\begin{bmatrix}\hat{h}_1\\ \hat{h}_2\\ \hat{h}_3\\ \hat{h}_4\end{bmatrix}=\begin{bmatrix}1.002\\ 1.520\\ 1.520\\ 2.522\end{bmatrix}$ (m)；

(2) $\mathrm{rk}(\boldsymbol{Q}_{\boldsymbol{V}})=2$(多余观测数)，$\mathrm{rk}(\boldsymbol{Q}_{\hat{\boldsymbol{L}}})=2$(必要观测数)；

(3) $\hat{H}_{P_1}=15.003$ m，$\hat{H}_{P_2}=16.523$ m，$m_{\hat{H}_{P_1}}=\pm5$ mm，$m_{\hat{H}_{P_2}}=\pm5$ mm。

1-2-44　(1) $\hat{H}_{P_1}=4.200$ m，$\hat{H}_{P_2}=16.985$ m，$m_{\hat{H}_{P_1}}=\pm1$ mm，$m_{\hat{H}_{P_2}}=\pm1$ mm；

(2) ±1 mm。

1-2-45 $\hat{H}_{P_1}=22.04\ \text{m}$，$\hat{H}_{P_2}=25.17\ \text{m}$，$m_{\hat{H}_{P_1}}=\pm 2\sqrt{3}\ \text{cm}$，$m_{\hat{H}_{P_2}}=\pm\sqrt{6}\ \text{cm}$

1-2-46 （1）$\hat{H}_B=12.554\ \text{m}$，$\hat{H}_C=8.988\ \text{m}$，$\hat{H}_D=5.531\ \text{m}$，$m_{\hat{H}_B}=\pm\sqrt{2}\ \text{mm}$，$m_{\hat{H}_C}=\pm\sqrt{2}\ \text{mm}$，$m_{\hat{H}_D}=\pm\sqrt{2}\ \text{mm}$；

（2）$\hat{h}_4=3.566\ \text{m}$，$m_{\hat{h}_4}=\pm\frac{2\sqrt{6}}{3}\ \text{mm}$。

1-2-47 （1）高程平差值精度最低的点为 D 点；

（2）$m_{\hat{H}_D}=\pm 10\sqrt{2}\ \text{mm}$。

说明：在控制网优化设计（水平控制网、高程控制网等）中，即使未进行实际观测，也可以事先估计出最弱点的精度，从而可评估设计方案是否能满足精度要求。

第三章　条件平差

一、内容解析

观测值必然含有误差，由于多余观测，观测值之间不再满足应有的理论关系式，但观测值的平差值却要求满足所有的应有理论关系式。从所有的平差值关系式中选出的一个最大线性无关组称为条件方程。依据最小二乘原理求出满足条件方程的平差值并进行精度评定的方法称为条件平差。条件平差的定义仍是测量平差定义的具体化，相对参数平差，条件平差采用了不设未知参数来消除观测值之间矛盾的方法（参见例 1-0-1）。

（一）地位与作用

同参数平差一样，学好条件平差是进一步学好其他平差方法的基础，也是灵活进行实际数据处理的基础。围绕课程主线，本章主要介绍条件平差的部分内容。

（二）知识点汇总

本章内容主要围绕条件平差的数学模型、估计准则、基本推导、方法应用四个方面展开，关于条件平差的方法扩展、模型检验则分别放在第一部分第四章和第五章介绍。本章具体知识点及说明见表 1-3-1。

表 1-3-1　本章中条件平差的知识点及说明

数学模型	函数模型	具体化为观测方程或条件方程，是理论推导和应用的基础。关于函数模型的细节需深刻理解，如条件方程列立、非线性条件方程的线性化等
	随机模型	见第一部分第一章
估计准则	最小二乘原理	见第一部分绪论和第一章
基本推导	平差值公式	重要推导为法方程的推导。关于法方程的细节，如法方程式个数、系数阵的性质、观测值相互独立时组成法方程的快速算法等，需要全面理解
	精度估计公式	包括验后单位权中误差公式推导和权逆阵表达式推导，与第一部分第一章内容关系密切。不仅要能够熟练推导所有公式，还应对规律性的内容进行总结
方法应用	需要深刻理解条件平差原理，熟练掌握条件平差计算步骤。具体应用有测站平差、水准网平差、平面控制网平差等，本书第三部分编程计算中包含了常用的附合导线条件平差	

(三) 强化与拓展

1. 函数模型

函数模型既可以用观测方程又可以用条件方程表示，二者具有明确的转换书写关系；前者常用于理论推导，后者常用于求解计算。实际问题中，非线性观测方程或条件方程更普遍。

1) 函数模型 1——线性模型

观测方程
$$\underset{r\times n}{\boldsymbol{B}}\underset{n\times 1}{\widetilde{\boldsymbol{L}}}+\underset{r\times 1}{\boldsymbol{B}_0}=\boldsymbol{0},\ \mathrm{rk}(\underset{r\times n}{\boldsymbol{B}})=r \tag{1-3-1}$$

条件方程
$$\underset{r\times n}{\boldsymbol{B}}\underset{n\times 1}{\hat{\boldsymbol{L}}}+\underset{r\times 1}{\boldsymbol{B}_0}=\boldsymbol{0},\ \mathrm{rk}(\underset{r\times n}{\boldsymbol{B}})=r \tag{1-3-2}$$

因为
$$\widetilde{\boldsymbol{L}}=\boldsymbol{L}-\boldsymbol{\Delta} \tag{1-3-3}$$

$$\hat{\boldsymbol{L}}=\boldsymbol{L}+\boldsymbol{V} \tag{1-3-4}$$

式（1-3-1）、式（1-3-2）又分别等价于：

观测方程
$$-\underset{r\times n}{\boldsymbol{B}}\underset{n\times 1}{\boldsymbol{\Delta}}+\underset{r\times 1}{\boldsymbol{W}}=\boldsymbol{0},\ \underset{r\times 1}{\boldsymbol{W}}=\underset{r\times n}{\boldsymbol{B}}\underset{n\times 1}{\boldsymbol{L}}+\underset{r\times 1}{\boldsymbol{B}_0},\ \mathrm{rk}(\underset{r\times n}{\boldsymbol{B}})=r \tag{1-3-5}$$

条件方程
$$\underset{r\times n}{\boldsymbol{B}}\underset{n\times 1}{\boldsymbol{V}}+\underset{r\times 1}{\boldsymbol{W}}=\boldsymbol{0},\ \underset{r\times 1}{\boldsymbol{W}}=\underset{r\times n}{\boldsymbol{B}}\underset{n\times 1}{\boldsymbol{L}}+\underset{r\times 1}{\boldsymbol{B}_0},\ \mathrm{rk}(\underset{r\times n}{\boldsymbol{B}})=r \tag{1-3-6}$$

模型中，n 为观测值个数，r 为多余观测量个数；$\boldsymbol{B}$ 为系数矩阵，这里是行满秩矩阵（矩阵的秩等于矩阵行数）；$\boldsymbol{B}_0$ 为常数向量，特殊情况下可以为 $\boldsymbol{0}$；$\boldsymbol{W}$ 为闭合差向量。

函数模型要求满足足数且独立，足数即方程式个数等于 r，独立即其中任意一个方程式不能由其他方程式线性表出。在此原则下，具体的方程式可以有不同的选取。

对比以上观测方程和条件方程，它们的书写转换关系为：$\hat{\boldsymbol{L}}$ 和 $\widetilde{\boldsymbol{L}}$ 相互代替，$\boldsymbol{V}$ 和 $-\boldsymbol{\Delta}$ 相互代替。注意，代替不意味相等。

真值之间没有矛盾，它们之间的函数关系式（理论关系式）也是平差值之间必须满足的关系式，这是通过条件平差可以消除矛盾的原因。

2) 函数模型 2——非线性模型

观测方程
$$f(\underset{n\times 1}{\widetilde{\boldsymbol{L}}})=\underset{r\times 1}{\boldsymbol{0}} \tag{1-3-7}$$

条件方程
$$f(\underset{n\times 1}{\hat{\boldsymbol{L}}})=\underset{r\times 1}{\boldsymbol{0}} \tag{1-3-8}$$

仍然采用线性化的方法进行求解。对式（1-3-8）进行线性化，即

$$f(\boldsymbol{L}+\boldsymbol{V})\approx f(\boldsymbol{L})+\left(\frac{\mathrm{d}f}{\mathrm{d}\hat{\boldsymbol{L}}}\right)_{\hat{\boldsymbol{L}}=\boldsymbol{L}}\boldsymbol{V}=\boldsymbol{0} \tag{1-3-9}$$

令

$$\boldsymbol{B}=\left(\frac{\mathrm{d}f}{\mathrm{d}\hat{\boldsymbol{L}}}\right)_{\hat{\boldsymbol{L}}=\boldsymbol{L}},\quad \boldsymbol{W}=f(\boldsymbol{L})$$

则有

$$\underset{r\times n}{\boldsymbol{B}}\underset{n\times 1}{\boldsymbol{V}}+\underset{r\times 1}{\boldsymbol{W}}=\boldsymbol{0}$$

可见，非线性化条件方程线性化后，形式上与线性条件方程即式（1-3-6）完全相同，因此，接下来的求解只要使用函数模型 1 的求解公式即可。

以上矩阵形式的线性化，便于原理的说明和表达。实际计算中，为得到 $\boldsymbol{B}=\left(\frac{\mathrm{d}f}{\mathrm{d}\hat{\boldsymbol{L}}}\right)_{\hat{\boldsymbol{L}}=\boldsymbol{L}}$、$\boldsymbol{W}=f(\boldsymbol{L})$ 的具体元素值，常常针对每个非线性条件方程式分别进行线性化。例如，对式（1-3-8）中的第 i 个条件方程式，因

$$
\begin{aligned}
f_i(\hat{L}_1,\ \hat{L}_2,\ \cdots,\ \hat{L}_n) &= f_i(L_1+v_1,\ L_2+v_2,\ \cdots,\ L_n+v_n)\\
&\approx f_i(L_1,\ L_2,\ \cdots,\ L_n)+\left(\frac{\partial f_i}{\partial \hat{L}_1}\right)_{\hat{\boldsymbol{L}}=\boldsymbol{L}}v_1+\left(\frac{\partial f_i}{\partial \hat{L}_2}\right)_{\hat{\boldsymbol{L}}=\boldsymbol{L}}v_2+\cdots+\\
&\quad\left(\frac{\partial f_i}{\partial \hat{L}_n}\right)_{\hat{\boldsymbol{L}}=\boldsymbol{L}}v_n=0
\end{aligned}
$$

于是，$\left[\frac{\partial f_i}{\partial \hat{L}_1}\quad \frac{\partial f_i}{\partial \hat{L}_2}\quad \cdots\quad \frac{\partial f_i}{\partial \hat{L}_n}\right]_{\hat{\boldsymbol{L}}=\boldsymbol{L}}$ 就构成了 $\boldsymbol{B}$ 的第 i 个行向量，$f_i(L_1,\ L_2,\ \cdots,\ L_n)$ 就构成了 $\boldsymbol{W}$ 的第 i 个分量。

式（1-3-6）中未知量 $\boldsymbol{V}$ 的个数 n 大于条件方程式个数 r，故要得到未知量的唯一解必须引入某种估计准则，例如最小二乘原理。

2. **随机模型**

$$E(\underset{n\times 1}{\boldsymbol{\Delta}})=\boldsymbol{0} \tag{1-3-10}$$

$$\underset{n\times n}{\boldsymbol{P}}=\underset{n\times n}{\boldsymbol{Q}}^{-1}=\sigma_0^2\underset{n\times n}{\boldsymbol{\Sigma}}^{-1}>0 \tag{1-3-11}$$

3. **估计准则**

$$\boldsymbol{V}^{\mathrm{T}}\boldsymbol{PV}=\min \tag{1-3-12}$$

4. **基本公式推导**

给定了数学模型与估计准则后，便可进行基本公式的数学推导，以下就两种函数模型分别讨论。

1）函数模型 1——线性模型

a）平差值公式

条件平差是在满足条件方程式（1-3-6）的前提下求 $\boldsymbol{V}^{\mathrm{T}}\boldsymbol{PV}$ 的极值点，故根据拉格朗日法求解原理，可组成函数

$$\boldsymbol{\Phi}=\boldsymbol{V}^{\mathrm{T}}\boldsymbol{PV}-2\boldsymbol{K}^{\mathrm{T}}(\boldsymbol{BV}+\boldsymbol{W})$$

其中，$\underset{r\times 1}{\boldsymbol{K}}$ 称为联系数向量（未知向量，维数等于条件方程式个数）。上式中的“-2”是为了推导的公式表达简便所取，也可以取“-1”“$+2$”等其他任意常数值。

令

$$\frac{\partial \boldsymbol{\Phi}}{\partial \boldsymbol{V}}=2\boldsymbol{V}^{\mathrm{T}}\boldsymbol{P}-2\boldsymbol{K}^{\mathrm{T}}\boldsymbol{B}=\boldsymbol{0}$$

可得

$$\boldsymbol{V}=\boldsymbol{P}^{-1}\boldsymbol{B}^{\mathrm{T}}\boldsymbol{K}$$

代入式（1-3-6），得条件平差的法方程为

$$\boldsymbol{BP}^{-1}\boldsymbol{B}^{\mathrm{T}}\boldsymbol{K}+\boldsymbol{W}=\boldsymbol{0}$$

为了更加简明地表达条件极值的推导过程，可使用另一种等价的推导方式，即

$$\left.\begin{aligned}\frac{\partial \boldsymbol{\Phi}}{\partial \boldsymbol{V}}&=2\boldsymbol{V}^{\mathrm{T}}\boldsymbol{P}-2\boldsymbol{K}^{\mathrm{T}}\boldsymbol{B}=\boldsymbol{0}\\\frac{\partial \boldsymbol{\Phi}}{\partial \boldsymbol{K}}&=-2(\boldsymbol{BV}+\boldsymbol{W})^{\mathrm{T}}=\boldsymbol{0}\end{aligned}\right\}\Leftrightarrow\left.\begin{aligned}\boldsymbol{V}&=\boldsymbol{P}^{-1}\boldsymbol{B}^{\mathrm{T}}\boldsymbol{K}\\\boldsymbol{BV}+\boldsymbol{W}&=\boldsymbol{0}\end{aligned}\right\}$$

两式联立同样可得到法方程。

若令

$$\underset{r\times r}{\boldsymbol{N}}=\boldsymbol{BP}^{-1}\boldsymbol{B}^{\mathrm{T}} \tag{1-3-13}$$

则条件平差的法方程又可写为

$$\boldsymbol{NK}+\boldsymbol{W}=\boldsymbol{0}$$

法方程系数阵 $\boldsymbol{N}$ 也称法矩阵，阶数为 r。矩阵 $\boldsymbol{N}$ 对称、正定由 $\boldsymbol{B}$ 行满秩、$\boldsymbol{P}$ 正定共同确定，故 $\boldsymbol{N}^{-1}$ 不仅存在且也是对称、正定矩阵。于是，通过法方程可解得 $\boldsymbol{K}$，且其他有关量的平差值也就相应得出，即

联系数向量 $$\boldsymbol{K}=-\boldsymbol{N}^{-1}\boldsymbol{W} \tag{1-3-14}$$

残差向量 $$\boldsymbol{V}=\boldsymbol{P}^{-1}\boldsymbol{B}^{\mathrm{T}}\boldsymbol{K} \tag{1-3-15}$$

观测量的平差值 $$\hat{\boldsymbol{L}}=\boldsymbol{L}+\boldsymbol{V} \tag{1-3-16}$$

观测量平差值的函数值 $$\hat{\boldsymbol{Z}}=f(\hat{\boldsymbol{L}}) \tag{1-3-17}$$

其中，$\hat{\boldsymbol{Z}}$ 称为相应函数的平差值。

b）精度估计公式

Ⅰ. 验后单位权中误差

顾及式（1-3-14）、式（1-3-5），由式（1-3-15）得

$$\boldsymbol{V}=-\boldsymbol{P}^{-1}\boldsymbol{B}^{\mathrm{T}}\boldsymbol{N}^{-1}\boldsymbol{B\Delta}$$

于是

$$\begin{aligned}\boldsymbol{V}^{\mathrm{T}}\boldsymbol{PV}&=\boldsymbol{\Delta}^{\mathrm{T}}\boldsymbol{B}^{\mathrm{T}}\boldsymbol{N}^{-1}\underbrace{\boldsymbol{BP}^{-1}\boldsymbol{PP}^{-1}\boldsymbol{B}^{\mathrm{T}}}_{=\boldsymbol{N}}\boldsymbol{N}^{-1}\boldsymbol{B\Delta}\\&=\underbrace{\boldsymbol{\Delta}^{\mathrm{T}}\boldsymbol{B}^{\mathrm{T}}\boldsymbol{N}^{-1}\boldsymbol{B}}_{1\times n}\underbrace{\boldsymbol{\Delta}}_{n\times 1}=\mathrm{tr}\left\{\underbrace{\boldsymbol{\Delta}^{\mathrm{T}}\boldsymbol{B}^{\mathrm{T}}\boldsymbol{N}^{-1}\boldsymbol{B}}_{1\times n}\underbrace{\boldsymbol{\Delta}}_{n\times 1}\right\}\\&=\mathrm{tr}\{\boldsymbol{\Delta\Delta}^{\mathrm{T}}\boldsymbol{B}^{\mathrm{T}}\boldsymbol{N}^{-1}\boldsymbol{B}\}\end{aligned}$$

两端取数学期望，得

$$\begin{aligned}E(\boldsymbol{V}^{\mathrm{T}}\boldsymbol{PV})&=\mathrm{tr}\{E(\boldsymbol{\Delta\Delta}^{\mathrm{T}})\boldsymbol{B}^{\mathrm{T}}\boldsymbol{N}^{-1}\boldsymbol{B}\}=\mathrm{tr}\{\sigma_0^2\boldsymbol{P}^{-1}\boldsymbol{B}^{\mathrm{T}}\boldsymbol{N}^{-1}\boldsymbol{B}\}\\&=\sigma_0^2\mathrm{tr}\{\boldsymbol{BP}^{-1}\boldsymbol{B}^{\mathrm{T}}\boldsymbol{N}^{-1}\}=\sigma_0^2\mathrm{tr}\{\boldsymbol{NN}^{-1}\}\\&=\sigma_0^2\mathrm{tr}\{\underset{r\times r}{\boldsymbol{I}}\}=r\sigma_0^2\\\sigma_0^2&=\frac{E(\boldsymbol{V}^{\mathrm{T}}\boldsymbol{PV})}{r}\end{aligned}$$

去掉数学期望符号便是 σ_0^2 的无偏估值 μ^2，故验后单位权中误差 μ 为

$$\mu=\pm\sqrt{\frac{\boldsymbol{V}^{\mathrm{T}}\boldsymbol{PV}}{r}} \tag{1-3-18}$$

$\boldsymbol{V}^{\mathrm{T}}\boldsymbol{PV}$ 的计算除了采用直接相乘计算外，还可利用间接公式计算。由于

$$\boldsymbol{V}^{\mathrm{T}}\boldsymbol{PV}=\boldsymbol{V}^{\mathrm{T}}\boldsymbol{PP}^{-1}\boldsymbol{B}^{\mathrm{T}}\boldsymbol{K}=\boldsymbol{V}^{\mathrm{T}}\boldsymbol{B}^{\mathrm{T}}\boldsymbol{K}=(\boldsymbol{BV})^{\mathrm{T}}\boldsymbol{K}$$

故间接计算公式有

$$\boldsymbol{V}^{\mathrm{T}}\boldsymbol{P}\boldsymbol{V}=-\boldsymbol{W}^{\mathrm{T}}\boldsymbol{K}=\boldsymbol{W}^{\mathrm{T}}\boldsymbol{N}^{-1}\boldsymbol{W}=\boldsymbol{K}^{\mathrm{T}}\boldsymbol{N}\boldsymbol{K} \tag{1-3-19}$$

Ⅱ. 有关量的权逆阵

基本推导思路是将有关量均表达为观测值 $\boldsymbol{L}$ 的函数，然后应用第一章的权逆阵传播律。如

$$\boldsymbol{W}=\boldsymbol{B}\boldsymbol{L}+\boldsymbol{B}_0$$

$$\boldsymbol{K}=-\boldsymbol{N}^{-1}\boldsymbol{W}=-\boldsymbol{N}^{-1}\boldsymbol{B}\boldsymbol{L}-\boldsymbol{N}^{-1}\boldsymbol{B}_0$$

$$\boldsymbol{V}=\boldsymbol{P}^{-1}\boldsymbol{B}^{\mathrm{T}}\boldsymbol{K}=-\boldsymbol{P}^{-1}\boldsymbol{B}^{\mathrm{T}}\boldsymbol{N}^{-1}\boldsymbol{B}\boldsymbol{L}-\boldsymbol{P}^{-1}\boldsymbol{B}^{\mathrm{T}}\boldsymbol{N}^{-1}\boldsymbol{B}_0$$

$$\hat{\boldsymbol{L}}=\boldsymbol{L}+\boldsymbol{V}=(\boldsymbol{I}-\boldsymbol{P}^{-1}\boldsymbol{B}^{\mathrm{T}}\boldsymbol{N}^{-1}\boldsymbol{B})\boldsymbol{L}-\boldsymbol{P}^{-1}\boldsymbol{B}^{\mathrm{T}}\boldsymbol{N}^{-1}\boldsymbol{B}_0$$

应用权逆阵传播律可得

$$\boldsymbol{Q}_W=\boldsymbol{B}\boldsymbol{P}^{-1}\boldsymbol{B}^{\mathrm{T}}=\boldsymbol{N}$$

$$\boldsymbol{Q}_K=\boldsymbol{N}^{-1}\boldsymbol{B}\boldsymbol{P}^{-1}\boldsymbol{B}^{\mathrm{T}}\boldsymbol{N}^{-1}=\boldsymbol{N}^{-1}$$

$$\boldsymbol{Q}_V=\boldsymbol{P}^{-1}\boldsymbol{B}^{\mathrm{T}}\boldsymbol{N}^{-1}\boldsymbol{B}\boldsymbol{P}^{-1}\boldsymbol{B}^{\mathrm{T}}\boldsymbol{N}^{-1}\boldsymbol{B}\boldsymbol{P}^{-1}=\boldsymbol{P}^{-1}\boldsymbol{B}^{\mathrm{T}}\boldsymbol{N}^{-1}\boldsymbol{B}\boldsymbol{P}^{-1}$$

$$\boldsymbol{Q}_{\hat{L}}=(\boldsymbol{I}-\boldsymbol{P}^{-1}\boldsymbol{B}^{\mathrm{T}}\boldsymbol{N}^{-1}\boldsymbol{B})\boldsymbol{P}^{-1}(\boldsymbol{I}-\boldsymbol{P}^{-1}\boldsymbol{B}^{\mathrm{T}}\boldsymbol{N}^{-1}\boldsymbol{B})^{\mathrm{T}}=\boldsymbol{P}^{-1}-\boldsymbol{P}^{-1}\boldsymbol{B}^{\mathrm{T}}\boldsymbol{N}^{-1}\boldsymbol{B}\boldsymbol{P}^{-1}$$

$$\boldsymbol{Q}_{\hat{L}V}=-(\boldsymbol{I}-\boldsymbol{P}^{-1}\boldsymbol{B}^{\mathrm{T}}\boldsymbol{N}^{-1}\boldsymbol{B})\boldsymbol{P}^{-1}\boldsymbol{B}^{\mathrm{T}}\boldsymbol{N}^{-1}\boldsymbol{B}\boldsymbol{P}^{-1}=\boldsymbol{0}$$

至于平差值函数的权逆阵，可根据式（1-3-17）应用权逆阵传播律公式得到，即

$$\boldsymbol{Q}_{\hat{Z}}=\left(\frac{\mathrm{d}\hat{\boldsymbol{Z}}}{\mathrm{d}\hat{\boldsymbol{L}}}\right)\boldsymbol{Q}_{\hat{L}}\left(\frac{\mathrm{d}\hat{\boldsymbol{Z}}}{\mathrm{d}\hat{\boldsymbol{L}}}\right)^{\mathrm{T}} \tag{1-3-20}$$

式中，导数矩阵的具体值可将平差值代入计算，也常用 $\boldsymbol{L}$ 代入近似计算。

若记 $\boldsymbol{F}^{\mathrm{T}}=\left(\frac{\mathrm{d}\hat{\boldsymbol{Z}}}{\mathrm{d}\hat{\boldsymbol{L}}}\right)$，将 $\boldsymbol{Q}_{\hat{L}}$ 的表达式代入式（1-3-20），可得

$$\boldsymbol{Q}_{\hat{Z}}=\boldsymbol{F}^{\mathrm{T}}\boldsymbol{Q}_{\hat{L}}\boldsymbol{F}=\boldsymbol{F}^{\mathrm{T}}\boldsymbol{P}^{-1}\boldsymbol{F}-\boldsymbol{F}^{\mathrm{T}}\boldsymbol{P}^{-1}\boldsymbol{B}^{\mathrm{T}}\boldsymbol{N}^{-1}\boldsymbol{B}\boldsymbol{P}^{-1}\boldsymbol{F}$$

再记

$$\boldsymbol{H}=\boldsymbol{B}\boldsymbol{P}^{-1}\boldsymbol{F}$$

则有

$$\boldsymbol{Q}_{\hat{Z}}=\boldsymbol{F}^{\mathrm{T}}\boldsymbol{P}^{-1}\boldsymbol{F}-\boldsymbol{H}^{\mathrm{T}}\boldsymbol{N}^{-1}\boldsymbol{H} \tag{1-3-21}$$

用该式求 $\boldsymbol{Q}_{\hat{Z}}$ 不需要知道 $\boldsymbol{Q}_{\hat{L}}$。

2）函数模型 2——非线性模型

前文已指出，模型 2 的条件方程线性化后可利用模型 1 的求解公式，该线性化因在观测值处进行级数展开，有较好的近似程度。非线性条件方程求解通常不采用迭代方式，这与参数平差是不同的。

5. 观测值独立时组成法方程的快速算法

条件平差的法方程组成实际上就是计算法方程的系数阵 $\boldsymbol{N}$，当观测值相互独立时，类似参数平差，也存在计算 $\boldsymbol{N}$ 的快速算法。

设 $\boldsymbol{B}$、$\boldsymbol{P}^{-1}$ 的元素表达分别为

$$\underset{r\times n}{\boldsymbol{B}}=\begin{bmatrix} a_1 & a_2 & \cdots & a_n \\ b_1 & b_2 & \cdots & b_n \\ \vdots & \vdots & & \vdots \\ r_1 & r_2 & \cdots & r_n \end{bmatrix},\ \underset{n\times n}{\boldsymbol{P}^{-1}}=\begin{bmatrix} 1/p_1 & & & \\ & 1/p_2 & & \\ & & \ddots & \\ & & & 1/p_n \end{bmatrix}$$

则 $\boldsymbol{N}$ 的相应元素表达为

$$\underset{r\times r}{\boldsymbol{N}}=\boldsymbol{B}\boldsymbol{P}^{-1}\boldsymbol{B}^{\mathrm{T}}=\begin{bmatrix}\left[\frac{aa}{p}\right] & \left[\frac{ab}{p}\right] & \cdots & \left[\frac{ar}{p}\right]\\ \left[\frac{ba}{p}\right] & \left[\frac{bb}{p}\right] & \cdots & \left[\frac{br}{p}\right]\\ \vdots & \vdots & & \vdots\\ \left[\frac{ra}{p}\right] & \left[\frac{rb}{p}\right] & \cdots & \left[\frac{rr}{p}\right]\end{bmatrix}$$

式中，$\left[\frac{aa}{p}\right]=\sum_{i=1}^{n}\frac{1}{p_i}a_ia_i=\boldsymbol{N}_{11}$，$\left[\frac{ba}{p}\right]=\sum_{i=1}^{n}\frac{1}{p_i}a_ib_i=\boldsymbol{N}_{12}$，$\boldsymbol{N}$ 的其他元素以此类推。可见，$\boldsymbol{N}_{ij}$ 等于 $\boldsymbol{P}^{-1}$ 的对角线元素与 $\boldsymbol{A}$ 的第 i 行元素、第 j 行元素对应乘积之和。由于 $\boldsymbol{P}^{-1}$ 中为 0 的大量非对角线元素不用参与计算，故上述计算 $\boldsymbol{N}_{ij}$ 的算法提高了计算效率。由于 $\boldsymbol{N}$ 为对称矩阵，实际计算时还可以仅计算 $\boldsymbol{N}$ 的下三角元素 $\boldsymbol{N}_{ij}(i\geqslant j)$ 或上三角元素 $\boldsymbol{N}_{ij}(j\geqslant i)$，而相应的上三角元素或下三角元素可由对称性得出。

另外，当观测值相互独立时，还可以给出式（1-3-15）的元素表达，即

$$v_i=\frac{1}{p_i}(a_ik_1+b_ik_2+\cdots+r_ik_r)$$

令式（1-3-21）中的$\underset{1\times n}{\boldsymbol{F}^{\mathrm{T}}}=[f_1\quad f_2\quad\cdots\quad f_n]$，则

$$\boldsymbol{F}^{\mathrm{T}}\boldsymbol{P}^{-1}\boldsymbol{F}=\left[\frac{ff}{p}\right],\quad \underset{r\times 1}{\boldsymbol{H}}=\boldsymbol{B}\boldsymbol{P}^{-1}\boldsymbol{F}=\begin{bmatrix}\left[\frac{af}{p}\right]\\ \left[\frac{bf}{p}\right]\\ \vdots\\ \left[\frac{rf}{p}\right]\end{bmatrix}$$

此为针对 1 个函数值 $\hat{Z}$ 的权倒数 $q_{\hat{Z}}$ 的快速算法，对于函数值向量的权逆阵类似。

6. **方法应用**

下面结合一些具体应用，对条件平差的具体解题步骤以及有关内容加以说明。另外，作为平差方法应用的对比体会，本章的例 1-3-1 和例 1-3-2 分别对应第 2 章参数平差的例 1-2-1 和例 1-2-2。

1）测站平差

例 1-3-1　设在测站 O 独立等精度观测了四个角度，观测值如下：

$L_1=45°20'44''$

$L_2=42°35'38''$

$L_3=33°47'19''$

$L_4=87°56'25''$

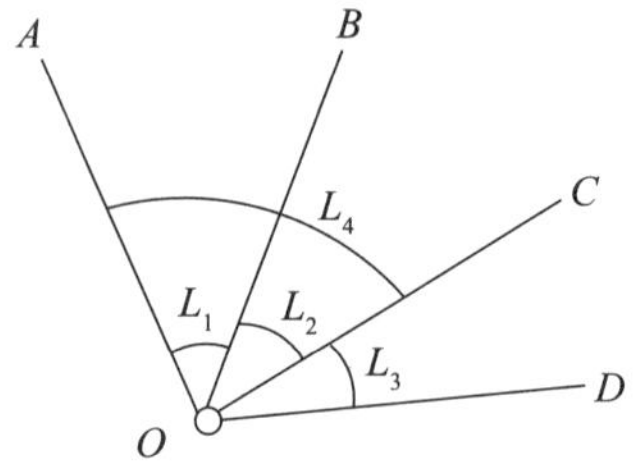

（1）求各角最或然值（即平差值）及其权逆阵、协方差阵；

（2）若$\angle BOD=76°22'53''$，计算各角最或然值及其权逆阵、协方差阵。

解：（1）$n=4$，$t=3$，$r=n-t=1$。取$\boldsymbol{P}=\boldsymbol{I}$，则$\boldsymbol{P}^{-1}=\boldsymbol{I}$；条件方程为

$$\hat{L}_1+\hat{L}_2-\hat{L}_4=0$$

顾及$\hat{L}_i=L_i+v_i$，代入数据后，矩阵形式的改正数条件方程为

$$\begin{bmatrix}1 & 1 & 0 & -1\end{bmatrix}\begin{bmatrix}v_1\\v_2\\v_3\\v_4\end{bmatrix}+(-3)''=0$$

由条件平差公式可得

$$\boldsymbol{N}=\boldsymbol{B}\boldsymbol{P}^{-1}\boldsymbol{B}^{\mathrm{T}}=3,\ \boldsymbol{N}^{-1}=\frac{1}{3},\ \boldsymbol{K}=-\boldsymbol{N}^{-1}\boldsymbol{W}=1$$

$$\boldsymbol{V}=\boldsymbol{P}^{-1}\boldsymbol{B}^{\mathrm{T}}\boldsymbol{K}=\begin{bmatrix}1\\1\\0\\-1\end{bmatrix}(''),\ \hat{\boldsymbol{L}}=\boldsymbol{L}+\boldsymbol{V}=\begin{bmatrix}45°20'45''\\42°35'39''\\33°47'19''\\87°56'24''\end{bmatrix}$$

$$\boldsymbol{V}^{\mathrm{T}}\boldsymbol{P}\boldsymbol{V}=3('')^2,\ \mu^2=\frac{\boldsymbol{V}^{\mathrm{T}}\boldsymbol{P}\boldsymbol{V}}{n-t}=\frac{3}{1}=3('')^2$$

$$\boldsymbol{Q}_{\hat{L}}=\boldsymbol{P}^{-1}-\boldsymbol{P}^{-1}\boldsymbol{B}^{\mathrm{T}}\boldsymbol{N}^{-1}\boldsymbol{B}\boldsymbol{P}^{-1}=\frac{1}{3}\begin{bmatrix}2 & -1 & 0 & 1\\-1 & 2 & 0 & 1\\0 & 0 & 3 & 0\\1 & 1 & 0 & 2\end{bmatrix}$$

$$\boldsymbol{\Sigma}_{\hat{L}}=\mu^2\boldsymbol{Q}_{\hat{L}}=\begin{bmatrix}2 & -1 & 0 & 1\\-1 & 2 & 0 & 1\\0 & 0 & 3 & 0\\1 & 1 & 0 & 2\end{bmatrix}('')^2$$

（2）$n=4$，$t=2$，$r=n-t=2$。取$\boldsymbol{P}=\boldsymbol{I}$，则$\boldsymbol{P}^{-1}=\boldsymbol{I}$；条件方程为

$$\left.\begin{aligned}&\hat{L}_1+\hat{L}_2-\hat{L}_4=0\\&\hat{L}_2+\hat{L}_3-\angle BOD=0\end{aligned}\right\}$$

顾及$\hat{L}_i=L_i+v_i$，代入数据后，矩阵形式的改正数条件方程为

$$\begin{bmatrix}1 & 1 & 0 & -1\\0 & 1 & 1 & 0\end{bmatrix}\begin{bmatrix}v_1\\v_2\\v_3\\v_4\end{bmatrix}+\begin{bmatrix}-3\\4\end{bmatrix}('')=\boldsymbol{0}$$

由条件平差公式可得

$$\boldsymbol{N}=\boldsymbol{B}\boldsymbol{P}^{-1}\boldsymbol{B}^{\mathrm{T}}=\begin{bmatrix}3 & 1\\1 & 2\end{bmatrix},\ \boldsymbol{N}^{-1}=\frac{1}{5}\begin{bmatrix}2 & -1\\-1 & 3\end{bmatrix},\ \boldsymbol{K}=-\boldsymbol{N}^{-1}\boldsymbol{W}=\begin{bmatrix}2\\-3\end{bmatrix}$$

$$\boldsymbol{V}=\boldsymbol{P}^{-1}\boldsymbol{B}^{\mathrm{T}}\boldsymbol{K}=\begin{bmatrix}2\\-1\\-3\\-2\end{bmatrix}('')，\ \hat{\boldsymbol{L}}=\boldsymbol{L}+\boldsymbol{V}=\begin{bmatrix}45°20'46''\\42°35'37''\\33°47'16''\\87°56'23''\end{bmatrix}$$

$$\boldsymbol{V}^{\mathrm{T}}\boldsymbol{P}\boldsymbol{V}=18('')^2，\ \mu^2=\frac{\boldsymbol{V}^{\mathrm{T}}\boldsymbol{P}\boldsymbol{V}}{r}=\frac{18}{2}=9('')^2$$

$$\boldsymbol{Q}_{\hat{L}}=\boldsymbol{P}^{-1}-\boldsymbol{P}^{-1}\boldsymbol{B}^{\mathrm{T}}\boldsymbol{N}^{-1}\boldsymbol{B}\boldsymbol{P}^{-1}=\frac{1}{5}\begin{bmatrix}3 & -1 & 1 & 2\\-1 & 2 & -2 & 1\\1 & -2 & 2 & -1\\2 & 1 & -1 & 3\end{bmatrix}$$

$$\boldsymbol{\Sigma}_{\hat{L}}=\mu^2\boldsymbol{Q}_{\hat{L}}=\frac{9}{5}\begin{bmatrix}3 & -1 & 1 & 2\\-1 & 2 & -2 & 1\\1 & -2 & 2 & -1\\2 & 1 & -1 & 3\end{bmatrix}('')^2$$

说明：(1) 计算是按步骤顺序进行的。正确列出条件方程与确定观测值的权阵是条件平差计算的开端也是关键，必须确保正确，否则，后续的计算即使无误最终结果也是错误的。条件方程式在满足足数且独立的原则下可以有不同的选取，如（2）问中还可以选取 $-\hat{L}_1+\hat{L}_3+\hat{L}_4-\angle BOD=0$ 代替第 2 个条件方程式。观测值权阵的确定可见第一章。

(2) 有了条件方程（$\boldsymbol{B}$、$\boldsymbol{W}$）和权逆阵（$\boldsymbol{P}^{-1}$）后，接下来的计算只需要代入条件平差有关公式，便可得到有关量的平差值及其精度。若观测值相互独立，可以使用观测值独立时组成法方程的快速算法来提高计算效率。若要检核计算是否有误，可以将平差值 $\hat{\boldsymbol{L}}_i$ 回代到条件方程中看是否成立。

(3) 要善于观察与分析平差结果，例如，通过同一问题的参数平差与条件平差的比较，可以发现哪些量是相同或不同的，至于原因，可以做进一步的思考或证明。

2）水准网平差

例 1-3-2 如图所示的简单水准网中，A、B、C、D 为四个水准点，h_i 为观测高差（箭头指向高程增加方向），观测高差及所在路线长 s_i 如下：

$h_1=0.97$ m　$s_1=1$ km

$h_2=0.55$ m　$s_2=2$ km

$h_3=0.74$ m　$s_3=2$ km

$h_4=0.77$ m　$s_4=2$ km

$h_5=0.17$ m　$s_5=2$ km

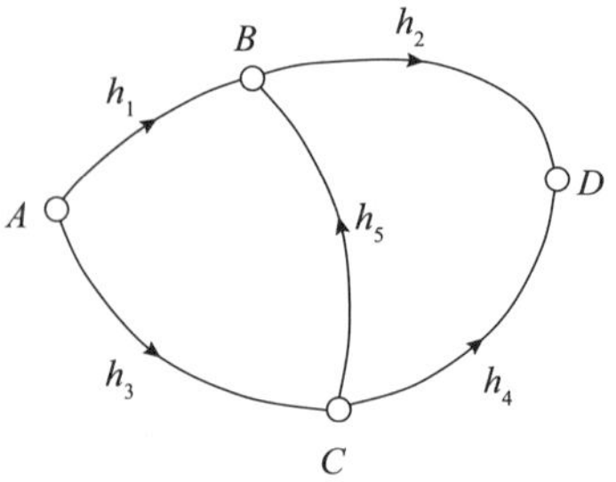

(1) 若水准点高程均未知，试求各高差的平差值及其中误差；

（2）若 A 点、D 点高程已知，$H_A=84.21$ m，$H_D=85.62$ m，试求 B 点、C 点高程平差值及其中误差；

（3）若（2）中没有进行高差观测，如何判断 B 点、C 点高程平差值的精度高低？

解：（1）$n=5$，$t=3$，$r=n-t=2$。取 $s_0=1$ km，$\boldsymbol{P}=\mathrm{diag}\left(1,\ \frac{1}{2},\ \frac{1}{2},\ \frac{1}{2},\ \frac{1}{2}\right)$，则 $\boldsymbol{P}^{-1}=\mathrm{diag}(1,\ 2,\ 2,\ 2,\ 2)$。条件方程为

$$\left.\begin{aligned}\hat{h}_1-\hat{h}_3-\hat{h}_5=0\\ \hat{h}_2-\hat{h}_4+\hat{h}_5=0\end{aligned}\right\}$$

顾及 $\hat{h}_i=h_i+v_i$，代入数据后，矩阵形式的改正数条件方程为

$$\begin{bmatrix}1 & 0 & -1 & 0 & -1\\ 0 & 1 & 0 & -1 & 1\end{bmatrix}\begin{bmatrix}v_1\\ v_2\\ v_3\\ v_4\\ v_5\end{bmatrix}+\begin{bmatrix}6\\ -5\end{bmatrix}(\mathrm{cm})=\mathbf{0}$$

由条件平差公式可得

$$\boldsymbol{N}=\boldsymbol{BP}^{-1}\boldsymbol{B}^{\mathrm{T}}=\begin{bmatrix}5 & -2\\ -2 & 6\end{bmatrix},\ \boldsymbol{N}^{-1}=\frac{1}{26}\begin{bmatrix}6 & 2\\ 2 & 5\end{bmatrix},\ \boldsymbol{K}=-\boldsymbol{N}^{-1}\boldsymbol{W}=\begin{bmatrix}-1\\ \frac{1}{2}\end{bmatrix}(\mathrm{cm})$$

$$\boldsymbol{V}=\boldsymbol{P}^{-1}\boldsymbol{B}^{\mathrm{T}}\boldsymbol{K}=\begin{bmatrix}-1\\ 1\\ 2\\ -1\\ 3\end{bmatrix}(\mathrm{cm}),\ \hat{\boldsymbol{h}}=\boldsymbol{h}+\boldsymbol{V}=\begin{bmatrix}0.96\\ 0.56\\ 0.76\\ 0.76\\ 0.20\end{bmatrix}(\mathrm{m})$$

$$\boldsymbol{V}^{\mathrm{T}}\boldsymbol{PV}=\frac{17}{2}(\mathrm{cm}^2),\ \mu^2=\frac{\boldsymbol{V}^{\mathrm{T}}\boldsymbol{PV}}{r}=\frac{17}{4}(\mathrm{cm}^2)$$

$$\boldsymbol{Q}_{\hat{h}}=\boldsymbol{P}^{-1}-\boldsymbol{P}^{-1}\boldsymbol{B}^{\mathrm{T}}\boldsymbol{N}^{-1}\boldsymbol{BP}^{-1}=\frac{1}{13}\begin{bmatrix}10 & -2 & 6 & 2 & 4\\ -2 & 16 & 4 & 10 & -6\\ 6 & 4 & 14 & -4 & -8\\ 2 & 10 & -4 & 16 & 6\\ 4 & -6 & -8 & 6 & 12\end{bmatrix}$$

$$m_{\hat{h}_1}=\mu\sqrt{q_{\hat{h}_1}}=\pm\sqrt{\frac{17}{4}}\times\sqrt{\frac{10}{13}}=\pm\sqrt{\frac{85}{26}}(\mathrm{cm})$$

$$m_{\hat{h}_2}=\mu\sqrt{q_{\hat{h}_2}}=\pm\sqrt{\frac{17}{4}}\times\sqrt{\frac{16}{13}}=\pm\sqrt{\frac{68}{13}}(\mathrm{cm})=m_{\hat{h}_4}$$

$$m_{\hat{h}_3}=\mu\sqrt{q_{\hat{h}_3}}=\pm\sqrt{\frac{17}{4}}\times\sqrt{\frac{14}{13}}=\pm\sqrt{\frac{119}{26}}\,(\text{cm})$$

$$m_{\hat{h}_5}=\mu\sqrt{q_{\hat{h}_5}}=\pm\sqrt{\frac{17}{4}}\times\sqrt{\frac{12}{13}}=\pm\sqrt{\frac{51}{13}}\,(\text{cm})$$

（2）$n=5$，$t=2$，$r=n-t=3$。取 $s_0=1\text{ km}$，$\boldsymbol{P}=\text{diag}\left(1,\ \frac{1}{2},\ \frac{1}{2},\ \frac{1}{2},\ \frac{1}{2}\right)$，$\boldsymbol{P}^{-1}=\text{diag}\,(1,\ 2,\ 2,\ 2,\ 2)$；条件方程为

$$\left.\begin{aligned}&\hat{h}_1-\hat{h}_3-\hat{h}_5=0\\&\hat{h}_2-\hat{h}_4+\hat{h}_5=0\\&H_A+\hat{h}_1+\hat{h}_2-H_D=0\end{aligned}\right\}$$

顾及 $\hat{h}_i=h_i+v_i$，代入数据后，矩阵形式的改正数条件方程为

$$\begin{bmatrix}1&0&-1&0&-1\\0&1&0&-1&1\\1&1&0&0&0\end{bmatrix}\begin{bmatrix}v_1\\v_2\\v_3\\v_4\\v_5\end{bmatrix}+\begin{bmatrix}6\\-5\\11\end{bmatrix}=\boldsymbol{0}$$

由条件平差公式可得

$$\boldsymbol{N}=\boldsymbol{BP}^{-1}\boldsymbol{B}^{\mathrm{T}}=\begin{bmatrix}5&-2&1\\-2&6&2\\1&2&3\end{bmatrix},\ \boldsymbol{N}^{-1}=\frac{1}{22}\begin{bmatrix}7&4&-5\\4&7&-6\\-5&-6&13\end{bmatrix},\ \boldsymbol{K}=-\boldsymbol{N}^{-1}\boldsymbol{W}=\frac{1}{2}\begin{bmatrix}3\\7\\-13\end{bmatrix}(\text{cm})$$

$$\boldsymbol{V}=\boldsymbol{P}^{-1}\boldsymbol{B}^{\mathrm{T}}\boldsymbol{K}=\begin{bmatrix}-5\\-6\\-3\\-7\\4\end{bmatrix}(\text{cm}),\ \hat{\boldsymbol{h}}=\boldsymbol{h}+\boldsymbol{V}=\begin{bmatrix}0.92\\0.49\\0.71\\0.70\\0.21\end{bmatrix}(\text{m})$$

$$\boldsymbol{V}^{\mathrm{T}}\boldsymbol{PV}=80(\text{cm}^2),\ \mu^2=\frac{\boldsymbol{V}^{\mathrm{T}}\boldsymbol{PV}}{r}=\frac{80}{3}(\text{cm}^2)$$

对于 B 点的高程平差值及其中误差，有

$$\hat{H}_B=H_A+\hat{h}_1=85.13(\text{m})=\begin{bmatrix}1&0&0&0&0\end{bmatrix}\begin{bmatrix}\hat{h}_1\\\hat{h}_2\\\hat{h}_3\\\hat{h}_4\\\hat{h}_5\end{bmatrix}+H_A=\boldsymbol{F}^{\mathrm{T}}\hat{\boldsymbol{h}}+H_A$$

$$\boldsymbol{H}=\boldsymbol{B}\boldsymbol{P}^{-1}\boldsymbol{F}=\begin{bmatrix}1\\0\\1\end{bmatrix},\ \frac{1}{p_{\hat{H}_B}}=\boldsymbol{F}^{\mathrm{T}}\boldsymbol{P}^{-1}\boldsymbol{F}-\boldsymbol{H}^{\mathrm{T}}\boldsymbol{N}^{-1}\boldsymbol{H}=1-\frac{5}{11}=\frac{6}{11}$$

$$m_{\hat{H}_B}=\mu\sqrt{\frac{1}{p_{\hat{H}_B}}}=\pm\sqrt{\frac{80}{3}}\times\sqrt{\frac{6}{11}}=\pm\sqrt{\frac{160}{11}}\,(\mathrm{cm})$$

对于 C 点的高程平差值及其中误差，有

$$\hat{H}_C=H_A+\hat{h}_3=84.92(\mathrm{m})=[0\quad 0\quad 1\quad 0\quad 0]\begin{bmatrix}\hat{h}_1\\\hat{h}_2\\\hat{h}_3\\\hat{h}_4\\\hat{h}_5\end{bmatrix}+H_A=\boldsymbol{F}^{\mathrm{T}}\hat{\boldsymbol{h}}+H_A$$

$$\boldsymbol{H}=\boldsymbol{B}\boldsymbol{P}^{-1}\boldsymbol{F}=\begin{bmatrix}-2\\0\\1\end{bmatrix},\ \frac{1}{p_{\hat{H}_C}}=\boldsymbol{F}^{\mathrm{T}}\boldsymbol{P}^{-1}\boldsymbol{F}-\boldsymbol{H}^{\mathrm{T}}\boldsymbol{N}^{-1}\boldsymbol{H}=2-\frac{14}{11}=\frac{8}{11}$$

$$m_{\hat{H}_C}=\mu\sqrt{\frac{1}{p_{\hat{H}_C}}}=\pm\sqrt{\frac{80}{3}}\times\sqrt{\frac{8}{11}}=\pm\sqrt{\frac{640}{33}}\,(\mathrm{cm})$$

(3) $n=5$，$t=2$，$r=n-t=3$。取 $s_0=1$ km，$\boldsymbol{P}=\mathrm{diag}\left(1,\ \frac{1}{2},\ \frac{1}{2},\ \frac{1}{2},\ \frac{1}{2}\right)$，$\boldsymbol{P}^{-1}=$ diag (1，2，2，2，2)；条件方程为

$$\left.\begin{aligned}\hat{h}_1-\hat{h}_3-\hat{h}_5=0\\\hat{h}_2-\hat{h}_4+\hat{h}_5=0\\H_A+\hat{h}_1+\hat{h}_2-H_D=0\end{aligned}\right\}$$

矩阵形式为

$$\begin{bmatrix}1&0&-1&0&-1\\0&1&0&-1&1\\1&1&0&0&0\end{bmatrix}\begin{bmatrix}\hat{h}_1\\\hat{h}_2\\\hat{h}_3\\\hat{h}_4\\\hat{h}_5\end{bmatrix}+\begin{bmatrix}0\\0\\H_A-H_D\end{bmatrix}=\boldsymbol{0}$$

由条件平差公式可得

$$\boldsymbol{N}=\boldsymbol{B}\boldsymbol{P}^{-1}\boldsymbol{B}^{\mathrm{T}}=\begin{bmatrix}5&-2&1\\-2&6&2\\1&2&3\end{bmatrix},\ \boldsymbol{N}^{-1}=\frac{1}{22}\begin{bmatrix}7&4&-5\\4&7&-6\\-5&-6&13\end{bmatrix}$$

对于 B 点，有

$$\hat{H}_B=H_A+\hat{h}_1=\begin{bmatrix}1 & 0 & 0 & 0 & 0\end{bmatrix}\begin{bmatrix}\hat{h}_1\\ \hat{h}_2\\ \hat{h}_3\\ \hat{h}_4\\ \hat{h}_5\end{bmatrix}+H_A=\boldsymbol{F}^{\mathrm{T}}\hat{\boldsymbol{h}}+H_A$$

$$\boldsymbol{H}=\boldsymbol{B}\boldsymbol{P}^{-1}\boldsymbol{F}=\begin{bmatrix}1\\ 0\\ 1\end{bmatrix},\ \frac{1}{p_{\hat{H}_B}}=\boldsymbol{F}^{\mathrm{T}}\boldsymbol{P}^{-1}\boldsymbol{F}-\boldsymbol{H}^{\mathrm{T}}\boldsymbol{N}^{-1}\boldsymbol{H}=1-\frac{5}{11}=\frac{6}{11}$$

对于 C 点，有

$$\hat{H}_C=H_A+\hat{h}_3=\begin{bmatrix}0 & 0 & 1 & 0 & 0\end{bmatrix}\begin{bmatrix}\hat{h}_1\\ \hat{h}_2\\ \hat{h}_3\\ \hat{h}_4\\ \hat{h}_5\end{bmatrix}+H_A=\boldsymbol{F}^{\mathrm{T}}\hat{\boldsymbol{h}}+H_A$$

$$\boldsymbol{H}=\boldsymbol{B}\boldsymbol{P}^{-1}\boldsymbol{F}=\begin{bmatrix}-2\\ 0\\ 1\end{bmatrix},\ \frac{1}{p_{\hat{H}_C}}=\boldsymbol{F}^{\mathrm{T}}\boldsymbol{P}^{-1}\boldsymbol{F}-\boldsymbol{H}^{\mathrm{T}}\boldsymbol{N}^{-1}\boldsymbol{H}=2-\frac{14}{11}=\frac{8}{11}$$

可见，$\frac{1}{p_{\hat{H}_B}}<\frac{1}{p_{\hat{H}_C}}$ 或 $p_{\hat{H}_B}>p_{\hat{H}_C}$，故 B 点高程平差值的精度高于 C 点高程平差值的精度。

说明：条件平差中，求平差值或其函数的权倒数，既可以如问题（1）一样使用式（1-3-20），又可以如问题（2）一样使用式（1-3-21），实际计算时可灵活采用。

（四）其他说明

通常情况下，同一个平差问题，既可以应用条件平差也可以应用参数平差，相较前者，后者更适合编程计算，特别是解决（较）大型平差问题。由于法矩阵的求逆运算在平差计算中耗时较多，若手工计算，可根据法方程的阶数来选用条件平差（r 阶求逆）或参数平差（t 阶求逆）。

二、练习题

1-3-1 对于练习题 1-2-1，采用条件平差，列出其矩阵形式的改正数条件方程。

1-3-2　对于练习题 1-2-2，采用条件平差，列出其矩阵形式的改正数条件方程。

1-3-3　下列简单测角三角网中，"△"表示已知点，"○"表示未知点，数字表示观测角度编号。试给出按条件平差时的条件方程式个数并列出条件方程式，若条件方程式为非线性形式，请将其线性化。

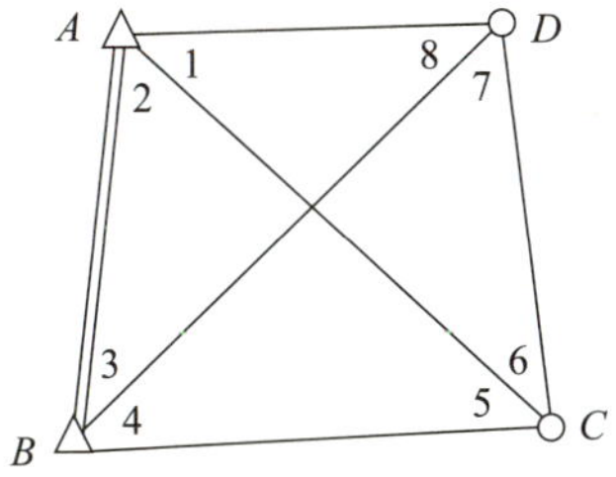

（1）

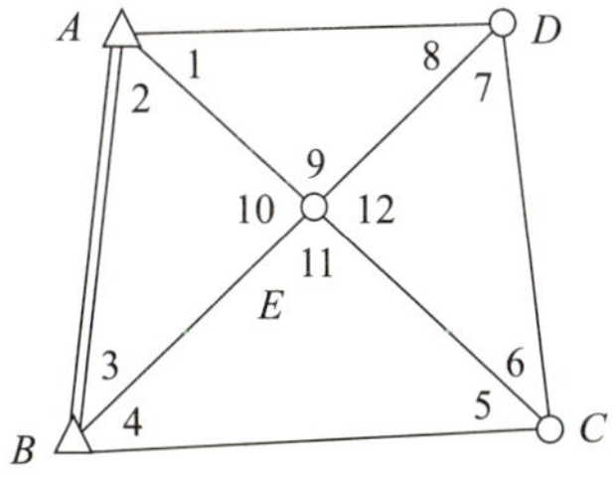

（2）

1-3-4　设条件方程为 $\boldsymbol{BV}+\boldsymbol{W}=\boldsymbol{0}$，$\boldsymbol{W}=\boldsymbol{BL}+\boldsymbol{B}_0$，观测值向量的权阵为 $\boldsymbol{P}$，试推导条件平差的法方程。

1-3-5　设条件方程为 $\underset{r\times n}{\boldsymbol{B}}\underset{n\times 1}{\boldsymbol{V}}+\underset{r\times 1}{\boldsymbol{W}}=\boldsymbol{0}$，观测值向量的权阵为 $\underset{n\times n}{\boldsymbol{P}}$，$\underset{r\times r}{\boldsymbol{N}}=\boldsymbol{BP}^{-1}\boldsymbol{B}^{\mathrm{T}}$，试证明：

（1）若 $\underset{r\times n}{\boldsymbol{B}}$ 行满秩，$\underset{n\times n}{\boldsymbol{P}}$ 正定，则 $\underset{r\times r}{\boldsymbol{N}}$ 必定正定；

（2）若 $\underset{r\times n}{\boldsymbol{B}}$ 行降秩，$\underset{n\times n}{\boldsymbol{P}}$ 正定，则 $\underset{r\times r}{\boldsymbol{N}}$ 必定降秩。

1-3-6　对于练习题 1-2-9，试利用条件平差法证明三角形闭合差配赋时各内角改正数均为 $-\dfrac{W}{3}$。

1-3-7　已知平面三角形中，A 角为 9 个测回之中数，B、C 角各为 6 个测回之中数，所有测回均独立等精度，求各角的最或然值。

1-3-8　下图为具有 $n-1(n\geqslant 2)$ 个未知点的水准附合路线，A、B 为已知水准点，P_i 为未知水准点，h_i 为观测高差，s_i 为高差相应路线长（单位：km）。记附合路线闭合差为 $W=H_A+h_1+h_2+\cdots+h_n-H_B$，试推导路线闭合差配赋公式，即 h_i 的改正数 v_i 的表达式。

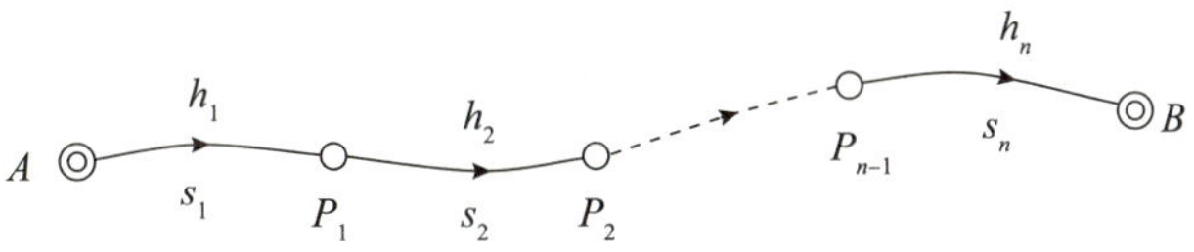

1-3-9　如下图所示，A、B 为已知水准点，$H_A=110.021$ m，$H_B=119.993$ m；观测高差 h_1、h_2、h_3 分别为 5.012 m、10.006 m、5.032 m。试求 C、D 两点的高程最或然值。

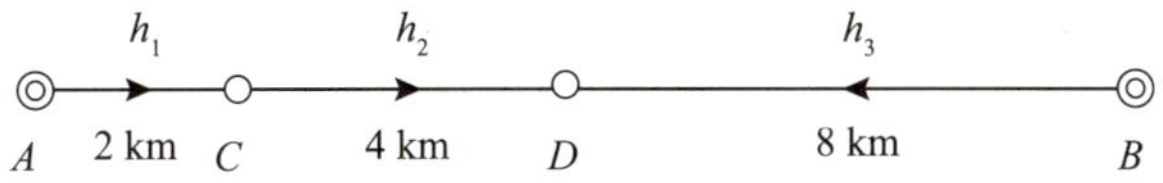

1-3-10 下图为具有 $n(n\geqslant 2)$ 个未知点的水准环，P_i 为未知水准点，h_i 为观测高差（箭头表示高程做差方向），s_i 为高差相应路线长（单位：km）。记水准环闭合差为 $W=h_1+h_2+\cdots+h_n$，试推导水准环闭合差配赋公式，即 h_i 的改正数 v_i 的表达式。

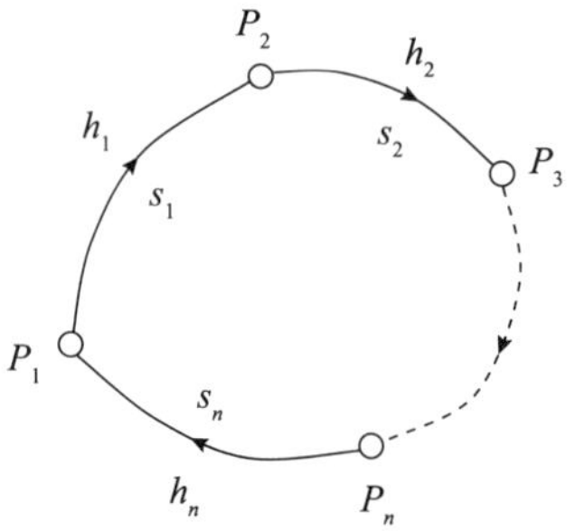

1-3-11 试用条件平差法对练习题 1-2-20 进行求解。

1-3-12 如下图所示，已知测站 A 平面方位角 $T_{A1}=20°00'00''$，$T_{A3}=120°00'20''$，观测值见下表，试用条件平差法求各方向的平差值。

方向号	方向值
1	0° 00′ 00″
2	40° 20′ 04″
3	100° 00′ 24″
4	190° 30′ 50″

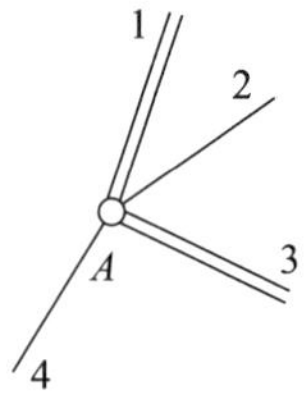

1-3-13 如下图所示，测站 O 采用方向法进行了两组观测，联测了 1、4 方向，观测值见下表，试用条件平差进行测站平差，即求出测站各方向的唯一估值。

方向号	第一组	第二组
1	0° 00′ 00″	0° 00′ 00″
2	30° 30′ 19″	—
3	—	80° 00′ 31″
4	120° 20′ 18″	120° 20′ 22″
5	—	210° 40′ 41″

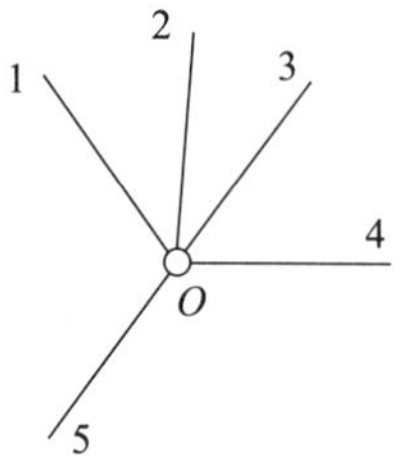

1-3-14 如下图所示，观测高差及路线长如下：

$$h_1=4.121\ \text{m}\quad s_1=2\ \text{km}$$
$$h_2=5.719\ \text{m}\quad s_2=4\ \text{km}$$
$$h_3=1.591\ \text{m}\quad s_3=8\ \text{km}$$

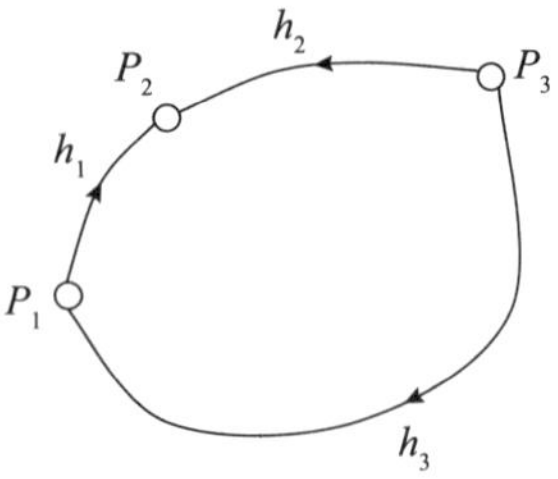

（1）若 P_i 均为未知点，试按条件平差求各高差的平差值；

（2）若 P_1 点高程已知值为 $H_{P_1}=115.251\ \mathrm{m}$，试按条件平差求各高差的平差值及未知点 P_2、P_3 的高程平差值。

1-3-15　试用条件平差法求解练习题 1-2-25。

1-3-16　试用条件平差法求解练习题 1-2-26。

1-3-17　试证明条件平差中 $\boldsymbol{V}^{\mathrm{T}}\boldsymbol{PV}=\boldsymbol{W}^{\mathrm{T}}\boldsymbol{N}^{-1}\boldsymbol{W}=\boldsymbol{K}^{\mathrm{T}}\boldsymbol{NK}$。

1-3-18　试利用条件平差证明 $E(\mu^2)=\sigma_0^2$，其中，$\mu=\pm\sqrt{\dfrac{\boldsymbol{V}^{\mathrm{T}}\boldsymbol{PV}}{r}}$。

1-3-19　设观测值的权阵为 $\boldsymbol{P}$，根据条件平差有关量的表达式，试推导下表中下三角部分（含对角线部分）的相关权逆阵表达式，然后根据相关权逆阵的性质写出上三角部分。

有关量	$\boldsymbol{L}$	$\boldsymbol{W}$	$\boldsymbol{K}$	$\boldsymbol{V}$	$\hat{\boldsymbol{L}}$
$\boldsymbol{L}$	$\boldsymbol{Q}_{L}$				
$\boldsymbol{W}$	$\boldsymbol{Q}_{WL}$	$\boldsymbol{Q}_{W}$			
$\boldsymbol{K}$	$\boldsymbol{Q}_{KL}$	$\boldsymbol{Q}_{KW}$	$\boldsymbol{Q}_{K}$		
$\boldsymbol{V}$	$\boldsymbol{Q}_{VL}$	$\boldsymbol{Q}_{VW}$	$\boldsymbol{Q}_{VK}$	$\boldsymbol{Q}_{V}$	
$\hat{\boldsymbol{L}}$	$\boldsymbol{Q}_{\hat{L}L}$	$\boldsymbol{Q}_{\hat{L}W}$	$\boldsymbol{Q}_{\hat{L}K}$	$\boldsymbol{Q}_{\hat{L}V}$	$\boldsymbol{Q}_{\hat{L}}$

1-3-20　条件平差中，令 $\boldsymbol{J}_B=\boldsymbol{P}^{-1}\boldsymbol{B}^{\mathrm{T}}\boldsymbol{N}^{-1}\boldsymbol{B}$，试证明：

（1）$\boldsymbol{J}_B=\boldsymbol{Q}_V\boldsymbol{P}$；

（2）$\boldsymbol{J}_B$、$\boldsymbol{I}-\boldsymbol{J}_B$ 为幂等阵；

（3）若 $\boldsymbol{P}$ 为对角阵，则 $\boldsymbol{J}_B$、$\boldsymbol{I}-\boldsymbol{J}_B$ 的对角线元素均在区间［0，1］上。

1-3-21　如下图所示，平面三角形 ABC 的三个内角分别由 6 个独立等精度观测方向值 $\alpha_i(i=1,2,\cdots,6)$ 得到，若取方向观测值的权为单位权，试求各内角的最或然值及其权逆阵。

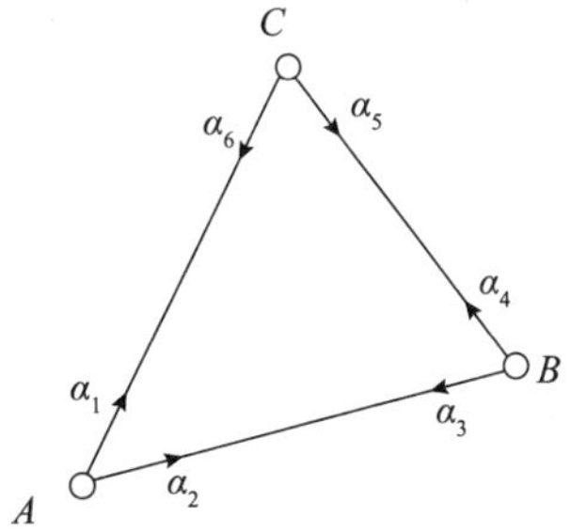

1-3-22　如下图所示，测站 A 有 6 个方向且已知 AP_2 和 AP_5 的方位角为 T_2、T_5，现分两组进行观测（独立等精度）。第一组测了 P_1、P_2、P_3、P_4 四个方向，得方向值为 $\alpha_1\sim\alpha_4$；第二组测了 P_3、P_4、P_5、P_6 四个方向，得方向值 $\alpha_5\sim\alpha_8$。若取方向观测值的权为单位权，试求平差后$\angle P_1AP_2$ 的权。

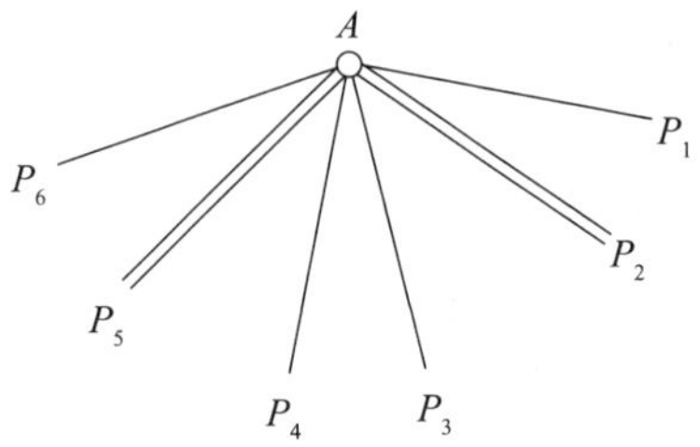

1-3-23 已知条件方程为$\left.\begin{array}{l} v_1''+v_2''-v_3''-2''=0 \\ v_2''-v_4''-v_5''+2''=0 \end{array}\right\}$，又知各观测值独立等精度，试求各观测值平差值的中误差。

1-3-24 试用条件平差法求解练习题 1-2-40。

1-3-25 试用条件平差法求解练习题 1-2-41。

1-3-26 试用条件平差法求解练习题 1-2-42。

1-3-27 试用条件平差法求解练习题 1-2-44。

1-3-28 试用条件平差法求解练习题 1-2-45。

1-3-29 试用条件平差法求解练习题 1-2-46。

1-3-30 试用条件平差法求解练习题 1-2-47。

1-3-31 设某平差问题采用参数平差时的误差方程为

$$\left.\begin{array}{l} v_1=\hat{x}_1+\hat{x}_2-1 \\ v_2=\hat{x}_1-\hat{x}_2+3 \\ v_3=2\hat{x}_1-\hat{x}_2+1 \\ v_4=-\hat{x}_1+\hat{x}_2-2 \\ v_5=3\hat{x}_1+2\hat{x}_2+4 \end{array}\right\}$$

若按条件平差，试给出该平差问题的条件方程。

1-3-32 设某平差问题采用条件平差时的条件方程为

$$\left.\begin{array}{l} \hat{L}_1+\hat{L}_2-\hat{L}_3=0 \\ \hat{L}_3+\hat{L}_4=4 \\ \hat{L}_2+\hat{L}_4-\hat{L}_5=0 \end{array}\right\}$$

若按参数平差，试给出该平差问题的误差方程。

1-3-33 对于同一平差问题，若进行参数平差时的误差方程为 $\boldsymbol{V}=\boldsymbol{A}\hat{\boldsymbol{X}}+\boldsymbol{l}$，进行条件平差时的条件方程为 $\boldsymbol{BV}+\boldsymbol{W}=\boldsymbol{0}$。试证明：(1) $\boldsymbol{BA}=\boldsymbol{0}$；(2) $\boldsymbol{W}=-\boldsymbol{Bl}$。

三、练习题答案

【答案说明】①在满足足数和线性独立的要求下，条件方程式可以有多种选法，即条件方程允许不相同；②确定权阵时单位权方差可以选取任意大于 0 的常数，权阵或权逆阵也允许不相同。除此之外，其他如 $\boldsymbol{V}$、$\hat{\boldsymbol{L}}$ 及协方差阵等绝对量应与参考答案相同。

1-3-1 （1）$n=4$，$t=2$，$r=n-t=2$。改正数条件方程为

$$\begin{bmatrix}1 & 1 & 0 & -1\\ 0 & 1 & -1 & 0\end{bmatrix}\begin{bmatrix}v_1\\ v_2\\ v_3\\ v_4\end{bmatrix}+\begin{bmatrix}H_A+h_1+h_2-h_4-H_B\\ h_2-h_3\end{bmatrix}=\boldsymbol{0}$$

（2）$n=6$，$t=3$，$r=n-t=3$。改正数条件方程为

$$\begin{bmatrix}1 & 1 & 0 & 0 & 0 & 0\\ 1 & 0 & 1 & -1 & -1 & 0\\ 0 & 0 & 0 & 0 & 1 & -1\end{bmatrix}\begin{bmatrix}v_1\\ v_2\\ v_3\\ v_4\\ v_5\\ v_6\end{bmatrix}+\begin{bmatrix}H_A+h_1+h_2-H_B\\ H_A+h_1+h_3-h_4-h_5-H_B\\ H_C+h_5-h_6-H_D\end{bmatrix}=\boldsymbol{0}$$

（3）$n=3$，$t=1$，$r=n-t=2$。改正数条件方程为

$$\begin{bmatrix}1 & 0 & 0\\ 1 & 1 & -1\end{bmatrix}\begin{bmatrix}v_1\\ v_2\\ v_3\end{bmatrix}+\begin{bmatrix}H_A+h_1-H_B\\ h_1+h_2-h_3\end{bmatrix}=\boldsymbol{0}$$

（4）$n=8$，$t=4$，$r=n-t=4$。改正数条件方程为

$$\begin{bmatrix}1 & 0 & 0 & 0 & -1 & 0 & 0 & 1\\ 0 & 1 & 0 & 0 & 1 & -1 & 0 & 0\\ 0 & 0 & 1 & 0 & 0 & 1 & -1 & 0\\ 0 & 0 & 0 & 1 & 0 & 0 & -1 & 1\end{bmatrix}\begin{bmatrix}v_1\\ v_2\\ v_3\\ v_4\\ v_5\\ v_6\\ v_7\\ v_8\end{bmatrix}+\begin{bmatrix}h_1-h_5+h_8\\ h_2+h_5-h_6\\ h_3+h_6-h_7\\ h_4-h_7+h_8\end{bmatrix}=\boldsymbol{0}$$

说明：利用本题及练习题 1-2-1 的结果，可以验证同一平差问题中，条件方程的系数阵 $\boldsymbol{B}$ 与误差方程的系数阵 $\boldsymbol{A}$ 满足关系式 $\boldsymbol{BA}=\boldsymbol{0}$。下同。

1-3-2 （1）$n=3$，$t=2$，$r=n-t=1$。改正数条件方程为

$$\begin{bmatrix}1 & 1 & -1\end{bmatrix}\begin{bmatrix}v_1\\ v_2\\ v_3\end{bmatrix}+(L_1+L_2-L_3)=0$$

（2）$n=3$，$t=1$，$r=n-t=2$。改正数条件方程为

$$\begin{bmatrix}1 & 1 & -1\\1 & 1 & 0\end{bmatrix}\begin{bmatrix}v_1\\v_2\\v_3\end{bmatrix}+\begin{bmatrix}L_1+L_2-L_3\\L_1+L_2-\angle AOC\end{bmatrix}=\mathbf{0}$$

（3）同（1）。

（4）$n=4$，$t=3$，$r=n-t=1$。改正数条件方程为

$$\begin{bmatrix}1 & 1 & 1 & 1\end{bmatrix}\begin{bmatrix}v_1\\v_2\\v_3\\v_4\end{bmatrix}+(L_1+L_2+L_3+L_4-360^\circ)=0$$

（5）$n=5$，$t=3$，$r=n-t=2$。改正数条件方程为

$$\begin{bmatrix}1 & 1 & 0 & 0 & 0\\0 & 0 & 1 & 1 & 1\end{bmatrix}\begin{bmatrix}v_1\\v_2\\v_3\\v_4\\v_5\end{bmatrix}+\begin{bmatrix}L_1+L_2-\angle AOC\\L_3+L_4+L_5+\angle AOC-360^\circ\end{bmatrix}=\mathbf{0}$$

1-3-3　（1）$n=8$，$t=4$（即2倍未知点个数），$r=n-t=4$。图形条件3个，即

$$v''_1+v''_2+v''_3+v''_8+w''_1=0,\quad w''_1=L_1+L_2+L_3+L_8-180^\circ$$

$$v''_2+v''_3+v''_4+v''_5+w''_2=0,\quad w''_2=L_2+L_3+L_4+L_5-180^\circ$$

$$v''_4+v''_5+v''_6+v''_7+w''_3=0,\quad w''_3=L_4+L_5+L_6+L_7-180^\circ$$

极条件1个（从任一边出发，通过平差角传算后得到的此边的推算值应和此边长相等，此条件称为极条件。对于本图形，所有极条件真正独立的只有一个，下面从四边形对角线交叉点与 A 点的边长出发，以交叉点为极，给出逆时针推算的极条件），即

$$\frac{\sin\hat{L}_1\sin\hat{L}_7\sin\hat{L}_5\sin\hat{L}_3}{\sin\hat{L}_8\sin\hat{L}_6\sin\hat{L}_4\sin\hat{L}_2}-1=0$$

线性化后变为

$$\delta_1 v_1+\delta_3 v_3+\delta_5 v_5+\delta_7 v_7-\delta_2 v_2-\delta_4 v_4-\delta_6 v_6-\delta_8 v_8+w_4\approx 0$$

其中，$\delta_i\approx\cot L_i$，$w_4=\dfrac{\sin L_2\sin L_4\sin L_6\sin L_8}{\sin L_1\sin L_3\sin L_5\sin L_7}-1$，$v_i$ 为弧度单位。将上式两端同乘以 ρ''，则线性化后以角秒为单位的极条件方程式为

$$\delta_1 v''_1+\delta_3 v''_3+\delta_5 v''_5+\delta_7 v''_7-\delta_2 v''_2-\delta_4 v''_4-\delta_6 v''_6-\delta_8 v''_8+w''_4=0$$

其中，$w''_4=\rho''\left(\dfrac{\sin L_2\sin L_4\sin L_6\sin L_8}{\sin L_1\sin L_3\sin L_5\sin L_7}-1\right)$。

（2）$n=12$，$t=6$（即2倍未知点个数），$r=n-t=6$。图形条件4个，即

$$v''_1+v''_8+v''_9+w''_1=0,\quad w''_1=L_1+L_8+L_9-180^\circ$$

$$v''_2+v''_3+v''_{10}+w''_2=0,\quad w''_2=L_2+L_3+L_{10}-180^\circ$$

$$v_4''+v_5''+v_{11}''+w_3''=0,\quad w_3''=L_4+L_5+L_{11}-180°$$
$$v_6''+v_7''+v_{12}''+w_4''=0,\quad w_4''=L_6+L_7+L_{12}-180°$$

圆周角条件 1 个，即

$$v_9''+v_{10}''+v_{11}''+v_{12}''+w_5''=0,\quad w_5''=L_9+L_{10}+L_{11}+L_{12}-360°$$

极条件 1 个，即

$$\delta_1 v_1''+\delta_3 v_3''+\delta_5 v_5''+\delta_7 v_7''-\delta_2 v_2''-\delta_4 v_4''-\delta_6 v_6''-\delta_8 v_8''+w_6''\approx 0$$

其中，$\delta_i=\cot L_i$，$w_6''=\rho''\left(1-\dfrac{\sin L_2\sin L_4\sin L_6\sin L_8}{\sin L_1\sin L_3\sin L_5\sin L_7}\right)$。

说明：测角三角网属于传统的平面控制网。对于仅有必要起算数据的测角三角网，按条件平差通常有图形条件、圆周角条件和极条件，这些条件满足后，可使几何图形完全闭合，故消除的是纯观测值之间的矛盾；当有多余独立起算数据时，除了前三类条件外，还可能有方位角条件、坐标条件和基线条件，这类条件消除的是观测值与起算数据之间的矛盾。平面控制网按条件平差已经很少进行，本书不做过多介绍，需要时可参考相关文献。

1-3-4　略。

1-3-5　证明：(1) 因 $\mathrm{rk}(\underset{r\times n}{\boldsymbol{B}})=r$，故对于任意非零向量 $\underset{r\times 1}{\boldsymbol{X}}$ 有 $\boldsymbol{Y}^{\mathrm{T}}=\boldsymbol{X}^{\mathrm{T}}\boldsymbol{B}\neq\boldsymbol{0}$。又因 $\underset{n\times n}{\boldsymbol{P}}$ 正定，故 $\boldsymbol{P}^{-1}$ 也正定，于是有 $\boldsymbol{Y}^{\mathrm{T}}\boldsymbol{P}^{-1}\boldsymbol{Y}=\boldsymbol{X}^{\mathrm{T}}\boldsymbol{BP}^{-1}\boldsymbol{B}^{\mathrm{T}}\boldsymbol{X}=\boldsymbol{X}^{\mathrm{T}}\boldsymbol{NX}>\boldsymbol{0}$，故 $\underset{r\times r}{\boldsymbol{N}}$ 必定正定。

(2) 由于 $\underset{r\times n}{\boldsymbol{B}}$ 行降秩，故 $\underset{r\times n}{\boldsymbol{B}}$ 中必有部分行可由其他行线性表出。设将 $\underset{r\times n}{\boldsymbol{B}}$ 的行调整后按行分块为 $\underset{r\times n}{\boldsymbol{B}}=\begin{bmatrix}\underset{s\times n}{\boldsymbol{B}_1}\\ \underset{(r-s)\times n}{\boldsymbol{B}_2}\end{bmatrix}$，$\boldsymbol{B}_2=\underset{(r-s)\times s}{\boldsymbol{\alpha}}\boldsymbol{B}_1$，其中，$\boldsymbol{\alpha}$ 的每一行元素不全为 0，$\mathrm{rk}(\boldsymbol{B}_1)=s$，

于是有

$$\boldsymbol{N}=\boldsymbol{BP}^{-1}\boldsymbol{B}^{\mathrm{T}}=\begin{bmatrix}\boldsymbol{B}_1\\ \boldsymbol{\alpha B}_1\end{bmatrix}\boldsymbol{P}^{-1}\begin{bmatrix}\boldsymbol{B}_1^{\mathrm{T}} & \boldsymbol{B}_1^{\mathrm{T}}\boldsymbol{\alpha}^{\mathrm{T}}\end{bmatrix}=\begin{bmatrix}\boldsymbol{B}_1\boldsymbol{P}^{-1}\boldsymbol{B}_1^{\mathrm{T}} & \boldsymbol{B}_1\boldsymbol{P}^{-1}\boldsymbol{B}_1^{\mathrm{T}}\boldsymbol{\alpha}^{\mathrm{T}}\\ \boldsymbol{\alpha B}_1\boldsymbol{P}^{-1}\boldsymbol{B}_1^{\mathrm{T}} & \boldsymbol{\alpha B}_1\boldsymbol{P}^{-1}\boldsymbol{B}_1^{\mathrm{T}}\boldsymbol{\alpha}^{\mathrm{T}}\end{bmatrix}=\begin{bmatrix}\boldsymbol{N}_1\\ \boldsymbol{\alpha N}_1\end{bmatrix}$$

由此可知，$\boldsymbol{N}$ 的一部分行向量可以由另一部分线性表出，故 $\boldsymbol{N}$ 必为降秩阵。

说明：当 $\boldsymbol{N}$ 降秩时，其正常的逆无法求出，这也是条件平差中限制 $\boldsymbol{B}$ 行满秩、$\boldsymbol{P}$ 正定的原因。其他平差方法同理。

1-3-6　略。

说明：本题结论的前提是平面三角形各内角独立等精度；若将三角形闭合差表示为 $W=180°-L_1-L_2-L_3$，则各角改正数应为$\dfrac{W}{3}$，实用中须加注意。

1-3-7　$\begin{bmatrix}\hat{A}\\ \hat{B}\\ \hat{C}\end{bmatrix}=\begin{bmatrix}A-\dfrac{W}{4}\\ B-\dfrac{3W}{8}\\ A-\dfrac{3W}{8}\end{bmatrix}$，其中，$W=A+B+C-180°$。

说明：当平面三角形各内角独立非等精度时，各角改正数不同，精度高的内角所得改正数数值也小。

1-3-8 $v_i=-\frac{s_i}{[s]}W$，$W=H_A+h_1+h_2+\cdots+h_n-H_B$。

说明：本题推导过程相当于练习题 1-2-10（2）结果的证明；测量中的闭合差配赋公式，采用条件平差推导更简单。

1-3-9 $\hat{H}_C=H_A+\hat{h}_1=115.031\ \text{m}$，$\hat{H}_D=\hat{H}_C+\hat{h}_2=125.033\ \text{m}$。

提示：本题也可以使用水准路线闭合差配赋公式。

1-3-10 $v_i=-\frac{s_i}{[s]}W(i=1, 2, \cdots, n)$，其中，$W=h_1+h_2+\cdots+h_n$。

说明：本题推导过程相当于练习题 1-2-11（2）结果的证明；测量中的闭合差配赋公式，采用条件平差推导更简单。

1-3-11 同练习题 1-2-20。

1-3-12 $\hat{\boldsymbol{\alpha}}=\begin{bmatrix} 0°00'00'' \\ 40°20'02'' \\ 100°00'22'' \\ 100°30'48'' \end{bmatrix}$

说明：由本题可以发现，观测值相互独立时，若条件方程中不含某观测值，则该观测值改正数为 0，或不得改正数，或对平差结果没有影响。

1-3-13 设第一组观测值为 α_1'、α_2'、α_4'，第二组观测值为 α_1''、α_3''、α_4''、α_5''，由于连测了两个方向，这两个方向之间的角度应相同，故可列条件方程为

$$\hat{\alpha}_4'-\hat{\alpha}_1'-(\hat{\alpha}_4''-\hat{\alpha}_1'')=0$$

代入数据并写成改正数形式为

$$v_4'-v_1'-(v_4''-v_1'')-4''=0$$

矩阵形式为

$$\begin{bmatrix} -1 & 1 & 1 & -1 \end{bmatrix}\begin{bmatrix} v_1' \\ v_4' \\ v_1'' \\ v_4'' \end{bmatrix}-4''=0$$

由于各方向值独立等精度，故可取 $\underset{4\times4}{\boldsymbol{P}}=\boldsymbol{I}$，由条件平差公式可得

$$\boldsymbol{N}=\boldsymbol{B}\boldsymbol{P}^{-1}\boldsymbol{B}^{\mathrm{T}}=4，\boldsymbol{N}^{-1}=\frac{1}{4}，\boldsymbol{K}=-\boldsymbol{N}^{-1}\boldsymbol{W}=1''$$

$$\boldsymbol{V}=\begin{bmatrix} v_1' \\ v_4' \\ v_1'' \\ v_4'' \end{bmatrix}=\boldsymbol{P}^{-1}\boldsymbol{B}^{\mathrm{T}}\boldsymbol{K}=\begin{bmatrix} -1 \\ 1 \\ 1 \\ -1 \end{bmatrix}('')，\hat{\boldsymbol{L}}=\boldsymbol{L}+\boldsymbol{V}=\begin{bmatrix} \hat{\alpha}_1' \\ \hat{\alpha}_4' \\ \hat{\alpha}_1'' \\ \hat{\alpha}_4'' \end{bmatrix}=\begin{bmatrix} -0°00'01'' \\ 120°20'19'' \\ 0°00'01'' \\ 120°20'21'' \end{bmatrix}$$

于是，第一组、第二组方向平差值分别为

$$\hat{\boldsymbol{\alpha}}_{\mathrm{I}}=\begin{bmatrix}\hat{\alpha}_1'\\\hat{\alpha}_2'\\\hat{\alpha}_4'\end{bmatrix}=\begin{bmatrix}-0°00'01''\\30°30'19''\\120°20'19''\end{bmatrix},\hat{\boldsymbol{\alpha}}_{\mathrm{II}}=\begin{bmatrix}\hat{\alpha}_1''\\\hat{\alpha}_3''\\\hat{\alpha}_4''\\\hat{\alpha}_5''\end{bmatrix}=\begin{bmatrix}0°00'01''\\80°00'31''\\120°20'21''\\210°40'41''\end{bmatrix}$$

第一组、第二组方向平差值分别归零得

$$\hat{\boldsymbol{\alpha}}_{\mathrm{I}}=\begin{bmatrix}\hat{\alpha}_1'\\\hat{\alpha}_2'\\\hat{\alpha}_4'\end{bmatrix}-\begin{bmatrix}0°00'00''\\30°30'20''\\120°20'20''\end{bmatrix},\hat{\boldsymbol{\alpha}}_{\mathrm{II}}=\begin{bmatrix}\hat{\alpha}_1''\\\hat{\alpha}_3''\\\hat{\alpha}_4''\\\hat{\alpha}_5''\end{bmatrix}=\begin{bmatrix}0°00'00''\\80°00'30''\\120°20'20''\\210°40'40''\end{bmatrix}$$

将两组归零后的方向值合并，可得测站各方向的方向值为

$$\hat{\boldsymbol{\alpha}}_{\mathrm{I},\mathrm{II}}=\begin{bmatrix}0°00'00''\\30°30'20''\\80°00'30''\\120°20'20''\\210°40'40''\end{bmatrix}$$

1-3-14　(1) $\begin{bmatrix}\hat{h}_1\\\hat{h}_2\\\hat{h}_3\end{bmatrix}=\begin{bmatrix}4.122\\5.717\\1.595\end{bmatrix}$ (m)。

提示：本题也可以采用水准环闭合差配赋公式求解。

(2) $\begin{bmatrix}\hat{h}_1\\\hat{h}_2\\\hat{h}_3\end{bmatrix}=\begin{bmatrix}4.122\\5.717\\1.595\end{bmatrix}$ (m)，$\hat{H}_{P_2}=119.373$ m，$\hat{H}_{P_3}=113.656$ m。

说明：由于此时仅有必要起算数据，条件方程仍然仅反映观测值之间的矛盾，故高差的平差值仍然同 (1)。

1-3-15　(1) 同练习题 1-2-25 (1)。

(2) $n=7$，$t=4$，$r=n-t=3$。因 $\boldsymbol{P}=\begin{bmatrix}\boldsymbol{P}_{\mathrm{I}} & \\ & \boldsymbol{P}_{\mathrm{II}}\end{bmatrix}$，其中，$\boldsymbol{P}_{\mathrm{I}}=\boldsymbol{I}$ 为 $[h_1 \quad h_2 \quad \cdots \quad h_5]^{\mathrm{T}}$ 的权阵，$\boldsymbol{P}_{\mathrm{II}}=\begin{bmatrix}3 & 1\\1 & 1\end{bmatrix}$ 为 $[H_A \quad H_B]^{\mathrm{T}}$ 的权阵，故 $\boldsymbol{P}^{-1}=\begin{bmatrix}\boldsymbol{P}_{\mathrm{I}}^{-1} & \\ & \boldsymbol{P}_{\mathrm{II}}^{-1}\end{bmatrix}$，$\boldsymbol{P}_{\mathrm{I}}^{-1}=\boldsymbol{I}$，$\boldsymbol{P}_{\mathrm{II}}^{-1}=\frac{1}{2}\begin{bmatrix}1 & -1\\-1 & 3\end{bmatrix}$。条件方程为

$$\left.\begin{aligned}&\hat{H}_A+\hat{h}_1+\hat{h}_2-\hat{H}_B=0\\&\hat{h}_1+\hat{h}_3-\hat{h}_4=0\\&\hat{h}_2-\hat{h}_3+\hat{h}_5=0\end{aligned}\right\}$$

顾及 $\hat{h}_i=h_i+v_i$，$\hat{H}_A=H_A+v_{H_A}$，$\hat{H}_B=H_B+v_{H_B}$，代入数据，矩阵形式的改正数条件

方程为

$$\begin{bmatrix}1&1&0&0&0&1&-1\\1&0&1&-1&0&0&0\\0&1&-1&0&1&0&0\end{bmatrix}\begin{bmatrix}v_1\\v_2\\v_3\\v_4\\v_5\\v_{H_A}\\v_{H_B}\end{bmatrix}+\begin{bmatrix}-2\\4\\-12\end{bmatrix}=\mathbf{0}$$

由条件平差公式可得

$$\boldsymbol{N}=\boldsymbol{B}\boldsymbol{P}^{-1}\boldsymbol{B}^{\mathrm{T}}=\begin{bmatrix}5&1&1\\1&3&-1\\1&-1&3\end{bmatrix},\ \boldsymbol{N}^{-1}=\frac{1}{16}\begin{bmatrix}4&-2&-2\\-2&7&3\\-2&3&7\end{bmatrix}$$

$$\boldsymbol{K}=-\boldsymbol{N}^{-1}\boldsymbol{W}=\begin{bmatrix}-0.50\\0.25\\4.25\end{bmatrix}(\mathrm{mm})$$

$$\boldsymbol{V}=\begin{bmatrix}v_1\\v_2\\v_3\\v_4\\v_5\\v_{H_A}\\v_{H_B}\end{bmatrix}=\boldsymbol{P}^{-1}\boldsymbol{B}^{\mathrm{T}}\boldsymbol{K}=\begin{bmatrix}-0.25\\3.75\\-4.00\\-0.25\\4.25\\-0.50\\1.00\end{bmatrix}(\mathrm{mm}),\quad \begin{bmatrix}\hat{h}_1\\\hat{h}_2\\\hat{h}_3\\\hat{h}_4\\\hat{h}_5\\\hat{H}_A\\\hat{H}_B\end{bmatrix}=\begin{bmatrix}0.421\ 75\\1.737\ 75\\1.760\ 00\\2.181\ 75\\0.022\ 25\\420.177\ 50\\422.337\ 00\end{bmatrix}(\mathrm{m})$$

$$\hat{H}_{P_1}=\hat{H}_A+\hat{h}_1=420.599\ 25\ (\mathrm{m}),\quad \hat{H}_{P_2}=\hat{H}_A+\hat{h}_4=422.359\ 25\ (\mathrm{m})$$

说明：此题考查在条件平差中如何考虑基准数据的误差，其他说明请见练习题 1-2-25。

1-3-16 （1）$\hat{H}_{P_1}=108.852\ \mathrm{m}$，$\hat{H}_{P_2}=108.679\ \mathrm{m}$；

（2）按两条附合路线分别进行平差后，所得未知点的高程平差值与（1）中结果相同；

（3）该类平差问题的数学模型可概括为条件平差模型

$$\boldsymbol{BV}+\boldsymbol{W}=\mathbf{0},\ \boldsymbol{P}^{-1}$$

的下述分块

$$\begin{bmatrix}\boldsymbol{B}_{\mathrm{I}}&\mathbf{0}\\\mathbf{0}&\boldsymbol{B}_{\mathrm{II}}\end{bmatrix}\begin{bmatrix}\boldsymbol{V}_{\mathrm{I}}\\\boldsymbol{V}_{\mathrm{II}}\end{bmatrix}+\begin{bmatrix}\boldsymbol{W}_{\mathrm{I}}\\\boldsymbol{W}_{\mathrm{II}}\end{bmatrix}=\begin{bmatrix}\mathbf{0}\\\mathbf{0}\end{bmatrix},\ \boldsymbol{P}^{-1}=\begin{bmatrix}\boldsymbol{P}_{\mathrm{I}}^{-1}&\mathbf{0}\\\mathbf{0}&\boldsymbol{P}_{\mathrm{II}}^{-1}\end{bmatrix}$$

代入条件平差公式，可得法方程 $\boldsymbol{NK}+\boldsymbol{W}=\mathbf{0}$ 的分块形式为

$$\begin{bmatrix}\boldsymbol{B}_{\mathrm{I}}\boldsymbol{P}_{\mathrm{I}}^{-1}\boldsymbol{B}_{\mathrm{I}}^{\mathrm{T}}&\mathbf{0}\\\mathbf{0}&\boldsymbol{B}_{\mathrm{II}}\boldsymbol{P}_{\mathrm{II}}^{-1}\boldsymbol{B}_{\mathrm{II}}^{\mathrm{T}}\end{bmatrix}\begin{bmatrix}\boldsymbol{K}_{\mathrm{I}}\\\boldsymbol{K}_{\mathrm{II}}\end{bmatrix}+\begin{bmatrix}\boldsymbol{W}_{\mathrm{I}}\\\boldsymbol{W}_{\mathrm{II}}\end{bmatrix}=\begin{bmatrix}\mathbf{0}\\\mathbf{0}\end{bmatrix}$$

解得

$$\left.\begin{aligned}\boldsymbol{K}_{\mathrm{I}}&=-(\boldsymbol{B}_{\mathrm{I}}\boldsymbol{P}_{\mathrm{I}}^{-1}\boldsymbol{B}_{\mathrm{I}}^{\mathrm{T}})^{-1}\boldsymbol{W}_{\mathrm{I}}\\\boldsymbol{K}_{\mathrm{II}}&=-(\boldsymbol{B}_{\mathrm{II}}\boldsymbol{P}_{\mathrm{II}}^{-1}\boldsymbol{B}_{\mathrm{II}}^{\mathrm{T}})^{-1}\boldsymbol{W}_{\mathrm{II}}\end{aligned}\right\}$$

残差向量为

$$\boldsymbol{V}=\begin{bmatrix}\boldsymbol{V}_{\mathrm{I}}\\ \boldsymbol{V}_{\mathrm{II}}\end{bmatrix}=\boldsymbol{P}^{-1}\boldsymbol{B}^{\mathrm{T}}\boldsymbol{K}=\begin{bmatrix}\boldsymbol{P}_{\mathrm{I}}^{-1}\boldsymbol{B}_{\mathrm{I}}^{\mathrm{T}}\boldsymbol{K}_{\mathrm{I}}\\ \boldsymbol{P}_{\mathrm{II}}^{-1}\boldsymbol{B}_{\mathrm{II}}^{\mathrm{T}}\boldsymbol{K}_{\mathrm{II}}\end{bmatrix}=\begin{bmatrix}-\boldsymbol{P}_{\mathrm{I}}^{-1}\boldsymbol{B}_{\mathrm{I}}^{\mathrm{T}}(\boldsymbol{B}_{\mathrm{I}}\boldsymbol{P}_{\mathrm{I}}^{-1}\boldsymbol{B}_{\mathrm{I}}^{\mathrm{T}})^{-1}\boldsymbol{W}_{\mathrm{I}}\\ -\boldsymbol{P}_{\mathrm{II}}^{-1}\boldsymbol{B}_{\mathrm{II}}^{\mathrm{T}}(\boldsymbol{B}_{\mathrm{II}}\boldsymbol{P}_{\mathrm{II}}^{-1}\boldsymbol{B}_{\mathrm{II}}^{\mathrm{T}})^{-1}\boldsymbol{W}_{\mathrm{II}}\end{bmatrix}$$

可见，当满足：①第 Ⅰ 组/类观测值与第 Ⅱ 组/类观测值相互独立；②第 Ⅰ 组/类观测值与第 Ⅱ 组/类观测值不含相同的观测值时，第Ⅰ 、Ⅱ组/类观测值分别单独条件平差所得结果就是两组/类观测值一起条件平差的结果。以上结论还可以推广到多组/类观测值的情况。

本题的具体情况如下

$$\boldsymbol{V}_{\mathrm{I}}=\begin{bmatrix}v_1\\ v_2\end{bmatrix},\ \boldsymbol{V}_{\mathrm{II}}=\begin{bmatrix}v_3\\ v_4\end{bmatrix},\ \boldsymbol{B}_{\mathrm{I}}=[1\quad 1],\ \boldsymbol{B}_{\mathrm{II}}=[1\quad 1]$$

$$\boldsymbol{W}_{\mathrm{I}}=3\ \mathrm{mm},\ \boldsymbol{W}_{\mathrm{II}}=-6\ \mathrm{mm},\ \boldsymbol{P}_{\mathrm{I}}^{-1}=\begin{bmatrix}1&0\\ 0&2\end{bmatrix},\ \boldsymbol{P}_{\mathrm{II}}^{-1}=\begin{bmatrix}2&0\\ 0&1\end{bmatrix}$$

1-3-17　略。

1-3-18　证明：由条件平差的观测方程 $-\boldsymbol{B\Delta}+\boldsymbol{W}=\boldsymbol{0}$ 知，$\boldsymbol{W}=\boldsymbol{B\Delta}$，故

$$\boldsymbol{V}=\boldsymbol{P}^{-1}\boldsymbol{B}^{\mathrm{T}}\boldsymbol{K}=-\boldsymbol{P}^{-1}\boldsymbol{B}^{\mathrm{T}}\boldsymbol{N}^{-1}\boldsymbol{W}=-\boldsymbol{P}^{-1}\boldsymbol{B}^{\mathrm{T}}\boldsymbol{N}^{-1}\boldsymbol{B\Delta}$$

$$\boldsymbol{V}^{\mathrm{T}}\boldsymbol{PV}=\boldsymbol{\Delta}^{\mathrm{T}}\boldsymbol{B}^{\mathrm{T}}\boldsymbol{N}^{-1}\boldsymbol{BP}^{-1}\boldsymbol{PP}^{-1}\boldsymbol{B}^{\mathrm{T}}\boldsymbol{N}^{-1}\boldsymbol{B\Delta}=\boldsymbol{\Delta}^{\mathrm{T}}\boldsymbol{B}^{\mathrm{T}}\boldsymbol{N}^{-1}\boldsymbol{B\Delta}$$

$$\begin{aligned}E(\boldsymbol{V}^{\mathrm{T}}\boldsymbol{PV})&=E(\mathrm{tr}(\boldsymbol{V}^{\mathrm{T}}\boldsymbol{PV}))=E(\mathrm{tr}(\boldsymbol{\Delta}^{\mathrm{T}}\boldsymbol{B}^{\mathrm{T}}\boldsymbol{N}^{-1}\boldsymbol{B\Delta}))=E(\mathrm{tr}(\boldsymbol{B}^{\mathrm{T}}\boldsymbol{N}^{-1}\boldsymbol{B\Delta}\,\boldsymbol{\Delta}^{\mathrm{T}}))\\&=\mathrm{tr}(E(\boldsymbol{B}^{\mathrm{T}}\boldsymbol{N}^{-1}\boldsymbol{B\Delta}\,\boldsymbol{\Delta}^{\mathrm{T}}))=\mathrm{tr}(\boldsymbol{B}^{\mathrm{T}}\boldsymbol{N}^{-1}\boldsymbol{B}E(\boldsymbol{\Delta\Delta}^{\mathrm{T}}))=\mathrm{tr}(\boldsymbol{B}^{\mathrm{T}}\boldsymbol{N}^{-1}\boldsymbol{B}\cdot\sigma_0^2\boldsymbol{P}^{-1})\\&=\sigma_0^2\mathrm{tr}(\boldsymbol{B}^{\mathrm{T}}\boldsymbol{N}^{-1}\boldsymbol{BP}^{-1})=\sigma_0^2\mathrm{tr}(\boldsymbol{N}^{-1}\boldsymbol{BP}^{-1}\boldsymbol{B}^{\mathrm{T}})=\sigma_0^2\mathrm{tr}(\underset{r\times r}{\boldsymbol{I}})=r\sigma_0^2\end{aligned}$$

于是，有

$$E\left(\frac{\boldsymbol{V}^{\mathrm{T}}\boldsymbol{PV}}{r}\right)=E(\mu^2)=\sigma_0^2$$

1-3-19　$\boldsymbol{L}=\boldsymbol{IL}$

$\boldsymbol{W}=\boldsymbol{BL}+\boldsymbol{B}_0$

$\boldsymbol{K}=-\boldsymbol{N}^{-1}\boldsymbol{W}=-\boldsymbol{N}^{-1}\boldsymbol{BL}-\boldsymbol{N}^{-1}\boldsymbol{B}_0$

$\boldsymbol{V}=\boldsymbol{P}^{-1}\boldsymbol{B}^{\mathrm{T}}\boldsymbol{K}=-\boldsymbol{P}^{-1}\boldsymbol{B}^{\mathrm{T}}\boldsymbol{N}^{-1}\boldsymbol{BL}-\boldsymbol{P}^{-1}\boldsymbol{B}^{\mathrm{T}}\boldsymbol{N}^{-1}\boldsymbol{B}_0$

$\hat{\boldsymbol{L}}=\boldsymbol{L}+\boldsymbol{V}=(\boldsymbol{I}-\boldsymbol{P}^{-1}\boldsymbol{B}^{\mathrm{T}}\boldsymbol{N}^{-1}\boldsymbol{B})\boldsymbol{L}-\boldsymbol{P}^{-1}\boldsymbol{B}^{\mathrm{T}}\boldsymbol{N}^{-1}\boldsymbol{B}_0$

由权逆阵传播律，可得下三角相关权逆阵的表达式为

$\boldsymbol{Q}_{L}=\boldsymbol{P}^{-1}$（第一行）

$\boldsymbol{Q}_{WL}=\boldsymbol{BP}^{-1}$，$\boldsymbol{Q}_{W}=\boldsymbol{N}$（第二行）

$\boldsymbol{Q}_{KL}=-\boldsymbol{N}^{-1}\boldsymbol{BP}^{-1}$，$\boldsymbol{Q}_{KW}=-\boldsymbol{I}$，$\boldsymbol{Q}_{K}=\boldsymbol{N}^{-1}$（第三行）

$\boldsymbol{Q}_{VL}=-\boldsymbol{P}^{-1}\boldsymbol{B}^{\mathrm{T}}\boldsymbol{N}^{-1}\boldsymbol{BP}^{-1}$，$\boldsymbol{Q}_{VW}=-\boldsymbol{P}^{-1}\boldsymbol{B}^{\mathrm{T}}$，$\boldsymbol{Q}_{VK}=\boldsymbol{P}^{-1}\boldsymbol{B}^{\mathrm{T}}\boldsymbol{N}^{-1}$，$\boldsymbol{Q}_{V}=\boldsymbol{P}^{-1}\boldsymbol{B}^{\mathrm{T}}\boldsymbol{N}^{-1}\boldsymbol{BP}^{-1}$
(第四行)

$\boldsymbol{Q}_{\hat{L}L}=\boldsymbol{P}^{-1}-\boldsymbol{P}^{-1}\boldsymbol{B}^{\mathrm{T}}\boldsymbol{N}^{-1}\boldsymbol{BP}^{-1}$，$\boldsymbol{Q}_{\hat{L}W}=\boldsymbol{0}$，$\boldsymbol{Q}_{\hat{L}K}=\boldsymbol{0}$，$\boldsymbol{Q}_{\hat{L}V}=\boldsymbol{0}$，$\boldsymbol{Q}_{\hat{L}}=\boldsymbol{P}^{-1}-\boldsymbol{P}^{-1}\boldsymbol{B}^{\mathrm{T}}\boldsymbol{N}^{-1}\boldsymbol{BP}^{-1}$
(第五行)

由相关权逆阵的性质 $\boldsymbol{Q}_{YX}=\boldsymbol{Q}_{XY}^{\mathrm{T}}$，便可得上三角部分的相关权逆阵表达式（略）。

1-3-20　证明：(1) 因 $\boldsymbol{Q}_{V}=\boldsymbol{P}^{-1}\boldsymbol{B}^{\mathrm{T}}\boldsymbol{N}^{-1}\boldsymbol{BP}^{-1}$，故 $\boldsymbol{Q}_{V}\boldsymbol{P}=\boldsymbol{P}^{-1}\boldsymbol{B}^{\mathrm{T}}\boldsymbol{N}^{-1}\boldsymbol{B}=\boldsymbol{J}_{B}$。

(2) 因 $\boldsymbol{J}_B^2=\boldsymbol{J}_B\boldsymbol{J}_B=\boldsymbol{P}^{-1}\boldsymbol{B}^{\mathrm{T}}\boldsymbol{N}^{-1}\boldsymbol{B}\boldsymbol{P}^{-1}\boldsymbol{B}^{\mathrm{T}}\boldsymbol{N}^{-1}\boldsymbol{B}=\boldsymbol{P}^{-1}\boldsymbol{B}^{\mathrm{T}}\boldsymbol{N}^{-1}\boldsymbol{B}=\boldsymbol{J}_B$，故 $\boldsymbol{J}_B$ 为幂等阵。同理，$\boldsymbol{I}-\boldsymbol{J}_B$ 也为幂等阵。

(3) 因 $\boldsymbol{J}_B=\boldsymbol{Q}_V\boldsymbol{P}$，$\boldsymbol{P}$ 为对角阵可设为 $\boldsymbol{P}=\mathrm{diag}(p_1,\ p_2,\ \cdots,\ p_n)$，故 $\boldsymbol{J}_B$ 的对角线元素为 $(\boldsymbol{J}_B)_{ii}=(\boldsymbol{Q}_V\boldsymbol{P})_{ii}=(\boldsymbol{Q}_V)_{ii}(\boldsymbol{P})_{ii}=(\boldsymbol{Q}_V)_{ii}p_i$。又因 $(\boldsymbol{Q}_V)_{ii}\geqslant 0$，$(\boldsymbol{Q}_{\hat{L}})_{ii}\geqslant 0$，$(\boldsymbol{Q}_V)_{ii}=(\boldsymbol{P}^{-1}-\boldsymbol{Q}_{\hat{L}})_{ii}=(\boldsymbol{P}^{-1})_{ii}-(\boldsymbol{Q}_{\hat{L}})_{ii}\leqslant 1/p_i$，所以有 $0\leqslant(\boldsymbol{J}_B)_{ii}\leqslant 1$，即 $(\boldsymbol{J}_B)_{ii}\in[0,\ 1]$，因此也有 $(\boldsymbol{I}-\boldsymbol{J}_B)_{ii}\in[0,\ 1]$。

1-3-21 $\begin{bmatrix}\hat{A}\\ \hat{B}\\ \hat{C}\end{bmatrix}=\begin{bmatrix}A-\dfrac{W}{3}\\ B-\dfrac{W}{3}\\ C-\dfrac{W}{3}\end{bmatrix}$，其中，$W=A+B+C-180^\circ$；$\boldsymbol{Q}_{\hat{L}}=\dfrac{2}{3}\begin{bmatrix}2 & -1 & -1\\ -1 & 2 & -1\\ -1 & -1 & 2\end{bmatrix}$。

提示：也可将三个内角视为观测值进行条件平差。

1-3-22 略。提示：条件方程式总数为 2。因两组方向值的度盘零刻度线位置不同，不能列出类似 $\hat{\alpha}_7-\hat{\alpha}_2=T_5-T_2$ 的条件方程式。

1-3-23 $m_{\hat{L}_1}=m_{\hat{L}_3}=m_{\hat{L}_4}=m_{\hat{L}_5}=\pm\dfrac{\sqrt{5}}{2}''$，$m_{\hat{L}_2}=\pm 1''$

1-3-24 同练习题 1-2-40。

1-3-25 同练习题 1-2-41。

说明：本题结果验证了，条件平差中，$\mathrm{rk}(\boldsymbol{Q}_V)$ 也等于多余观测数，$\mathrm{rk}(\boldsymbol{Q}_{\hat{L}})$ 也等于必要观测数；即使观测值等精度，它们的平差值并不一定等精度，这是因为平差值的精度还会受到图形条件（条件平差中即 $\boldsymbol{B}$ 矩阵）的影响；与练习题 1-2-41 的结果相比还可以发现，如果观测值的权阵取为相同，则参数平差与条件平差中的相对量也相同（如 $\boldsymbol{Q}_V$、$\boldsymbol{Q}_{\hat{L}}$、μ、$\boldsymbol{V}^{\mathrm{T}}\boldsymbol{P}\boldsymbol{V}$ 等）。

1-3-26 同练习题 1-2-42。

1-3-27 同练习题 1-2-44。

1-3-28 同练习题 1-2-45。

1-3-29 同练习题 1-2-46。

1-3-30 同练习题 1-2-47。

1-3-31 略。提示：可以利用任意两个误差方程式解出 $\hat{x}_1$、$\hat{x}_2$ 关于 v_i 的表达式，然后代入其他误差方程式中便得到条件方程。由前 2 个误差方程式解出 $\hat{x}_1$、$\hat{x}_2$ 得到的条件方程为

$$\begin{bmatrix}1 & 3 & -2 & 0 & 0\\ 0 & 1 & 0 & 1 & 0\\ 5 & 1 & 0 & 0 & -2\end{bmatrix}\begin{bmatrix}v_1\\ v_2\\ v_3\\ v_4\\ v_5\end{bmatrix}+\begin{bmatrix}-6\\ -1\\ 10\end{bmatrix}=\boldsymbol{0}$$

1-3-32　略。提示：未知参数可以从 $\hat{L}_i$ 中选取，如取 $\hat{x}_1=\hat{L}_1$ 和 $\hat{x}_2=\hat{L}_2$ 得到的误差方程为

$$\begin{bmatrix} v_1 \\ v_2 \\ v_3 \\ v_4 \\ v_5 \end{bmatrix} = \begin{bmatrix} 1 & 0 \\ 0 & 1 \\ 1 & 1 \\ -1 & -1 \\ -1 & 0 \end{bmatrix} \begin{bmatrix} \hat{x}_1 \\ \hat{x}_2 \end{bmatrix} + \begin{bmatrix} -L_1 \\ -L_2 \\ -L_3 \\ -L_4+4 \\ -L_5+4 \end{bmatrix}$$

1-3-33　证明：(1) 将参数平差、条件平差中观测值的权阵取为相同（令为 $\boldsymbol{P}$），则平差所得 $\boldsymbol{Q}_V$ 也相同，即

$$\boldsymbol{P}^{-1}-\boldsymbol{A}\boldsymbol{N}_{参}^{-1}\boldsymbol{A}^{\mathrm{T}}=\boldsymbol{P}^{-1}\boldsymbol{B}^{\mathrm{T}}\boldsymbol{N}_{条}^{-1}\boldsymbol{B}\boldsymbol{P}^{-1}$$

对上式左乘 $\boldsymbol{B}$、右乘 $\boldsymbol{PA}$，得

$$\boldsymbol{BA}-\boldsymbol{BA}=\boldsymbol{BA}$$

故有

$$\boldsymbol{BA}=\boldsymbol{0}$$

(2) 顾及 $\boldsymbol{BA}=\boldsymbol{0}$，对误差方程左乘 $\boldsymbol{B}$ 后可得 $\boldsymbol{BV}=\boldsymbol{l}$，与条件方程相比较后便可得到 $\boldsymbol{W}=-\boldsymbol{Bl}$。

说明：以上证明是基于线性误差方程和线性条件方程得出的；上述结论反映了误差方程与条件方程的关系，这些结论可在其他证明中使用。

第四章　参数平差与条件平差的扩展

一、内容解析

一般来说，任一平差问题都可采用参数平差或条件平差解决，但是，理论与应用总是在发展变化中。基于理论和应用需求，从函数模型的扩展来看，测量平差又发展出了具有参数的条件平差、具有约束条件的参数平差和概括函数模型的平差等三种基本的平差方法。同一平差问题，应用五种基本平差方法的结果是相同的，但概括函数模型的平差更多体现的是其理论价值，前四种基本平差方法的函数模型均可视为其特例。

实践中，为了扩大计算工具的解算能力或提高平差方法的解算效率，针对测量数据的特点，基于基本平差方法发展出了各自的分区平差、分组平差和序贯平差等解算方法，这些方法至今仍有重要的应用价值。

理论上，人们也进一步发现，当平差模型中的全部或部分参数具有先验信息（先验值和先验精度）时，利用其先验信息后可以进一步提高这些参数估值的精度，这就是参数加权平差。将具有先验信息的量视为虚拟观测值或广义观测值，使得测量平差的理论与应用更加严密深入，原理推导也更为灵活方便，同时它还是现代平差的重要思想之一。

本章不仅介绍了五种基本平差方法中的另外三种（具有参数的条件平差、具有约束条件的参数平差、概括函数模型的平差），还以参数平差为例说明分区平差、分组平差、序贯平差、参数加权平差的原理及应用场合，所有这些内容均被视为参数平差与条件平差的扩展。

（一）地位与作用

本章在树立测量平差方法体系、提高灵活处理数据能力以及衔接现代平差等方面，均具有重要的意义。

（二）知识点汇总

参见表 1-0-1 和图 1-0-1，类似第一部分第二章、第三章，另外三种基本平差方法的介绍仍然从数学模型、估计准则、基本推导、方法应用四个方面展开，而关于分区平差、分组平差、序贯平差、参数加权平差的介绍则以参数平差为例展开。

（三）强化与拓展

1. 具有参数的条件平差

1）函数模型

若在条件平差中另选了 u 个函数独立的未知参数，则观测值的平差值与这些参数间也会构成条件关系式。因每多选 1 个参数就会多出 1 个关系式，故总的关系式个数 c 等于原条件方程式个数 r 加上独立的未知参数个数 u，即 $c=r+u$。

a）函数模型 1——线性模型（不输入未知参数近似值）

观测方程　$$\underset{c\times n}{\boldsymbol{B}}\underset{n\times 1}{\widetilde{\boldsymbol{L}}}+\underset{c\times u}{\boldsymbol{A}}\underset{u\times 1}{\boldsymbol{X}}+\underset{c\times 1}{\boldsymbol{B}_0}=\boldsymbol{0},\ \mathrm{rk}(\underset{c\times n}{\boldsymbol{B}})=c,\ \mathrm{rk}(\underset{c\times u}{\boldsymbol{A}})=u \tag{1-4-1}$$

改正数方程　$$\underset{c\times n}{\boldsymbol{B}}\underset{n\times 1}{\hat{\boldsymbol{L}}}+\underset{c\times u}{\boldsymbol{A}}\underset{u\times 1}{\hat{\boldsymbol{X}}}+\underset{c\times 1}{\boldsymbol{B}_0}=\boldsymbol{0},\ \mathrm{rk}(\underset{c\times n}{\boldsymbol{B}})=c,\ \mathrm{rk}(\underset{c\times u}{\boldsymbol{A}})=u \tag{1-4-2}$$

顾及 $\widetilde{\boldsymbol{L}}=\boldsymbol{L}-\boldsymbol{\Delta}$，$\hat{\boldsymbol{L}}=\boldsymbol{L}+\boldsymbol{V}$，上两式分别等价于

观测方程

$$-\underset{c\times n}{\boldsymbol{B}}\underset{n\times 1}{\boldsymbol{\Delta}}+\underset{c\times u}{\boldsymbol{A}}\underset{u\times 1}{\delta\boldsymbol{X}}+\underset{c\times 1}{\boldsymbol{W}}=\boldsymbol{0},\ \underset{c\times 1}{\boldsymbol{W}}=\underset{c\times n}{\boldsymbol{B}}\underset{n\times 1}{\boldsymbol{L}}+\underset{c\times u}{\boldsymbol{A}}\underset{u\times 1}{\boldsymbol{X}_0}+\underset{c\times 1}{\boldsymbol{B}_0},\ \mathrm{rk}(\underset{c\times n}{\boldsymbol{B}})=c,\ \mathrm{rk}(\underset{c\times u}{\boldsymbol{A}})=u \tag{1-4-3}$$

改正数方程

$$\underset{c\times n}{\boldsymbol{B}}\underset{n\times 1}{\boldsymbol{V}}+\underset{c\times u}{\boldsymbol{A}}\underset{u\times 1}{\delta\hat{\boldsymbol{X}}}+\underset{c\times 1}{\boldsymbol{W}}=\boldsymbol{0},\ \underset{c\times 1}{\boldsymbol{W}}=\underset{c\times n}{\boldsymbol{B}}\underset{n\times 1}{\boldsymbol{L}}+\underset{c\times u}{\boldsymbol{A}}\underset{u\times 1}{\boldsymbol{X}_0}+\underset{c\times 1}{\boldsymbol{B}_0},\ \mathrm{rk}(\underset{c\times n}{\boldsymbol{B}})=c,\ \mathrm{rk}(\underset{c\times u}{\boldsymbol{A}})=u \tag{1-4-4}$$

因平差问题中函数独立的未知参数个数至多为 t，故 $0\leqslant u\leqslant t$。另外，为方便研究，引入一个表示函数模型中独立未知参数个数的符号 t_0，故具有参数的条件平差中 $t_0=u$，而参数平差中 $t_0=t$，条件平差中 $t_0=0$。

以上是针对条件平差函数模型扩展进行的说明，实际上，具有参数的条件平差的函数模型还包含了参数平差的函数模型。具有参数的条件平差的函数模型的意义体现在：当 $u=t$、$\boldsymbol{B}=-\boldsymbol{I}$ 时特例为参数平差的函数模型（$c=n$）；当 $u=0$、$\boldsymbol{A}=\boldsymbol{0}$ 时特例为条件平差的函数模型（$c=r$）。为便于称呼，本书将与观测方程相对应的、用于实际计算的函数模型统称为改正数方程。参数平差中的误差方程和条件平差中的条件方程均为改正数方程的特殊形式。同时，也再次指出，函数模型可由观测方程或和改正数方程之一表示，它们的书写转换关系已在参数平差和条件平差中详细叙及。

b）函数模型 2——线性模型（输入未知参数近似值）

将 $\widetilde{\boldsymbol{L}}=\boldsymbol{L}-\boldsymbol{\Delta}$、$\boldsymbol{X}=\boldsymbol{X}_0+\delta\boldsymbol{X}$ 和 $\hat{\boldsymbol{L}}=\boldsymbol{L}+\boldsymbol{V}$、$\hat{\boldsymbol{X}}=\boldsymbol{X}_0+\delta\hat{\boldsymbol{X}}$ 分别代入式（1-4-1）和式（1-4-2），可得

观测方程

$$-\underset{c\times n}{\boldsymbol{B}}\underset{n\times 1}{\boldsymbol{\Delta}}+\underset{c\times u}{\boldsymbol{A}}\underset{u\times 1}{\delta\boldsymbol{X}}+\underset{c\times 1}{\boldsymbol{W}}=\boldsymbol{0},\ \underset{c\times 1}{\boldsymbol{W}}=\underset{c\times n}{\boldsymbol{B}}\underset{n\times 1}{\boldsymbol{L}}+\underset{c\times u}{\boldsymbol{A}}\underset{u\times 1}{\boldsymbol{X}_0}+\underset{c\times 1}{\boldsymbol{B}_0},\ \mathrm{rk}(\underset{c\times n}{\boldsymbol{B}})=c,\ \mathrm{rk}(\underset{c\times u}{\boldsymbol{A}})=u \tag{1-4-5}$$

改正数方程

$$\underset{c\times n}{\boldsymbol{B}}\underset{n\times 1}{\boldsymbol{V}}+\underset{c\times u}{\boldsymbol{A}}\underset{u\times 1}{\delta\hat{\boldsymbol{X}}}+\underset{c\times 1}{\boldsymbol{W}}=\boldsymbol{0},\ \underset{c\times 1}{\boldsymbol{W}}=\underset{c\times n}{\boldsymbol{B}}\underset{n\times 1}{\boldsymbol{L}}+\underset{c\times u}{\boldsymbol{A}}\underset{u\times 1}{\boldsymbol{X}_0}+\underset{c\times 1}{\boldsymbol{B}_0},\ \mathrm{rk}(\underset{c\times n}{\boldsymbol{B}})=c,\ \mathrm{rk}(\underset{c\times u}{\boldsymbol{A}})=u \tag{1-4-6}$$

c）函数模型 3——非线性模型

观测方程 $$f(\underset{n\times 1}{\widetilde{\boldsymbol{L}}},\ \underset{u\times 1}{\boldsymbol{X}})=\underset{c\times 1}{\boldsymbol{0}} \tag{1-4-7}$$

改正数方程 $$f(\underset{n\times 1}{\widetilde{\boldsymbol{L}}},\ \underset{u\times 1}{\hat{\boldsymbol{X}}})=\underset{c\times 1}{\boldsymbol{0}} \tag{1-4-8}$$

将非线性函数模型在（$\boldsymbol{L}$，$\boldsymbol{X}_0$）处线性化，可得

$$-\left(\frac{\partial f}{\partial \widetilde{\boldsymbol{L}}}\right)_{\widetilde{\boldsymbol{L}}=\boldsymbol{L},\boldsymbol{X}=\boldsymbol{X}_0}\boldsymbol{\Delta}+\left(\frac{\partial f}{\partial \boldsymbol{X}}\right)_{\widetilde{\boldsymbol{L}}=\boldsymbol{L},\boldsymbol{X}=\boldsymbol{X}_0}\delta\boldsymbol{X}+f(\boldsymbol{L},\boldsymbol{X}_0)\approx\boldsymbol{0} \tag{1-4-9}$$

$$\left(\frac{\partial f}{\partial \hat{\boldsymbol{L}}}\right)_{\hat{\boldsymbol{L}}=\boldsymbol{L},\hat{\boldsymbol{X}}=\boldsymbol{X}_0}\boldsymbol{V}+\left(\frac{\partial f}{\partial \hat{\boldsymbol{X}}}\right)_{\hat{\boldsymbol{L}}=\boldsymbol{L},\hat{\boldsymbol{X}}=\boldsymbol{X}_0}\delta\hat{\boldsymbol{X}}+f(\boldsymbol{L},\boldsymbol{X}_0)\approx\boldsymbol{0} \tag{1-4-10}$$

它们形式上分别与式（1-4-5）和式（1-4-6）一致。

2）随机模型

五种基本平差方法相同，见式（1-2-16）、式（1-2-17）。

3）估计准则

五种基本平差方法均使用最小二乘原理，见式（1-2-18）。

4）基本公式推导

下面将基于函数模型 2 进行推导。模型 1 的推导类似，或取 $\boldsymbol{X}_0=\boldsymbol{0}$ 由模型 2 的公式直接写出；模型 3 的求解借助模型 2 的公式，需要时可以采用迭代方式。

a）平差值公式

组成函数 $\boldsymbol{\Phi}=\boldsymbol{V}^{\mathrm{T}}\boldsymbol{P}\boldsymbol{V}-2\boldsymbol{K}^{\mathrm{T}}(\boldsymbol{B}\boldsymbol{V}+\boldsymbol{A}\delta\hat{\boldsymbol{X}}+\boldsymbol{W})$，令 $\frac{\partial\boldsymbol{\Phi}}{\partial\boldsymbol{V}}=\boldsymbol{0}$、$\frac{\partial\boldsymbol{\Phi}}{\partial\delta\hat{\boldsymbol{X}}}=\boldsymbol{0}$ 并和改正数方程联立，便可推得（联系数）法方程。或者令

$$\left.\begin{aligned}&\frac{\partial\boldsymbol{\Phi}}{\partial\boldsymbol{V}}=2\boldsymbol{V}^{\mathrm{T}}\boldsymbol{P}-2\boldsymbol{K}^{\mathrm{T}}\boldsymbol{B}=\boldsymbol{0}\\&\frac{\partial\boldsymbol{\Phi}}{\partial\delta\hat{\boldsymbol{X}}}=-2\boldsymbol{K}^{\mathrm{T}}\boldsymbol{A}=\boldsymbol{0}\\&\frac{\partial\boldsymbol{\Phi}}{\partial\boldsymbol{K}}=-2(\boldsymbol{B}\boldsymbol{V}+\boldsymbol{A}\delta\hat{\boldsymbol{X}}+\boldsymbol{W})^{\mathrm{T}}=\boldsymbol{0}\end{aligned}\right\}\Leftrightarrow\left.\begin{aligned}&\boldsymbol{V}=\boldsymbol{P}^{-1}\boldsymbol{B}^{\mathrm{T}}\boldsymbol{K}\\&\boldsymbol{A}^{\mathrm{T}}\boldsymbol{K}=\boldsymbol{0}\\&\boldsymbol{B}\boldsymbol{V}+\boldsymbol{A}\delta\hat{\boldsymbol{X}}+\boldsymbol{W}=\boldsymbol{0}\end{aligned}\right\}$$

亦可得法方程为

$$\left.\begin{aligned}&\boldsymbol{N}_B\boldsymbol{K}+\boldsymbol{A}\delta\hat{\boldsymbol{X}}+\boldsymbol{W}=\boldsymbol{0}\\&\boldsymbol{A}^{\mathrm{T}}\boldsymbol{K}=\boldsymbol{0}\end{aligned}\right\} \tag{1-4-11}$$

或

$$\begin{bmatrix}\boldsymbol{N}_B & \boldsymbol{A}\\ \boldsymbol{A}^{\mathrm{T}} & \boldsymbol{0}\end{bmatrix}\begin{bmatrix}\boldsymbol{K}\\ \delta\hat{\boldsymbol{X}}\end{bmatrix}+\begin{bmatrix}\boldsymbol{W}\\ \boldsymbol{0}\end{bmatrix}=\boldsymbol{0} \tag{1-4-12}$$

其中，$\underset{c\times c}{\boldsymbol{N}_B}=\boldsymbol{B}\boldsymbol{P}^{-1}\boldsymbol{B}^{\mathrm{T}}$。

法方程通常有两种解法，一种是利用式（1-4-11）依次解出 $\delta\hat{\boldsymbol{X}}$、$\boldsymbol{K}$，略去推导，即

$$\delta\hat{\boldsymbol{X}}=-\boldsymbol{N}_{A}^{-1}\boldsymbol{U}_{A}=-\boldsymbol{N}_{A}^{-1}\boldsymbol{A}^{\mathrm{T}}\boldsymbol{N}_{B}^{-1}\boldsymbol{W} \tag{1-4-13}$$

$$\boldsymbol{K}=-\boldsymbol{N}_{B}^{-1}(\boldsymbol{A}\delta\hat{\boldsymbol{X}}+\boldsymbol{W}) \tag{1-4-14}$$

式中，$\underset{u\times u}{\boldsymbol{N}_{\boldsymbol{A}}}=\boldsymbol{A}^{\mathrm{T}}\boldsymbol{N}_{B}^{-1}\boldsymbol{A}$，$\underset{u\times 1}{\boldsymbol{U}_{\boldsymbol{A}}}=\boldsymbol{A}^{\mathrm{T}}\boldsymbol{N}_{B}^{-1}\boldsymbol{W}$。另一种是利用式（1-4-12）直接解得

$$\begin{bmatrix}\boldsymbol{K}\\ \delta\hat{\boldsymbol{X}}\end{bmatrix}=-\begin{bmatrix}\boldsymbol{N}_{B} & \boldsymbol{A}\\ \boldsymbol{A}^{\mathrm{T}} & \boldsymbol{0}\end{bmatrix}^{-1}\begin{bmatrix}\boldsymbol{W}\\ \boldsymbol{0}\end{bmatrix}=-\begin{bmatrix}\boldsymbol{Q}_{11} & \boldsymbol{Q}_{12}\\ \boldsymbol{Q}_{21} & \boldsymbol{Q}_{22}\end{bmatrix}\begin{bmatrix}\boldsymbol{W}\\ \boldsymbol{0}\end{bmatrix}=-\begin{bmatrix}\boldsymbol{Q}_{11}\boldsymbol{W}\\ \boldsymbol{Q}_{21}\boldsymbol{W}\end{bmatrix} \tag{1-4-15}$$

其中，由分块矩阵求逆知

$$\begin{bmatrix}\boldsymbol{Q}_{11} & \boldsymbol{Q}_{12}\\ \boldsymbol{Q}_{21} & \boldsymbol{Q}_{22}\end{bmatrix}=\begin{bmatrix}\boldsymbol{N}_{B} & \boldsymbol{A}\\ \boldsymbol{A}^{\mathrm{T}} & \boldsymbol{0}\end{bmatrix}^{-1}=\begin{bmatrix}\boldsymbol{N}_{B}^{-1}-\boldsymbol{N}_{B}^{-1}\boldsymbol{A}\boldsymbol{N}_{A}^{-1}\boldsymbol{A}^{\mathrm{T}}\boldsymbol{N}_{B}^{-1} & \boldsymbol{N}_{B}^{-1}\boldsymbol{A}\boldsymbol{N}_{A}^{-1}\\ \boldsymbol{N}_{A}^{-1}\boldsymbol{A}^{\mathrm{T}}\boldsymbol{N}_{B}^{-1} & -\boldsymbol{N}_{A}^{-1}\end{bmatrix}$$

法方程的第一种解法常用于理论推导，第二种更适合编程计算但求逆阶数较解法一要高。

有了 $\delta\hat{\boldsymbol{X}}$、$\boldsymbol{K}$ 的解，便可得到 $\hat{\boldsymbol{X}}$、$\boldsymbol{V}$、$\hat{\boldsymbol{L}}$ 的解，即

$$\hat{\boldsymbol{X}}=\boldsymbol{X}_{0}+\delta\hat{\boldsymbol{X}} \tag{1-4-16}$$

$$\boldsymbol{V}=\boldsymbol{P}^{-1}\boldsymbol{B}^{\mathrm{T}}\boldsymbol{K}=-\boldsymbol{P}^{-1}\boldsymbol{B}^{\mathrm{T}}\boldsymbol{N}_{B}^{-1}(\boldsymbol{A}\delta\hat{\boldsymbol{X}}+\boldsymbol{W}) \tag{1-4-17}$$

$$\hat{\boldsymbol{L}}=\boldsymbol{L}+\boldsymbol{V} \tag{1-4-18}$$

实际中，往往并不关心 $\boldsymbol{K}$ 的解，即不用计算式（1-4-14）。

b）精度估计公式

Ⅰ．验后单位权中误差

仿照参数平差或条件平差，可推得

$$\mu=\pm\sqrt{\frac{\boldsymbol{V}^{\mathrm{T}}\boldsymbol{P}\boldsymbol{V}}{r}} \tag{1-4-19}$$

其中，多余观测数 r 可表示为 $r=c-u$，即函数模型个数（c）减去未知参数个数（u），这一理解对于五种基本平差方法均适用。

Ⅱ．有关量的权逆阵

利用权逆阵传播律，可推得常用的权逆阵有

$$\boldsymbol{Q}_{\hat{\boldsymbol{X}}}=\boldsymbol{N}_{A}^{-1}=-\boldsymbol{Q}_{22} \tag{1-4-20}$$

$$\boldsymbol{Q}_{\boldsymbol{V}}=\boldsymbol{P}^{-1}\boldsymbol{B}^{\mathrm{T}}(\boldsymbol{N}_{B}^{-1}-\boldsymbol{N}_{B}^{-1}\boldsymbol{A}\boldsymbol{N}_{A}^{-1}\boldsymbol{A}^{\mathrm{T}}\boldsymbol{N}_{B}^{-1})\boldsymbol{B}\boldsymbol{P}^{-1}=\boldsymbol{P}^{-1}\boldsymbol{B}^{\mathrm{T}}\boldsymbol{Q}_{11}\boldsymbol{B}\boldsymbol{P}^{-1} \tag{1-4-21}$$

$$\boldsymbol{Q}_{\hat{\boldsymbol{L}}}=\boldsymbol{P}^{-1}-\boldsymbol{Q}_{\boldsymbol{V}} \tag{1-4-22}$$

此外，$\boldsymbol{Q}_{\hat{\boldsymbol{X}}\boldsymbol{V}}=\boldsymbol{0}$ 和 $\boldsymbol{Q}_{\hat{\boldsymbol{L}}\boldsymbol{V}}=\boldsymbol{0}$ 仍然成立。

5）方法应用

当用条件平差进行平差时，若所关心的量不是观测量或不止观测量，便可将这些非观测量的平差值设为未知参数，利用具有参数的条件平差直接得到其平差结果。此外，传统控制网平差有时也会用该平差方法来实现较大规模网基于条件平差的分区平差。

2. 具有约束条件的参数平差

1）函数模型

若在参数平差中另外多选了 s 个未知参数，则全部参数个数为 $u=t+s$，参数间会构成 s 个条件关系式。显然，该模型中独立的未知参数个数 $t_{0}=u-s=t$。由于观测值个数

为 n，s 大于 r 时已无实际意义，故 $0\leqslant s\leqslant r$，$t\leqslant u\leqslant n$。

a）函数模型 1——线性模型（不输入未知参数近似值）

观测方程
$$\left.\begin{aligned}&\underset{n\times1}{\widetilde{\boldsymbol{L}}}=\underset{n\times u}{\boldsymbol{A}}\,\underset{u\times1}{\boldsymbol{X}}+\underset{n\times1}{\boldsymbol{D}},\ \mathrm{rk}(\underset{n\times u}{\boldsymbol{A}})=u\\&\underset{s\times u}{\boldsymbol{C}}\,\underset{u\times1}{\boldsymbol{X}}+\underset{s\times1}{\boldsymbol{C}_0}=\boldsymbol{0},\ \mathrm{rk}(\underset{s\times u}{\boldsymbol{C}})=s\end{aligned}\right\}\tag{1-4-23}$$

改正数方程
$$\left.\begin{aligned}&\underset{n\times1}{\hat{\boldsymbol{L}}}=\underset{n\times u}{\boldsymbol{A}}\,\underset{u\times1}{\hat{\boldsymbol{X}}}+\underset{n\times1}{\boldsymbol{D}},\ \mathrm{rk}(\underset{n\times u}{\boldsymbol{A}})=u\\&\underset{s\times u}{\boldsymbol{C}}\,\underset{u\times1}{\hat{\boldsymbol{X}}}+\underset{s\times1}{\boldsymbol{C}_0}=\boldsymbol{0},\ \mathrm{rk}(\underset{s\times u}{\boldsymbol{C}})=s\end{aligned}\right\}\tag{1-4-24}$$

顾及 $\widetilde{\boldsymbol{L}}=\boldsymbol{L}-\boldsymbol{\Delta}$，$\hat{\boldsymbol{L}}=\boldsymbol{L}+\boldsymbol{V}$，上两式分别等价于

观测方程
$$\left.\begin{aligned}&-\underset{n\times1}{\boldsymbol{\Delta}}=\underset{n\times u}{\boldsymbol{A}}\,\underset{u\times1}{\boldsymbol{X}}+\underset{n\times1}{\boldsymbol{l}},\ \underset{n\times1}{\boldsymbol{l}}=\underset{n\times1}{\boldsymbol{D}}-\underset{n\times1}{\boldsymbol{L}},\ \mathrm{rk}(\underset{n\times u}{\boldsymbol{A}})=u\\&\underset{s\times u}{\boldsymbol{C}}\,\underset{u\times1}{\boldsymbol{X}}+\underset{s\times1}{\boldsymbol{W}_C}=\boldsymbol{0},\ \underset{s\times1}{\boldsymbol{W}_C}=\underset{s\times1}{\boldsymbol{C}_0},\ \mathrm{rk}(\underset{s\times u}{\boldsymbol{C}})=s\end{aligned}\right\}\tag{1-4-25}$$

改正数方程
$$\left.\begin{aligned}&\underset{n\times1}{\boldsymbol{V}}=\underset{n\times u}{\boldsymbol{A}}\,\underset{u\times1}{\hat{\boldsymbol{X}}}+\underset{n\times1}{\boldsymbol{l}},\ \underset{n\times1}{\boldsymbol{l}}=\underset{n\times1}{\boldsymbol{D}}-\underset{n\times1}{\boldsymbol{L}},\ \mathrm{rk}(\underset{n\times u}{\boldsymbol{A}})=u\\&\underset{s\times u}{\boldsymbol{C}}\,\underset{u\times1}{\hat{\boldsymbol{X}}}+\underset{s\times1}{\boldsymbol{W}_C}=\boldsymbol{0},\ \underset{s\times1}{\boldsymbol{W}_C}=\underset{s\times1}{\boldsymbol{C}_0},\ \mathrm{rk}(\underset{s\times u}{\boldsymbol{C}})=s\end{aligned}\right\}\tag{1-4-26}$$

以上是从参数平差函数模型扩展进行的说明，实际上，具有约束条件的参数平差的函数模型还包含了条件平差的函数模型。具有约束条件的参数平差的函数模型的意义体现在：当 $s=r$、$\boldsymbol{A}=\boldsymbol{I}$、$\boldsymbol{D}=\boldsymbol{0}$ 时特例为条件平差的函数模型；当 $s=0$、$\boldsymbol{C}=\boldsymbol{0}$ 时特例为参数平差的函数模型。

b）函数模型 2——线性模型（输入未知参数近似值）

将 $\widetilde{\boldsymbol{L}}=\boldsymbol{L}-\boldsymbol{\Delta}$、$\boldsymbol{X}=\boldsymbol{X}_0+\delta\boldsymbol{X}$ 和 $\hat{\boldsymbol{L}}=\boldsymbol{L}+\boldsymbol{V}$、$\hat{\boldsymbol{X}}=\boldsymbol{X}_0+\delta\hat{\boldsymbol{X}}$ 分别代入式（1-4-23）和式（1-4-24），可得

观测方程
$$\left.\begin{aligned}&-\underset{n\times1}{\boldsymbol{\Delta}}=\underset{n\times u}{\boldsymbol{A}}\,\underset{u\times1}{\delta\boldsymbol{X}}+\underset{n\times1}{\boldsymbol{l}},\ \underset{n\times1}{\boldsymbol{l}}=\underset{n\times u}{\boldsymbol{A}}\,\underset{u\times1}{\boldsymbol{X}_0}+\underset{n\times1}{\boldsymbol{D}}-\underset{n\times1}{\boldsymbol{L}},\ \mathrm{rk}(\underset{n\times u}{\boldsymbol{A}})=u\\&\underset{s\times u}{\boldsymbol{C}}\,\underset{u\times1}{\delta\boldsymbol{X}}+\underset{s\times1}{\boldsymbol{W}_C}=\boldsymbol{0},\ \underset{s\times1}{\boldsymbol{W}_C}=\underset{s\times u}{\boldsymbol{C}}\,\underset{u\times1}{\boldsymbol{X}_0}+\underset{s\times1}{\boldsymbol{C}_0},\ \mathrm{rk}(\underset{s\times u}{\boldsymbol{C}})=s\end{aligned}\right\}\tag{1-4-27}$$

改正数方程
$$\left.\begin{aligned}&\underset{n\times1}{\boldsymbol{V}}=\underset{n\times u}{\boldsymbol{A}}\,\underset{u\times1}{\delta\hat{\boldsymbol{X}}}+\underset{n\times1}{\boldsymbol{l}},\ \underset{n\times1}{\boldsymbol{l}}=\underset{n\times u}{\boldsymbol{A}}\,\underset{u\times1}{\boldsymbol{X}_0}+\underset{n\times1}{\boldsymbol{D}}-\underset{n\times1}{\boldsymbol{L}},\ \mathrm{rk}(\underset{n\times u}{\boldsymbol{A}})=u\\&\underset{s\times u}{\boldsymbol{C}}\,\underset{u\times1}{\delta\hat{\boldsymbol{X}}}+\underset{s\times1}{\boldsymbol{W}_C}=\boldsymbol{0},\ \underset{s\times1}{\boldsymbol{W}_C}=\underset{s\times u}{\boldsymbol{C}}\,\underset{u\times1}{\boldsymbol{X}_0}+\underset{s\times1}{\boldsymbol{C}_0},\ \mathrm{rk}(\underset{s\times u}{\boldsymbol{C}})=s\end{aligned}\right\}\tag{1-4-28}$$

c）函数模型 3——非线性模型

观测方程
$$\left.\begin{aligned}&\underset{n\times1}{\widetilde{\boldsymbol{L}}}=f(\underset{u\times1}{\boldsymbol{X}})\\&\Psi(\underset{u\times1}{\boldsymbol{X}})=\underset{s\times1}{\boldsymbol{0}}\end{aligned}\right\}\tag{1-4-29}$$

改正数方程
$$\left.\begin{aligned}&\underset{n\times1}{\hat{\boldsymbol{L}}}=f(\underset{u\times1}{\hat{\boldsymbol{X}}})\\&\Psi(\underset{u\times1}{\hat{\boldsymbol{X}}})=\underset{s\times1}{\boldsymbol{0}}\end{aligned}\right\}\tag{1-4-30}$$

将非线性函数模型在 $\boldsymbol{X}_0$ 处线性化，可得

$$\left.\begin{aligned}&-\boldsymbol{\Delta}\approx\left(\frac{\mathrm{d}f}{\mathrm{d}\boldsymbol{X}}\right)_{\boldsymbol{X}=\boldsymbol{X}_0}\delta\boldsymbol{X}+f(\boldsymbol{X}_0)-\boldsymbol{L}\\&\left(\frac{\mathrm{d}\Psi}{\mathrm{d}\boldsymbol{X}}\right)_{\boldsymbol{X}=\boldsymbol{X}_0}\delta\boldsymbol{X}+\Psi(\boldsymbol{X}_0)\approx\boldsymbol{0}\end{aligned}\right\}\tag{1-4-31}$$

$$\left.\begin{aligned}\boldsymbol{V} &\approx \left(\frac{\mathrm{d}f}{\mathrm{d}\hat{\boldsymbol{X}}}\right)_{\hat{\boldsymbol{X}}=\boldsymbol{X}_0}\delta\hat{\boldsymbol{X}} + f(\boldsymbol{X}_0) - \boldsymbol{L}\\ &\left(\frac{\mathrm{d}\boldsymbol{\Psi}}{\mathrm{d}\hat{\boldsymbol{X}}}\right)_{\hat{\boldsymbol{X}}=\boldsymbol{X}_0}\delta\hat{\boldsymbol{X}} + \boldsymbol{\Psi}(\boldsymbol{X}_0) \approx \boldsymbol{0}\end{aligned}\right\} \tag{1-4-32}$$

它们形式上分别与式（1-4-27）和式（1-4-28）一致。

2）随机模型

五种基本平差方法相同，见式（1-2-16）、式（1-2-17）。

3）估计准则

五种基本平差方法均使用最小二乘原理，见式（1-2-18）。

4）基本公式推导

下面将基于函数模型 2 进行推导。与模型 1 的推导类似，或取 $\boldsymbol{X}_0=\boldsymbol{0}$ 由模型 2 的公式直接写出；模型 3 的求解借助模型 2 的公式，需要时可以采用迭代方式。

a）平差值公式

组成函数 $\boldsymbol{\Phi}=\boldsymbol{V}^{\mathrm{T}}\boldsymbol{PV}+2\boldsymbol{K}^{\mathrm{T}}(\boldsymbol{C}\delta\hat{\boldsymbol{X}}+\boldsymbol{W}_C)$，令 $\dfrac{\partial\boldsymbol{\Phi}}{\partial\delta\hat{\boldsymbol{X}}}=2\boldsymbol{V}^{\mathrm{T}}\boldsymbol{PA}+2\boldsymbol{K}^{\mathrm{T}}\boldsymbol{C}=\boldsymbol{0}$，略去推导，可得（联系数）法方程为

$$\left.\begin{aligned}&\boldsymbol{N}_A\delta\hat{\boldsymbol{X}}+\boldsymbol{C}^{\mathrm{T}}\boldsymbol{K}+\boldsymbol{U}_A=\boldsymbol{0}\\&\boldsymbol{C}\delta\hat{\boldsymbol{X}}+\boldsymbol{W}_C=\boldsymbol{0}\end{aligned}\right\} \tag{1-4-33}$$

或

$$\begin{bmatrix}\boldsymbol{N}_A & \boldsymbol{C}^{\mathrm{T}}\\ \boldsymbol{C} & \boldsymbol{0}\end{bmatrix}\begin{bmatrix}\delta\hat{\boldsymbol{X}}\\ \boldsymbol{K}\end{bmatrix}+\begin{bmatrix}\boldsymbol{U}_A\\ \boldsymbol{W}_C\end{bmatrix}=\boldsymbol{0} \tag{1-4-34}$$

其中，$\underset{u\times u}{\boldsymbol{N}_A}=\boldsymbol{A}^{\mathrm{T}}\boldsymbol{PA}$，$\underset{u\times 1}{\boldsymbol{U}_A}=\boldsymbol{A}^{\mathrm{T}}\boldsymbol{Pl}$。

法方程通常有两种解法。一种是利用式（1-4-33）依次解出 $\boldsymbol{K}$、$\delta\hat{\boldsymbol{X}}$ 为

$$\boldsymbol{K}=-\boldsymbol{N}_C^{-1}(\boldsymbol{C}\boldsymbol{N}_A^{-1}\boldsymbol{U}_A-\boldsymbol{W}_C) \tag{1-4-35}$$

$$\delta\hat{\boldsymbol{X}}=-\boldsymbol{N}_A^{-1}(\boldsymbol{C}^{\mathrm{T}}\boldsymbol{K}+\boldsymbol{U}_A)=-(\boldsymbol{N}_A^{-1}-\boldsymbol{N}_A^{-1}\boldsymbol{C}^{\mathrm{T}}\boldsymbol{N}_C^{-1}\boldsymbol{C}\boldsymbol{N}_A^{-1})\boldsymbol{U}_A-\boldsymbol{N}_A^{-1}\boldsymbol{C}^{\mathrm{T}}\boldsymbol{N}_C^{-1}\boldsymbol{W}_C \tag{1-4-36}$$

式中，$\underset{s\times s}{\boldsymbol{N}_C}=\boldsymbol{C}\boldsymbol{N}_A^{-1}\boldsymbol{C}^{\mathrm{T}}$。另一种解法是利用式（1-4-34）直接解得

$$\begin{bmatrix}\delta\hat{\boldsymbol{X}}\\ \boldsymbol{K}\end{bmatrix}=-\begin{bmatrix}\boldsymbol{N}_A & \boldsymbol{C}^{\mathrm{T}}\\ \boldsymbol{C} & \boldsymbol{0}\end{bmatrix}^{-1}\begin{bmatrix}\boldsymbol{U}_A\\ \boldsymbol{W}_C\end{bmatrix}=-\begin{bmatrix}\boldsymbol{Q}_{11} & \boldsymbol{Q}_{12}\\ \boldsymbol{Q}_{21} & \boldsymbol{Q}_{22}\end{bmatrix}\begin{bmatrix}\boldsymbol{U}_A\\ \boldsymbol{W}_C\end{bmatrix} \tag{1-4-37}$$

其中，由分块矩阵求逆得

$$\begin{bmatrix}\boldsymbol{Q}_{11} & \boldsymbol{Q}_{12}\\ \boldsymbol{Q}_{21} & \boldsymbol{Q}_{22}\end{bmatrix}=\begin{bmatrix}\boldsymbol{N}_A & \boldsymbol{C}^{\mathrm{T}}\\ \boldsymbol{C} & \boldsymbol{0}\end{bmatrix}^{-1}=\begin{bmatrix}\boldsymbol{N}_A^{-1}-\boldsymbol{N}_A^{-1}\boldsymbol{C}^{\mathrm{T}}\boldsymbol{N}_C^{-1}\boldsymbol{C}\boldsymbol{N}_A^{-1} & \boldsymbol{N}_A^{-1}\boldsymbol{C}^{\mathrm{T}}\boldsymbol{N}_C^{-1}\\ \boldsymbol{N}_C^{-1}\boldsymbol{C}\boldsymbol{N}_A^{-1} & -\boldsymbol{N}_C^{-1}\end{bmatrix}$$

法方程的第一种解法常用于理论推导，第二种解法更适合编程计算，但求逆阶数较解法一更高。

有了 $\delta\hat{\boldsymbol{X}}$ 的解，便可得到 $\hat{\boldsymbol{X}}$、$\boldsymbol{V}$、$\hat{\boldsymbol{L}}$ 的解，即

$$\hat{\boldsymbol{X}}=\boldsymbol{X}_0+\delta\hat{\boldsymbol{X}} \tag{1-4-38}$$

$$\boldsymbol{V}=\boldsymbol{A}\delta\hat{\boldsymbol{X}}+\boldsymbol{l} \tag{1-4-39}$$

$$\hat{\boldsymbol{L}}=\boldsymbol{L}+\boldsymbol{V} \tag{1-4-40}$$

实际中，往往并不关心 $\boldsymbol{K}$ 的解，即不用计算。

b）精度估计公式

Ⅰ. 验后单位权中误差

仿照参数平差或条件平差，仍可推得

$$\mu=\pm\sqrt{\frac{\boldsymbol{V}^{\mathrm{T}}\boldsymbol{P}\boldsymbol{V}}{r}} \tag{1-4-41}$$

其中，多余观测数 r 可表示为 $r=n+s-u$，即函数模型个数（$n+s$）减去未知参数个数（u）。

Ⅱ. 有关量的权逆阵

利用权逆阵传播律，可推得常用的权逆阵有

$$\boldsymbol{Q}_{\hat{X}}=\boldsymbol{N}_A^{-1}-\boldsymbol{N}_A^{-1}\boldsymbol{C}^{\mathrm{T}}\boldsymbol{N}_C^{-1}\boldsymbol{C}\boldsymbol{N}_A^{-1}=\boldsymbol{Q}_{11} \tag{1-4-42}$$

$$\boldsymbol{Q}_V=\boldsymbol{P}^{-1}-\boldsymbol{A}\boldsymbol{Q}_{\hat{X}}\boldsymbol{A}^{\mathrm{T}}=\boldsymbol{P}^{-1}-\boldsymbol{A}\boldsymbol{Q}_{11}\boldsymbol{A}^{\mathrm{T}} \tag{1-4-43}$$

$$\boldsymbol{Q}_{\hat{L}}=\boldsymbol{P}^{-1}-\boldsymbol{Q}_V=\boldsymbol{A}\boldsymbol{Q}_{\hat{X}}\boldsymbol{A}^{\mathrm{T}}=\boldsymbol{A}\boldsymbol{Q}_{11}\boldsymbol{A}^{\mathrm{T}} \tag{1-4-44}$$

此外，$\boldsymbol{Q}_{\hat{X}V}=\boldsymbol{0}$ 和 $\boldsymbol{Q}_{V\hat{L}}=\boldsymbol{0}$ 仍然成立。

5）方法应用

例如，水平控制网按参数平差时通常选取全部未知点坐标作为未知参数，若部分点间有高等级观测值（方位角、边长等），传统做法是将这些高等级观测值视为无误差的固定值并仍取全部未知点坐标作为未知参数，于是便构成了具有约束条件的参数平差问题。

3. 概括函数模型的平差

1）函数模型

若将具有参数的条件平差的函数模型中参数选择要求加以放宽，即所选的参数个数 u 虽然不大于 t 但参数间可以存在函数关系，或者所选的参数个数 u 大于 t 而参数间必然存在函数关系，则这种扩展后的函数模型即概括函数模型。该模型中，参数个数 u 的范围为 $0\leqslant u\leqslant n$，参数间函数关系式个数 s 的范围为 $0\leqslant s\leqslant r$，独立未知参数个数 $t_0=u-s$ 的范围为 $0\leqslant t_0\leqslant t$，而 $c=r+t_0$。

a）函数模型1——线性模型（不输入未知参数近似值）

观测方程

$$\left.\begin{aligned}&\underset{c\times n}{\boldsymbol{B}}\,\underset{n\times 1}{\tilde{\boldsymbol{L}}}+\underset{c\times u}{\boldsymbol{A}}\,\underset{u\times 1}{\boldsymbol{X}}+\underset{c\times 1}{\boldsymbol{B}_0}=\boldsymbol{0},\ \mathrm{rk}(\underset{c\times n}{\boldsymbol{B}})=c,\ \mathrm{rk}(\underset{c\times u}{\boldsymbol{A}})=u\\&\underset{s\times u}{\boldsymbol{C}}\,\underset{u\times 1}{\boldsymbol{X}}+\underset{s\times 1}{\boldsymbol{C}_0}=\boldsymbol{0},\ \mathrm{rk}(\underset{s\times u}{\boldsymbol{C}})=s\end{aligned}\right\} \tag{1-4-45}$$

改正数方程

$$\left.\begin{aligned}&\underset{c\times n}{\boldsymbol{B}}\,\underset{n\times 1}{\boldsymbol{L}}+\underset{c\times u}{\boldsymbol{A}}\,\underset{u\times 1}{\hat{\boldsymbol{X}}}+\underset{c\times 1}{\boldsymbol{B}_0}=\boldsymbol{0},\ \mathrm{rk}(\underset{c\times n}{\boldsymbol{B}})=c,\ \mathrm{rk}(\underset{c\times u}{\boldsymbol{A}})=u\\&\underset{s\times u}{\boldsymbol{C}}\,\underset{u\times 1}{\hat{\boldsymbol{X}}}+\underset{s\times 1}{\boldsymbol{C}_0}=\boldsymbol{0},\ \mathrm{rk}(\underset{s\times u}{\boldsymbol{C}})=s\end{aligned}\right\} \tag{1-4-46}$$

顾及 $\tilde{\boldsymbol{L}}=\boldsymbol{L}-\boldsymbol{\Delta}$，$\hat{\boldsymbol{L}}=\boldsymbol{L}+\boldsymbol{V}$，上两式分别等价于

观测方程

$$\left.\begin{array}{l}-\underset{c\times n}{\boldsymbol{B}}\underset{n\times 1}{\boldsymbol{\Delta}}+\underset{c\times u}{\boldsymbol{A}}\underset{u\times 1}{\boldsymbol{X}}+\underset{c\times 1}{\boldsymbol{W}}=\boldsymbol{0},\ \underset{c\times 1}{\boldsymbol{W}}=\underset{c\times n}{\boldsymbol{B}}\underset{n\times 1}{\boldsymbol{L}}+\underset{c\times 1}{\boldsymbol{B}_0},\ \mathrm{rk}(\underset{c\times n}{\boldsymbol{B}})=c,\ \mathrm{rk}(\underset{c\times u}{\boldsymbol{A}})=u\\ \underset{s\times u}{\boldsymbol{C}}\underset{u\times 1}{\boldsymbol{X}}+\underset{s\times 1}{\boldsymbol{W}_C}=\boldsymbol{0},\underset{s\times 1}{\boldsymbol{W}_C}=\underset{s\times 1}{\boldsymbol{C}_0},\ \mathrm{rk}(\underset{s\times u}{\boldsymbol{C}})=s\end{array}\right\}\tag{1-4-47}$$

改正数方程

$$\left.\begin{array}{l}\underset{c\times n}{\boldsymbol{B}}\underset{n\times 1}{\boldsymbol{V}}+\underset{c\times u}{\boldsymbol{A}}\underset{u\times 1}{\hat{\boldsymbol{X}}}+\underset{c\times 1}{\boldsymbol{W}}=\boldsymbol{0},\ \underset{c\times 1}{\boldsymbol{W}}=\underset{c\times n}{\boldsymbol{B}}\underset{n\times 1}{\boldsymbol{L}}+\underset{c\times 1}{\boldsymbol{B}_0},\ \mathrm{rk}(\underset{c\times n}{\boldsymbol{B}})=c,\ \mathrm{rk}(\underset{c\times u}{\boldsymbol{A}})=u\\ \underset{s\times u}{\boldsymbol{C}}\underset{u\times 1}{\hat{\boldsymbol{X}}}+\underset{s\times 1}{\boldsymbol{W}_C}=\boldsymbol{0},\underset{s\times 1}{\boldsymbol{W}_C}=\underset{s\times 1}{\boldsymbol{C}_0},\ \mathrm{rk}(\underset{s\times u}{\boldsymbol{C}})=s\end{array}\right\}\tag{1-4-48}$$

概括函数模型的概括意义体现在：当 $0\leqslant u\leqslant t$、$s=0$、$\boldsymbol{C}=\boldsymbol{0}$ 时特例为具有参数的条件平差的函数模型；当 $u=0$、$s=0$、$\boldsymbol{A}=\boldsymbol{0}$、$\boldsymbol{C}=\boldsymbol{0}$ 时特例为条件平差的函数模型；当 $t\leqslant u\leqslant n$、$s=u-t$、$\boldsymbol{B}=-\boldsymbol{I}$ 时特例为具有约束条件的参数平差的函数模型；当 $u=t$、$s=0$、$\boldsymbol{B}=-\boldsymbol{I}$、$\boldsymbol{C}=\boldsymbol{0}$ 时特例为参数平差的函数模型。概括函数模型包含了前四种基本平差的函数模型，这就是其理论价值所在，尽管该模型未见用于解决实际平差问题。

b）函数模型 2——线性模型（输入未知参数近似值）

将 $\tilde{\boldsymbol{L}}=\boldsymbol{L}-\boldsymbol{\Delta}$、$\boldsymbol{X}=\boldsymbol{X}_0+\delta\boldsymbol{X}$，$\hat{\boldsymbol{L}}=\boldsymbol{L}+\boldsymbol{V}$、$\hat{\boldsymbol{X}}=\boldsymbol{X}_0+\delta\hat{\boldsymbol{X}}$ 分别代入式（1-4-45）和式（1-4-46），可得

观测方程

$$\left.\begin{array}{l}-\underset{c\times n}{\boldsymbol{B}}\underset{n\times 1}{\boldsymbol{\Delta}}+\underset{c\times u}{\boldsymbol{A}}\underset{u\times 1}{\delta\boldsymbol{X}}+\underset{c\times 1}{\boldsymbol{W}}=\boldsymbol{0},\ \underset{c\times 1}{\boldsymbol{W}}=\underset{c\times n}{\boldsymbol{B}}\underset{n\times 1}{\boldsymbol{L}}+\underset{c\times u}{\boldsymbol{A}}\underset{u\times 1}{\boldsymbol{X}_0}+\underset{c\times 1}{\boldsymbol{B}_0},\ \mathrm{rk}(\underset{c\times n}{\boldsymbol{B}})=c,\ \mathrm{rk}(\underset{c\times u}{\boldsymbol{A}})=u\\ \underset{s\times u}{\boldsymbol{C}}\underset{u\times 1}{\delta\boldsymbol{X}}+\underset{s\times 1}{\boldsymbol{W}_C}=\boldsymbol{0},\underset{s\times 1}{\boldsymbol{W}_C}=\underset{s\times u}{\boldsymbol{C}}\underset{u\times 1}{\boldsymbol{X}_0}+\underset{s\times 1}{\boldsymbol{C}_0},\ \mathrm{rk}(\underset{s\times u}{\boldsymbol{C}})=s\end{array}\right\}\tag{1-4-49}$$

改正数方程

$$\left.\begin{array}{l}\underset{c\times n}{\boldsymbol{B}}\underset{n\times 1}{\boldsymbol{V}}+\underset{c\times u}{\boldsymbol{A}}\underset{u\times 1}{\delta\hat{\boldsymbol{X}}}+\underset{c\times 1}{\boldsymbol{W}}=\boldsymbol{0},\ \underset{c\times 1}{\boldsymbol{W}}=\underset{c\times n}{\boldsymbol{B}}\underset{n\times 1}{\boldsymbol{L}}+\underset{c\times u}{\boldsymbol{A}}\underset{u\times 1}{\boldsymbol{X}_0}+\underset{c\times 1}{\boldsymbol{B}_0},\ \mathrm{rk}(\underset{c\times n}{\boldsymbol{B}})=c,\ \mathrm{rk}(\underset{c\times u}{\boldsymbol{A}})=u\\ \underset{s\times u}{\boldsymbol{C}}\underset{u\times 1}{\delta\hat{\boldsymbol{X}}}+\underset{s\times 1}{\boldsymbol{W}_C}=\boldsymbol{0},\underset{s\times 1}{\boldsymbol{W}_C}=\underset{s\times u}{\boldsymbol{C}}\underset{u\times 1}{\boldsymbol{X}_0}+\underset{s\times 1}{\boldsymbol{C}_0},\ \mathrm{rk}(\underset{s\times u}{\boldsymbol{C}})=s\end{array}\right\}\tag{1-4-50}$$

c）函数模型 3——非线性模型

观测方程

$$\left.\begin{array}{l}f(\underset{n\times 1}{\tilde{\boldsymbol{L}}},\ \underset{u\times 1}{\boldsymbol{X}})=\underset{c\times 1}{\boldsymbol{0}}\\ \Psi(\underset{u\times 1}{\boldsymbol{X}})=\underset{s\times 1}{\boldsymbol{0}}\end{array}\right\}\tag{1-4-51}$$

改正数方程

$$\left.\begin{array}{l}f(\underset{n\times 1}{\hat{\boldsymbol{L}}},\ \underset{u\times 1}{\hat{\boldsymbol{X}}})=\underset{c\times 1}{\boldsymbol{0}}\\ \Psi(\underset{u\times 1}{\hat{\boldsymbol{X}}})=\underset{s\times 1}{\boldsymbol{0}}\end{array}\right\}\tag{1-4-52}$$

将非线性函数模型在（$\boldsymbol{L}$，$\boldsymbol{X}_0$）处线性化，可得

$$\left.\begin{array}{l}-\left(\dfrac{\partial f}{\partial\tilde{\boldsymbol{L}}}\right)_{\tilde{\boldsymbol{L}}=\boldsymbol{L},\ \boldsymbol{X}=\boldsymbol{X}_0}\boldsymbol{\Delta}+\left(\dfrac{\partial f}{\partial\boldsymbol{X}}\right)_{\tilde{\boldsymbol{L}}=\boldsymbol{L},\ \boldsymbol{X}=\boldsymbol{X}_0}\delta\boldsymbol{X}+f(\boldsymbol{L},\ \boldsymbol{X}_0)\approx\boldsymbol{0}\\ \left(\dfrac{\mathrm{d}\Psi}{\mathrm{d}\boldsymbol{X}}\right)_{\boldsymbol{X}=\boldsymbol{X}_0}\delta\boldsymbol{X}+\Psi(\boldsymbol{X}_0)\approx\boldsymbol{0}\end{array}\right\}\tag{1-4-53}$$

$$\left.\begin{aligned}&\left(\frac{\partial f}{\partial \hat{\boldsymbol{L}}}\right)_{\hat{L}=L,\ \hat{X}=X_0}\boldsymbol{V}+\left(\frac{\partial f}{\partial \hat{\boldsymbol{X}}}\right)_{\hat{L}=L,\ \hat{X}=X_0}\delta\hat{\boldsymbol{X}}+f(\boldsymbol{L},\ \boldsymbol{X}_0)\approx\boldsymbol{0}\\&\left(\frac{\mathrm{d}\Psi}{\mathrm{d}\hat{\boldsymbol{X}}}\right)_{\hat{X}=X_0}\delta\hat{\boldsymbol{X}}+\Psi(\boldsymbol{X}_0)\approx\boldsymbol{0}\end{aligned}\right\}\tag{1-4-54}$$

它们形式上分别与式（1-4-49）和式（1-4-50）一致。

2）随机模型

五种基本平差方法相同，见式（1-2-16）、式（1-2-17）。

3）估计准则

五种基本平差方法均使用最小二乘原理，见式（1-2-18）。

4）基本公式推导

下面将基于函数模型 2 进行推导。与模型 1 的推导类似，或取 $\boldsymbol{X}_0=\boldsymbol{0}$ 由模型 2 的公式直接写出；模型 3 的求解借助模型 2 的公式，需要时可以采用迭代方式。

a）平差值公式

组成函数 $\Phi=\boldsymbol{V}^{\mathrm{T}}\boldsymbol{P}\boldsymbol{V}-2\boldsymbol{K}_1^{\mathrm{T}}(\boldsymbol{B}\boldsymbol{V}+\boldsymbol{A}\delta\hat{\boldsymbol{X}}+\boldsymbol{W})-2\boldsymbol{K}_2^{\mathrm{T}}(\boldsymbol{C}\delta\hat{\boldsymbol{X}}+\boldsymbol{W}_C)$，令 $\frac{\partial\boldsymbol{\Phi}}{\partial\boldsymbol{V}}=\boldsymbol{0}$、$\frac{\partial\boldsymbol{\Phi}}{\partial\delta\hat{\boldsymbol{X}}}=\boldsymbol{0}$ 并和改正数方程联立，便可推得(联系数) 法方程。或者令

$$\left.\begin{aligned}&\frac{\partial\boldsymbol{\Phi}}{\partial\boldsymbol{V}}=2\boldsymbol{V}^{\mathrm{T}}\boldsymbol{P}-2\boldsymbol{K}_1^{\mathrm{T}}\boldsymbol{B}=\boldsymbol{0}\\&\frac{\partial\boldsymbol{\Phi}}{\partial\delta\hat{\boldsymbol{X}}}=-2\boldsymbol{K}_1^{\mathrm{T}}\boldsymbol{A}-2\boldsymbol{K}_2^{\mathrm{T}}\boldsymbol{C}=\boldsymbol{0}\\&\frac{\partial\boldsymbol{\Phi}}{\partial\boldsymbol{K}_1}=-2(\boldsymbol{B}\boldsymbol{V}+\boldsymbol{A}\delta\hat{\boldsymbol{X}}+\boldsymbol{W})^{\mathrm{T}}=\boldsymbol{0}\\&\frac{\partial\boldsymbol{\Phi}}{\partial\boldsymbol{K}_2}=-2(\boldsymbol{C}\delta\hat{\boldsymbol{X}}+\boldsymbol{W}_C)^{\mathrm{T}}=\boldsymbol{0}\end{aligned}\right\}\Leftrightarrow\left.\begin{aligned}&\boldsymbol{V}=\boldsymbol{P}^{-1}\boldsymbol{B}^{\mathrm{T}}\boldsymbol{K}_1\\&\boldsymbol{A}^{\mathrm{T}}\boldsymbol{K}_1+\boldsymbol{C}^{\mathrm{T}}\boldsymbol{K}_2=\boldsymbol{0}\\&\boldsymbol{B}\boldsymbol{V}+\boldsymbol{A}\delta\hat{\boldsymbol{X}}+\boldsymbol{W}=\boldsymbol{0}\\&\boldsymbol{C}\delta\hat{\boldsymbol{X}}+\boldsymbol{W}_C=\boldsymbol{0}\end{aligned}\right\}$$

亦可得法方程为

$$\left.\begin{aligned}&\boldsymbol{N}_B\boldsymbol{K}_1+\boldsymbol{A}\delta\hat{\boldsymbol{X}}+\boldsymbol{W}=\boldsymbol{0}\\&\boldsymbol{C}\delta\hat{\boldsymbol{X}}+\boldsymbol{W}_C=\boldsymbol{0}\\&\boldsymbol{A}^{\mathrm{T}}\boldsymbol{K}_1+\boldsymbol{C}^{\mathrm{T}}\boldsymbol{K}_2=\boldsymbol{0}\end{aligned}\right\}\tag{1-4-55}$$

或

$$\begin{bmatrix}\boldsymbol{N}_B&\boldsymbol{0}&\boldsymbol{A}\\\boldsymbol{0}&\boldsymbol{0}&\boldsymbol{C}\\\boldsymbol{A}^{\mathrm{T}}&\boldsymbol{C}^{\mathrm{T}}&\boldsymbol{0}\end{bmatrix}\begin{bmatrix}\boldsymbol{K}_1\\\boldsymbol{K}_2\\\delta\hat{\boldsymbol{X}}\end{bmatrix}+\begin{bmatrix}\boldsymbol{W}\\\boldsymbol{W}_C\\\boldsymbol{0}\end{bmatrix}=\boldsymbol{0}\tag{1-4-56}$$

其中，$\underset{c\times c}{\boldsymbol{N}_B}=\boldsymbol{B}\boldsymbol{P}^{-1}\boldsymbol{B}^{\mathrm{T}}$。

法方程通常有两种解法，一种是利用式（1-4-55）分别解出 $\boldsymbol{K}_2$、$\delta\hat{\boldsymbol{X}}$、$\boldsymbol{K}_1$，略去推导，即

$$\boldsymbol{K}_2=\boldsymbol{N}_C^{-1}(\boldsymbol{C}\boldsymbol{N}_A^{-1}\boldsymbol{U}_A-\boldsymbol{W}_C)\tag{1-4-57}$$

$$\delta\hat{\boldsymbol{X}}=\boldsymbol{N}_A^{-1}(\boldsymbol{C}^{\mathrm{T}}\boldsymbol{K}_2-\boldsymbol{U}_A)=-(\boldsymbol{N}_A^{-1}-\boldsymbol{N}_A^{-1}\boldsymbol{C}^{\mathrm{T}}\boldsymbol{N}_C^{-1}\boldsymbol{C}\boldsymbol{N}_A^{-1})\boldsymbol{U}_A-\boldsymbol{N}_A^{-1}\boldsymbol{C}^{\mathrm{T}}\boldsymbol{N}_C^{-1}\boldsymbol{W}_C\tag{1-4-58}$$

$$\boldsymbol{K}_1=-\boldsymbol{N}_B^{-1}(\boldsymbol{A}\delta\hat{\boldsymbol{X}}+\boldsymbol{W})\tag{1-4-59}$$

式中，$\underset{u\times u}{\boldsymbol{N}_{\boldsymbol{A}}}=\boldsymbol{A}^{\mathrm{T}}\boldsymbol{N}_{B}^{-1}\boldsymbol{A}$，$\underset{u\times 1}{\boldsymbol{U}_{\boldsymbol{A}}}=\boldsymbol{A}^{\mathrm{T}}\boldsymbol{N}_{B}^{-1}\boldsymbol{W}$，$\underset{s\times s}{\boldsymbol{N}_{C}}=\boldsymbol{C}\boldsymbol{N}_{A}^{-1}\boldsymbol{C}^{\mathrm{T}}$。另一种是利用式(1-4-56)直接进行 $\boldsymbol{K}_1$、$\boldsymbol{K}_2$、$\delta\hat{\boldsymbol{X}}$ 的求解。法方程的第一种解法常用于理论推导，第二种更适合编程计算但求逆阶数较解法一要高。

有了 $\delta\hat{\boldsymbol{X}}$、$\boldsymbol{K}_1$ 的解，便可得到 $\hat{\boldsymbol{X}}$、$\boldsymbol{V}$、$\hat{\boldsymbol{L}}$ 的解，即

$$\hat{\boldsymbol{X}}=\boldsymbol{X}_0+\delta\hat{\boldsymbol{X}} \tag{1-4-60}$$

$$\boldsymbol{V}=\boldsymbol{P}^{-1}\boldsymbol{B}^{\mathrm{T}}\boldsymbol{K}_1=-\boldsymbol{P}^{-1}\boldsymbol{B}^{\mathrm{T}}\boldsymbol{N}_{B}^{-1}(\boldsymbol{A}\delta\hat{\boldsymbol{X}}+\boldsymbol{W}) \tag{1-4-61}$$

$$\hat{\boldsymbol{L}}=\boldsymbol{L}+\boldsymbol{V} \tag{1-4-62}$$

也可以避免 $\boldsymbol{K}_1$、$\boldsymbol{K}_2$ 的计算，即不用计算式（1-4-59）、式（1-4-57）。

b）精度估计公式

Ⅰ. 验后单位权中误差

仿照参数平差或条件平差，仍可推得

$$\mu=\pm\sqrt{\frac{\boldsymbol{V}^{\mathrm{T}}\boldsymbol{P}\boldsymbol{V}}{r}} \tag{1-4-63}$$

其中，多余观测数 r 还可表示为 $r=c+s-u$，即函数模型个数（$c+s$）减去未知参数个数（u）。

Ⅱ. 有关量的权逆阵

利用权逆阵传播律，可推得常用的权逆阵有

$$\boldsymbol{Q}_{\hat{X}}=\boldsymbol{N}_{A}^{-1}-\boldsymbol{N}_{A}^{-1}\boldsymbol{C}^{\mathrm{T}}\boldsymbol{N}_{C}^{-1}\boldsymbol{C}\boldsymbol{N}_{A}^{-1} \tag{1-4-64}$$

$$\boldsymbol{Q}_{V}=\boldsymbol{P}^{-1}\boldsymbol{B}^{\mathrm{T}}(\boldsymbol{N}_{B}^{-1}-\boldsymbol{N}_{\boldsymbol{B}}^{-1}\boldsymbol{A}\boldsymbol{Q}_{\hat{X}}\boldsymbol{A}^{\mathrm{T}}\boldsymbol{N}_{B}^{-1})\boldsymbol{B}\boldsymbol{P}^{-1} \tag{1-4-65}$$

$$\boldsymbol{Q}_{\hat{L}}=\boldsymbol{P}^{-1}-\boldsymbol{Q}_{V} \tag{1-4-66}$$

此外，$\boldsymbol{Q}_{\hat{X}V}=\boldsymbol{0}$ 和 $\boldsymbol{Q}_{V\hat{L}}=\boldsymbol{0}$ 仍然成立。

4. 基本平差方法的方法扩展

文献中将分区平差、分组平差和序贯平差统称为最小二乘分解法。它们是实践中针对测量数据的分布或获取方式等特点，对基本平差方法在解算方法方面进行的扩展，偏重于解法研究，而参数加权平差则可上升到理论层面，但不管怎样，同一平差问题用这些方法求得的解应与整体平差解相同。所谓整体平差解，就是将所有观测值放在一起，直接采用某一基本平差方法公式（以下统称为常规解法）所得到的结果。下面将以参数平差为例进行说明，其他平差方法也可能涉及分区平差、分组平差、序贯平差、参数加权平差，需要的时候可自行推导。

1）分区平差

当一个平差问题的规模很大时，若按常规解法进行计算，法方程的阶数会因过高而面临求逆困难，同时，按常规解法顺序进行的计算也影响得到整体平差解的速度。分区平差源于大型控制网的平差，通过将大的平差问题分成若干分区，每分区单独计算，然后把各分区结果连接成一个整体，进而得到与整体平差完全一致的结果。该方法适用于已经获得全部观测数据并要求快速提供整体平差结果的场合。

若将全部观测值分成 r 个分区，每个分区及总的数学模型为

$$\begin{bmatrix} \underset{n_1\times 1}{\boldsymbol{V}_1} \\ \underset{n_2\times 1}{\boldsymbol{V}_2} \\ \vdots \\ \underset{n_r\times 1}{\boldsymbol{V}_r} \end{bmatrix} = \begin{bmatrix} \boldsymbol{A}_1 & & & & \boldsymbol{B}_1 \\ & \boldsymbol{A}_2 & & & \boldsymbol{B}_2 \\ & & \ddots & & \vdots \\ & & & \boldsymbol{A}_r & \boldsymbol{B}_r \end{bmatrix} \begin{bmatrix} \delta \underset{t_1\times 1}{\hat{\boldsymbol{X}}_1} \\ \delta \underset{t_2\times 1}{\hat{\boldsymbol{X}}_2} \\ \vdots \\ \delta \underset{t_r\times 1}{\hat{\boldsymbol{X}}_r} \\ \delta \underset{t_c\times 1}{\hat{\boldsymbol{Y}}} \end{bmatrix} + \begin{bmatrix} \boldsymbol{l}_1 \\ \boldsymbol{l}_2 \\ \vdots \\ \boldsymbol{l}_r \end{bmatrix},\ \boldsymbol{P} = \begin{bmatrix} \boldsymbol{P}_1 & & & \\ & \boldsymbol{P}_2 & & \\ & & \ddots & \\ & & & \boldsymbol{P}_r \end{bmatrix} \tag{1-4-67}$$

则该形式的数学模型便是分区平差所要求的形式（分块矩阵的空白处为 0，下同）。其中，$\hat{\boldsymbol{X}}_i$（$i=1$，2，…，r）为第 i 分区的区内参数，近似值为 $\boldsymbol{X}_{0i}$；$\hat{\boldsymbol{Y}}$ 为连接参数或公共参数，近似值为 $\boldsymbol{Y}_0$；$\boldsymbol{l}_i=\boldsymbol{A}_i\boldsymbol{X}_{0i}+\boldsymbol{B}_i\boldsymbol{Y}_0+\boldsymbol{D}_i-\boldsymbol{L}_i$。

对于形如式（1-4-67）的模型方程，由参数平差原理可得其法方程形式为

$$\begin{bmatrix} \boldsymbol{A}_1^{\mathrm{T}}\boldsymbol{P}_1\boldsymbol{A}_1 & & & & \boldsymbol{A}_1^{\mathrm{T}}\boldsymbol{P}_1\boldsymbol{B}_1 \\ & \boldsymbol{A}_2^{\mathrm{T}}\boldsymbol{P}_2\boldsymbol{A}_2 & & & \boldsymbol{A}_2^{\mathrm{T}}\boldsymbol{P}_2\boldsymbol{B}_2 \\ & & \ddots & & \vdots \\ & & & \boldsymbol{A}_r^{\mathrm{T}}\boldsymbol{P}_r\boldsymbol{A}_r & \boldsymbol{A}_r^{\mathrm{T}}\boldsymbol{P}_r\boldsymbol{B}_r \\ \boldsymbol{B}_1^{\mathrm{T}}\boldsymbol{P}_1\boldsymbol{A}_1 & \boldsymbol{B}_2^{\mathrm{T}}\boldsymbol{P}_2\boldsymbol{A}_2 & \cdots & \boldsymbol{B}_r^{\mathrm{T}}\boldsymbol{P}_r\boldsymbol{A}_r & \sum\limits_{i=1}^{r}\boldsymbol{B}_i^{\mathrm{T}}\boldsymbol{P}_i\boldsymbol{B}_i \end{bmatrix} \begin{bmatrix} \delta\underset{t_1\times 1}{\hat{\boldsymbol{X}}_1} \\ \delta\underset{t_2\times 1}{\hat{\boldsymbol{X}}_2} \\ \vdots \\ \delta\underset{t_r\times 1}{\hat{\boldsymbol{X}}_r} \\ \delta\underset{t_c\times 1}{\hat{\boldsymbol{Y}}} \end{bmatrix} + \begin{bmatrix} \boldsymbol{A}_1^{\mathrm{T}}\boldsymbol{P}_1\boldsymbol{l}_1 \\ \boldsymbol{A}_2^{\mathrm{T}}\boldsymbol{P}_2\boldsymbol{l}_2 \\ \vdots \\ \boldsymbol{A}_r^{\mathrm{T}}\boldsymbol{P}_r\boldsymbol{l}_r \\ \sum\limits_{i=1}^{r}\boldsymbol{B}_i^{\mathrm{T}}\boldsymbol{P}_i\boldsymbol{l}_i \end{bmatrix} = \boldsymbol{0}$$

(1-4-68)

分别用$-\boldsymbol{B}_i^{\mathrm{T}}\boldsymbol{P}_i\boldsymbol{A}_i(\boldsymbol{A}_i^{\mathrm{T}}\boldsymbol{P}_i\boldsymbol{A}_i)^{-1}$ 左乘第 t_i 块法方程并累加到第 t_c 块法方程中，则得

$$\left(\sum_{i=1}^{r}\underline{\boldsymbol{B}_i^{\mathrm{T}}\boldsymbol{P}_i\boldsymbol{B}_i} - \sum_{i=1}^{r}\underline{\boldsymbol{B}_i^{\mathrm{T}}\boldsymbol{P}_i\boldsymbol{A}_i(\boldsymbol{A}_i^{\mathrm{T}}\boldsymbol{P}_i\boldsymbol{A}_i)^{-1}}\boldsymbol{A}_i^{\mathrm{T}}\boldsymbol{P}_i\boldsymbol{B}_i\right)\delta\hat{\boldsymbol{Y}} +$$

$$\left(\sum_{i=1}^{r}\underline{\boldsymbol{B}_i^{\mathrm{T}}\boldsymbol{P}_i\boldsymbol{l}_i} - \sum_{i=1}^{r}\boldsymbol{B}_i^{\mathrm{T}}\boldsymbol{P}_i\boldsymbol{A}_i(\boldsymbol{A}_i^{\mathrm{T}}\boldsymbol{P}_i\boldsymbol{A}_i)^{-1}\underline{\boldsymbol{A}_i^{\mathrm{T}}\boldsymbol{P}_i\boldsymbol{l}_i}\right) = \boldsymbol{0} \tag{1-4-69}$$

其中，划线部分可由各分区元素单独计算得到。于是，由该式可解得 $\delta\hat{\boldsymbol{Y}}$，$\hat{\boldsymbol{Y}}$，$\boldsymbol{Q}_{\hat{Y}}$ 为

$$\hat{\boldsymbol{Y}}=\boldsymbol{Y}_0+\delta\hat{\boldsymbol{Y}}$$

$$\boldsymbol{Q}_{\hat{Y}}=\left(\sum_{i=1}^{r}\boldsymbol{B}_i^{\mathrm{T}}\boldsymbol{P}_i\boldsymbol{B}_i - \sum_{i=1}^{r}\boldsymbol{B}_i^{\mathrm{T}}\boldsymbol{P}_i\boldsymbol{A}_i(\boldsymbol{A}_i^{\mathrm{T}}\boldsymbol{P}_i\boldsymbol{A}_i)^{-1}\boldsymbol{A}_i^{\mathrm{T}}\boldsymbol{P}_i\boldsymbol{B}_i\right)^{-1}$$

区内参数$\hat{\boldsymbol{X}}_i=\boldsymbol{X}_{0i}+\delta\hat{\boldsymbol{X}}_i$，其$\delta\hat{\boldsymbol{X}}_i$ 可由式（1-4-68）的第 t_i 块法方程解得，即

$$\delta\hat{\boldsymbol{X}}_i=-(\boldsymbol{A}_i^{\mathrm{T}}\boldsymbol{P}_i\boldsymbol{A}_i)^{-1}\ (\boldsymbol{A}_i^{\mathrm{T}}\boldsymbol{P}_i\boldsymbol{l}_i+\boldsymbol{A}_i^{\mathrm{T}}\boldsymbol{P}_i\boldsymbol{B}_i\delta\hat{\boldsymbol{Y}}) \tag{1-4-70}$$

对上述求解过程进行总结，分区平差步骤为：

（1）分别形成第 i 个分区的模型方程

$$\underset{n_i\times 1}{\boldsymbol{V}_i}=\boldsymbol{A}_i\underset{t_i\times 1}{\delta\hat{\boldsymbol{X}}_i}+\boldsymbol{B}_i\underset{t_c\times 1}{\delta\hat{\boldsymbol{Y}}}+\boldsymbol{l}_i,\ \boldsymbol{P}_i$$

（2）利用 $\boldsymbol{A}_i$、$\boldsymbol{B}_i$、$\boldsymbol{l}_i$、$\boldsymbol{P}_i$，计算式（1-4-69）中的划线部分；

（3）汇总形成式（1-4-69），计算公共参数 $\delta\hat{\boldsymbol{Y}}$、$\hat{\boldsymbol{Y}}$、$\boldsymbol{Q}_{\hat{Y}}$；

（4）通过式（1-4-70）计算各区内参数$\delta\hat{\boldsymbol{X}}_i$、$\hat{\boldsymbol{X}}_i$。

以上分区平差公式没有给出区内参数的权逆阵及参数间的相关权逆阵，但如果需要，也可加以推导计算。

2）分组平差

实际平差问题中，为了达到计算简便、快速的目的，常将观测值或参数分成两组或多组，或者将平差问题的观测值及其处理分期进行，客观上造成了观测值或参数的分组，具有此类特点的平差问题可以采用分组平差。对于观测值分组的情况，文献中也称为阶段平差或观测值逐次分组平差。实际上，分区平差也可以理解为观测值分组的情形。

以两组观测值分组为例，一般形式可表示为

$$\left.\begin{aligned}\underset{n_1\times 1}{\boldsymbol{V}_1}&=\underset{n_1\times t_1}{\boldsymbol{A}_{11}}\underset{t_1\times 1}{\hat{\boldsymbol{X}}_1}+\underset{n_1\times t_2}{\boldsymbol{A}_{12}}\underset{t_2\times 1}{\hat{\boldsymbol{X}}_2}+\underset{n_1\times 1}{\boldsymbol{D}_1}-\underset{n_1\times 1}{\boldsymbol{L}_1},\ \boldsymbol{P}_1=\sigma_0^2\boldsymbol{\Sigma}_1^{-1}\\ \underset{n_2\times 1}{\boldsymbol{V}_2}&=\underset{n_2\times t_2}{\boldsymbol{A}_{22}}\underset{t_2\times 1}{\hat{\boldsymbol{X}}_2}+\underset{n_2\times t_3}{\boldsymbol{A}_{23}}\underset{t_3\times 1}{\hat{\boldsymbol{X}}_3}+\underset{n_2\times 1}{\boldsymbol{D}_2}-\underset{n_2\times 1}{\boldsymbol{L}_2},\ \boldsymbol{P}_2=\sigma_0^2\boldsymbol{\Sigma}_2^{-1}\end{aligned}\right\}\tag{1-4-71}$$

其随机模型要求组间观测值互不相关且定权常数 σ_0^2 相同。式（1-4-71）包括以下几种常见的特殊情况：①$\boldsymbol{A}_{11}=\boldsymbol{0}$、$\boldsymbol{A}_{23}=\boldsymbol{0}$，两组观测值参数相同；②$\boldsymbol{A}_{11}=\boldsymbol{0}$，参数可变之参数增加；③$\boldsymbol{A}_{23}=\boldsymbol{0}$，参数可变之参数减少；④$\boldsymbol{A}_{12}=\boldsymbol{0}$、$\boldsymbol{A}_{22}=\boldsymbol{0}$，参数可变之完全不同。

若分组平差式（1-4-71）中的第一组观测值已经平差过，设其结果为 $\hat{\boldsymbol{X}}'_I=\begin{bmatrix}\hat{\boldsymbol{X}}'_1\\ \hat{\boldsymbol{X}}'_2\end{bmatrix}=\begin{bmatrix}\boldsymbol{X}_{01}\\ \boldsymbol{X}_{02}\end{bmatrix}+\begin{bmatrix}\delta\hat{\boldsymbol{X}}'_1\\ \delta\hat{\boldsymbol{X}}'_2\end{bmatrix}$、$\boldsymbol{Q}_{\hat{X}'_I}=\begin{bmatrix}\boldsymbol{N}_{11} & \boldsymbol{N}_{12}\\ \boldsymbol{N}_{21} & \boldsymbol{N}_{22}\end{bmatrix}^{-1}$，于是，式（1-4-71）整体解的第一种推导思路是，将 $\hat{\boldsymbol{X}}'_1$、$\hat{\boldsymbol{X}}'_2$、$\boldsymbol{X}_{03}$ 分别作为 $\hat{\boldsymbol{X}}_1$、$\hat{\boldsymbol{X}}_2$、$\hat{\boldsymbol{X}}_3$ 近似值，重新列出式（1-4-71）输入未知参数近似值的整体误差方程，然后按参数平差求解得分组平差公式；第二种推导思路是将 $\hat{\boldsymbol{X}}'_I$ 视为虚拟观测值，采用后面介绍的部分参数加权平差原理得出分组平差公式，该思路更加灵活方便。

式（1-4-71）的几种特殊情况均有其相应的应用背景，下面不加推导地给出情况①按第一种推导思路归纳出的分组平差公式。此时，总误差方程为

$$\left.\begin{aligned}\underset{n_1\times 1}{\boldsymbol{V}_1}&=\underset{n_1\times t}{\boldsymbol{A}_1}\underset{t\times 1}{\delta\hat{\boldsymbol{X}}}+\underset{n_1\times 1}{\boldsymbol{l}_1},\ \underset{n_1\times 1}{\boldsymbol{l}_1}=\underset{n_1\times t}{\boldsymbol{A}_1}\underset{t\times 1}{\boldsymbol{X}_0}+\underset{n_1\times 1}{\boldsymbol{D}_1}-\underset{n_1\times 1}{\boldsymbol{L}_1}\\ \underset{n_2\times 1}{\boldsymbol{V}_2}&=\underset{n_2\times t}{\boldsymbol{A}_2}\underset{t\times 1}{\delta\hat{\boldsymbol{X}}}+\underset{n_2\times 1}{\boldsymbol{l}_2},\ \underset{n_2\times 1}{\boldsymbol{l}_2}=\underset{n_2\times t}{\boldsymbol{A}_2}\underset{t\times 1}{\boldsymbol{X}_0}+\underset{n_2\times 1}{\boldsymbol{D}_2}-\underset{n_2\times 1}{\boldsymbol{L}_2}\\ &\vdots\\ \underset{n_k\times 1}{\boldsymbol{V}_k}&=\underset{n_k\times t}{\boldsymbol{A}_k}\underset{t\times 1}{\delta\hat{\boldsymbol{X}}}+\underset{n_k\times 1}{\boldsymbol{l}_k},\ \underset{n_k\times 1}{\boldsymbol{l}_k}=\underset{n_k\times t}{\boldsymbol{A}_k}\underset{t\times 1}{\boldsymbol{X}_0}+\underset{n_k\times 1}{\boldsymbol{D}_k}-\underset{n_k\times 1}{\boldsymbol{L}_k}\end{aligned}\right\}$$

其中，$\boldsymbol{L}_1$，$\boldsymbol{L}_2$，…，$\boldsymbol{L}_k$ 互不相关，权阵为 $\boldsymbol{P}_i=\boldsymbol{Q}_i^{-1}=\sigma_0^2\boldsymbol{\Sigma}_i^{-1}$（$i=1$，2，…，$k$）。设前 $k-1$ 组观测值整体平差后的结果为 $\hat{\boldsymbol{X}}_{(k-1)}$、$\boldsymbol{Q}_{\hat{X}_{(k-1)}}$、$n_{(k-1)}=\sum\limits_{i=1}^{k-1}n_i$、$\boldsymbol{V}^{\mathrm{T}}\boldsymbol{PV}_{(k-1)}$，将 $\hat{\boldsymbol{X}}_{(k-1)}$ 作为第 k 组未知参数的近似值，重新列出第 k 组误差方程为

$$\boldsymbol{V}_k=\boldsymbol{A}_k\delta\hat{\boldsymbol{X}}'_{(k)}+\boldsymbol{l}'_k,\ \boldsymbol{l}'_k=\boldsymbol{A}_k\hat{\boldsymbol{X}}_{(k-1)}+\boldsymbol{D}_k-\boldsymbol{L}_k\tag{1-4-72}$$

于是，k 组观测值整体平差结果可归纳为

$$\delta\hat{\boldsymbol{X}}'_{(k)}=-(\boldsymbol{Q}_{\hat{X}_{(k-1)}}^{-1}+\boldsymbol{A}_k^{\mathrm{T}}\boldsymbol{P}_k\boldsymbol{A}_k)^{-1}\boldsymbol{A}_k^{\mathrm{T}}\boldsymbol{P}_k\boldsymbol{l}'_k\tag{1-4-73}$$

$$\hat{X}_{(k)} = \hat{X}_{(k-1)} + \delta\hat{X}'_{(k)} \tag{1-4-74}$$

$$Q_{\hat{X}_{(k)}} = (Q^{-1}_{\hat{X}_{(k-1)}} + A_k^{\mathrm{T}} P_k A_k)^{-1} \tag{1-4-75}$$

$$\mu^2_{(k)} = \frac{V_k^{\mathrm{T}} P_k V_k + \delta\hat{X}'^{\mathrm{T}}_{(k)} Q^{-1}_{\hat{X}_{(k-1)}} \delta\hat{X}'_{(k)}}{n_k} \tag{1-4-76}$$

或

$$V^{\mathrm{T}}PV_{(k)} = V^{\mathrm{T}}PV_{(k-1)} + l'^{\mathrm{T}}_k [P_k - P_k A_k (Q^{-1}_{\hat{X}_{(k-1)}} + A_k^{\mathrm{T}} P_k A_k)^{-1} A_k^{\mathrm{T}} P_k] l'_k \tag{1-4-77}$$

$$\mu^2_{(k)} = \frac{V^{\mathrm{T}}PV_{(k)}}{n_{(k-1)} + n_k - t} \tag{1-4-78}$$

其中，下标“(k)”表示前 k 组整体平差结果，“k”表示第 k 组有关量。式（1-4-76）和式（1-4-78）均是 σ_0^2 的无偏估值，但实际计算数值会稍有差异，后者与整体平差解完全一致，但使用后者，除需要保存前 $k-1$ 组平差结果 $\hat{X}_{(k-1)}$、$Q_{\hat{X}_{(k-1)}}$ 之外，还另需保存 $n_{(k-1)}$、$V^{\mathrm{T}}PV_{(k-1)}$。

可见，观测值的分组平差或阶段平差的主要特点是利用本期之前的整体平差结果（不是观测值）和本期观测值来快速获取新的整体平差结果。

相较于观测值的分组，参数分组则是为了仅计算出所关心的参数，避免多余的计算。设参数分为两组时的数学模型为

$$V = \begin{bmatrix} A_1 & A_2 \end{bmatrix} \begin{bmatrix} \delta\hat{X}_1 \\ \delta\hat{X}_2 \end{bmatrix} + l,\ P$$

相应的法方程为

$$\begin{bmatrix} A_1^{\mathrm{T}}PA_1 & A_1^{\mathrm{T}}PA_2 \\ A_2^{\mathrm{T}}PA_1 & A_2^{\mathrm{T}}PA_2 \end{bmatrix} \begin{bmatrix} \delta\hat{X}_1 \\ \delta\hat{X}_2 \end{bmatrix} + \begin{bmatrix} A_1^{\mathrm{T}}Pl \\ A_2^{\mathrm{T}}Pl \end{bmatrix} = 0$$

将其简记为

$$\begin{bmatrix} N_{11} & N_{12} \\ N_{21} & N_{22} \end{bmatrix} \begin{bmatrix} \delta\hat{X}_1 \\ \delta\hat{X}_2 \end{bmatrix} + \begin{bmatrix} U_1 \\ U_2 \end{bmatrix} = 0$$

$$\delta\hat{X}_1 = -(N_{11} - N_{12}N_{22}^{-1}N_{21})^{-1}(U_1 - N_{12}N_{22}^{-1}U_2)$$

$$\hat{X}_1 = X_{01} + \delta\hat{X}_1,\quad Q_{\hat{X}_1} = (N_{11} - N_{12}N_{22}^{-1}N_{21})^{-1}$$

类似地，则有

$$\delta\hat{X}_2 = -(N_{22} - N_{21}N_{11}^{-1}N_{12})^{-1}(U_2 - N_{21}N_{11}^{-1}U_1)$$

$$\hat{X}_2 = X_{02} + \delta\hat{X}_2,\quad Q_{\hat{X}_2} = (N_{22} - N_{21}N_{11}^{-1}N_{12})^{-1}$$

3）*序贯平差*

序贯平差本质是利用矩阵反演公式对观测值分组平差公式进行的改化，特别是参数相同时的观测值分组公式，改变形式后的优点更加突出。

设有矩阵 $\underset{k\times k}{A}$、$\underset{k\times s}{B}$、$\underset{s\times k}{C}$、$\underset{s\times s}{D}$，A、D 可逆，矩阵反演公式为

(a) $A^{-1}B(D \mp CA^{-1}B)^{-1} = (A \mp BD^{-1}C)^{-1}BD^{-1}$

(b) $(A \mp BD^{-1}C)^{-1} = A^{-1} \pm A^{-1}B(D \mp CA^{-1}B)^{-1}CA^{-1}$

其中，符号“±”与“∓”表示要么同时取上面的符号，要么同时取下面的符号。矩阵反演公式在测量平差公式的推导中经常被使用。

式（1-4-73）中，令 $\boldsymbol{J}_k=(\boldsymbol{Q}_{\hat{\boldsymbol{X}}_{(k-1)}}^{-1}+\boldsymbol{A}_k^{\mathrm{T}}\boldsymbol{P}_k\boldsymbol{A}_k)^{-1}\boldsymbol{A}_k^{\mathrm{T}}\boldsymbol{P}_k$（称为增益矩阵），对其应用矩阵反演公式（a），则有 $\boldsymbol{J}_k=\boldsymbol{Q}_{\hat{\boldsymbol{X}}_{(k-1)}}\boldsymbol{A}_k^{\mathrm{T}}(\boldsymbol{P}_k^{-1}+\boldsymbol{A}_k\boldsymbol{Q}_{\hat{\boldsymbol{X}}_{(k-1)}}\boldsymbol{A}_k^{\mathrm{T}})^{-1}$。由于 $\boldsymbol{P}_k^{-1}$ 在基本平差中是正定的，$\boldsymbol{A}_k\boldsymbol{Q}_{\hat{\boldsymbol{X}}_{(k-1)}}\boldsymbol{A}_k^{\mathrm{T}}$ 是非负定的，正定矩阵加同阶非负定矩阵仍然正定，故 $\boldsymbol{P}_k^{-1}+\boldsymbol{A}_k\boldsymbol{Q}_{\hat{\boldsymbol{X}}_{(k-1)}}\boldsymbol{A}_k^{\mathrm{T}}$ 正定、可逆。可见，分组平差或序贯平差中，不要求 $\underset{n_k\times t}{\boldsymbol{A}_k}$ 列满秩，特别地，当第 k 组观测值仅有一个时（$n_k=1$），变换后的 $\boldsymbol{J}_k$ 中，矩阵求逆变为求一个数的倒数，计算非常简单。另外，对式（1-4-75）应用矩阵反演公式（b），可得

$$\begin{aligned}\boldsymbol{Q}_{\hat{\boldsymbol{X}}_{(k)}}&=(\boldsymbol{Q}_{\hat{\boldsymbol{X}}_{(k-1)}}^{-1}+\boldsymbol{A}_k^{\mathrm{T}}\boldsymbol{P}_k\boldsymbol{A}_k)^{-1}\\&=\boldsymbol{Q}_{\hat{\boldsymbol{X}}_{(k-1)}}-\boldsymbol{Q}_{\hat{\boldsymbol{X}}_{(k-1)}}\boldsymbol{A}_k^{\mathrm{T}}(\boldsymbol{P}_k^{-1}+\boldsymbol{A}_k\boldsymbol{Q}_{\hat{\boldsymbol{X}}_{(k-1)}}\boldsymbol{A}_k^{\mathrm{T}})^{-1}\boldsymbol{A}_k\boldsymbol{Q}_{\hat{\boldsymbol{X}}_{(k-1)}}\\&=\boldsymbol{Q}_{\hat{\boldsymbol{X}}_{(k-1)}}-\boldsymbol{J}_k\boldsymbol{A}_k\boldsymbol{Q}_{\hat{\boldsymbol{X}}_{(k-1)}}=(\boldsymbol{I}-\boldsymbol{J}_k\boldsymbol{A}_k)\boldsymbol{Q}_{\hat{\boldsymbol{X}}_{(k-1)}}\end{aligned}$$

序贯平差公式求单位权中误差时通常利用式（1-4-77）、式（1-4-78），对式（1-4-77）应用矩阵反演公式（b），可得

$$\boldsymbol{V}^{\mathrm{T}}\boldsymbol{PV}_{(k)}=\boldsymbol{V}^{\mathrm{T}}\boldsymbol{PV}_{(k-1)}+\boldsymbol{l}_k'^{\mathrm{T}}(\boldsymbol{P}_k^{-1}+\boldsymbol{A}_k\boldsymbol{Q}_{\hat{\boldsymbol{X}}_{(k-1)}}\boldsymbol{A}_k^{\mathrm{T}})^{-1}\boldsymbol{l}_k'$$

综上，对应式（1-4-72）～式（1-4-75）、式（1-4-77）、式（1-4-78），利用矩阵反演公式所得的序贯平差公式可总结为

$$\boldsymbol{V}_k=\boldsymbol{A}_k\delta\hat{\boldsymbol{X}}_{(k)}'+\boldsymbol{l}_k',\ \boldsymbol{l}_k'=\boldsymbol{A}_k\hat{\boldsymbol{X}}_{(k-1)}+\boldsymbol{D}_k-\boldsymbol{L}_k \tag{1-4-79}$$

$$\delta\hat{\boldsymbol{X}}_{(k)}'=-\boldsymbol{J}_k\boldsymbol{l}_k' \tag{1-4-80}$$

$$\hat{\boldsymbol{X}}_{(k)}=\hat{\boldsymbol{X}}_{(k-1)}+\delta\hat{\boldsymbol{X}}_{(k)}' \tag{1-4-81}$$

$$\boldsymbol{Q}_{\hat{\boldsymbol{X}}_{(k)}}=(\boldsymbol{I}-\boldsymbol{J}_k\boldsymbol{A}_k)\boldsymbol{Q}_{\hat{\boldsymbol{X}}_{(k-1)}} \tag{1-4-82}$$

$$\boldsymbol{V}^{\mathrm{T}}\boldsymbol{PV}_{(k)}=\boldsymbol{V}^{\mathrm{T}}\boldsymbol{PV}_{(k-1)}+\boldsymbol{l}_k'^{\mathrm{T}}(\boldsymbol{P}_k^{-1}+\boldsymbol{A}_k\boldsymbol{Q}_{\hat{\boldsymbol{X}}_{(k-1)}}\boldsymbol{A}_k^{\mathrm{T}})^{-1}\boldsymbol{l}_k' \tag{1-4-83}$$

$$\mu_{(k)}^2=\frac{\boldsymbol{V}^{\mathrm{T}}\boldsymbol{PV}_{(k)}}{n_{(k-1)}+n_k-t} \tag{1-4-84}$$

式中

$$\boldsymbol{J}_k=\boldsymbol{Q}_{\hat{\boldsymbol{X}}_{(k-1)}}\boldsymbol{A}_k^{\mathrm{T}}(\boldsymbol{P}_k^{-1}+\boldsymbol{A}_k\boldsymbol{Q}_{\hat{\boldsymbol{X}}_{(k-1)}}\boldsymbol{A}_k^{\mathrm{T}})^{-1}$$

一般地，第一组（$k=1$）观测值按参数平差取得初始解后，从第二组（$k\geqslant2$）开始（可以只有一个观测值），便可利用上述公式进行序贯平差。因未知参数是固定的未知常数，序贯平差也被称为静态卡尔曼滤波。

4）参数加权平差

参数加权平差是参数近似值具有先验信息时加以顾及的方法，有的文献也将其归入现代平差，以区别传统方法不顾及先验信息的情况。可以证明，如果参数近似值具有先验信息并进行了顾及，将能够取得比传统方法精度更高的参数解。下面先介绍部分参数加权平差的数学模型和求解公式。

a）函数模型

观测方程 $$\underset{n\times 1}{\tilde{\boldsymbol{L}}}=\underset{n\times 1}{\boldsymbol{L}}-\underset{n\times 1}{\boldsymbol{\Delta}}=\underset{n\times t_1}{\boldsymbol{A}_1}\underset{t_1\times 1}{\boldsymbol{X}_1}+\underset{n\times t_2}{\boldsymbol{A}_2}\underset{t_2\times 1}{\boldsymbol{X}_2}+\underset{n\times 1}{\boldsymbol{D}} \tag{1-4-85}$$

改正数方程 $$\underset{n\times 1}{\hat{\boldsymbol{L}}}=\underset{n\times 1}{\boldsymbol{L}}+\underset{n\times 1}{\boldsymbol{V}}=\underset{n\times t_1}{\boldsymbol{A}_1}\underset{t_1\times 1}{\hat{\boldsymbol{X}}_1}+\underset{n\times t_2}{\boldsymbol{A}_2}\underset{t_2\times 1}{\hat{\boldsymbol{X}}_2}+\underset{n\times 1}{\boldsymbol{D}} \tag{1-4-86}$$

令 $\boldsymbol{X}_1$ 和$\hat{\boldsymbol{X}}_1$ 的近似值为 $\boldsymbol{X}_{01}$、$\boldsymbol{X}_2$ 和$\hat{\boldsymbol{X}}_2$ 的近似值为 $\boldsymbol{X}_{02}$，若 $\boldsymbol{X}_{01}$、$\boldsymbol{X}_{02}$ 无先验信息（任取的常数），则上述模型相当于参数平差中参数分了组的模型。但是，若 $\boldsymbol{X}_{01}$ 有了先验信息：$E(\boldsymbol{X}_{01})=\boldsymbol{X}_1$、$\boldsymbol{P}_{\boldsymbol{X}_{01}}=\boldsymbol{Q}_{\boldsymbol{X}_{01}}^{-1}=\sigma_0^2\boldsymbol{\Sigma}_{\boldsymbol{X}_{01}}^{-1}>0$，则该模型被称为参数平差的部分参数加权平差模型。类似地，其他平差方法也可能有其对应的部分参数加权平差模型。

b）随机模型

$\boldsymbol{X}_{01}$ 有了先验信息便可视为虚拟观测值或广义观测值，于是，部分参数加权平差的随机模型便由观测值 $\boldsymbol{L}$ 和 $\boldsymbol{X}_{01}$ 的随机特性组成，即

$$\left.\begin{aligned}&E(\boldsymbol{\Delta})=\boldsymbol{0}\\&\boldsymbol{P}=\boldsymbol{Q}^{-1}=\sigma_0^2\boldsymbol{\Sigma}^{-1}>0\end{aligned}\right\} \tag{1-4-87}$$

$$\left.\begin{aligned}&E(\boldsymbol{\Delta}_{\boldsymbol{X}_{01}})=\boldsymbol{0}\\&\boldsymbol{P}_{\boldsymbol{X}_{01}}=\boldsymbol{Q}_{\boldsymbol{X}_{01}}^{-1}=\sigma_0^2\boldsymbol{\Sigma}_{\boldsymbol{X}_{01}}^{-1}>0\end{aligned}\right\} \tag{1-4-88}$$

$$\boldsymbol{\Sigma}_{\boldsymbol{X}_{01}\boldsymbol{L}}=\boldsymbol{\Sigma}_{\boldsymbol{L}\boldsymbol{X}_{01}}^{\mathrm{T}}=\boldsymbol{0} \tag{1-4-89}$$

其中，$\boldsymbol{X}_1=\boldsymbol{X}_{01}-\boldsymbol{\Delta}_{\boldsymbol{X}_{01}}$ 可类比 $\tilde{\boldsymbol{L}}=\boldsymbol{L}-\boldsymbol{\Delta}$ 理解，$\boldsymbol{P}$、$\boldsymbol{Q}$、$\boldsymbol{\Sigma}$ 为 $\boldsymbol{\Delta}$ 或 $\boldsymbol{L}$ 的权阵、权逆阵、协方差阵，$\boldsymbol{P}_{\boldsymbol{X}_{01}}$、$\boldsymbol{Q}_{\boldsymbol{X}_{01}}$、$\boldsymbol{\Sigma}_{\boldsymbol{X}_{01}}$ 为 $\boldsymbol{\Delta}_{\boldsymbol{X}_{01}}$ 或 $\boldsymbol{X}_{01}$ 的权阵、权逆阵、协方差阵；式（1-4-89）表明两类观测值不相关。注意，本书强调参数加权平差是参数近似值具有统计特性，参数本身如前文仍是固定的未知常数，即参数性质上仍是非随机参数。

c）求解公式

基于虚拟观测值思想，以上模型的求解，既可以采用具有参数的条件平差法，也可以继续采用参数平差法。

Ⅰ. 具有参数的条件平差法

将$\hat{\boldsymbol{X}}_1=\boldsymbol{X}_{01}+\boldsymbol{V}_{\boldsymbol{X}_{01}}$、$\hat{\boldsymbol{X}}_2=\boldsymbol{X}_{02}+\delta\hat{\boldsymbol{X}}_2$ 代入式（1-4-86），可得

$$-\boldsymbol{V}+\boldsymbol{A}_1\boldsymbol{V}_{\boldsymbol{X}_{01}}+\boldsymbol{A}_2\delta\hat{\boldsymbol{X}}_2+\boldsymbol{l}=\boldsymbol{0},\ \boldsymbol{l}=\boldsymbol{A}_1\boldsymbol{X}_{01}+\boldsymbol{A}_2\boldsymbol{X}_{02}+\boldsymbol{D}-\boldsymbol{L} \tag{1-4-90}$$

将观测值的改正数项合并，数学模型简写为

$$\bar{\boldsymbol{B}}\,\bar{\boldsymbol{V}}+\boldsymbol{A}_2\delta\hat{\boldsymbol{X}}_2+\boldsymbol{l}=\boldsymbol{0}\ ,\ \boldsymbol{l}=\boldsymbol{A}_1\boldsymbol{X}_{01}+\boldsymbol{A}_2\boldsymbol{X}_{02}+\boldsymbol{D}-\boldsymbol{L},\ \bar{\boldsymbol{P}} \tag{1-4-91}$$

其中，$\bar{\boldsymbol{B}}=[-\boldsymbol{I}\quad \boldsymbol{A}_1]$，$\bar{\boldsymbol{V}}=\begin{bmatrix}\boldsymbol{V}\\ \boldsymbol{V}_{\boldsymbol{X}_{01}}\end{bmatrix}$，$\bar{\boldsymbol{P}}=\begin{bmatrix}\boldsymbol{P} & \\ & \boldsymbol{P}_{\boldsymbol{X}_{01}}\end{bmatrix}$。可见，该模型同具有参数的条件平差模型一致，故借助后者求解公式可直接写出前者的求解公式，即

$$\boldsymbol{N}_B=\bar{\boldsymbol{B}}\bar{\boldsymbol{P}}^{-1}\bar{\boldsymbol{B}}^{\mathrm{T}}=\boldsymbol{P}^{-1}+\boldsymbol{A}_1\boldsymbol{Q}_{\boldsymbol{X}_{01}}\boldsymbol{A}_1^{\mathrm{T}}=\boldsymbol{Q}_l \tag{1-4-92}$$

$$\hat{\boldsymbol{X}}_2=\boldsymbol{X}_{02}+\delta\hat{\boldsymbol{X}}_2=\boldsymbol{X}_{02}-(\boldsymbol{A}_2^{\mathrm{T}}\boldsymbol{Q}_l^{-1}\boldsymbol{A}_2)^{-1}\boldsymbol{A}_2^{\mathrm{T}}\boldsymbol{Q}_l^{-1}\boldsymbol{l} \tag{1-4-93}$$

$$\hat{\boldsymbol{X}}_1=\boldsymbol{X}_{01}+\boldsymbol{V}_{\boldsymbol{X}_{01}}=\boldsymbol{X}_{01}-\boldsymbol{Q}_{\boldsymbol{X}_{01}}\boldsymbol{A}_1^{\mathrm{T}}\boldsymbol{Q}_l^{-1}(\boldsymbol{A}_2\delta\hat{\boldsymbol{X}}_2+\boldsymbol{l}) \tag{1-4-94}$$

$$\hat{\boldsymbol{L}}=\boldsymbol{L}+\boldsymbol{V}=\boldsymbol{L}+\boldsymbol{P}^{-1}\boldsymbol{Q}_l^{-1}(\boldsymbol{A}_2\delta\hat{\boldsymbol{X}}_2+\boldsymbol{l}) \tag{1-4-95}$$

$$\mu^2=\frac{\boldsymbol{V}^{\mathrm{T}}\boldsymbol{P}\boldsymbol{V}+\boldsymbol{V}_{\boldsymbol{X}_{01}}^{\mathrm{T}}\boldsymbol{P}_{\boldsymbol{X}_{01}}\boldsymbol{V}_{\boldsymbol{X}_{01}}}{n-t_2} \tag{1-4-96}$$

$$Q_{\hat{X}_2}=(\boldsymbol{A}_2^{\mathrm{T}}\boldsymbol{N}_B^{-1}\boldsymbol{A}_2)^{-1}=(\boldsymbol{A}_2^{\mathrm{T}}\boldsymbol{Q}_l^{-1}\boldsymbol{A}_2)^{-1} \tag{1-4-97}$$

$$\boldsymbol{Q}_{\hat{X}_1}=\boldsymbol{Q}_{X_{01}}-\boldsymbol{Q}_{V_{X_{01}}}=\boldsymbol{Q}_{X_{01}}-\boldsymbol{Q}_{X_{01}}\boldsymbol{A}_1^{\mathrm{T}}(\boldsymbol{Q}_l^{-1}-\boldsymbol{Q}_l^{-1}\boldsymbol{A}_2\boldsymbol{Q}_{\hat{X}_2}\boldsymbol{A}_2^{\mathrm{T}}\boldsymbol{Q}_l^{-1})\boldsymbol{A}_1\boldsymbol{Q}_{X_{01}} \tag{1-4-98}$$

$$\boldsymbol{Q}_{\hat{L}}=\boldsymbol{P}^{-1}-\boldsymbol{Q}_V=\boldsymbol{P}^{-1}-\boldsymbol{P}^{-1}(\boldsymbol{Q}_l^{-1}-\boldsymbol{Q}_l^{-1}\boldsymbol{A}_2\boldsymbol{Q}_{\hat{X}_2}\boldsymbol{A}_2^{\mathrm{T}}\boldsymbol{Q}_l^{-1})\boldsymbol{P}^{-1} \tag{1-4-99}$$

仿照具有参数的条件平差求解公式的推导，也可以采用拉格朗日法重新推导上述求解公式，此时最小二乘原理及组成函数为

$$\overline{\boldsymbol{V}}^{\mathrm{T}}\overline{\boldsymbol{P}}\,\overline{\boldsymbol{V}}=\boldsymbol{V}^{\mathrm{T}}\boldsymbol{P}\boldsymbol{V}+\boldsymbol{V}_{X_{01}}^{\mathrm{T}}\boldsymbol{P}_{X_{01}}\boldsymbol{V}_{X_{01}}=\min \tag{1-4-100}$$

$$\begin{aligned}\boldsymbol{\Phi}&=\overline{\boldsymbol{V}}^{\mathrm{T}}\overline{\boldsymbol{P}}\,\overline{\boldsymbol{V}}-2\boldsymbol{K}^{\mathrm{T}}(\boldsymbol{B}\overline{\boldsymbol{V}}+\boldsymbol{A}_2\delta\hat{\boldsymbol{X}}_2+\boldsymbol{l})\\&=\boldsymbol{V}^{\mathrm{T}}\boldsymbol{P}\boldsymbol{V}+\boldsymbol{V}_{X_{01}}^{\mathrm{T}}\boldsymbol{P}_{X_{01}}\boldsymbol{V}_{X_{01}}-2\boldsymbol{K}^{\mathrm{T}}(-\boldsymbol{V}+\boldsymbol{A}_1\boldsymbol{V}_{X_{01}}+\boldsymbol{A}_2\delta\hat{\boldsymbol{X}}_2+\boldsymbol{l})\end{aligned} \tag{1-4-101}$$

具体推导过程不再给出。由于 $\boldsymbol{V}^{\mathrm{T}}\boldsymbol{P}\boldsymbol{V}=\min$ 扩展后包含了参数的先验信息，文献中也将式（1-4-100）归属为广义最小二乘原理。

Ⅱ. 参数平差法

将式（1-4-86）视为观测值 $\boldsymbol{L}$ 的误差方程，其右端的 $\hat{\boldsymbol{X}}_1$ 视为待求的一般参数（类似 $\hat{\boldsymbol{X}}_2$），根据参数平差原理，还应列出（虚拟）观测值 $\boldsymbol{X}_{01}$ 的误差方程，于是有

$$\left.\begin{aligned}&\underset{n\times1}{\boldsymbol{L}}+\underset{n\times1}{\boldsymbol{V}}=\underset{n\times t_1}{\boldsymbol{A}_1}\;\underset{t_1\times1}{\hat{\boldsymbol{X}}_1}+\underset{n\times t_2}{\boldsymbol{A}_2}\;\underset{t_2\times1}{\hat{\boldsymbol{X}}_2}+\underset{n\times1}{\boldsymbol{D}}\\&\underset{t_1\times1}{\boldsymbol{X}_{01}}+\underset{t_1\times1}{\boldsymbol{V}_{X_{01}}}=\underset{t_1\times1}{\hat{\boldsymbol{X}}_1}\end{aligned}\right\} \tag{1-4-102}$$

注意到等式右端的参数 $\hat{\boldsymbol{X}}_1$、$\hat{\boldsymbol{X}}_2$ 均为一般参数，它们的近似值可以任意选取，令其分别为 $\boldsymbol{X}_{01}^*$、$\boldsymbol{X}_{02}$，则上式等价为

$$\begin{bmatrix}\boldsymbol{V}\\\boldsymbol{V}_{X_{01}}\end{bmatrix}=\begin{bmatrix}\boldsymbol{A}_1&\boldsymbol{A}_2\\I&\boldsymbol{0}\end{bmatrix}\begin{bmatrix}\delta\hat{\boldsymbol{X}}_1\\\delta\hat{\boldsymbol{X}}_2\end{bmatrix}+\begin{bmatrix}\boldsymbol{l}\\\boldsymbol{l}_{X_{01}}\end{bmatrix},\quad\begin{bmatrix}\boldsymbol{l}\\\boldsymbol{l}_{X_{01}}\end{bmatrix}=\begin{bmatrix}\boldsymbol{A}_1\boldsymbol{X}_{01}^*+\boldsymbol{A}_2\boldsymbol{X}_{02}+\boldsymbol{D}-\boldsymbol{L}\\\boldsymbol{X}_{01}^*-\boldsymbol{X}_{01}\end{bmatrix}$$

将模型方程简记为

$$\overline{\boldsymbol{V}}=\overline{\boldsymbol{A}}\delta\hat{\boldsymbol{X}}+\overline{\boldsymbol{l}},\ \overline{\boldsymbol{P}}$$

其中，$\overline{\boldsymbol{V}}=\begin{bmatrix}\boldsymbol{V}\\\boldsymbol{V}_{X_{01}}\end{bmatrix}$，$\overline{\boldsymbol{A}}=\begin{bmatrix}\boldsymbol{A}_1&\boldsymbol{A}_2\\\boldsymbol{I}&\boldsymbol{0}\end{bmatrix}$，$\delta\hat{\boldsymbol{X}}=\begin{bmatrix}\delta\hat{\boldsymbol{X}}_1\\\delta\hat{\boldsymbol{X}}_2\end{bmatrix}$，$\overline{\boldsymbol{l}}=\begin{bmatrix}\boldsymbol{l}\\\boldsymbol{l}_{X_{01}}\end{bmatrix}$，$\overline{\boldsymbol{P}}=\begin{bmatrix}\boldsymbol{P}&\\&\boldsymbol{P}_{X_{01}}\end{bmatrix}$。可见，该模型同参数平差模型一致，故借助参数平差求解公式有

$$\boldsymbol{N}=\overline{\boldsymbol{A}}^{\mathrm{T}}\overline{\boldsymbol{P}}\,\overline{\boldsymbol{A}}=\begin{bmatrix}\boldsymbol{A}_1^{\mathrm{T}}\boldsymbol{P}\boldsymbol{A}_1+\boldsymbol{P}_{X_{01}}&\boldsymbol{A}_1^{\mathrm{T}}\boldsymbol{P}\boldsymbol{A}_2\\\boldsymbol{A}_2^{\mathrm{T}}\boldsymbol{P}\boldsymbol{A}_1&\boldsymbol{A}_2^{\mathrm{T}}\boldsymbol{P}\boldsymbol{A}_2\end{bmatrix},\quad\boldsymbol{U}=\boldsymbol{A}^{\mathrm{T}}\overline{\boldsymbol{P}\boldsymbol{l}}=\begin{bmatrix}\boldsymbol{A}_1^{\mathrm{T}}\boldsymbol{P}\boldsymbol{l}+\boldsymbol{P}_{X_{01}}\boldsymbol{l}_{X_{01}}\\\boldsymbol{A}_2^{\mathrm{T}}\boldsymbol{P}\boldsymbol{l}\end{bmatrix} \tag{1-4-103}$$

$$\delta\hat{\boldsymbol{X}}=\begin{bmatrix}\delta\hat{\boldsymbol{X}}_1\\\delta\hat{\boldsymbol{X}}_2\end{bmatrix}=-\boldsymbol{N}^{-1}\boldsymbol{U},\ \hat{\boldsymbol{X}}=\begin{bmatrix}\hat{\boldsymbol{X}}_1\\\hat{\boldsymbol{X}}_2\end{bmatrix}=\begin{bmatrix}\boldsymbol{X}_{01}^*+\delta\hat{\boldsymbol{X}}_1\\\boldsymbol{X}_{02}+\delta\hat{\boldsymbol{X}}_2\end{bmatrix} \tag{1-4-104}$$

$$\boldsymbol{V}=\boldsymbol{A}\delta\hat{\boldsymbol{X}}+\boldsymbol{l},\ \boldsymbol{A}=[\boldsymbol{A}_1\quad\boldsymbol{A}_2] \tag{1-4-105}$$

$$\hat{\boldsymbol{L}}=\boldsymbol{L}+\boldsymbol{V} \tag{1-4-106}$$

$$\mu^2=\frac{\boldsymbol{V}^{\mathrm{T}}\boldsymbol{P}\boldsymbol{V}+(\hat{\boldsymbol{X}}_1-\boldsymbol{X}_{01})^{\mathrm{T}}\boldsymbol{P}_{X_{01}}(\hat{\boldsymbol{X}}_1-\boldsymbol{X}_{01})}{n-t_2} \tag{1-4-107}$$

$$\boldsymbol{Q}_{\hat{X}}=\boldsymbol{N}^{-1} \tag{1-4-108}$$

$$\boldsymbol{Q}_{\hat{L}}=\boldsymbol{A}\boldsymbol{Q}_{\hat{X}}\boldsymbol{A}^{\mathrm{T}},\ \boldsymbol{A}=[\boldsymbol{A}_1\quad\boldsymbol{A}_2] \tag{1-4-109}$$

$$\boldsymbol{Q}_V=\boldsymbol{P}^{-1}-\boldsymbol{Q}_{\hat{L}} \tag{1-4-110}$$

可以证明，该组公式同式（1-4-92）～式（1-4-99）完全相同。另外要说明的是：①该组公式的编程，可以在已有参数平差程序（不考虑参数先验信息）基础上简单修改得到，即只需在原计算公式中加入上述划线部分即可；② $\boldsymbol{X}_{01}^{*}$ 可以任意选取，当取为 $\boldsymbol{X}_{01}$（一般常数值）时，便得到文献中经常给出的公式，本书不再给出。

当部分参数加权平差中无先验信息的参数消失后，便特例化为全部参数加权平差，据此不难写出全部参数加权平差的模型及其求解公式。

函数模型为

观测方程 $$\underset{n\times1}{\widetilde{\boldsymbol{L}}}=\underset{n\times1}{\boldsymbol{L}}-\underset{n\times1}{\boldsymbol{\Delta}}=\underset{n\times t}{\boldsymbol{A}}\underset{t\times1}{\boldsymbol{X}}+\underset{n\times1}{\boldsymbol{D}} \tag{1-4-111}$$

改正数方程 $$\underset{n\times1}{\hat{\boldsymbol{L}}}=\underset{n\times1}{\boldsymbol{L}}+\underset{n\times1}{\boldsymbol{V}}=\underset{n\times t}{\boldsymbol{A}}\underset{t\times1}{\hat{\boldsymbol{X}}}+\underset{n\times1}{\boldsymbol{D}} \tag{1-4-112}$$

随机模型为

$$\left.\begin{aligned}&E(\boldsymbol{\Delta})=\boldsymbol{0}\\&\boldsymbol{P}=\boldsymbol{Q}^{-1}=\sigma_0^2\boldsymbol{\Sigma}^{-1}>0\end{aligned}\right\} \tag{1-4-113}$$

$$\left.\begin{aligned}&E(\boldsymbol{\Delta}_{\boldsymbol{X}_0})=\boldsymbol{0}\\&\boldsymbol{P}_{\boldsymbol{X}_0}=\boldsymbol{Q}_{\boldsymbol{X}_0}^{-1}=\sigma_0^2\boldsymbol{\Sigma}_{\boldsymbol{X}_0}^{-1}>0\end{aligned}\right\} \tag{1-4-114}$$

$$\boldsymbol{\Sigma}_{\boldsymbol{X}_0L}=\boldsymbol{\Sigma}_{\mathrm{L}\boldsymbol{X}_0}^{\mathrm{T}}=\boldsymbol{0} \tag{1-4-115}$$

相应式（1-4-92）～式（1-4-99）的求解公式为

$$\boldsymbol{Q}_l=\boldsymbol{P}^{-1}+\boldsymbol{A}\boldsymbol{Q}_{\boldsymbol{X}_0}\boldsymbol{A}^{\mathrm{T}} \tag{1-4-116}$$

$$\hat{\boldsymbol{X}}=\boldsymbol{X}_0+\boldsymbol{V}_{\boldsymbol{X}_0}=\boldsymbol{X}_0-\boldsymbol{Q}_{\boldsymbol{X}_0}\boldsymbol{A}^{\mathrm{T}}\boldsymbol{Q}_l^{-1}\boldsymbol{l} \tag{1-4-117}$$

$$\hat{\boldsymbol{L}}=\boldsymbol{L}+\boldsymbol{V}=\boldsymbol{L}+\boldsymbol{P}^{-1}\boldsymbol{Q}_l^{-1}\boldsymbol{l} \tag{1-4-118}$$

$$\mu^2=\frac{\boldsymbol{V}^{\mathrm{T}}\boldsymbol{P}\boldsymbol{V}+\boldsymbol{V}_{\boldsymbol{X}_0}^{\mathrm{T}}\boldsymbol{P}_{\boldsymbol{X}_0}\boldsymbol{V}_{\boldsymbol{X}_0}}{n} \tag{1-4-119}$$

$$\boldsymbol{Q}_{\hat{\boldsymbol{X}}}=\boldsymbol{Q}_{\boldsymbol{X}_0}-\boldsymbol{Q}_{\boldsymbol{V}_{\boldsymbol{X}_0}}=\boldsymbol{Q}_{\boldsymbol{X}_0}-\boldsymbol{Q}_{\boldsymbol{X}_0}\boldsymbol{A}^{\mathrm{T}}\boldsymbol{Q}_l^{-1}A\boldsymbol{Q}_{\boldsymbol{X}_0}=(\boldsymbol{A}^{\mathrm{T}}\boldsymbol{P}\boldsymbol{A}+\boldsymbol{P}_{\boldsymbol{X}_0})^{-1} \tag{1-4-120}$$

$$\boldsymbol{Q}_{\hat{L}}=\boldsymbol{P}^{-1}-\boldsymbol{Q}_{\boldsymbol{V}}=\boldsymbol{P}^{-1}-\boldsymbol{P}^{-1}\boldsymbol{Q}_l^{-1}\boldsymbol{P}^{-1} \tag{1-4-121}$$

其中，$\boldsymbol{l}=\boldsymbol{A}\boldsymbol{X}_0+\boldsymbol{D}-\boldsymbol{L}$。

相应式（1-4-103）～式（1-4-110）的求解公式为

$$\boldsymbol{N}=\boldsymbol{A}^{\mathrm{T}}\boldsymbol{P}\boldsymbol{A}+\underline{\boldsymbol{P}_{\boldsymbol{X}_0}}，\boldsymbol{U}=\boldsymbol{A}^{\mathrm{T}}\boldsymbol{P}\boldsymbol{l}+\underline{\boldsymbol{P}_{\boldsymbol{X}_0}\boldsymbol{l}_{\boldsymbol{X}_0}} \tag{1-4-122}$$

$$\delta\hat{\boldsymbol{X}}=-\boldsymbol{N}^{-1}\boldsymbol{U}，\hat{\boldsymbol{X}}=\boldsymbol{X}_0^{*}+\delta\hat{\boldsymbol{X}} \tag{1-4-123}$$

$$\boldsymbol{V}=\boldsymbol{A}\delta\hat{\boldsymbol{X}}+\boldsymbol{l} \tag{1-4-124}$$

$$\hat{\boldsymbol{L}}=\boldsymbol{L}+\boldsymbol{V} \tag{1-4-125}$$

$$\mu^2=\frac{\boldsymbol{V}^{\mathrm{T}}\boldsymbol{P}\boldsymbol{V}+\underline{\underline{(\hat{\boldsymbol{X}}-\boldsymbol{X}_0)^{\mathrm{T}}\boldsymbol{P}_{\boldsymbol{X}_0}(\hat{\boldsymbol{X}}-\boldsymbol{X}_0)}}}{n} \tag{1-4-126}$$

$$\boldsymbol{Q}_{\hat{\boldsymbol{X}}}=\boldsymbol{N}^{-1} \tag{1-4-127}$$

$$\boldsymbol{Q}_{\hat{L}}=\boldsymbol{A}\boldsymbol{Q}_{\hat{\boldsymbol{X}}}\boldsymbol{A}^{\mathrm{T}} \tag{1-4-128}$$

$$\boldsymbol{Q}_{\boldsymbol{V}}=\boldsymbol{P}^{-1}-\boldsymbol{Q}_{\hat{L}} \tag{1-4-129}$$

其中，$\boldsymbol{l}=\boldsymbol{A}\boldsymbol{X}_0^{*}+\boldsymbol{D}-\boldsymbol{L}$，$\boldsymbol{l}_{\boldsymbol{X}_0}=\boldsymbol{X}_0^{*}-\boldsymbol{X}_0$。

以上全部参数加权平差求解公式，也可以针对其数学模型推导得出。

前文已指出，序贯平差是利用矩阵反演公式对观测值分组平差公式的改化，而观测值分组平差公式的推导采用了归纳法，但参数可变时，如式（1-4-71），归纳法推导并不容易进行，此时若采用部分参数加权平差原理进行推导或直接计算，则可带来极大便利。对于式（1-4-72），因近似值$\hat{\boldsymbol{X}}_{(k-1)}$已具有先验信息，对该方程套用全部参数加权平差公式并使用矩阵反演公式加以变换，便可很容易得出式（1-4-73）～式（1-4-76）。

(四) 其他说明

通过本章的学习，应进一步体会平差方法的多样性及其应用的灵活性。这些多样性和灵活性，有时来源于实际问题的多样性之需，有时则是理论的进一步完善之需，它们正是测量平差发展的不竭动力和创新源泉。

二、练习题

1-4-1　在下图所示的水准网中，A、B、C为已知水准点，P_i为未知水准点：

（1）若取P_3点的高程平差值为未知参数（近似值为x_0），则具有参数的条件平差改正数方程式的个数为多少？试列出各个改正数方程式；

（2）若取全部未知点的高程平差值为未知参数，则改正数方程式的个数又为多少？

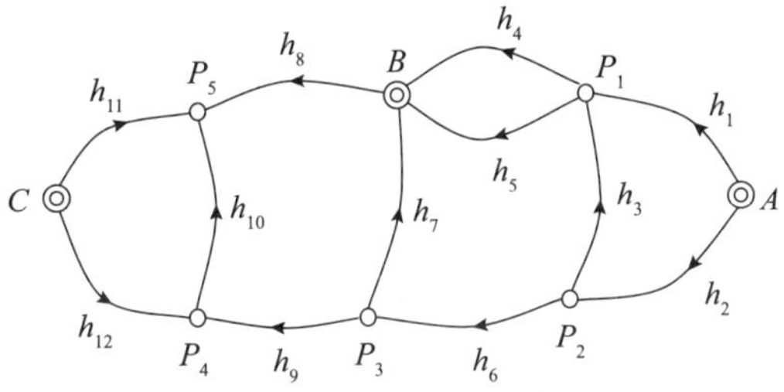

1-4-2　设具有参数的条件平差的函数模型为$\underset{c\times n}{\boldsymbol{B}}\underset{n\times 1}{\boldsymbol{V}}+\underset{c\times u}{\boldsymbol{A}}\underset{u\times 1}{\hat{\boldsymbol{X}}}+\underset{c\times 1}{\boldsymbol{W}}=\boldsymbol{0}$，$\underset{c\times 1}{\boldsymbol{W}}=\underset{c\times n}{\boldsymbol{B}}\underset{n\times 1}{\boldsymbol{L}}+\underset{c\times 1}{\boldsymbol{B}_0}$，其中，系数矩阵满足$\mathrm{rk}(\underset{c\times n}{\boldsymbol{B}})=c$，$\mathrm{rk}(\underset{c\times u}{\boldsymbol{A}})=u$，$\boldsymbol{L}$的权阵为$\boldsymbol{P}$，试依据最小二乘原理推导其法方程。

1-4-3　设$\underset{c\times n}{\boldsymbol{B}}\underset{n\times 1}{\boldsymbol{V}}+\underset{c\times u}{\boldsymbol{A}}\underset{u\times 1}{\delta\hat{\boldsymbol{X}}}+\underset{c\times 1}{\boldsymbol{W}}=\boldsymbol{0}$，$\underset{c\times 1}{\boldsymbol{W}}=\underset{c\times n}{\boldsymbol{B}}\underset{n\times 1}{\boldsymbol{L}}+\underset{c\times u}{\boldsymbol{A}}\underset{u\times 1}{\boldsymbol{X}_0}+\underset{c\times 1}{\boldsymbol{B}_0}$，其中，$\mathrm{rk}(\underset{c\times n}{\boldsymbol{B}})=c$，$\mathrm{rk}(\underset{c\times u}{\boldsymbol{A}})=u$，$\boldsymbol{L}$的权阵为$\boldsymbol{P}$，试利用参数平差原理和条件平差原理推导$\boldsymbol{V}$、$\delta\hat{\boldsymbol{X}}$的表达式。

1-4-4　根据具有参数的条件平差中$\boldsymbol{V}$、$\delta\hat{\boldsymbol{X}}$的求解公式，从函数模型的综合角度解释如何得到参数平差$\boldsymbol{V}$、$\delta\hat{\boldsymbol{X}}$的公式和条件平差$\boldsymbol{V}$的公式。

1-4-5　已知具有参数的条件方程为

$$\left.\begin{aligned}&v_1-\delta\hat{x}-2=0\\&v_2+v_4+\delta\hat{x}-3=0\\&v_3-v_4+5=0\end{aligned}\right\}$$

观测值的权阵为单位权，试求$\delta\hat{x}$及各最或然改正数v_i。

1-4-6　具有参数的条件平差中，试推导 $\mu=\pm\sqrt{\dfrac{\boldsymbol{V}^{\mathrm{T}}\boldsymbol{P}\boldsymbol{V}}{r}}$，其中，$r$ 为多余观测个数。

1-4-7　具有参数的条件平差中，令 $\overline{\boldsymbol{J}}_A=\boldsymbol{A}\boldsymbol{N}_A^{-1}\boldsymbol{A}^{\mathrm{T}}\boldsymbol{N}_B^{-1}$，其中，$\boldsymbol{N}_B=\boldsymbol{B}\boldsymbol{P}^{-1}\boldsymbol{B}^{\mathrm{T}}$，$\boldsymbol{N}_A=\boldsymbol{A}^{\mathrm{T}}\boldsymbol{N}_B^{-1}\boldsymbol{A}$，试证明：

（1）$\overline{\boldsymbol{J}}_A$、$\boldsymbol{I}-\overline{\boldsymbol{J}}_A$ 均为幂等阵；

（2）$\mathrm{tr}(\boldsymbol{Q}_{\hat{X}}\boldsymbol{N}_A)=t_0$，$t_0$ 为独立未知参数个数；

（3）$\mathrm{tr}(\boldsymbol{Q}_V\boldsymbol{P})=r$，$r$ 为多余观测数；

（4）$\mathrm{tr}(\boldsymbol{Q}_{\hat{L}}\boldsymbol{P})=t$，$t$ 为必要观测数。

1-4-8　根据具有参数的条件平差公式，试推导下表中上三角部分（含对角线元素）的权逆阵表达式；令 $\begin{bmatrix}\boldsymbol{N}_B & \boldsymbol{A}\\ \boldsymbol{A}^{\mathrm{T}} & 0\end{bmatrix}^{-1}=\begin{bmatrix}\boldsymbol{N}_B^{-1}-\boldsymbol{N}_B^{-1}\boldsymbol{A}\boldsymbol{N}_A^{-1}\boldsymbol{A}^{\mathrm{T}}\boldsymbol{N}_B^{-1} & \boldsymbol{N}_B^{-1}\boldsymbol{A}\boldsymbol{N}_A^{-1}\\ \boldsymbol{N}_A^{-1}\boldsymbol{A}^{\mathrm{T}}\boldsymbol{N}_B^{-1} & -\boldsymbol{N}_A^{-1}\end{bmatrix}=\begin{bmatrix}\boldsymbol{Q}_{11} & \boldsymbol{Q}_{12}\\ \boldsymbol{Q}_{21} & \boldsymbol{Q}_{22}\end{bmatrix}$，对于上述推导结果，若能够引入 $\boldsymbol{Q}_{11}$、$\boldsymbol{Q}_{12}$、$\boldsymbol{Q}_{21}$、$\boldsymbol{Q}_{22}$ 表达的请进一步再用这些量表达；最后，根据相关权逆阵的性质，请直接写出下三角空白处的权逆阵表达式。

有关量	$\boldsymbol{L}$	$\boldsymbol{W}$	$\hat{\boldsymbol{X}}$	$\boldsymbol{K}$	$\boldsymbol{V}$	$\hat{\boldsymbol{L}}$
$\boldsymbol{L}$	$\boldsymbol{Q}_L$	$\boldsymbol{Q}_{LW}$	$\boldsymbol{Q}_{L\hat{X}}$	$\boldsymbol{Q}_{LK}$	$\boldsymbol{Q}_{LV}$	$\boldsymbol{Q}_{L\hat{L}}$
$\boldsymbol{W}$		$\boldsymbol{Q}_W$	$\boldsymbol{Q}_{W\hat{X}}$	$\boldsymbol{Q}_{WK}$	$\boldsymbol{Q}_{WV}$	$\boldsymbol{Q}_{W\hat{L}}$
$\hat{\boldsymbol{X}}$			$\boldsymbol{Q}_{\hat{X}}$	$\boldsymbol{Q}_{\hat{X}K}$	$\boldsymbol{Q}_{\hat{X}V}$	$\boldsymbol{Q}_{\hat{X}\hat{L}}$
$\boldsymbol{K}$				$\boldsymbol{Q}_K$	$\boldsymbol{Q}_{KV}$	$\boldsymbol{Q}_{K\hat{L}}$
$\boldsymbol{V}$					$\boldsymbol{Q}_V$	$\boldsymbol{Q}_{V\hat{L}}$
$\hat{\boldsymbol{L}}$						$\boldsymbol{Q}_{\hat{L}}$

1-4-9　如下图所示，在测站 O 独立等精度观测了 4 个角度，观测值如下。试按具有参数的条件平差求：

（1）各角平差值及 $\angle COD$ 的平差值；

（2）以上平差值的中误差。

$L_1=30°10'12''$

$L_2=10°10'00''$

$L_3=20°20'22''$

$L_4=50°30'28''$

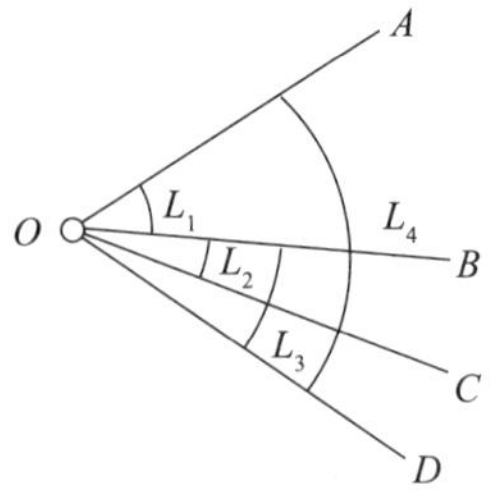

1-4-10　如下图所示，$H_A=100.00\ \mathrm{m}$，观测高差及相应的距离如下。

$h_1=30.02\ \mathrm{m}$　$s_1=4\ \mathrm{km}$

$h_2=10.04\ \mathrm{m}$　$s_2=8\ \mathrm{km}$

$h_3=20.08\ \mathrm{m}$　$s_3=8\ \mathrm{km}$

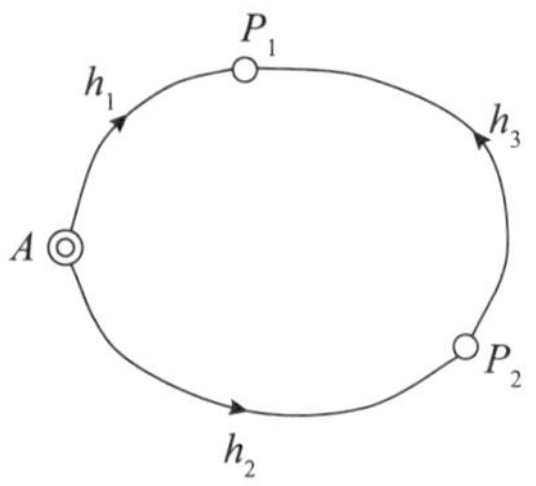

试用具有参数的条件平差法求：

（1）各高差的最或然值及 P_1 点高程的最或然值；

（2）以上平差值的中误差。

1-4-11　设具有约束条件的参数平差的函数模型为 $\begin{cases}\underset{n\times1}{\boldsymbol{V}}=\underset{n\times u}{\boldsymbol{A}}\underset{u\times1}{\hat{\boldsymbol{X}}}+\underset{n\times1}{\boldsymbol{l}},\ \underset{n\times1}{\boldsymbol{l}}=\underset{n\times1}{\boldsymbol{D}}-\underset{n\times1}{\boldsymbol{L}}\\ \underset{s\times u}{\boldsymbol{C}}\underset{u\times1}{\hat{\boldsymbol{X}}}+\underset{s\times1}{\boldsymbol{W}_C}=\boldsymbol{0},\ \underset{s\times1}{\boldsymbol{W}_C}=\underset{s\times1}{\boldsymbol{C}_0}\end{cases}$，其中，$\mathrm{rk}(\underset{n\times u}{\boldsymbol{A}})=u$，$\mathrm{rk}(\underset{s\times u}{\boldsymbol{C}})=s$，$\boldsymbol{L}$ 的权阵为 $\boldsymbol{P}$，试依据最小二乘原理推导其法方程。

1-4-12　设具有约束条件的参数平差函数模型为 $\begin{cases}\underset{n\times1}{\boldsymbol{V}}=\underset{n\times u}{\boldsymbol{A}}\underset{u\times1}{\delta\hat{\boldsymbol{X}}}+\underset{n\times1}{\boldsymbol{l}},\ \underset{n\times1}{\boldsymbol{l}}=\underset{n\times u}{\boldsymbol{A}}\underset{u\times1}{\boldsymbol{X}_0}+\underset{n\times1}{\boldsymbol{D}}-\underset{n\times1}{\boldsymbol{L}}\\ \underset{s\times u}{\boldsymbol{C}}\underset{u\times1}{\delta\hat{\boldsymbol{X}}}+\underset{s\times1}{\boldsymbol{W}_C}=\boldsymbol{0},\ \underset{s\times1}{\boldsymbol{W}_C}=\underset{s\times u}{\boldsymbol{C}}\underset{u\times1}{\boldsymbol{X}_0}+\underset{s\times1}{\boldsymbol{C}_0}\end{cases}$，其中，$\mathrm{rk}(\underset{n\times u}{\boldsymbol{A}})=u$，$\mathrm{rk}(\underset{s\times u}{\boldsymbol{C}})=s$，$\boldsymbol{L}$ 的权阵为 $\boldsymbol{P}$，试利用参数平差原理和条件平差原理推导 $\delta\hat{\boldsymbol{X}}$、$\boldsymbol{V}$ 的表达式。

1-4-13　根据具有约束条件的参数平差中 $\boldsymbol{V}$、$\delta\hat{\boldsymbol{X}}$ 的求解公式，从函数模型的综合角度解释如何得到参数平差中 $\boldsymbol{V}$、$\delta\hat{\boldsymbol{X}}$ 的公式和条件平差中 $\boldsymbol{V}$ 的公式。

1-4-14　在具有约束条件的参数平差中，试推导 $\mu=\pm\sqrt{\dfrac{\boldsymbol{V}^{\mathrm{T}}\boldsymbol{P}\boldsymbol{V}}{r}}$，其中，$r$ 为多余观测个数。

1-4-15　具有约束条件的参数平差中，令 $\boldsymbol{J}_C=\boldsymbol{N}_A^{-1}\boldsymbol{C}^{\mathrm{T}}\boldsymbol{N}_C^{-1}\boldsymbol{C}$，其中，$\boldsymbol{N}_A=\boldsymbol{A}^{\mathrm{T}}\boldsymbol{P}\boldsymbol{A}$，$\boldsymbol{N}_C=\boldsymbol{C}\boldsymbol{N}_A^{-1}\boldsymbol{C}^{\mathrm{T}}$，试证明：

（1）$\boldsymbol{J}_C$、$\boldsymbol{I}-\boldsymbol{J}_C$ 均为幂等阵；

（2）$\mathrm{tr}(\boldsymbol{Q}_{\hat{X}}\boldsymbol{N}_A)=t_0$，$t_0$ 为独立未知参数个数；

（3）$\mathrm{tr}(\boldsymbol{Q}_V\boldsymbol{P})=r$，$r$ 为多余观测数；

（4）$\mathrm{tr}(\boldsymbol{Q}_{\hat{L}}\boldsymbol{P})=t$，$t$ 为必要观测数。

1-4-16　根据具有约束条件的参数平差公式，试推导下表中上三角部分（含对角线元素）的权逆阵表达式；令 $\begin{bmatrix}\boldsymbol{N}_A & \boldsymbol{C}^{\mathrm{T}}\\ \boldsymbol{C} & 0\end{bmatrix}^{-1}=\begin{bmatrix}\boldsymbol{N}_A^{-1}-\boldsymbol{N}_A^{-1}\boldsymbol{C}^{\mathrm{T}}\boldsymbol{N}_C^{-1}\boldsymbol{C}\boldsymbol{N}_A^{-1} & \boldsymbol{N}_A^{-1}\boldsymbol{C}^{\mathrm{T}}\boldsymbol{N}_C^{-1}\\ \boldsymbol{N}_C^{-1}\boldsymbol{C}\boldsymbol{N}_A^{-1} & -\boldsymbol{N}_C^{-1}\end{bmatrix}=\begin{bmatrix}\boldsymbol{Q}_{11} & \boldsymbol{Q}_{12}\\ \boldsymbol{Q}_{21} & \boldsymbol{Q}_{22}\end{bmatrix}$，对于上述推导结果，若能够引入 $\boldsymbol{Q}_{11}$、$\boldsymbol{Q}_{12}$、$\boldsymbol{Q}_{21}$、$\boldsymbol{Q}_{22}$ 表达的请进一步再用这些量表达；最后，根据相关权逆阵的性质，请直接写出下三角空白处的权逆阵表达式。（注：表中 $\boldsymbol{U}$ 为 $\boldsymbol{U}_A=\boldsymbol{A}^{\mathrm{T}}\boldsymbol{P}\boldsymbol{l}$）

有关量	$\boldsymbol{L}$	$\boldsymbol{l}$	$\boldsymbol{U}$	$\hat{\boldsymbol{X}}$	$\boldsymbol{K}$	$\boldsymbol{V}$	$\hat{\boldsymbol{L}}$
$\boldsymbol{L}$	$\boldsymbol{Q}_L$	$\boldsymbol{Q}_{Ll}$	$\boldsymbol{Q}_{LU}$	$\boldsymbol{Q}_{L\hat{X}}$	$\boldsymbol{Q}_{LK}$	$\boldsymbol{Q}_{LV}$	$\boldsymbol{Q}_{L\hat{L}}$
$\boldsymbol{l}$		$\boldsymbol{Q}_l$	$\boldsymbol{Q}_{lU}$	$\boldsymbol{Q}_{l\hat{X}}$	$\boldsymbol{Q}_{lK}$	$\boldsymbol{Q}_{lV}$	$\boldsymbol{Q}_{l\hat{L}}$
$\boldsymbol{U}$			$\boldsymbol{Q}_U$	$\boldsymbol{Q}_{U\hat{X}}$	$\boldsymbol{Q}_{UK}$	$\boldsymbol{Q}_{UV}$	$\boldsymbol{Q}_{U\hat{L}}$
$\hat{\boldsymbol{X}}$				$\boldsymbol{Q}_{\hat{X}}$	$\boldsymbol{Q}_{\hat{X}K}$	$\boldsymbol{Q}_{\hat{X}V}$	$\boldsymbol{Q}_{\hat{X}\hat{L}}$
$\boldsymbol{K}$					$\boldsymbol{Q}_K$	$\boldsymbol{Q}_{KV}$	$\boldsymbol{Q}_{K\hat{L}}$
$\boldsymbol{V}$						$\boldsymbol{Q}_V$	$\boldsymbol{Q}_{V\hat{L}}$
$\hat{\boldsymbol{L}}$							$\boldsymbol{Q}_{\hat{L}}$

1-4-17 试以全部高差的平差值为未知参数，用具有约束条件的参数平差重新求解练习题 1-4-10。

1-4-18 试以全部水准点的高程平差值（包括已知点）为未知参数，用具有约束条件的参数平差重新求解练习题 1-4-10。

1-4-19 设概括函数模型为 $\begin{cases} \underset{c\times n}{\boldsymbol{B}}\,\underset{n\times 1}{\boldsymbol{V}}+\underset{c\times u}{\boldsymbol{A}}\,\underset{u\times 1}{\hat{\boldsymbol{X}}}+\underset{c\times 1}{\boldsymbol{W}}=\boldsymbol{0},\ \underset{c\times 1}{\boldsymbol{W}}=\underset{c\times n}{\boldsymbol{B}}\,\underset{n\times 1}{\boldsymbol{L}}+\underset{c\times 1}{\boldsymbol{B}_0} \\ \underset{s\times u}{\boldsymbol{C}}\,\underset{u\times 1}{\hat{\boldsymbol{X}}}+\underset{s\times 1}{\boldsymbol{W}_C}=\boldsymbol{0},\ \underset{s\times 1}{\boldsymbol{W}_C}=\underset{s\times 1}{\boldsymbol{C}_0} \end{cases}$，其中，系数矩阵满足 $\mathrm{rk}(\underset{c\times n}{\boldsymbol{B}})=c$，$\mathrm{rk}(\underset{c\times u}{\boldsymbol{A}})=u$，$\mathrm{rk}(\underset{s\times u}{\boldsymbol{C}})=s$，$\boldsymbol{L}$ 的权阵为 $\boldsymbol{P}$，试依据最小二乘原理推导其矩阵形式的法方程。

1-4-20 根据概括函数模型平差中 $\boldsymbol{V}$、$\delta\hat{\boldsymbol{X}}$ 的求解公式，从函数模型的综合角度解释如何得到具有参数的条件平差和具有约束条件的参数平差、条件平差、参数平差中的 $\boldsymbol{V}$ 和/或 $\delta\hat{\boldsymbol{X}}$ 的公式。

1-4-21 已知两组观测值向量 $\boldsymbol{L}_1$、$\boldsymbol{L}_2$ 互不相关，权阵分别为 $\boldsymbol{P}_1$、$\boldsymbol{P}_2$，整体平差时的误差方程为

$$\left.\begin{aligned} \boldsymbol{V}_1=\boldsymbol{A}_1\delta\hat{\boldsymbol{X}}+\boldsymbol{l}_1,\ \boldsymbol{l}_1=\boldsymbol{A}_1\boldsymbol{X}_0+\boldsymbol{D}_1-\boldsymbol{L}_1 \\ \boldsymbol{V}_2=\boldsymbol{A}_2\delta\hat{\boldsymbol{X}}+\boldsymbol{l}_2,\ \boldsymbol{l}_2=\boldsymbol{A}_2\boldsymbol{X}_0+\boldsymbol{D}_2-\boldsymbol{L}_2 \end{aligned}\right\}$$

未知参数整体解为 $\delta\hat{\boldsymbol{X}}=-(\boldsymbol{A}_1^{\mathrm{T}}\boldsymbol{P}_1\boldsymbol{A}_1+\boldsymbol{A}_2^{\mathrm{T}}\boldsymbol{P}_2\boldsymbol{A}_2)^{-1}(\boldsymbol{A}_1^{\mathrm{T}}\boldsymbol{P}_1\boldsymbol{l}_1+\boldsymbol{A}_1^{\mathrm{T}}\boldsymbol{P}_1\boldsymbol{l}_2)$；按观测值分组平差解法，未知参数第一次解记为 $\delta\hat{\boldsymbol{X}}_{(1)}=-(\boldsymbol{A}_1^{\mathrm{T}}\boldsymbol{P}_1\boldsymbol{A}_1)^{-1}\boldsymbol{A}_1^{\mathrm{T}}\boldsymbol{P}_1\boldsymbol{l}_1$，第二次解记为 $\delta\hat{\boldsymbol{X}}'_{(2)}=-(\boldsymbol{A}_1^{\mathrm{T}}\boldsymbol{P}_1\boldsymbol{A}_1+\boldsymbol{A}_2^{\mathrm{T}}\boldsymbol{P}_2\boldsymbol{A}_2)^{-1}\boldsymbol{A}_2^{\mathrm{T}}\boldsymbol{P}_2\,\boldsymbol{l}'_2$，$\boldsymbol{l}'_2=\boldsymbol{A}_2\,\delta\hat{\boldsymbol{X}}_{(1)}+\boldsymbol{l}_2$，试证明 $\delta\hat{\boldsymbol{X}}=\delta\hat{\boldsymbol{X}}_{(1)}+\delta\hat{\boldsymbol{X}}'_{(2)}$。

1-4-22 如下图所示的水准环中，用水准测量测得三段高差，用三角高程测量也测得三段高差，观测值及相应的距离如下表。已知 $H_A=50.00$ m，1 km 的距离上两种方法所得高差等权并取此权为 4，试按参数平差的观测值分组平差法求 P_1、P_2 点的高程最或然值及其权逆阵。

序号	水准法高差/m	三角高程法高差/m	距离/km
1	10.08	10.02	2
2	20.18	20.12	2
3	10.14	10.06	1

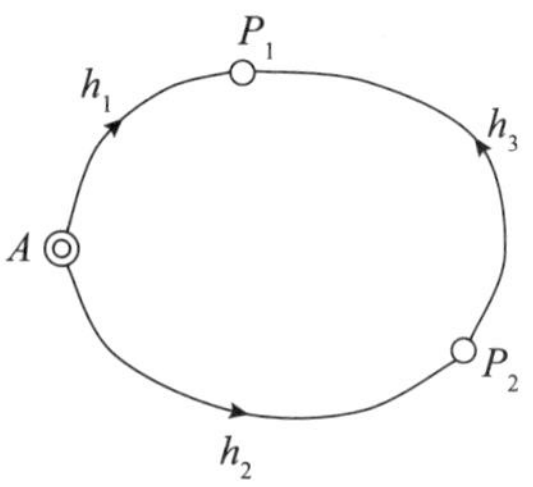

1-4-23 设参数平差的误差方程为 $\boldsymbol{V}=[\boldsymbol{A}_1\quad \boldsymbol{A}_2]\begin{bmatrix}\delta\hat{\boldsymbol{X}}_1\\ \delta\hat{\boldsymbol{X}}_2\end{bmatrix}+\boldsymbol{l}$，$\boldsymbol{l}=\boldsymbol{A}_1\boldsymbol{X}_{01}+\boldsymbol{A}_2\boldsymbol{X}_{02}+\boldsymbol{D}-\boldsymbol{L}$，观测值向量 $\boldsymbol{L}$ 的权阵为 $\boldsymbol{P}$，试解决下列问题：

（1）推导 $\hat{\boldsymbol{X}}_1$ 的单独解及其权逆阵；

（2）令 $\hat{\boldsymbol{X}}'_1=\boldsymbol{X}_{01}+(\boldsymbol{A}_1^{\mathrm{T}}\boldsymbol{P}\boldsymbol{A}_1)^{-1}\boldsymbol{A}_1^{\mathrm{T}}\boldsymbol{P}\boldsymbol{l}$，证明 $\boldsymbol{Q}_{\hat{X}'_1\hat{X}_2}=\boldsymbol{0}$。

1-4-24 设有参数平差的法方程为

$$\begin{bmatrix} 2 & -1 & 1 & 3 \\ -1 & 2 & 3 & 1 \\ 1 & 3 & 4 & 2 \\ 3 & 1 & 2 & 4 \end{bmatrix}\begin{bmatrix} \delta\hat{x}_1 \\ \delta\hat{x}_2 \\ \delta\hat{x}_3 \\ \delta\hat{x}_4 \end{bmatrix}+\begin{bmatrix} 5 \\ -5 \\ 0 \\ 10 \end{bmatrix}=\mathbf{0}$$

试给出 $\delta\hat{x}_3$、$\delta\hat{x}_4$ 的解。

1-4-25 若 $\begin{bmatrix} \boldsymbol{N}_{11} & \boldsymbol{N}_{12} \\ \boldsymbol{N}_{21} & \boldsymbol{N}_{22} \end{bmatrix}$ 可逆，其中，$\boldsymbol{N}_{11}$ 为 k 阶方阵，$\boldsymbol{N}_{22}$ 为 s 阶方阵，试证明：

(1) $\begin{bmatrix} \boldsymbol{N}_{11} & \boldsymbol{N}_{12} \\ \boldsymbol{N}_{21} & \boldsymbol{N}_{22} \end{bmatrix}^{-1}=\begin{bmatrix} (\boldsymbol{N}_{11}-\boldsymbol{N}_{12}\boldsymbol{N}_{22}^{-1}\boldsymbol{N}_{21})^{-1} & -(\boldsymbol{N}_{11}-\boldsymbol{N}_{12}\boldsymbol{N}_{22}^{-1}\boldsymbol{N}_{21})^{-1}\boldsymbol{N}_{12}\boldsymbol{N}_{22}^{-1} \\ -(\boldsymbol{N}_{22}-\boldsymbol{N}_{21}\boldsymbol{N}_{11}^{-1}\boldsymbol{N}_{12})^{-1}\boldsymbol{N}_{21}\boldsymbol{N}_{11}^{-1} & (\boldsymbol{N}_{22}-\boldsymbol{N}_{21}\boldsymbol{N}_{11}^{-1}\boldsymbol{N}_{12})^{-1} \end{bmatrix}$；

(2) $\begin{bmatrix} \boldsymbol{N}_{11} & \boldsymbol{N}_{12} \\ \boldsymbol{N}_{21} & \boldsymbol{N}_{22} \end{bmatrix}^{-1}=\begin{bmatrix} (\boldsymbol{N}_{11}-\boldsymbol{N}_{12}\boldsymbol{N}_{22}^{-1}\boldsymbol{N}_{21})^{-1} & -(\boldsymbol{N}_{11}-\boldsymbol{N}_{12}\boldsymbol{N}_{22}^{-1}\boldsymbol{N}_{21})^{-1}\boldsymbol{N}_{12}\boldsymbol{N}_{22}^{-1} \\ -\boldsymbol{N}_{22}^{-1}\boldsymbol{N}_{21}(\boldsymbol{N}_{11}-\boldsymbol{N}_{12}\boldsymbol{N}_{22}^{-1}\boldsymbol{N}_{21})^{-1} & \boldsymbol{N}_{22}^{-1}+\boldsymbol{N}_{22}^{-1}\boldsymbol{N}_{21}(\boldsymbol{N}_{11}-\boldsymbol{N}_{12}\boldsymbol{N}_{22}^{-1}\boldsymbol{N}_{21})^{-1}\boldsymbol{N}_{12}\boldsymbol{N}_{22}^{-1} \end{bmatrix}$；

(3) $\begin{bmatrix} \boldsymbol{N}_{11} & \boldsymbol{N}_{12} \\ \boldsymbol{N}_{21} & \boldsymbol{N}_{22} \end{bmatrix}^{-1}=\begin{bmatrix} \boldsymbol{N}_{11}^{-1}+\boldsymbol{N}_{11}^{-1}\boldsymbol{N}_{12}(\boldsymbol{N}_{22}-\boldsymbol{N}_{21}\boldsymbol{N}_{11}^{-1}\boldsymbol{N}_{12})^{-1}\boldsymbol{N}_{21}\boldsymbol{N}_{11}^{-1} & -\boldsymbol{N}_{11}^{-1}\boldsymbol{N}_{12}(\boldsymbol{N}_{22}-\boldsymbol{N}_{21}\boldsymbol{N}_{11}^{-1}\boldsymbol{N}_{12})^{-1} \\ -(\boldsymbol{N}_{22}-\boldsymbol{N}_{21}\boldsymbol{N}_{11}^{-1}\boldsymbol{N}_{12})^{-1}\boldsymbol{N}_{21}\boldsymbol{N}_{11}^{-1} & (\boldsymbol{N}_{22}-\boldsymbol{N}_{21}\boldsymbol{N}_{11}^{-1}\boldsymbol{N}_{12})^{-1} \end{bmatrix}$。

1-4-26 设矩阵 $\underset{k\times k}{\boldsymbol{A}}$、$\underset{k\times s}{\boldsymbol{B}}$、$\underset{s\times k}{\boldsymbol{C}}$、$\underset{s\times s}{\boldsymbol{D}}$，$\boldsymbol{A}$、$\boldsymbol{D}$ 可逆，试证明矩阵反演公式：

(1) $\boldsymbol{A}^{-1}\boldsymbol{B}(\boldsymbol{D}\mp\boldsymbol{C}\boldsymbol{A}^{-1}\boldsymbol{B})^{-1}=(\boldsymbol{A}\mp\boldsymbol{B}\boldsymbol{D}^{-1}\boldsymbol{C})^{-1}\boldsymbol{B}\boldsymbol{D}^{-1}$；

(2) $(\boldsymbol{A}\mp\boldsymbol{B}\boldsymbol{D}^{-1}\boldsymbol{C})^{-1}=\boldsymbol{A}^{-1}\pm\boldsymbol{A}^{-1}\boldsymbol{B}(\boldsymbol{D}\mp\boldsymbol{C}\boldsymbol{A}^{-1}\boldsymbol{B})^{-1}\boldsymbol{C}\boldsymbol{A}^{-1}$。

式中，符号“±”与“∓”表示要么同时取上面的符号，要么同时取下面的符号。

1-4-27 试用参数平差的序贯平差法重新求解练习题 1-4-22。

1-4-28 设有两组误差方程如下：

$$\boldsymbol{V}_1=\begin{bmatrix} 1 & 0 \\ 0 & 1 \\ -1 & 1 \end{bmatrix}\begin{bmatrix} \delta\hat{x}_1 \\ \delta\hat{x}_2 \end{bmatrix}+\begin{bmatrix} -1 \\ 2 \\ -1 \end{bmatrix}(\text{mm}),\ \boldsymbol{P}_1=I$$

$$\boldsymbol{V}_2=[1\quad 0]\begin{bmatrix} \delta\hat{x}_1 \\ \delta\hat{x}_2 \end{bmatrix}+[2](\text{mm}),\ \boldsymbol{P}_2=I$$

已知未知参数的近似值为 $\boldsymbol{X}_0=[5.650\quad 7.120]^{\mathrm{T}}(\text{m})$，试用序贯平差法求 $\hat{\boldsymbol{X}}$ 及 $\boldsymbol{\Sigma}_{\hat{X}}$。

1-4-29 已知两组观测值向量 $\boldsymbol{L}_1$、$\boldsymbol{L}_2$ 互不相关，权阵分别为 $\boldsymbol{P}_1$、$\boldsymbol{P}_2$，整体平差时的误差方程为 $\left.\begin{aligned} \boldsymbol{V}_1=\boldsymbol{A}_1\delta\hat{\boldsymbol{X}}+\boldsymbol{l}_1,\ \boldsymbol{l}_1=\boldsymbol{A}_1\boldsymbol{X}_0+\boldsymbol{D}_1-\boldsymbol{L}_1 \\ \boldsymbol{V}_2=\boldsymbol{A}_2\delta\hat{\boldsymbol{X}}+\boldsymbol{l}_2,\ \boldsymbol{l}_2=\boldsymbol{A}_2\boldsymbol{X}_0+\boldsymbol{D}_2-\boldsymbol{L}_2 \end{aligned}\right\}$，试解决下列问题：

(1) 求未知参数整体解及其权逆阵；

(2) 设第一组观测值单独求解结果为 $\delta\hat{\boldsymbol{X}}_{(1)}=-(\boldsymbol{A}_1^{\mathrm{T}}\boldsymbol{P}_1\boldsymbol{A}_1)^{-1}\boldsymbol{A}_1^{\mathrm{T}}\boldsymbol{P}_1\boldsymbol{l}_1$，$\hat{\boldsymbol{X}}_{(1)}=\boldsymbol{X}_0+\delta\hat{\boldsymbol{X}}_{(1)}$，$\boldsymbol{Q}_{\hat{X}_{(1)}}=(\boldsymbol{A}_1^{\mathrm{T}}\boldsymbol{P}_1\boldsymbol{A}_1)^{-1}$，将 $\hat{\boldsymbol{X}}_{(1)}$ 视为第二组观测值平差时的未知参数的近似值，按参数加权平差求未知参数解及其权逆阵；

(3) 证明 (1) 中结果和 (2) 中结果相同。

1-4-30 设参数平差模型为 $\boldsymbol{V}=\boldsymbol{A}\delta\hat{\boldsymbol{X}}+\boldsymbol{l}$，$\boldsymbol{l}=\boldsymbol{A}\boldsymbol{X}_0+\boldsymbol{D}-\boldsymbol{L}$，$\boldsymbol{X}_0$ 的先验权阵为 $\boldsymbol{P}_{X_0}$，$\boldsymbol{L}$ 的权阵为 $\boldsymbol{P}$，$\boldsymbol{X}_0$ 与 $\boldsymbol{L}$ 不相关，试按广义最小二乘原理推导 $\delta\hat{\boldsymbol{X}}$、$\boldsymbol{V}$ 的解。

1-4-31 已知同练习题 1-4-30，试按参数平差原理推导 $\delta\hat{\boldsymbol{X}}$、$\boldsymbol{V}$ 的解。

1-4-32 设有一误差方程为 $\begin{bmatrix} v_1 \\ v_2 \\ v_3 \\ v_4 \end{bmatrix} = \begin{bmatrix} 1 & 0 \\ 0 & 1 \\ 1 & 1 \\ 0 & 1 \end{bmatrix} \begin{bmatrix} \delta\hat{x}_1 \\ \delta\hat{x}_2 \end{bmatrix} + \begin{bmatrix} 0 \\ 0 \\ 5 \\ 0 \end{bmatrix}$（cm），已知观测值的权阵为单位阵，未知参数的近似值为 $\boldsymbol{X}_0 = \begin{bmatrix} x_{01} \\ x_{02} \end{bmatrix} = \begin{bmatrix} 3.42 \\ 6.23 \end{bmatrix}$（m），先验权逆阵为 $\frac{1}{5}\begin{bmatrix} 2 & 1 \\ 1 & 3 \end{bmatrix}$，试解决下列问题：

（1）不考虑未知参数的验前精度，求参数的估值及其精度；

（2）考虑未知参数的验前精度，求参数的估值及其精度；

（3）分析并总结（1）和（2）中参数估值的精度变化。

1-4-33 设参数平差模型为 $\boldsymbol{V} = \boldsymbol{A}_1\delta\hat{\boldsymbol{X}}_1 + \boldsymbol{A}_2\delta\hat{\boldsymbol{X}}_2 + \boldsymbol{l}$，$\boldsymbol{l} = \boldsymbol{A}_1\boldsymbol{X}_{01} + \boldsymbol{A}_2\boldsymbol{X}_{02} + \boldsymbol{D} - \boldsymbol{L}$，未知参数初值 $\boldsymbol{X}_{01}$ 的先验权阵为 $\boldsymbol{P}_{\boldsymbol{X}_{01}}$，$\boldsymbol{L}$ 的权阵为 $\boldsymbol{P}$，$\boldsymbol{X}_{01}$ 与 $\boldsymbol{L}$ 不相关，试按广义最小二乘原理推导 $\delta\hat{\boldsymbol{X}}_1$、$\delta\hat{\boldsymbol{X}}_2$、$\boldsymbol{V}$ 的解。

1-4-34 已知同练习题 1-4-33，试按参数平差原理推导 $\delta\hat{\boldsymbol{X}}_1$、$\delta\hat{\boldsymbol{X}}_2$、$\boldsymbol{V}$ 的解。

1-4-35 设具有参数的条件平差模型 $\boldsymbol{BV} + \boldsymbol{A}\delta\hat{\boldsymbol{X}} + \boldsymbol{W} = \boldsymbol{0}$，$\boldsymbol{W} = \boldsymbol{BL} + \boldsymbol{AX}_0 + \boldsymbol{B}_0$ 中，若未知参数初值 $\boldsymbol{X}_0$ 的先验权阵为 $\boldsymbol{P}_{\boldsymbol{X}_0}$，$\boldsymbol{L}$ 的权阵为 $\boldsymbol{P}$，$\boldsymbol{X}_0$ 与 $\boldsymbol{L}$ 不相关，试推导 $\delta\hat{\boldsymbol{X}}$、$\boldsymbol{V}$ 的解。

三、练习题答案

1-4-1 （1）8，
$$\left.\begin{array}{l} v_1 - v_2 - v_3 + w_1 = 0，\ w_1 = h_1 - h_2 - h_3 \\ v_4 - v_5 + w_2 = 0，\ w_2 = h_4 - h_5 \\ v_3 + v_5 - v_6 - v_7 + w_3 = 0，\ w_3 = h_3 + h_5 - h_6 - h_7 \\ v_7 + v_8 - v_9 - v_{10} + w_4 = 0，\ w_4 = h_7 + h_8 - h_9 - h_{10} \\ v_{10} - v_{11} + v_{12} + w_5 = 0，\ w_5 = h_{10} - h_{11} + h_{12} \\ v_1 + v_4 + w_6 = 0，\ w_6 = H_A + h_1 + h_4 - H_B \\ v_8 - v_{11} + w_7 = 0，\ w_7 = H_B + h_8 - h_{11} - H_C \\ v_7 + \delta\hat{x} + w_8 = 0，\ w_8 = x_0 + h_7 - H_B \end{array}\right\}$$
；（2）12。

1-4-2 略。提示：本题不要引入未知参数的近似值。

1-4-3 将 $\boldsymbol{BV} + \boldsymbol{A}\delta\hat{\boldsymbol{X}} + \boldsymbol{W} = \boldsymbol{0}$ 分解为

$$\left.\begin{array}{l} \boldsymbol{BV} + \boldsymbol{V}_f = \boldsymbol{0} \\ \boldsymbol{V}_f = \boldsymbol{A}\delta\hat{\boldsymbol{X}} + \boldsymbol{W} \end{array}\right\} \tag{1}$$

式中，第二式相当于误差方程，对应的观测值为虚拟观测值或广义观测值 $-\boldsymbol{W}$，其权阵为 $\boldsymbol{P}_{\boldsymbol{W}} = (\boldsymbol{BP}^{-1}\boldsymbol{B}^{\mathrm{T}})^{-1} = \boldsymbol{N}_{\boldsymbol{B}}^{-1}$，故由参数平差原理可得

$$\delta\hat{\boldsymbol{X}} = -(\boldsymbol{A}^{\mathrm{T}}\boldsymbol{N}_{\boldsymbol{B}}^{-1}A)^{-1}\boldsymbol{A}^{\mathrm{T}}\boldsymbol{N}_{\boldsymbol{B}}^{-1}\boldsymbol{W}$$

式（1）第一式相当于条件方程，$\boldsymbol{V}$ 为观测值 $\boldsymbol{L}$ 的改正数，$\boldsymbol{L}$ 的权逆阵为 $\boldsymbol{P}^{-1}$，$\boldsymbol{V}_f$ 相当于闭合差，故由条件平差原理可得

$$\boldsymbol{V} = \boldsymbol{P}^{-1}\boldsymbol{B}^{\mathrm{T}}\boldsymbol{K} = -\boldsymbol{P}^{-1}\boldsymbol{B}^{\mathrm{T}}\boldsymbol{N}_{\boldsymbol{B}}^{-1}\boldsymbol{V}_f = -\boldsymbol{P}^{-1}\boldsymbol{B}^{\mathrm{T}}\boldsymbol{N}_{\boldsymbol{B}}^{-1}\ (\boldsymbol{A}\delta\hat{\boldsymbol{X}} + \boldsymbol{W})$$

1-4-4　略。提示：(1) 当 $u=t$、$\boldsymbol{B}=-\boldsymbol{I}$ 时，具有参数的条件平差的函数模型变为参数平差的函数模型；(2) 当 $u=0$、$c=r$、$\boldsymbol{A}=\boldsymbol{0}$ 时，变为条件平差模型。

1-4-5　$\delta\hat{x}=-1$，$\boldsymbol{V}=[1\quad 1\quad -2\quad 3]^{\mathrm{T}}$

1-4-6　略。

1-4-7　略。提示：幂等阵的秩等于其迹。

1-4-8　$\boldsymbol{Q}_L=\boldsymbol{P}^{-1}$

$\boldsymbol{Q}_{LW}=\boldsymbol{P}^{-1}\boldsymbol{B}^{\mathrm{T}}=\boldsymbol{Q}_{WL}^{\mathrm{T}}$

$\boldsymbol{Q}_{L\hat{X}}=-\boldsymbol{P}^{-1}\boldsymbol{B}^{\mathrm{T}}\boldsymbol{N}_B^{-1}\boldsymbol{A}\boldsymbol{N}_A^{-1}=-\boldsymbol{P}^{-1}\boldsymbol{B}^{\mathrm{T}}\boldsymbol{Q}_{12}=\boldsymbol{Q}_{\hat{X}L}^{\mathrm{T}}$

$\boldsymbol{Q}_{LK}=-\boldsymbol{P}^{-1}\boldsymbol{B}^{\mathrm{T}}(\boldsymbol{N}_B^{-1}-\boldsymbol{N}_B^{-1}\boldsymbol{A}\boldsymbol{N}_A^{-1}\boldsymbol{A}^{\mathrm{T}}\boldsymbol{N}_B^{-1})=-\boldsymbol{P}^{-1}\boldsymbol{B}^{\mathrm{T}}\boldsymbol{Q}_{11}=\boldsymbol{Q}_{KL}^{\mathrm{T}}$

$\boldsymbol{Q}_{LV}=-\boldsymbol{P}^{-1}\boldsymbol{B}^{\mathrm{T}}(\boldsymbol{N}_B^{-1}-\boldsymbol{N}_B^{-1}\boldsymbol{A}\boldsymbol{N}_A^{-1}\boldsymbol{A}^{\mathrm{T}}\boldsymbol{N}_B^{-1})\boldsymbol{B}\boldsymbol{P}^{-1}=-\boldsymbol{P}^{-1}\boldsymbol{B}^{\mathrm{T}}\boldsymbol{Q}_{11}\boldsymbol{B}\boldsymbol{P}^{-1}=\boldsymbol{Q}_{VL}^{\mathrm{T}}$

$\boldsymbol{Q}_{L\hat{L}}=\boldsymbol{P}^{-1}-\boldsymbol{P}^{-1}\boldsymbol{B}^{\mathrm{T}}(\boldsymbol{N}_B^{-1}-\boldsymbol{N}_B^{-1}\boldsymbol{A}\boldsymbol{N}_A^{-1}\boldsymbol{A}^{\mathrm{T}}\boldsymbol{N}_B^{-1})\boldsymbol{B}\boldsymbol{P}^{-1}=\boldsymbol{P}^{-1}-\boldsymbol{P}^{-1}\boldsymbol{B}^{\mathrm{T}}\boldsymbol{Q}_{11}\boldsymbol{B}\boldsymbol{P}^{-1}=\boldsymbol{Q}_{\hat{L}L}^{\mathrm{T}}$

$\boldsymbol{Q}_W=\boldsymbol{B}\boldsymbol{P}^{-1}\boldsymbol{B}^{\mathrm{T}}=\boldsymbol{N}_B$

$\boldsymbol{Q}_{W\hat{X}}=-\boldsymbol{A}\boldsymbol{N}_A^{-1}=\boldsymbol{A}\boldsymbol{Q}_{22}=\boldsymbol{Q}_{\hat{X}W}^{\mathrm{T}}$

$\boldsymbol{Q}_{WK}=-(\boldsymbol{I}-\boldsymbol{A}\boldsymbol{N}_A^{-1}\boldsymbol{A}^{\mathrm{T}}\boldsymbol{N}_B^{-1})=-\boldsymbol{N}_B\boldsymbol{Q}_{11}=\boldsymbol{Q}_{KW}^{\mathrm{T}}$

$\boldsymbol{Q}_{WV}=-(\boldsymbol{I}-\boldsymbol{A}\boldsymbol{N}_A^{-1}\boldsymbol{A}^{\mathrm{T}}\boldsymbol{N}_B^{-1})\boldsymbol{B}\boldsymbol{P}^{-1}=-\boldsymbol{N}_B\boldsymbol{Q}_{11}\boldsymbol{B}\boldsymbol{P}^{-1}=\boldsymbol{Q}_{VW}^{\mathrm{T}}$

$\boldsymbol{Q}_{W\hat{L}}=\boldsymbol{A}\boldsymbol{N}_A^{-1}\boldsymbol{A}^{\mathrm{T}}\boldsymbol{N}_B^{-1}\boldsymbol{B}\boldsymbol{P}^{-1}=\boldsymbol{A}\boldsymbol{Q}_{21}\boldsymbol{B}\boldsymbol{P}^{-1}=\boldsymbol{Q}_{\hat{L}W}^{\mathrm{T}}$

$\boldsymbol{Q}_{\hat{X}}=\boldsymbol{N}_A^{-1}=-\boldsymbol{Q}_{22}$

$\boldsymbol{Q}_{\hat{X}K}=\boldsymbol{0}=\boldsymbol{Q}_{K\hat{X}}^{\mathrm{T}}$

$\boldsymbol{Q}_{\hat{X}V}=\boldsymbol{0}=\boldsymbol{Q}_{V\hat{X}}^{\mathrm{T}}$

$\boldsymbol{Q}_{\hat{X}\hat{L}}=-\boldsymbol{N}_A^{-1}\boldsymbol{A}^{\mathrm{T}}\boldsymbol{N}_B^{-1}\boldsymbol{B}\boldsymbol{P}^{-1}=-\boldsymbol{Q}_{21}\boldsymbol{B}\boldsymbol{P}^{-1}=\boldsymbol{Q}_{\hat{L}\hat{X}}^{\mathrm{T}}$

$\boldsymbol{Q}_K=\boldsymbol{N}_B^{-1}-\boldsymbol{N}_B^{-1}\boldsymbol{A}\boldsymbol{N}_A^{-1}\boldsymbol{A}^{\mathrm{T}}\boldsymbol{N}_B^{-1}=\boldsymbol{Q}_{11}$

$\boldsymbol{Q}_{KV}=(\boldsymbol{N}_B^{-1}-\boldsymbol{N}_B^{-1}\boldsymbol{A}\boldsymbol{N}_A^{-1}\boldsymbol{A}^{\mathrm{T}}\boldsymbol{N}_B^{-1})\boldsymbol{B}\boldsymbol{P}^{-1}=\boldsymbol{Q}_{11}\boldsymbol{B}\boldsymbol{P}^{-1}=\boldsymbol{Q}_{VK}^{\mathrm{T}}$

$\boldsymbol{Q}_{K\hat{L}}=\boldsymbol{0}=\boldsymbol{Q}_{\hat{L}K}^{\mathrm{T}}$

$\boldsymbol{Q}_V=\boldsymbol{P}^{-1}\boldsymbol{B}^{\mathrm{T}}(\boldsymbol{N}_B^{-1}-\boldsymbol{N}_B^{-1}\boldsymbol{A}\boldsymbol{N}_A^{-1}\boldsymbol{A}^{\mathrm{T}}\boldsymbol{N}_B^{-1})\boldsymbol{B}\boldsymbol{P}^{-1}=\boldsymbol{P}^{-1}\boldsymbol{B}^{\mathrm{T}}\boldsymbol{Q}_{11}\boldsymbol{B}\boldsymbol{P}^{-1}$

$\boldsymbol{Q}_{V\hat{L}}=\boldsymbol{0}=\boldsymbol{Q}_{\hat{L}V}^{\mathrm{T}}$

$\boldsymbol{Q}_{\hat{L}}=\boldsymbol{P}^{-1}-\boldsymbol{P}^{-1}\boldsymbol{B}^{\mathrm{T}}(\boldsymbol{N}_B^{-1}-\boldsymbol{N}_B^{-1}\boldsymbol{A}\boldsymbol{N}_A^{-1}\boldsymbol{A}^{\mathrm{T}}\boldsymbol{N}_B^{-1})\boldsymbol{B}\boldsymbol{P}^{-1}=\boldsymbol{P}^{-1}-\boldsymbol{P}^{-1}\boldsymbol{B}^{\mathrm{T}}\boldsymbol{Q}_{11}\boldsymbol{B}\boldsymbol{P}^{-1}$

1-4-9　(1) $\begin{bmatrix}\hat{L}_1\\ \hat{L}_2\\ \hat{L}_3\\ \hat{L}_4\end{bmatrix}=\begin{bmatrix}30°10'10''\\ 10°10'00''\\ 20°20'20''\\ 50°30'30''\end{bmatrix}$，$\angle COD=10°10'20''$；

(2) $m_{\hat{L}_1}=m_{\hat{L}_3}=m_{\hat{L}_4}=\pm2\sqrt{2}('')$，$m_{\hat{L}_2}=\pm2\sqrt{3}('')$，$m_{\angle COD}=\pm2\sqrt{5}('')$。

1-4-10　(1) $\begin{bmatrix}\hat{h}_1\\ \hat{h}_2\\ \hat{h}_3\end{bmatrix}=\begin{bmatrix}30.04\\ 10.00\\ 20.04\end{bmatrix}$ (m)，$H_{P_1}=130.04$ m；

(2) $m_{\hat{h}_1}=\pm4$ cm，$m_{\hat{h}_2}=m_{\hat{h}_3}=\pm2\sqrt{6}$ cm，$m_{H_{P_1}}=\pm4$ cm。

1-4-11 略。提示：本题不要引入未知参数的近似值。

1-4-12 由具有约束条件的参数平差函数模型第一式按参数平差单独求解，可得

$$\delta\hat{X}'=-(A^{T}PA)A^{T}Pl=-N_{A}^{-1}U_{A}，Q_{\delta\hat{X}'}=N_{A}^{-1}$$

注意到 $\delta\hat{X}'$并不是最终解，设最终解为 $\delta\hat{X}=\delta\hat{X}'+\delta\hat{X}''$，将 $\delta\hat{X}'$视为虚拟或广义观测值，$\delta\hat{X}''$为其改正数，代入具有约束条件的参数平差函数模型第二式并按条件平差原理可得

$$\delta\hat{X}''=-N_{A}^{-1}C^{T}(CN_{A}^{-1}C^{T})^{-1}(C\delta\hat{X}'+W_{C})=N_{A}^{-1}C^{T}N_{C}^{-1}CN_{A}^{-1}U_{A}-N_{A}^{-1}C^{T}N_{C}^{-1}W_{C}$$

故 $\delta\hat{X}$ 最终解为

$$\delta\hat{X}=-(N_{A}^{-1}-N_{A}^{-1}C^{T}N_{C}^{-1}CN_{A}^{-1})U_{A}-N_{A}^{-1}C^{T}N_{C}^{-1}W_{C}$$

V 的解为

$$V=A\delta\hat{X}+l$$

1-4-13 略。提示：(1) 当 $s=0$、$C=0$ 时，具有约束条件的参数平差的函数模型变为参数平差的函数模型；(2) 当 $s=r$、$A=I$、$D=0$ 时，具有约束条件的参数平差函数模型变为条件平差的函数模型。

1-4-14 略。

1-4-15 略。提示：幂等阵的秩等于其迹。

1-4-16 $Q_{L}=P^{-1}$

$Q_{Ll}=-P^{-1}=Q_{lL}^{T}$

$Q_{LU}=Q_{Ll}PA=-A=Q_{UL}^{T}$

$Q_{L\hat{X}}=-Q_{LU}(N_{A}^{-1}-N_{A}^{-1}C^{T}N_{C}^{-1}CN_{A}^{-1})=AQ_{11}=Q_{\hat{X}L}^{T}$

$Q_{LK}=-Q_{LU}N_{A}^{-1}C^{T}N_{C}^{-1}=AQ_{12}=Q_{KL}^{T}$

$Q_{LV}=Q_{L\hat{X}}A^{T}+Q_{Ll}=-P^{-1}+AQ_{11}A^{T}=Q_{VL}^{T}$

$Q_{L\hat{L}}=Q_{L}+Q_{LV}=AQ_{11}A^{T}=Q_{\hat{L}L}^{T}$

$Q_{l}=P^{-1}$

$Q_{lU}=Q_{l}PA=A=Q_{Ul}^{T}$

$Q_{l\hat{X}}=-Q_{lU}(N_{A}^{-1}-N_{A}^{-1}C^{T}N_{C}^{-1}CN_{A}^{-1})=-AQ_{11}=Q_{\hat{X}l}^{T}$

$Q_{lK}=-Q_{lU}N_{A}^{-1}C^{T}N_{C}^{-1}=-AQ_{12}=Q_{Kl}^{T}$

$Q_{lV}=Q_{l\hat{X}}A^{T}+Q_{l}=P^{-1}-AQ_{11}A^{T}=Q_{Vl}^{T}$

$Q_{l\hat{L}}=Q_{lL}+Q_{lV}=-AQ_{11}A^{T}=Q_{\hat{L}l}^{T}$

$Q_{U}=A^{T}PQ_{l}PA=N_{A}$

$Q_{U\hat{X}}=-A^{T}PQ_{lU}(N_{A}^{-1}-N_{A}^{-1}C^{T}N_{C}^{-1}CN_{A}^{-1})=-N_{A}Q_{11}=Q_{\hat{X}U}^{T}$

$Q_{UK}=-Q_{U}N_{A}^{-1}C^{T}N_{C}^{-1}=C^{T}Q_{22}=Q_{KU}^{T}$

$Q_{UV}=Q_{U\hat{X}}A^{T}+Q_{Ul}=C^{T}Q_{21}A^{T}=Q_{VU}^{T}$

$Q_{U\hat{L}}=Q_{UL}+Q_{UV}=-N_{A}Q_{11}A^{T}=Q_{\hat{L}U}^{T}$

$Q_{\hat{X}}=(N_{A}^{-1}-N_{A}^{-1}C^{T}N_{C}^{-1}CN_{A}^{-1})Q_{U}(N_{A}^{-1}-N_{A}^{-1}C^{T}N_{C}^{-1}CN_{A}^{-1})=Q_{11}$

$Q_{\hat{X}K}=(N_{A}^{-1}-N_{A}^{-1}C^{T}N_{C}^{-1}CN_{A}^{-1})Q_{U}N_{A}^{-1}C^{T}N_{C}^{-1}=0=Q_{K\hat{X}}^{T}$

$Q_{\hat{X}V}=Q_{\hat{X}}A^{T}+Q_{\hat{X}l}=0=Q_{V\hat{X}}^{T}$

$Q_{\hat{X}\hat{L}}=Q_{\hat{X}L}+Q_{\hat{X}V}=Q_{11}A^{T}=Q_{\hat{L}\hat{X}}^{T}$

$$Q_K = N_C^{-1} C N_A^{-1} Q_U N_A^{-1} C^T N_C^{-1} = -Q_{22}$$

$$Q_{KV} = Q_{K\hat{X}} A^T + Q_{Kl} = -Q_{21} A^T = Q_{VK}^T$$

$$Q_{K\hat{L}} = Q_{KL} + Q_{KV} = \mathbf{0} = Q_{\hat{L}K}^T$$

$$Q_V = AQ_{\hat{X}} A^T + AQ_{\hat{X}l} + Q_{l\hat{X}} A^T + Q_l = P^{-1} - AQ_{11} A^T$$

$$Q_{V\hat{L}} = Q_{VL} + Q_V = \mathbf{0} = Q_{\hat{L}V}^T$$

$$Q_{\hat{L}} = Q_L + Q_{LV} + Q_{VL} + Q_V = AQ_{11} A^T$$

1-4-17　同练习题 1-4-10。

1-4-18　同练习题 1-4-10。

1-4-19　$\begin{bmatrix} N_B & 0 & A \\ 0 & 0 & C \\ A^T & C^T & 0 \end{bmatrix} \begin{bmatrix} K_1 \\ K_2 \\ \hat{X} \end{bmatrix} + \begin{bmatrix} W \\ W_C \\ 0 \end{bmatrix} = \mathbf{0}$。提示：本题不要引入未知参数的近似值。

1-4-20　略。提示：(1) 当 $0 \leqslant u \leqslant t$，$s=0$，$C=\mathbf{0}$ 时，概括函数模型变为具有参数的条件平差的函数模型；(2) 当 $u=0$，$s=0$，$A=\mathbf{0}$，$C=\mathbf{0}$ 时，概括函数模型变为条件平差的函数模型；(3) 当 $t \leqslant u \leqslant n$，$s=u-t$，$B=-I$ 时，概括函数模型变为具有约束条件的参数平差的函数模型；(4) 当 $u=t$，$s=0$，$B=-I$，$C=\mathbf{0}$ 时，概括函数模型变为参数平差的函数模型。

1-4-21　略。

1-4-22　$\hat{H}_{P_1} = 60.06$ m，$\hat{H}_{P_2} = 70.16$ m，$Q_{\begin{bmatrix} \hat{H}_{P_1} \\ \hat{H}_{P_2} \end{bmatrix}} = \frac{1}{57}\begin{bmatrix} 11 & 8 \\ 8 & 11 \end{bmatrix}$

1-4-23　(1) $\hat{X}_1 = X_{01} - (N_{11} - N_{12} N_{22}^{-1} N_{21})^{-1} (A_1^T Pl - N_{12} N_{22}^{-1} A_2^T Pl)$，$Q_{\hat{X}_1} = (N_{11} - N_{12} N_{22}^{-1} N_{21})^{-1}$；(2) 略。

1-4-24　$\begin{bmatrix} \delta\hat{x}_3 \\ \delta\hat{x}_4 \end{bmatrix} = \begin{bmatrix} 3 \\ -2 \end{bmatrix}$。提示：可按参数分组法求解。

1-4-25　略。提示：可利用分块矩阵求逆原理证明。

1-4-26　略。提示：可利用分块矩阵求逆原理证明。

1-4-27　同练习题 1-4-22。

1-4-28　$\hat{X} = \begin{bmatrix} 5.649 \\ 7.119 \end{bmatrix}$ (m)，$\Sigma_{\hat{X}} = \frac{7}{10}\begin{bmatrix} 2 & 1 \\ 1 & 3 \end{bmatrix}$ (mm^2)

1-4-29　略。

1-4-30　略。

1-4-31　略。提示：利用矩阵反演公式，可得与练习题 1-4-30 相同的结果。

1-4-32　(1) $\hat{X} = \begin{bmatrix} 3.40 \\ 6.22 \end{bmatrix}$ (m)，$\Sigma_{\hat{X}} = \begin{bmatrix} 3 & -1 \\ -1 & 2 \end{bmatrix}$ (cm^2)；

(2) $\hat{X} = \begin{bmatrix} 3.41 \\ 6.22 \end{bmatrix}$ (m)，$\Sigma_{\hat{X}} = \frac{3}{4}\begin{bmatrix} 1 & 0 \\ 0 & 1 \end{bmatrix}$ (cm^2)；

(3) 考虑参数验前精度后，$\hat{x}_1$ 的中误差由 $\pm\sqrt{3}$ cm 提高到 $\pm\frac{\sqrt{3}}{2}$ cm，$\hat{x}_2$ 的中误差由

$\pm\sqrt{2}$ cm 提高到$\pm\frac{\sqrt{3}}{2}$ cm，也就是说，未知参数具有先验精度时，考虑其先验精度通常会使参数估值精度进一步提高。

1-4-33 略。

1-4-34 略。提示：利用矩阵反演公式，可得与练习题 1-4-33 相同的结果。

1-4-35 $\begin{bmatrix} \boldsymbol{V} \\ \delta\hat{\boldsymbol{X}} \end{bmatrix} = \begin{bmatrix} -\boldsymbol{P}^{-1}\boldsymbol{B}^{\mathrm{T}}\boldsymbol{Q}_{\boldsymbol{W}}^{-1}\boldsymbol{W} \\ -\boldsymbol{P}_{\boldsymbol{X}_0}^{-1}\boldsymbol{A}^{\mathrm{T}}\boldsymbol{Q}_{\boldsymbol{W}}^{-1}\boldsymbol{W} \end{bmatrix}$，其中，$\boldsymbol{Q}_{\boldsymbol{W}}=\boldsymbol{B}\boldsymbol{P}^{-1}\boldsymbol{B}^{\mathrm{T}}+\boldsymbol{A}\boldsymbol{P}_{\boldsymbol{X}_0}^{-1}\boldsymbol{A}^{\mathrm{T}}$。

第五章　测量平差模型误差的假设检验

一、内容解析

前面介绍了五种基本平差方法的数学模型（它们是抽象出来的理论模型，包括函数模型和随机模型），按最小二乘原理求解这些模型的结果均是最优的。不难理解，实际问题的数学模型与平差方法的数学模型相一致是人们所期望的，否则，平差结果将无法很好地反映实际情况。例如，实际观测值中虽然含有系统误差和/或粗差，却仍然按基本平差方法进行平差，则平差结果相对实际情况将存在偏差。

平差方法的数学模型与实际模型之间的差异统称为模型误差。处理模型误差，要么发展新的平差方法以适应实际情况，要么找出差异的原因来改善实际情况。无论怎样，探测是否存在模型误差是进一步处理的前提。本章介绍了关于模型误差探测的一些基础知识，与概率统计中的假设检验有关。

假设检验中，需要根据随机量的分布，针对检验问题构造合适的统计量。就测量平差而言，人们认为偶然误差服从正态分布，则仅含偶然误差的观测量也服从正态分布，以此为依据，可以推导出一些平差结果及其函数的分布，进而可构造不同统计量来进行多角度模型误差检验。

另外，本章中的误差椭圆一直是误差理论与数据处理教材中比较独立的内容。传统的控制网优化设计与质量分析中，常常需要关注控制点的点位精度和某些特殊方向的点位精度，这一应用背景是引入误差椭圆的通常出发点，但误差椭圆的含义并不止于此。误差椭圆也具有概率含义，是置信椭圆的特殊情况，置信椭圆（球）可用于解释参数向量的假设检验，故这些内容也与本章主题相关。

（一）地位与作用

与最或然值的获取、平差结果的精度评定两项测量平差主要任务相比，模型误差的检验与处理越来越被重视，并成为现代测量平差理论与应用的重要研究方向之一。实际中，应尽可能对平差结果进行模型检验并使用已通过模型检验的平差结果。

（二）知识点汇总

参照表 1-0-1，本章涉及的知识点总结于表 1-5-1 中。本章内容的数学理论基础——常见随机变量的分布、参数的区间估计、参数的假设检验等内容，已在概率论与数理统计中讲授，这里不再列出。

表 1-5-1　第五章知识点及说明

误差理论	偶然误差特性的检验；误差分布及正态性检验		确定误差分布的一般方法以及检验观测误差是否仅含偶然误差的方法
平差方法	模型检验	平差结果的统计性质	主要指无偏性、线性最小方差性，即平差结果是否为最优线性无偏估计量
		估计量的分布	基于观测值或观测误差服从正态分布得出的有关平差结果的分布
		验后方差检验	最常用的模型误差检验方法之一
		误差椭圆（球），置信椭圆（球），圆（球）概率误差，参数向量的假设检验	可用于控制网优化设计、施工放样、导航位置精度评定、武器毁伤效果评估、变形监测等多种场合

（三）强化与拓展

以下就表 1-5-1 中的部分知识点进一步强化与拓展。

1. 偶然误差特性的检验

偶然误差是由测量条件中各种随机因素的偶然性影响而产生的误差。尽管单个误差毫无规律，但相同测量条件下得到的一列偶然误差 Δ_i（$i=1, 2, \cdots, n$）却有一定的统计规律。

1）正负误差个数的检验

偶然误差为正、为负的个数应相等，检验公式为

$$|S_\beta - S_{\beta'}| < l\sqrt{n} \tag{1-5-1}$$

式中，S_β 为正（或负）误差个数，$S_{\beta'}$ 则为负（或正）误差个数，l 为标准正态分布置信度所对应的分位数，如 $l=2$ 意味着式（1-5-1）的置信度为 95.45%。

2）正负误差分配顺序的检验

偶然误差的分配顺序应是随机的（任意两个相邻误差的符号相同或不同的概率相等），检验公式为

$$|W| < l\sqrt{n-1} \tag{1-5-2}$$

式中，W 为误差列中同号交替次数与异号交替次数之差（第 1、2 个误差为第 1 次符号交替，第 2、3 个误差为第 2 次符号交替，以此类推），l 含义同式（1-5-1）。

3）正负误差数值和的检验

偶然误差的均值应为 0，检验公式为

$$|[\Delta]| < l\sqrt{n}\sigma \tag{1-5-3}$$

式中，“[·]”为高斯求和符号，σ 为偶然误差的标准差，l 含义同式（1-5-1）。

4）正负误差平方和之差的检验

正误差的平方和与负误差的平方和应相等，检验公式为

$$|[k\Delta^2]|<l\sqrt{3n}\sigma^2 \tag{1-5-4}$$

式中，Δ_i 为正时 $k_i=1$，Δ_i 为负时 $k_i=-1$，[·]、σ、l 含义同式（1-5-3）。

5）个别误差值的检验

偶然误差超过某一限值的概率应为小概率事件（实际不可能事件），检验公式为

$$|\Delta_i|<l\sigma \tag{1-5-5}$$

式中，σ、l 含义同式（1-5-3）。

以上后三个检验公式为基于 $\Delta_i\sim N(0,\sigma^2)$ 推导得出，前两个不需知道 Δ_i 的分布。另外要说明的是，实际中常用中误差 m 代替 σ，此时为提高检验结果的可靠性，样本容量 n 应尽可能大。

2. 误差分布及正态性检验

关于如何判断误差的分布，本部分第一章中已经述及，这里再简述如下：若已得到一列误差，先做出直方图，然后根据直方图判断接近哪种已知的分布，最后利用 χ^2 检验法进行确认。该检验法适用于任何分布的误差检验，而偏度峰度法则专用于检验分布是否具有正态性。这部分内容亦可参见概率论与数理统计课程。

3. 平差结果的统计性质

按最小二乘原理进行平差，并不需要知道观测量的分布，只要线性函数模型正确，随机模型正确，所得平差结果便为最优线性无偏估计量（即平差结果满足无偏性和线性最小方差性）。这里特别强调函数模型为线性，是因其平差结果的统计性质可以得到严格证明，而对于非线性模型的研究则远没有线性模型深入，但实际中也常将其线性化收敛结果视为最优无偏估计量。

下面以参数平差为例，证明平差结果的无偏性和线性最小方差性，其他四种基本平差方法结论相同，证明类似。

1）无偏性

由参数平差的数学模型

$$-\boldsymbol{\Delta}=\boldsymbol{A}\delta\boldsymbol{X}+\boldsymbol{l},\ \boldsymbol{l}=\boldsymbol{A}\boldsymbol{X}_0+\boldsymbol{D}-\boldsymbol{L}$$

$$\boldsymbol{V}=\boldsymbol{A}\delta\hat{\boldsymbol{X}}+\boldsymbol{l},\ \boldsymbol{l}=\boldsymbol{A}\boldsymbol{X}_0+\boldsymbol{D}-\boldsymbol{L}$$

$$E(\boldsymbol{\Delta})=\boldsymbol{0}$$

$$\boldsymbol{P}=\boldsymbol{Q}^{-1}=\sigma_0^2\boldsymbol{\Sigma}^{-1}>0$$

可得

$$E(\boldsymbol{l})=-\boldsymbol{A}\delta\boldsymbol{X},\ \boldsymbol{Q}_l=\boldsymbol{P}^{-1}$$

故

$$E(\hat{\boldsymbol{X}})=\boldsymbol{X}_0+E(\delta\hat{\boldsymbol{X}})=\boldsymbol{X}_0-\boldsymbol{N}^{-1}\boldsymbol{A}^{\mathrm{T}}\boldsymbol{P}E(\boldsymbol{l})=\boldsymbol{X}_0+\delta\boldsymbol{X}=\boldsymbol{X} \tag{1-5-6}$$

$$E(\boldsymbol{V})=\boldsymbol{A}E(\delta\hat{\boldsymbol{X}})+E(\boldsymbol{l})=\boldsymbol{0} \tag{1-5-7}$$

$$E(\hat{\boldsymbol{L}})=E(\boldsymbol{L})+E(\boldsymbol{V})=E(\boldsymbol{L})=\widetilde{\boldsymbol{L}} \tag{1-5-8}$$

$$E(\mu^2)=E\left(\frac{\boldsymbol{V}^{\mathrm{T}}\boldsymbol{PV}}{r}\right)=\sigma_0^2 \tag{1-5-9}$$

其中，式（1-5-9）在本部分第二章已详细证明，这里仅为结论，本章练习题中还将涉及该结论另一种常见证明方法。

通常所指的平差结果的无偏性包括：未知参数 $\hat{\boldsymbol{X}}$ 是其真值 $\boldsymbol{X}$ 的无偏估计；残差 $\boldsymbol{V}$ 的数学期望为 $\boldsymbol{0}$；平差值 $\hat{\boldsymbol{L}}$ 与观测值 $\boldsymbol{L}$ 的数学期望相同，或平差值 $\hat{\boldsymbol{L}}$ 是观测量真值 $\widetilde{\boldsymbol{L}}$ 的无偏估计；验后单位权方差 μ^2 是验前单位权方差 σ_0^2 的无偏估计。

2）线性最小方差性

通常讨论 $\hat{\boldsymbol{X}}$、$\hat{\boldsymbol{L}}$ 的线性最小方差性，也即证明它们是否为最优线性无偏估计量。

Ⅰ. $\hat{\boldsymbol{X}}$ 的线性最小方差性

设 $\hat{\boldsymbol{X}}$ 关于 $\boldsymbol{L}$ 的线性估计函数为

$$\hat{\boldsymbol{X}}=\boldsymbol{X}_0+\underset{t\times n}{\boldsymbol{G}}\boldsymbol{l},\ \boldsymbol{l}=\boldsymbol{AX}_0+\boldsymbol{D}-\boldsymbol{L} \tag{1-5-10}$$

式中，$\boldsymbol{G}$ 为待定系数矩阵。因 $\boldsymbol{Q}_l=\boldsymbol{P}^{-1}$，故 $\hat{\boldsymbol{X}}$ 的协方差阵为 $\boldsymbol{\Sigma}_{\hat{X}}=\sigma_0^2\boldsymbol{Q}_{\hat{X}}=\sigma_0^2\boldsymbol{GP}^{-1}\boldsymbol{G}^{\mathrm{T}}$。

欲使 $\hat{\boldsymbol{X}}$ 为最优估计量，$\hat{\boldsymbol{X}}$ 首先应无偏，即

$$E(\hat{\boldsymbol{X}})=\boldsymbol{X}_0+\boldsymbol{G}E(\boldsymbol{l})=\boldsymbol{X}_0-\boldsymbol{GA}\delta\boldsymbol{X}=\boldsymbol{X}=\boldsymbol{X}_0+\delta\boldsymbol{X}$$

也即

$$\boldsymbol{GA}+\boldsymbol{I}=\boldsymbol{0} \tag{1-5-11}$$

其次，$\hat{\boldsymbol{X}}$ 还应满足准则 $\mathrm{tr}(\boldsymbol{\Sigma}_{\hat{X}})=\min$ 或 $\mathrm{tr}(\boldsymbol{Q}_{\hat{X}})=\min$。于是，可构造如下函数

$$\boldsymbol{\Phi}=\mathrm{tr}(\boldsymbol{Q}_{\hat{X}})-\mathrm{tr}[2(\boldsymbol{GA}+\boldsymbol{I})\underset{t\times t}{\boldsymbol{K}}]=\mathrm{tr}(\boldsymbol{GP}^{-1}\boldsymbol{G}^{\mathrm{T}})-\mathrm{tr}[2(\boldsymbol{GA}+\boldsymbol{I})\underset{t\times t}{\boldsymbol{K}}]$$

式中，$\boldsymbol{K}$ 为未知的联系数矩阵。令 $\boldsymbol{\Phi}$ 对 $\boldsymbol{G}$ 的偏导为 $\boldsymbol{0}$（见后面其他说明），即

$$\frac{\partial\boldsymbol{\Phi}}{\partial\boldsymbol{G}}=2\boldsymbol{GP}^{-1}-2\boldsymbol{K}^{\mathrm{T}}\boldsymbol{A}^{\mathrm{T}}=\boldsymbol{0}$$

可得

$$\boldsymbol{G}=\boldsymbol{K}^{\mathrm{T}}\boldsymbol{A}^{\mathrm{T}}\boldsymbol{P}$$

代入式（1-5-11），有

$$\boldsymbol{K}^{\mathrm{T}}=-(\boldsymbol{A}^{\mathrm{T}}\boldsymbol{PA})^{-1}=-\boldsymbol{N}^{-1}$$

于是

$$\boldsymbol{G}=-\boldsymbol{N}^{-1}\boldsymbol{A}^{\mathrm{T}}\boldsymbol{P}$$

将 $\boldsymbol{G}$ 回代到式（1-5-10）中，得到未知参数的最优线性无偏估计量为

$$\hat{\boldsymbol{X}}=\boldsymbol{X}_0-\boldsymbol{N}^{-1}\boldsymbol{A}^{\mathrm{T}}\boldsymbol{Pl}$$

可见，以上按线性最小方差估计准则推导出的未知参数解与最小二乘估计结果完全相同，因此，参数平差解 $\hat{\boldsymbol{X}}$ 具有最小方差性。

Ⅱ. $\hat{\boldsymbol{L}}$ 的线性最小方差性

设 $\hat{\boldsymbol{L}}$ 关于 $\boldsymbol{L}$ 的线性估计函数为

$$\hat{\boldsymbol{L}}=\boldsymbol{L}+\underset{n\times n}{\boldsymbol{G}}\boldsymbol{l},\ \boldsymbol{l}=\boldsymbol{AX}_0+\boldsymbol{D}-\boldsymbol{L} \tag{1-5-12}$$

式中，$\boldsymbol{G}$ 为待定系数矩阵。因 $\boldsymbol{Q}_l=\boldsymbol{P}^{-1}$，故 $\hat{\boldsymbol{L}}$ 的协方差阵为

$$\boldsymbol{\Sigma}_{\hat{L}}=\sigma_0^2\boldsymbol{Q}_{\hat{L}}=\sigma_0^2(\boldsymbol{Q}_L+\boldsymbol{Q}_{Ll}\boldsymbol{G}^{\mathrm{T}}+\boldsymbol{G}\boldsymbol{Q}_{lL}+\boldsymbol{G}\boldsymbol{P}^{-1}\boldsymbol{G}^{\mathrm{T}})=\sigma_0^2(\boldsymbol{P}^{-1}-\boldsymbol{P}^{-1}\boldsymbol{G}^{\mathrm{T}}-\boldsymbol{G}\boldsymbol{P}^{-1}+\boldsymbol{G}\boldsymbol{P}^{-1}\boldsymbol{G}^{\mathrm{T}})$$

欲使 $\hat{\boldsymbol{L}}$ 为最优估计量，首先应要求 $\hat{\boldsymbol{L}}$ 无偏，即

$$E(\hat{\boldsymbol{L}})=E(\boldsymbol{L})+\boldsymbol{G}E(\boldsymbol{l})=E(\boldsymbol{L})-\boldsymbol{G}\boldsymbol{A}\delta\boldsymbol{X}=E(\boldsymbol{L})$$

也即

$$\boldsymbol{G}\boldsymbol{A}=\boldsymbol{0} \tag{1-5-13}$$

其次，$\hat{\boldsymbol{L}}$ 还应满足准则 $\mathrm{tr}(\boldsymbol{\Sigma}_{\hat{L}})=\min$ 或 $\mathrm{tr}(\boldsymbol{Q}_{\hat{L}})=\min$。于是，可构造如下函数

$$\boldsymbol{\Phi}=\mathrm{tr}(\boldsymbol{P}^{-1}-\boldsymbol{P}^{-1}\boldsymbol{G}^{\mathrm{T}}-\boldsymbol{G}\boldsymbol{P}^{-1}+\boldsymbol{G}\boldsymbol{P}^{-1}\boldsymbol{G}^{\mathrm{T}})-\mathrm{tr}[2\boldsymbol{G}\boldsymbol{A}\underset{t\times n}{\boldsymbol{K}}]$$

式中，$\boldsymbol{K}$ 为未知的联系数矩阵。令 $\boldsymbol{\Phi}$ 对 $\boldsymbol{G}$ 的偏导为 $\boldsymbol{0}$（见后面其他说明），即

$$\frac{\partial\boldsymbol{\Phi}}{\partial\boldsymbol{G}}=-2\boldsymbol{P}^{-1}+2\boldsymbol{G}\boldsymbol{P}^{-1}-2\boldsymbol{K}^{\mathrm{T}}\boldsymbol{A}^{\mathrm{T}}=\boldsymbol{0}$$

可得

$$\boldsymbol{G}=\boldsymbol{I}+\boldsymbol{K}^{\mathrm{T}}\boldsymbol{A}^{\mathrm{T}}\boldsymbol{P}$$

代入式（1-5-13），有

$$\boldsymbol{K}^{\mathrm{T}}=-\boldsymbol{A}(\boldsymbol{A}^{\mathrm{T}}\boldsymbol{P}\boldsymbol{A})^{-1}=-\boldsymbol{A}\boldsymbol{N}^{-1}$$

于是

$$\boldsymbol{G}=\boldsymbol{I}-\boldsymbol{A}\boldsymbol{N}^{-1}\boldsymbol{A}^{\mathrm{T}}\boldsymbol{P}$$

将 $\boldsymbol{G}$ 回代到式（1-5-12）中，得到观测量平差值的最优线性无偏估计量为

$$\hat{\boldsymbol{L}}=\boldsymbol{L}+(\boldsymbol{I}-\boldsymbol{A}\boldsymbol{N}^{-1}\boldsymbol{A}^{\mathrm{T}}\boldsymbol{P})\boldsymbol{l}=\boldsymbol{L}+\boldsymbol{V}$$

可见，按线性最小方差估计准则推导出的 $\hat{\boldsymbol{L}}$ 与最小二乘估计结果完全相同，因此，参数平差解 $\hat{\boldsymbol{L}}$ 具有最小方差性。

4. **估计量的分布**

最小二乘估计无须知道观测量或观测误差的分布便可得到最优线性无偏估计量，但随着理论与应用的深入，有时不得不对观测量或观测误差的分布做出假设。偶然误差服从正态分布，仅含偶然误差的观测值也服从正态分布，在此前提下，作为观测值线性函数的平差结果，自然也服从正态分布。因为本课程主要讨论观测值含偶然误差的情况，后面凡是需要知道观测量或观测误差分布的场合（如估计量的分布、验后方差的检验、参数向量的假设检验等），均默认为 $\underset{n\times1}{\boldsymbol{\Delta}}\sim N(\boldsymbol{0},\ \boldsymbol{\Sigma}=\sigma_0^2\boldsymbol{P}^{-1})$ 或 $\underset{n\times1}{\boldsymbol{L}}\sim N(E(\boldsymbol{L}),\ \boldsymbol{\Sigma}=\sigma_0^2\boldsymbol{P}^{-1})$，其中，$\boldsymbol{\Sigma}$、$\boldsymbol{P}$ 均正定。

测量平差中，估计量的分布主要指 $\hat{\boldsymbol{X}}$、$\boldsymbol{V}$、$\hat{\boldsymbol{L}}$ 的分布，它们是观测值 $\boldsymbol{L}$ 的函数，也服从正态分布（函数模型为线性时是严密的），五种基本平差方法结果可统一简写为

$$\underset{u\times1}{\hat{\boldsymbol{X}}}\sim N(\boldsymbol{X},\ \sigma_0^2\boldsymbol{Q}_{\hat{X}}) \tag{1-5-14}$$

$$\underset{n\times1}{\boldsymbol{V}}\sim N(\boldsymbol{0},\ \sigma_0^2\boldsymbol{Q}_{V}) \tag{1-5-15}$$

$$\underset{n\times1}{\boldsymbol{L}}\sim N(E(\boldsymbol{L}),\ \sigma_0^2\boldsymbol{Q}_{\hat{L}}) \tag{1-5-16}$$

式中，$\hat{\boldsymbol{X}}$、$\boldsymbol{V}$、$\hat{\boldsymbol{L}}$ 均服从各自的多维正态分布。其中，括号内的第一项为数学期望，第二项为协方差阵；u 为函数模型中未知参数个数。

需要注意的是，$\hat{\boldsymbol{X}}$、$\boldsymbol{V}$、$\hat{\boldsymbol{L}}$ 分布的维数分别为 $\mathrm{rk}(\boldsymbol{Q}_{\hat{X}})=t_0$（函数模型中独立的未知参数个数）、$\mathrm{rk}(\boldsymbol{Q}_V)=\mathrm{rk}(\boldsymbol{Q}_V\boldsymbol{P})=r$（平差问题的多余观测量个数）、$\mathrm{rk}(\boldsymbol{Q}_{\hat{L}})=\mathrm{rk}(\boldsymbol{Q}_{\hat{L}}\boldsymbol{P})=t$（平差问题的必要观测量个数）。关于 $\boldsymbol{Q}_{\hat{X}}$、$\boldsymbol{Q}_V$、$\boldsymbol{Q}_{\hat{L}}$ 的秩的求解，通常用到幂等阵的一个性质：若矩阵 $\boldsymbol{J}$ 是一个幂等阵，即 $\boldsymbol{J}^2=\boldsymbol{J}\boldsymbol{J}=\boldsymbol{J}$，则 $\boldsymbol{J}$ 的秩 $\mathrm{rk}(\boldsymbol{J})$ 等于它的迹 $\mathrm{tr}(\boldsymbol{J})$。例如，参数平差中，$\boldsymbol{Q}_V\boldsymbol{P}=\boldsymbol{I}-\boldsymbol{A}\boldsymbol{N}^{-1}\boldsymbol{A}^{\mathrm{T}}\boldsymbol{P}$ 为幂等阵，故 $\mathrm{rk}(\boldsymbol{Q}_V)=\mathrm{rk}(\boldsymbol{Q}_V\boldsymbol{P})=\mathrm{tr}(\underset{n\times n}{\boldsymbol{I}}-\boldsymbol{A}\boldsymbol{N}^{-1}\boldsymbol{A}^{\mathrm{T}}\boldsymbol{P})=n-t=r$，其中，因 $\boldsymbol{P}$ 满秩，$\boldsymbol{Q}_V$ 右乘 $\boldsymbol{P}$ 不改变自身的秩。

5. 验后方差检验

该检验又称为方差一致性检验或总体检验。下面先推导检验统计量，再说明检验方法。

Ⅰ. 验后方差检验统计量

验后方差检验统计量的推导，实质是证明结论：已知 $\underset{n\times 1}{\boldsymbol{\Delta}}\sim N(\boldsymbol{0},\ \boldsymbol{\Sigma}=\sigma_0^2\boldsymbol{P}^{-1})$，则 $\dfrac{\boldsymbol{V}^{\mathrm{T}}\boldsymbol{P}\boldsymbol{V}}{\sigma_0^2}=\dfrac{r\mu^2}{\sigma_0^2}\sim\chi^2(r)$，其中，$r$ 为平差问题的多余观测量个数。该结论对五种基本平差方法相同，其证明可仿照本部分第一章关于 $\boldsymbol{\Delta}^{\mathrm{T}}\boldsymbol{P}\boldsymbol{\Delta}/\sigma_0^2\sim\chi^2(n)$ 的证明，下面以参数平差为例给出其中一种证明方法。

由残差 $\boldsymbol{V}$ 与 $\boldsymbol{\Delta}$ 的关系式 $\boldsymbol{V}=-(\boldsymbol{I}-\boldsymbol{A}\boldsymbol{N}^{-1}\boldsymbol{A}^{\mathrm{T}}\boldsymbol{P})\boldsymbol{\Delta}$（见本部分第二章），可得

$$\boldsymbol{V}^{\mathrm{T}}\boldsymbol{P}\boldsymbol{V}=\boldsymbol{\Delta}^{\mathrm{T}}(\boldsymbol{P}-\boldsymbol{P}\boldsymbol{A}\boldsymbol{N}^{-1}\boldsymbol{A}^{\mathrm{T}}\boldsymbol{P})\boldsymbol{\Delta} \tag{1-5-17}$$

令 $\underset{n\times n}{\boldsymbol{H}}=\boldsymbol{P}-\boldsymbol{P}\boldsymbol{A}\boldsymbol{N}^{-1}\boldsymbol{A}^{\mathrm{T}}\boldsymbol{P}$，则 $\boldsymbol{H}\boldsymbol{P}^{-1}=\boldsymbol{I}-\boldsymbol{P}\boldsymbol{A}\boldsymbol{N}^{-1}\boldsymbol{A}^{\mathrm{T}}$ 为幂等阵，即 $\boldsymbol{H}\boldsymbol{P}^{-1}\boldsymbol{H}\boldsymbol{P}^{-1}=\boldsymbol{H}\boldsymbol{P}^{-1}$，故 $\mathrm{rk}(\underset{n\times n}{\boldsymbol{H}})=\mathrm{rk}(\boldsymbol{H}\boldsymbol{P}^{-1})=\mathrm{tr}(\boldsymbol{H}\boldsymbol{P}^{-1})=r(<n)$，$\boldsymbol{H}$ 为对称降秩矩阵。另外易知，$\boldsymbol{H}\boldsymbol{P}^{-1}\boldsymbol{H}=\boldsymbol{H}$，故 $\boldsymbol{H}$ 仍为非负定矩阵。由非负定矩阵的性质，必然存在列满秩矩阵 $\underset{n\times r}{\boldsymbol{S}}$，使得 $\boldsymbol{H}=\boldsymbol{S}\boldsymbol{S}^{\mathrm{T}}$，式(1-5-17) 又可写为

$$\boldsymbol{V}^{\mathrm{T}}\boldsymbol{P}\boldsymbol{V}=\boldsymbol{\Delta}^{\mathrm{T}}\boldsymbol{S}\boldsymbol{S}^{\mathrm{T}}\boldsymbol{\Delta} \tag{1-5-18}$$

设 $\underset{r\times 1}{\boldsymbol{Z}}=\boldsymbol{S}^{\mathrm{T}}\boldsymbol{\Delta}$，由 $\boldsymbol{\Delta}$ 的分布知，$\boldsymbol{Z}$ 也服从正态分布，且 $E(\boldsymbol{Z})=\boldsymbol{0}$，$\boldsymbol{\Sigma}_Z$ 为

$$\begin{aligned}\boldsymbol{\Sigma}_Z&=\boldsymbol{S}^{\mathrm{T}}\boldsymbol{\Sigma}_{\Delta}\boldsymbol{S}=\sigma_0^2\boldsymbol{S}^{\mathrm{T}}\boldsymbol{P}^{-1}\boldsymbol{S}=\sigma_0^2(\boldsymbol{S}^{\mathrm{T}}\boldsymbol{S})^{-1}\boldsymbol{S}^{\mathrm{T}}\boldsymbol{S}\cdot\boldsymbol{S}^{\mathrm{T}}\boldsymbol{P}^{-1}\boldsymbol{S}\cdot\boldsymbol{S}^{\mathrm{T}}\boldsymbol{S}(\boldsymbol{S}^{\mathrm{T}}\boldsymbol{S})^{-1}\\&=\sigma_0^2(\boldsymbol{S}^{\mathrm{T}}\boldsymbol{S})^{-1}\boldsymbol{S}^{\mathrm{T}}\boldsymbol{H}\boldsymbol{P}^{-1}\boldsymbol{H}\boldsymbol{S}(\boldsymbol{S}^{\mathrm{T}}\boldsymbol{S})^{-1}=\sigma_0^2(\boldsymbol{S}^{\mathrm{T}}\boldsymbol{S})^{-1}\boldsymbol{S}^{\mathrm{T}}\boldsymbol{H}\boldsymbol{S}(\boldsymbol{S}^{\mathrm{T}}\boldsymbol{S})^{-1}\\&=\sigma_0^2(\boldsymbol{S}^{\mathrm{T}}\boldsymbol{S})^{-1}\boldsymbol{S}^{\mathrm{T}}\boldsymbol{S}\boldsymbol{S}^{\mathrm{T}}\boldsymbol{S}(\boldsymbol{S}^{\mathrm{T}}\boldsymbol{S})^{-1}=\sigma_0^2\underset{r\times r}{\boldsymbol{I}}\end{aligned}$$

可见，$\boldsymbol{Z}$ 中分量 z_i 相互独立且 $z_i\sim N(0,\ \sigma_0^2)$，故 z_i/σ_0 为相互独立的标准化正态分布随机变量。于是，由式（1-5-18）进一步可得

$$\frac{\boldsymbol{V}^{\mathrm{T}}\boldsymbol{P}\boldsymbol{V}}{\sigma_0^2}=\frac{\boldsymbol{Z}^{\mathrm{T}}\boldsymbol{Z}}{\sigma_0^2}=\frac{1}{\sigma_0^2}\sum_{i=1}^{r}z_i^2=\sum_{i=1}^{r}\frac{z_i^2}{\sigma_0^2}\sim\chi^2(r)\quad\text{或}\quad\frac{r\mu^2}{\sigma_0^2}\sim\chi^2(r) \tag{1-5-19}$$

该统计量反映了验后单位权方差 μ^2 和验前单位权方差 σ_0^2 的统计关系，故也称方差一致性检验统计量。

Ⅱ. 验后方差检验方法

如果已知 σ_0^2，通过平差又求出了 μ^2，就可以利用式（1-5-19）进行验后方差检验。此时，原假设和备择假设分别为

$$H_0:\mu^2=\sigma_0^2;\ H_1:\mu^2\neq\sigma_0^2$$

对于给定的显著水平 α 或置信度 $(1-\alpha)$，接受域为

$$P\left\{\chi^2_{\alpha/2}(r)\leqslant\frac{r\mu^2}{\sigma_0^2}\leqslant\chi^2_{1-\alpha/2}(r)\right\}=1-\alpha$$

若统计量 $\frac{r\mu^2}{\sigma_0^2}$ 的值落入接受域内，则接受原假设 H_0，认为平差模型基本正确；反之，则拒绝原假设，认为平差模型不正确。不正确的原因则可能有一种或多种，如已知数据可能有误，观测值中可能含有粗差或系统误差等，这需要结合实际情况进一步分析或借助其他检验方法进一步确定。该检验是对模型误差的总体进行的检验，因此，也称总体检验。

6. 参数向量的假设检验

该检验通常是对参数平差结果进行的检验。

Ⅰ. 参数向量的假设检验统计量

仿照本部分第一章关于 $\boldsymbol{\Delta}^{\mathrm T}\boldsymbol{P\Delta}/\sigma_0^2\sim\chi^2(n)$ 的证法三进行证明。由参数平差公式可得

$$\underset{t\times1}{\hat{\boldsymbol X}}=-\boldsymbol N^{-1}\boldsymbol A^{\mathrm T}\boldsymbol{Pl}=\boldsymbol X+\boldsymbol N^{-1}\boldsymbol A^{\mathrm T}\boldsymbol{P\Delta}$$

$$(\hat{\boldsymbol X}-\boldsymbol X)^{\mathrm T}\boldsymbol\Sigma_{\hat X}^{-1}(\hat{\boldsymbol X}-\boldsymbol X)=\frac{(\hat{\boldsymbol X}-\boldsymbol X)^{\mathrm T}\boldsymbol Q_{\hat X}^{-1}(\hat{\boldsymbol X}-\boldsymbol X)}{\sigma_0^2}=\frac{\boldsymbol\Delta^{\mathrm T}\boldsymbol{PAN}^{-1}\boldsymbol A^{\mathrm T}\boldsymbol{P\Delta}}{\sigma_0^2}=\boldsymbol\Delta^{\mathrm T}\underset{n\times n}{\boldsymbol M}\boldsymbol\Delta$$

其中，$\boldsymbol M=\frac{\boldsymbol{PAN}^{-1}\boldsymbol A^{\mathrm T}\boldsymbol P}{\sigma_0^2}$ 为对称阵，t 为独立未知参数个数，$\boldsymbol X$ 为未知参数的真值。因 $\underset{n\times1}{\boldsymbol\Delta}\sim N(0,\ \boldsymbol\Sigma=\sigma_0^2\boldsymbol P^{-1})$，易知，$\boldsymbol{M\Sigma}=\boldsymbol{PAN}^{-1}\boldsymbol A^{\mathrm T}$ 为幂等阵，$\mathrm{rk}(\boldsymbol M)=\mathrm{rk}(\boldsymbol{M\Sigma})=t$。于是，由二次型分布定理可得 $\boldsymbol\Delta^{\mathrm T}\boldsymbol{M\Delta}\sim\chi^2(t)$，即

$$(\hat{\boldsymbol X}-\boldsymbol X)^{\mathrm T}\boldsymbol\Sigma_{\hat X}^{-1}(\hat{\boldsymbol X}-\boldsymbol X)=\frac{(\hat{\boldsymbol X}-\boldsymbol X)^{\mathrm T}\boldsymbol Q_{\hat X}^{-1}(\hat{\boldsymbol X}-\boldsymbol X)}{\sigma_0^2}\sim\chi^2(t)\qquad(1\text{-}5\text{-}20)$$

以上假定方差因子 σ_0^2 已知，实际中，有些情况下 σ_0^2 未知，只能使用验后单位权方差 μ^2 代替。因 $(\hat{\boldsymbol X}-\boldsymbol X)^{\mathrm T}\boldsymbol Q_{\hat X}^{-1}(\hat{\boldsymbol X}-\boldsymbol X)/\sigma_0^2$ 为 $\chi^2(t)$ 统计量，$r\mu^2/\sigma_0^2$ 也为 $\chi^2(r)$ 统计量，两个 χ^2 统计量相互独立，故 F 统计量为

$$(\hat{\boldsymbol X}-\boldsymbol X)^{\mathrm T}\boldsymbol Q_{\hat X}^{-1}(\hat{\boldsymbol X}-\boldsymbol X)/(t\mu^2)\sim F(t,\ r)\qquad(1\text{-}5\text{-}21)$$

Ⅱ. 参数向量的假设检验方法

利用式 (1-5-20) 或式 (1-5-21)，可以对参数向量 $\hat{\boldsymbol X}$ 是否存在显著性偏差进行检验。例如，对于 $\hat{\boldsymbol X}$ 是否偏离理论值 $\boldsymbol X_0$ 的检验，可构造原假设与备择假设分别为

$$H_0:E(\hat{\boldsymbol X})=\boldsymbol X_0;\quad H_1:E(\hat{\boldsymbol X})\neq\boldsymbol X_0$$

于是，采用 χ^2 统计量式 (1-5-20) 的接受域可由

$$P\{(\hat{\boldsymbol X}-\boldsymbol X_0)^{\mathrm T}\boldsymbol Q_{\hat X}^{-1}(\hat{\boldsymbol X}-\boldsymbol X_0)/\sigma_0^2\leqslant k^2\}=1-\alpha\qquad(1\text{-}5\text{-}22)$$

得出，其中，α 为显著水平，$1-\alpha$ 为置信度，$k^2=\chi^2_{1-\alpha}(t)$；采用 F 统计量式 (1-5-21) 进行检验的接受域可由

$$P\{(\hat{\boldsymbol X}-\boldsymbol X_0)^{\mathrm T}\boldsymbol Q_{\hat X}^{-1}(\hat{\boldsymbol X}-\boldsymbol X_0)/(t\mu^2)\leqslant k^2\}=1-\alpha\qquad(1\text{-}5\text{-}23)$$

得出，其中，$k^2=F_{1-\alpha}(t,\ r)$。

当统计量落入接受域内时（即接受 H_0），表示 $\hat{\boldsymbol X}$ 与 $\boldsymbol X_0$ 没有显著性差异，否则，认为

$\hat{\boldsymbol{X}}$ 存在较大偏差。

7. 误差椭圆（球）、置信椭圆（球）、圆（球）概率误差

1）误差椭圆（球）

Ⅰ. 点位精度

在平面控制测量中，点的位置常由一对高斯平面直角坐标来表示。如图 1-5-1 所示。图中，A 为已知点，$P(\tilde{x},\ \tilde{y})$ 为未知点的真坐标，$P'(\hat{x},\ \hat{y})$ 为未知点的平差坐标（视为无偏），平差坐标的真误差为

$$\left.\begin{aligned}\Delta\hat{x}&=\hat{x}-\tilde{x}\\ \Delta\hat{y}&=\hat{y}-\tilde{y}\end{aligned}\right\}$$

距离 $\Delta P=\overline{PP'}$ 称为 P 点的点位误差，显然

$$\Delta P^2=\Delta\hat{x}^2+\Delta\hat{y}^2$$

P 点的点位方差记为 σ_P^2，定义为（赫尔默特表示法）

$$\sigma_P^2=E(\Delta P^2)=E(\Delta\hat{x}^2+\Delta\hat{y}^2)=\sigma_{\hat{x}}^2+\sigma_{\hat{y}}^2=\sigma_0^2(q_{\hat{x}}+q_{\hat{y}}) \tag{1-5-24}$$

相应地，P 点的点位中误差为

$$m_P=\pm\sqrt{m_{\hat{x}}^2+m_{\hat{y}}^2}=\mu\sqrt{q_{\hat{x}}+q_{\hat{y}}} \tag{1-5-25}$$

其中，$m_{\hat{x}}$ 称为 P 点的 x 坐标中误差，$m_{\hat{y}}$ 称为 P 点的 y 坐标中误差。

设 P 点坐标的权逆阵为 $\boldsymbol{Q}_{\hat{\boldsymbol{X}}}=\boldsymbol{Q}_{\begin{bmatrix}\hat{x}\\ \hat{y}\end{bmatrix}}=\begin{bmatrix}q_{\hat{x}} & q_{\hat{x}\hat{y}}\\ q_{\hat{y}\hat{x}} & q_{\hat{y}}\end{bmatrix}$，式（1-5-24）又可表示为

$$\sigma_P^2=\mathrm{tr}(\boldsymbol{\Sigma}_{\hat{\boldsymbol{X}}})=\sigma_0^2\mathrm{tr}(\boldsymbol{Q}_{\hat{\boldsymbol{X}}})=\sigma_0^2(\lambda_1+\lambda_2) \tag{1-5-26}$$

式中，λ_1、λ_2 为 $\boldsymbol{Q}_{\hat{\boldsymbol{X}}}$ 的特征值。

以上定义类似地可以扩展到三维。这种用一个数值表示点位精度的方法，除了常用的赫尔默特表示法外，还可用 $\boldsymbol{Q}_{\hat{\boldsymbol{X}}}$ 的行列式值、最大特征值等表示。

Ⅱ. 任意方向的点位精度及其极值

用一个数值表示点位精度可以理解为从整体上对点位精度的衡量，但在控制网优化设计、施工放样、贯通工程等应用中，还需要知道某个具体方向的点位精度以便事先控制设计。以二维为例，如图 1-5-2 所示，某 α 方向（α 为平面方位角）的点位误差 Δu_α 定义为

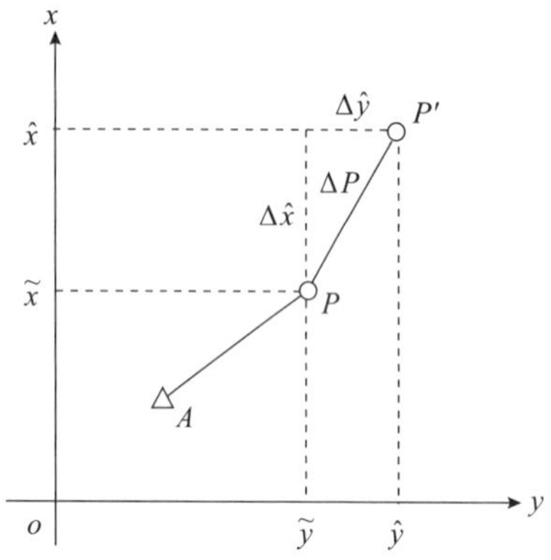

图 1-5-1　平面点位误差

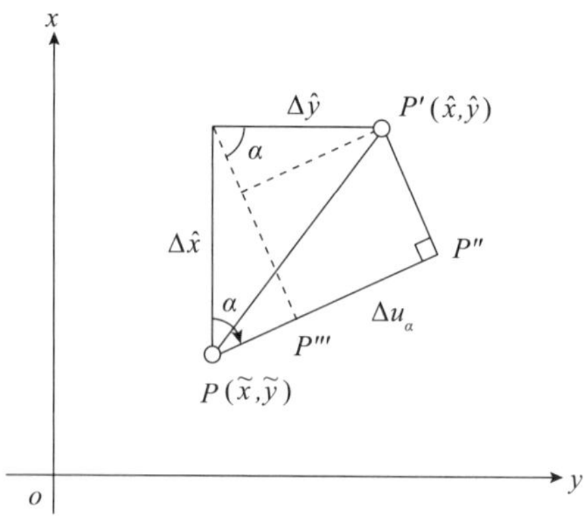

图 1-5-2　任意方向点位误差

$$\Delta u_{\alpha}=\overline{p\rho''}=[\cos\alpha \quad \sin\alpha]\begin{bmatrix}\Delta\hat{x}\\ \Delta\hat{y}\end{bmatrix}=[\cos\alpha \quad \cos(90°-\alpha)]\begin{bmatrix}\Delta\hat{x}\\ \Delta\hat{y}\end{bmatrix}=\boldsymbol{s}^{\mathrm{T}}\Delta\hat{\boldsymbol{X}} \tag{1-5-27}$$

式中，向量 $\boldsymbol{s}=[\cos\alpha \quad \sin\alpha]^{\mathrm{T}}$ 为 α 方向的单位矢量。应用误差传播律，可得 Δu_{α} 的方差（即 α 方向的点位方差）为

$$\sigma_{u_{\alpha}}^{2}=\sigma_{0}^{2}q_{u_{\alpha}}=\sigma_{0}^{2}\boldsymbol{s}^{\mathrm{T}}\boldsymbol{Q}_{\hat{X}}\boldsymbol{s}=\sigma_{0}^{2}\left(q_{\hat{x}}\cos^{2}\alpha+q_{\hat{y}}\sin^{2}\alpha+q_{\hat{x}\hat{y}}\sin2\alpha\right) \tag{1-5-28}$$

由上式可见：$\sigma_{u_{\alpha}}^{2}=\sigma_{u_{\alpha+180°}}^{2}$，即 α 方向的点位方差与其反方向的点位方差相等，$\sigma_{u_{\alpha}}^{2}$ 对称于 P 点；$\sigma_{u_{\alpha}}^{2}+\sigma_{u_{\alpha+90°}}^{2}=\sigma_{\hat{x}}^{2}+\sigma_{\hat{y}}^{2}=\sigma_{P}^{2}$，即任意两个垂直方向的点位方差之和总是等于点位方差，若某方向的点位方差为最大，则与其垂直方向的点位方差必为最小。

式（1-5-28）的方差随方向 α（或方向矢量 $\boldsymbol{s}$）的变化而变化，而 $\boldsymbol{s}$ 始终满足

$$\boldsymbol{s}^{\mathrm{T}}\boldsymbol{s}=1 \tag{1-5-29}$$

故可采用拉格朗日法求取 $q_{u_{\alpha}}=\boldsymbol{s}^{\mathrm{T}}\boldsymbol{Q}_{\hat{X}}\boldsymbol{s}$ 的极值。组成函数 $\boldsymbol{\Phi}=\boldsymbol{s}^{\mathrm{T}}\boldsymbol{Q}_{\hat{X}}\boldsymbol{s}-\lambda(\boldsymbol{s}^{\mathrm{T}}\boldsymbol{s}-1)$，令 $\partial\boldsymbol{\Phi}/\partial\boldsymbol{s}=2\boldsymbol{s}^{\mathrm{T}}\boldsymbol{Q}_{\hat{X}}-2\lambda\boldsymbol{s}^{\mathrm{T}}=\boldsymbol{0}$，可得求解方程为

$$(\boldsymbol{Q}_{\hat{X}}-\lambda\boldsymbol{I})\boldsymbol{s}=\boldsymbol{0} \tag{1-5-30}$$

由线性代数知，该方程为 $\boldsymbol{Q}_{\hat{X}}$ 的特征方程，联系数 λ 为其特征根，$\boldsymbol{s}$ 为对应 λ 的单位特征向量。对该方程左乘 $\boldsymbol{s}^{\mathrm{T}}$，得 $\boldsymbol{s}^{\mathrm{T}}\boldsymbol{Q}_{\hat{X}}\boldsymbol{s}=\lambda$，表明 $q_{u_{\alpha}}=\boldsymbol{s}^{\mathrm{T}}\boldsymbol{Q}_{\hat{X}}\boldsymbol{s}$ 的极值就是 λ。于是，利用特征值的基本解法（$|\boldsymbol{Q}_{\hat{X}}-\lambda\boldsymbol{I}|=0$），可得

$$K=\sqrt{(q_{\hat{x}}-q_{\hat{y}})^{2}+4q_{\hat{x}\hat{y}}^{2}} \tag{1-5-31}$$

$$\lambda_{1}=\frac{1}{2}(q_{\hat{x}}+q_{\hat{y}}+K) \tag{1-5-32}$$

$$\lambda_{2}=\frac{1}{2}(q_{\hat{x}}+q_{\hat{y}}-K) \tag{1-5-33}$$

式中，$\lambda_{1}\geqslant\lambda_{2}$，则 λ_{1}、λ_{2} 分别是 $q_{u_{\alpha}}$ 的最大值和最小值，$\sigma_{0}\sqrt{\lambda_{1}}$、$\sigma_{0}\sqrt{\lambda_{2}}$ 分别是 $\sigma_{u_{\alpha}}$ 的最大值（记为 E）和最小值（记为 F），即

$$E=\sigma_{0}\sqrt{\lambda_{1}},\ F=\sigma_{0}\sqrt{\lambda_{2}} \tag{1-5-34}$$

将解出的 λ_{1}、λ_{2} 分别代入式（1-5-30），便可解得 $q_{u_{\alpha}}$（或 $\sigma_{u_{\alpha}}$）的最大值、最小值方向及相应的方向矢量为

$$\tan\alpha_{1}=\frac{\lambda_{1}-q_{\hat{x}}}{q_{\hat{x}\hat{y}}}=\frac{q_{\hat{x}\hat{y}}}{\lambda_{1}-q_{\hat{y}}} \tag{1-5-35}$$

$$\boldsymbol{s}_{1}^{\mathrm{T}}=[\cos\alpha_{1} \quad \sin\alpha_{1}] \tag{1-5-36}$$

$$\tan\alpha_{2}=\frac{\lambda_{2}-q_{\hat{x}}}{q_{\hat{x}\hat{y}}}=\frac{q_{\hat{x}\hat{y}}}{\lambda_{2}-q_{\hat{y}}} \tag{1-5-37}$$

$$\boldsymbol{s}_{2}^{\mathrm{T}}=[\cos\alpha_{2} \quad \sin\alpha_{2}] \tag{1-5-38}$$

另外，由式（1-5-35）、式（1-5-37）还可以得出

$$\tan2\alpha_{1}=\tan2\alpha_{2}=\frac{2q_{\hat{x}\hat{y}}}{q_{\hat{x}}-q_{\hat{y}}} \tag{1-5-39}$$

以上任意方向的点位精度及其极值求解方法，类似地可以扩展到三维。

Ⅲ. 误差椭圆（球）

根据式（1-5-28），以 P 点为中心，α 和 σ_{u_α} 为极坐标的点的轨迹，构成了一闭合曲线，该曲线便称为点位误差曲线，形状如图 1-5-3 中虚线所示，呈“8”字形。图中，ξ 轴表示 σ_{u_α} 的最大值方向，η 轴表示 σ_{u_α} 的最小值方向，点位误差曲线关于 ξ 轴和 η 轴对称。点位误差曲线反映了点位精度的详细分布情况，但不是一条典型数学曲线，实用中常以点位误差椭圆代替。

在图 1-5-3 中，以 P 点为中心，α_1 为长轴方向（注：本书限定 $0°\leqslant\alpha_1<180°$，$\alpha_2=\alpha_1+90°$），E 为长半轴，F 为短半轴的椭圆称为点位误差椭圆，简称误差椭圆，α_1、E、F 为误差椭圆参数，式（1-5-34）中常用 μ 代替 σ_0。除了利用式（1-5-28）可以计算任意方向 α 的点位精度 σ_{u_α} 之外，也可由误差椭圆图解出 σ_{u_α}，其方法是，自椭圆作 α 方向的正交切线 P_0D，P_0 为切点，D 为垂点，则 $\sigma_{u_\alpha}=\overline{P_0D}$。

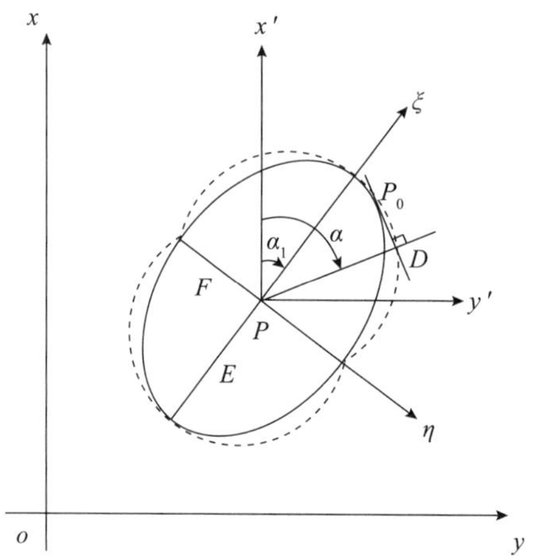

图 1-5-3 点位误差曲线与误差椭圆

另外要说明的是：实际计算误差椭圆参数时，常用 μ 代替 σ_0；为了图形清晰，误差椭圆常按一定比例尺进行放大绘制；$P(\widetilde{x},\ \widetilde{y})$ 一般不可知，通常将误差椭圆的中心置于平差点$(\hat{x},\ \hat{y})$处。

由误差椭圆的定义，可知其方程的标准形式为

$$\frac{\xi^2}{E^2}+\frac{\eta^2}{F^2}=1 \text{ 或 } \frac{1}{\sigma_0^2}\boldsymbol{Z}^{\mathrm{T}}\boldsymbol{D}^{-1}\boldsymbol{Z}=1 \tag{1-5-40}$$

其中，$\boldsymbol{Z}^{\mathrm{T}}=[\xi \quad \eta]$ 表示椭圆上的任意一点，$\boldsymbol{D}=\begin{bmatrix}\lambda_1 & 0\\ 0 & \lambda_2\end{bmatrix}$ 为 $\boldsymbol{Q}_{\hat{X}}$ 的特征值组成的对角阵。该方程是在 P-$\xi\eta$ 坐标系中表示的，根据坐标系的平移旋转变换关系，$\boldsymbol{Z}^{\mathrm{T}}=[\xi \quad \eta]$ 与其在 oxy 坐标系中的坐标 $\boldsymbol{X}^{\mathrm{T}}=[x \quad y]$ 的关系为

$$\boldsymbol{Z}=\boldsymbol{S}^{\mathrm{T}}(\boldsymbol{X}-\widetilde{\boldsymbol{X}}) \tag{1-5-41}$$

式中，$\widetilde{\boldsymbol{X}}^{\mathrm{T}}=[\widetilde{x} \quad \widetilde{y}]$为 P 点的真坐标；$\boldsymbol{S}=[\boldsymbol{s}_1 \quad \boldsymbol{s}_2]$为坐标旋转矩阵，$\boldsymbol{s}_1^{\mathrm{T}}=[\cos\alpha_1 \quad \cos(90°-\alpha_1)]$为 ξ 轴在 oxy 坐标系中的单位矢量（元素分别为 ξ 轴与 x 轴、y 轴夹角的余弦），$\boldsymbol{s}_2^{\mathrm{T}}=$

$[\cos\alpha_2 \quad \cos(90°-\alpha_2)]$为$\eta$轴的单位矢量。此外，由前面的推导还知，$\boldsymbol{S}$也是$\boldsymbol{Q}_{\hat{X}}$的单位特征向量组成的正交矩阵，故$\boldsymbol{S}^{\mathrm{T}}\boldsymbol{Q}_{\hat{X}}\boldsymbol{S}=\boldsymbol{D}$。

将式（1-5-41）代入式（1-5-40），便得oxy坐标系中误差椭圆的一般方程为

$$\frac{1}{\sigma_0^2}(\boldsymbol{X}-\widetilde{\boldsymbol{X}})^{\mathrm{T}}\boldsymbol{Q}_{\hat{X}}^{-1}(\boldsymbol{X}-\widetilde{\boldsymbol{X}})=(\boldsymbol{X}-\widetilde{\boldsymbol{X}})^{\mathrm{T}}\boldsymbol{\Sigma}_{\hat{X}}^{-1}(\boldsymbol{X}-\widetilde{\boldsymbol{X}})=1 \tag{1-5-42}$$

以上关于误差曲线、误差椭圆的概念，均可类似地扩展到三维。

Ⅳ. 相对误差椭圆

误差椭圆详细且直观地反映了一定测量条件下所确定的未知点的点位精度分布情况，却不能反映未知点间的相对精度情况。两个离已知点较远的未知点，其点位精度可能均较差，但两点间的相对精度却可能较高。为描述相对精度情况，需引入相对误差椭圆。设1、2两个未知点的平差坐标之差为

$$\left.\begin{aligned}\Delta\hat{x}_{12}&=\hat{x}_2-\hat{x}_1\\ \Delta\hat{y}_{12}&=\hat{y}_2-\hat{y}_1\end{aligned}\right\} \text{或} \begin{bmatrix}\Delta\hat{x}_{12}\\ \Delta\hat{y}_{12}\end{bmatrix}=\begin{bmatrix}-1 & 0 & 1 & 0\\ 0 & -1 & 0 & 1\end{bmatrix}\begin{bmatrix}\hat{x}_1\\ \hat{y}_1\\ \hat{x}_2\\ \hat{y}_2\end{bmatrix} \tag{1-5-43}$$

应用权逆阵传播公式，可得

$$\boldsymbol{Q}_{12}=\begin{bmatrix}q_{\Delta\hat{x}_{12}} & q_{\Delta\hat{x}_{12}\Delta\hat{y}_{12}}\\ q_{\Delta\hat{y}_{12}\Delta\hat{x}_{12}} & q_{\Delta\hat{y}_{12}}\end{bmatrix} \tag{1-5-44}$$

其中，$q_{\Delta\hat{x}_{12}}=q_{\hat{x}_1}+q_{\hat{x}_2}-2q_{\hat{x}_1\hat{x}_2}$，$q_{\Delta\hat{y}_{12}}=q_{\hat{y}_1}+q_{\hat{y}_2}-2q_{\hat{y}_1\hat{y}_2}$，$q_{\Delta\hat{x}_{12}\Delta\hat{y}_{12}}=q_{\hat{x}_1\hat{y}_1}-q_{\hat{x}_1\hat{y}_2}-q_{\hat{x}_2\hat{y}_1}+q_{\hat{x}_2\hat{y}_2}$。

于是，用$q_{\Delta\hat{x}_{12}}$、$q_{\Delta\hat{y}_{12}}$、$q_{\Delta\hat{x}_{12}\Delta\hat{y}_{12}}$分别代替误差椭圆参数公式中的$q_{\hat{x}}$、$q_{\hat{y}}$、$q_{\hat{x}\hat{y}}$，便得到相对误差椭圆参数$E$、$F$和$\alpha_1$的计算公式为

$$K=\sqrt{(q_{\Delta\hat{x}_{12}}-q_{\Delta\hat{y}_{12}})^2+4q_{\Delta\hat{x}_{12}\Delta\hat{y}_{12}}^2} \tag{1-5-45}$$

$$\lambda_1=\frac{1}{2}(q_{\Delta\hat{x}_{12}}+q_{\Delta\hat{y}_{12}}+K) \tag{1-5-46}$$

$$\lambda_2=\frac{1}{2}(q_{\Delta\hat{x}_{12}}+q_{\Delta\hat{y}_{12}}-K) \tag{1-5-47}$$

$$E=\sigma_0\sqrt{\lambda_1}，F=\sigma_0\sqrt{\lambda_2} \tag{1-5-48}$$

$$\tan\alpha_1=\frac{\lambda_1-q_{\Delta\hat{x}_{12}}}{q_{\Delta\hat{x}_{12}\Delta\hat{y}_{12}}}=\frac{q_{\Delta\hat{x}_{12}\Delta\hat{y}_{12}}}{\lambda_1-q_{\Delta\hat{y}_{12}}} \tag{1-5-49}$$

相对误差椭圆一般画在两未知点连线的中间部分，利用该椭圆可以量取两点间的边长平差值中误差以及方位角平差值中误差。

2）置信椭圆（球）

当观测值服从正态分布时，平差坐标（$\hat{x}$，$\hat{y}$）通常也视为服从正态分布，其概率密度函数相应为

$$f(\hat{x},\hat{y})=\frac{1}{2\pi\sqrt{|\boldsymbol{\Sigma}_{\hat{X}}|}}\exp\left\{-\frac{1}{2}(\hat{\boldsymbol{X}}-\widetilde{\boldsymbol{X}})^{\mathrm{T}}\boldsymbol{\Sigma}_{\hat{X}}^{-1}(\hat{\boldsymbol{X}}-\widetilde{\boldsymbol{X}})\right\} \tag{1-5-50}$$

式中，$\hat{\boldsymbol{X}}^{\mathrm{T}}=[\hat{x} \quad \hat{y}]$；$\widetilde{\boldsymbol{X}}^{\mathrm{T}}=[\tilde{x} \quad \tilde{y}]$为$\hat{\boldsymbol{X}}^{\mathrm{T}}$的数学期望，即真坐标。

$f(\hat{x},\hat{y})$ 的形状似一个钟形曲面，如图 1-5-4 所示，其特征是：用任何垂直于 oxy 坐标面的平面截此曲面，所得曲线为一维正态分布密度曲线；用平行于 oxy 坐标面的平面截此曲面，所得曲线为一簇同心的椭圆且椭圆中心位于（$\tilde{x}$，$\tilde{y}$）处，这簇同心的椭圆即 $f(\hat{x},\hat{y})=k_0(>0)$，称为等密度椭圆。将等密度椭圆投影到 oxy 坐标面上，便得到平面上一簇同心的椭圆，即置信椭圆，它们的方程为

$$(\hat{\boldsymbol{X}}-\widetilde{\boldsymbol{X}})^{\mathrm{T}}\boldsymbol{\Sigma}_{\hat{X}}^{-1}(\hat{\boldsymbol{X}}-\widetilde{\boldsymbol{X}})=\frac{1}{\sigma_0^2}(\hat{\boldsymbol{X}}-\widetilde{\boldsymbol{X}})^{\mathrm{T}}\boldsymbol{Q}_{\hat{X}}^{-1}(\hat{\boldsymbol{X}}-\widetilde{\boldsymbol{X}})=k^2 \tag{1-5-51}$$

式中，$k=\sqrt{-2\ln\left(k_0\cdot 2\pi\sqrt{|\boldsymbol{\Sigma}_{\hat{X}}|}\right)}(\geqslant 0)$，置信椭圆也称 k 值置信椭圆。类似式（1-5-40）与式（1-5-42）等价，该方程亦可在 P-$\xi\eta$ 坐标系中表示为

$$\frac{\hat{\xi}^2}{E^2}+\frac{\hat{\eta}^2}{F^2}=k^2 \tag{1-5-52}$$

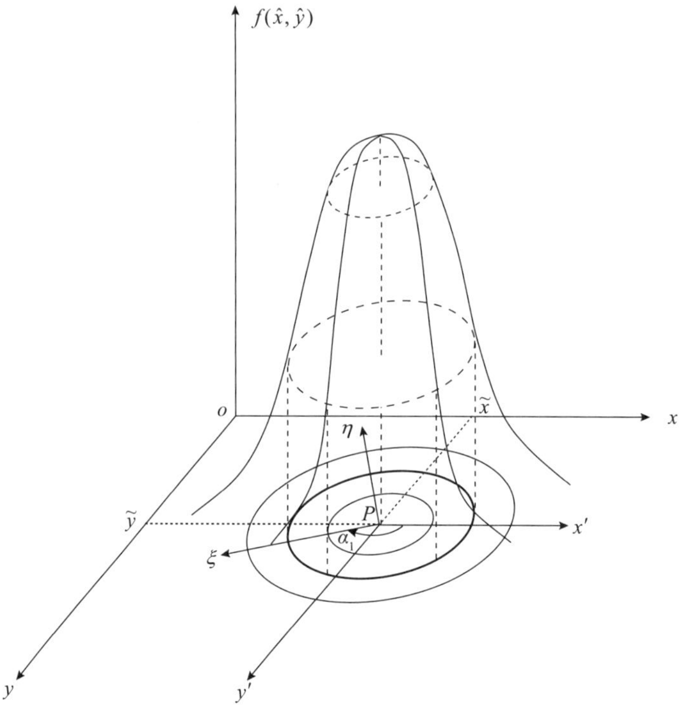

图 1-5-4　置信椭圆

对比误差椭圆方程式（1-5-42），可见误差椭圆是置信椭圆 $k=1$ 的特殊情况。置信椭圆具有明确的概率含义，其实用价值在于研究平差点（$\hat{x}$，$\hat{y}$）落入 k 值置信椭圆内的概率，更确切地说，在于研究 k 值置信椭圆包含真位置（$\tilde{x}$，$\tilde{y}$）的概率，即

$$P\{(\hat{\boldsymbol{X}}-\widetilde{\boldsymbol{X}})^{\mathrm{T}}\boldsymbol{\Sigma}_{\hat{X}}^{-1}(\hat{\boldsymbol{X}}-\widetilde{\boldsymbol{X}})\leqslant k^2\}=P\left\{\frac{\hat{\xi}^2}{E^2}+\frac{\hat{\eta}^2}{F^2}\leqslant k^2\right\}=1-\alpha \tag{1-5-53}$$

进一步联系式（1-5-20），上式等价于 $P\{\chi^2(2)\leqslant k^2\}=1-\alpha$。于是，给出 k 值便可计算出置信度 $1-\alpha$，反之，给出 $1-\alpha$，则有 $k=\sqrt{\chi^2_{1-\alpha}(2)}$。

以上关于置信椭圆的概念，类似地可以扩展到置信椭球和 $t(>3)$ 维超椭球。由此还知，误差椭圆（球）、置信椭圆（球）、参数向量的假设检验统计量存在内在的联系。

3）圆（球）概率误差

在导航位置精度评定、武器毁伤效果评估等应用中，经常使用圆概率误差 CEP（circular error probable）。所谓圆概率误差，是以真实位置为圆心，随机点落入其中概率为 $\beta\%$ 的圆的半径，记为 R_β，常用的有 R_{50}、R_{90}、R_{95} 等。

采用 $P\text{-}\xi\eta$ 坐标系，圆概率误差可以表示为

$$
\begin{aligned}
P\{\hat{\xi}^2+\hat{\eta}^2\leqslant R_\beta^2\} &= \iint\limits_{\hat{\xi}^2+\hat{\eta}^2\leqslant R_\beta^2} f(\hat{\xi},\ \hat{\eta})\mathrm{d}\hat{\xi}\mathrm{d}\hat{\eta} \\
&= \iint\limits_{\hat{\xi}^2+\hat{\eta}^2\leqslant R_\beta^2} \frac{1}{2\pi EF}\exp\left\{-\frac{1}{2}\left(\frac{\hat{\xi}^2}{E^2}+\frac{\hat{\eta}^2}{F^2}\right)\right\}\mathrm{d}\hat{\xi}\mathrm{d}\hat{\eta}=\beta\%
\end{aligned}
$$

令 $\hat{\xi}=r\cos\theta$，$\hat{\eta}=r\sin\theta$，上述积分式又可写为

$$
\frac{1}{2\pi EF}\int_0^{R_\beta}\int_0^{2\pi}\exp\left\{-\frac{r^2}{2}\left(\frac{\cos^2\theta}{E^2}+\frac{\sin^2\theta}{F^2}\right)\right\}r\,\mathrm{d}r\,\mathrm{d}\theta=\beta\% \tag{1-5-54}
$$

由该式可见，圆概率误差可以通过求解积分方程的上限 R_β 得出。当 $E=F=\sigma$ 时，误差椭圆变为圆形，此时可得解析解 $R_\beta=\sqrt{-2\ln(1-\beta\%)}\,\sigma$，如 $R_{50}\approx1.1774\sigma$；当 $E\neq F$ 时，将无法得到解析解，需用数值积分的方法求解。

圆概率误差也可类似地扩展到三维，即球概率误差。

（四）其他说明

1. 平差模型正确与观测值仅含偶然误差

平差模型正确，表示函数模型与随机模型均能客观地描述测量实际，其中，五种基本平差方法的随机模型均为式（1-2-16）、式（1-2-17）。前文已解释，式（1-2-16）表示观测值仅含偶然误差，而偶然误差又服从正态分布，故称平差模型正确就意味着观测值仅含偶然误差，称观测值仅含偶然误差也为平差模型正确，此时默认模型的其他方面均准确。

2. 分布函数的上 α 分位点

以标准正态分布为例，图 1-5-5 是其密度曲线，z_α 右侧曲线下的面积为 α，即

$$
P\{z>z_\alpha\}=\alpha \tag{1-5-55}
$$

z_α 称为标准正态分布的上 α 分位点。实际上，因图中阴影部分的面积为 $1-\alpha$，上式也等价于

$$
P\{z\leqslant z_\alpha\}=1-\alpha
$$

这是标准正态分布函数的定义形式，为使 z_α 的下标与等式右端概率值对应起来，常改写为

$$
P\{z\leqslant z_{1-\alpha}\}=1-\alpha \tag{1-5-56}
$$

可见，式（1-5-55）中的 z_α 与式（1-5-56）中的 $z_{1-\alpha}$ 等价，应用中不难分辩。其他分布函数的上 α 分位点，也有类似的情况，本书常采用后者表达。

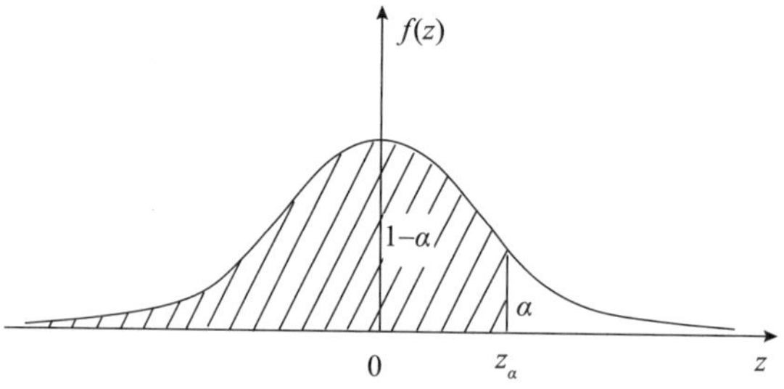

图 1-5-5 标准正态分布的密度曲线

3. **矩阵的迹对矩阵的偏导**

在证明线性估计量的最小方差性时要用到矩阵的迹对矩阵的偏导。已知方阵 $\boldsymbol{F}$ 是包含矩阵 $\underset{n\times m}{\boldsymbol{G}}$ 在内的若干个矩阵的乘积，则 $\boldsymbol{F}$ 的迹关于矩阵 $\underset{n\times m}{\boldsymbol{G}}$ 的偏导也是一个矩阵，该矩阵的各元素是 $\boldsymbol{F}$ 的迹关于 $\underset{n\times m}{\boldsymbol{G}}$ 的相应元素的偏导数，即

$$\frac{\partial \mathrm{tr}(\boldsymbol{F})}{\partial \boldsymbol{G}}=\begin{bmatrix}\frac{\partial \mathrm{tr}(\boldsymbol{F})}{\partial g_{11}} & \frac{\partial \mathrm{tr}(\boldsymbol{F})}{\partial g_{12}} & \cdots & \frac{\partial \mathrm{tr}(\boldsymbol{F})}{\partial g_{1m}} \\ \frac{\partial \mathrm{tr}(\boldsymbol{F})}{\partial g_{21}} & \frac{\partial \mathrm{tr}(\boldsymbol{F})}{\partial g_{22}} & \cdots & \frac{\partial \mathrm{tr}(\boldsymbol{F})}{\partial g_{2m}} \\ \vdots & \vdots & & \vdots \\ \frac{\partial \mathrm{tr}(\boldsymbol{F})}{\partial g_{n1}} & \frac{\partial \mathrm{tr}(\boldsymbol{F})}{\partial g_{n2}} & \cdots & \frac{\partial \mathrm{tr}(\boldsymbol{F})}{\partial g_{nm}}\end{bmatrix}$$

矩阵的迹对矩阵的偏导具有下列性质：

$$\frac{\partial \mathrm{tr}(\boldsymbol{F})}{\partial \boldsymbol{G}^{\mathrm{T}}}=\left(\frac{\partial \mathrm{tr}(\boldsymbol{F})}{\partial \boldsymbol{G}}\right)^{\mathrm{T}}$$

$$\frac{\partial \mathrm{tr}(\boldsymbol{AG})}{\partial \boldsymbol{G}}=\frac{\partial \mathrm{tr}(\boldsymbol{GA})}{\partial \boldsymbol{G}}=\boldsymbol{A}^{\mathrm{T}}$$

$$\frac{\partial \mathrm{tr}(\boldsymbol{GBG}^{\mathrm{T}})}{\partial \boldsymbol{G}}=\boldsymbol{G}(\boldsymbol{B}+\boldsymbol{B}^{\mathrm{T}})$$

$$\frac{\partial \mathrm{tr}(\boldsymbol{G}^{\mathrm{T}}\boldsymbol{BG})}{\partial \boldsymbol{G}}=(\boldsymbol{B}+\boldsymbol{B}^{\mathrm{T}})\boldsymbol{G}$$

$$\frac{\partial \mathrm{tr}(\boldsymbol{GAGA})}{\partial \boldsymbol{G}}=2\boldsymbol{AGA}$$

其中，$\boldsymbol{A}$、$\boldsymbol{B}$ 是使矩阵能够相乘的常数矩阵。

二、练习题

1-5-1 某台激光测距仪的测距标称精度为 $\sigma=1\ \mathrm{mm}+10^{-6}s$（$s$ 是距离，以 mm 为单位），现用该测距仪在基线场对已知基线 $s_0=1\ 000.000\ 0$ m 进行了 9 次测量，得算术中数为 $\bar{s}=1\ 000.001\ 0$ m，试以 5%的显著水平检验该测距仪是否存在测距系统性偏差。

1-5-2　利用一新型全站仪对已知角度 $\beta_0=90°00'00.0''$进行了 9 测回测量，得算术中数 $\bar{\beta}=90°00'00.8''$及其中误差 $m_{\bar{\beta}}=\pm0.34''$，试检验该新型全站仪是否存在角度测量系统性偏差。

1-5-3　某类型经纬仪由过去大量统计知其测角中误差为±0.5″，今用试制的同类型仪器对某角测了 12 测回，得测角中误差为±0.3″，问新仪器的精度是否不低于原仪器的精度。

1-5-4　用某台常用经纬仪观测 *A* 角 9 个测回，得一测回测角中误差为±1.0″，现又用同类型新仪器观测 *A* 角 12 个测回，得一测回测角中误差为±1.2″，试问两台仪器的测角精度可否认为相同（显著水平取为 5%）。

1-5-5　为了检定某经纬仪的观测精度，对已知角度观测了 30 次，观测误差如下表，试检验其观测误差是否符合偶然误差特性。

序号	观测误差/(″)	序号	观测误差/(″)	序号	观测误差/(″)
1	−0.8	11	−3.0	21	+0.7
2	+1.5	12	−1.1	22	+1.2
3	+1.2	13	−1.4	23	−0.5
4	−1.5	14	+2.4	24	−1.3
5	+1.6	15	−1.7	25	+1.0
6	−1.6	16	−1.3	26	−1.2
7	−2.5	17	−2.0	27	+1.3
8	+1.9	18	−2.5	28	+2.0
9	+1.2	19	+1.1	29	−0.6
10	−1.2	20	+0.8	30	−1.8

1-5-6　为检定某测距仪的精度，在长度为 507.41 m 的基线上测量了 20 次，观测结果如下表，试分析测量误差是否符合偶然误差特性。

序号	长度/m	序号	长度/m	序号	长度/m
1	507.35	8	507.47	15	507.48
2	507.38	9	507.43	16	507.41
3	507.35	10	507.37	17	507.40
4	507.44	11	507.39	18	507.33
5	507.31	12	507.39	19	507.36
6	507.40	13	507.40	20	507.32
7	507.47	14	507.37		

1-5-7 已知某测区32个三角形闭合差如下表所示，试检验这列三角形闭合差是否具有偶然误差特性以及是否服从正态分布。

三角形编号	W/(″)	三角形编号	W/(″)	三角形编号	W/(″)
1	−0.82	12	−0.60	23	0.71
2	−0.07	13	0.11	24	−1.20
3	1.36	14	−0.58	25	0.19
4	−0.60	15	−1.34	26	−0.16
5	0.13	16	0.83	27	0.15
6	0.37	17	0.89	28	1.68
7	−1.55	18	−1.28	29	0.92
8	0.17	19	−1.29	30	0.62
9	−0.88	20	−0.45	31	1.23
10	−0.24	21	0.41	32	−0.56
11	−0.20	22	0.59		

1-5-8 设观测值权阵为$\boldsymbol{P}$，试证明误差方程$\underset{n\times1}{\boldsymbol{V}}=\underset{n\times t}{\boldsymbol{A}}\underset{t\times1}{\hat{\boldsymbol{X}}}+\underset{n\times1}{\boldsymbol{l}}$，$\underset{n\times1}{\boldsymbol{l}}=\underset{n\times1}{\boldsymbol{D}}-\underset{n\times1}{\boldsymbol{L}}$，$\mathrm{rk}(\underset{n\times t}{\boldsymbol{A}})=t$的最小二乘解满足：

（1）$\hat{\boldsymbol{X}}$、$\boldsymbol{V}$、$\hat{\boldsymbol{L}}$无偏；

（2）$\hat{\boldsymbol{X}}$、$\hat{\boldsymbol{L}}$具有最小方差性；

（3）$\mathrm{rk}(\boldsymbol{Q}_{\hat{X}})=t$（即独立未知参数个数）；

（4）$\mathrm{rk}(\boldsymbol{Q}_{V})=r$（即多余观测数）；

（5）$\mathrm{rk}(\boldsymbol{Q}_{\hat{L}})=t$（即必要观测数）。

1-5-9 试证明条件平差解满足：

（1）$\boldsymbol{V}$、$\hat{\boldsymbol{L}}$无偏；

（2）$\hat{\boldsymbol{L}}$具有最小方差性；

（3）$\mathrm{rk}(\boldsymbol{Q}_{V})=r$（即多余观测数）；

（4）$\mathrm{rk}(\boldsymbol{Q}_{\hat{L}})=t$（即必要观测数）。

1-5-10 设观测值的权阵为$\boldsymbol{P}$，试证明$\underset{c\times n}{\boldsymbol{B}}\underset{n\times1}{\boldsymbol{V}}+\underset{c\times u}{\boldsymbol{A}}\underset{u\times1}{\hat{\boldsymbol{X}}}+\underset{c\times1}{\boldsymbol{W}}=\boldsymbol{0}$，$\underset{c\times1}{\boldsymbol{W}}=\underset{c\times n}{\boldsymbol{B}}\underset{n\times1}{\boldsymbol{L}}+\underset{c\times1}{\boldsymbol{B}_0}$的最小二乘解满足：

（1）$\hat{\boldsymbol{X}}$、$\boldsymbol{V}$、$\hat{\boldsymbol{L}}$无偏；

（2）$\hat{\boldsymbol{X}}$、$\hat{\boldsymbol{L}}$具有最小方差性；

（3）$\mathrm{rk}(\boldsymbol{Q}_{\hat{X}})=u$（即独立未知参数个数）；

（4）$\mathrm{rk}(\boldsymbol{Q}_{V})=c-u$（即多余观测数）；

（5）$\mathrm{rk}(\boldsymbol{Q}_{\hat{L}})=n-c+u$（即必要观测数）。

1-5-11　设观测值的权阵为 $\boldsymbol{P}$，试证明 $\left.\begin{matrix}\underset{n\times1}{\boldsymbol{V}}=\underset{n\times u}{\boldsymbol{A}}\ \underset{u\times1}{\hat{\boldsymbol{X}}}+\underset{n\times1}{\boldsymbol{l}}, & \underset{n\times1}{\boldsymbol{l}}=\underset{n\times1}{\boldsymbol{D}}-\underset{n\times1}{\boldsymbol{L}}\\ \underset{s\times u}{\boldsymbol{C}}\ \underset{u\times1}{\hat{\boldsymbol{X}}}+\underset{s\times1}{\boldsymbol{W}_C}=\boldsymbol{0}, & \underset{s\times1}{\boldsymbol{W}_C}=\underset{s\times1}{\boldsymbol{C}_0}\end{matrix}\right\}$ 的最小二乘解满足：

（1）$\hat{\boldsymbol{X}}$、$\boldsymbol{V}$、$\hat{\boldsymbol{L}}$ 无偏；

（2）$\hat{\boldsymbol{X}}$、$\hat{\boldsymbol{L}}$ 具有最小方差性；

（3）$\mathrm{rk}(\boldsymbol{Q}_{\hat{X}})=u-s$（即独立未知参数个数）；

（4）$\mathrm{rk}(\boldsymbol{Q}_V)=n+s-u$（即多余观测数）；

（5）$\mathrm{rk}(\boldsymbol{Q}_{\hat{L}})=u-s$（即必要观测数）。

1-5-12　试以参数平差为例，证明其全部参数加权平差解满足：

（1）$\hat{\boldsymbol{X}}$、$\boldsymbol{V}$、$\hat{\boldsymbol{L}}$ 无偏；

（2）$\hat{\boldsymbol{X}}$、$\hat{\boldsymbol{L}}$ 具有最小方差性。

1-5-13　试以参数平差为例，证明其部分参数加权平差解满足：

（1）$\hat{\boldsymbol{X}}_1$、$\hat{\boldsymbol{X}}_2$、$\boldsymbol{V}$、$\hat{\boldsymbol{L}}$ 无偏；

（2）$\hat{\boldsymbol{X}}_1$、$\hat{\boldsymbol{X}}_2$、$\hat{\boldsymbol{L}}$ 具有最小方差性。

1-5-14　$\underset{n\times1}{\boldsymbol{X}}$ 为随机向量，$\underset{n\times n}{\boldsymbol{A}}$ 为对称矩阵，试证明：

（1）二次型 $\boldsymbol{X}^{\mathrm{T}}\boldsymbol{A}\boldsymbol{X}$ 的数学期望公式为 $E(\boldsymbol{X}^{\mathrm{T}}\boldsymbol{A}\boldsymbol{X})=\mathrm{tr}(\boldsymbol{A}\boldsymbol{\Sigma}_X)+E(\boldsymbol{X}^{\mathrm{T}})\boldsymbol{A}E(\boldsymbol{X})$；

（2）利用（1）中结论，基于参数平差公式推导 $\mu=\pm\sqrt{\dfrac{\boldsymbol{V}^{\mathrm{T}}\boldsymbol{P}\boldsymbol{V}}{n-t}}$；

（3）利用（1）中公式，基于条件平差公式证明 $\mu^2=\dfrac{\boldsymbol{V}^{\mathrm{T}}\boldsymbol{P}\boldsymbol{V}}{r}$ 的无偏性。

1-5-15　根据二次型分布定理（参见本部分第一章内容解析），设随机向量 $\underset{n\times1}{\boldsymbol{X}}\sim N(\boldsymbol{0},\boldsymbol{\Sigma}_X)$，$\boldsymbol{\Sigma}_X>0$（即 $\boldsymbol{\Sigma}_X$ 正定），若矩阵 $\boldsymbol{M}$ 对称且满足 $\boldsymbol{M}\boldsymbol{\Sigma}_X$ 为幂等阵，则 $\boldsymbol{X}^{\mathrm{T}}\boldsymbol{M}\boldsymbol{X}\sim\chi^2(\mathrm{rk}(\boldsymbol{M}))$。试用此结论证明参数平差、条件平差、具有参数的条件平差、具有条件的参数平差、概括函数模型的平差中均有 $\dfrac{\boldsymbol{V}^{\mathrm{T}}\boldsymbol{P}\boldsymbol{V}}{\sigma_0^2}\sim\chi^2(r)$，其中，$r$ 为多余观测数。

1-5-16　证明 $\mu^2=\dfrac{\boldsymbol{V}^{\mathrm{T}}\boldsymbol{P}\boldsymbol{V}}{r}$ 的方差 $\sigma_{\mu^2}^2=2\dfrac{\sigma_0^4}{r}$。

1-5-17　试根据 1-5-15 中所给定理，证明：当观测值仅含偶然误差时，参数平差所得解 $\hat{\boldsymbol{X}}$ 满足 $(\hat{\boldsymbol{X}}-\boldsymbol{X})^{\mathrm{T}}\boldsymbol{\Sigma}_{\hat{X}}^{-1}(\hat{\boldsymbol{X}}-\boldsymbol{X})\sim\chi^2(t)$，其中，$\boldsymbol{X}$ 为未知参数真值。

1-5-18　试根据 1-5-15 中所给定理，证明：当观测值仅含偶然误差时，具有参数的条件平差所得解 $\hat{\boldsymbol{X}}$ 满足 $(\hat{\boldsymbol{X}}-\boldsymbol{X})^{\mathrm{T}}\boldsymbol{\Sigma}_{\hat{X}}^{-1}(\hat{\boldsymbol{X}}-\boldsymbol{X})\sim\chi^2(u)$，其中，$\boldsymbol{X}$ 为未知参数真值。

1-5-19　某测角三角网多余观测数为 29，按参数平差进行平差后，得 $\boldsymbol{V}^{\mathrm{T}}\boldsymbol{P}\boldsymbol{V}=4.39\ ('')^2$，试检验假设 H_0：$\sigma_0^2=0.2\ ('')^2$ 是否成立（显著水平取为 5%）。

1-5-20　某测角三角网已知验前单位权方差为 $1.62\ ('')^2$，验后单位权方差为 $2.55\ ('')^2$，平差的自由度（即多余观测数）为 60，试以 5%的显著水平说明验前、验后单位权方差是否一致。

1-5-21　如下图所示，由 5 个已知点作测边交会确定未知点 P 的坐标，按参数平差时已知验前单位权方差取为 20（cm^2），平差后得 $\boldsymbol{V}^{\mathrm{T}}\boldsymbol{PV}=16.50$（$cm^2$），试以 5％的显著水平检验是否存在模型误差。

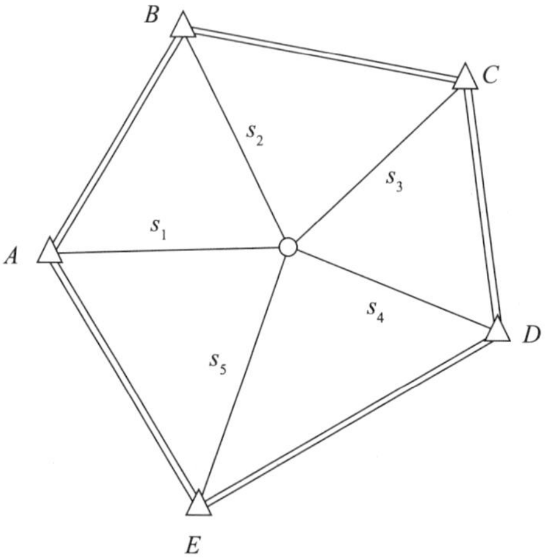

1-5-22　某全球卫星导航系统向量网中共有 12 个未知点，21 条基线向量，固定其中一个点作为已知点进行参数平差（即全球卫星导航系统向量网的经典自由网平差），平差后得 $\boldsymbol{V}^{\mathrm{T}}\boldsymbol{PV}=3\ 162.66\ \mathrm{mm}^2$。已知验前单位权方差为 1 cm^2，试检验验前、验后单位权方差是否一致（显著水平取为 5％）。

1-5-23　从平面控制点任意方向点位误差的权倒数 $q_{u_\alpha}=q_{\hat{x}}\cos^2\alpha+q_{\hat{y}}\sin^2\alpha+q_{\hat{x}\hat{y}}\sin2\alpha$ 出发，试由 $\dfrac{\mathrm{d}q_{u_\alpha}}{\mathrm{d}\alpha}=0$ 推导 q_{u_α} 的极大值、极小值和相应极值方向的公式。

1-5-24　试证明：误差椭圆长轴方向的点位误差（Δu_{α_1} 或 Δu_E）与短轴方向的点位误差（Δu_{α_2} 或 Δu_F）互不相关。

1-5-25　某附合导线中仅含有一个未知点 P，经参数平差后得法方程为

$$\begin{bmatrix}1.287 & 0.411\\0.411 & 1.762\end{bmatrix}\begin{bmatrix}\delta\hat{x}\\\delta\hat{y}\end{bmatrix}+\begin{bmatrix}0.534\\-0.394\end{bmatrix}=\boldsymbol{0}$$

单位权中误差为 $\mu=\pm0.62''$，$\delta\hat{x}$、$\delta\hat{y}$ 单位为 dm。试求：

（1）P 点坐标中误差 $m_{\hat{x}}$、$m_{\hat{y}}$ 及点位中误差 m_P；

（2）P 点误差椭圆的 E、F；

（3）P 点误差椭圆的 α_1、α_2。

1-5-26　某平面网经过平差后得到的未知点 P 的坐标权逆阵为

$$\boldsymbol{Q}_{\begin{bmatrix}\hat{x}_P\\\hat{y}_P\end{bmatrix}}=\begin{bmatrix}1.200 & 0.433\\0.433 & 0.700\end{bmatrix}$$

单位权中误差为 $\mu=\pm1.00''$，试求 P 点的点位中误差以及误差椭圆参数。

1-5-27　若平面点 P 平差后的坐标权逆阵为

$$\boldsymbol{Q}_{\begin{bmatrix}\hat{x}_P\\\hat{y}_P\end{bmatrix}}=\begin{bmatrix}1.69 & 0\\0 & 1.69\end{bmatrix}$$

单位权中误差为 $\mu=\pm1.0''$，试求 P 点误差椭圆参数并说明该误差椭圆的形状特点。

1-5-28　试证明：当 $q_{\hat{x}\hat{y}}=0$ 且 $q_{\hat{x}}>q_{\hat{y}}$ 时，误差椭圆的长轴方向与高斯投影平面直角坐标系的 x 轴重合，短轴方向与 y 轴重合。

1-5-29　某平面控制网中，A 为已知点，P 为未知点，试说明：

（1）平差后 A 至 P 方向的方位角 $\hat{T}_{AP}$，其中误差与 P 点哪个方向的点位中误差有关；

（2）平差后 A 至 P 的边长 $\hat{S}_{AP}$，其中误差和相对中误差与 P 点哪个方向的点位中误差有关。

1-5-30　某平面控制网中，P_1、P_2 为未知点，试说明：

（1）平差后 P_1 至 P_2 方向的方位角 $\hat{T}_{12}$，其中误差与 P_1、P_2 两点间的相对误差椭圆哪个方向的相对点位中误差有关；

（2）平差后 P_1 至 P_2 方向的边长 $\hat{S}_{12}$，其中误差和相对中误差与 P_1、P_2 两点间的相对误差椭圆哪个方向的相对点位中误差有关。

1-5-31　若测边网中两个未知点 P_1、P_2 平差坐标的权逆阵为

$$\boldsymbol{Q}_{\begin{bmatrix}\hat{x}_1\\ \hat{y}_1\\ \hat{x}_2\\ \hat{y}_2\end{bmatrix}}=\begin{bmatrix}0.2313 & 0.1212 & 0.0587 & 0.0610\\ 0.1212 & 0.4521 & 0.0497 & 0.0338\\ 0.0587 & 0.0497 & 0.5223 & 0.1573\\ 0.0610 & 0.0338 & 0.1573 & 0.2186\end{bmatrix}$$

单位权中误差为 $\mu=\pm0.31\ \mathrm{dm}$，试求：

（1）P_1、P_2 两点各自的误差椭圆参数；

（2）P_1、P_2 两点间的相对误差椭圆参数。

三、练习题答案

1-5-1　不存在。

1-5-2　不存在。

1-5-3　不低于。

1-5-4　相同。

1-5-5　符合。

1-5-6　符合。

1-5-7　符合；服从正态分布。

1-5-8　略。

1-5-9　略。

1-5-10　略。提示：可仿照 1-5-8 题、1-5-9 题进行类似证明。

1-5-11　略。提示：可仿照 1-5-8 题、1-5-9 题进行类似证明。

1-5-12　略。提示：可仿照 1-5-8 题、1-5-9 题进行类似证明。

1-5-13　略。提示：可仿照 1-5-8 题、1-5-9 题进行类似证明。

1-5-14 略。

1-5-15 略。

1-5-16 略。

说明：该式表明，多余观测数 r 越大，μ^2 的精度就越高，μ^2 概率上就越接近 σ_0^2。

1-5-17 略。

1-5-18 略。

1-5-19 成立。

1-5-20 不一致。

1-5-21 检验通过，模型基本正确。

1-5-22 一致。提示：$n=3\times21=63$，$t=3\times11=33$，$r=n-t=30$。

1-5-23 略。

1-5-24 略。

1-5-25 （1）$m_{\hat{x}}=\pm0.57$ dm，$m_{\hat{y}}=\pm0.49$ dm，$m_P=\pm0.75$ dm；

（2）$E=0.61$ dm，$F=0.44$ dm；

（3）$\alpha_1=150°00'00''$，$\alpha_2=240°00'00''$。

说明：本书限定 $0°\leqslant\alpha_1<180°$。

1-5-26 $m_P=\pm1.38$ dm；$E=1.20$ dm，$F=0.67$ dm，$\alpha_1=30°$

1-5-27 $E=1.30$ dm，$F=1.30$ dm，$E=F$，误差椭圆为圆形，α_1 可取 $[0°, 180°)$ 内的任意值。

1-5-28 略。

1-5-29 （1）与（$\hat{T}_{AP}+90°$）方向的点位中误差有关；

（2）与 $\hat{T}_{AP}$ 方向的点位中误差有关。

1-5-30 （1）与（$\hat{T}_{12}+90°$）方向的相对点位中误差有关；

（2）与 $\hat{T}_{12}$ 方向的相对点位中误差有关。

1-5-31 （1）P_1：$E=0.22$ dm，$F=0.13$ dm，$\alpha_1=66°09'54''$；P_2：$E=0.24$ dm，$F=0.12$ dm，$\alpha_1=23°00'18''$。

（2）$E=0.28$ dm，$F=0.21$ dm，$\alpha_1=42°11'01''$。

第二部分

内容测试

自测一　绪论、误差理论与最小二乘原理

题　目

一、判断题（每题 2 分，共 20 分）

1. 通过平差可以消除观测误差，从而消除观测值之间的矛盾。（　）

2. 仅含偶然误差的观测值 L_i，与其真误差 Δ_i 等精度。（　）

3. 如果测量条件相同，观测值的中误差、真误差也相同。（　）

4. 或然误差为最或然值与观测值之差。（　）

5. 若 $\boldsymbol{X}$ 向量与 $\boldsymbol{Y}$ 向量的维数相同，则 $\boldsymbol{Q}_{XY}=\boldsymbol{Q}_{YX}$。（　）

6. 按最小二乘原理求估计值时，要求观测值必须服从正态分布。（　）

7. 若真误差 Δ 的数学期望为 0，则表示观测值中仅含偶然误差，反之亦然。（　）

8. 单位权中误差变化，但权比及中误差均不变。（　）

9. 权或权倒数可以有单位。（　）

10. 相关权逆阵 $\boldsymbol{Q}$ 的对角线元素 q_{ii} 与权阵 $\boldsymbol{P}$ 的对角线元素 P_{ii} 之间的关系为 $q_{ii}P_{ii}=1$。（　）

二、填空题（每空 0.5 分，共 20 分）

1. 测量平差就是在________基础上，依据一定的________和________，对含有误差的观测数据进行合理的调整，从而求得一组没有矛盾的最可靠结果，并________。

2. 测量条件包括________、________、________和________，由于测量条件不可能绝对理想，因此一切测量结果必然含有________。

3. 测量误差定义式为________，按性质包括________、________和________。传统测量平差主要针对的是________误差。

4. 偶然误差服从________分布，它的概率特性为________、________和________。仅含偶然误差的观测值的线性函数服从________分布。

5. 衡量估计量优劣的标准有________、________和________。在所有的一维无偏估计量中，若某个估计量最优，指其________最小；若某个多维估计量最优，指其________最小。当函数模型为线性模型时，要证明平差结果为最优线性无偏估计量，只需证明其满

足________性和________性即可。

6. 限差是________的最大限值，它的概率依据是________，测量实践中常用于制定________的误差限。

7. 已知观测值向量 $\boldsymbol{L}$ 或其偶然真误差向量 $\boldsymbol{\Delta}$ 的协方差阵为 $\boldsymbol{\Sigma}$，则 $\boldsymbol{L}$ 或 $\boldsymbol{\Delta}$ 的权阵定义式为 $\boldsymbol{P}=$________。有时，不需要知道验前精度 $\boldsymbol{\Sigma}$ 也可以确定权或权阵，例如，实用中定权公式有________、________、________；独立等精度观测向量 $\boldsymbol{L}$ 的权阵常简单取为 $\boldsymbol{P}=$________。

8. 已知真误差向量 $\underset{n\times 1}{\boldsymbol{\Delta}}$ 及其权阵 $\boldsymbol{P}$，则验前单位权中误差公式为________；当权阵 $\boldsymbol{P}=$________时，此公式变为中误差公式。中误差公式中，$\underset{n\times 1}{\boldsymbol{\Delta}}$ 可以为同一观测量的 n 个偶然真误差，也可以为相同测量条件下同一类型________观测量的 n 个偶然真误差。

9. 已知独立非等精度观测向量 $\underset{n\times 1}{\boldsymbol{L}}$ 的非线性函数变量为 $z=f(\boldsymbol{L})$，则 $m_z^2=$________，$\frac{1}{p_z}=$________。

10. 已知某量 z 的权倒数 $\frac{1}{p_z}$ 及单位权中误差 μ，则 $m_z=$________。

三、选择题（每题 2 分，共 20 分）

1. 已知方位角 $T_{AP}=45°23'12''\pm 1''$，$s_{AP}=10\ \text{km}\pm$________时，点位纵横向精度基本相同（$\rho\approx 2\times 10^5$）。

A. 1 m　　B. 1 cm　　C. 5 cm　　D. 5 mm

2. 已知 $\hat{A}=A-\frac{W}{3}$（$W=A+B+C-180°$），三个内角相互独立且 $m_A=m_B=m_C=m$，$m_W=\sqrt{3}\ m$，则 $m_{\hat{A}}=$________。

A. $\frac{\sqrt{6}}{3}m$　　B. $\frac{2}{3}m$　　C. $\frac{2\sqrt{3}}{3}m$　　D. $\frac{\sqrt{3}}{2}m$

3. 长方形地块的面积由测量长和宽计算得到，已知长度的测量值 $a=40$ m，$m_a=\pm 1$ cm，若要求面积 S 的中误差 $|m_S|\leqslant 50\ \text{dm}^2$，则宽度测量值 $b=30$ m 的中误差 $|m_b|$ 应限制在________范围以内。

A. 1 cm　　B. 1 dm　　C. 1 mm　　D. 1 m

4. A、B 两点间的水准路线按往返测得双次高差为 h_i'、h_i''（$i=1, 2, \cdots, 8$），所有单次高差之间相互独立且中误差均为 ± 2 mm，则全长高差算术中数的中误差为 $\pm$________。

A. 2 mm　　B. 4 mm　　C. 8 mm　　D. 16 mm

5. 水准测量中，若 10 km 高差观测值之权为 8，则 5 km 高差观测值之权为________。

A. 2　　B. 4　　C. 8　　D. 16

6. 已知 $\boldsymbol{P}_{\boldsymbol{\Delta}}=\begin{bmatrix}2 & 1\\ 1 & 3\end{bmatrix}$，则权 $p_{L_2}=$________。

A. 2　　B. 3　　C. $\frac{5}{2}$　　D. $\frac{5}{3}$

7. 已知三角形闭合差向量 $\underset{n\times 1}{\boldsymbol{W}}$ 及其相关权阵 $\boldsymbol{P_W}$，W_i 中 A_i 的权为 p_i，则 A_i 的中误差为________。

A. $\pm\sqrt{\frac{\boldsymbol{W}^{\mathrm{T}}\boldsymbol{P}_W\boldsymbol{W}}{n}}$　　B. $\pm\sqrt{\frac{\boldsymbol{W}^{\mathrm{T}}\boldsymbol{P}_W\boldsymbol{W}}{np_i}}$　　C. $\pm\sqrt{\frac{\boldsymbol{W}^{\mathrm{T}}\boldsymbol{P}_W\boldsymbol{W}}{3n}}$　　D. $\pm\sqrt{\frac{\boldsymbol{W}^{\mathrm{T}}\boldsymbol{P}_W\boldsymbol{W}}{3np_i}}$

8. 已知观测值 L 的中误差为 m_L，$x=2L$，$y=L^2$，则 $m_{xy}=$________。

A. $4Lm_L^2$　　B. $4Lm_L$　　C. $2Lm_L^2$　　D. $2Lm_L$

9. 已知 $v_i=x-L_i(i=1, 2, \cdots, n)$，$x=\frac{[L]}{n}$，观测值 L_i 独立等精度，其权均为1，则 $p_{v_1v_2}=$________。

A. n　　B. $-n$　　C. $\frac{1}{n}$　　D. $-\frac{1}{n}$

10. 随机向量 $\boldsymbol{X}$ 的协方差阵 $\boldsymbol{\Sigma_X}$ 还可写为________。

A. $E(\boldsymbol{X}^{\mathrm{T}}\boldsymbol{X})-E^{\mathrm{T}}(\boldsymbol{X})E(\boldsymbol{X})$　　B. $E(\boldsymbol{X})E^{\mathrm{T}}(\boldsymbol{X})$

C. $E^{\mathrm{T}}(\boldsymbol{X})E(\boldsymbol{X})$　　D. $E(\boldsymbol{X}\boldsymbol{X}^{\mathrm{T}})-E(\boldsymbol{X})E^{\mathrm{T}}(\boldsymbol{X})$

四、推导题（共 15 分）

1.（4 分）试推导菲列罗公式。

2.（5 分）已知 $z=\boldsymbol{K}^{\mathrm{T}}\boldsymbol{X}$，$x_i$ 的真误差为 $\delta_{x_i}=\Delta_i+\lambda(i=1, 2, \cdots, n)$，其中，$\Delta_i$ 为偶然误差，它们独立等精度且方差为 σ^2，λ 为常数系统误差，试推导 z 的均方误差。

3.（6 分）已知 $\boldsymbol{U}=\boldsymbol{AX}+\boldsymbol{BY}+\boldsymbol{CZ}+\boldsymbol{U}_0$，$\boldsymbol{V}=\boldsymbol{DY}+\boldsymbol{EZ}+\boldsymbol{V}_0$，$\boldsymbol{Q}_{\begin{bmatrix}\boldsymbol{X}\\ \boldsymbol{Y}\\ \boldsymbol{Z}\end{bmatrix}}=\begin{bmatrix}\boldsymbol{Q_X} & \boldsymbol{Q_{XY}} & \boldsymbol{0}\\ \boldsymbol{Q_{YX}} & \boldsymbol{Q_Y} & \boldsymbol{0}\\ \boldsymbol{0} & \boldsymbol{0} & \boldsymbol{Q_Z}\end{bmatrix}$，$\boldsymbol{A}$、$\boldsymbol{B}$、$\boldsymbol{C}$、$\boldsymbol{D}$、$\boldsymbol{E}$ 为常数矩阵，$\boldsymbol{U}_0$、$\boldsymbol{V}_0$ 为常数向量，试推导 $\boldsymbol{Q}_{\begin{bmatrix}\boldsymbol{U}\\ \boldsymbol{V}\end{bmatrix}}$、$\boldsymbol{Q_{UX}}$、$\boldsymbol{Q_{ZV}}$。

五、计算题（共 25 分）

1.（5 分）坐标旋转变换 $\begin{bmatrix}x\\ y\end{bmatrix}=\begin{bmatrix}\cos\alpha & \sin\alpha\\ -\sin\alpha & \cos\alpha\end{bmatrix}\begin{bmatrix}x'\\ y'\end{bmatrix}$ 中，已知源坐标 x'、y' 的协方差阵为 $\boldsymbol{\Sigma}_{\begin{bmatrix}x'\\ y'\end{bmatrix}}=\begin{bmatrix}m_{x'}^2 & m_{x'y'}\\ m_{y'x'} & m_{y'}^2\end{bmatrix}$（单位：m^2），旋转角 α 与源坐标不相关且中误差为 m_α''，取所有坐标单位为 m，试求转换坐标 x、y 的协方差阵 $\boldsymbol{\Sigma}_{\begin{bmatrix}x\\ y\end{bmatrix}}$。

2. （6 分）已知 $\boldsymbol{Y}=\begin{bmatrix}2 & -1\\-1 & 2\end{bmatrix}\boldsymbol{X}$，$\boldsymbol{P}_X=\frac{1}{4}\begin{bmatrix}4 & -2\\-2 & 5\end{bmatrix}$，$\sigma_0=2$，试求 $\boldsymbol{Q}_Y$、$\boldsymbol{\Sigma}_Y$，并指出 $\boldsymbol{X}$ 向量中的元素与 $\boldsymbol{Y}$ 向量中的元素哪些互不相关。

3. （7 分）对三角形的三个内角进行了九组等精度观测，每组观测中各角均为四测回中数，由九组内角观测值所得闭合差为＋2.5″、－1.5″、－3.5″、＋3.5″、－2.5″、－0.5″、＋5.5″、＋2.5″、－2.5″。若各闭合差中均包含系统性的常数误差＋0.5″，试求：

（1）各闭合差的观测精度及闭合差应出现的范围；

（2）各内角每测回的观测精度。

4. （7 分）在 A、B 两点间分五段进行水准测量，每段均进行往返测，所得结果如下表。试估计 1 km 单程高差及全长单程高差的中误差。

段　　号	A-1	1-2	2-3	3-4	4-B
往测高差/m	－0.185	1.635	1.434	0.584	－0.053
返测高差/m	0.180	－1.640	－1.424	－0.594	0.063
所在距离/km	5	5	10	10	10

答　案

一、判断题（每题 2 分，共 20 分）

1. （×）说明：观测误差未知，任何平差处理方法都无法消除。通过平差处理，可以消除因多余观测造成的观测值之间的矛盾，实质是平差值之间不再存在矛盾，即平差值满足观测值之间应有的理论关系。

2. （√）说明：根据真误差的定义（$\Delta_i=L_i-X_i$）、偶然误差的性质（$E(\Delta_i)=0$）以及方差的定义（$\sigma_L^2=E\{(L-E(L))^2\}$），当 Δ_i 仅含偶然误差时，Δ_i 与 L_i 的方差相同，即 $\sigma_{\Delta_i}^2=\sigma_{L_i}^2=\sigma_i^2$。同理，扩展到向量形式，有 $\boldsymbol{\Sigma}_{\Delta}=\boldsymbol{\Sigma}_L=\boldsymbol{\Sigma}$。

3. （×）说明：一定的测量条件对应一定的观测精度，来自相同测量条件的观测值，其精度相同，被称为等精度观测值。中误差作为衡量测量条件好坏的精度指标，是从总体上描述测量误差的大小或离散程度，所以来自相同测量条件的观测值，其中误差应视为相同，但真误差一般不同。

4. （×）说明：或然误差有具体的定义，是精度指标之一；最或然值与观测值之差，被称为（最或然）改正数或残差。

5. （×）说明：正确的结论是，不管 $\boldsymbol{X}$ 向量与 $\boldsymbol{Y}$ 向量的维数是否相同，均有 $\boldsymbol{Q}_{XY}=\boldsymbol{Q}_{YX}^{\mathrm{T}}$。这可由权逆阵 $\boldsymbol{Q}_{XY}$ 与 $\boldsymbol{Q}_{YX}$ 的具体元素表达形式得出，归根于 $\boldsymbol{\Sigma}_{XY}=\boldsymbol{\Sigma}_{YX}^{\mathrm{T}}$。

6. (×) 说明：按最小二乘原理求估值并不需要知道观测值的分布，只需要观测误差的数学期望为$\mathbf{0}$($E(\boldsymbol{\Delta})=\mathbf{0}$)，方差-协方差代表观测精度(用于确定权阵$\boldsymbol{P}=\sigma_0^2\boldsymbol{\Sigma}^{-1}$)，就可以得到线性函数模型的最优无偏估计量。就测量而言，因为观测误差仅含偶然误差时，偶然误差服从期望为0的正态分布，此时在观测值协方差阵已知的前提下，由极大似然估计可以导出最小二乘估计，极大似然估计需要知道观测值的分布。

7. (√) 说明：根据真误差的定义($\Delta=L-X$)、分类($\Delta=\Delta_n+\Delta_s+\Delta_g$)以及偶然误差$\Delta_n$、系统误差$\Delta_s$、粗差$\Delta_g$的性质，一般认为$\Delta_s$、$\Delta_g$的数学期望不为0，仅$\Delta_n$的数学期望为0，结论正确。扩展到向量形式，若$E(\boldsymbol{\Delta})=0$，则表示观测值向量$\boldsymbol{L}$中仅含偶然误差，反之亦然。

8. (√) 说明：由权的实用定义式$p_i=\dfrac{\mu^2}{m_i^2}$可以得出该结论。

9. (√) 说明：具有多类观测值的平差如导线网平差中，当μ取为角度单位时，边长观测值的权就是具有单位的权。

10. (×) 说明：观测值相关时，观测值权阵$\boldsymbol{P}$的对角线元素P_{ii}并不是相应观测值的权p_i。根据权逆阵、权、权阵的定义，无论观测值是否相关，总有$q_{ii}p_i=1$，$q_{ii}P_{ii}=1$仅在观测值相互独立时成立。

二、填空题（每空0.5分，共20分）

1. 多余观测；数学模型；估计准则；评定精度
2. 观测者；测量仪器；测量环境；观测对象；(测量) 误差
3. $\Delta=L-X$；粗差；系统误差；偶然误差；偶然
4. 正态；界限性；聚中性；对称性；正态
5. 无偏性；有效性；一致性；方差；协方差矩阵的迹；无偏；最小方差
6. 真误差；偶然误差的界限性；闭合差或较差
7. $\sigma_0^2\boldsymbol{\Sigma}^{-1}$；$p_x=np$；$p=\dfrac{s_0}{s}$；$p=\dfrac{s_0^2}{s^2}$；$\boldsymbol{I}$ (注：单位阵)
8. $\mu=\pm\sqrt{\dfrac{\boldsymbol{\Delta}^{\mathrm{T}}\boldsymbol{P}\boldsymbol{\Delta}}{n}}$；$\boldsymbol{I}$；不同
9. $\left(\dfrac{\partial f}{\partial L_1}\right)^2 m_1^2+\left(\dfrac{\partial f}{\partial L_2}\right)^2 m_2^2+\cdots+\left(\dfrac{\partial f}{\partial L_n}\right)^2 m_n^2$；$\left(\dfrac{\partial f}{\partial L_1}\right)^2\dfrac{1}{p_1}+\left(\dfrac{\partial f}{\partial L_2}\right)^2\dfrac{1}{p_2}+\cdots+\left(\dfrac{\partial f}{\partial L_n}\right)^2\dfrac{1}{p_n}$
10. $\mu\sqrt{\dfrac{1}{p_z}}$

三、选择题（每题2分，共20分）

1. C；由$\dfrac{m''_\alpha}{\rho''}\approx\dfrac{m_s}{s}$可得$m_s=5$ cm。

2. A；因 $\hat{A}=A-\frac{W}{3}=\frac{2}{3}A-\frac{1}{3}B-\frac{1}{3}C+60°$，故 $m_{\hat{A}}^2=\frac{4}{9}m^2+\frac{1}{9}m^2+\frac{1}{9}m^2=\frac{6}{9}m^2$，$m_{\hat{A}}=\frac{\sqrt{6}}{3}m$。

3. A；因 $S=ab$，故 $m_S^2=b^2m_a^2+a^2m_b^2$，代入已知数据可解得 $|m_b|\leqslant 1$ cm。

4. B；$h_{全长中}=\frac{h_1'+h_2'+\cdots+h_8'+h_1''+h_2''+\cdots+h_8''}{2}$，$m_{全长中}^2=\frac{1}{4}\times 16\times 4=16$（$mm^2$），$m_{全长中}=\pm 4$ mm。

5. D；因 $s_0=ps=8\times 10=80$（km），故 5 km 高差观测值之权为 $\frac{80}{5}=16$。

6. C；因 $\boldsymbol{Q}_{\boldsymbol{\Delta}}=\boldsymbol{P}_{\boldsymbol{\Delta}}^{-1}=\frac{1}{5}\begin{bmatrix}3 & -1\\ -1 & 2\end{bmatrix}=\boldsymbol{Q}_{\boldsymbol{L}}$，故 $\frac{1}{p_{L_2}}=\frac{2}{5}$，$p_{L_2}=\frac{5}{2}$。

7. B；因 $\mu=\pm\sqrt{\frac{\boldsymbol{W}^{\mathrm{T}}\boldsymbol{P}_{\boldsymbol{W}}\boldsymbol{W}}{n}}$，由权的定义，$m_{A_i}=\mu\sqrt{\frac{1}{p_i}}=\pm\sqrt{\frac{\boldsymbol{W}^{\mathrm{T}}\boldsymbol{P}_{\boldsymbol{W}}\boldsymbol{W}}{np_i}}$。

8. A；$m_{xy}=\left(\frac{\mathrm{d}x}{\mathrm{d}L}\right)m_L^2\left(\frac{\mathrm{d}y}{\mathrm{d}L}\right)=2\times m_L^2\times 2L=4Lm_L^2$。

9. B；因 $\left.\begin{aligned}v_1&=\frac{1-n}{n}L_1+\frac{1}{n}L_2+\cdots+\frac{1}{n}L_n\\ v_2&=\frac{1}{n}L_1+\frac{1-n}{n}L_2+\cdots+\frac{1}{n}L_n\end{aligned}\right\}$，故 $\frac{1}{p_{v_1v_2}}=\begin{bmatrix}\frac{1-n}{n} & \frac{1}{n} & \cdots & \frac{1}{n}\end{bmatrix}\boldsymbol{I}\begin{bmatrix}\frac{1}{n} & \frac{1-n}{n} & \cdots & \frac{1}{n}\end{bmatrix}^{\mathrm{T}}$ $=-\frac{1}{n}$，$p_{v_1v_2}=-n$。

10. D；$\boldsymbol{\Sigma}_{\boldsymbol{X}}=E\{(\boldsymbol{X}-E(\boldsymbol{X}))(\boldsymbol{X}-E(\boldsymbol{X}))^{\mathrm{T}}\}=E\{\boldsymbol{X}\boldsymbol{X}^{\mathrm{T}}-\boldsymbol{X}E^{\mathrm{T}}(\boldsymbol{X})-E(\boldsymbol{X})\boldsymbol{X}^{\mathrm{T}}+E(\boldsymbol{X})E^{\mathrm{T}}(\boldsymbol{X})\}$

$$=E(\boldsymbol{X}\boldsymbol{X}^{\mathrm{T}})-E(\boldsymbol{X})E^{\mathrm{T}}(\boldsymbol{X})-E(\boldsymbol{X})E^{\mathrm{T}}(\boldsymbol{X})+E(\boldsymbol{X})E^{\mathrm{T}}(\boldsymbol{X})=E(\boldsymbol{X}\boldsymbol{X}^{\mathrm{T}})-E(\boldsymbol{X})E^{\mathrm{T}}(\boldsymbol{X})$$

说明：若 $\boldsymbol{X}$ 特例化为变量 x，则 $\sigma_x^2=E(x^2)-E^2(x)$，用有限平均代替数学期望，可得到 x 的方差估值，这在实用中有时也会用到。

四、推导题（共 15 分）

1.（4 分）**推导：** 因 $W_i=A_i+B_i+C_i-180°(i=1,2,\cdots,n)$，$A_i$、$B_i$、$C_i$ 独立等精度，故 W_i 也独立等精度。设 $m_{A_i}=m_{B_i}=m_{C_i}=m$，则 $m_{W_i}=m_W$，而 $m_W=\sqrt{\frac{[WW]}{n}}=\sqrt{3}m$，于是，由三角形闭合差求测角中误差的菲列罗公式为 $m=\sqrt{\frac{[WW]}{3n}}$。

2.（5 分）**推导：** 因 $\delta_z=k_1\delta_{x_1}+k_2\delta_{x_2}+\cdots+k_n\delta_{x_n}=\sum_{i=1}^{n}k_i\Delta_i+\lambda\sum_{i=1}^{n}k_i$，故 z 的均方误差为

$$\begin{aligned}\mathrm{MSE}(z)&=E(\delta_z^2)=E\left\{(\sum_{i=1}^{n}k_i\Delta_i+\lambda\sum_{i=1}^{n}k_i)^2\right\}\\&=E\left\{(\sum_{i=1}^{n}k_i\Delta_i)^2+2\lambda(\sum_{i=1}^{n}k_i)(\sum_{i=1}^{n}k_i\Delta_i)+(\lambda\sum_{i=1}^{n}k_i)^2\right\}\\&=E\left\{\sum_{i=1}^{n}k_i^2\Delta_i^2+2\sum_{i=1}^{n}\sum_{j=i+1}^{n}k_ik_j\Delta_i\Delta_j+2\lambda(\sum_{i=1}^{n}k_i)(\sum_{i=1}^{n}k_i\Delta_i)+(\lambda\sum_{i=1}^{n}k_i)^2\right\}\\&=\sum_{i=1}^{n}k_i^2E(\Delta_i^2)+2\sum_{i=1}^{n}\sum_{j=i+1}^{n}k_ik_jE(\Delta_i)E(\Delta_j)+2\lambda(\sum_{i=1}^{n}k_i)(\sum_{i=1}^{n}k_iE(\Delta_i))+(\lambda\sum_{i=1}^{n}k_i)^2\end{aligned}$$

由于 $E(\Delta_i)=0$，$E(\Delta_j)=0$，$E(\Delta_i^2)=\sigma^2$，故

$$\mathrm{MSE}(z)=\sigma^2\sum_{i=1}^{n}k_i^2+\lambda^2(\sum_{i=1}^{n}k_i)^2=[k^2]\sigma^2+[k]^2\lambda^2$$

3.（6 分）**推导：**因

$$\begin{bmatrix}\boldsymbol{U}\\\boldsymbol{V}\end{bmatrix}=\begin{bmatrix}\boldsymbol{A}&\boldsymbol{B}&\boldsymbol{C}\\\boldsymbol{0}&\boldsymbol{D}&\boldsymbol{E}\end{bmatrix}\begin{bmatrix}\boldsymbol{X}\\\boldsymbol{Y}\\\boldsymbol{Z}\end{bmatrix}+\begin{bmatrix}\boldsymbol{U}_0\\\boldsymbol{V}_0\end{bmatrix}$$

故

$$\begin{aligned}\boldsymbol{Q}_{\begin{bmatrix}\boldsymbol{U}\\\boldsymbol{V}\end{bmatrix}}&=\begin{bmatrix}\boldsymbol{A}&\boldsymbol{B}&\boldsymbol{C}\\\boldsymbol{0}&\boldsymbol{D}&\boldsymbol{E}\end{bmatrix}\boldsymbol{Q}_{\begin{bmatrix}\boldsymbol{X}\\\boldsymbol{Y}\\\boldsymbol{Z}\end{bmatrix}}\begin{bmatrix}\boldsymbol{A}^{\mathrm{T}}&\boldsymbol{0}\\\boldsymbol{B}^{\mathrm{T}}&\boldsymbol{D}^{\mathrm{T}}\\\boldsymbol{C}^{\mathrm{T}}&\boldsymbol{E}^{\mathrm{T}}\end{bmatrix}\\&=\begin{bmatrix}\boldsymbol{AQ}_X\boldsymbol{A}^{\mathrm{T}}+\boldsymbol{AQ}_{XY}\boldsymbol{B}^{\mathrm{T}}+\boldsymbol{BQ}_Y\boldsymbol{B}^{\mathrm{T}}+\boldsymbol{BQ}_{YX}\boldsymbol{A}^{\mathrm{T}}+\boldsymbol{CQ}_Z\boldsymbol{C}^{\mathrm{T}}&\boldsymbol{AQ}_{XY}\boldsymbol{D}^{\mathrm{T}}+\boldsymbol{BQ}_Y\boldsymbol{D}^{\mathrm{T}}+\boldsymbol{CQ}_Z\boldsymbol{E}^{\mathrm{T}}\\\boldsymbol{DQ}_{YX}\boldsymbol{A}^{\mathrm{T}}+\boldsymbol{DQ}_Y\boldsymbol{B}^{\mathrm{T}}+\boldsymbol{EQ}_Z\boldsymbol{C}^{\mathrm{T}}&\boldsymbol{DQ}_Y\boldsymbol{D}^{\mathrm{T}}+\boldsymbol{EQ}_Z\boldsymbol{E}^{\mathrm{T}}\end{bmatrix}\end{aligned}$$

同理

$$\boldsymbol{Q}_{UX}=[\boldsymbol{A}\quad\boldsymbol{B}\quad\boldsymbol{C}]\boldsymbol{Q}_{\begin{bmatrix}\boldsymbol{X}\\\boldsymbol{Y}\\\boldsymbol{Z}\end{bmatrix}}\begin{bmatrix}\boldsymbol{I}\\\boldsymbol{0}\\\boldsymbol{0}\end{bmatrix}=\boldsymbol{AQ}_X+\boldsymbol{BQ}_{YX}$$

$$\boldsymbol{Q}_{ZV}=[\boldsymbol{0}\quad\boldsymbol{0}\quad\boldsymbol{I}]\boldsymbol{Q}_{\begin{bmatrix}\boldsymbol{X}\\\boldsymbol{Y}\\\boldsymbol{Z}\end{bmatrix}}\begin{bmatrix}\boldsymbol{0}\\\boldsymbol{D}^{\mathrm{T}}\\\boldsymbol{E}^{\mathrm{T}}\end{bmatrix}=\boldsymbol{Q}_Z\boldsymbol{E}^{\mathrm{T}}$$

五、计算题（共 25 分）

1.（5 分）**解：**因 $\begin{bmatrix}x\\y\end{bmatrix}=\begin{bmatrix}x'\cos\alpha+y'\sin\alpha\\-x'\sin\alpha+y'\cos\alpha\end{bmatrix}$，故有

$$\begin{bmatrix}\mathrm{d}x\\\mathrm{d}y\end{bmatrix}=\begin{bmatrix}\cos\alpha&\sin\alpha&y\\-\sin\alpha&\cos\alpha&-x\end{bmatrix}\begin{bmatrix}\mathrm{d}x'\\\mathrm{d}y'\\\mathrm{d}\alpha\end{bmatrix}=\begin{bmatrix}\cos\alpha&\sin\alpha\\-\sin\alpha&\cos\alpha\end{bmatrix}\begin{bmatrix}\mathrm{d}x'\\\mathrm{d}y'\end{bmatrix}+\begin{bmatrix}y\\-x\end{bmatrix}\mathrm{d}\alpha$$

由于旋转角与源坐标不相关，可得

$$\boldsymbol{\Sigma}_{\begin{bmatrix}x\\y\end{bmatrix}}=\begin{bmatrix}\cos\alpha & \sin\alpha\\-\sin\alpha & \cos\alpha\end{bmatrix}\boldsymbol{\Sigma}_{\begin{bmatrix}x'\\y'\end{bmatrix}}\begin{bmatrix}\cos\alpha & -\sin\alpha\\\sin\alpha & \cos\alpha\end{bmatrix}+\left(\frac{m''_{\alpha}}{\rho''}\right)^2\begin{bmatrix}y^2 & -xy\\-xy & x^2\end{bmatrix}$$

2.（6 分）**解**：由已知可得

$$\boldsymbol{Q}_X=\boldsymbol{P}_X^{-1}=\frac{1}{4}\begin{bmatrix}5 & 2\\2 & 4\end{bmatrix}$$

$$\boldsymbol{Q}_Y=\begin{bmatrix}2 & -1\\-1 & 2\end{bmatrix}\times\frac{1}{4}\begin{bmatrix}5 & 2\\2 & 4\end{bmatrix}\times\begin{bmatrix}2 & -1\\-1 & 2\end{bmatrix}=\frac{1}{4}\begin{bmatrix}16 & -8\\-8 & 13\end{bmatrix}$$

$$\boldsymbol{\Sigma}_Y=\sigma_0^2\boldsymbol{Q}_Y=4\times\frac{1}{4}\begin{bmatrix}16 & -8\\-8 & 13\end{bmatrix}=\begin{bmatrix}16 & -8\\-8 & 13\end{bmatrix}$$

$$\boldsymbol{Q}_{XY}=\boldsymbol{Q}_X\begin{bmatrix}2 & -1\\-1 & 2\end{bmatrix}=\frac{1}{4}\begin{bmatrix}8 & -1\\0 & 6\end{bmatrix}$$

因 $q_{x_2y_1}=0$，故 $\boldsymbol{X}$ 向量中的 x_2 变量与 $\boldsymbol{Y}$ 向量中的 y_1 变量互不相关。

3.（7 分）**解**：(1) 由题意知，三角形闭合差 $W_i(i=1, 2, \cdots, 9)$ 中的偶然误差为

Δ_i：$+2.0''$，$-2.0''$，$-4.0''$，$+3.0''$，$-3.0''$，$-1.0''$，$+5.0''$，$+2.0''$，$-3.0''$

故 W_i 的观测精度为

$$m_{\Delta_W}=\pm\sqrt{\frac{[\Delta\Delta]}{n}}=\pm\sqrt{\frac{(+2.0'')^2+(-2.0'')^2+\cdots+(-3.0'')^2}{9}}=\pm3.0''$$

取 2 倍中误差作为限差，则 W_i 的限差应为

$$W_{限}=2m_{\Delta_W}+\lambda=\pm6.0''+0.5''$$

即 $W_i\in[-5.5'', 6.5'']$。

(2) 因 W_i 的观测精度与各内角的观测精度 $m_{角}$ 关系为

$$m_{\Delta_W}^2=3m_{角}^2$$

故

$$m_{角}=\frac{m_{\Delta_W}}{\sqrt{3}}=\pm\sqrt{3}''$$

又因角度值为四测回中数，故各内角每测回观测值的观测精度为

$$m_{一测回}=\sqrt{4}\,m_{角}=\pm2\sqrt{3}''$$

4.（7 分）**解**：记各测段往测高差为 $h'_i(i=1, 2, \cdots, 5)$、返测高差为 $h''_i(i=1, 2, \cdots, 5)$，全长往测高差为 h'_{AB}、返测高差为 h''_{AB}。由已知数据可得各测段往返高差的较差 $d_i=h'_i+h''_i(i=1, 2, \cdots, 5)$ 为

$$d_1=-5\text{ mm}, d_2=-5\text{ mm}, d_3=10\text{ mm}, d_4=-10\text{ mm}, d_5=10\text{ mm}$$

取 1 km 单程高差的权为 1，则 h'_i 或 h''_i 的权为 $p_i=\frac{s_0}{s_i}$，即

$$p_1=\frac{1}{5}, p_2=\frac{1}{5}, p_3=\frac{1}{10}, p_4=\frac{1}{10}, p_5=\frac{1}{10}$$

根据公式 $\mu=\pm\sqrt{\frac{[pdd]}{2n}}$ 可得

$$\mu=\pm\sqrt{\frac{\frac{1}{5}\times(-5)^2+\frac{1}{5}\times(-5)^2+\cdots+\frac{1}{10}\times 10^2}{2\times 5}}=\pm 2\ (\text{mm})$$

μ 即 1 km 单程高差的中误差。

又因 h'_{AB} 或 h''_{AB} 的权为 $p_{全长单}=\frac{s_0}{[s]}=\frac{1}{40}$，故 h'_{AB} 或 h''_{AB} 的中误差为

$$m_{全长单}=\mu\sqrt{\frac{1}{p_{全长单}}}=\pm 2\times\sqrt{40}=\pm 4\sqrt{10}\ (\text{mm})$$

自测二　参数平差

题　目

一、判断题（每题 2 分，共 20 分）

1. 参数平差中，当误差方程为线性时，未知参数近似值可以任意选取，不会改变参数平差值及其精度。（　）

2. 观测值 $L_i(i=1, 2, \cdots, n)$ 之间互不相关，平差值 $\hat{L}_i$ 之间也互不相关。（　）

3. 提高平差值精度的关键是增加多余观测。（　）

4. 参数平差中要求未知参数 $\hat{x}_i$ 之间函数独立，所以它们之间的协方差一定为 0。（　）

5. 设 $\boldsymbol{V}$ 是参数平差求得的 $\boldsymbol{L}$ 的最或然改正数，$\boldsymbol{\Delta}$ 是 $\boldsymbol{L}$ 的真误差，则有 $\boldsymbol{V}^{\mathrm{T}}\boldsymbol{P}\boldsymbol{V} \leqslant \boldsymbol{\Delta}^{\mathrm{T}}\boldsymbol{P}\boldsymbol{\Delta}$。（　）

6. 参数平差中，若 $\hat{\boldsymbol{Z}}=\boldsymbol{F}^{\mathrm{T}}\hat{\boldsymbol{X}}$，则 $\boldsymbol{\Sigma}_{\hat{Z}}=\dfrac{\boldsymbol{V}^{\mathrm{T}}\boldsymbol{P}\boldsymbol{V}}{n-t}(\boldsymbol{F}^{\mathrm{T}}\boldsymbol{N}^{-1}\boldsymbol{F})$。（　）

7. 参数平差中，当观测值之间相互独立时，若某一误差方程式中不含有未知参数但自由项不为 0，则此误差方程式对组成法方程不起作用。（　）

8. 参数平差定权时，单位权中误差选取不同，会导致观测值的平差值也不同。（　）

9. 因为 $\hat{\boldsymbol{L}}=\boldsymbol{L}+\boldsymbol{V}$，故 $\boldsymbol{Q}_{\hat{L}}=\boldsymbol{Q}_L+\boldsymbol{Q}_V$。（　）

10. 观测量平差值的精度一定不低于其观测值的精度。（　）

二、填空题（每空 1 分，共 25 分）

1. 参数平差中，未知参数的选取要求满足________、________。

2. 已知某平差问题，观测值个数为 79，多余观测量个数为 35，则按参数平差进行求解时，误差方程式个数为________，法方程式个数为________。

3. 非线性误差方程式 $v_i=f_i(\hat{x}_1, \hat{x}_2, \cdots, \hat{x}_t)-L_i$ 的线性化形式为________。未知参数的近似值越靠近________，线性化程度就越高；当线性化程度不高时，可以采用________法进行求解。

4. 参数平差中，已知 $\boldsymbol{N}=\begin{bmatrix}3 & 2\\ 2 & 4\end{bmatrix}$，$\mu=\pm 2$，则 $p_{\hat{x}_1}=$________，$m_{\hat{x}_1}=$________，

$p_{\hat{x}_2}=$______，$m_{\hat{x}_2}=$______。若 $\hat{z}=2\hat{x}_1+\hat{x}_2+1$，则 $p_{\hat{z}}=$______，$m_{\hat{z}}=$______。

5. 已知 $\boldsymbol{l}^{\mathrm{T}}\boldsymbol{P}\boldsymbol{l}=36$，$n=4$，法方程为 $\begin{bmatrix}4 & 2\\ 2 & 3\end{bmatrix}\begin{bmatrix}\delta\hat{x}_1\\ \delta\hat{x}_2\end{bmatrix}+\begin{bmatrix}4\\ 2\end{bmatrix}=\boldsymbol{0}$，则 $\boldsymbol{V}^{\mathrm{T}}\boldsymbol{P}\boldsymbol{V}=$______，$\mu=$______，$m_{\hat{x}_1}=$______，$m_{\hat{x}_2}=$______。

6. 设观测值的权阵为 $\boldsymbol{P}$，将其乘以某大于 0 的常数 λ 后重新进行平差，则下列各量 $\hat{\boldsymbol{X}}$、$\boldsymbol{V}$、$\boldsymbol{\mu}$、$\boldsymbol{\Sigma}_{\hat{X}}$、$\boldsymbol{Q}_V$ 中，数值会改变的有______、______，数值不会改变的有______、______、______。

7. 参数平差中，$\boldsymbol{\Sigma}_{\hat{L}V}=$______，$\boldsymbol{\Sigma}_{\hat{X}V}=$______，$\boldsymbol{\Sigma}_{LV}=$______。

三、选择题（每题 2 分，共 10 分）

1. 参数平差的法方程 $\boldsymbol{N}\hat{\boldsymbol{X}}+\boldsymbol{U}=\boldsymbol{0}$ 还可以写为______。

A. $\boldsymbol{Q}_{\hat{X}}\hat{\boldsymbol{X}}+\boldsymbol{U}=\boldsymbol{0}$　　B. $\hat{\boldsymbol{X}}+\boldsymbol{P}_{\hat{X}}\boldsymbol{U}=\boldsymbol{0}$

C. $\hat{\boldsymbol{X}}+\boldsymbol{Q}_U\boldsymbol{U}=\boldsymbol{0}$　　D. $\boldsymbol{Q}_U\hat{\boldsymbol{X}}+\boldsymbol{U}=\boldsymbol{0}$

2. 参数平差中，若有 $\boldsymbol{P}_{\hat{X}}=\frac{1}{2}\begin{bmatrix}1 & 1\\ 1 & 2\end{bmatrix}$，$m_{\hat{x}_1}=\pm4$，则 $\mu=\pm$______。

A. 1　　B. 2

C. 4　　D. 8

3. 以 m_L、m_Δ、m_v 分别表示某一观测量的观测值、偶然真误差、观测值残差的中误差，则 m_L^2、m_Δ^2、m_v^2 之间的关系为______。

A. $m_L^2=m_v^2\leqslant m_\Delta^2$　　B. $m_L^2=m_\Delta^2\geqslant m_v^2$

C. $m_L^2=m_v^2=m_\Delta^2$　　D. $m_\Delta^2=m_v^2\leqslant m_L^2$

4. 参数平差中，$\boldsymbol{Q}_{\hat{L}}$ 的表达式为______。

A. $\boldsymbol{A}\boldsymbol{N}^{-1}\boldsymbol{A}^{\mathrm{T}}$　　B. $\boldsymbol{A}^{\mathrm{T}}\boldsymbol{N}^{-1}\boldsymbol{A}$

C. $\boldsymbol{P}^{-1}-\boldsymbol{A}\boldsymbol{N}^{-1}\boldsymbol{A}^{\mathrm{T}}$　　D. $\boldsymbol{P}^{-1}-\boldsymbol{A}^{\mathrm{T}}\boldsymbol{N}^{-1}\boldsymbol{A}$

5. 参数平差中，若系数阵 $\boldsymbol{A}$ 列降秩，则参数解有______。

A. 唯一解　　B. 无解

C. 无定解　　D. 只有 **0** 解

四、推证题（共 15 分）

1. （5 分）设误差方程为 $\boldsymbol{V}=\boldsymbol{A}\delta\hat{\boldsymbol{X}}+\boldsymbol{l}$，$\boldsymbol{l}=\boldsymbol{A}\boldsymbol{X}_0+\boldsymbol{D}-\boldsymbol{L}$，观测值权阵为 $\boldsymbol{P}$，试证明平差值 $\hat{\boldsymbol{L}}$ 与 $\boldsymbol{X}_0$ 的选取无关。

2. （5 分）设误差方程为 $\boldsymbol{V}=\boldsymbol{A}\hat{\boldsymbol{X}}+\boldsymbol{l}$，$\boldsymbol{l}=\boldsymbol{D}-\boldsymbol{L}$，观测值权阵为 $\boldsymbol{P}$，试推导验后单位权中误差 μ 的公式。

3. （5 分）设误差方程为 $\boldsymbol{V}=\boldsymbol{A}\hat{\boldsymbol{X}}-\boldsymbol{L}$，观测值向量 $\boldsymbol{L}$ 的权矩阵为 $\boldsymbol{P}$，试按最小二乘原理推导参数平差值 $\hat{\boldsymbol{X}}$ 的表达式。

五、计算题（共 30 分）

1.（5 分）如下图所示的测边网中，A、B 为已知点，高斯平面坐标为（x_A，y_A）、（x_B，y_B），C、D 为未知点，近似坐标为（x_C^0，y_C^0）、（x_D^0，y_D^0），五条平面观测边长为 s_i（$i=1$，2，…，5），试以 C、D 的平面坐标为未知参数，列出线性化的误差方程。

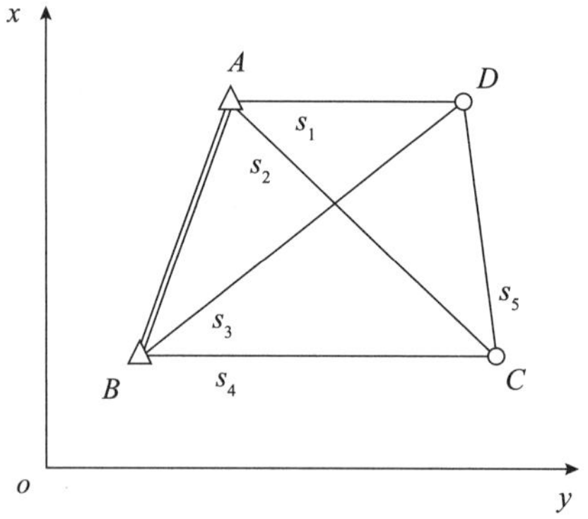

2.（5 分）由某验潮站观测得到的月平均海水面位置（M_s：cm）如下表所示：

月份	1	2	3	4	5	6	7	8	9	10	11	12
M_s	209	210	212	212	210	213	212	213	211	210	209	211

试估计由月平均海面得到的年平均海面及其精度。

3.（10 分）如下图所示的水准网中，已知 $H_A=100.00$ m，$H_B=120.00$ m，观测高差及所在距离如下：

$h_1=10.04$ m　$s_1=1$ km

$h_2=20.03$ m　$s_2=1$ km

$h_3=10.11$ m　$s_3=1$ km

$h_4=30.15$ m　$s_4=2$ km

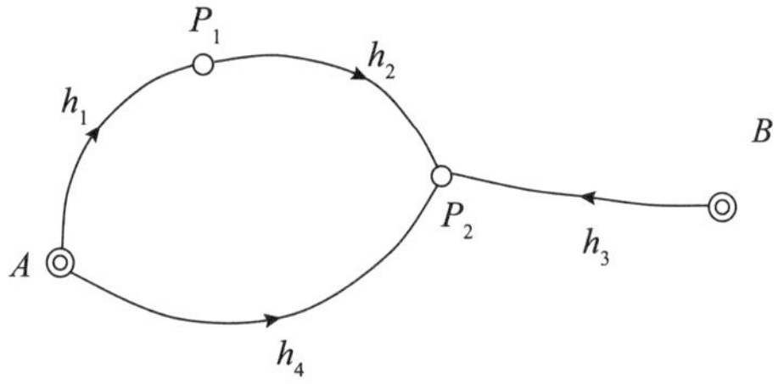

试按参数平差法求 P_1、P_2 两未知水准点的高程平差值及其中误差。

4.（10 分）如下图所示，在测站 O 独立等精度观测了五个角度，观测值如下：

$L_1=30°00'21''$

$L_2=60°20'42''$

$L_3=30°20'17''$

$L_4=54°59'35''$

$L_5=24°39'22''$

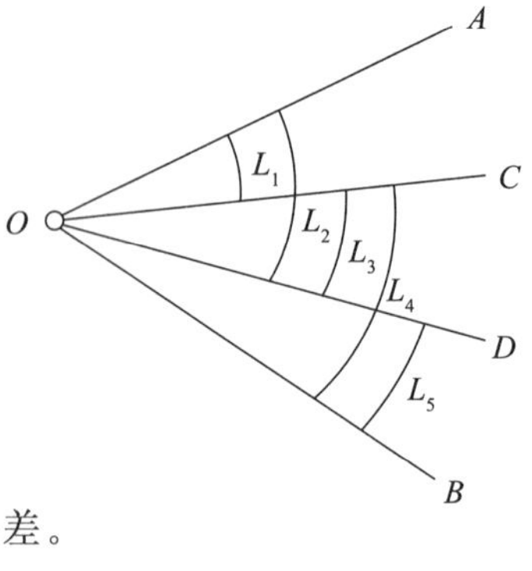

试按参数平差法求各角最或然值及其中误差。

答　案

一、判断题（每题 2 分，共 20 分）

1.（√）说明：误差方程为线性时，未知参数可以引入近似值也可以不引入近似值，参数平差值及其精度不会改变，之所以引入近似值，是为了计算方便等目的。当误差方程为非线性时，则需要引入参数近似值以进行误差方程的线性化，此时近似值要尽量准确，否则，需要采用迭代法求解。

2.（×）说明：互不相关意味着权逆阵为对角阵。一般情况下，$\boldsymbol{Q}_{\hat{L}}$ 总为非对角阵，说明了无论观测值是否相关，其平差值之间通常是相关的，这可归结为平差值均由相同一组观测值计算而得。

3.（×）说明：第一部分绪论中已经阐明，提高平差值精度的关键是提高观测值的精度，增加多余观测目的主要是提高观测结果的可靠性，实际中只能用于有限度地提高平差值的精度。

4.（×）说明：函数独立与随机不相关是不同的概念，协方差为 0 意味着随机不相关，也意味着 $\boldsymbol{Q}_{\hat{X}}$ 为对角阵。一般情况下，$\boldsymbol{Q}_{\hat{X}}$ 总为非对角阵，说明了参数平差值之间通常是相关的，这可归结为参数平差值均由相同一组观测值计算而得。

5.（√）说明：首先，无论真值还是平差值，都满足观测值之间应有的理论关系式，真值之间或平差值之间没有矛盾；其次，由真值与真误差、平差值与最或然改正数的表达式 $\widetilde{\boldsymbol{L}}=\boldsymbol{L}-\boldsymbol{\Delta}$ 和 $\hat{\boldsymbol{L}}=\boldsymbol{L}+\boldsymbol{V}$ 知，$-\boldsymbol{\Delta}$ 可视为 $\boldsymbol{V}$ 的一组特殊值。由于平差求得的 $\boldsymbol{V}$ 满足 $\boldsymbol{V}^{\mathrm{T}}\boldsymbol{P}\boldsymbol{V}=\min$，故题中结论成立。上述理解还可以采用参数平差来证明。因

$$\hat{\boldsymbol{X}}=-\boldsymbol{N}^{-1}\boldsymbol{U}=-\boldsymbol{N}^{-1}\boldsymbol{A}^{\mathrm{T}}\boldsymbol{P}\boldsymbol{l}$$

$$-\boldsymbol{\Delta}=\boldsymbol{A}\boldsymbol{X}+\boldsymbol{l}\ \text{（观测方程）}$$

$$\boldsymbol{V}=\boldsymbol{A}\hat{\boldsymbol{X}}+\boldsymbol{l}\ \text{（误差方程）}$$

可得

$$\boldsymbol{V}=(\boldsymbol{I}-\boldsymbol{A}\boldsymbol{N}^{-1}\boldsymbol{A}^{\mathrm{T}}\boldsymbol{P})\boldsymbol{l}=(\boldsymbol{I}-\boldsymbol{A}\boldsymbol{N}^{-1}\boldsymbol{A}^{\mathrm{T}}\boldsymbol{P})(-\boldsymbol{\Delta}-\boldsymbol{A}\boldsymbol{X})=-(\boldsymbol{I}-\boldsymbol{A}\boldsymbol{N}^{-1}\boldsymbol{A}^{\mathrm{T}}\boldsymbol{P})\boldsymbol{\Delta}$$

故

$$\begin{aligned}\boldsymbol{V}^{\mathrm{T}}\boldsymbol{P}\boldsymbol{V}&=\boldsymbol{\Delta}^{\mathrm{T}}(\boldsymbol{I}-\boldsymbol{A}\boldsymbol{N}^{-1}\boldsymbol{A}^{\mathrm{T}}\boldsymbol{P})^{\mathrm{T}}\boldsymbol{P}(\boldsymbol{I}-\boldsymbol{A}\boldsymbol{N}^{-1}\boldsymbol{A}^{\mathrm{T}}\boldsymbol{P})\boldsymbol{\Delta}\\&=\boldsymbol{\Delta}^{\mathrm{T}}(\boldsymbol{P}-\boldsymbol{P}\boldsymbol{A}\boldsymbol{N}^{-1}\boldsymbol{A}^{\mathrm{T}}\boldsymbol{P})\boldsymbol{\Delta}=\boldsymbol{\Delta}^{\mathrm{T}}\boldsymbol{P}\boldsymbol{\Delta}-\boldsymbol{\Delta}^{\mathrm{T}}\boldsymbol{P}\boldsymbol{A}\boldsymbol{N}^{-1}\boldsymbol{A}^{\mathrm{T}}\boldsymbol{P}\boldsymbol{\Delta}\end{aligned}$$

由于 $\boldsymbol{N}^{-1}$ 正定，$\boldsymbol{A}^{\mathrm{T}}\boldsymbol{P}\boldsymbol{\Delta}$ 特殊情况下可为 $\mathbf{0}$，故 $\boldsymbol{\Delta}^{\mathrm{T}}\boldsymbol{P}\boldsymbol{A}\boldsymbol{N}^{-1}\boldsymbol{A}^{\mathrm{T}}\boldsymbol{P}\boldsymbol{\Delta}\geqslant 0$，因此 $\boldsymbol{V}^{\mathrm{T}}\boldsymbol{P}\boldsymbol{V}\leqslant\boldsymbol{\Delta}^{\mathrm{T}}\boldsymbol{P}\boldsymbol{\Delta}$ 成立。

6.（√）说明：根据参数平差公式，$\boldsymbol{\Sigma}_{\hat{Z}}=\mu^2\boldsymbol{Q}_{\hat{Z}}$，$\mu^2=\dfrac{\boldsymbol{V}^{\mathrm{T}}\boldsymbol{P}\boldsymbol{V}}{n-t}$，$\boldsymbol{Q}_{\hat{X}}=\boldsymbol{N}^{-1}$，$\boldsymbol{Q}_{\hat{Z}}=\boldsymbol{F}^{\mathrm{T}}\boldsymbol{N}^{-1}\boldsymbol{F}$，

故等式成立。

7.（√）说明：某误差方程式对组成法方程不起作用，即该观测值对求解未知参数不起作用，这可由观测值独立时组成法方程的快速算法分析得出。

8.（×）说明：平差定权时，单位权中误差可任意选取，但平差结果中的绝对量（如残差、平差值、中误差）不会改变。

9.（×）说明：$\boldsymbol{Q}_{\hat{L}}=\boldsymbol{Q}_L+\boldsymbol{Q}_V+\boldsymbol{Q}_{LV}+\boldsymbol{Q}_{VL}$，经过推导可得 $\boldsymbol{Q}_{\hat{L}}=\boldsymbol{Q}_L-\boldsymbol{Q}_V$，该结论对本课程五种基本平差方法均适用。

10.（√）说明：由 $\boldsymbol{Q}_{\hat{L}}=\boldsymbol{Q}_L-\boldsymbol{Q}_V$ 知，$(\boldsymbol{Q}_{\hat{L}})_{i,i}\leqslant(\boldsymbol{Q}_L)_{i,i}$，故结论成立。

二、填空题（每空 1 分，共 25 分）

1. 足数；（函数）独立

2. 79；44

3. $v_i=\left(\dfrac{\partial f_i}{\partial \hat{x}_1}\right)_0\delta\hat{x}_1+\left(\dfrac{\partial f_i}{\partial \hat{x}_2}\right)_0\delta\hat{x}_2+\cdots+\left(\dfrac{\partial f_i}{\partial \hat{x}_t}\right)_0\delta\hat{x}_t+f_i(x_{01},\ x_{02},\ \cdots x_{0t})-L_i$；理论值；迭代

4. 2；$\pm\sqrt{2}$；$\dfrac{8}{3}$；$\pm\dfrac{\sqrt{6}}{2}$；$\dfrac{8}{11}$；$\pm\dfrac{\sqrt{22}}{2}$

5. 32；±4；$\pm\sqrt{6}$；$\pm2\sqrt{2}$

说明：由 $\boldsymbol{V}^{\mathrm{T}}\boldsymbol{PV}=\boldsymbol{l}^{\mathrm{T}}\boldsymbol{Pl}-\boldsymbol{U}^{\mathrm{T}}\boldsymbol{N}^{-1}\boldsymbol{U}$ 得，$\boldsymbol{V}^{\mathrm{T}}\boldsymbol{PV}=32$，$\mu=\pm\sqrt{\dfrac{\boldsymbol{V}^{\mathrm{T}}\boldsymbol{PV}}{n-t}}=\pm\sqrt{\dfrac{32}{2}}=\pm4$；因 $\boldsymbol{N}^{-1}=\dfrac{1}{8}\begin{bmatrix}3 & -2\\ -2 & 4\end{bmatrix}$，故 $q_{\hat{x}_1}=\dfrac{3}{8}$，$m_{\hat{x}_1}=\mu\sqrt{q_{\hat{x}_1}}=\pm\sqrt{6}$，$q_{\hat{x}_2}=\dfrac{4}{8}$，$m_{\hat{x}_2}=\mu\sqrt{q_{\hat{x}_2}}=\pm2\sqrt{2}$。

6. μ；$\boldsymbol{Q}_V$；$\hat{\boldsymbol{X}}$；$\boldsymbol{V}$；$\boldsymbol{\Sigma}_{\hat{X}}$

7. 0；0；$\mu^2\boldsymbol{Q}_{LV}$ 或 $-\mu^2(\boldsymbol{P}^{-1}-\boldsymbol{AN}^{-1}\boldsymbol{A}^{\mathrm{T}})$

三、选择题（每题 2 分，共 10 分）

1. D；由 $\boldsymbol{U}=\boldsymbol{A}^{\mathrm{T}}\boldsymbol{Pl}$，$\boldsymbol{Q}_l=\boldsymbol{P}^{-1}$ 可得，$\boldsymbol{Q}_U=\boldsymbol{N}$，故 D 成立。

2. B；由 $\boldsymbol{Q}_{\hat{X}}=\boldsymbol{P}_{\hat{X}}^{-1}=2\begin{bmatrix}2 & -1\\ -1 & 1\end{bmatrix}$，$q_{\hat{x}_1}=4$，可得 $\mu=\dfrac{m_{\hat{x}_1}}{\sqrt{q_{\hat{x}_1}}}=\pm2$。

3. B；观测值与其偶然真误差等精度，另由 $\boldsymbol{Q}_V=\boldsymbol{Q}_L-\boldsymbol{Q}_{\hat{L}}$ 知，$(\boldsymbol{Q}_V)_{i,i}\leqslant(\boldsymbol{Q}_L)_{i,i}$，$(\boldsymbol{\Sigma}_V)_{i,i}\leqslant(\boldsymbol{\Sigma}_L)_{i,i}$。

4. A。

5. C；此时法方程为相容方程且系数阵 $\boldsymbol{N}=\boldsymbol{A}^{\mathrm{T}}\boldsymbol{PA}$ 降秩，故解无穷多。

四、推证题（共 15 分）

1.（5 分）**证明**：由参数平差公式知

$$\delta\hat{\boldsymbol{X}}=-\boldsymbol{N}^{-1}\boldsymbol{U}=-\boldsymbol{N}^{-1}\boldsymbol{A}^{\mathrm{T}}\boldsymbol{P}\boldsymbol{l}$$

$$\boldsymbol{V}=\boldsymbol{A}\delta\hat{\boldsymbol{X}}+\boldsymbol{l}$$

可得

$$\begin{aligned}\boldsymbol{V}&=(\boldsymbol{I}-\boldsymbol{A}\boldsymbol{N}^{-1}\boldsymbol{A}^{\mathrm{T}}\boldsymbol{P})\boldsymbol{l}\\&=(\boldsymbol{I}-\boldsymbol{A}\boldsymbol{N}^{-1}\boldsymbol{A}^{\mathrm{T}}\boldsymbol{P})(\boldsymbol{A}\boldsymbol{X}_0+\boldsymbol{D}-\boldsymbol{L})\\&=(\boldsymbol{I}-\boldsymbol{A}\boldsymbol{N}^{-1}\boldsymbol{A}^{\mathrm{T}}\boldsymbol{P})(\boldsymbol{D}-\boldsymbol{L})\end{aligned}$$

由于等式右端各量均与 $\boldsymbol{X}_0$ 的选取无关，所以 $\boldsymbol{V}$ 与 $\boldsymbol{X}_0$ 的选取无关。于是，$\hat{\boldsymbol{L}}=\boldsymbol{L}+\boldsymbol{V}$ 与 $\boldsymbol{X}_0$ 的选取无关。

2.（5 分）**推导**：由参数平差公式

$$\hat{\boldsymbol{X}}=-\boldsymbol{N}^{-1}\boldsymbol{U}=-\boldsymbol{N}^{-1}\boldsymbol{A}^{\mathrm{T}}\boldsymbol{P}\boldsymbol{l}$$

$$-\boldsymbol{\Delta}=\boldsymbol{A}\boldsymbol{X}+\boldsymbol{l}\text{（观测方程）}$$

$$\boldsymbol{V}=\boldsymbol{A}\hat{\boldsymbol{X}}+\boldsymbol{l}\text{（误差方程）}$$

可得

$$\begin{aligned}\boldsymbol{V}&=(\boldsymbol{I}-\boldsymbol{A}\boldsymbol{N}^{-1}\boldsymbol{A}^{\mathrm{T}}\boldsymbol{P})\boldsymbol{l}\\&=(\boldsymbol{I}-\boldsymbol{A}\boldsymbol{N}^{-1}\boldsymbol{A}^{\mathrm{T}}\boldsymbol{P})(-\boldsymbol{\Delta}-\boldsymbol{A}\boldsymbol{X})\\&=-(\boldsymbol{I}-\boldsymbol{A}\boldsymbol{N}^{-1}\boldsymbol{A}^{\mathrm{T}}\boldsymbol{P})\boldsymbol{\Delta}\end{aligned}$$

故

$$\begin{aligned}\boldsymbol{V}^{\mathrm{T}}\boldsymbol{P}\boldsymbol{V}&=\boldsymbol{\Delta}^{\mathrm{T}}(\boldsymbol{I}-\boldsymbol{A}\boldsymbol{N}^{-1}\boldsymbol{A}^{\mathrm{T}}\boldsymbol{P})^{\mathrm{T}}\boldsymbol{P}(\boldsymbol{I}-\boldsymbol{A}\boldsymbol{N}^{-1}\boldsymbol{A}^{\mathrm{T}}\boldsymbol{P})\boldsymbol{\Delta}\\&=\boldsymbol{\Delta}^{\mathrm{T}}(\boldsymbol{P}-\boldsymbol{P}\boldsymbol{A}\boldsymbol{N}^{-1}\boldsymbol{A}^{\mathrm{T}}\boldsymbol{P})\boldsymbol{\Delta}\\&=\mathrm{tr}\{\boldsymbol{\Delta}\boldsymbol{\Delta}^{\mathrm{T}}(\boldsymbol{P}-\boldsymbol{P}\boldsymbol{A}\boldsymbol{N}^{-1}\boldsymbol{A}^{\mathrm{T}}\boldsymbol{P})\}\end{aligned}$$

两端取数学期望，得

$$\begin{aligned}E(\boldsymbol{V}^{\mathrm{T}}\boldsymbol{P}\boldsymbol{V})&=\mathrm{tr}\{E(\boldsymbol{\Delta}\boldsymbol{\Delta}^{\mathrm{T}})(\boldsymbol{P}-\boldsymbol{P}\boldsymbol{A}\boldsymbol{N}^{-1}\boldsymbol{A}^{\mathrm{T}}\boldsymbol{P})\}\\&=\mathrm{tr}\{\sigma_0^2\boldsymbol{P}^{-1}(\boldsymbol{P}-\boldsymbol{P}\boldsymbol{A}\boldsymbol{N}^{-1}\boldsymbol{A}^{\mathrm{T}}\boldsymbol{P})\}\\&=\sigma_0^2\mathrm{tr}\{\underset{n\times n}{\boldsymbol{I}}-\boldsymbol{A}\boldsymbol{N}^{-1}\boldsymbol{A}^{\mathrm{T}}\boldsymbol{P}\}\\&=\sigma_0^2\{\mathrm{tr}(\underset{n\times n}{\boldsymbol{I}})-\mathrm{tr}(\boldsymbol{A}\boldsymbol{N}^{-1}\boldsymbol{A}^{\mathrm{T}}\boldsymbol{P})\}\\&=\sigma_0^2\{\mathrm{tr}(\underset{n\times n}{\boldsymbol{I}})-\mathrm{tr}(\underset{t\times t}{\boldsymbol{I}})\}\\&=\sigma_0^2(n-t)\end{aligned}$$

即

$$\sigma_0^2=\frac{E(\boldsymbol{V}^{\mathrm{T}}\boldsymbol{P}\boldsymbol{V})}{n-t}$$

于是可得验后单位权中误差公式为

$$\mu=\pm\sqrt{\frac{\boldsymbol{V}^{\mathrm{T}}\boldsymbol{P}\boldsymbol{V}}{n-t}}$$

3.（5 分）**推导**：由于 $\boldsymbol{V}^{\mathrm{T}}\boldsymbol{P}\boldsymbol{V}=\min$，令

$$\frac{\mathrm{d}(\boldsymbol{V}^{\mathrm{T}}\boldsymbol{P}\boldsymbol{V})}{\mathrm{d}\hat{\boldsymbol{X}}}=\boldsymbol{V}^{\mathrm{T}}\frac{\mathrm{d}(\boldsymbol{P}\boldsymbol{V})}{\mathrm{d}\hat{\boldsymbol{X}}}+(\boldsymbol{P}\boldsymbol{V})^{\mathrm{T}}\frac{\mathrm{d}\boldsymbol{V}}{\mathrm{d}\hat{\boldsymbol{X}}}=2\boldsymbol{V}^{\mathrm{T}}\boldsymbol{P}\boldsymbol{A}=\boldsymbol{0}$$

即

$$\boldsymbol{A}^{\mathrm{T}}\boldsymbol{P}\boldsymbol{V}=\boldsymbol{0}$$

代入误差方程可得

$$\boldsymbol{A}^{\mathrm{T}}\boldsymbol{P}\boldsymbol{A}\hat{\boldsymbol{X}}-\boldsymbol{A}^{\mathrm{T}}\boldsymbol{P}\boldsymbol{L}=\boldsymbol{0}$$

记 $\boldsymbol{N}=\boldsymbol{A}^{\mathrm{T}}\boldsymbol{P}\boldsymbol{A}$，$\boldsymbol{U}=\boldsymbol{A}^{\mathrm{T}}\boldsymbol{P}\boldsymbol{L}$，则有

$$\boldsymbol{N}\hat{\boldsymbol{X}}-\boldsymbol{U}=\boldsymbol{0}$$

故得

$$\hat{\boldsymbol{X}}=\boldsymbol{N}^{-1}\boldsymbol{U}=(\boldsymbol{A}^{\mathrm{T}}\boldsymbol{P}\boldsymbol{A})^{-1}\boldsymbol{A}^{\mathrm{T}}\boldsymbol{P}\boldsymbol{L}$$

五、计算题（共 30 分）

1.（5 分）**解**：$n=5$，$t=4$，$r=n-t=1$。$\hat{x}_C=x_C^0+\delta\hat{x}_C$，$\hat{y}_C=y_C^0+\delta\hat{y}_C$，$\hat{x}_D=x_D^0+\delta\hat{x}_D$，$\hat{y}_D=y_D^0+\delta\hat{y}_D$，线性化误差方程为

$$\begin{bmatrix} v_{s_1}\\ v_{s_2}\\ v_{s_3}\\ v_{s_4}\\ v_{s_5}\end{bmatrix}=\begin{bmatrix} 0 & 0 & \cos T_{AD}^0 & \sin T_{AD}^0\\ \cos T_{AC}^0 & \cos T_{AC}^0 & 0 & 0\\ 0 & 0 & \cos T_{BD}^0 & \sin T_{BD}^0\\ \cos T_{BC}^0 & \cos T_{BC}^0 & 0 & 0\\ -\cos T_{CD}^0 & -\sin T_{CD}^0 & \cos T_{CD}^0 & \sin T_{CD}^0\end{bmatrix}\begin{bmatrix}\delta\hat{x}_C\\ \delta\hat{y}_C\\ \delta\hat{x}_D\\ \delta\hat{y}_D\end{bmatrix}+\begin{bmatrix} s_{AD}^0-s_1\\ s_{AC}^0-s_2\\ s_{BD}^0-s_3\\ s_{BC}^0-s_4\\ s_{CD}^0-s_5\end{bmatrix}$$

式中

$$\sin T_{ij}^0=\frac{y_j^0-y_i^0}{s_{ij}^0},\ \cos T_{ij}^0=\frac{x_j^0-x_i^0}{s_{ij}^0}(i=A,\ B,\ C;\ j=C,\ D)$$

$$s_{ij}^0=\sqrt{(x_j^0-x_i^0)^2+(y_j^0-y_i^0)^2}(i=A,\ B,\ C;\ j=C,\ D)$$

其中，当 i 点为已知点时，其坐标近似值为已知值。

说明：关于平面边长的误差方程式，在本书第三部分第二章将详细给出。

2.（5 分）**解**：由一个量独立等精度观测平差问题知，年平均海面为

$$\hat{x}=\hat{M}_s=\frac{[M_s]}{n}=\frac{209+210+\cdots+211}{12}=211(\mathrm{cm})$$

单位权中误差为

$$\mu=\pm\sqrt{\frac{[vv]}{n-1}}=\pm\sqrt{\frac{(211-209)^2+(211-210)^2+\cdots+(211-211)^2}{12-1}}=\pm\sqrt{2}(\mathrm{cm})$$

于是，年平均海面的估计精度为

$$m_{\hat{x}}=\mu\sqrt{q_{\hat{x}}}=\mu\sqrt{\frac{1}{p_{\hat{x}}}}=\pm\sqrt{2}\cdot\sqrt{\frac{1}{12}}=\pm\frac{\sqrt{6}}{6}(\mathrm{cm})$$

3.（10 分）**解**：$n=4$，$t=2$，$r=n-t=2$。取 $\hat{x}_1=\hat{H}_{P_1}$，$\hat{x}_2=\hat{H}_{P_2}$，$x_{01}=H_A+h_1=$

110.04 m，$x_{02}=H_A+h_4=130.15$ m；$s_0=2$ km，$\boldsymbol{P}=\mathrm{diag}(2,2,2,1)$。误差方程为

$$\left.\begin{aligned}h_1+v_1&=\hat{x}_1-H_A=\delta\hat{x}_1+x_{01}-H_A\\h_2+v_2&=\hat{x}_2-\hat{x}_1=-\delta\hat{x}_1+\delta\hat{x}_2+x_{02}-x_{01}\\h_3+v_3&=\hat{x}_2-H_B=\delta\hat{x}_2+x_{02}-H_B\\h_4+v_4&=\hat{x}_2-H_A=\delta\hat{x}_2+x_{02}-H_A\end{aligned}\right\}$$

代入数据后，矩阵形式的误差方程为

$$\begin{bmatrix}v_1\\v_2\\v_3\\v_4\end{bmatrix}=\begin{bmatrix}1&0\\-1&1\\0&1\\0&1\end{bmatrix}\begin{bmatrix}\delta\hat{x}_1\\\delta\hat{x}_2\end{bmatrix}+\begin{bmatrix}0\\8\\4\\0\end{bmatrix}(\mathrm{cm})$$

由参数平差公式得

$$\boldsymbol{N}=\boldsymbol{A}^{\mathrm{T}}\boldsymbol{PA}=\begin{bmatrix}4&-2\\-2&5\end{bmatrix},\ \boldsymbol{N}^{-1}=\frac{1}{16}\begin{bmatrix}5&2\\2&4\end{bmatrix},\ \boldsymbol{U}=\boldsymbol{A}^{\mathrm{T}}\boldsymbol{Pl}=\begin{bmatrix}-16\\24\end{bmatrix}(\mathrm{cm})$$

$$\delta\hat{\boldsymbol{X}}=\begin{bmatrix}\delta\hat{x}_1\\\delta\hat{x}_2\end{bmatrix}=-\boldsymbol{N}^{-1}\boldsymbol{U}=\begin{bmatrix}2\\-4\end{bmatrix}(\mathrm{cm}),\ \hat{\boldsymbol{X}}=\begin{bmatrix}\hat{x}_1\\\hat{x}_2\end{bmatrix}=\boldsymbol{X}_0+\delta\hat{\boldsymbol{X}}=\begin{bmatrix}110.06\\130.11\end{bmatrix}(\mathrm{m})$$

$$\hat{H}_{P_1}=\hat{x}_1=110.06\mathrm{m},\ \hat{H}_{P_2}=\hat{x}_2=130.11\mathrm{m}$$

$$\boldsymbol{V}=\boldsymbol{A}\delta\hat{\boldsymbol{X}}+\boldsymbol{l}=\begin{bmatrix}2\\2\\0\\-4\end{bmatrix}(\mathrm{cm}),\ \hat{\boldsymbol{h}}=\boldsymbol{h}+\boldsymbol{V}=\begin{bmatrix}10.06\\20.05\\10.11\\30.11\end{bmatrix}(\mathrm{m})$$

$$\boldsymbol{V}^{\mathrm{T}}\boldsymbol{PV}=32(\mathrm{cm}^2),\ \mu^2=\frac{\boldsymbol{V}^{\mathrm{T}}\boldsymbol{PV}}{n-t}=\frac{32}{4-2}=16(\mathrm{cm}^2)$$

$$m_{\hat{H}_{P_1}}=\mu\sqrt{q_{\hat{x}_1}}=\pm\sqrt{16}\times\sqrt{\frac{5}{16}}=\pm\sqrt{5}(\mathrm{cm})$$

$$m_{\hat{H}_{P_2}}=\mu\sqrt{q_{\hat{x}_2}}=\pm\sqrt{16}\times\sqrt{\frac{4}{16}}=\pm2(\mathrm{cm})$$

4.（10分）**解：** $n=5$，$t=3$，$r=n-t=2$。取 $\hat{x}_1=\hat{L}_1$，$\hat{x}_2=\hat{L}_3$，$\hat{x}_3=\hat{L}_5$，$x_{01}=L_1$，$x_{02}=L_3$，$x_{03}=L_5$；$\boldsymbol{P}=\boldsymbol{I}$。误差方程为

$$\left.\begin{aligned}L_1+v_1&=\hat{x}_1=\delta\hat{x}_1+x_{01}\\L_2+v_2&=\hat{x}_1+\hat{x}_2=\delta\hat{x}_1+\delta\hat{x}_2+x_{01}+x_{02}\\L_3+v_3&=\hat{x}_2=\delta\hat{x}_2+x_{02}\\L_4+v_4&=\hat{x}_2+\hat{x}_3=\delta\hat{x}_2+\delta\hat{x}_3+x_{02}+x_{03}\\L_5+v_5&=\hat{x}_3=\delta\hat{x}_3+x_{03}\end{aligned}\right\}$$

代入数据后，矩阵形式的误差方程为

$$\begin{bmatrix} v_1 \\ v_2 \\ v_3 \\ v_4 \\ v_5 \end{bmatrix} = \begin{bmatrix} 1 & 0 & 0 \\ 1 & 1 & 0 \\ 0 & 1 & 0 \\ 0 & 1 & 1 \\ 0 & 0 & 1 \end{bmatrix} \begin{bmatrix} \delta\hat{x}_1 \\ \delta\hat{x}_2 \\ \delta\hat{x}_3 \end{bmatrix} + \begin{bmatrix} 0 \\ -4 \\ 0 \\ 4 \\ 0 \end{bmatrix} ('')$$

由参数平差公式得

$$\boldsymbol{N} = \boldsymbol{A}^{\mathrm{T}}\boldsymbol{P}\boldsymbol{A} = \boldsymbol{A}^{\mathrm{T}}\boldsymbol{A} = \begin{bmatrix} 2 & 1 & 0 \\ 1 & 3 & 1 \\ 0 & 1 & 2 \end{bmatrix}, \quad \boldsymbol{N}^{-1} = \frac{1}{8}\begin{bmatrix} 5 & -2 & 1 \\ -2 & 4 & -2 \\ 1 & -2 & 5 \end{bmatrix}$$

$$\boldsymbol{U} = \boldsymbol{A}^{\mathrm{T}}\boldsymbol{P}\boldsymbol{l} = \boldsymbol{A}^{\mathrm{T}}\boldsymbol{l} = \begin{bmatrix} -4 \\ 0 \\ 4 \end{bmatrix} (''), \quad \delta\hat{\boldsymbol{X}} = \begin{bmatrix} \delta\hat{x}_1 \\ \delta\hat{x}_2 \\ \delta\hat{x}_3 \end{bmatrix} = -\boldsymbol{N}^{-1}\boldsymbol{U} = \begin{bmatrix} 2 \\ 0 \\ -2 \end{bmatrix} ('')$$

$$\boldsymbol{V} = \boldsymbol{A}\delta\hat{\boldsymbol{X}} + \boldsymbol{l} = \begin{bmatrix} 2 \\ -2 \\ 0 \\ 2 \\ -2 \end{bmatrix} (''), \quad \hat{\boldsymbol{L}} = \boldsymbol{L} + \boldsymbol{V} = \begin{bmatrix} 30^\circ 00' 23'' \\ 60^\circ 20' 40'' \\ 30^\circ 20' 17'' \\ 54^\circ 59' 37'' \\ 24^\circ 39' 20'' \end{bmatrix}$$

$$\boldsymbol{V}^{\mathrm{T}}\boldsymbol{P}\boldsymbol{V} = 16('')^2, \quad \mu^2 = \frac{\boldsymbol{V}^{\mathrm{T}}\boldsymbol{P}\boldsymbol{V}}{n-t} = \frac{16}{5-3} = 8('')^2$$

$$q_{\hat{L}_1} = q_{\hat{x}_1} = \frac{5}{8}, \quad m_{\hat{L}_1} = \mu\sqrt{q_{\hat{x}_1}} = \pm\sqrt{5}\,('')$$

$$q_{\hat{L}_3} = q_{\hat{x}_2} = \frac{4}{8}, \quad m_{\hat{L}_3} = \mu\sqrt{q_{\hat{x}_2}} = \pm 2('')$$

$$q_{\hat{L}_5} = q_{\hat{x}_3} = \frac{5}{8}, \quad m_{\hat{L}_5} = \mu\sqrt{q_{\hat{x}_3}} = \pm\sqrt{5}\,('')$$

$$\hat{L}_2 = \hat{x}_1 + \hat{x}_2 = \begin{bmatrix} 1 & 1 & 0 \end{bmatrix} \begin{bmatrix} \hat{x}_1 \\ \hat{x}_2 \\ \hat{x}_3 \end{bmatrix}, \quad q_{\hat{L}_2} = \frac{5}{8}, \quad m_{\hat{L}_2} = \mu\sqrt{q_{\hat{L}_2}} = \pm\sqrt{5}\,('')$$

$$\hat{L}_4 = \hat{x}_2 + \hat{x}_3 = \begin{bmatrix} 0 & 1 & 1 \end{bmatrix} \begin{bmatrix} \hat{x}_1 \\ \hat{x}_2 \\ \hat{x}_3 \end{bmatrix}, \quad q_{\hat{L}_4} = \frac{5}{8}, \quad m_{\hat{L}_4} = \mu\sqrt{q_{\hat{L}_4}} = \pm\sqrt{5}\,('')$$

说明：利用此题可以体会与练习题 1-2-41 结果的不同，如角度平差值精度发生的变化等。

自测三　条件平差

题　目

一、判断题（每题 2 分，共 20 分）

1. 条件平差中，若观测值仅含偶然误差，则闭合差向量 $\boldsymbol{W}$ 的数学期望为 $\boldsymbol{0}$。（　）

2. 条件平差中，$\boldsymbol{B}(\boldsymbol{V}+\boldsymbol{\Delta})\neq\boldsymbol{0}$。（　）

3. 条件平差中，已知条件方程为 $\begin{bmatrix}1 & 0 & 4 & -1 & 1\\ 2 & 0 & 1 & 0 & -1\end{bmatrix}\begin{bmatrix}v_1\\ \vdots\\ v_5\end{bmatrix}+\begin{bmatrix}-1\\ 1\end{bmatrix}=\boldsymbol{0}$，若各观测值间相互独立，则 v_2 必定为 0。（　）

4. 若某一条件方程式的系数不全为 0 但闭合差为 0，则此条件方程式对求解不起作用。（　）

5. 条件平差中，一定有 $\boldsymbol{V}^{\mathrm{T}}\boldsymbol{P}\boldsymbol{V}\leqslant\boldsymbol{\Delta}^{\mathrm{T}}\boldsymbol{P}\boldsymbol{\Delta}$。（　）

6. 条件平差中，$\boldsymbol{Q}_V\boldsymbol{P}$ 为幂等阵。（　）

7. 若 $\hat{z}=k_1\hat{L}_1+k_2\hat{L}_2+\cdots+k_n\hat{L}_n$，则 $m_{\hat{z}}^2=k_1^2m_{\hat{L}_1}^2+k_2^2m_{\hat{L}_2}^2+\cdots+k_n^2m_{\hat{L}_n}^2$。（　）

8. 同一平差问题，参数平差与条件平差所得观测值的平差值及其中误差是相同的。（　）

9. 同一平差问题的误差方程为 $\boldsymbol{V}=\boldsymbol{A}\delta\hat{\boldsymbol{X}}+\boldsymbol{l}$，条件方程为 $\boldsymbol{B}\boldsymbol{V}+\boldsymbol{W}=\boldsymbol{0}$，则 $\boldsymbol{W}=-\boldsymbol{B}\boldsymbol{l}$。（　）

10. 无论参数平差还是条件平差，均有 $\boldsymbol{Q}_{LV}=\boldsymbol{0}$。（　）

二、填空题（每空 1 分，共 20 分）

1. 条件平差中，条件方程式的选取要求满足________、________。

2. 已知某平差问题，观测值个数为 15，必要观测量个数为 7，则按条件平差进行求解时，条件方程式个数为________，法方程式个数为________。

3. 非线性条件方程式 $f_i(\hat{L}_1,\hat{L}_2,\cdots,\hat{L}_n)=f_{0i}$（$f_{0i}$ 为常数）的线性化表达式为________。

4. 已知条件平差的法方程为 $\begin{bmatrix}4 & 2\\2 & 3\end{bmatrix}\begin{bmatrix}k_1\\k_2\end{bmatrix}+\begin{bmatrix}4\\2\end{bmatrix}=0$，则 $\boldsymbol{V}^{\mathrm{T}}\boldsymbol{PV}=$________，$\mu=$________，$p_{k_1}=$________，$p_{k_2}=$________，$m_{k_1k_2}=$________。若 $\hat{z}=k_1+k_2$，则 $m_{\hat{z}}=$________。

5. 条件平差中，$\boldsymbol{\Sigma}_{\hat{L}V}=$________，$\boldsymbol{\Sigma}_{K\hat{L}}=$________，$\boldsymbol{Q}_{W\hat{L}}=$________，$\boldsymbol{Q}_{WK}=$________。

6. 测量平差中，为消除多余观测所引起的矛盾，当所列函数模型为______方程时，称为参数平差；当所列函数模型为______方程时，称为条件平差。由于单纯消除矛盾而给的观测值改正数有无穷多组，为求出唯一估值，参数平差和条件平差都必须依据______求出极值，一般称参数平差的极值问题为______极值，条件平差的极值问题为______极值。

三、选择题（每题 3 分，共 15 分）

1. 条件平差的法方程 $\boldsymbol{NK}+\boldsymbol{W}=\boldsymbol{0}$ 等价于________。

A. $\boldsymbol{Q}_K\boldsymbol{K}+\boldsymbol{W}=\boldsymbol{0}$　　B. $\boldsymbol{K}+\boldsymbol{Q}_W\boldsymbol{W}=\boldsymbol{0}$　　C. $\boldsymbol{K}+\boldsymbol{P}_W\boldsymbol{W}=\boldsymbol{0}$　　D. $\boldsymbol{K}+\boldsymbol{P}_K\boldsymbol{W}=\boldsymbol{0}$

2. 条件平差中，已知 $\boldsymbol{Q}_W=\begin{bmatrix}4 & 2\\2 & 8\end{bmatrix}$，$\mu=\pm2$，则 $m_{k_1}=\pm$________。

A. $\sqrt{\dfrac{8}{7}}$　　B. $\sqrt{\dfrac{4}{7}}$　　C. 8　　D. 4

3. 无论平差前定权时单位权中误差取何值，条件平差中下列哪组结果________均不会改变。

A. μ、$\boldsymbol{V}^{\mathrm{T}}\boldsymbol{PV}$、$\hat{\boldsymbol{L}}$　　B. μ、$\boldsymbol{V}$、$\boldsymbol{Q}_V$　　C. $\boldsymbol{Q}_{\hat{L}}$、$\boldsymbol{V}$、$\hat{\boldsymbol{L}}$　　D. $\boldsymbol{\Sigma}_{\hat{L}}$、$\boldsymbol{V}$、$\hat{\boldsymbol{L}}$

4. 条件平差中，令 $\boldsymbol{J}_B=\boldsymbol{P}^{-1}\boldsymbol{B}^{\mathrm{T}}\boldsymbol{N}^{-1}\boldsymbol{B}$，则 $\boldsymbol{Q}_{\hat{L}}\boldsymbol{P}=$________。

A. $\boldsymbol{J}_B$　　B. $(\boldsymbol{I}-\boldsymbol{J}_B)^2$　　C. $\boldsymbol{J}_B(\boldsymbol{I}-\boldsymbol{J}_B)$　　D. $\boldsymbol{J}_B(\boldsymbol{I}+\boldsymbol{J}_B)$

5. 若条件平差法方程系数阵 $\boldsymbol{N}=\begin{bmatrix}2 & -1 & 0\\-1 & 2 & 0\\0 & 0 & 3\end{bmatrix}$，$\mu=\pm2$，则 w_1 的限差为$\pm$______（取 2 倍中误差为限差）。

A. $2\sqrt{2}$　　B. $4\sqrt{2}$　　C. $4\sqrt{\dfrac{2}{3}}$　　D. $2\sqrt{\dfrac{2}{3}}$

四、推证题（共 15 分）

1. （5 分）推导条件平差的法方程。

2. （5 分）利用条件平差证明 $\boldsymbol{\Sigma}_{L\hat{L}}=\boldsymbol{\Sigma}_{\hat{L}}$。

3. （5 分）利用条件平差证明 $E(\mu^2)=\sigma_0^2$，其中 $\mu=\pm\sqrt{\dfrac{\boldsymbol{V}^{\mathrm{T}}\boldsymbol{PV}}{r}}$。

五、计算题（共 30 分）

1. （5 分）设在测站 O 独立等精度观测了 A、B、C、D 四个方向，方向值如下，并知 $\angle BOD = 90°00'00.0''$，试以角度 L_1、L_2、L_3 为观测值按条件平差进行测站平差。

α_{OA} : $0°\ 00'\ 00.0''$

α_{OB} : $29°\ 59'\ 59.7''$

α_{OC} : $60°\ 00'\ 00.0''$

α_{OD} : $120°\ 00'\ 00.3''$

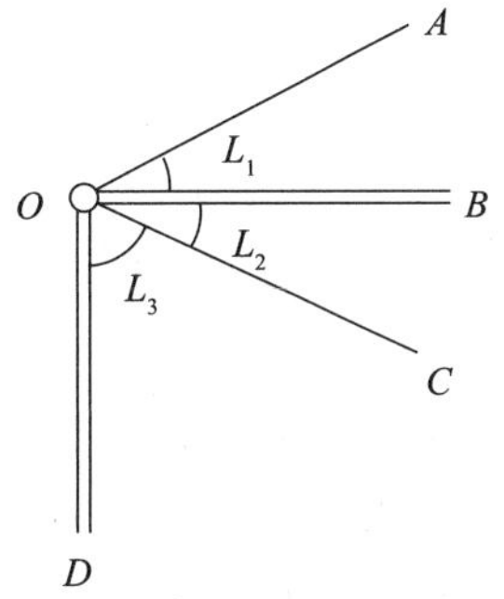

2. （9 分）如下图所示，在测站 O 独立等精度观测了五个角度，观测值如下：

$L_1 = 30°20'18''$

$L_2 = 20°24'36''$

$L_3 = 18°36'40''$

$L_4 = 50°44'52''$

$L_5 = 39°01'18''$

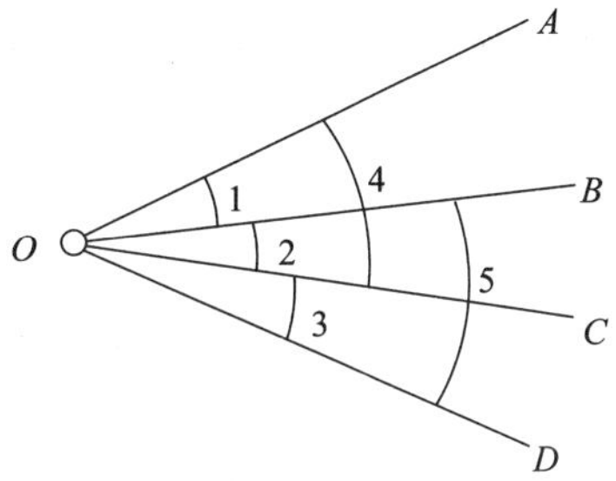

试按条件平差法求各角最或然值及其中误差。

3. （9 分）如下图所示的简单水准网中，P_1、P_2、P_3 为未知水准点，观测高差及所在距离如下：

$h_1 = 0.785$ m　$s_1 = 2$ km

$h_2 = 0.231$ m　$s_2 = 1$ km

$h_3 = 0.232$ m　$s_3 = 1$ km

$h_4 = 1.012$ m　$s_4 = 2$ km

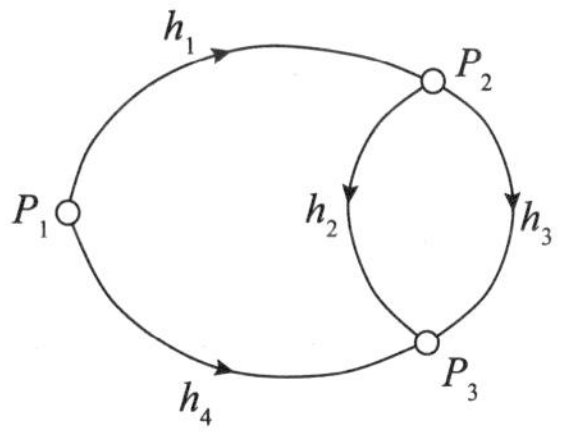

试按条件平差法求各高差的平差值及其中误差。

4. （7 分）如下图所示的水准闭合环中，A 为已知水准点，B、C、D 为未知水准点，各段高差及所在距离已在图中标出：

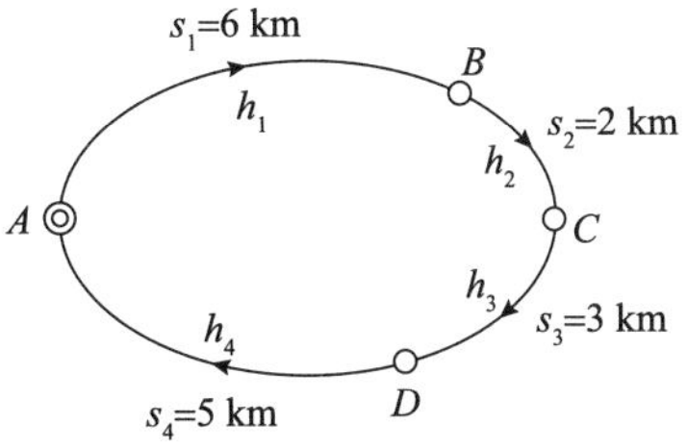

(1) 平差后哪个点的高程精度最高，哪个点的高程精度最低，试给出说明；

(2) 欲使平差后 C 点高程中误差不超过 6 mm，则每千米高差的中误差应控制在什么范围。

答 案

一、判断题（每题 2 分，共 20 分）

1. (√) 说明：根据本书所给条件平差的观测方程 $-\boldsymbol{B\Delta}+\boldsymbol{W}=\boldsymbol{0}$，有 $E(\boldsymbol{W})=\boldsymbol{B}E(\boldsymbol{\Delta})=\boldsymbol{0}$。

2. (×) 说明：根据本书所给条件平差的观测方程 $-\boldsymbol{B\Delta}+\boldsymbol{W}=\boldsymbol{0}$ 及改正数条件方程 $\boldsymbol{BV}+\boldsymbol{W}=\boldsymbol{0}$，应有 $\boldsymbol{B}(\boldsymbol{V}+\boldsymbol{\Delta})=\boldsymbol{0}$。

3. (√) 说明：条件方程中相当于不含 v_2 且该观测值与其他观测值均不相关，此时 v_2 必定为 0；若该观测值与其他观测值相关，则 v_2 不一定为 0。这可由 $\boldsymbol{V}=\boldsymbol{P}^{-1}\boldsymbol{B}^{\mathrm{T}}\boldsymbol{K}$ 分析得出。

4. (×) 说明：因条件方程式的系数参加了法方程系数阵的组成，对求解是起作用的。

5. (√) 说明：用条件平差证明该结论的思路，类似参数平差中的证明（见自测题二答案）。

6. (√) 说明：$\boldsymbol{Q_V P}=\boldsymbol{P}^{-1}\boldsymbol{B}^{\mathrm{T}}\boldsymbol{N}^{-1}\boldsymbol{B}=\boldsymbol{J}_{\boldsymbol{B}}$，$\boldsymbol{J}_{\boldsymbol{B}}^2=\boldsymbol{J}_{\boldsymbol{B}}$，结论成立。

7. (×) 说明：通常 $\boldsymbol{Q}_{\hat{L}}$ 为非对角阵，平差值之间相关，故应使用相关时的误差传播定律。

8. (√) 说明：参数平差和条件平差是同一平差问题的两种不同解法，所得绝对量是相同的，如改正数、平差值、中误差、协方差阵。两种解法中可能因为观测值权阵选取不同，导致相对量不同，如单位权中误差、权倒数、权逆阵、$\boldsymbol{V}^{\mathrm{T}}\boldsymbol{PV}$ 等，但若把观测值权阵选为相同，两种解法中的相对量也是相同的。

9. (√) 说明：$\boldsymbol{BA}=\boldsymbol{0}$，故 $\boldsymbol{W}=-\boldsymbol{Bl}$。

10. (×) 说明：应是 $\boldsymbol{Q}_{\hat{L}\boldsymbol{V}}=\boldsymbol{0}$。

二、填空题（每空 1 分，共 20 分）

1. 足数；（线性）独立

2. 8；8

3. $\left(\frac{\partial f_i}{\partial \hat{L}_1}\right)_0 v_1+\left(\frac{\partial f_i}{\partial \hat{L}_2}\right)_0 v_2+\cdots+\left(\frac{\partial f_i}{\partial \hat{L}_n}\right)_0 v_n+w_i=0$，其中，$w_i=f_i(L_1, L_2, \cdots, L_n)-f_{0i}$，下标“0”表示在观测值处取值。

4. 4；$\pm\sqrt{2}$；$\frac{8}{3}$；2；$-\frac{1}{2}$；$\pm\frac{\sqrt{3}}{2}$。

说明：由法方程知，$\boldsymbol{N}=\begin{bmatrix}4 & 2\\ 2 & 3\end{bmatrix}$，$\boldsymbol{W}=\begin{bmatrix}4\\ 2\end{bmatrix}$，$r=2$，可解得 $\boldsymbol{N}^{-1}=\frac{1}{8}\begin{bmatrix}3 & -2\\ -2 & 4\end{bmatrix}$，$\boldsymbol{K}=\begin{bmatrix}k_1\\ k_2\end{bmatrix}=-\boldsymbol{N}^{-1}\boldsymbol{W}=\begin{bmatrix}-1\\ 0\end{bmatrix}$，$\boldsymbol{V}^{\mathrm{T}}\boldsymbol{PV}=\boldsymbol{K}^{\mathrm{T}}\boldsymbol{NK}=4$（或 $\boldsymbol{V}^{\mathrm{T}}\boldsymbol{PV}=\boldsymbol{W}^{\mathrm{T}}\boldsymbol{N}^{-1}\boldsymbol{W}=4$）；$\mu=\pm\sqrt{\frac{\boldsymbol{V}^{\mathrm{T}}\boldsymbol{PV}}{r}}=\pm\sqrt{\frac{4}{2}}=\pm\sqrt{2}$；从 $\boldsymbol{Q}_{\boldsymbol{K}}=\begin{bmatrix}q_{k_1} & q_{k_1k_2}\\ q_{k_2k_1} & q_{k_2}\end{bmatrix}=\boldsymbol{N}^{-1}$ 得：$q_{k_1}=\frac{3}{8}$，$p_{k_1}=\frac{1}{q_{k_1}}=\frac{8}{3}$，$q_{k_2}=\frac{1}{2}$，$p_{k_2}=\frac{1}{q_{k_2}}=2$，$m_{k_1k_2}=\mu^2q_{k_1k_2}=-\frac{1}{2}$；$\hat{z}=k_1+k_2=[1\quad 1]\begin{bmatrix}k_1\\ k_2\end{bmatrix}$，$\frac{1}{p_{\hat{z}}}=q_{\hat{z}}=[1\quad 1]\boldsymbol{Q}_{\boldsymbol{K}}\begin{bmatrix}1\\ 1\end{bmatrix}=\frac{3}{8}$，$m_{\hat{z}}=\mu\sqrt{\frac{1}{p_{\hat{z}}}}=\mu\sqrt{q_{\hat{z}}}=\pm\frac{\sqrt{3}}{2}$。

5. $\boldsymbol{0}$；$\boldsymbol{0}$；$\boldsymbol{0}$；$-\boldsymbol{I}$

6. 误差；条件；最小二乘原理；自由；条件

三、选择题（每题 3 分，共 15 分）

1. C；因 $\boldsymbol{K}=-\boldsymbol{N}^{-1}\boldsymbol{W}$，$\boldsymbol{Q}_{\boldsymbol{W}}=\boldsymbol{N}$，$\boldsymbol{Q}_{\boldsymbol{K}}=\boldsymbol{N}^{-1}$，$\boldsymbol{P}_{\boldsymbol{W}}=\boldsymbol{N}^{-1}$，$\boldsymbol{P}_{\boldsymbol{K}}=\boldsymbol{N}$，故 C 成立。

2. A；因 $\boldsymbol{Q}_{\boldsymbol{W}}=\boldsymbol{N}$，$\boldsymbol{Q}_{\boldsymbol{K}}=\boldsymbol{N}^{-1}=\frac{1}{14}\begin{bmatrix}4 & -1\\ -1 & 2\end{bmatrix}$，故 $m_{k_1}=\mu\sqrt{q_{k_1}}=\pm2\sqrt{\frac{4}{14}}=\pm\sqrt{\frac{8}{7}}$。

3. D；平差前定权时单位权中误差选取不同，意味着观测值的权阵不同，μ、$\boldsymbol{V}^{\mathrm{T}}\boldsymbol{PV}$、$\boldsymbol{Q}_{\boldsymbol{V}}$、$\boldsymbol{Q}_{\hat{\boldsymbol{L}}}$ 等相对量会随观测值的权阵不同而不同。

4. B；因 $\boldsymbol{Q}_{\hat{\boldsymbol{L}}}=\boldsymbol{P}^{-1}-\boldsymbol{P}^{-1}\boldsymbol{B}^{\mathrm{T}}\boldsymbol{N}^{-1}\boldsymbol{B}\boldsymbol{P}^{-1}$，$\boldsymbol{Q}_{\hat{\boldsymbol{L}}}\boldsymbol{P}=\boldsymbol{I}-\boldsymbol{J}_{\boldsymbol{B}}$，$\boldsymbol{J}_{\boldsymbol{B}}$、$\boldsymbol{I}-\boldsymbol{J}_{\boldsymbol{B}}$ 均为幂等阵，故 B 成立。

5. B；因 $\boldsymbol{Q}_{\boldsymbol{W}}=\boldsymbol{N}$，故 $m_{w_1}=\mu\sqrt{q_{w_1}}=\pm2\times\sqrt{2}=\pm2\sqrt{2}$，$w_{1限}=2m_{w_1}=\pm4\sqrt{2}$。

四、推证题（共 15 分）

1.（5 分）**推导**：由条件方程 $\boldsymbol{BV}+\boldsymbol{W}=\boldsymbol{0}$ 及 $\boldsymbol{V}^{\mathrm{T}}\boldsymbol{PV}=\min$，可组成函数

$$\boldsymbol{\Phi}=\boldsymbol{V}^{\mathrm{T}}\boldsymbol{PV}-2\boldsymbol{K}^{\mathrm{T}}(\boldsymbol{BV}+\boldsymbol{W})$$

令

$$\frac{\partial\boldsymbol{\Phi}}{\partial\boldsymbol{V}}=2\boldsymbol{V}^{\mathrm{T}}\boldsymbol{P}-2\boldsymbol{K}^{\mathrm{T}}\boldsymbol{B}=\boldsymbol{0}$$

可得

$$\boldsymbol{V}=\boldsymbol{P}^{-1}\boldsymbol{B}^{\mathrm{T}}\boldsymbol{K}$$

代入条件方程可得法方程为

$$\boldsymbol{B}\boldsymbol{P}^{-1}\boldsymbol{B}^{\mathrm{T}}\boldsymbol{K}+\boldsymbol{W}=\boldsymbol{0}$$

若令

$$\boldsymbol{N}=\boldsymbol{B}\boldsymbol{P}^{-1}\boldsymbol{B}^{\mathrm{T}}$$

则法方程又可简写为

$$\boldsymbol{N}\boldsymbol{K}+\boldsymbol{W}=\boldsymbol{0}$$

2. （5 分）**证明**：由条件平差公式知

$$\boldsymbol{V}=\boldsymbol{P}^{-1}\boldsymbol{B}^{\mathrm{T}}\boldsymbol{K}=-\boldsymbol{P}^{-1}\boldsymbol{B}^{\mathrm{T}}\boldsymbol{N}^{-1}\boldsymbol{W}=-\boldsymbol{P}^{-1}\boldsymbol{B}^{\mathrm{T}}\boldsymbol{N}^{-1}(\boldsymbol{B}\boldsymbol{L}+\boldsymbol{B}_0)$$

$$\hat{\boldsymbol{L}}=\boldsymbol{L}+\boldsymbol{V}=(\boldsymbol{I}-\boldsymbol{P}^{-1}\boldsymbol{B}^{\mathrm{T}}\boldsymbol{N}^{-1}\boldsymbol{B})\boldsymbol{L}-\boldsymbol{P}^{-1}\boldsymbol{B}^{\mathrm{T}}\boldsymbol{N}^{-1}\boldsymbol{B}_0$$

$$\boldsymbol{Q}_{\hat{L}}=(\boldsymbol{I}-\boldsymbol{P}^{-1}\boldsymbol{B}^{\mathrm{T}}\boldsymbol{N}^{-1}\boldsymbol{B})\boldsymbol{P}^{-1}(\boldsymbol{I}-\boldsymbol{P}^{-1}\boldsymbol{B}^{\mathrm{T}}\boldsymbol{N}^{-1}\boldsymbol{B})^{\mathrm{T}}=\boldsymbol{P}^{-1}-\boldsymbol{P}^{-1}\boldsymbol{B}^{\mathrm{T}}\boldsymbol{N}^{-1}\boldsymbol{B}\boldsymbol{P}^{-1}$$

$$\boldsymbol{Q}_{L\hat{L}}=\boldsymbol{P}^{-1}(\boldsymbol{I}-\boldsymbol{P}^{-1}\boldsymbol{B}^{\mathrm{T}}\boldsymbol{N}^{-1}\boldsymbol{B})^{\mathrm{T}}=\boldsymbol{P}^{-1}-\boldsymbol{P}^{-1}\boldsymbol{B}^{\mathrm{T}}\boldsymbol{N}^{-1}\boldsymbol{B}\boldsymbol{P}^{-1}$$

可见，$\boldsymbol{Q}_{L\hat{L}}=\boldsymbol{Q}_{\hat{L}}$。由于 $\boldsymbol{\Sigma}_{L\hat{L}}=\mu^2\boldsymbol{Q}_{L\hat{L}}$，$\boldsymbol{\Sigma}_{\hat{L}}=\mu^2\boldsymbol{Q}_{\hat{L}}$，故 $\boldsymbol{\Sigma}_{L\hat{L}}=\boldsymbol{\Sigma}_{\hat{L}}$。

3. （5 分）略（请见练习题 1-3-18）。

五、计算题（共 30 分）

1. （5 分）**解**：$n=3$，$t=2$，$r=n-t=1$。角度观测值向量为

$$\begin{bmatrix} L_1 \\ L_2 \\ L_3 \end{bmatrix}=\begin{bmatrix} -1 & 1 & 0 & 0 \\ 0 & -1 & 1 & 0 \\ 0 & 0 & -1 & 1 \end{bmatrix}\begin{bmatrix} \alpha_{OA} \\ \alpha_{OB} \\ \alpha_{OC} \\ \alpha_{OD} \end{bmatrix}=\begin{bmatrix} 29°59'59.7'' \\ 30°00'00.3'' \\ 60°00'00.3'' \end{bmatrix}$$

因各方向观测值独立等精度，故可令 $\boldsymbol{P}_\alpha=\boldsymbol{I}$，则 $\boldsymbol{Q}_\alpha=\boldsymbol{I}$，$\boldsymbol{Q}_L=\begin{bmatrix} 2 & -1 & 0 \\ -1 & 2 & -1 \\ 0 & -1 & 2 \end{bmatrix}=\boldsymbol{P}^{-1}$，

条件方程为

$$0\times\hat{L}_1+\hat{L}_2+\hat{L}_3-\angle BOD=0$$

顾及 $\hat{L}_i=L_i+v_i$，代入数据后，矩阵形式的改正数条件方程为

$$\begin{bmatrix} 0 & 1 & 1 \end{bmatrix}\begin{bmatrix} v_1 \\ v_2 \\ v_3 \end{bmatrix}+0.6''=0$$

由条件平差公式可得

$$\boldsymbol{N}=\boldsymbol{B}\boldsymbol{P}^{-1}\boldsymbol{B}^{\mathrm{T}}=2,\ \boldsymbol{N}^{-1}=\frac{1}{2},\ \boldsymbol{K}=-\boldsymbol{N}^{-1}\boldsymbol{W}=-0.3''$$

$$\boldsymbol{V}=\boldsymbol{P}^{-1}\boldsymbol{B}^{\mathrm{T}}\boldsymbol{K}=\begin{bmatrix} 0.3 \\ -0.3 \\ -0.3 \end{bmatrix}('')，\hat{\boldsymbol{L}}=\boldsymbol{L}+\boldsymbol{V}=\begin{bmatrix} 30°00'00'' \\ 30°00'00'' \\ 60°00'00'' \end{bmatrix}$$

于是，方向平差值为

$$\hat{\boldsymbol{\alpha}}=\begin{bmatrix}\hat{\alpha}_{OA}\\ \hat{\alpha}_{OB}\\ \hat{\alpha}_{OC}\\ \hat{\alpha}_{OD}\end{bmatrix}=\begin{bmatrix}0°00'00''\\ 30°00'00''\\ 60°00'00''\\ 120°00'00''\end{bmatrix}$$

说明：(1) 虽然条件方程中未出现 v_1，但因 L_1 与其他观测值相关，v_1 仍然有值；

(2) 本题也可以直接以方向值为观测值进行条件平差，此时条件方程为 $\hat{\alpha}_{OD}-\hat{\alpha}_{OB}-\angle AOB=0$。

2. (9 分) **解：** $n=5$，$t=3$，$r=n-t=2$。取 $\boldsymbol{P}=\boldsymbol{I}$，则 $\boldsymbol{P}^{-1}=\boldsymbol{I}$。条件方程为

$$\left.\begin{aligned}\hat{L}_1+\hat{L}_2-\hat{L}_4=0\\ \hat{L}_2+\hat{L}_3-\hat{L}_5=0\end{aligned}\right\}$$

顾及 $\hat{L}_i=L_i+v_i$，代入数据后，矩阵形式的改正数条件方程为

$$\begin{bmatrix}1&1&0&-1&0\\0&1&1&0&-1\end{bmatrix}\begin{bmatrix}v_1\\v_2\\v_3\\v_4\\v_5\end{bmatrix}+\begin{bmatrix}2\\-2\end{bmatrix}('')=\boldsymbol{0}$$

由条件平差公式可得

$$\boldsymbol{N}=\boldsymbol{BP}^{-1}\boldsymbol{B}^{\mathrm{T}}=\begin{bmatrix}3&1\\1&3\end{bmatrix},\ \boldsymbol{N}^{-1}=\frac{1}{8}\begin{bmatrix}3&-1\\-1&3\end{bmatrix},\ \boldsymbol{K}=-\boldsymbol{N}^{-1}\boldsymbol{W}=\begin{bmatrix}-1\\1\end{bmatrix}('')$$

$$\boldsymbol{V}=\begin{bmatrix}v_1\\v_2\\v_3\\v_4\\v_5\end{bmatrix}=\boldsymbol{P}^{-1}\boldsymbol{B}^{\mathrm{T}}\boldsymbol{K}=\begin{bmatrix}-1\\0\\1\\1\\-1\end{bmatrix}(''),\ \hat{\boldsymbol{L}}=\begin{bmatrix}\hat{L}_1\\\hat{L}_2\\\hat{L}_3\\\hat{L}_4\\\hat{L}_5\end{bmatrix}=\boldsymbol{L}+\boldsymbol{V}=\begin{bmatrix}30°20'17''\\20°24'36''\\18°36'41''\\50°44'53''\\39°01'17''\end{bmatrix}$$

$$\boldsymbol{V}^{\mathrm{T}}\boldsymbol{PV}=4('')^2,\ \mu^2=\frac{\boldsymbol{V}^{\mathrm{T}}\boldsymbol{PV}}{r}=\frac{4}{2}=2('')^2$$

$$\boldsymbol{Q}_{\hat{L}}=\boldsymbol{P}^{-1}-\boldsymbol{P}^{-1}\boldsymbol{B}^{\mathrm{T}}\boldsymbol{N}^{-1}\boldsymbol{BP}^{-1}=\frac{1}{8}\begin{bmatrix}5&-2&1&3&-1\\-2&4&-2&2&2\\1&-2&5&-1&3\\3&2&-1&5&1\\-1&2&3&1&5\end{bmatrix}$$

$$m_{\hat{L}_1}=m_{\hat{L}_3}=m_{\hat{L}_4}=m_{\hat{L}_5}=\pm\sqrt{2}\times\sqrt{\frac{5}{8}}=\pm\frac{\sqrt{5}}{2}(''),\ m_{\hat{L}_2}=\pm\sqrt{2}\times\sqrt{\frac{4}{8}}=\pm1('')$$

3. (9 分) **解：** $n=4$，$t=2$，$r=n-t=2$。取 $s_0=1\ \mathrm{km}$，则 $\boldsymbol{P}=\mathrm{diag}\left(\frac{1}{2},1,1,\frac{1}{2}\right)$，$\boldsymbol{P}^{-1}=\mathrm{diag}(2,1,1,2)$。条件方程为

$$\left.\begin{aligned}\hat{h}_1+\hat{h}_2-\hat{h}_4=0\\\hat{h}_2-\hat{h}_3=0\end{aligned}\right\}$$

顾及 $\hat{h}_i=h_i+v_i$，代入数据后，矩阵形式的改正数条件方程为

$$\begin{bmatrix}1&1&0&-1\\0&1&-1&0\end{bmatrix}\begin{bmatrix}v_1\\v_2\\v_3\\v_4\end{bmatrix}+\begin{bmatrix}4\\-1\end{bmatrix}(\text{mm})=\mathbf{0}$$

由条件平差公式可得

$$\boldsymbol{N}=\boldsymbol{BP}^{-1}\boldsymbol{B}^{\mathrm{T}}=\begin{bmatrix}5&1\\1&2\end{bmatrix},\ \boldsymbol{N}^{-1}=\frac{1}{9}\begin{bmatrix}2&-1\\-1&5\end{bmatrix},\ \boldsymbol{K}=-\boldsymbol{N}^{-1}\boldsymbol{W}=\begin{bmatrix}-1\\1\end{bmatrix}(\text{mm})$$

$$\boldsymbol{V}=\begin{bmatrix}v_1\\v_2\\v_3\\v_4\end{bmatrix}=\boldsymbol{P}^{-1}\boldsymbol{B}^{\mathrm{T}}\boldsymbol{K}=\begin{bmatrix}-2\\0\\-1\\2\end{bmatrix}(\text{mm}),\ \hat{\boldsymbol{h}}=\begin{bmatrix}\hat{h}_1\\\hat{h}_2\\\hat{h}_3\\\hat{h}_4\end{bmatrix}=\boldsymbol{h}+\boldsymbol{V}=\begin{bmatrix}0.783\\0.231\\0.231\\1.014\end{bmatrix}(\text{m})$$

$$\boldsymbol{V}^{\mathrm{T}}\boldsymbol{PV}=5(\text{mm}^2),\ \mu^2=\frac{\boldsymbol{V}^{\mathrm{T}}\boldsymbol{PV}}{r}=\frac{5}{2}(\text{mm}^2)$$

$$\boldsymbol{Q}_{\hat{h}}=\boldsymbol{P}^{-1}-\boldsymbol{P}^{-1}\boldsymbol{B}^{\mathrm{T}}\boldsymbol{N}^{-1}\boldsymbol{BP}^{-1}=\frac{1}{9}\begin{bmatrix}10&-2&-2&8\\-2&4&4&2\\-2&4&4&2\\8&2&2&10\end{bmatrix}$$

$$m_{\hat{h}_1}=m_{\hat{h}_4}=\mu\sqrt{\frac{10}{9}}=\pm\frac{5}{3}\ (\text{mm}),\ m_{\hat{h}_2}=m_{\hat{h}_3}=\mu\sqrt{\frac{4}{9}}=\pm\frac{\sqrt{10}}{3}\ (\text{mm})$$

4. （7 分）**解：**(1) $n=4$，$t=3$，$r=n-t=1$。取 $s_0=1$ km，则 $\boldsymbol{P}=\text{diag}\left(\frac{1}{6},\frac{1}{2},\frac{1}{3},\frac{1}{5}\right)$，$\boldsymbol{P}^{-1}=\text{diag}$（6，2，3，5）。条件方程为

$$\hat{h}_1+\hat{h}_2+\hat{h}_3+\hat{h}_4=0$$

矩阵形式的改正数条件方程为

$$\begin{bmatrix}1&1&1&1\end{bmatrix}\begin{bmatrix}v_1\\v_2\\v_3\\v_4\end{bmatrix}+W=\mathbf{0},\ W=h_1+h_2+h_3+h_4$$

由条件平差公式可得

$$\boldsymbol{N}=\boldsymbol{BP}^{-1}\boldsymbol{B}^{\mathrm{T}}=16,\ \boldsymbol{N}^{-1}=\frac{1}{16}$$

$$\because \hat{H}_B=\begin{bmatrix}1&0&0&0\end{bmatrix}\begin{bmatrix}\hat{h}_1\\\hat{h}_2\\\hat{h}_3\\\hat{h}_4\end{bmatrix}+H_A=\boldsymbol{F}^{\mathrm{T}}\hat{\boldsymbol{h}}+H_A$$

$$\therefore \boldsymbol{H}=\boldsymbol{B}\boldsymbol{P}^{-1}\boldsymbol{F}=6,\ \frac{1}{p_{\hat{H}_B}}=\boldsymbol{F}^{\mathrm{T}}\boldsymbol{P}^{-1}\boldsymbol{F}-\boldsymbol{H}^{\mathrm{T}}\boldsymbol{N}^{-1}\boldsymbol{H}=\frac{15}{4}$$

$$\because \hat{H}_C=[1\quad 1\quad 0\quad 0]\begin{bmatrix}\hat{h}_1\\ \hat{h}_2\\ \hat{h}_3\\ \hat{h}_4\end{bmatrix}+H_A=\boldsymbol{F}^{\mathrm{T}}\hat{\boldsymbol{h}}+H_A$$

$$\therefore \boldsymbol{H}=\boldsymbol{B}\boldsymbol{P}^{-1}\boldsymbol{F}=8,\ \frac{1}{p_{\hat{H}_C}}=\boldsymbol{F}^{\mathrm{T}}\boldsymbol{P}^{-1}\boldsymbol{F}-\boldsymbol{H}^{\mathrm{T}}\boldsymbol{N}^{-1}\boldsymbol{H}=4$$

$$\because \hat{H}_D=[0\quad 0\quad 0\quad -1]\begin{bmatrix}\hat{h}_1\\ \hat{h}_2\\ \hat{h}_3\\ \hat{h}_4\end{bmatrix}+H_A=\boldsymbol{F}^{\mathrm{T}}\hat{\boldsymbol{h}}+H_A$$

$$\therefore \boldsymbol{H}=\boldsymbol{B}\boldsymbol{P}^{-1}\boldsymbol{F}=-5,\ \frac{1}{p_{\hat{H}_D}}=\boldsymbol{F}^{\mathrm{T}}\boldsymbol{P}^{-1}\boldsymbol{F}-\boldsymbol{H}^{\mathrm{T}}\boldsymbol{N}^{-1}\boldsymbol{H}=\frac{55}{16}$$

综上，$\frac{1}{p_{\hat{H}_D}}<\frac{1}{p_{\hat{H}_B}}<\frac{1}{p_{\hat{H}_C}}$，$\hat{H}_D$ 精度最高，$\hat{H}_C$ 精度最低。

(2) 由 $|m_{\hat{H}_C}|=\left|K\sqrt{\frac{1}{p_{\hat{H}_C}}}\right|=2|K|\leqslant 6\ \mathrm{mm}$ 得 $|K|\leqslant 3\ \mathrm{mm}$，即每千米高差中误差应控制在 3 mm 之内。

自测四　参数平差与条件平差的扩展

题　目

一、判断题（每题 1 分，共 10 分）

1. 具有参数的条件平差要求参数间函数独立。（　）

2. 具有约束条件的参数平差要求参数间函数独立。（　）

3. 同参数平差一样，具有约束条件的参数平差中，也有检核式 $\boldsymbol{A}^{\mathrm{T}}\boldsymbol{PV}=\boldsymbol{0}$。（　）

4. 五种基本平差方法中，函数模型个数减去未知参数个数均等于多余观测量个数。（　）

5. 五种基本平差方法的随机模型相同。（　）

6. 对于参数平差的分区平差模型，形式上也可理解为观测值分组的参数平差。（　）

7. 实际平差问题中，若观测值及其处理在时间顺序上需分期或分批进行，客观上造成了观测值分组，此时为了达到计算简便、快速之目的，可以采用逐次分组平差或序贯平差。（　）

8. 参数平差的序贯平差公式，本质是利用矩阵反演公式对其逐次分组平差公式的改化，改化后的公式规律性更强并具有特别的优点。（　）

9. 利用参数加权平差原理，可以方便地推导参数平差的逐次分组平差公式或参数平差的序贯平差公式。（　）

10. 对于其他平差方法，如有需要，也可以发展出类似参数平差的分区平差、分组平差、序贯平差等解法。

二、填空题（每空 1 分，共 21 分）

1. 记具有参数的条件平差观测方程为 $-\underset{c\times n}{\boldsymbol{B}}\,\underset{n\times 1}{\boldsymbol{\Delta}}+\underset{c\times u}{\boldsymbol{A}}\,\underset{u\times 1}{\delta\boldsymbol{X}}+\underset{c\times 1}{\boldsymbol{W}}=\boldsymbol{0}$，$\underset{c\times 1}{\boldsymbol{W}}=\underset{c\times n}{\boldsymbol{B}}\,\underset{n\times 1}{\boldsymbol{L}}+\underset{c\times u}{\boldsymbol{A}}\,\underset{u\times 1}{\boldsymbol{X}_0}+\underset{c\times 1}{\boldsymbol{B}_0}$，该平差方法对 $\boldsymbol{B}$、$\boldsymbol{A}$ 的秩的要求为 $\mathrm{rk}(\boldsymbol{B})=$______，$\mathrm{rk}(\boldsymbol{A})=$______；当______时，该观测方程特例化为条件平差的观测方程；当______时，该观测方程特例化为参数平差的观测方程。

2. 具有约束条件的参数平差，其线性观测方程的表达式为______，改正数方程的表达式为______；非线性观测方程的表达式为______，改正数方程的表达式为______。

3. 记概括函数模型的平差观测方程为$\begin{cases}-\underset{c\times n}{B}\underset{n\times 1}{\Delta}+\underset{c\times u}{A}\underset{u\times 1}{\delta X}+\underset{c\times 1}{W}=0,\ \underset{c\times 1}{W}=\underset{c\times n}{B}\underset{n\times 1}{L}+\underset{c\times u}{A}\underset{u\times 1}{X_0}+\underset{c\times 1}{B_0}\\ \underset{s\times u}{C}\underset{u\times 1}{\delta X}+\underset{s\times 1}{W_C}=0,\ \underset{s\times 1}{W_C}=\underset{s\times u}{C}\underset{u\times 1}{X_0}+\underset{s\times 1}{C_0}\end{cases}$，该平差方法对其中系数阵$\boldsymbol{B}$、$\boldsymbol{A}$、$\boldsymbol{C}$的秩的要求为$\mathrm{rk}(\boldsymbol{B})=$________，$\mathrm{rk}(\boldsymbol{A})=$________，$\mathrm{rk}(\boldsymbol{C})=$______；观测方程中独立未知参数个数为______，多余观测量个数为________；当________时，该观测方程特例化为具有参数的条件平差观测方程；当________时，该观测方程特例化为条件平差的观测方程；当________时，该观测方程特例化为具有约束条件的参数平差的观测方程；当________时，该观测方程特例化为参数平差的观测方程。

4. 设参数平差误差方程按参数分块为$\boldsymbol{V}=[\boldsymbol{A}_1\quad \boldsymbol{A}_2]\begin{bmatrix}\delta\hat{\boldsymbol{X}}_1\\ \delta\hat{\boldsymbol{X}}_2\end{bmatrix}+\boldsymbol{l}$，观测值的权阵为$\boldsymbol{P}$，令$\boldsymbol{N}_{11}=\boldsymbol{A}_1^{\mathrm{T}}\boldsymbol{P}\boldsymbol{A}_1$，$\boldsymbol{N}_{12}=\boldsymbol{A}_1^{\mathrm{T}}\boldsymbol{P}\boldsymbol{A}_2$，$\boldsymbol{N}_{21}=\boldsymbol{A}_2^{\mathrm{T}}\boldsymbol{P}\boldsymbol{A}_1$，$\boldsymbol{N}_{22}=\boldsymbol{A}_2^{\mathrm{T}}\boldsymbol{P}\boldsymbol{A}_2$，$\boldsymbol{U}_1=\boldsymbol{A}_1^{\mathrm{T}}\boldsymbol{P}\boldsymbol{l}$，$\boldsymbol{U}_2=\boldsymbol{A}_2^{\mathrm{T}}\boldsymbol{P}\boldsymbol{l}$，则单独求解$\delta\hat{\boldsymbol{X}}_2$的公式为________，$\boldsymbol{Q}_{\hat{X}_2}=$________。

5. 设有矩阵$\underset{k\times k}{\boldsymbol{A}}$、$\underset{k\times s}{\boldsymbol{B}}$、$\underset{s\times k}{\boldsymbol{C}}$、$\underset{s\times s}{\boldsymbol{D}}$，$\boldsymbol{A}$、$\boldsymbol{D}$可逆，则$\boldsymbol{A}^{-1}\boldsymbol{B}(\boldsymbol{D}\mp\boldsymbol{C}\boldsymbol{A}^{-1}\boldsymbol{B})^{-1}=$________，$(\boldsymbol{A}\mp\boldsymbol{B}\boldsymbol{D}^{-1}\boldsymbol{C})^{-1}=$________。

三、选择题（每题 2 分，共 10 分）

1. 对于具有参数的条件平差（函数模型为$\boldsymbol{B}\hat{\boldsymbol{L}}+\boldsymbol{A}\hat{\boldsymbol{X}}+\boldsymbol{B}_0=\boldsymbol{0}$），下列关系式不正确的为________。

A. $\boldsymbol{Q}_{\boldsymbol{V}}=\boldsymbol{A}\boldsymbol{Q}_{\hat{X}}\boldsymbol{A}^{\mathrm{T}}$　　B. $\boldsymbol{P}^{-1}=\boldsymbol{Q}_{\hat{L}}+\boldsymbol{Q}_{\boldsymbol{V}}$

C. $\boldsymbol{Q}_{\hat{X}V}=\boldsymbol{0}$　　D. $\boldsymbol{Q}_{\hat{L}V}=\boldsymbol{0}$

2. 若具有参数的条件平差改正数方程为$\left.\begin{matrix}v_1+v_2-\delta\hat{x}-4=0\\ v_3-\delta\hat{x}-1=0\end{matrix}\right\}$，观测值的权阵为单位阵，则$\delta\hat{x}=$________。

A. 1　　B. -1　　C. 2　　D. -2

3. 某问题观测值个数为 107，必要观测量个数为 68，现共选了 72 个参数（其中含 68 个独立参数）按具有约束条件的参数平差进行平差，则（联系数）法方程式的个数为_______。

A. 107　　B. 78　　C. 76　　D. 72

4. 若具有约束条件的参数平差函数模型为$\begin{bmatrix}v_1\\ v_2\\ v_3\end{bmatrix}=\begin{bmatrix}1&0\\ 0&1\\ 1&1\end{bmatrix}\begin{bmatrix}\delta\hat{x}_1\\ \delta\hat{x}_2\end{bmatrix}+\begin{bmatrix}0\\ 0\\ -6\end{bmatrix}$和$[1\quad 1]\begin{bmatrix}\delta\hat{x}_1\\ \delta\hat{x}_2\end{bmatrix}-10=0$，观测值独立等精度，则$\delta\hat{x}_1=$________。

A. 2　　B. 3　　C. 4　　D. 5

5. 参数平差模型$\underset{n\times 1}{\boldsymbol{V}}=\underset{n\times t_1}{\boldsymbol{A}_1}\underset{t_1\times 1}{\delta\hat{\boldsymbol{X}}_1}+\underset{n\times t_2}{\boldsymbol{A}_2}\underset{t_2\times 1}{\delta\hat{\boldsymbol{X}}_2}+\underset{n\times 1}{\boldsymbol{l}}$，$\underset{n\times 1}{\boldsymbol{l}}=\underset{n\times t_1}{\boldsymbol{A}_1}\underset{t_1\times 1}{\boldsymbol{X}_{01}}+\underset{n\times t_2}{\boldsymbol{A}_2}\underset{t_2\times 1}{\boldsymbol{X}_{02}}+\underset{n\times 1}{\boldsymbol{D}}-\underset{n\times 1}{\boldsymbol{L}}$中，观测值的权阵为$\boldsymbol{P}=\sigma_0^2\boldsymbol{\Sigma}^{-1}$，$\boldsymbol{X}_{02}$的先验权阵为$\boldsymbol{P}_{X_{02}}=\sigma_0^2\boldsymbol{\Sigma}_{X_{02}}^{-1}$，则验后单位权方差$\mu^2=$________。

A. $\dfrac{\boldsymbol{V}^{\mathrm{T}}\boldsymbol{P}\boldsymbol{V}+\delta\hat{\boldsymbol{X}}_2^{\mathrm{T}}\boldsymbol{P}_{\boldsymbol{X}_{02}}\delta\hat{\boldsymbol{X}}_2}{n-t_2}$　　B. $\dfrac{\boldsymbol{V}^{\mathrm{T}}\boldsymbol{P}\boldsymbol{V}+\delta\hat{\boldsymbol{X}}_1^{\mathrm{T}}\boldsymbol{P}_{\boldsymbol{X}_{01}}\delta\hat{\boldsymbol{X}}_1}{n}$

C. $\dfrac{\boldsymbol{V}^{\mathrm{T}}\boldsymbol{P}\boldsymbol{V}+\delta\hat{\boldsymbol{X}}_2^{\mathrm{T}}\boldsymbol{P}_{\boldsymbol{X}_{02}}\delta\hat{\boldsymbol{X}}_2}{n-t_1}$　　D. $\dfrac{\boldsymbol{V}^{\mathrm{T}}\boldsymbol{P}\boldsymbol{V}+\delta\hat{\boldsymbol{X}}_2^{\mathrm{T}}\boldsymbol{P}_{\boldsymbol{X}_{02}}\delta\hat{\boldsymbol{X}}_2}{n}$

四、推导题（共 25 分）

1.（5 分）设具有约束条件的参数平差函数模型为$\left.\begin{array}{l}\boldsymbol{V}=\boldsymbol{A}\delta\hat{\boldsymbol{X}}+\boldsymbol{l},\ \boldsymbol{l}=\boldsymbol{A}\boldsymbol{X}_0+\boldsymbol{D}-\boldsymbol{L}\\ \boldsymbol{C}\delta\hat{\boldsymbol{X}}+\boldsymbol{W}_C=\boldsymbol{0},\ \boldsymbol{W}_C=\boldsymbol{C}\boldsymbol{X}_0+\boldsymbol{C}_0\end{array}\right\}$，$\boldsymbol{L}$ 的权阵为 $\boldsymbol{P}$，试依据最小二乘原理推导其法方程。

2.（5 分）设概括函数模型为$\left.\begin{array}{l}\boldsymbol{B}\boldsymbol{V}+\boldsymbol{A}\delta\hat{\boldsymbol{X}}+\boldsymbol{W}=\boldsymbol{0},\ \boldsymbol{W}=\boldsymbol{B}\boldsymbol{L}+\boldsymbol{A}\boldsymbol{X}_0+\boldsymbol{B}_0\\ \boldsymbol{C}\delta\hat{\boldsymbol{X}}+\boldsymbol{W}_C=\boldsymbol{0},\ \boldsymbol{W}_C=\boldsymbol{C}\boldsymbol{X}_0+\boldsymbol{C}_0\end{array}\right\}$，$\boldsymbol{L}$ 的权阵为 $\boldsymbol{P}$，试依据最小二乘原理推导其法方程。

3.（15 分）某控制网一期观测的误差方程及观测值权阵为

$$\boldsymbol{V}_1=[\boldsymbol{A}_1\quad \boldsymbol{A}_{1c}]\begin{bmatrix}\hat{\boldsymbol{X}}_1\\ \hat{\boldsymbol{X}}_c\end{bmatrix}-\boldsymbol{L}_1,\quad \boldsymbol{P}_1=\sigma_0^2\boldsymbol{\Sigma}_1^{-1}$$

一期平差所得结果为$\hat{\boldsymbol{X}}_1^{(1)}$、$\hat{\boldsymbol{X}}_c^{(1)}$、$\boldsymbol{Q}_{\hat{\boldsymbol{X}}_1^{(1)}}$、$\boldsymbol{Q}_{\hat{\boldsymbol{X}}_c^{(1)}}$、$\boldsymbol{Q}_{\hat{\boldsymbol{X}}_1^{(1)}\hat{\boldsymbol{X}}_c^{(1)}}$。现对该网进行扩展，扩展后的误差方程及观测值权阵为

$$\boldsymbol{V}_2=[\boldsymbol{A}_2\quad \boldsymbol{A}_{2c}]\begin{bmatrix}\hat{\boldsymbol{X}}_2\\ \hat{\boldsymbol{X}}_c\end{bmatrix}-\boldsymbol{L}_2,\quad \boldsymbol{P}_2=\sigma_0^2\boldsymbol{\Sigma}_2^{-1}$$

取 $\boldsymbol{X}_{02}$ 为$\hat{\boldsymbol{X}}_2$ 的近似值，试推导利用扩展网数据和一期平差结果计算整体解$\hat{\boldsymbol{X}}_1$、$\hat{\boldsymbol{X}}_2$、$\hat{\boldsymbol{X}}_c$ 的公式。

五、计算题（共 34 分）

1.（8 分）如图，A 为已知水准点，$H_A=101.721$ m；P_i 为未知水准点。观测高差及路线长如下：

$h_1=4.121$ m　$s_1=2$ km

$h_2=5.719$ m　$s_2=4$ km

$h_3=1.591$ m　$s_3=8$ km

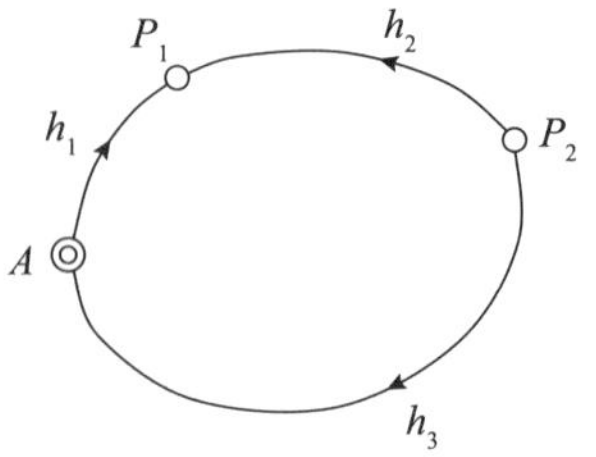

设 P_1、P_2 的高程平差值为 $\hat{H}_{P_1}=\hat{x}_1$，$\hat{H}_{P_2}=\hat{x}_2$，取 $x_{01}=H_A+h_1=105.842$ m，$x_{02}=H_A-h_3=100.130$ m，试按具有参数的条件平差法计算 $\hat{x}_1$、$\hat{x}_2$ 的值。

2. （26 分）设有两期观测值，所列误差方程如下：

第 1 期：$\begin{bmatrix}v_1\\v_2\\v_3\end{bmatrix}=\begin{bmatrix}1 & 0\\-1 & 1\\0 & 1\end{bmatrix}\begin{bmatrix}\delta\hat{x}_1\\\delta\hat{x}_2\end{bmatrix}+\begin{bmatrix}0\\7\\0\end{bmatrix}$（cm），$\boldsymbol{P}_1=\mathrm{diag}(1,\ 2,\ 2)$

第 2 期：　$v_4=\delta\hat{x}_2+7$（cm），$\boldsymbol{P}_2=2$

其中，$x_{01}=22.02$ m，$x_{02}=25.21$ m。试完成下列计算：

（1）用两期误差方程整体平差计算 $\hat{x}_1$、$\hat{x}_2$、$\boldsymbol{\Sigma}_{\hat{X}}$；

（2）用序贯平差法计算整体解 $\hat{x}_1$、$\hat{x}_2$、$\boldsymbol{\Sigma}_{\hat{X}}$；

（3）用参数加权平差法计算整体解 $\hat{x}_1$、$\hat{x}_2$、$\boldsymbol{\Sigma}_{\hat{X}}$。

答　案

一、判断题（每题 1 分，共 10 分）

1. （√）说明：若参数间存在函数关系，则变为概括函数模型的平差。

2. （×）说明：当所选参数个数大于必要观测个数 t 且包括 t 个独立未知参数时，参数间必然形成函数关系，这便是具有约束条件的参数平差所讨论的一般情况。

3. （×）说明：在具有约束条件的参数平差法方程推导过程中，可以发现，不同于参数平差，其 $\boldsymbol{A}^{\mathrm{T}}\boldsymbol{PV}\neq\boldsymbol{0}$。

4. （√）说明：通用结论。

5. （√）说明：通用结论。

6. （√）说明：参数平差的分区平差模型形式，与观测值分组平差的模型形式相同，这意味着前者求解理论上也可以按后者公式进行，只不过两者针对的实际应用场合有所不同。

7. （√）说明：这是逐次分组平差或序贯平差的目的所在，利用前期平差结果和本期的观测值，可简便快速地获得整体平差结果。

8. （√）说明：参数平差的序贯平差公式，本质与其观测值逐次分组平差公式一致，当第 k 期（>1）观测值只有一个时，增益矩阵 $\boldsymbol{J}_k$ 中的矩阵求逆变成求一个数的倒数，计算非常简便。

9. （√）说明：逐次分组平差或序贯平差公式利用前期平差结果和本期观测值一起得到整体平差结果，若将前期平差结果视为本期参数的具有先验信息的近似值，采用参数加权平差原理，将使公式推导更加灵活方便。

10. （√）说明：根据具体应用，如有需要，可以进行类似的解法扩展。

二、填空题（每空 1 分，共 21 分）

1. c；u；$u=0$，$\boldsymbol{A}=\boldsymbol{0}$；$u=t$，$\boldsymbol{B}=-\boldsymbol{I}$

2. $\begin{cases}\underset{n\times1}{\tilde{\boldsymbol{L}}}=\underset{n\times u}{\boldsymbol{A}}\underset{u\times1}{\boldsymbol{X}}+\underset{n\times1}{\boldsymbol{D}}\\ \underset{s\times u}{\boldsymbol{C}}\underset{u\times1}{\boldsymbol{X}}+\underset{s\times1}{\boldsymbol{C}_0}=\boldsymbol{0}\end{cases}$或$\begin{cases}-\underset{n\times1}{\boldsymbol{\Delta}}=\underset{n\times u}{\boldsymbol{A}}\underset{u\times1}{\delta\boldsymbol{X}}+\underset{n\times1}{\boldsymbol{l}},\ \underset{n\times1}{\boldsymbol{l}}=\underset{n\times u}{\boldsymbol{A}}\underset{u\times1}{\boldsymbol{X}_0}+\underset{n\times1}{\boldsymbol{D}}-\underset{n\times1}{\boldsymbol{L}}\\ \underset{s\times u}{\boldsymbol{C}}\underset{u\times1}{\delta\boldsymbol{X}}+\underset{s\times1}{\boldsymbol{W}_C}=\boldsymbol{0},\ \underset{s\times1}{\boldsymbol{W}_C}=\underset{s\times u}{\boldsymbol{C}}\underset{u\times1}{\boldsymbol{X}_0}+\underset{s\times1}{\boldsymbol{C}_0}\end{cases}$；$\begin{cases}\underset{n\times1}{\hat{\boldsymbol{L}}}=\underset{n\times u}{\boldsymbol{A}}\underset{u\times1}{\hat{\boldsymbol{X}}}+\underset{n\times1}{\boldsymbol{D}}\\ \underset{s\times u}{\boldsymbol{C}}\underset{u\times1}{\hat{\boldsymbol{X}}}+\underset{s\times1}{\boldsymbol{C}_0}=\boldsymbol{0}\end{cases}$或

$\begin{cases}\underset{n\times1}{\boldsymbol{V}}=\underset{n\times u}{\boldsymbol{A}}\underset{u\times1}{\delta\hat{\boldsymbol{X}}}+\underset{n\times1}{\boldsymbol{l}},\ \underset{n\times1}{\boldsymbol{l}}=\underset{n\times u}{\boldsymbol{A}}\underset{u\times1}{\boldsymbol{X}_0}+\underset{n\times1}{\boldsymbol{D}}-\underset{n\times1}{\boldsymbol{L}}\\ \underset{s\times u}{\boldsymbol{C}}\underset{u\times1}{\delta\hat{\boldsymbol{X}}}+\underset{s\times1}{\boldsymbol{W}_C}=\boldsymbol{0},\ \underset{s\times1}{\boldsymbol{W}_C}=\underset{s\times u}{\boldsymbol{C}}\underset{u\times1}{\boldsymbol{X}_0}+\underset{s\times1}{\boldsymbol{C}_0}\end{cases}$；$\begin{cases}\underset{n\times1}{\tilde{\boldsymbol{L}}}=F(\underset{u\times1}{\boldsymbol{X}})\\ \Psi(\underset{u\times1}{\boldsymbol{X}})=\underset{s\times1}{\boldsymbol{0}}\end{cases}$；$\begin{cases}\underset{n\times1}{\hat{\boldsymbol{L}}}=F(\underset{u\times1}{\hat{\boldsymbol{X}}})\\ \Psi(\underset{u\times1}{\hat{\boldsymbol{X}}})=\underset{s\times1}{\boldsymbol{0}}\end{cases}$

3. c；u；s；$u-s$；$c+s-u$；$0\leqslant u\leqslant t$，$s=0$，$\boldsymbol{C}=\boldsymbol{0}$；$u=0$，$s=0$，$\boldsymbol{A}=\boldsymbol{0}$，$\boldsymbol{C}=\boldsymbol{0}$；$t\leqslant u\leqslant n$，$s=u-t$，$\boldsymbol{B}=-\boldsymbol{I}$；$u=t$，$s=0$，$\boldsymbol{B}=-\boldsymbol{I}$，$\boldsymbol{C}=\boldsymbol{0}$

4. $-(\boldsymbol{N}_{22}-\boldsymbol{N}_{21}\boldsymbol{N}_{11}^{-1}\boldsymbol{N}_{12})^{-1}(\boldsymbol{U}_2-\boldsymbol{N}_{21}\boldsymbol{N}_{11}^{-1}\boldsymbol{U}_1)$；$(\boldsymbol{N}_{22}-\boldsymbol{N}_{21}\boldsymbol{N}_{11}^{-1}\boldsymbol{N}_{12})^{-1}$

5. $(\boldsymbol{A}\mp\boldsymbol{B}\boldsymbol{D}^{-1}\boldsymbol{C})^{-1}\boldsymbol{B}\boldsymbol{D}^{-1}$；$\boldsymbol{A}^{-1}\pm\boldsymbol{A}^{-1}\boldsymbol{B}(\boldsymbol{D}\mp\boldsymbol{C}\boldsymbol{A}^{-1}\boldsymbol{B})^{-1}\boldsymbol{C}\boldsymbol{A}^{-1}$（注：矩阵反演公式）

三、选择题（每题 2 分，共 10 分）

1. A；五种基本平差方法中，B、C、D 均成立。

2. D；可将具有参数的条件平差转换为条件平差进行求解。由改正数条件方程的第 2 式可得 $\delta\hat{x}=v_3-1$，代入改正数条件方程第 1 式可得到条件平差的条件方程为 $v_1+v_2-v_3-3=0$，于是，由条件平差公式可算得 $v_3=-1$，$\delta\hat{x}=v_3-1=-2$。（本例旨在说明平差方法之间的转换，并无实践含义。）

3. C；具有约束条件的参数平差（联系数）法方程是关于未知参数和联系数的求解方程，其中，联系数个数等于未知参数之间的关系式个数，即非独立未知参数个数 $4=72-68$，故总的（联系数）法方程式的个数为 $76=72+4$。

4. D；可将具有约束条件的参数平差转换为参数平差进行求解。由参数间关系式可得 $\delta\hat{x}_2=-\delta\hat{x}_1+10$，代入函数模型第一部分可得参数平差的误差方程为 $\begin{bmatrix}v_1\\v_2\\v_3\end{bmatrix}=\begin{bmatrix}1\\-1\\0\end{bmatrix}\delta\hat{x}_1+\begin{bmatrix}0\\10\\4\end{bmatrix}$；因观测值独立等精度，权阵可简单取为 $\boldsymbol{P}=\boldsymbol{I}$。于是，由参数平差公式可算得 $\delta\hat{x}_1=5$。（本例旨在说明平差方法之间的转换，并无实践含义。）

5. C；当参数近似值 $\boldsymbol{X}_{02}$ 具有先验信息时，可视为虚拟或广义观测值，$\boldsymbol{V}^{\mathrm{T}}\boldsymbol{P}\boldsymbol{V}=\min$ 相应扩展为 $\boldsymbol{V}^{\mathrm{T}}\boldsymbol{P}\boldsymbol{V}+\delta\hat{\boldsymbol{X}}_2^{\mathrm{T}}\boldsymbol{P}_{\boldsymbol{X}_{02}}\delta\hat{\boldsymbol{X}}_2=\min$，多余观测值个数 $r=n-(t_1+t_2)$（观测值个数减去必要观测个数）相应为 $r=(n+t_2)-(t_1+t_2)=n-t_1$，故 C 正确。

四、推导题（共 25 分）

1.（5 分）**推导：**依最小二乘原理，可构造函数

$$\boldsymbol{\Phi}=\boldsymbol{V}^{\mathrm{T}}\boldsymbol{P}\boldsymbol{V}+2\boldsymbol{K}^{\mathrm{T}}(\boldsymbol{C}\delta\hat{\boldsymbol{X}}+\boldsymbol{W}_C)$$

令

$$\frac{\partial\boldsymbol{\Phi}}{\partial\delta\hat{\boldsymbol{X}}}=2\boldsymbol{V}^{\mathrm{T}}\boldsymbol{P}\boldsymbol{A}+2\boldsymbol{K}^{\mathrm{T}}\boldsymbol{C}=\boldsymbol{0}$$

即

$$\boldsymbol{A}^{\mathrm{T}}\boldsymbol{P}\boldsymbol{V}+\boldsymbol{C}^{\mathrm{T}}\boldsymbol{K}=\boldsymbol{0}$$

将函数模型第一式代入上式，并与函数模型第二式联立，便得具有约束条件的参数平差法方程为

$$\left.\begin{aligned}&\boldsymbol{A}^{\mathrm{T}}\boldsymbol{P}\boldsymbol{A}\delta\hat{\boldsymbol{X}}+\boldsymbol{C}^{\mathrm{T}}\boldsymbol{K}+\boldsymbol{A}^{\mathrm{T}}\boldsymbol{P}\boldsymbol{l}=\boldsymbol{0}\\&\boldsymbol{C}\delta\hat{\boldsymbol{X}}+\boldsymbol{W}_C=\boldsymbol{0}\end{aligned}\right\}$$

设 $\boldsymbol{N}_A=\boldsymbol{A}^{\mathrm{T}}\boldsymbol{P}\boldsymbol{A}$，$\boldsymbol{U}_A=\boldsymbol{A}^{\mathrm{T}}\boldsymbol{P}\boldsymbol{l}$，则法方程又常写为

$$\left.\begin{aligned}&\boldsymbol{N}_A\delta\hat{\boldsymbol{X}}+\boldsymbol{C}^{\mathrm{T}}\boldsymbol{K}+\boldsymbol{U}_A=\boldsymbol{0}\\&\boldsymbol{C}\delta\hat{\boldsymbol{X}}+\boldsymbol{W}_C=\boldsymbol{0}\end{aligned}\right\}\quad\text{或}\quad\begin{bmatrix}\boldsymbol{N}_A&\boldsymbol{C}^{\mathrm{T}}\\\boldsymbol{C}&\boldsymbol{0}\end{bmatrix}\begin{bmatrix}\delta\hat{\boldsymbol{X}}\\\boldsymbol{K}\end{bmatrix}+\begin{bmatrix}\boldsymbol{U}_A\\\boldsymbol{W}_C\end{bmatrix}=\boldsymbol{0}$$

2.（5 分）**推导：**依最小二乘原理，可构造函数

$$\boldsymbol{\Phi}=\boldsymbol{V}^{\mathrm{T}}\boldsymbol{P}\boldsymbol{V}-2\boldsymbol{K}_1^{\mathrm{T}}(\boldsymbol{B}\boldsymbol{V}+\boldsymbol{A}\delta\hat{\boldsymbol{X}}+\boldsymbol{W})-2\boldsymbol{K}_2^{\mathrm{T}}(\boldsymbol{C}\delta\hat{\boldsymbol{X}}+\boldsymbol{W}_C)$$

令

$$\left.\begin{aligned}&\frac{\partial\boldsymbol{\Phi}}{\partial\boldsymbol{V}}=2\boldsymbol{V}^{\mathrm{T}}\boldsymbol{P}-2\boldsymbol{K}_1^{\mathrm{T}}\boldsymbol{B}=\boldsymbol{0}\Leftrightarrow\boldsymbol{V}=\boldsymbol{P}^{-1}\boldsymbol{B}^{\mathrm{T}}\boldsymbol{K}_1\\&\frac{\partial\boldsymbol{\Phi}}{\partial\delta\hat{\boldsymbol{X}}}=-2\boldsymbol{K}_1^{\mathrm{T}}\boldsymbol{A}-2\boldsymbol{K}_2^{\mathrm{T}}\boldsymbol{C}=\boldsymbol{0}\Leftrightarrow\boldsymbol{A}^{\mathrm{T}}\boldsymbol{K}_1+\boldsymbol{C}^{\mathrm{T}}\boldsymbol{K}_2\end{aligned}\right\}\tag{1}$$

将（1）中第一式代入函数模型第一式得

$$\boldsymbol{B}\boldsymbol{P}^{-1}\boldsymbol{B}^{\mathrm{T}}\boldsymbol{K}_1+\boldsymbol{A}\delta\hat{\boldsymbol{X}}+\boldsymbol{W}=\boldsymbol{0}$$

再令 $\boldsymbol{N}_B=\boldsymbol{B}\boldsymbol{P}^{-1}\boldsymbol{B}^{\mathrm{T}}$，上式变为

$$\boldsymbol{N}_B\boldsymbol{K}_1+\boldsymbol{A}\delta\hat{\boldsymbol{X}}+\boldsymbol{W}=\boldsymbol{0}$$

于是，可得法方程为

$$\left.\begin{aligned}&\boldsymbol{N}_B\boldsymbol{K}_1+\boldsymbol{A}\delta\hat{\boldsymbol{X}}+\boldsymbol{W}=\boldsymbol{0}\\&\boldsymbol{C}\delta\hat{\boldsymbol{X}}+\boldsymbol{W}_C=\boldsymbol{0}\\&\boldsymbol{A}^{\mathrm{T}}\boldsymbol{K}_1+\boldsymbol{C}^{\mathrm{T}}\boldsymbol{K}_2=\boldsymbol{0}\end{aligned}\right\}\quad\text{或}\quad\begin{bmatrix}\boldsymbol{N}_B&\boldsymbol{0}&\boldsymbol{A}\\\boldsymbol{0}&\boldsymbol{0}&\boldsymbol{C}\\\boldsymbol{A}^{\mathrm{T}}&\boldsymbol{C}^{\mathrm{T}}&\boldsymbol{0}\end{bmatrix}\begin{bmatrix}\boldsymbol{K}_1\\\boldsymbol{K}_2\\\delta\hat{\boldsymbol{X}}\end{bmatrix}+\begin{bmatrix}\boldsymbol{W}\\\boldsymbol{W}_C\\\boldsymbol{0}\end{bmatrix}=\boldsymbol{0}$$

3.（15 分）**推导：**由已知得

$$\boldsymbol{V}_2=[\boldsymbol{A}_2\quad\boldsymbol{A}_{2c}]\begin{bmatrix}\hat{\boldsymbol{X}}_2\\\hat{\boldsymbol{X}}_c\end{bmatrix}-\boldsymbol{L}_2=[\boldsymbol{0}\quad\boldsymbol{A}_{2c}]\begin{bmatrix}\hat{\boldsymbol{X}}_1\\\hat{\boldsymbol{X}}_c\end{bmatrix}+\boldsymbol{A}_2\hat{\boldsymbol{X}}_2-\boldsymbol{L}_2=\boldsymbol{B}\hat{\boldsymbol{Y}}+\boldsymbol{A}_2\hat{\boldsymbol{X}}_2-\boldsymbol{L}_2$$

令

$$\hat{\boldsymbol{Y}}=\begin{bmatrix}\hat{\boldsymbol{X}}_1\\\hat{\boldsymbol{X}}_c\end{bmatrix}=\boldsymbol{Y}_0+\delta\hat{\boldsymbol{Y}}=\begin{bmatrix}\hat{\boldsymbol{X}}_1^{(1)}\\\hat{\boldsymbol{X}}_c^{(1)}\end{bmatrix}+\begin{bmatrix}\delta\hat{\boldsymbol{X}}_1\\\delta\hat{\boldsymbol{X}}_c\end{bmatrix},\hat{\boldsymbol{X}}_2=\boldsymbol{X}_{02}+\hat{\boldsymbol{X}}_2$$

则上式等价于

$$\boldsymbol{V}_2=\boldsymbol{B}\delta\hat{\boldsymbol{Y}}+\boldsymbol{A}_2\delta\hat{\boldsymbol{X}}_2+\boldsymbol{l}_2,\ \boldsymbol{l}_2=\boldsymbol{B}\boldsymbol{Y}_0+\boldsymbol{A}_2\boldsymbol{X}_{02}-\boldsymbol{L}_2 \tag{1}$$

由于 $\boldsymbol{Y}_0=\begin{bmatrix}\hat{\boldsymbol{X}}_1^{(1)}\\\hat{\boldsymbol{X}}_c^{(1)}\end{bmatrix}$ 为一期平差结果，先验权阵为 $\boldsymbol{P}_{\boldsymbol{Y}_0}=\boldsymbol{Q}_{\boldsymbol{Y}_0}^{-1}=\begin{bmatrix}\boldsymbol{Q}_{\hat{\boldsymbol{X}}_1^{(1)}} & \boldsymbol{Q}_{\hat{\boldsymbol{X}}_1^{(1)}\hat{\boldsymbol{X}}_c^{(1)}}\\\boldsymbol{Q}_{\hat{\boldsymbol{X}}_1^{(1)}\hat{\boldsymbol{X}}_c^{(1)}}^{\mathrm{T}} & \boldsymbol{Q}_{\hat{\boldsymbol{X}}_c^{(1)}}\end{bmatrix}^{-1}$，而 $\boldsymbol{X}_{02}$ 无先验精度，故式（1）中 $\boldsymbol{l}_2$ 的权逆阵为 $\boldsymbol{Q}_{\boldsymbol{l}_2}=\boldsymbol{B}\boldsymbol{Q}_{\boldsymbol{Y}_0}\boldsymbol{B}^{\mathrm{T}}+\boldsymbol{P}_2^{-1}=\boldsymbol{A}_{2c}\boldsymbol{Q}_{\hat{\boldsymbol{X}}_c^{(1)}}\boldsymbol{A}_{2c}^{\mathrm{T}}+\boldsymbol{P}_2^{-1}$。

组成函数

$$\boldsymbol{\Phi}=\boldsymbol{V}_2^{\mathrm{T}}\boldsymbol{P}_2\boldsymbol{V}_2+\delta\hat{\boldsymbol{Y}}^{\mathrm{T}}\boldsymbol{P}_{\boldsymbol{Y}_0}\delta\hat{\boldsymbol{Y}}-2\boldsymbol{K}^{\mathrm{T}}(\boldsymbol{V}_2-\boldsymbol{B}\delta\hat{\boldsymbol{Y}}-\boldsymbol{A}_2\delta\hat{\boldsymbol{X}}_2-\boldsymbol{l}_2)$$

令

$$\left.\begin{aligned}\frac{\partial\boldsymbol{\Phi}}{\partial\boldsymbol{V}_2}&=2\boldsymbol{V}_2^{\mathrm{T}}\boldsymbol{P}_2-2\boldsymbol{K}^{\mathrm{T}}=\boldsymbol{0}\\\frac{\partial\boldsymbol{\Phi}}{\partial\delta\hat{\boldsymbol{Y}}}&=2\delta\hat{\boldsymbol{Y}}^{\mathrm{T}}\boldsymbol{P}_{\boldsymbol{Y}_0}+2\boldsymbol{K}^{\mathrm{T}}\boldsymbol{B}=\boldsymbol{0}\\\frac{\partial\boldsymbol{\Phi}}{\partial\delta\hat{\boldsymbol{X}}_2}&=2\boldsymbol{K}^{\mathrm{T}}\boldsymbol{A}_2=\boldsymbol{0}\end{aligned}\right\}$$

以上三式等价于

$$\left.\begin{aligned}&\boldsymbol{V}_2=\boldsymbol{P}_2^{-1}\boldsymbol{K}\\&\delta\hat{\boldsymbol{Y}}=-\boldsymbol{P}_{\boldsymbol{Y}_0}^{-1}\boldsymbol{B}^{\mathrm{T}}\boldsymbol{K}\\&\boldsymbol{A}_2^{\mathrm{T}}\boldsymbol{K}=\boldsymbol{0}\end{aligned}\right\} \tag{2}$$

将前两式代入式（1）可得

$$\boldsymbol{K}=(\boldsymbol{B}\boldsymbol{Q}_{\boldsymbol{Y}_0}\boldsymbol{B}^{\mathrm{T}}+\boldsymbol{P}_2^{-1})^{-1}(\boldsymbol{A}_2\delta\hat{\boldsymbol{X}}_2+\boldsymbol{l}_2)=\boldsymbol{Q}_{\boldsymbol{l}_2}^{-1}(\boldsymbol{A}_2\delta\hat{\boldsymbol{X}}_2+\boldsymbol{l}_2)$$

将 $\boldsymbol{K}$ 代入式（2）第三式可得

$$\delta\hat{\boldsymbol{X}}_2=-(\boldsymbol{A}_2^{\mathrm{T}}\boldsymbol{Q}_{\boldsymbol{l}_2}^{-1}\boldsymbol{A}_2)^{-1}\boldsymbol{A}_2^{\mathrm{T}}\boldsymbol{Q}_{\boldsymbol{l}_2}^{-1}\boldsymbol{l}_2$$

将 $\boldsymbol{K}$ 代入式（2）第二式可得

$$\delta\hat{\boldsymbol{Y}}=-\begin{bmatrix}\boldsymbol{Q}_{\hat{\boldsymbol{X}}_1^{(1)}} & \boldsymbol{Q}_{\hat{\boldsymbol{X}}_1^{(1)}\hat{\boldsymbol{X}}_c^{(1)}}\\\boldsymbol{Q}_{\hat{\boldsymbol{X}}_1^{(1)}\hat{\boldsymbol{X}}_c^{(1)}}^{\mathrm{T}} & \boldsymbol{Q}_{\hat{\boldsymbol{X}}_c^{(1)}}\end{bmatrix}\begin{bmatrix}\boldsymbol{0}\\\boldsymbol{A}_{2c}^{\mathrm{T}}\end{bmatrix}\boldsymbol{Q}_{\boldsymbol{l}_2}^{-1}(\boldsymbol{A}_2\delta\hat{\boldsymbol{X}}_2+\boldsymbol{l}_2)$$

$$=-\begin{bmatrix}\boldsymbol{Q}_{\hat{\boldsymbol{X}}_1^{(1)}\hat{\boldsymbol{X}}_c^{(1)}}\boldsymbol{A}_{2c}^{\mathrm{T}}\boldsymbol{Q}_{\boldsymbol{l}_2}^{-1}(\boldsymbol{A}_2\delta\hat{\boldsymbol{X}}_2+\boldsymbol{l}_2)\\\boldsymbol{Q}_{\hat{\boldsymbol{X}}_c^{(1)}}\boldsymbol{A}_{2c}^{\mathrm{T}}\boldsymbol{Q}_{\boldsymbol{l}_2}^{-1}(\boldsymbol{A}_2\delta\hat{\boldsymbol{X}}_2+\boldsymbol{l}_2)\end{bmatrix}=\begin{bmatrix}\delta\hat{\boldsymbol{X}}_1\\\delta\hat{\boldsymbol{X}}_c\end{bmatrix}$$

于是，整体平差解 $\hat{\boldsymbol{X}}_1$、$\hat{\boldsymbol{X}}_2$、$\hat{\boldsymbol{X}}_c$ 为

$$\hat{\boldsymbol{X}}_2=\boldsymbol{X}_{02}+\delta\hat{\boldsymbol{X}}_2=\boldsymbol{X}_{02}-(\boldsymbol{A}_2^{\mathrm{T}}\boldsymbol{Q}_{\boldsymbol{l}_2}^{-1}\boldsymbol{A}_2)^{-1}\boldsymbol{A}_2^{\mathrm{T}}\boldsymbol{Q}_{\boldsymbol{l}_2}^{-1}\boldsymbol{l}_2$$

$$\hat{\boldsymbol{X}}_1=\hat{\boldsymbol{X}}_1^{(1)}-\boldsymbol{Q}_{\hat{\boldsymbol{X}}_1^{(1)}\hat{\boldsymbol{X}}_c^{(1)}}\boldsymbol{A}_{2c}^{\mathrm{T}}\boldsymbol{Q}_{\boldsymbol{l}_2}^{-1}(\boldsymbol{A}_2\delta\hat{\boldsymbol{X}}_2+\boldsymbol{l}_2)$$

$$\hat{\boldsymbol{X}}_c=\hat{\boldsymbol{X}}_c^{(1)}-\boldsymbol{Q}_{\hat{\boldsymbol{X}}_c^{(1)}}\boldsymbol{A}_{2c}^{\mathrm{T}}\boldsymbol{Q}_{\boldsymbol{l}_2}^{-1}(\boldsymbol{A}_2\delta\hat{\boldsymbol{X}}_2+\boldsymbol{l}_2)$$

说明：尽管$\hat{\boldsymbol{X}}_1$没有显式出现在本期误差方程中，但由于$\hat{\boldsymbol{X}}_1^{(1)}$、$\hat{\boldsymbol{X}}_c^{(1)}$相关，所以$\hat{\boldsymbol{X}}_1^{(1)}$也得到了更新，更新后的$\hat{\boldsymbol{X}}_1$就是两期观测值放在一起的整体平差结果。实际上，以上公式也可借助部分参数加权平差公式写出。

五、计算题（共 34 分）

1.（8 分）**解**：$n=3$，$t=2$，$r=n-t=1$。取$s_0=2\ \text{km}$，则$\boldsymbol{P}=\text{diag}\left(1,\ \frac{1}{2},\ \frac{1}{8}\right)$，$\boldsymbol{P}^{-1}=\text{diag}(1,\ 2,\ 8)$。改正数方程为

$$\left.\begin{aligned}\hat{h}_1-\hat{h}_2+\hat{h}_3=0\\ \hat{h}_1+H_A-\hat{x}_1=0\\ \hat{h}_3+\hat{x}_2-H_A=0\end{aligned}\right\}$$

将$\hat{h}_i=h_i+v_i(i=1,\ 2,\ 3)$和$\hat{x}_j=x_{0j}+\delta\hat{x}_j(j=1,\ 2)$及相应数据代入，可得矩阵形式的改正数方程为

$$\begin{bmatrix}1&-1&1\\1&0&0\\0&0&1\end{bmatrix}\begin{bmatrix}v_1\\v_2\\v_3\end{bmatrix}+\begin{bmatrix}0&0\\-1&0\\0&1\end{bmatrix}\begin{bmatrix}\delta\hat{x}_1\\\delta\hat{x}_2\end{bmatrix}+\begin{bmatrix}-7\\0\\0\end{bmatrix}(\text{mm})=\mathbf{0}$$

利用具有参数的条件平差公式可得

$$\boldsymbol{N_B}=\boldsymbol{BP}^{-1}\boldsymbol{B}^{\mathrm{T}}=\begin{bmatrix}7&1&4\\1&1&0\\4&0&4\end{bmatrix},\ \boldsymbol{N_B}^{-1}=\frac{1}{4}\begin{bmatrix}2&-2&-2\\-2&6&2\\-2&2&3\end{bmatrix}$$

$$\boldsymbol{N_A}=\boldsymbol{A}^{\mathrm{T}}\boldsymbol{N_B}^{-1}\boldsymbol{A}=\frac{1}{4}\begin{bmatrix}6&-2\\-2&3\end{bmatrix},\ \boldsymbol{N_A}^{-1}=\frac{2}{7}\begin{bmatrix}3&2\\2&6\end{bmatrix},\ \boldsymbol{U_A}=\boldsymbol{A}^{\mathrm{T}}\boldsymbol{N_B}^{-1}\boldsymbol{W}=\frac{1}{2}\begin{bmatrix}-7\\7\end{bmatrix}(\text{mm})$$

$$\delta\hat{\boldsymbol{X}}=\begin{bmatrix}\delta\hat{x}_1\\\delta\hat{x}_2\end{bmatrix}=-\boldsymbol{N_A}^{-1}\boldsymbol{U_A}=\begin{bmatrix}1\\-4\end{bmatrix}(\text{mm}),\ \hat{\boldsymbol{X}}=\boldsymbol{X}_0+\delta\hat{\boldsymbol{X}}=\begin{bmatrix}\hat{x}_1\\\hat{x}_2\end{bmatrix}=\begin{bmatrix}105.843\\100.126\end{bmatrix}(\text{m})$$

2.（26 分）**解**：(1) 由已知可得，总的误差方程为

$$\begin{bmatrix}v_1\\v_2\\v_3\\v_4\end{bmatrix}=\begin{bmatrix}1&0\\-1&1\\0&1\\0&1\end{bmatrix}\begin{bmatrix}\delta\hat{x}_1\\\delta\hat{x}_2\end{bmatrix}+\begin{bmatrix}0\\7\\0\\7\end{bmatrix}(\text{cm})$$

总的权阵为$\boldsymbol{P}=\text{diag}(1,\ 2,\ 2,\ 2)$。于是，由参数平差公式可得

$$\boldsymbol{N}=\boldsymbol{A}^{\mathrm{T}}\boldsymbol{PA}=\begin{bmatrix}3&-2\\-2&6\end{bmatrix},\ \boldsymbol{Q}_{\hat{\boldsymbol{X}}}=\boldsymbol{N}^{-1}=\frac{1}{14}\begin{bmatrix}6&2\\2&3\end{bmatrix},\ \boldsymbol{U}=\boldsymbol{A}^{\mathrm{T}}\boldsymbol{Pl}=\begin{bmatrix}-14\\28\end{bmatrix}(\text{cm})$$

$$\delta\hat{\boldsymbol{X}}=\begin{bmatrix}\delta\hat{x}_1\\\delta\hat{x}_2\end{bmatrix}=-\boldsymbol{N}^{-1}\boldsymbol{U}=\begin{bmatrix}2\\-4\end{bmatrix}(\text{cm}),\ \hat{\boldsymbol{X}}=\begin{bmatrix}\hat{x}_1\\\hat{x}_2\end{bmatrix}=\boldsymbol{X}_0+\delta\hat{\boldsymbol{X}}=\begin{bmatrix}22.04\\25.17\end{bmatrix}(\text{m})$$

$$\boldsymbol{V}=\boldsymbol{A}\delta\hat{\boldsymbol{X}}+\boldsymbol{l}=\begin{bmatrix}2\\1\\-4\\3\end{bmatrix}(\text{cm}),\ \boldsymbol{V}^{\mathrm{T}}\boldsymbol{P}\boldsymbol{V}=56(\text{cm}^2)$$

$$\mu^2=\frac{\boldsymbol{V}^{\mathrm{T}}\boldsymbol{P}\boldsymbol{V}}{n-t}=\frac{56}{4-2}=28(\text{cm}^2),\ \boldsymbol{\Sigma}_{\hat{X}}=\mu^2\boldsymbol{Q}_{\hat{X}}=2\begin{bmatrix}6&2\\2&3\end{bmatrix}(\text{cm}^2)$$

（2）将第 1 期单独按参数平差所得结果以下标（$k-1$）表示如下：

$$\boldsymbol{N}_{(k-1)}=\boldsymbol{A}^{\mathrm{T}}\boldsymbol{P}\boldsymbol{A}=\begin{bmatrix}3&-2\\-2&4\end{bmatrix},\ \boldsymbol{Q}_{\hat{X}(k-1)}=\boldsymbol{N}_{(k-1)}^{-1}=\frac{1}{8}\begin{bmatrix}4&2\\2&3\end{bmatrix},\ \boldsymbol{U}_{(k-1)}=\boldsymbol{A}^{\mathrm{T}}\boldsymbol{P}\boldsymbol{l}=\begin{bmatrix}-14\\14\end{bmatrix}(\text{cm})$$

$$\delta\hat{\boldsymbol{X}}_{(k-1)}=-\boldsymbol{N}_{(k-1)}^{-1}\ \boldsymbol{U}_{(k-1)}=\frac{1}{4}\begin{bmatrix}14\\-7\end{bmatrix}(\text{cm}),\hat{\boldsymbol{X}}_{(k-1)}=\begin{bmatrix}x_{01}\\x_{02}\end{bmatrix}+\frac{1}{4}\begin{bmatrix}14\\-7\end{bmatrix}(\text{cm})$$

$$\boldsymbol{V}_{(k-1)}=\boldsymbol{A}\delta\hat{\boldsymbol{X}}_{(k-1)}\ +\boldsymbol{l}=\frac{1}{4}\begin{bmatrix}14\\7\\-7\end{bmatrix}(\text{cm}),\ \boldsymbol{V}^{\mathrm{T}}\boldsymbol{P}\boldsymbol{V}_{(k-1)}=\frac{49}{2}(\text{cm}^2),\ n_{(k-1)}=3$$

以$\hat{\boldsymbol{X}}_{(k-1)}$ 作为参数近似值，则第 2 期误差方程为

$$v_4=\delta\hat{x}_2'+\frac{21}{4}(\text{cm})=[0\quad 1]\begin{bmatrix}\delta\hat{x}_1'\\\delta\hat{x}_2'\end{bmatrix}+\frac{21}{4}(\text{cm}),\ \boldsymbol{P}_2=2$$

于是，按序贯平差公式可解得

$$\begin{aligned}\boldsymbol{J}_k&=\boldsymbol{Q}_{\hat{X}_{(k-1)}}\ \boldsymbol{A}_k^{\mathrm{T}}(\boldsymbol{P}_k^{-1}+\boldsymbol{A}_k\boldsymbol{Q}_{\hat{X}_{(k-1)}}\ \boldsymbol{A}_k^{\mathrm{T}})^{-1}\\&=\frac{1}{8}\begin{bmatrix}4&2\\2&3\end{bmatrix}\begin{bmatrix}0\\1\end{bmatrix}\left(\frac{1}{2}+[0\quad 1]\ \frac{1}{8}\begin{bmatrix}4&2\\2&3\end{bmatrix}\begin{bmatrix}0\\1\end{bmatrix}\right)^{-1}\\&=\frac{1}{8}\begin{bmatrix}4&2\\2&3\end{bmatrix}\begin{bmatrix}0\\1\end{bmatrix}\times\frac{8}{7}=\frac{1}{7}\begin{bmatrix}2\\3\end{bmatrix}\end{aligned}$$

$$\delta\hat{\boldsymbol{X}}'_{(k)}=-\boldsymbol{J}_k\boldsymbol{l}'_k=-\frac{1}{7}\begin{bmatrix}2\\3\end{bmatrix}\times\frac{21}{4}=-\frac{3}{4}\begin{bmatrix}2\\3\end{bmatrix}(\text{cm})$$

$$\begin{aligned}\hat{\boldsymbol{X}}_{(k)}&=\hat{\boldsymbol{X}}_{(k-1)}\ +\delta\hat{\boldsymbol{X}}'_{(k)}=\begin{bmatrix}x_{01}\\x_{02}\end{bmatrix}+\frac{1}{4}\begin{bmatrix}14\\-7\end{bmatrix}(\text{cm})\ -\frac{3}{4}\begin{bmatrix}2\\3\end{bmatrix}(\text{cm})\\&=\begin{bmatrix}x_{01}\\x_{02}\end{bmatrix}+\begin{bmatrix}2\\-4\end{bmatrix}\ (\text{cm})\ =\begin{bmatrix}22.04\\25.17\end{bmatrix}\ (\text{m})\end{aligned}$$

$$\boldsymbol{Q}_{\hat{X}_{(k)}}=(\boldsymbol{I}-\boldsymbol{J}_k\boldsymbol{A}_k)\boldsymbol{Q}_{\hat{X}_{(k-1)}}=\left(\boldsymbol{I}-\frac{1}{7}\begin{bmatrix}2\\3\end{bmatrix}[0\quad 1]\right)\times\frac{1}{8}\begin{bmatrix}4&2\\2&3\end{bmatrix}=\frac{1}{14}\begin{bmatrix}6&2\\2&3\end{bmatrix}$$

$$\boldsymbol{V}^{\mathrm{T}}\boldsymbol{P}\boldsymbol{V}_{(k)}=\boldsymbol{V}^{\mathrm{T}}\boldsymbol{P}\boldsymbol{V}_{(k-1)}+\boldsymbol{l}_k'^{\mathrm{T}}(\boldsymbol{P}_k^{-1}+\boldsymbol{A}_k\boldsymbol{Q}_{\hat{X}_{(k-1)}}\boldsymbol{A}_k^{\mathrm{T}})^{-1}\boldsymbol{l}'_k=\frac{49}{2}+\frac{21}{4}\times\frac{8}{7}\times\frac{21}{4}=56(\text{cm}^2)$$

$$\mu_{(k)}^2=\frac{\boldsymbol{V}^{\mathrm{T}}\boldsymbol{P}\boldsymbol{V}_{(k)}}{n_{(k-1)}+n_k-t}=\frac{56}{3+1-2}=28(\text{cm}^2)$$

$$\boldsymbol{\Sigma}_{\hat{X}_{(k)}}=\mu_{(k)}^2\boldsymbol{Q}_{\hat{X}_{(k)}}=2\begin{bmatrix}6&2\\2&3\end{bmatrix}(\text{cm}^2)$$

可见，序贯平差解与整体平差解完全相同。

（3）将（2）中第1期单独按参数平差所得结果记为

$$\hat{\boldsymbol{X}}_{(k-1)}=\begin{bmatrix}x_{01}\\x_{02}\end{bmatrix}+\frac{1}{4}\begin{bmatrix}14\\-7\end{bmatrix}(\mathrm{cm})=\boldsymbol{X}_0,\ \boldsymbol{Q}_{\hat{X}_{(k-1)}}=\boldsymbol{N}_{(k-1)}^{-1}=\frac{1}{8}\begin{bmatrix}4&2\\2&3\end{bmatrix}=\boldsymbol{Q}_{X_0},$$

以 $\boldsymbol{X}_0=\hat{\boldsymbol{X}}_{(k-1)}$ 作为参数近似值，则第2期误差方程为

$$v_4=\delta\hat{x}_2+\frac{21}{4}(\mathrm{cm})=[0\quad 1]\begin{bmatrix}\delta\hat{x}_1\\\delta\hat{x}_2\end{bmatrix}+\frac{21}{4}(\mathrm{cm}),\ \boldsymbol{P}_2=2$$

于是，按全部参数加权平差公式可解得

$$\boldsymbol{Q}_l=\boldsymbol{P}^{-1}+\boldsymbol{A}\boldsymbol{Q}_{X_0}\boldsymbol{A}^{\mathrm{T}}=\frac{1}{2}+[0\quad 1]\frac{1}{8}\begin{bmatrix}4&2\\2&3\end{bmatrix}\begin{bmatrix}0\\1\end{bmatrix}=\frac{7}{8},\ \boldsymbol{Q}_l^{-1}=\frac{8}{7}$$

$$\boldsymbol{V}_{X_0}=-\boldsymbol{Q}_{X_0}\boldsymbol{A}^{\mathrm{T}}\boldsymbol{Q}_l^{-1}\boldsymbol{l}=-\frac{1}{8}\begin{bmatrix}4&2\\2&3\end{bmatrix}\begin{bmatrix}0\\1\end{bmatrix}\times\frac{8}{7}\times\frac{21}{4}=-\frac{3}{4}\begin{bmatrix}2\\3\end{bmatrix}(\mathrm{cm})$$

$$\hat{\boldsymbol{X}}=\boldsymbol{X}_0+\boldsymbol{V}_{X_0}=\begin{bmatrix}x_{01}\\x_{02}\end{bmatrix}+\frac{1}{4}\begin{bmatrix}14\\-7\end{bmatrix}(\mathrm{cm})-\frac{3}{4}\begin{bmatrix}2\\3\end{bmatrix}(\mathrm{cm})$$

$$=\begin{bmatrix}x_{01}\\x_{02}\end{bmatrix}+\begin{bmatrix}2\\-4\end{bmatrix}(\mathrm{cm})=\begin{bmatrix}22.04\\25.17\end{bmatrix}(\mathrm{m})$$

$$\boldsymbol{V}=\boldsymbol{P}^{-1}\boldsymbol{Q}_l^{-1}\boldsymbol{l}=\frac{1}{2}\times\frac{8}{7}\times\frac{21}{4}=3(\mathrm{cm})$$

$$\mu^2=\frac{\boldsymbol{V}^{\mathrm{T}}\boldsymbol{P}\boldsymbol{V}+\boldsymbol{V}_{X_0}^{\mathrm{T}}\boldsymbol{P}_{X_0}\boldsymbol{V}_{X_0}}{n}=\frac{18+\frac{3}{4}[2\quad 3]\times\begin{bmatrix}3&-2\\-2&4\end{bmatrix}\times\frac{3}{4}\begin{bmatrix}2\\3\end{bmatrix}}{1}=\frac{63}{2}(\mathrm{cm}^2)$$

$$\boldsymbol{Q}_{\hat{X}}=\boldsymbol{Q}_{X_0}-\boldsymbol{Q}_{X_0}\boldsymbol{A}^{\mathrm{T}}\boldsymbol{Q}_l^{-1}\boldsymbol{A}\boldsymbol{Q}_{X_0}=(\boldsymbol{A}^{\mathrm{T}}\boldsymbol{P}\boldsymbol{A}+\boldsymbol{Q}_{X_0}^{-1})^{-1}$$

$$=\left(\begin{bmatrix}0\\1\end{bmatrix}\times 2\times[0\quad 1]+\begin{bmatrix}3&-2\\-2&4\end{bmatrix}\right)^{-1}=\frac{1}{14}\begin{bmatrix}6&2\\2&3\end{bmatrix}$$

$$\boldsymbol{\Sigma}_{\hat{X}_{(k)}}=\mu^2\boldsymbol{Q}_{\hat{X}}=\frac{63}{28}\begin{bmatrix}6&2\\2&3\end{bmatrix}(\mathrm{cm}^2)$$

可见，参数加权平差解与整体平差解，$\hat{x}_1$、$\hat{x}_2$ 完全相同，$\boldsymbol{\Sigma}_{\hat{X}}$ 略有不同。（注：两者 μ^2 均无偏，但 μ 的计算公式不同。）

自测五　测量平差模型误差的假设检验

题　目

一、判断题（每题1分，共10分）

1. 当样本容量 $n \to \infty$ 时，二项分布 $B(n, p)$ 趋近于正态分布 $N(np, np(1-p))$。（　）

2. 若 $\Delta_i \sim N(0, \sigma^2)$ 且相互独立，则 $\sqrt{n}\Delta_i$ 与 $\sum_{i=1}^{n}\Delta_i$ 的分布相同。（　）

3. 假设检验时，弃真概率变小，纳伪概率也会相应变小。（　）

4. 偏度峰度检验法专门用于检验总体分布是否为正态分布。（　）

5. 数学模型正确时，五种基本平差方法所得 $\boldsymbol{V}$、$\hat{\boldsymbol{L}}$、μ^2 均无偏。（　）

6. 数学模型正确时，概括函数模型的平差所得 $\hat{\boldsymbol{X}}$ 服从正态分布，维数等于其个数。（　）

7. 幂等阵的秩等于其迹。（　）

8. 若平面控制点的平差坐标 $P(\hat{x}, \hat{y})$ 满足 $q_{\hat{x}\hat{y}}=0$，则其误差椭圆特例化为圆。（　）

9. 置信椭圆是一簇共焦椭圆。（　）

10. 置信椭圆特例化为圆时，圆概率误差 $R_\beta=\sqrt{-2\ln(1-\beta\%)}\sigma$，其中，$\sigma=\sigma_{\hat{x}}$。（　）

二、填空题（每空1分，共37分）

1. 若 $x_i(i=1, 2, \cdots, n)$ 是来自母体 $N(\mu, \sigma^2)$ 的样本，则子样均值 $\bar{x}=\frac{1}{n}\sum_{i=1}^{n}x_i \sim$ ________，子样方差 $m^2=$ ________，$\sum_{i=1}^{n}\left(\frac{x_i-\mu}{\sigma^2}\right)^2 \sim$ ________，$\frac{\bar{x}-\mu}{m/\sqrt{n}} \sim$ ________。

2. 当子样容量 $n \to \infty$ 时，$\chi^2(n)$ 趋于正态分布 $N($________，________$)$，$t(n)$ 趋于正态分布 $N($________，________$)$。

3. 设 $x_i \sim N(\mu_1, \sigma_1^2)$，$y_i \sim N(\mu_2, \sigma_2^2)$，独立抽取两组子样 $(x_1, x_2, \cdots, x_{n_1})$ 和 $(y_1, y_2, \cdots, y_{n_2})$，则________$\sim F(n_1, n_2)$；若 μ_1、μ_2 未知，则________$\sim F(n_1, n_2)$，进一步，$\sigma_1^2=\sigma_2^2$，则________$\sim F(n_1, n_2)$。

4. 偶然误差特性的检验包括________的检验、________的检验、________的检验、

________的检验、________的检验等。

5. 线性平差模型正确时，五种基本平差方法所得 $\hat{\boldsymbol{L}}$ 与最小方差估计结果相同，所以 $\hat{\boldsymbol{L}}$ 也被称为______ 估计量，其最小方差性可用式子表示为______ =min 或______ =min。

6. 五种基本平差方法均有 $\mathrm{rk}(\boldsymbol{Q}_{V})=$________，$\mathrm{rk}(\boldsymbol{Q}_{\hat{L}})=$________。

7. 参数平差中，未知参数个数为 t，多余观测个数为 r，已知验前单位权方差 σ_0^2 时，参数向量的假设检验统计量为________，未知 σ_0^2 时则为________。

8. 通常所指的点位精度是用赫尔默特表示法表示的，平面控制点 $P(\hat{x}_P,\hat{y}_P)$ 的点位中误差 $m_P=$________，三维控制点 $P(\hat{x}_P,\hat{y}_P,\hat{z}_P)$ 的点位中误差 $m_P=$________，若坐标系发生旋转，点位中误差具有________性（不变、可变选一）。

9. 一测边网平差后，得 $\mu=0.40$ dm 和 $P(\hat{x}_P,\hat{y}_P)$ 的坐标权逆阵为 $\boldsymbol{Q}_{\begin{bmatrix}\hat{x}_P\\ \hat{y}_P\end{bmatrix}}=$ $\begin{bmatrix}0.1600 & 0.0000\\ 0.0000 & 0.0900\end{bmatrix}$，则该点的点位中误差为________，误差椭圆参数 $\alpha_1=$________，$E=$________，$F=$________。

10. k 值置信椭圆的一般方程为________，当 $k=$________时特例化为误差椭圆。

11. 设 $\boldsymbol{Q}_{\hat{X}}$ 的特征值为 $\lambda_1\geqslant\lambda_2>0$，则 k 值置信椭圆的主轴半径分别为______、______。

12. 设 $t(>3)$ 个独立未知参数的平差值和真值分别为 $\hat{\boldsymbol{X}}$、$\tilde{\boldsymbol{X}}$，$\hat{\boldsymbol{X}}$ 的权逆阵为 $\boldsymbol{Q}_{\hat{X}}$，则统计量 $(\hat{\boldsymbol{X}}-\tilde{\boldsymbol{X}})^{\mathrm{T}}\boldsymbol{Q}_{\hat{X}}^{-1}(\hat{\boldsymbol{X}}-\tilde{\boldsymbol{X}})/\sigma_0^2$ 服从的分布为______，$(\hat{\boldsymbol{X}}-\tilde{\boldsymbol{X}})^{\mathrm{T}}\boldsymbol{Q}_{\hat{X}}^{-1}(\hat{\boldsymbol{X}}-\tilde{\boldsymbol{X}})/\sigma_0^2=1$ 表示的曲面称为________，$P\{(\hat{\boldsymbol{X}}-\tilde{\boldsymbol{X}})^{\mathrm{T}}\boldsymbol{Q}_{\hat{X}}^{-1}(\hat{\boldsymbol{X}}-\tilde{\boldsymbol{X}})/\sigma_0^2\leqslant k^2\}=1-\alpha$ 应理解为________。

三、选择题（每题 2 分，共 10 分）

1. 若 $\Delta_i\sim N(0,1)$ $(i=1,2,\cdots,n)$，则 $P\left\{\left|\frac{[\Delta]}{n}\right|\leqslant\_\_\_\_\_\_\right\}=95.45\%$。

A. $\frac{2}{n}$　　B. $\frac{2}{\sqrt{n}}$　　C. $\frac{2}{n^2}$　　D. $\frac{3}{n}$

2. 二次型的数学期望 $E(\boldsymbol{X}^{\mathrm{T}}\boldsymbol{A}\boldsymbol{X})=$________。

A. $\mathrm{tr}(\boldsymbol{A}\boldsymbol{\Sigma}_X)+E^{\mathrm{T}}(\boldsymbol{X})\boldsymbol{A}E(\boldsymbol{X})$　　B. $\mathrm{tr}(\boldsymbol{A}\boldsymbol{\Sigma}_X)+E^{\mathrm{T}}(\boldsymbol{X})E(\boldsymbol{X})$

C. $\mathrm{tr}(\boldsymbol{\Sigma}_X)+E^{\mathrm{T}}(\boldsymbol{X})\boldsymbol{A}E(\boldsymbol{X})$　　D. $\mathrm{tr}(\boldsymbol{\Sigma}_X\boldsymbol{A})+E^{\mathrm{T}}(\boldsymbol{X})E(\boldsymbol{X})$

3. 边角网平差后，点 P 的坐标权逆阵为 $\boldsymbol{Q}_{\begin{bmatrix}\hat{x}_P\\ \hat{y}_P\end{bmatrix}}=\begin{bmatrix}2 & 1\\ 1 & 2\end{bmatrix}$ $(\mathrm{dm}/'')^2$，又知单位权中误差为 $\mu=\pm1''$，则该点 45°方位角处的点位中误差为________。

A. $\pm\sqrt{5}$ dm　　B. ±2 dm　　C. $\pm\sqrt{3}$ dm　　D. $\pm\sqrt{2}$ dm

4. 验后单位权方差 $\mu^2=\frac{\boldsymbol{V}^{\mathrm{T}}\boldsymbol{P}\boldsymbol{V}}{r}$ 的方差 $\sigma_{\mu^2}^2=$________。

A. $\frac{\sigma_0^4}{r^2}$　　B. $\frac{\sigma_0^4}{r}$　　C. $2\frac{\sigma_0^4}{r^2}$　　D. $2\frac{\sigma_0^4}{r}$

5. $k=2$ 时的置信椭圆，包含真位置的概率为________。

A. $P\{\chi^2(4)\leqslant 2\}$　B. $P\{\chi^2(2)\leqslant 2\}$　C. $P\{\chi^2(4)\leqslant 4\}$　D. $P\{\chi^2(2)\leqslant 4\}$

四、分析与证明题（共 18 分）

1.（5 分）从测量平差观点，试分析 $\frac{(n-1)m^2}{\sigma^2}\sim\chi^2(n-1)$ 为验后方差检验统计量的特例。

2.（5 分）试证明：当 $q_{\hat{x}\hat{y}}=0$ 且 $q_{\hat{x}}<q_{\hat{y}}$ 时，误差椭圆的长轴方向与高斯平面直角坐标系的 y 轴重合，短轴方向与 x 轴重合。

3.（8 分）若对于任意实数 x，有反正切函数 $\arctan(x)\in\left(-\frac{\pi}{2},\ \frac{\pi}{2}\right)$。现借助 $\arctan(x)$，分析基于公式 $\tan\alpha_1=\frac{\lambda_1-q_{\hat{x}}}{q_{\hat{x}\hat{y}}}=\frac{q_{\hat{x}\hat{y}}}{\lambda_1-q_{\hat{y}}}$ 计算误差椭圆长半轴方位角 α_1 的判断表达式。（注：$\alpha_1\in[0°,\ 180°)$）

五、计算题（共 25 分）

1.（8 分）某水准网平差后，得 P_i 点高程平差值为 $\hat{x}_i=12.1015$ m，权倒数 $q_{\hat{x}_i}=0.94$，单位权中误差 $\mu=\pm\sqrt{\frac{\boldsymbol{V}^{\mathrm{T}}\boldsymbol{PV}}{r}}=\pm\sqrt{\frac{28}{20}}\approx\pm1.2$ (mm)，又知两年前 P_i 点的高程 $H_i=12.1108$ m，试以 5% 的显著水平检验 P_i 点是否发生了升降。($t_{0.975}(20)=2.09$)

2.（8 分）已知某平差问题的条件方程为

$$\begin{bmatrix}1&-1&1&0&0\\0&0&1&-1&1\\1&0&0&1&0\end{bmatrix}\begin{bmatrix}v_1\\v_2\\v_3\\v_4\\v_5\end{bmatrix}+\begin{bmatrix}-4\\4\\-4\end{bmatrix}('')=\boldsymbol{0}$$

定权时常数 $\sigma_0=\pm1.8''$，观测值权阵 $\boldsymbol{P}=\boldsymbol{I}$，试以 5% 的显著水平检验该条件平差模型是否正确。($\chi^2_{0.025}(3)=0.22$，$\chi^2_{0.975}(3)=9.35$)

3.（9 分）一测边网平差后，得 $\mu=0.53$ dm，未知点 $P_1(\hat{x}_1,\ \hat{y}_1)$、$P_2(\hat{x}_2,\ \hat{y}_2)$ 的坐标权逆阵为

$$\boldsymbol{Q}_{\begin{bmatrix}\hat{x}_1\\\hat{y}_1\\\hat{x}_2\\\hat{y}_2\end{bmatrix}}=\begin{bmatrix}0.3449&-0.0009&0.0597&-0.0807\\-0.0009&0.5739&-0.0798&0.1074\\0.0597&-0.0798&0.3459&0.0221\\-0.0807&0.1074&0.0221&0.5804\end{bmatrix}$$

试计算：（1）P_1 点的点位中误差及误差椭圆参数；

（2）P_2 点的点位中误差及误差椭圆参数；

（3）P_1、P_2 两点间相对误差椭圆参数。

答　案

一、判断题（每题1分，共10分）

1.（√）说明：结论意味着样本容量充分大时，可用正态分布近似代替二项分布。

2.（√）说明：$\sqrt{n}\Delta_i \sim N(0, n\sigma^2)$，$\sum_{i=1}^{n}\Delta_i \sim N(0, n\sigma^2)$，故二者分布相同。

3.（×）说明：假设检验时，弃真概率和纳伪概率一般不可调和，使弃真概率变小，纳伪概率就会变大，反之亦然。

4.（√）说明：χ^2 检验法虽然是检验总体分布的一般方法，但在检验总体分布是否具有正态性时，偏度峰度检验法被认为更有效，后者专用于检验总体是否服从正态分布。

5.（√）说明：$E(\boldsymbol{V})=\boldsymbol{0}$，$E(\hat{\boldsymbol{L}})=E(\boldsymbol{L})=\widetilde{\boldsymbol{L}}$，$E(\mu^2)=\sigma_0^2$。

6.（×）说明：$\underset{u\times 1}{\hat{\boldsymbol{X}}}$ 虽然服从正态分布 $N(\boldsymbol{X}=E(\hat{\boldsymbol{X}}), \sigma_0^2\boldsymbol{Q}_{\hat{X}})$，但其维数等于独立的未知参数个数 t_0。

7.（√）说明：测量平差理论研究中，利用此性质可方便地求出幂等阵的秩。

8.（×）说明：$q_{\hat{x}\hat{y}}=0$ 且 $q_{\hat{x}}=q_{\hat{y}}$ 时，误差椭圆才特例化为圆。

9.（×）说明：置信椭圆是一簇同心椭圆。

10.（√）说明：$\sigma_{\hat{x}\hat{y}}=0$ 且 $\sigma_{\hat{x}}=\sigma_{\hat{y}}=\sigma$ 时，置信椭圆特例化为圆，此时圆概率误差可严密计算。

二、填空题（每空1分，共37分）

1. $N\left(\mu, \dfrac{\sigma^2}{n}\right)$；$\dfrac{1}{n-1}\sum_{i=1}^{n}(x_i-\overline{x})^2$；$\chi^2(n)$；$t(n-1)$

2. n；$2n$；0；1

3. $\dfrac{\sum_{i=1}^{n_1}(x_i-\mu_1)^2 n_2\sigma_2^2}{\sum_{i=1}^{n_2}(y_i-\mu_2)^2 n_1\sigma_1^2}$；$\dfrac{m_1^2\sigma_2^2}{m_2^2\sigma_1^2}$；$\dfrac{m_1^2}{m_2^2}$

4. 正负误差个数；正负误差分配顺序；正负误差数值和；正负误差平方和之差；个别误差值

5. 最优线性无偏；$\mathrm{tr}(\boldsymbol{\Sigma}_{\hat{L}})$；$\mathrm{tr}(\boldsymbol{Q}_{\hat{L}})$

6. r 或多余观测个数；t 或必要观测量个数

7. $\chi^2(t)=(\hat{\boldsymbol{X}}-\boldsymbol{X})^{\mathrm{T}}\boldsymbol{Q}_{\hat{X}}^{-1}(\hat{\boldsymbol{X}}-\boldsymbol{X})/\sigma_0^2$；$F(t,\ r)=(\hat{\boldsymbol{X}}-\boldsymbol{X})^{\mathrm{T}}\boldsymbol{Q}_{\hat{X}}^{-1}(\hat{\boldsymbol{X}}-\boldsymbol{X})/(t\mu^2)$

8. $\mu\sqrt{q_{\hat{x}_P}+q_{\hat{y}_P}}$或$\pm\sqrt{m_{\hat{x}_P}^2+m_{\hat{y}_P}^2}$；$\mu\sqrt{q_{\hat{x}_P}+q_{\hat{y}_P}+q_{\hat{z}_P}}$或$\pm\sqrt{m_{\hat{x}_P}^2+m_{\hat{y}_P}^2+m_{\hat{z}_P}^2}$；不变

9. ± 0.20 dm；$0°$；0.16 dm；0.12 dm

10. $(\hat{\boldsymbol{X}}-\widetilde{\boldsymbol{X}})^{\mathrm{T}}\boldsymbol{\Sigma}_{\hat{X}}^{-1}(\hat{\boldsymbol{X}}-\widetilde{\boldsymbol{X}})=\dfrac{1}{\sigma_0^2}(\hat{\boldsymbol{X}}-\widetilde{\boldsymbol{X}})^{\mathrm{T}}\boldsymbol{Q}_{\hat{X}}^{-1}(\hat{\boldsymbol{X}}-\widetilde{\boldsymbol{X}})=k^2$；1

11. kE 或 $k\sigma_0\sqrt{\lambda_1}$；$kF$ 或 $k\sigma_0\sqrt{\lambda_2}$

12. $\chi^2(t)$；t 维超误差椭球面；置信椭球包含真值的概率为 $(1-\alpha)$

三、选择题（每题 2 分，共 10 分）

1. B；由$\dfrac{[\Delta]}{n}\sim N\left(0,\ \dfrac{1}{n}\right)$，故 $P\left\{\left|\dfrac{[\Delta]}{n}\sqrt{n}\right|\leqslant 2\right\}=95.45\%$，$P\left\{\left|\dfrac{[\Delta]}{n}\right|\leqslant\dfrac{2}{\sqrt{n}}\right\}=95.45\%$。

2. A；测量平差理论研究中，经常使用该公式推导一些二次型的数学期望，如 $E(\boldsymbol{V}^{\mathrm{T}}\boldsymbol{P}\boldsymbol{V})$。

3. C；$m_{u_{45°}}=\mu\sqrt{q_{u_{45°}}}=\mu\sqrt{q_{\hat{x}}\cos^2\alpha+q_{\hat{y}}\sin^2\alpha+q_{\hat{x}\hat{y}}\sin 2\alpha}\,\Big|_{\alpha=45°}=\pm\sqrt{3}$ dm。

4. D；由 $\dfrac{\boldsymbol{V}^{\mathrm{T}}\boldsymbol{P}\boldsymbol{V}}{\sigma_0^2}=\dfrac{r\mu^2}{\sigma_0^2}\sim\chi^2(r)$ 可得 $\sigma_{\mu^2}^2=\dfrac{2\sigma_0^4}{r}$。

5. D；置信椭圆方程为 $(\hat{\boldsymbol{X}}-\widetilde{\boldsymbol{X}})^{\mathrm{T}}\boldsymbol{Q}_{\hat{X}}^{-1}(\hat{\boldsymbol{X}}-\widetilde{\boldsymbol{X}})/\sigma_0^2=k^2$，其包含真位置的概率可表达为 $P\{(\hat{\boldsymbol{X}}-\widetilde{\boldsymbol{X}})^{\mathrm{T}}\boldsymbol{Q}_{\hat{X}}^{-1}(\hat{\boldsymbol{X}}-\widetilde{\boldsymbol{X}})/\sigma_0^2\leqslant k^2\}=1-\alpha$，因 $(\hat{\boldsymbol{X}}-\widetilde{\boldsymbol{X}})^{\mathrm{T}}\boldsymbol{Q}_{\hat{X}}^{-1}(\hat{\boldsymbol{X}}-\widetilde{\boldsymbol{X}})/\sigma_0^2\sim\chi^2(2)$，故 $P\{\chi^2(2)\leqslant k^2\}=1-\alpha$。当给定 $k=2$ 时，概率表达为 $P\{\chi^2(2)\leqslant 4\}$。

四、分析与证明题（共 18 分）

1. （5 分）**分析：** 由概率论知，若 $(x_1,\ x_2,\ \cdots,\ x_n)$ 是来自 $N(\mu,\ \sigma^2)$ 的一个样本，则

$$\frac{(n-1)m^2}{\sigma^2}\sim\chi^2(n-1) \tag{1}$$

其中，$m^2=\dfrac{1}{n-1}\sum\limits_{i=1}^{n}(x_i-\overline{x})^2$，$\overline{x}=\dfrac{1}{n}\sum\limits_{i=1}^{n}x_i$。

根据测量平差观点，$x_i(i=1,\ 2,\ \cdots,\ n)$ 可理解为 μ 的 n 个独立等精度观测值，$\overline{x}$ 为 μ 的平差值，$(x_i-\overline{x})$ 为 x_i 的改正数 v_i，m^2 为验后单位权方差 $\mu^2=\dfrac{\boldsymbol{V}^{\mathrm{T}}\boldsymbol{V}}{n-1}$，多余观测个数为 $n-1$。于是，式 (1) 可等价为 $\dfrac{(n-1)\mu^2}{\sigma_0^2}=\dfrac{\boldsymbol{V}^{\mathrm{T}}\boldsymbol{V}}{\sigma_0^2}\sim\chi^2(n-1)$，它显然为测量平差中验后方差检验统计量的特例，即

$$\frac{\boldsymbol{V}^{\mathrm{T}}\boldsymbol{P}\boldsymbol{V}}{\sigma_0^2}=\frac{r\mu^2}{\sigma_0^2}\sim\chi^2(r) \tag{2}$$

$\boldsymbol{P}=\boldsymbol{I}$，$r=n-1$ 的特例。

2．（5 分）**证明：**由已知可得

$$K=\sqrt{(q_{\hat{x}}-q_{\hat{y}})^2+4q_{\hat{x}\hat{y}}^2}=q_{\hat{y}}-q_{\hat{x}}$$

$$\lambda_1=\frac{1}{2}(q_{\hat{x}}+q_{\hat{y}}+K)=q_{\hat{y}}$$

$$\tan\alpha_1=\frac{\lambda_1-q_{\hat{x}}}{q_{\hat{x}\hat{y}}}=\frac{q_{\hat{y}}-q_{\hat{x}}}{q_{\hat{x}\hat{y}}}=+\infty$$

故 $\alpha_1=90°$，$\alpha_2=\alpha_1+90°=180°$，结论成立。

3．（8 分）**分析：**α_1 的判断表达式如下

（1）当 $q_{\hat{x}\hat{y}}\neq 0$ 时，$\alpha_1=\arctan\left(\dfrac{\lambda_1-q_{\hat{x}}}{q_{\hat{x}\hat{y}}}\right)$；

（2）当 $q_{\hat{x}\hat{y}}=0$ 时，$\lambda_1=\dfrac{1}{2}(q_{\hat{x}}+q_{\hat{y}}+|q_{\hat{x}}-q_{\hat{y}}|)$，此时

a）若 $q_{\hat{x}}>q_{\hat{y}}$，$\lambda_1=q_{\hat{x}}$，$\tan\alpha_1=\dfrac{q_{\hat{x}\hat{y}}}{\lambda_1-q_{\hat{y}}}=0$，$\alpha_1=0$；

b）若 $q_{\hat{x}}<q_{\hat{y}}$，$\lambda_1=q_{\hat{y}}$，$\tan\alpha_1=\dfrac{\lambda_1-q_{\hat{x}}}{q_{\hat{x}\hat{y}}}=+\infty$，$\alpha_1=\dfrac{\pi}{2}$；

c）若 $q_{\hat{x}}=q_{\hat{y}}$，$\lambda_1=q_{\hat{x}}=q_{\hat{y}}$，误差椭圆特例化为圆，$\alpha_1$ 为$[0°,\ 180°)$内任意值。

为简化，b）和 c）可以合并为：若 $q_{\hat{x}}\leqslant q_{\hat{y}}$，则 $\alpha_1=\dfrac{\pi}{2}$。

（3）在（1）、（2）基础上，若 $\alpha_1<0$，则 $\alpha_1=\alpha_1+\pi$。

五、计算题（共 25 分）

1．（8 分）**解：**因

$$\hat{x}_i\sim N(E(\hat{x}_i)=\tilde{x}_i,\ \sigma_0^2 q_{\hat{x}_i})$$

$$\frac{\hat{x}_i-\tilde{x}_i}{\sigma_0\sqrt{q_{\hat{x}_i}}}\sim N(0,\ 1)$$

$$\frac{r\mu^2}{\sigma_0^2}\sim\chi^2(r)$$

故

$$\frac{\hat{x}_i-\tilde{x}_i}{\mu\sqrt{q_{\hat{x}_i}}}\sim t(r)$$

做原假设和备择假设如下

$$H_0:\tilde{x}_i=H_i;\quad H_1:\tilde{x}_i\neq H_i$$

则相应显著水平 $\alpha=5\%$的接受域为

$$[t_{\alpha/2}(r),\ t_{1-\alpha/2}(r)]=[t_{0.025}(20),\ t_{0.975}(20)]=[-2.09,\ 2.09]$$

现统计量

$$\frac{\hat{x}_i-H_i}{\mu\sqrt{q_{\hat{x}_i}}}=\frac{-9.3}{1.2\times\sqrt{0.94}}\approx-7.99$$

未落入接受域内，故拒绝 H_0，认为 P_i 点发生了升降。

2.（8 分）**解**：由已知得

$$\boldsymbol{N}=\boldsymbol{B}\boldsymbol{P}^{-1}\boldsymbol{B}^{\mathrm{T}}=\begin{bmatrix}3&1&1\\1&3&-1\\1&-1&2\end{bmatrix},\ \boldsymbol{N}^{-1}=\frac{1}{8}\begin{bmatrix}5&-3&-4\\-3&5&4\\-4&4&8\end{bmatrix},\ \boldsymbol{K}=-\boldsymbol{N}^{-1}\boldsymbol{W}=\begin{bmatrix}2\\-2\\0\end{bmatrix}$$

$$\boldsymbol{V}=\boldsymbol{P}^{-1}\boldsymbol{B}^{\mathrm{T}}\boldsymbol{K}=\begin{bmatrix}2\\-2\\0\\2\\-2\end{bmatrix}('')，\ \boldsymbol{V}^{\mathrm{T}}\boldsymbol{P}\boldsymbol{V}=16('')^2，\ \chi^2(3)=\frac{\boldsymbol{V}^{\mathrm{T}}\boldsymbol{P}\boldsymbol{V}}{\sigma_0^2}\approx4.94$$

因 $\chi^2(3)$ 落在接受域 $[\chi^2_{0.025}(3),\ \chi^2_{0.975}(3)]=[0.22,\ 9.35]$ 内，故该条件平差模型基本正确。

3.（9 分）**解**：（1）$m_{P_1}=\pm0.51$ dm，$E=0.40$ dm，$F=0.31$ dm，$\alpha_1=90°13'31''$；

（2）$m_{P_2}=\pm0.51$ dm，$E=0.40$ dm，$F=0.31$ dm，$\alpha_1=84°39'46''$；

（3）$E=0.53$ dm，$F=0.37$ dm，$\alpha_1=67°41'03''$。

综测 A

题　目

一、判断题（每题 1 分，共 10 分）

1. 任何测量结果必然含有误差。（　）
2. 仅进行了必要观测，无法进行测量平差或不存在测量平差问题。（　）
3. 依最小二乘原理进行平差，不需要知道观测量的分布也可以得到最优估计量。（　）
4. 平差值的精度一定不低于相应观测值的精度。（　）
5. 精度最高的观测值，其平差值的精度也一定最高。（　）
6. 无论参数平差还是条件平差，$\boldsymbol{Q}_V\boldsymbol{P}$ 均为幂等阵。（　）
7. 无论参数平差还是条件平差，$\boldsymbol{Q}_{\hat{L}}$ 均为满秩方阵。（　）
8. 分区平差尤其适用于观测值分批或分期获得这类数据处理问题。（　）
9. 参数加权平差原理利用的是广义观测值或虚拟观测值的思想。（　）
10. 当验后方差一致性检验通过时，可认为平差模型基本正确，或没有理由怀疑平差模型不正确。（　）

二、填空题（每空 1 分，共 30 分）

1. 测量平差的数学模型或测量平差模型包括________模型和________模型。
2. 严格可以知道的真值称为________真值。实际中，经常将________估值近似视为真值。
3. 仅含偶然误差的观测值 L 服从________分布，可简写为________。
4. 通常认为精密度反映的是观测结果中________误差的影响，准确度反映的是________误差的影响。
5. 测量规范中限差主要是针对________和________制定的。
6. 若 $\underset{n\times 1}{\boldsymbol{Y}}=f(\underset{t\times 1}{\boldsymbol{X}})$，则雅可比矩阵 $\dfrac{\mathrm{d}\boldsymbol{Y}}{\mathrm{d}\boldsymbol{X}}$ 的元素表达式为________。
7. 已知向量 $\boldsymbol{U}=\begin{bmatrix}\boldsymbol{X}\\ \boldsymbol{Y}\\ \boldsymbol{Z}\end{bmatrix}$，若向量 $\boldsymbol{X}$、$\boldsymbol{Y}$、$\boldsymbol{Z}$ 均相关，$\boldsymbol{\Sigma}_U$ 的相应分块表达式为________；

若仅 $\boldsymbol{X}$、$\boldsymbol{Z}$ 不相关，$\boldsymbol{\Sigma}_U$ 的相应分块表达式为________。

8. 设向量的协方差阵为 $\boldsymbol{\Sigma}$，权阵为 $\boldsymbol{P}$，权逆阵为 $\boldsymbol{Q}$，则三者关系为 $\boldsymbol{\Sigma}=$__________$=$__________。

9. 有时并不需要知道观测值向量的协方差阵便可定出权阵，如同一类观测值独立等精度时可简单取权阵 $\boldsymbol{P}=$________，同等级三角高程测量观测高差权阵 $\boldsymbol{P}=$________。（均设观测值个数为 n）

10. 参数平差中，利用 $\boldsymbol{U}$ 的二次型间接计算 $\boldsymbol{V}^{\mathrm{T}}\boldsymbol{P}\boldsymbol{V}$ 的公式为________。

11. 若将参数平差的误差方程写为 $\boldsymbol{V}=\boldsymbol{A}\delta\hat{\boldsymbol{X}}-\boldsymbol{l}$，观测值的权阵为 $\boldsymbol{P}$，则 $\delta\hat{\boldsymbol{X}}=$________，$\boldsymbol{Q}_{\hat{\boldsymbol{X}}}=$________。

12. 参数平差解 $\hat{\boldsymbol{X}}$ 理论上具有最小方差性，即________$=\min$ 或________$=\min$。

13. 若观测值仅含偶然误差，则残差 $\underset{n\times 1}{\boldsymbol{V}}$ 服从________维的正态分布 $N($________，$\boldsymbol{\Sigma}_{\boldsymbol{V}}=\sigma_0^2\boldsymbol{Q}_{\boldsymbol{V}})$，$v_i/\sigma_{v_i}\sim$________。

14. 设参数平差的法方程为 $\begin{bmatrix}\boldsymbol{N}_{11} & \boldsymbol{N}_{12}\\ \boldsymbol{N}_{21} & \boldsymbol{N}_{22}\end{bmatrix}\begin{bmatrix}\hat{\boldsymbol{X}}_1\\ \hat{\boldsymbol{X}}_2\end{bmatrix}+\begin{bmatrix}\boldsymbol{U}_1\\ \boldsymbol{U}_2\end{bmatrix}=\boldsymbol{0}$，则单独求解 $\hat{\boldsymbol{X}}_1$ 的公式为 $\hat{\boldsymbol{X}}_1=$________，$\boldsymbol{Q}_{\hat{\boldsymbol{X}}_1}=$________。

15. 误差椭圆三参数计算公式为 $\tan\alpha_1=$________，$E=$________，$F=$________。

三、选择题（每题 3 分，共 15 分）

1. 若观测值向量 $\boldsymbol{L}=[L_1\quad L_3\quad L_2]^{\mathrm{T}}$ 的权阵 $\boldsymbol{P}$ 为 $\begin{bmatrix}1 & -1 & 0\\ -1 & 2 & -1\\ 0 & -1 & 3\end{bmatrix}$，则 L_3 的权为________。

A. 2　　B. 2/3　　C. 2/5　　D. 1

2. 设高斯平面中两未知点的平差坐标为 $(\hat{x}_i,\hat{y}_i)$ 和 $(\hat{x}_j,\hat{y}_j)$，近似值分别为 (x_i^0,y_i^0) 和 (x_j^0,y_j^0)，s_{ij} 为两点间的平面距离观测值。若令 $s_{ij}^0=\sqrt{(x_j^0-x_i^0)^2+(y_j^0-y_i^0)^2}$，$l_{ij}^s=s_{ij}^0-s_{ij}$，$c_{ij}=-\dfrac{x_j^0-x_i^0}{s_{ij}^0}$，$d_{ij}=-\dfrac{y_j^0-y_i^0}{s_{ij}^0}$，则 s_{ij} 的线性化误差方程式为________。

A. $v_{ij}^s=c_{ij}\delta\hat{x}_i+d_{ij}\delta\hat{y}_i+c_{ij}\delta\hat{x}_j+d_{ij}\delta\hat{y}_j+l_{ij}^s$

B. $v_{ij}^s=c_{ij}\delta\hat{x}_i-d_{ij}\delta\hat{y}_i-c_{ij}\delta\hat{x}_j+d_{ij}\delta\hat{y}_j+l_{ij}^s$

C. $v_{ij}^s=-c_{ij}\delta\hat{x}_i+d_{ij}\delta\hat{y}_i+c_{ij}\delta\hat{x}_j-d_{ij}\delta\hat{y}_j+l_{ij}^s$

D. $v_{ij}^s=c_{ij}\delta\hat{x}_i+d_{ij}\delta\hat{y}_i-c_{ij}\delta\hat{x}_j-d_{ij}\delta\hat{y}_j+l_{ij}^s$

3. 参数平差中，$\boldsymbol{Q}_{\hat{\boldsymbol{X}}\boldsymbol{L}}$ 的表达式为________。

A. $\boldsymbol{A}\boldsymbol{N}^{-1}\boldsymbol{A}^{\mathrm{T}}$　　B. $\boldsymbol{A}^{\mathrm{T}}\boldsymbol{N}^{-1}\boldsymbol{A}$　　C. $\boldsymbol{A}\boldsymbol{N}^{-1}$　　D. $\boldsymbol{N}^{-1}\boldsymbol{A}^{\mathrm{T}}$

4. 设非线性条件方程式为 $\dfrac{\sin\hat{L}_1\sin\hat{L}_3\sin\hat{L}_5}{\sin\hat{L}_2\sin\hat{L}_4\sin\hat{L}_6}=1$，其中，$\hat{L}_i$ 为角度观测值 L_i 的平差值，则下述关于其线性化形式不正确的为________。（α_i、w_a 的单位为弧度，v_i'' 的单位为秒）

A. $\alpha_1 v_1 - \alpha_2 v_2 + \alpha_3 v_3 - \alpha_4 v_4 + \alpha_5 v_5 - \alpha_6 v_6 + w_a = 0$，$\alpha_i = \dfrac{\cot L_i}{\ln 10}$，$w_a = \lg \dfrac{\sin L_1 \sin L_3 \sin L_5}{\sin L_2 \sin L_4 \sin L_6}$

B. $\alpha_1 v_1 - \alpha_2 v_2 + \alpha_3 v_3 - \alpha_4 v_4 + \alpha_5 v_5 - \alpha_6 v_6 + w_a = 0$，$\alpha_i = \cot L_i$，$w_a = \ln \dfrac{\sin L_1 \sin L_3 \sin L_5}{\sin L_2 \sin L_4 \sin L_6}$

C. $\alpha_1 v_1 - \alpha_2 v_2 + \alpha_3 v_3 - \alpha_4 v_4 + \alpha_5 v_5 - \alpha_6 v_6 + w_a = 0$，$\alpha_i = \cot L_i$，$w_a = \dfrac{\sin L_2 \sin L_4 \sin L_6}{\sin L_1 \sin L_3 \sin L_5} - 1$

D. $\alpha_1 v_1'' - \alpha_2 v_2'' + \alpha_3 v_3'' - \alpha_4 v_4'' + \alpha_5 v_5'' - \alpha_6 v_6'' + w_a = 0$，$\alpha_i = \dfrac{10^6}{\rho''} \cot L_i$，$w_a = \dfrac{10^6}{\rho''} \times \ln \dfrac{\sin L_1 \sin L_3 \sin L_5}{\sin L_2 \sin L_4 \sin L_6}$

5. 下图所示的水准附合路线中，A、B 为已知水准点，路线闭合差 $W = H_A + h_1 + h_2 - h_3 + h_4 - H_B = 5$ mm，则 h_3 的最或然改正数为________。

A. 2 mm　　B. −2 mm　　C. 1 mm　　D. −1 mm

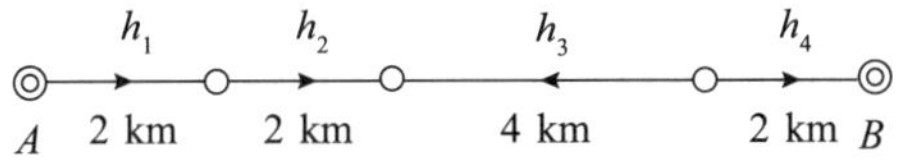

四、推证题（每题 5 分，共 20 分）

1. 以参数平差或条件平差为例推导 $\boldsymbol{V}$ 与 $\boldsymbol{\Delta}$ 的关系式，并说明能否利用该式解出 $\boldsymbol{\Delta}$。

2. 设误差方程为 $\boldsymbol{V} = \boldsymbol{A}\hat{\boldsymbol{X}} + \boldsymbol{l}$，观测值权阵为 $\boldsymbol{P}$，平差得未知参数平差值的协方差阵为 $\boldsymbol{\Sigma}_{\hat{X}} = \mu^2 \boldsymbol{Q}_{\hat{X}} = \mu^2 (\boldsymbol{A}^{\mathrm{T}} \boldsymbol{P} \boldsymbol{A})^{-1}$，现将权阵放大为 $k\boldsymbol{P}$ 倍（k 为大于 0 的常数）重新进行参数平差，试证明 $\boldsymbol{\Sigma}_{\hat{X}}$ 的不变性。

3. 用任一基本平差方法证明 $\boldsymbol{Q}_{\hat{L}V} = \boldsymbol{0}$。

4. 推导具有参数的条件平差法方程。

五、应用题（共 25 分）

1. （6 分）某简单水准网如下图所示，A 为已知水准点，P_1、P_2 为未知水准点，各观测高差相互独立且路线长均为 2 km，环闭合差向量 $\boldsymbol{W} = [W_1 \quad W_2 \quad W_3]^{\mathrm{T}} = [-2 \quad 1 \quad 2]^{\mathrm{T}}$（mm），其中，$W_i$ 为顺时针高差之和减去逆时针高差之和，试估计每千米观测高差的中误差。

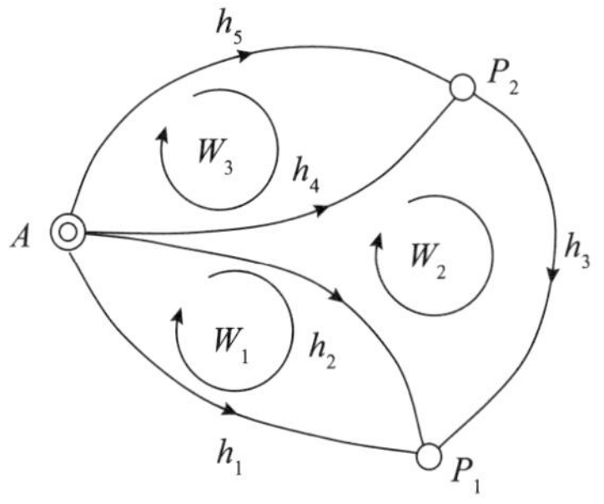

2.（12分）下图所示的水准网中，A、B、C 均为已知水准点，$H_A=210.323$ m，$H_B=218.436$ m，$H_C=245.421$ m，P_1、P_2 为未知水准点，观测高差及所在距离如下：

$h_1=14.117$ m　$s_1=2$ km

$h_2=6.001$ m　$s_2=2$ km

$h_3=10.067$ m　$s_3=4$ km

$h_4=10.061$ m　$s_4=4$ km

$h_5=10.916$ m　$s_5=2$ km

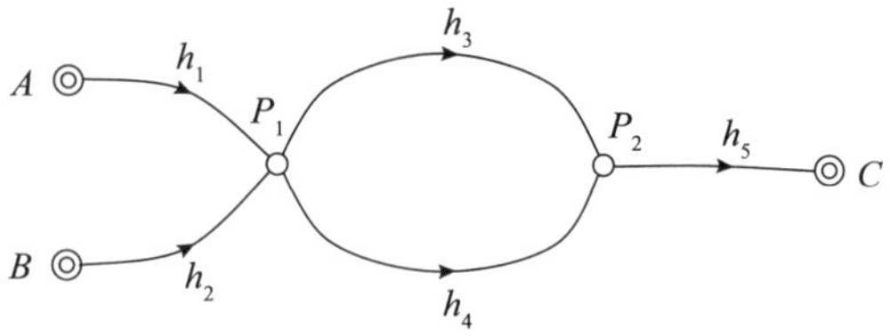

试按参数平差法或条件平差法求未知点的高程平差值及其中误差。

3.（7分）若通过平差已得参数平差值 $\hat{x}_i$ 及 $q_{\hat{x}_i}$、$\mu=\pm\sqrt{\boldsymbol{V}^{\mathrm{T}}\boldsymbol{PV}/r}$，又知 $\hat{x}_i$ 的理论分布为 $\hat{x}_i \sim N\left(E(\hat{x}_i)=\tilde{x}_i,\ \sigma_{\hat{x}_i}^2=\sigma_0^2 q_{\hat{x}_i}\right)$，试解决下列问题：

（1）σ_0 已知时，给出 $\tilde{x}_i$ 置信度为95.45%的双侧置信区间；

（2）σ_0 已知时，针对 $\tilde{x}_i$ 是否等于 $\bar{x}_i$ 的检验问题，给出置信度为（$1-\alpha$）的接受域并画图说明弃真概率和纳伪概率；

（3）σ_0 未知时，给出 $\tilde{x}_i$ 是否等于 $\bar{x}_i$ 的置信度为（$1-\alpha$）的接受域。

答　案

一、判断题（每题1分，共10分）

1.（√）说明：由于测量条件的随机变化，任何测量结果必然含有偶然误差，可能还会含有粗差和系统误差。

2.（√）说明：测量平差的基础是多余观测，没有多余观测就不存在平差问题。仅进行了必要观测，只能将必要观测值及其函数值作为有关量的估值。

3.（√）说明：只要数学模型正确，可以证明，最小二乘估计结果为最优估计量。

4.（√）说明：由 $\boldsymbol{Q}_{\hat{L}}=\boldsymbol{Q}_L-\boldsymbol{Q}_V$ 知，$(\boldsymbol{Q}_{\hat{L}})_{ii}\leqslant(\boldsymbol{Q}_L)_{ii}$，故结论成立。

5.（×）说明：以参数平差为例，由 $\boldsymbol{Q}_{\hat{L}}=\boldsymbol{A}(\boldsymbol{A}^{\mathrm{T}}\boldsymbol{PA})^{-1}\boldsymbol{A}^{\mathrm{T}}$ 知，$(\boldsymbol{Q}_{\hat{L}})_{ii}$ 具体值与矩阵 $\boldsymbol{A}$（图形结构）和权阵 $\boldsymbol{P}$ 均有关，结论不一定成立。

6.（√）说明：五种基本平差方法的通用结论之一。

7.（×）说明：五种基本平差方法的通用结论之一为 $\mathrm{rk}(\boldsymbol{Q}_{\hat{L}})=t$（必要观测量个数），小于其阶数 n，$\boldsymbol{Q}_{\hat{L}}$ 总是降秩方阵。

8.（×）说明：序贯平差或观测值逐次分组平差更适用于观测值动态获取的情况，分区平差适用于已获得全部观测值的情况。

9.（√）说明：参数加权平差就是将具有先验信息的参数近似值（有具体值及其精度）视为广义观测值或虚拟观测值，与观测值一起平差，从而可得到更高精度的参数估值。

10. （√）说明：假设检验均存在纳伪概率，即使通过检验，也不能说平差模型一定正确。

二、填空题（每空 1 分，共 30 分）

1. 函数；随机
2. 理论；高精度
3. 正态；$L \sim N\left(E(L),\ \sigma_L^2\right)$
4. 偶然；系统
5. 闭合差；较差
6. $\begin{bmatrix} \frac{\partial y_1}{\partial x_1} & \frac{\partial y_1}{\partial x_2} & \cdots & \frac{\partial y_1}{\partial x_t} \\ \frac{\partial y_2}{\partial x_1} & \frac{\partial y_2}{\partial x_2} & \cdots & \frac{\partial y_2}{\partial x_t} \\ \vdots & \vdots & & \vdots \\ \frac{\partial y_n}{\partial x_1} & \frac{\partial y_n}{\partial x_2} & \cdots & \frac{\partial y_n}{\partial x_t} \end{bmatrix}$
7. $\begin{bmatrix} \boldsymbol{\Sigma}_X & \boldsymbol{\Sigma}_{XY} & \boldsymbol{\Sigma}_{XZ} \\ \boldsymbol{\Sigma}_{YX} & \boldsymbol{\Sigma}_Y & \boldsymbol{\Sigma}_{YZ} \\ \boldsymbol{\Sigma}_{ZX} & \boldsymbol{\Sigma}_{ZY} & \boldsymbol{\Sigma}_Z \end{bmatrix}$；$\begin{bmatrix} \boldsymbol{\Sigma}_X & \boldsymbol{\Sigma}_{XY} & \mathbf{0} \\ \boldsymbol{\Sigma}_{YX} & \boldsymbol{\Sigma}_Y & \boldsymbol{\Sigma}_{YZ} \\ \mathbf{0} & \boldsymbol{\Sigma}_{ZY} & \boldsymbol{\Sigma}_Z \end{bmatrix}$
8. $\sigma_0^2\boldsymbol{P}^{-1}$；$\sigma_0^2\boldsymbol{Q}$
9. $\underset{n\times n}{\boldsymbol{I}}$；$\mathrm{diag}\left(\frac{s_0^2}{s_1^2},\ \frac{s_0^2}{s_2^2},\ \cdots,\ \frac{s_0^2}{s_n^2}\right)$
10. $\boldsymbol{l}^{\mathrm{T}}\boldsymbol{Pl}-\boldsymbol{U}^{\mathrm{T}}\boldsymbol{N}^{-1}\boldsymbol{U}$
11. $(\boldsymbol{A}^{\mathrm{T}}\boldsymbol{PA})^{-1}\boldsymbol{A}^{\mathrm{T}}\boldsymbol{Pl}$；$(\boldsymbol{A}^{\mathrm{T}}\boldsymbol{PA})^{-1}$
12. $\mathrm{tr}(\boldsymbol{\Sigma}_{\hat{X}})$；$\mathrm{tr}(\boldsymbol{Q}_{\hat{X}})$
13. r（多余观测量个数）；$\mathbf{0}$；$N(0,\ 1)$
14. $-(\boldsymbol{N}_{11}-\boldsymbol{N}_{12}\boldsymbol{N}_{22}^{-1}\boldsymbol{N}_{21})^{-1}\ (\boldsymbol{U}_1-\boldsymbol{N}_{12}\boldsymbol{N}_{22}^{-1}\boldsymbol{U}_2)$；$(\boldsymbol{N}_{11}-\boldsymbol{N}_{12}\boldsymbol{N}_{22}^{-1}\boldsymbol{N}_{21})^{-1}$
15. $\frac{\lambda_1-q_{\hat{x}}}{q_{\hat{x}\hat{y}}}$或$\frac{q_{\hat{x}\hat{y}}}{\lambda_1-q_{\hat{y}}}$；$\mu\sqrt{\lambda_1}$；$\mu\sqrt{\lambda_2}$。其中，$\lambda_1=\frac{1}{2}\left(q_{\hat{x}}+q_{\hat{y}}+\sqrt{(q_{\hat{x}}-q_{\hat{y}})^2+4q_{\hat{x}\hat{y}}^2}\right)$；$\lambda_2=\frac{1}{2}\left(q_{\hat{x}}+q_{\hat{y}}-\sqrt{(q_{\hat{x}}-q_{\hat{y}})^2+4q_{\hat{x}\hat{y}}^2}\right)$。

三、选择题（每题 3 分，共 15 分）

1. B；由 $\boldsymbol{Q}=\boldsymbol{P}^{-1}=\frac{1}{2}\begin{bmatrix} 5 & 3 & 1 \\ 3 & 3 & 1 \\ 1 & 1 & 1 \end{bmatrix}$知，$\frac{1}{p_{L_3}}=\frac{3}{2}$，故 $p_{L_3}=\frac{2}{3}$。

2. D；由 $s_{ij}+v_{ij}^{s}=\sqrt{(\hat{x}_j-\hat{x}_i)^2+(\hat{y}_j-\hat{y}_i)^2}$ 线性化可得。

3. D。

4. D；w_{α} 应为 $10^6\times\ln\dfrac{\sin L_1\sin L_3\sin L_5}{\sin L_2\sin L_4\sin L_6}$。

5. A；可利用水准路线闭合差配赋公式快速计算。

四、推证题（每题 5 分，共 20 分）

1. **解**：以参数平差为例。由参数平差公式

$$\underset{t\times1}{\hat{\boldsymbol{X}}}=-\boldsymbol{N}^{-1}\boldsymbol{U}=-\boldsymbol{N}^{-1}\boldsymbol{A}^{\mathrm{T}}\boldsymbol{P}\boldsymbol{l}$$

$$-\underset{n\times1}{\boldsymbol{\Delta}}=\boldsymbol{A}\underset{t\times1}{\boldsymbol{X}}+\boldsymbol{l}\text{（观测方程）}$$

$$\underset{n\times1}{\boldsymbol{V}}=\boldsymbol{A}\underset{t\times1}{\hat{\boldsymbol{X}}}+\boldsymbol{l}\text{（误差方程）}$$

可得

$$\begin{aligned}\underset{n\times1}{\boldsymbol{V}}&=(\boldsymbol{I}-\boldsymbol{A}\boldsymbol{N}^{-1}\boldsymbol{A}^{\mathrm{T}}\boldsymbol{P})\boldsymbol{l}=(\boldsymbol{I}-\boldsymbol{A}\boldsymbol{N}^{-1}\boldsymbol{A}^{\mathrm{T}}\boldsymbol{P})(-\boldsymbol{\Delta}-\boldsymbol{A}\boldsymbol{X})\\&=-(\boldsymbol{I}-\boldsymbol{A}\boldsymbol{N}^{-1}\boldsymbol{A}^{\mathrm{T}}\boldsymbol{P})\underset{n\times1}{\boldsymbol{\Delta}}=-\underset{n\times n}{\boldsymbol{R}}\underset{n\times1}{\boldsymbol{\Delta}}\end{aligned}$$

其中，$\underset{n\times n}{\boldsymbol{R}}=\boldsymbol{I}-\boldsymbol{A}\boldsymbol{N}^{-1}\boldsymbol{A}^{\mathrm{T}}\boldsymbol{P}$。

因 $\boldsymbol{R}$ 为幂等阵，$\mathrm{rk}(\underset{n\times n}{\boldsymbol{R}})=\mathrm{tr}(\underset{n\times n}{\boldsymbol{R}})=n-t<n$，故 $\boldsymbol{R}$ 降秩，无法由 $\underset{n\times1}{\boldsymbol{V}}=-\underset{n\times n}{\boldsymbol{R}}\underset{n\times1}{\boldsymbol{\Delta}}$ 解出 $\boldsymbol{\Delta}$。

2. **证明**：令新的权阵为 $\boldsymbol{P}'=k\boldsymbol{P}$，由参数平差公式知

$$\hat{\boldsymbol{X}}'=-(\boldsymbol{A}^{\mathrm{T}}\boldsymbol{P}'\boldsymbol{A})^{-1}\boldsymbol{A}^{\mathrm{T}}\boldsymbol{P}'\boldsymbol{l}=-(\boldsymbol{A}^{\mathrm{T}}\boldsymbol{P}\boldsymbol{A})^{-1}\boldsymbol{A}^{\mathrm{T}}\boldsymbol{P}\boldsymbol{l}=\hat{\boldsymbol{X}}$$

参数平差值具有不变性；$\boldsymbol{V}'=\boldsymbol{A}\hat{\boldsymbol{X}}'+\boldsymbol{l}=\boldsymbol{A}\hat{\boldsymbol{X}}+\boldsymbol{l}=\boldsymbol{V}$，残差也具有不变性。而

$$\mu'^2=\frac{\boldsymbol{V}^{\mathrm{T}}\boldsymbol{P}'\boldsymbol{V}}{n-t}=k\,\frac{\boldsymbol{V}^{\mathrm{T}}\boldsymbol{P}\boldsymbol{V}}{n-t}=k\mu^2$$

$$\boldsymbol{Q}_{\hat{X}'}=(\boldsymbol{A}^{\mathrm{T}}\boldsymbol{P}'\boldsymbol{A})^{-1}=\frac{1}{k}(\boldsymbol{A}^{\mathrm{T}}\boldsymbol{P}\boldsymbol{A})^{-1}=\frac{1}{k}\boldsymbol{Q}_{\hat{X}}$$

故

$$\boldsymbol{\Sigma}_{\hat{X}'}=\mu'^2\boldsymbol{Q}_{\hat{X}'}=\mu^2\boldsymbol{Q}_{\hat{X}}=\boldsymbol{\Sigma}_{\hat{X}}$$

即 $\boldsymbol{\Sigma}_{\hat{X}}$ 具有不变性。

3. **证明**：参数平差。由参数平差公式知

$$\boldsymbol{l}=\boldsymbol{A}\boldsymbol{X}_0+\boldsymbol{D}-\boldsymbol{L}$$

$$\delta\hat{\boldsymbol{X}}=-\boldsymbol{N}^{-1}\boldsymbol{A}^{\mathrm{T}}\boldsymbol{P}\boldsymbol{l}$$

$$\boldsymbol{V}=\boldsymbol{A}\delta\hat{\boldsymbol{X}}+\boldsymbol{l}=(\boldsymbol{I}-\boldsymbol{A}\boldsymbol{N}^{-1}\boldsymbol{A}^{\mathrm{T}}\boldsymbol{P})\boldsymbol{l}=-(\boldsymbol{I}-\boldsymbol{A}\boldsymbol{N}^{-1}\boldsymbol{A}^{\mathrm{T}}\boldsymbol{P})\boldsymbol{L}+(\boldsymbol{I}-\boldsymbol{A}\boldsymbol{N}^{-1}\boldsymbol{A}^{\mathrm{T}}\boldsymbol{P})\boldsymbol{D}$$

$$\hat{\boldsymbol{L}}=\boldsymbol{L}+\boldsymbol{V}=\boldsymbol{A}\boldsymbol{N}^{-1}\boldsymbol{A}^{\mathrm{T}}\boldsymbol{P}\boldsymbol{L}+(\boldsymbol{I}-\boldsymbol{A}\boldsymbol{N}^{-1}\boldsymbol{A}^{\mathrm{T}}\boldsymbol{P})\boldsymbol{D}$$

根据权逆阵传播律，可得

$$\boldsymbol{Q}_{\hat{L}V}=-\boldsymbol{A}\boldsymbol{N}^{-1}\boldsymbol{A}^{\mathrm{T}}\boldsymbol{P}\boldsymbol{Q}_{L}(\boldsymbol{I}-\boldsymbol{A}\boldsymbol{N}^{-1}\boldsymbol{A}^{\mathrm{T}}\boldsymbol{P})^{\mathrm{T}}=-\boldsymbol{A}\boldsymbol{N}^{-1}\boldsymbol{A}^{\mathrm{T}}+\boldsymbol{A}\boldsymbol{N}^{-1}\boldsymbol{A}^{\mathrm{T}}=\boldsymbol{0}$$

其中，$\boldsymbol{Q}_{L}=\boldsymbol{P}^{-1}$。

4. **推导**：具有参数的条件平差函数模型为

$$\boldsymbol{BV}+\boldsymbol{A}\delta\hat{\boldsymbol{X}}+\boldsymbol{W}=\boldsymbol{0},\ \boldsymbol{W}=\boldsymbol{BL}+\boldsymbol{AX}_0+\boldsymbol{B}_0 \tag{1}$$

依最小二乘原则，可构造函数

$$\boldsymbol{\Phi}=\boldsymbol{V}^{\mathrm{T}}\boldsymbol{PV}-2\boldsymbol{K}^{\mathrm{T}}(\boldsymbol{BV}+\boldsymbol{A}\delta\hat{\boldsymbol{X}}+\boldsymbol{W})$$

令

$$\left.\begin{aligned}\frac{\partial\boldsymbol{\Phi}}{\partial\boldsymbol{V}}&=2\boldsymbol{V}^{\mathrm{T}}\boldsymbol{P}-2\boldsymbol{K}^{\mathrm{T}}\boldsymbol{B}=\boldsymbol{0}\\ \frac{\partial\boldsymbol{\Phi}}{\partial\delta\hat{\boldsymbol{X}}}&=-2\boldsymbol{K}^{\mathrm{T}}\boldsymbol{A}=\boldsymbol{0}\end{aligned}\right\}$$

即

$$\left.\begin{aligned}\boldsymbol{V}&=\boldsymbol{P}^{-1}\boldsymbol{B}^{\mathrm{T}}\boldsymbol{K}\\ \boldsymbol{A}^{\mathrm{T}}\boldsymbol{K}&=\boldsymbol{0}\end{aligned}\right\} \tag{2}$$

将（1）代入（2）中第一式，便得具有参数的条件平差法方程为

$$\left.\begin{aligned}&\boldsymbol{BP}^{-1}\boldsymbol{B}^{\mathrm{T}}\boldsymbol{K}+\boldsymbol{A}\delta\hat{\boldsymbol{X}}+\boldsymbol{W}=\boldsymbol{0}\\ &\boldsymbol{A}^{\mathrm{T}}\boldsymbol{K}=\boldsymbol{0}\end{aligned}\right\}$$

设 $\boldsymbol{N}_B=\boldsymbol{BP}^{-1}\boldsymbol{B}^{\mathrm{T}}$，法方程又常简写为

$$\left.\begin{aligned}&\boldsymbol{N}_B\boldsymbol{K}+\boldsymbol{A}\delta\hat{\boldsymbol{X}}+\boldsymbol{W}=\boldsymbol{0}\\ &\boldsymbol{A}^{\mathrm{T}}\boldsymbol{K}=\boldsymbol{0}\end{aligned}\right\}\ \text{或}\ \begin{bmatrix}\boldsymbol{N}_B & \boldsymbol{A}\\ \boldsymbol{A}^{\mathrm{T}} & \boldsymbol{0}\end{bmatrix}\begin{bmatrix}\boldsymbol{K}\\ \delta\hat{\boldsymbol{X}}\end{bmatrix}+\begin{bmatrix}\boldsymbol{W}\\ \boldsymbol{0}\end{bmatrix}=\boldsymbol{0}$$

五、应用题（共 25 分）

1.（6 分）**解：** 由题意可知

$$\boldsymbol{W}=\begin{bmatrix}W_1\\ W_2\\ W_3\end{bmatrix}=\begin{bmatrix}-1 & 1 & 0 & 0 & 0\\ 0 & -1 & 1 & 1 & 0\\ 0 & 0 & 0 & -1 & 1\end{bmatrix}\begin{bmatrix}h_1\\ h_2\\ h_3\\ h_4\\ h_5\end{bmatrix}=\boldsymbol{Ah}$$

取 $s_0=1\ \mathrm{km}$，则 $\boldsymbol{P}_h=\frac{1}{2}\boldsymbol{I}$，$\boldsymbol{Q}_h=\boldsymbol{P}_h^{-1}=2\boldsymbol{I}$。于是，根据权逆阵传播律可得

$$\boldsymbol{Q}_W=\boldsymbol{AQ}_h\boldsymbol{A}^{\mathrm{T}}=2\begin{bmatrix}2 & -1 & 0\\ -1 & 3 & -1\\ 0 & -1 & 2\end{bmatrix}$$

$$\boldsymbol{P}_W=\boldsymbol{Q}_W^{-1}=\frac{1}{16}\begin{bmatrix}5 & 2 & 1\\ 2 & 4 & 2\\ 1 & 2 & 5\end{bmatrix}$$

由真误差计算单位权中误差的公式可得

$$\mu=\pm\sqrt{\frac{\boldsymbol{W}^{\mathrm{T}}\boldsymbol{P}_W\boldsymbol{W}}{n}}=\pm\sqrt{\frac{36}{16}\times\frac{1}{3}}=\pm\frac{\sqrt{3}}{2}\ (\mathrm{mm})$$

因取 $s_0=1\ \mathrm{km}$，故 μ 为每千米观测高差的中误差。

说明：本题即水准测量规范中利用水准环闭合差计算每千米观测高差全中误差的原理。

2.（12 分）**解**：参数平差法。$n=5$，$t=2$，$r=n-t=3$。取 $\hat{x}_1=\hat{H}_{P_1}$，$\hat{x}_2=\hat{H}_{P_2}$，$x_{01}=H_A+h_1=224.440\ \text{m}$，$x_{02}=H_C-h_5=234.505\ \text{m}$；$s_0=4\ \text{km}$，$\boldsymbol{P}=\text{diag}(2,\ 2,\ 1,\ 1,\ 2)$。误差方程为

$$\left.\begin{aligned}
h_1+v_1&=\hat{x}_1-H_A=\delta\hat{x}_1+x_{01}-H_A\\
h_2+v_2&=\hat{x}_1-H_B=\delta\hat{x}_1+x_{01}-H_B\\
h_3+v_3&=\hat{x}_2-\hat{x}_1=-\delta\hat{x}_1+\delta\hat{x}_2+x_{02}-x_{01}\\
h_4+v_4&=\hat{x}_2-\hat{x}_1=-\delta\hat{x}_1+\delta\hat{x}_2+x_{02}-x_{01}\\
h_5+v_5&=H_C-\hat{x}_2=-\delta\hat{x}_2+H_C-x_{02}
\end{aligned}\right\}$$

代入数据后，矩阵形式的误差方程为

$$\begin{bmatrix}v_1\\v_2\\v_3\\v_4\\v_5\end{bmatrix}=\begin{bmatrix}1&0\\1&0\\-1&1\\-1&1\\0&-1\end{bmatrix}\begin{bmatrix}\delta\hat{x}_1\\\delta\hat{x}_2\end{bmatrix}+\begin{bmatrix}0\\3\\-2\\4\\0\end{bmatrix}(\text{mm})$$

由参数平差公式得

$$\boldsymbol{N}=\boldsymbol{A}^{\mathrm{T}}\boldsymbol{PA}=\begin{bmatrix}6&-2\\-2&4\end{bmatrix},\quad \boldsymbol{N}^{-1}=\frac{1}{10}\begin{bmatrix}2&1\\1&3\end{bmatrix}$$

$$\boldsymbol{U}=\boldsymbol{A}^{\mathrm{T}}\boldsymbol{Pl}=\begin{bmatrix}4\\2\end{bmatrix}(\text{mm}),\quad \delta\hat{\boldsymbol{X}}=\begin{bmatrix}\delta\hat{x}_1\\\delta\hat{x}_2\end{bmatrix}=-\boldsymbol{N}^{-1}\boldsymbol{U}=\begin{bmatrix}-1\\-1\end{bmatrix}(\text{mm})$$

$$\hat{H}_{P_1}=x_{01}+\delta\hat{x}_1=224.439\ \text{m},\quad \hat{H}_{P_2}=x_{02}+\delta\hat{x}_2=234.504\ \text{m}$$

$$\boldsymbol{V}=\boldsymbol{A}\delta\hat{\boldsymbol{X}}+\boldsymbol{l}=\begin{bmatrix}-1\\2\\-2\\4\\1\end{bmatrix}(\text{mm}),\quad \hat{\boldsymbol{h}}=\boldsymbol{h}+\boldsymbol{V}=\begin{bmatrix}14.116\\6.003\\10.065\\10.065\\10.917\end{bmatrix}(\text{m})$$

$$\boldsymbol{V}^{\mathrm{T}}\boldsymbol{PV}=32(\text{mm}^2),\quad \mu^2=\frac{\boldsymbol{V}^{\mathrm{T}}\boldsymbol{PV}}{n-t}=\frac{32}{3}(\text{mm}^2)$$

$$\frac{1}{p_{\hat{H}_{P_1}}}=\frac{1}{p_{\hat{x}_1}}=\frac{1}{5},\quad m_{\hat{H}_{P_1}}=\mu\sqrt{\frac{1}{p_{\hat{H}_{P_1}}}}=\pm\frac{4\sqrt{30}}{15}\ (\text{mm})$$

$$\frac{1}{p_{\hat{H}_{P_2}}}=\frac{1}{p_{\hat{x}_2}}=\frac{3}{10},\quad m_{\hat{H}_{P_2}}=\mu\sqrt{\frac{1}{p_{\hat{H}_{P_2}}}}=\pm\frac{4\sqrt{5}}{5}\ (\text{mm})$$

提示：本题 $t<r$，手算时采用参数平差计算量相对小一些。

3.（7 分）**解**：（1）由题意知

$$\frac{\hat{x}_i-\widetilde{x}_i}{\sigma_{\hat{x}_i}}\sim N(0,\ 1),\ \sigma_{\hat{x}_i}=\sigma_0\sqrt{q_{\hat{x}_i}}$$

故 $\widetilde{x}_i$ 置信度为 95.45%的双侧置信区间为 $[\hat{x}_i-2\sigma_{\hat{x}_i},\ \hat{x}_i+2\sigma_{\hat{x}_i}]$。

（2）做原假设和备择假设如下

$$H_0:\widetilde{x}_i=\overline{x}_i;\ H_1:\widetilde{x}_i\neq\overline{x}_i$$

采用 u 统计量，H_0 成立时有

$$u=\frac{\hat{x}_i-\overline{x}_i}{\sigma_{\hat{x}_i}}\sim N(0,\ 1),\ \sigma_{\hat{x}_i}=\sigma_0\sqrt{q_{x_i}}$$

故置信度为（$1-\alpha$）的接受域为 $[z_{\alpha/2},\ z_{1-\alpha/2}]$，即统计量 u 落在该区域内的概率为（$1-\alpha$）。

弃真概率为图中阴影面积之和，纳伪概率则为图中黑色阴影面积。

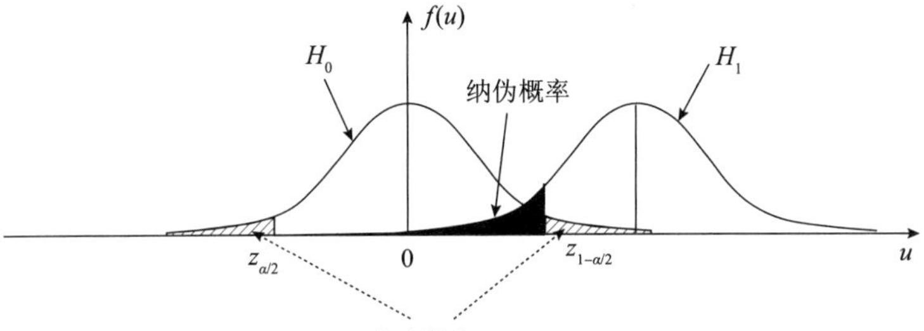

（3）做原假设和备择假设如下

$$H_0:\widetilde{x}_i=\overline{x}_i;\ H_1:\widetilde{x}_i\neq\overline{x}_i$$

采用 t 检验量，H_0 成立时有

$$t=\frac{\hat{x}_i-\overline{x}_i}{\mu\sqrt{q_{\hat{x}_i}}}\sim t(r)$$

故置信度为（$1-\alpha$）的接受域为 $[t_{\alpha/2}(r),\ t_{1-\alpha/2}(r)]$，即统计量 t 落在该区域内的概率为（$1-\alpha$）。

综测 B

题　目

一、名词解释（每个 2 分，共 16 分）

1. 测量平差　2. 系统误差　3. 最优线性无偏估计量　4. 分区平差
5. 参数加权平差　6. 方差一致性检验　7. 点位中误差　8. 置信椭圆

二、分析与简答题（每题 4 分，共 24 分）

1. 若观测值相互独立，$v_i = a_i \delta\hat{x}_1 + b_i \delta\hat{x}_2 + \cdots + t_i \delta\hat{x}_t + l_i$、$p_i$ 分别为第 i 个观测值的误差方程式和权，试分析该观测值对组成参数平差法方程的贡献。
2. 简述非线性误差方程按迭代方式计算参数平差值的流程。
3. 概括函数模型在什么情况下会特例化为其他四种基本平差方法的函数模型。
4. 简述五种基本平差方法的共同特点。
5. 以参数平差为例，简述参数相同时序贯平差的要求和应用场合。
6. 根据误差椭圆参数公式，分析误差椭圆特例化为圆的条件。

三、推证题（每题 5 分，共 20 分）

1. 推导以双次观测之差值计算单位权中误差的公式。
2. 依最小二乘原理，用拉格朗日法推导参数平差的法方程。
3. 用任一基本平差方法证明验后单位权方差 $\mu^2 = \dfrac{\boldsymbol{V}^{\mathrm{T}}\boldsymbol{P}\boldsymbol{V}}{r}$（$r$ 为多余观测量个数）的无偏性。
4. 用任一基本平差方法证明 $\boldsymbol{Q}_V = \boldsymbol{Q}_L - \boldsymbol{Q}_{\hat{L}}$。

四、综合题（共 40 分）

下图所示的简单水准网中，A 为已知水准点，$H_A = 187.372$ m，P_1、P_2 为未知水准点，观测高差及所在距离如下：

$h_1=2.671\ \text{m}\quad s_1=2\ \text{km}$

$h_2=1.023\ \text{m}\quad s_2=1\ \text{km}$

$h_3=1.022\ \text{m}\quad s_3=1\ \text{km}$

$h_4=1.653\ \text{m}\quad s_4=2\ \text{km}$

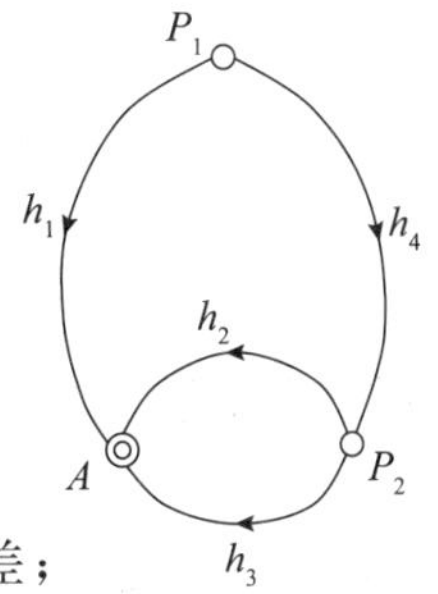

（1）用参数平差法求 P_1、P_2 的高程平差值及其中误差；

（2）用条件平差法求 P_1、P_2 的高程平差值及其中误差；

（3）设参数平差的误差方程为 $\boldsymbol{V}=\boldsymbol{A}\delta\hat{\boldsymbol{X}}+\boldsymbol{l}$，条件平差的条件方程为 $\boldsymbol{BV}+\boldsymbol{W}=\boldsymbol{0}$，给出系数阵 $\boldsymbol{A}$、$\boldsymbol{B}$ 的关系式并证明；

（4）若用具有参数的条件平差法进行平差，试构造出具体的改正数方程（要求引入参数近似值，写出含有具体值的矩阵形式）；

（5）若用具有约束条件的参数平差法进行平差，试构造出具体的改正数方程（要求引入参数近似值，写出含有具体值的矩阵形式）。

答　案

一、名词解释（每个 2 分，共 16 分）

1. 测量平差：在多余观测的基础上，依据一定的数学模型和估计准则，对含有误差的观测数据进行合理的调整，从而求得一组没有矛盾的最可靠结果，并评定精度，这一过程称之为测量平差，简称平差。

2. 系统误差：由测量条件中某些特定因素的系统性影响而产生的误差，是一种具有函数规律性的误差，一般具有累积性，对成果质量影响特别显著。

3. 最优线性无偏估计量：在所有的线性无偏估计类中，若某估计量 $\hat{\boldsymbol{X}}$ 满足 $\mathrm{tr}(\boldsymbol{\Sigma}_{\hat{X}})=\min$ 或 $\mathrm{tr}(\boldsymbol{Q}_{\hat{X}})=\min$，则称该估计量为最优线性无偏估计量。

4. 分区平差：通过将大的平差问题分成若干分区，每分区单独计算，再把各分区结果联接成一个整体，进而得到与整体平差结果完全一致的平差计算方法。

5. 参数加权平差：参数近似值具有先验信息时并加以顾及的平差方法，能够取得比传统方法精度更高的参数解。

6. 方差一致性检验：利用方差一致性检验统计量 $\dfrac{\boldsymbol{V}^{\mathrm{T}}\boldsymbol{PV}}{\sigma_0^2}=\dfrac{r\mu^2}{\sigma_0^2}\sim\chi^2(r)$ 对平差模型进行整体性检验的方法。检验通过时，认为平差模型基本正确，未通过时，造成的原因则可能是多方面的。

7. 点位中误差：表示点位精度的一个数值指标，对于二维点，实用公式通常为 $m_P=$

$\pm\sqrt{m_{\hat{x}}^2+m_{\hat{y}}^2}=\mu\sqrt{q_{\hat{x}}+q_{\hat{y}}}$，三维点则为 $m_P=\pm\sqrt{m_{\hat{x}}^2+m_{\hat{y}}^2+m_{\hat{z}}^2}=\mu\sqrt{q_{\hat{x}}+q_{\hat{y}}+q_{\hat{z}}}$。

8．置信椭圆：用平行于 oxy 坐标面的平面去截二维坐标（$\hat{x}$，$\hat{y}$）的正态分布概率密度曲面，所得的一系列等密度椭圆在 oxy 坐标面的投影，是一簇同心的椭圆，统称为置信椭圆。

二、分析与简答题（每题 4 分，共 24 分）

1．**分析**：设 $\boldsymbol{A}$、$\boldsymbol{l}$ 与 $\boldsymbol{P}$ 的元素表达分别为

$$\underset{n\times t}{\boldsymbol{A}}=\begin{bmatrix}a_1 & b_1 & \cdots & t_1\\ a_2 & b_2 & \cdots & t_2\\ \vdots & \vdots & & \vdots\\ a_n & b_n & \cdots & t_n\end{bmatrix},\quad \underset{n\times 1}{\boldsymbol{l}}=\begin{bmatrix}l_1\\ l_2\\ \vdots\\ l_n\end{bmatrix},\quad \underset{n\times n}{\boldsymbol{P}}=\begin{bmatrix}p_1 & 0 & \cdots & 0\\ 0 & p_2 & \cdots & 0\\ \vdots & \vdots & & \vdots\\ 0 & 0 & \cdots & p_n\end{bmatrix}$$

则 $\boldsymbol{N}$、$\boldsymbol{U}$ 的相应元素表达为

$$\underset{t\times t}{\boldsymbol{N}}=\begin{bmatrix}[paa] & [pab] & \cdots & [pat]\\ [pab] & [pbb] & \cdots & [pbt]\\ \vdots & \vdots & & \vdots\\ [pat] & [pbt] & \cdots & [ptt]\end{bmatrix},\quad \underset{t\times 1}{\boldsymbol{U}}=\begin{bmatrix}[pal]\\ [pbl]\\ \vdots\\ [ptl]\end{bmatrix}$$

其中，“[·]”为高斯求和符号。

可见，对第 i 个观测值的误差方程式 $v_i=a_i\delta\hat{x}_1+b_i\delta\hat{x}_2+\cdots+t_i\delta\hat{x}_t+l_i$ 及其权 p_i，只要将 $p_ia_ia_i$，$p_ia_ib_i$，…，$p_it_it_i$ 参与累加到 $[paa]$，$[pab]$，…，$[ptt]$ 中，便是该观测值对组成 $\boldsymbol{N}$ 的贡献；将 $p_ia_il_i$，$p_ib_il_i$，…，$p_it_il_i$ 参与累加到 $[pal]$，$[pbl]$，…，$[ptl]$ 中，便是该观测值对组成 $\boldsymbol{U}$ 的贡献。

2．**答**：将初始参数近似值记为 $\boldsymbol{X}_0^{(0)}$，迭代计算流程如下：

（1）由近似值 $\boldsymbol{X}_0^{(0)}$ 求线性化误差方程系数阵 $\boldsymbol{A}^{(1)}$ 和自由项 $\boldsymbol{l}^{(1)}$；

（2）按参数平差公式求解得

$$\delta\hat{\boldsymbol{X}}^{(1)}=-(\boldsymbol{A}^{(1)\mathrm{T}}\boldsymbol{P}\boldsymbol{A}^{(1)})^{-1}\boldsymbol{A}^{(1)\mathrm{T}}\boldsymbol{P}\boldsymbol{l}^{(1)}$$

（3）计算

$$\hat{\boldsymbol{X}}^{(1)}=\boldsymbol{X}_0^{(0)}+\delta\hat{\boldsymbol{X}}^{(1)}$$

（注：以上过程称为第 1 次迭代计算，迭代次数 $J=1$）

若 $\delta\hat{\boldsymbol{X}}^{(1)}$ 中元素绝对值的最大值不大于指定的小正数 ε，即 $\max(|\delta\hat{x}_i^{(1)}|)\leqslant\varepsilon$，则终止迭代，本次的解 $\hat{\boldsymbol{X}}^{(1)}$ 即迭代收敛解，否则，将 $\hat{\boldsymbol{X}}^{(1)}$ 作为新的参数近似值 $\boldsymbol{X}_0^{(1)}$，转至（1）进行下次迭代计算，直至迭代收敛。

3．**答**：概括函数模型为

$$\left.\begin{aligned}&\underset{c\times n}{\boldsymbol{B}}\underset{n\times 1}{\boldsymbol{V}}+\underset{c\times u}{\boldsymbol{A}}\underset{u\times 1}{\delta\hat{\boldsymbol{X}}}+\underset{c\times 1}{\boldsymbol{W}}=\boldsymbol{0},\quad \underset{c\times 1}{\boldsymbol{W}}=\underset{c\times n}{\boldsymbol{B}}\underset{n\times 1}{\boldsymbol{L}}+\underset{c\times u}{\boldsymbol{A}}\underset{u\times 1}{\boldsymbol{X}_0}+\underset{c\times 1}{\boldsymbol{B}_0}\\ &\underset{s\times u}{\boldsymbol{C}}\underset{u\times 1}{\delta\hat{\boldsymbol{X}}}+\underset{s\times 1}{\boldsymbol{W}_C}=\boldsymbol{0},\quad \underset{s\times 1}{\boldsymbol{W}_C}=\underset{s\times u}{\boldsymbol{C}}\underset{u\times 1}{\boldsymbol{X}_0}+\underset{s\times 1}{\boldsymbol{C}_0}\end{aligned}\right\}$$

（1）当 $0\leqslant u\leqslant t$，$s=0$，$\boldsymbol{C}=\boldsymbol{0}$ 时，特例化为具有参数的条件平差的函数模型；

（2）当 $u=0$，$s=0$，$\boldsymbol{A}=\boldsymbol{0}$，$\boldsymbol{C}=\boldsymbol{0}$ 时，特例化为条件平差的函数模型；

（3）当 $t\leqslant u\leqslant n$，$s=u-t$，$\boldsymbol{B}=-\boldsymbol{I}$ 时，特例化为具有约束条件的参数平差的函数模型；

（4）当 $u=t$，$s=0$，$\boldsymbol{B}=-\boldsymbol{I}$，$\boldsymbol{C}=\boldsymbol{0}$ 时，特例化为参数平差的函数模型。

以上符号中，t 为必要观测量个数。

4. **答：** 五种基本平差方法的共同特点为：

（1）函数模型中的系数矩阵为常数矩阵，并要求列满秩或行满秩；

（2）观测值中仅含偶然误差；

（3）观测值的协方差阵、权矩阵、权逆阵为正定阵；

（4）未知参数为非随机参数，即它们是固定的未知常数。

5. **答：** 参数相同时参数平差的序贯平差要求为：

（1）第一组观测值要能够单独进行平差，以取得初始解；

（2）第一组以后的观测值未出现新的参数；

（3）不同组观测值间互不相关，但组内观测值可以相关；

（4）不同组观测值的权阵使用同一单位权方差定权。

当平差问题的观测值是分批或分期获得时，为了及时获得整体平差解，可以优先考虑采用该方法。

6. **分析：** 误差椭圆长、短半径公式为

$$K=\sqrt{(q_{\hat{x}}-q_{\hat{y}})^2+4q_{\hat{x}\hat{y}}^2}，\lambda_1=\frac{1}{2}(q_{\hat{x}}+q_{\hat{y}}+K)，\lambda_2=\frac{1}{2}(q_{\hat{x}}+q_{\hat{y}}-K)$$

$$E=\mu\sqrt{\lambda_1}，F=\mu\sqrt{\lambda_2}$$

若长半径 E 等于短半径 F 即 $K=0$ 时，则误差椭圆特例化为圆。$K=0$ 意味着 $q_{\hat{x}}=q_{\hat{y}}$ 且 $q_{\hat{x}\hat{y}}=0$，所以，当点的平差坐标（$\hat{x}$，$\hat{y}$）满足 $q_{\hat{x}}=q_{\hat{y}}$ 且 $q_{\hat{x}\hat{y}}=0$ 时，其误差椭圆特例化为圆。

三、推证题（每题5分，共20分）

1. **推导：**（方法一）设 $d_i=L_i'-L_i''(i=1, 2, \cdots, n)$，由 L_i'、L_i'' 相互独立且 $p_{L_i'}=p_{L_i''}=p_i$ 可得

$$\frac{1}{p_{d_i}}=\frac{1}{p_i}+\frac{1}{p_i}=\frac{2}{p_i}，p_{d_i}=\frac{p_i}{2}$$

另由真误差计算单位权中误差的公式 $\mu=\pm\sqrt{\frac{\boldsymbol{\Delta}^{\mathrm{T}}\boldsymbol{P}_{\Delta}\boldsymbol{\Delta}}{n}}$ 知，当真误差相互独立时，有

$$\mu=\pm\sqrt{\frac{\sum_{i=1}^{n}p_{\Delta_i}\Delta_i\Delta_i}{n}}$$

用 d_i、p_{d_i} 替换上式中的 Δ_i、p_{Δ_i}，可得以双次观测之差值计算单位权中误差的公式

$$\mu=\pm\sqrt{\frac{\sum_{i=1}^{n}p_{d_i}d_id_i}{n}}=\pm\sqrt{\frac{\sum_{i=1}^{n}p_id_id_i}{2n}}=\pm\sqrt{\frac{[pdd]}{2n}}$$

（方法二）设 $d_i=L_i'-L_i''(i=1,2,\cdots,n)$，由 L_i'、L_i'' 相互独立且 $p_{L_i'}=p_{L_i''}=p_i$ 可得

$$\frac{1}{p_{d_i}}=\frac{1}{p_i}+\frac{1}{p_i}=\frac{2}{p_i},\quad p_{d_i}=\frac{p_i}{2}$$

令 $d_i'=\sqrt{p_{d_i}}d_i$，则 $\frac{1}{p_{d_i'}}=1$，$p_{d_i'}=1$，即 d_i' 为一组独立等精度且权为单位权的真误差，故由中误差的公式，可得以双次观测之差值计算单位权中误差的公式

$$\mu=\pm\sqrt{\frac{\sum_{i=1}^{n}d_i'd_i'}{n}}=\pm\sqrt{\frac{\sum_{i=1}^{n}p_{d_i}d_id_i}{n}}=\pm\sqrt{\frac{\sum_{i=1}^{n}p_id_id_i}{2n}}=\pm\sqrt{\frac{[pdd]}{2n}}$$

2. **推导：**将参数平差的误差方程

$$\boldsymbol{V}=\boldsymbol{A}\delta\hat{\boldsymbol{X}}+\boldsymbol{l},\ \boldsymbol{l}=\boldsymbol{A}\boldsymbol{X}_0+\boldsymbol{D}-\boldsymbol{L} \tag{1}$$

视为 $\boldsymbol{V}$ 与 $\delta\hat{\boldsymbol{X}}$ 的关系式，可构造函数

$$\boldsymbol{\Phi}=\boldsymbol{V}^{\mathrm{T}}\boldsymbol{P}\boldsymbol{V}-2\boldsymbol{K}^{\mathrm{T}}(\boldsymbol{V}-\boldsymbol{A}\delta\hat{\boldsymbol{X}}-\boldsymbol{l})$$

令

$$\left.\begin{aligned}\frac{\partial\boldsymbol{\Phi}}{\partial\boldsymbol{V}}&=2\boldsymbol{V}^{\mathrm{T}}\boldsymbol{P}-2\boldsymbol{K}^{\mathrm{T}}=\boldsymbol{0}\Leftrightarrow\boldsymbol{V}=\boldsymbol{P}^{-1}\boldsymbol{K}\\\frac{\partial\boldsymbol{\Phi}}{\partial\delta\hat{\boldsymbol{X}}}&=2\boldsymbol{K}^{\mathrm{T}}\boldsymbol{A}=\boldsymbol{0}\Leftrightarrow\boldsymbol{A}^{\mathrm{T}}\boldsymbol{K}=\boldsymbol{0}\end{aligned}\right\} \tag{2}$$

将（2）中第一式代入（1）得

$$\boldsymbol{K}=\boldsymbol{P}\ (\boldsymbol{A}\delta\hat{\boldsymbol{X}}+\boldsymbol{l})$$

将 $\boldsymbol{K}$ 代入（2）中第二式得

$$\boldsymbol{A}^{\mathrm{T}}\boldsymbol{P}\boldsymbol{A}\delta\hat{\boldsymbol{X}}+\boldsymbol{A}^{\mathrm{T}}\boldsymbol{P}\boldsymbol{l}=\boldsymbol{0}$$

该式便是参数平差的法方程。若令 $\boldsymbol{N}=\boldsymbol{A}^{\mathrm{T}}\boldsymbol{P}\boldsymbol{A}$，$\boldsymbol{U}=\boldsymbol{A}^{\mathrm{T}}\boldsymbol{P}\boldsymbol{l}$，上式又可简写为

$$\boldsymbol{N}\delta\hat{\boldsymbol{X}}+\boldsymbol{U}=\boldsymbol{0}$$

3. **证明：**参数平差。由参数平差公式

$$\hat{\boldsymbol{X}}=-\boldsymbol{N}^{-1}\boldsymbol{U}=-\boldsymbol{N}^{-1}\boldsymbol{A}^{\mathrm{T}}\boldsymbol{P}\boldsymbol{l}$$

$$-\boldsymbol{\Delta}=\boldsymbol{A}\boldsymbol{X}+\boldsymbol{l}\ \text{（观测方程）}$$

$$\boldsymbol{V}=\boldsymbol{A}\hat{\boldsymbol{X}}+\boldsymbol{l}\ \text{（误差方程）}$$

可得

$$\boldsymbol{V}=(\boldsymbol{I}-\boldsymbol{A}\boldsymbol{N}^{-1}\boldsymbol{A}^{\mathrm{T}}\boldsymbol{P})\boldsymbol{l}=(\boldsymbol{I}-\boldsymbol{A}\boldsymbol{N}^{-1}\boldsymbol{A}^{\mathrm{T}}\boldsymbol{P})(-\boldsymbol{\Delta}-\boldsymbol{A}\boldsymbol{X})=-(\boldsymbol{I}-\boldsymbol{A}\boldsymbol{N}^{-1}\boldsymbol{A}^{\mathrm{T}}\boldsymbol{P})\boldsymbol{\Delta}$$

故

$$\begin{aligned}\boldsymbol{V}^{\mathrm{T}}\boldsymbol{P}\boldsymbol{V}&=\boldsymbol{\Delta}^{\mathrm{T}}(\boldsymbol{I}-\boldsymbol{A}\boldsymbol{N}^{-1}\boldsymbol{A}^{\mathrm{T}}\boldsymbol{P})^{\mathrm{T}}\boldsymbol{P}(\boldsymbol{I}-\boldsymbol{A}\boldsymbol{N}^{-1}\boldsymbol{A}^{\mathrm{T}}\boldsymbol{P})\boldsymbol{\Delta}\\&=\boldsymbol{\Delta}^{\mathrm{T}}(\boldsymbol{P}-\boldsymbol{P}\boldsymbol{A}\boldsymbol{N}^{-1}\boldsymbol{A}^{\mathrm{T}}\boldsymbol{P})\boldsymbol{\Delta}=\mathrm{tr}\{\boldsymbol{\Delta}\boldsymbol{\Delta}^{\mathrm{T}}(\boldsymbol{P}-\boldsymbol{P}\boldsymbol{A}\boldsymbol{N}^{-1}\boldsymbol{A}^{\mathrm{T}}\boldsymbol{P})\}\end{aligned}$$

$$E(V^{T}PV)=\mathrm{tr}\{E(\Delta\Delta^{T})(P-PAN^{-1}A^{T}P)\}=\mathrm{tr}\{\sigma_0^2P^{-1}(P-PAN^{-1}A^{T}P)\}$$
$$=\sigma_0^2\mathrm{tr}\{\underset{n\times n}{I}-AN^{-1}A^{T}P)\}=\sigma_0^2\{\mathrm{tr}(\underset{n\times n}{I})-\mathrm{tr}(AN^{-1}A^{T}P)\}$$
$$=\sigma_0^2\{\mathrm{tr}(\underset{n\times n}{I})-\mathrm{tr}(\underset{t\times t}{I})\}=\sigma_0^2(n-t)=r\sigma_0^2$$
$$E(\mu^2)=\frac{E(V^{T}PV)}{n-t}=\frac{r\sigma_0^2}{r}=\sigma_0^2$$

说明：利用其他平差方法的证明请见相应的练习题。

4. **证明：** 参数平差。由参数平差公式知

$$l=AX_0+D-L$$
$$\delta\hat{X}=-N^{-1}A^{T}Pl$$
$$V=A\delta\hat{X}+l=(I-AN^{-1}A^{T}P)l=-(I-AN^{-1}A^{T}P)L+(I-AN^{-1}A^{T}P)D$$
$$\hat{L}=L+V=AN^{-1}A^{T}PL+(I-AN^{-1}A^{T}P)D$$

因 $Q_L=P^{-1}$，根据权逆阵传播律可得

$$Q_V=(I-AN^{-1}A^{T}P)P^{-1}(I-AN^{-1}A^{T}P)^{T}=P^{-1}-AN^{-1}A^{T}$$
$$Q_{\hat{L}}=AN^{-1}A^{T}PP^{-1}(AN^{-1}A^{T}P)^{T}=AN^{-1}A^{T}PAN^{-1}A^{T}=AN^{-1}A^{T}$$

故有

$$Q_V=P^{-1}-Q_{\hat{L}}=Q_L-Q_{\hat{L}}$$

四、综合题（共 40 分）

解： （1）$n=4$，$t=2$，$r=n-t=2$。取 $\hat{x}_1=\hat{H}_{P_1}$，$\hat{x}_2=\hat{H}_{P_2}$，$x_{01}=H_A-h_1=184.701\ \mathrm{m}$，$x_{02}=H_A-h_2=186.349\ \mathrm{m}$；$s_0=2\ \mathrm{km}$，$P=\mathrm{diag}(1,2,2,1)$。误差方程为

$$\left.\begin{aligned}h_1+v_1&=H_A-\hat{x}_1=-\delta\hat{x}_1+H_A-x_{01}\\h_2+v_2&=H_A-\hat{x}_2=-\delta\hat{x}_2+H_A-x_{02}\\h_3+v_3&=H_A-\hat{x}_2=-\delta\hat{x}_2+H_A-x_{02}\\h_4+v_4&=\hat{x}_2-\hat{x}_1=-\delta\hat{x}_1+\delta\hat{x}_2+x_{02}-x_{01}\end{aligned}\right\}$$

代入数据后，矩阵形式的误差方程为

$$\begin{bmatrix}v_1\\v_2\\v_3\\v_4\end{bmatrix}=\begin{bmatrix}-1&0\\0&-1\\0&-1\\-1&1\end{bmatrix}\begin{bmatrix}\delta\hat{x}_1\\\delta\hat{x}_2\end{bmatrix}+\begin{bmatrix}0\\0\\1\\-5\end{bmatrix}(\mathrm{mm})$$

由参数平差公式得

$$N=A^{T}PA=\begin{bmatrix}2&-1\\-1&5\end{bmatrix},\ N^{-1}=\frac{1}{9}\begin{bmatrix}5&1\\1&2\end{bmatrix},\ U=A^{T}Pl=\begin{bmatrix}5\\-7\end{bmatrix}(\mathrm{mm})$$

$$\delta\hat{X}=\begin{bmatrix}\delta\hat{x}_1\\\delta\hat{x}_2\end{bmatrix}=-N^{-1}U=\begin{bmatrix}-2\\1\end{bmatrix}(\mathrm{mm}),\ \hat{X}=\begin{bmatrix}\hat{x}_1\\\hat{x}_2\end{bmatrix}=X_0+\delta\hat{X}=\begin{bmatrix}184.699\\186.350\end{bmatrix}(\mathrm{m})$$

$$\hat{H}_{P_1}=\hat{x}_1=184.699\ \text{m},\ \hat{H}_{P_2}=\hat{x}_2=186.350\ \text{m}$$

$$\boldsymbol{V}=\boldsymbol{A}\delta\hat{\boldsymbol{X}}+\boldsymbol{l}=\begin{bmatrix}2\\-1\\0\\-2\end{bmatrix}(\text{mm}),\ \hat{\boldsymbol{h}}=\boldsymbol{h}+\boldsymbol{V}=\begin{bmatrix}2.673\\1.022\\1.022\\1.651\end{bmatrix}(\text{m})$$

$$\boldsymbol{V}^{\mathrm{T}}\boldsymbol{P}\boldsymbol{V}=10(\text{mm}^2)$$

$$\mu=\pm\sqrt{\frac{\boldsymbol{V}^{\mathrm{T}}\boldsymbol{P}\boldsymbol{V}}{n-t}}=\pm\sqrt{5}\ (\text{mm})$$

$$m_{\hat{H}_{P_1}}=\mu\sqrt{q_{\hat{x}_1}}=\pm\sqrt{5}\times\sqrt{\frac{5}{9}}=\pm\frac{5}{3}\ (\text{mm})$$

$$m_{\hat{H}_{P_2}}=\mu\sqrt{q_{\hat{x}_2}}=\pm\sqrt{5}\times\sqrt{\frac{2}{9}}=\pm\frac{\sqrt{10}}{3}\ (\text{mm})$$

（2）$n=4$，$t=2$，$r=n-t=2$。取 $s_0=1$ km，则 $\boldsymbol{P}=\mathrm{diag}\left(\frac{1}{2},\ 1,\ 1,\ \frac{1}{2}\right)$，$\boldsymbol{P}^{-1}=\mathrm{diag}(2,\ 1,\ 1,\ 2)$。条件方程为

$$\left.\begin{aligned}\hat{h}_1-\hat{h}_2-\hat{h}_4=0\\ \hat{h}_2-\hat{h}_3=0\end{aligned}\right\}$$

顾及 $\hat{h}_i=h_i+v_i$，代入数据后，矩阵形式的改正数条件方程为

$$\begin{bmatrix}1&-1&0&-1\\0&1&-1&0\end{bmatrix}\begin{bmatrix}v_1\\v_2\\v_3\\v_4\end{bmatrix}+\begin{bmatrix}-5\\1\end{bmatrix}(\text{mm})=\boldsymbol{0}$$

由条件平差公式可得

$$\boldsymbol{N}=\boldsymbol{B}\boldsymbol{P}^{-1}\boldsymbol{B}^{\mathrm{T}}=\begin{bmatrix}5&-1\\-1&2\end{bmatrix},\ \boldsymbol{N}^{-1}=\frac{1}{9}\begin{bmatrix}2&1\\1&5\end{bmatrix},\ \boldsymbol{K}=-\boldsymbol{N}^{-1}\boldsymbol{W}=\begin{bmatrix}1\\0\end{bmatrix}(\text{mm})$$

$$\boldsymbol{V}=\begin{bmatrix}v_1\\v_2\\v_3\\v_4\end{bmatrix}=\boldsymbol{P}^{-1}\boldsymbol{B}^{\mathrm{T}}\boldsymbol{K}=\begin{bmatrix}2\\-1\\0\\-2\end{bmatrix}(\text{mm}),\ \hat{\boldsymbol{h}}=\begin{bmatrix}\hat{h}_1\\\hat{h}_2\\\hat{h}_3\\\hat{h}_4\end{bmatrix}=\boldsymbol{h}+\boldsymbol{V}=\begin{bmatrix}2.673\\1.022\\1.022\\1.651\end{bmatrix}(\text{m})$$

$$\hat{H}_{P_1}=H_A-\hat{h}_1=184.699\ \text{m},\ \hat{H}_{P_2}=H_A-\hat{h}_2=186.350\ \text{m}$$

$$\boldsymbol{V}^{\mathrm{T}}\boldsymbol{P}\boldsymbol{V}=5(\text{mm}^2),\ \mu^2=\frac{\boldsymbol{V}^{\mathrm{T}}\boldsymbol{P}\boldsymbol{V}}{r}=\frac{5}{2}(\text{mm}^2)$$

$$\because \hat{H}_{P_1}=\begin{bmatrix}-1&0&0&0\end{bmatrix}\begin{bmatrix}\hat{h}_1\\\hat{h}_2\\\hat{h}_3\\\hat{h}_4\end{bmatrix}+H_A=\boldsymbol{F}^{\mathrm{T}}\hat{\boldsymbol{h}}+H_A$$

$$\therefore \boldsymbol{H}=\boldsymbol{B}\boldsymbol{P}^{-1}\boldsymbol{F}=\begin{bmatrix}-2\\0\end{bmatrix},\ \frac{1}{p_{\hat{H}_{P_1}}}=\boldsymbol{F}^{\mathrm{T}}\boldsymbol{P}^{-1}\boldsymbol{F}-\boldsymbol{H}^{\mathrm{T}}\boldsymbol{N}^{-1}\boldsymbol{H}=\frac{10}{9},\ m_{\hat{H}_{P_1}}=\mu\sqrt{\frac{1}{p_{\hat{H}_{P_1}}}}=\pm\frac{5}{3}(\mathrm{mm})$$

$$\because \hat{H}_{P_2}=\begin{bmatrix}0 & -1 & 0 & 0\end{bmatrix}\begin{bmatrix}\hat{h}_1\\\hat{h}_2\\\hat{h}_3\\\hat{h}_4\end{bmatrix}+H_A=\boldsymbol{F}^{\mathrm{T}}\hat{\boldsymbol{h}}+H_A$$

$$\therefore \boldsymbol{H}=\boldsymbol{B}\boldsymbol{P}^{-1}\boldsymbol{F}=\begin{bmatrix}1\\-1\end{bmatrix},\ \frac{1}{p_{\hat{H}_{P_2}}}=\boldsymbol{F}^{\mathrm{T}}\boldsymbol{P}^{-1}\boldsymbol{F}-\boldsymbol{H}^{\mathrm{T}}\boldsymbol{N}^{-1}\boldsymbol{H}=\frac{4}{9},\ m_{\hat{H}_{P_2}}=\mu\sqrt{\frac{1}{p_{\hat{H}_{P_2}}}}=\pm\frac{\sqrt{10}}{3}(\mathrm{mm})$$

（3）$\boldsymbol{BA}=\boldsymbol{0}$。证明请见练习题 1-3-33 答案。

（4）$n=4$，$t=2$，$r=n-t=2$。现取 $\hat{x}=\hat{H}_{P_1}$，$x_0=H_A-h_1=184.701\ \mathrm{m}$，则具有参数的条件平差改正数方程可列为

$$\left.\begin{aligned}&\hat{x}+\hat{h}_1-H_A=0\\&\hat{x}+\hat{h}_2+\hat{h}_4-H_A=0\\&\hat{h}_2-\hat{h}_3=0\end{aligned}\right\}$$

顾及 $\hat{h}_i=h_i+v_i$、$\hat{x}=x_0+\delta\hat{x}$，代入数据后，矩阵形式的改正数方程为

$$\begin{bmatrix}1 & 0 & 0 & 0\\0 & 1 & 0 & 1\\0 & 1 & -1 & 0\end{bmatrix}\begin{bmatrix}v_1\\v_2\\v_3\\v_4\end{bmatrix}+\begin{bmatrix}1\\1\\0\end{bmatrix}\delta\hat{x}+\begin{bmatrix}5\\1\end{bmatrix}(\mathrm{mm})=\boldsymbol{0}$$

（5）$n=4$，$t=2$，$r=n-t=2$。现取 $\hat{x}_1=\hat{h}_1$，$\hat{x}_2=\hat{h}_2$，$\hat{x}_3=\hat{h}_3$；$x_{01}=h_1=2.671\ \mathrm{m}$，$x_{02}=h_2=1.023\ \mathrm{m}$，$x_{03}=h_3=1.022\ \mathrm{m}$，则具有约束条件的参数平差改正数方程可列为

$$\left.\begin{aligned}&h_1+v_1=\hat{x}_1=\delta\hat{x}_1+x_{01}\\&h_2+v_2=\hat{x}_2=\delta\hat{x}_2+x_{02}\\&h_3+v_3=\hat{x}_3=\delta\hat{x}_3+x_{03}\\&h_4+v_4=\hat{x}_1-\hat{x}_2=\delta\hat{x}_1-\delta\hat{x}_2+x_{01}-x_{02}\end{aligned}\right\}$$

$$\hat{x}_2-\hat{x}_3=0\Leftrightarrow\delta\hat{x}_2-\delta\hat{x}_3+x_{02}-x_{03}=0$$

代入数据后，矩阵形式的改正数方程为

$$\begin{bmatrix}v_1\\v_2\\v_3\\v_4\end{bmatrix}=\begin{bmatrix}1 & 0 & 0\\0 & 1 & 0\\0 & 0 & 1\\1 & -1 & 0\end{bmatrix}\begin{bmatrix}\delta\hat{x}_1\\\delta\hat{x}_2\\\delta\hat{x}_3\end{bmatrix}+\begin{bmatrix}0\\0\\0\\-5\end{bmatrix}(\mathrm{mm})$$

$$\begin{bmatrix}0 & 1 & -1\end{bmatrix}\begin{bmatrix}\delta\hat{x}_1\\\delta\hat{x}_2\\\delta\hat{x}_3\end{bmatrix}+1=0(\mathrm{mm})$$

第三部分

编程计算

第一章　测量平差编程基础

计算机的应用，使测量平差的计算效率得到了极大的提高，过去需要几十个人几个月才能完成的平差计算，如今即使在普通的计算机上也仅需几分钟。这种巨变，离不开高速的计算机，更离不开高效的测量平差程序设计，测量平差程序设计能力已成为测量领域科研人员和中高级技术人才必备的基本能力。

测量平差程序设计需要借助计算机编程语言完成。尽管计算机编程语言层出不穷，但C语言依然在测量平差程序设计中广为使用，尤其在一些大型科学计算软件中。为此，本部分以C语言为编程工具，介绍测量平差程序设计的一些基础知识。

一、矩阵在C语言中的表达与存储

矩阵在编程语言中由数组来表示。向量等价于一维数组，二维矩阵等价于二维数组，以此类推。测量平差实际编程中，通常要考虑减少计算机内存占用、提高代码执行效率等因素，也常用一维数组存取矩阵元素。

（一）矩阵与C语言二维数组

二维矩阵或二维数组 $\underset{n\times t}{\boldsymbol{A}}$ 的书面表达为

$$\underset{n\times t}{\boldsymbol{A}}=\begin{bmatrix} a_{11} & a_{12} & \cdots & a_{1t} \\ a_{21} & a_{22} & \cdots & a_{2t} \\ \vdots & \vdots & & \vdots \\ a_{n1} & a_{n2} & \cdots & a_{nt} \end{bmatrix} \tag{3-1-1}$$

即数组元素 a_{ij} 的下标 i（行号或行索引）、j（列号或列索引）均从1开始。众所周知，C语言中数组的下标均从0开始，因此，在C语言的算法描述中，一般将二维数组 $\underset{n\times t}{\boldsymbol{A}}$ 表达为

$$\underset{n\times t}{\boldsymbol{A}'}=\begin{bmatrix} a'_{0,0} & a'_{0,1} & \cdots & a'_{0,t-1} \\ a'_{1,0} & a'_{1,1} & \cdots & a'_{1,t-1} \\ \vdots & \vdots & & \vdots \\ a'_{n-1,0} & a'_{n-1,1} & \cdots & a'_{n-1,t-1} \end{bmatrix} \tag{3-1-2}$$

可见，二者的元素对应关系式为

$$a_{ij}(1\leqslant i\leqslant n;\ 1\leqslant j\leqslant t)=a'_{i',j'}(0\leqslant i'=i-1\leqslant n-1;\ 0\leqslant j'=j-1\leqslant t-1) \tag{3-1-3}$$

以上两种表达中，二者的行数和列数相同，区别在于数组的下标相差常数 1，这是使用 C 语言时必须牢记的。

为方便起见，今后在算法表达中仍然将数组名$\underset{n\times t}{\boldsymbol{A}'}$用 $\underset{n\times t}{\boldsymbol{A}}$ 表示，对应元素名 $a'_{i',j'}(0\leqslant i'\leqslant n-1;\ 0\leqslant j'\leqslant t-1)$ 仍然用 $a_{i,j}(0\leqslant i\leqslant n-1;\ 0\leqslant j\leqslant t-1)$ 或 $a_{ij}(0\leqslant i\leqslant n-1;\ 0\leqslant j\leqslant t-1)$ 或 $(\boldsymbol{A})_{ij}(0\leqslant i\leqslant n-1;\ 0\leqslant j\leqslant t-1)$ 表示。

例 3-1-1 设矩阵 $\boldsymbol{C}$ 为实数矩阵 $\underset{n\times t}{\boldsymbol{A}}$、$\underset{t\times m}{\boldsymbol{B}}$ 的乘积，试给出 C 语言的算法描述。

解：根据矩阵相乘的定义，有 $\underset{n\times m}{\boldsymbol{C}}=\underset{n\times t}{\boldsymbol{A}}\underset{t\times m}{\boldsymbol{B}}$，即

$$\begin{bmatrix} c_{11} & c_{12} & \cdots & c_{1m} \\ c_{21} & c_{22} & \cdots & c_{2m} \\ \vdots & \vdots & & \vdots \\ c_{n1} & c_{n2} & \cdots & c_{nm} \end{bmatrix}=\begin{bmatrix} a_{11} & a_{12} & \cdots & a_{1t} \\ a_{21} & a_{22} & \cdots & a_{2t} \\ \vdots & \vdots & & \vdots \\ a_{n1} & a_{n2} & \cdots & a_{nt} \end{bmatrix}\begin{bmatrix} b_{11} & b_{12} & \cdots & b_{1m} \\ b_{21} & b_{22} & \cdots & b_{2m} \\ \vdots & \vdots & & \vdots \\ b_{t1} & b_{t2} & \cdots & b_{tm} \end{bmatrix}$$

$$=\begin{bmatrix} \sum\limits_{k=1}^{t}a_{1k}b_{k1} & \sum\limits_{k=1}^{t}a_{1k}b_{k2} & \cdots & \sum\limits_{k=1}^{t}a_{1k}b_{km} \\ \sum\limits_{k=1}^{t}a_{2k}b_{k1} & \sum\limits_{k=1}^{t}a_{2k}b_{k2} & \cdots & \sum\limits_{k=1}^{t}a_{2k}b_{km} \\ \vdots & \vdots & & \vdots \\ \sum\limits_{k=1}^{t}a_{nk}b_{k1} & \sum\limits_{k=1}^{t}a_{nk}b_{k2} & \cdots & \sum\limits_{k=1}^{t}a_{nk}b_{km} \end{bmatrix}$$

观察后发现，c_{ij} 的计算规律为

$$c_{ij}=\sum_{k=1}^{t}a_{ik}b_{kj}(1\leqslant i\leqslant n;\ 1\leqslant j\leqslant m) \tag{3-1-4}$$

换为 C 语言表达，即

$$c_{ij}=\sum_{k=0}^{t-1}a_{ik}b_{kj}(0\leqslant i\leqslant n-1;\ 0\leqslant j\leqslant m-1) \tag{3-1-5}$$

通过将书面推导结果中的数组下标 i、j、k 的上、下限分别减 1，得到 C 语言算法描述，这是一种常用方法。当然，式 (3-1-5) 也可由

$$\begin{bmatrix} c_{0,0} & c_{0,1} & \cdots & c_{0,m-1} \\ c_{1,0} & c_{1,1} & \cdots & c_{1,m-1} \\ \vdots & \vdots & & \vdots \\ c_{n-1,0} & c_{n-1,1} & \cdots & c_{n-1,m-1} \end{bmatrix}=\begin{bmatrix} a_{0,0} & a_{0,1} & \cdots & a_{0,t-1} \\ a_{1,0} & a_{1,1} & \cdots & a_{1,t-1} \\ \vdots & \vdots & & \vdots \\ a_{n-1,0} & a_{n-1,1} & \cdots & a_{n-1,t-1} \end{bmatrix}\begin{bmatrix} b_{0,0} & b_{0,1} & \cdots & b_{0,m-1} \\ b_{1,0} & b_{1,1} & \cdots & b_{1,m-1} \\ \vdots & \vdots & & \vdots \\ b_{t-1,0} & b_{t-1,1} & \cdots & b_{t-1,m-1} \end{bmatrix}$$

直接推得。

（二）一般二维数组按一维数组进行存储

采用一维数组来实际存储矩阵和高维数组，可以节省内存，提高计算效率，常出现在用

C 语言编写的较大型软件中。下面以一般二维数组按一维数组存储为例进行说明，高维类似。

设二维数组为

$$\underset{n\times t}{\mathbf{A}}=\begin{bmatrix} a_{0,0} & a_{0,1} & \cdots & a_{0,t-1} \\ a_{1,0} & a_{1,1} & \cdots & a_{1,t-1} \\ \vdots & \vdots & & \vdots \\ a_{n-1,0} & a_{n-1,1} & \cdots & a_{n-1,t-1} \end{bmatrix}$$

只要将其元素按行序连接为一维数组，就实现了一般二维数组按一维数组存储（实际上，C 语言就是按此方式将二维数据存储于计算机的连续内存单元中）。将此一维数组记为

$$\underset{1\times nt}{\boldsymbol{\beta}}=[\underbrace{a_{0,0}\quad a_{0,1}\quad \cdots \quad a_{0,t-1}}_{\mathbf{A}\text{的第0行}}\quad \underbrace{a_{1,0}\quad a_{1,1}\quad \cdots \quad a_{1,t-1}}_{\mathbf{A}\text{的第1行}}\quad \cdots \quad \underbrace{a_{n-1,0}\quad a_{n-1,1}\quad \cdots \quad a_{n-1,t-1}}_{\mathbf{A}\text{的第}n-1\text{行}}]$$

亦可记为

$$\underset{1\times nt}{\boldsymbol{\beta}}=[\underbrace{\beta_0\quad \beta_1\quad \cdots \quad \beta_{t-1}}_{\text{对应}\mathbf{A}\text{的第0行}}\quad \underbrace{\beta_{t+0}\quad \beta_{t+1}\quad \cdots \quad \beta_{t+t-1}}_{\text{对应}\mathbf{A}\text{的第1行}}\quad \cdots \quad \underbrace{\beta_{(n-1)t+0}\quad \beta_{(n-1)t+1}\quad \cdots \quad \beta_{(n-1)t+t-1}}_{\text{对应}\mathbf{A}\text{的第}n-1\text{行}}]$$

可见，$\underset{n\times t}{\mathbf{A}}$ 的元素 $a_{i,j}(0\leqslant i\leqslant n-1,\ 0\leqslant j\leqslant t-1)$ 对应于 $\underset{1\times nt}{\boldsymbol{\beta}}$ 的元素 $\beta_{i\times t+j}$，即

$$a_{i,j}=\beta_{i\times t+j}，(0\leqslant i\leqslant n-1,\ 0\leqslant j\leqslant t-1) \tag{3-1-6}$$

或

$$a_{ij}=\beta_{i\times t+j}，(0\leqslant i\leqslant n-1,\ 0\leqslant j\leqslant t-1) \tag{3-1-6′}$$

今后在程序设计时，C 语言的算法描述仍然采用二维数组表示，但在程序代码中，其申明、存取等则借助等价的一维数组 $\boldsymbol{\beta}$ 来完成，且在不混淆的情况下，也将 $\boldsymbol{\beta}$ 命名为 $\mathbf{A}$。

例 3-1-2　基于例 3-1-1 的算法描述，给出按一维数组实现存取的 C 语言主要代码。

解：假设已申明一维数组

```
double A[n*t], B[t*m], C[n*m]; //使用一维数组存储矩阵
```

并对 A [n * t]、B [t * m] 进行了赋值，于是，根据式（3-1-5）、式（3-1-6′），可编写如下代码：

```
for (int i=0; i<n; i++) //按矩阵 C 的行进行循环
{
    for (int j=0; j<m; j++) //按矩阵 C 的列进行循环
    {
        double cij=0.0;
        for (int k=0; k<t; k++)
        {
            cij +=A[i*t+k] *B[k*m+j]; //累加求和
        }
        C[i*m+j] =cij; //得到矩阵 C 按一维存储的元素
    }
}
```

顺便指出，为方便查看矩阵，程序中往往要对 $\underset{1\times nm}{C}$ 按行列形式输出还原，此时代码如下：

```
for (int i=0; i<n; i++) //按矩阵 C 的行进行循环
{
    for (int j=0; j<m; j++) //按矩阵 C 的列进行循环
    {
        printf ("%10.3lf  ", C[i*m+j]);
    }
    printf ("\n"); //连续输出一行元素后换行
}
```

（三）二维对称数组按一维数组进行存储

测量平差中，协方差阵、权矩阵、权逆阵、法方程系数阵等均为对称矩阵，由于其对称性，为节省内存，只需保存其下三角元素或上三角元素即可。

设二维对称数组为

$$\underset{t\times t}{\boldsymbol{N}}=\begin{bmatrix} n_{0,0} & n_{0,1} & \cdots & n_{0,t-1} \\ n_{1,0} & n_{1,1} & \cdots & n_{1,t-1} \\ \vdots & \vdots & & \vdots \\ n_{t-1,0} & n_{t-1,1} & \cdots & n_{t-1,t-1} \end{bmatrix}$$

将其下三角元素按行连接为一维数组（即仅保存下三角元素），记为

$$\underset{1\times\frac{t(t+1)}{2}}{\boldsymbol{\beta}}=\begin{bmatrix} \underbrace{n_{0,0}}_{\boldsymbol{N}\text{的第0行下三角元素}} & \underbrace{n_{1,0} \quad n_{1,1}}_{\boldsymbol{N}\text{的第1行下三角元素}} & \cdots & \underbrace{n_{t-1,0} \quad n_{t-1,1} \quad \cdots \quad n_{t-1,t-1}}_{\boldsymbol{N}\text{的第}t-1\text{行下三角元素}} \end{bmatrix}$$

亦可记为

$$\underset{1\times\frac{t(t+1)}{2}}{\boldsymbol{\beta}}=\begin{bmatrix} \underbrace{\beta_0}_{\text{对应}\boldsymbol{N}\text{的第0行下三角元素}} & \underbrace{\beta_1 \quad \beta_2}_{\text{对应}\boldsymbol{N}\text{的第1行下三角元素}} & \cdots & \underbrace{\beta_{\frac{(t-1)t}{2}} \quad \beta_{\frac{(t-1)t}{2}+1} \quad \cdots \quad \beta_{\frac{(t-1)t}{2}+t-1}}_{\text{对应}\boldsymbol{N}\text{的第}t-1\text{行下三角元素}} \end{bmatrix}$$

可见，下三角元素 $n_{i,j}(0\leqslant i\leqslant t-1,\ 0\leqslant j\leqslant i)$ 就对应于一维数组元素 $\beta_{\frac{i\times(i+1)}{2}+j}$，而上三角元素 $n_{i,j}(0\leqslant i\leqslant t-1,\ i\leqslant j\leqslant t-1)$ 由于对称性，其值为下三角元素 $n_{j,i}$，即 $\beta_{\frac{j\times(j+1)}{2}+i}$。综合起来，对称矩阵元素 $n_{i,j}(0\leqslant i,\ j\leqslant t-1)$ 与一维数组 $\underset{1\times\frac{t(t+1)}{2}}{\boldsymbol{\beta}}$ 中元素的对应关系，可统一用下式进行表达，即

$$n_{i,j}=\left.\begin{matrix} \beta_{\frac{i\times(i+1)}{2}+j}, & i\geqslant j \\ \beta_{\frac{j\times(j+1)}{2}+i}, & i<j \end{matrix}\right\},\ (0\leqslant i,j\leqslant t-1) \tag{3-1-7}$$

或

$$n_{ij}=\left.\begin{matrix}\beta_{\frac{i\times(i+1)}{2}+j}, & i\geqslant j\\ \beta_{\frac{j\times(j+1)}{2}+i}, & i<j\end{matrix}\right\},\ (0\leqslant i,j\leqslant t-1) \tag{3-1-7'}$$

常将该对应关系编写为一个索引号获取子函数，即

```
int ij(int i, int j)
{
    return (i>=j)? i*(i+1)/2+j : j*(j+1)/2+i;
}
```

该函数的输入参数为 $\boldsymbol{N}$ 的行号 i 和列号 $j\,(0\leqslant i,j\leqslant t-1)$，返回值则是 n_{ij} 对应的下三角元素一维数组的索引号。

同样，在不发生混淆的情况下，今后在程序代码中仍将 $\boldsymbol{\beta}$ 命名为 $\boldsymbol{N}$。

例 3-1-3　已知二维实对称数组 $\underset{t\times t}{\boldsymbol{N}}$ 和向量 $\underset{t\times 1}{\boldsymbol{X}}$，试给出求 $\boldsymbol{Y}=\boldsymbol{N}\boldsymbol{X}$ 的主要代码。

解：根据矩阵相乘的定义，有 $\underset{t\times 1}{\boldsymbol{Y}}=\underset{t\times t}{\boldsymbol{N}}\underset{t\times 1}{\boldsymbol{X}}$，即

$$\begin{bmatrix}y_1\\y_2\\\vdots\\y_t\end{bmatrix}=\begin{bmatrix}n_{11}&n_{12}&\cdots&n_{1t}\\n_{21}&n_{22}&\cdots&n_{2t}\\\vdots&\vdots&&\vdots\\n_{t1}&n_{t2}&\cdots&n_{tt}\end{bmatrix}\begin{bmatrix}x_1\\x_2\\\vdots\\x_t\end{bmatrix}=\begin{bmatrix}\sum_{k=1}^{t}n_{1k}x_k\\\sum_{k=1}^{t}n_{2k}x_k\\\vdots\\\sum_{k=1}^{t}n_{tk}x_k\end{bmatrix}$$

不难发现

$$y_i=\sum_{k=1}^{t}n_{ik}x_k\,(1\leqslant i\leqslant t)$$

改为 C 语言描述，即

$$y_i=\sum_{k=0}^{t-1}n_{ik}x_k\,(0\leqslant i\leqslant t-1)$$

假设已经申明了一维数组：

```
double N[t*(t+1)/2], X[t], Y[t]; //使用一维数组存储对称矩阵
```

并对 $N[t*(t+1)/2]$、$X[t]$ 进行了赋值，则可以使用下述代码计算得到向量 $\boldsymbol{Y}$：

```
for (int i=0; i<t; i++) //按矩阵 N 的行进行循环
{
    double yi=0.0;
    for (int k=0; k<t; k++) //按矩阵 N 的列进行循环
    {
        yi +=N[ij(i,k)] *X[k];
    }
    Y[i] =yi;
}
```

其中，$N[ij(i,k)]$ 即 n_{ik}，而 $ij(i,k)$ 就是前面给出的索引号获取函数。

（四）对称正定矩阵仅存下三角元素求逆

测量平差法方程的系数阵通常对称正定，对其求解涉及对称正定矩阵的求逆。这里仅介绍一种专门针对对称正定矩阵求逆的“变量循环重新编号法”，此算法具有较高的计算效率。为易于理解，先以 3 阶求逆为例进行说明，然后将其规律扩展至 n 阶。

设线性方程为 $\boldsymbol{Y}=\underset{3\times3}{\boldsymbol{A}}\boldsymbol{X}$，$\boldsymbol{A}$ 对称正定。考虑仅保存 $\boldsymbol{A}$ 的下三角元素，将其表示为

$$\boldsymbol{A}=\begin{bmatrix}\underbrace{a_{0,0}^{(0)}}_{[0]} & & \\ \underbrace{a_{1,0}^{(0)}}_{[1]} & \underbrace{a_{1,1}^{(0)}}_{[2]} & \\ \underbrace{a_{2,0}^{(0)}}_{[3]} & \underbrace{a_{2,1}^{(0)}}_{[4]} & \underbrace{a_{2,2}^{(0)}}_{[5]}\end{bmatrix} \tag{3-1-8}$$

式中，“$[j]$”表示 $\boldsymbol{A}$ 的下三角元素在相应一维数组中的索引号。

将 $\boldsymbol{Y}=\underset{3\times3}{\boldsymbol{A}}\boldsymbol{X}$ 展开写为

$$\left.\begin{aligned}y_0&=a_{0,0}^{(0)}x_0+a_{0,1}^{(0)}x_1+a_{0,2}^{(0)}x_2\\ y_1&=a_{1,0}^{(0)}x_0+a_{1,1}^{(0)}x_1+a_{1,2}^{(0)}x_2\\ y_2&=a_{2,0}^{(0)}x_0+a_{2,1}^{(0)}x_1+a_{2,2}^{(0)}x_2\end{aligned}\right\} \tag{3-1-9}$$

由第一个式子可解得

$$x_0=-\frac{a_{0,1}^{(0)}}{a_{0,0}^{(0)}}x_1-\frac{a_{0,2}^{(0)}}{a_{0,0}^{(0)}}x_2+\frac{1}{a_{0,0}^{(0)}}y_0$$

代入其他两个式子，并按 x_0 右端变量的顺序整理为

$$\left.\begin{aligned}y_1&=\left(a_{1,1}^{(0)}-a_{1,0}^{(0)}\frac{a_{0,1}^{(0)}}{a_{0,0}^{(0)}}\right)x_1+\left(a_{1,2}^{(0)}-a_{1,0}^{(0)}\frac{a_{0,2}^{(0)}}{a_{0,0}^{(0)}}\right)x_2+\frac{a_{1,0}^{(0)}}{a_{0,0}^{(0)}}y_0\\ y_2&=\left(a_{2,1}^{(0)}-a_{2,0}^{(0)}\frac{a_{0,1}^{(0)}}{a_{0,0}^{(0)}}\right)x_1+\left(a_{2,2}^{(0)}-a_{2,0}^{(0)}\frac{a_{0,2}^{(0)}}{a_{0,0}^{(0)}}\right)x_2+\frac{a_{2,0}^{(0)}}{a_{0,0}^{(0)}}y_0\\ x_0&=-\frac{a_{0,1}^{(0)}}{a_{0,0}^{(0)}}x_1-\frac{a_{0,2}^{(0)}}{a_{0,0}^{(0)}}x_2+\frac{1}{a_{0,0}^{(0)}}y_0\end{aligned}\right\} \tag{3-1-10}$$

请注意该式右端系数的对称特点，同时，由于仅保存下三角元素，仍将式中右端系数放入 $\boldsymbol{A}$ 中，即

$$
\boldsymbol{A}=\begin{bmatrix}
\underbrace{a_{1,1}^{(0)}-a_{1,0}^{(0)}\dfrac{a_{1,0}^{(0)}}{a_{0,0}^{(0)}}}_{[0]} & & \\
\underbrace{a_{2,1}^{(0)}-a_{2,0}^{(0)}\dfrac{a_{1,0}^{(0)}}{a_{0,0}^{(0)}}}_{[1]} & \underbrace{a_{2,2}^{(0)}-a_{2,0}^{(0)}\dfrac{a_{2,0}^{(0)}}{a_{0,0}^{(0)}}}_{[2]} & \\
\underbrace{-\dfrac{a_{1,0}^{(0)}}{a_{0,0}^{(0)}}}_{[3]} & \underbrace{-\dfrac{a_{2,0}^{(0)}}{a_{0,0}^{(0)}}}_{[4]} & \underbrace{\dfrac{1}{a_{0,0}^{(0)}}}_{[5]}
\end{bmatrix} \tag{3-1-10$'$}
$$

从式（3-1-9）至式（3-1-10）称为第 1 次（$k=1$）变换。$n-k=2$，表示式（3-1-10′）右端前 2（$=n-1$）列系数中，第 j（$1\leqslant j\leqslant n-k$）列系数含有共同部分 $-a_{j,0}^{(0)}/a_{0,0}^{(0)}$。

采用循环变量表示法：将变量 x_i、y_i 写为 x'_{i-1}、y'_{i-1}，若 $i-1<0$，则 $i-1$ 取为 $n-1$。于是，式（3-1-10）形式上可表示为

$$
\left.\begin{aligned}
y'_0&=a_{0,0}^{(1)}x'_0+a_{0,1}^{(1)}x'_1+a_{0,2}^{(1)}y'_2\\
y'_1&=a_{1,0}^{(1)}x'_0+a_{1,1}^{(1)}x'_1+a_{1,2}^{(1)}y'_2\\
x'_2&=a_{2,0}^{(1)}x'_0+a_{2,1}^{(1)}x'_1+a_{2,2}^{(1)}y'_2
\end{aligned}\right\} \tag{3-1-10$''$}
$$

同第 1 次变换完全类似，第 2 次（$k=2$）变换后可整理得

$$
\left.\begin{aligned}
y'_1&=\left(a_{1,1}^{(1)}-a_{1,0}^{(1)}\frac{a_{0,1}^{(1)}}{a_{0,0}^{(1)}}\right)x'_1+\left(a_{1,2}^{(1)}-a_{1,0}^{(1)}\frac{a_{0,2}^{(1)}}{a_{0,0}^{(1)}}\right)y'_2+\frac{a_{1,0}^{(1)}}{a_{0,0}^{(1)}}y'_0\\
x'_2&=\left(a_{2,1}^{(1)}-a_{2,0}^{(1)}\frac{a_{0,1}^{(1)}}{a_{0,0}^{(1)}}\right)x'_1+\left(a_{2,2}^{(1)}-a_{2,0}^{(1)}\frac{a_{0,2}^{(1)}}{a_{0,0}^{(1)}}\right)y'_2+\frac{a_{2,0}^{(1)}}{a_{0,0}^{(1)}}y'_0\\
x'_0&=-\frac{a_{0,1}^{(1)}}{a_{0,0}^{(1)}}x'_1-\frac{a_{0,2}^{(1)}}{a_{0,0}^{(1)}}y'_2+\frac{1}{a_{0,0}^{(1)}}y'_0
\end{aligned}\right\} \tag{3-1-11}
$$

请注意该式右端系数的对称特点，同时，由于仅保存下三角元素，仍将式中右端系数放入 **A** 中，即

$$
\boldsymbol{A}=\begin{bmatrix}
\underbrace{a_{1,1}^{(1)}-a_{1,0}^{(1)}\dfrac{a_{1,0}^{(1)}}{a_{0,0}^{(1)}}}_{[0]} & & \\
\underbrace{a_{2,1}^{(1)}-a_{2,0}^{(1)}\dfrac{a_{1,0}^{(1)}}{a_{0,0}^{(1)}}}_{[1]} & \underbrace{a_{2,2}^{(1)}+a_{2,0}^{(1)}\dfrac{a_{2,0}^{(1)}}{a_{0,0}^{(1)}}}_{[2]} & \\
\underbrace{-\dfrac{a_{1,0}^{(1)}}{a_{0,0}^{(1)}}}_{[3]} & \underbrace{\dfrac{a_{2,0}^{(1)}}{a_{0,0}^{(1)}}}_{[4]} & \underbrace{\dfrac{1}{a_{0,0}^{(1)}}}_{[5]}
\end{bmatrix} \tag{3-1-11$'$}
$$

从式（3-1-10″）至式（3-1-11）称为第 2 次（$k=2$）变换。$n-k=1$，表示式（3-1-11′）右端前 2(=$n-1$) 列系数中，第 $j(1\leqslant j\leqslant n-k)$ 列系数含有共同部分 $-a_{j,0}^{(1)}/a_{0,0}^{(1)}$，第 $j(n-k<j\leqslant n-1)$ 列系数含有共同部分 $a_{j,0}^{(1)}/a_{0,0}^{(1)}$。

采用循环变量表示法，式（3-1-11）形式上可表示为

$$\left.\begin{aligned}y_0'&=a_{0,0}^{(2)}x_0'+a_{0,1}^{(2)}y_1'+a_{0,2}^{(2)}y_2'\\x_1'&=a_{1,0}^{(2)}x_0'+a_{1,1}^{(2)}y_1'+a_{1,2}^{(2)}y_2'\\x_2'&=a_{2,0}^{(2)}x_0'+a_{2,1}^{(2)}y_1'+a_{2,2}^{(2)}y_2'\end{aligned}\right\}\tag{3-1-11″}$$

同第 1 次变换完全类似，第 3 次（$k=3$）变换后可整理得

$$\left.\begin{aligned}x_1'&=\left(a_{1,1}^{(2)}-a_{1,0}^{(2)}\frac{a_{0,1}^{(2)}}{a_{0,0}^{(2)}}\right)y_1'+\left(a_{1,2}^{(2)}-a_{1,0}^{(2)}\frac{a_{0,2}^{(2)}}{a_{0,0}^{(1)}}\right)y_2'+\frac{a_{1,0}^{(2)}}{a_{0,0}^{(1)}}y_0'\\x_2'&=\left(a_{2,1}^{(2)}-a_{2,0}^{(2)}\frac{a_{0,1}^{(2)}}{a_{0,0}^{(2)}}\right)y_1'+\left(a_{2,2}^{(2)}-a_{2,0}^{(2)}\frac{a_{0,2}^{(2)}}{a_{0,0}^{(2)}}\right)y_2'+\frac{a_{2,0}^{(2)}}{a_{0,0}^{(2)}}y_0'\\x_0'&=-\frac{a_{0,1}^{(2)}}{a_{0,0}^{(2)}}y_1'-\frac{a_{0,2}^{(2)}}{a_{0,0}^{(2)}}y_2'+\frac{1}{a_{0,0}^{(2)}}y_0'\end{aligned}\right\}\tag{3-1-12}$$

由于仅保存下三角元素，仍将式中右端系数放入 **A** 中，即

$$\boldsymbol{A}=\begin{bmatrix}\underbrace{a_{1,1}^{(2)}+a_{1,0}^{(2)}\dfrac{a_{1,0}^{(2)}}{a_{0,0}^{(2)}}}_{[0]} & & \\ \underbrace{a_{2,1}^{(2)}+a_{2,0}^{(2)}\dfrac{a_{1,0}^{(2)}}{a_{0,0}^{(2)}}}_{[1]} & \underbrace{a_{2,2}^{(2)}+a_{2,0}^{(2)}\dfrac{a_{2,0}^{(2)}}{a_{0,0}^{(2)}}}_{[2]} & \\ \underbrace{\dfrac{a_{1,0}^{(2)}}{a_{0,0}^{(2)}}}_{[3]} & \underbrace{\dfrac{a_{2,0}^{(2)}}{a_{0,0}^{(2)}}}_{[4]} & \underbrace{\dfrac{1}{a_{0,0}^{(2)}}}_{[5]}\end{bmatrix}\tag{3-1-12′}$$

从式（3-1-11″）至式（3-1-12）称为第 3 次（$k=3$）变换。$n-k=0$，表示上式右端前 2（=$n-1$）列系数中，第 $j(n-k<j\leqslant n-1)$ 列系数含有共同部分 $a_{j,0}^{(2)}/a_{0,0}^{(2)}$。

因为经过 3 次（$n=3$）变换后，式（3-1-12）右端已经不含 x 变量，就等价于 $\boldsymbol{X}=\underset{3\times3}{\boldsymbol{A}}^{-1}\boldsymbol{Y}$，而式（3-1-12′）为 $\boldsymbol{A}^{-1}$ 的下三角元素。注意，为了节省存储空间，$\boldsymbol{A}^{-1}$ 与 $\boldsymbol{A}$ 使用的是同一个矩阵 **A**。

可以证明，对于 n 阶对称正定矩阵，设第 k 次（$k=1,2,\cdots,n$）变换所得系数阵为

$$\boldsymbol{A}=\begin{bmatrix}\underset{(n-k)\times(n-k)}{\boldsymbol{A}_{11}} & \boldsymbol{A}_{12}\\ \boldsymbol{A}_{21} & \underset{k\times k}{\boldsymbol{A}_{22}}\end{bmatrix}\tag{3-1-13}$$

则满足：①$\boldsymbol{A}_{11}$、$\boldsymbol{A}_{22}$ 均对称正定；②$\boldsymbol{A}_{12}=-\boldsymbol{A}_{21}^{\mathrm{T}}$。

总结以上 3 阶对称正定矩阵的求逆过程，实际上相当于仅对 $\underset{3\times 3}{\boldsymbol{A}}$ 的下三角元素进行操作，其中：式（3-1-8）对应待求逆矩阵 $\boldsymbol{A}$；式（3-1-10′）对应第 1 次变换结果（对待求逆矩阵下三角元素进行操作后，操作结果仍放在 $\boldsymbol{A}$ 中）；式（3-1-11′）对应第 2 次变换结果（对第 1 次变换结果下三角元素进行相同操作后，结果仍放在 $\boldsymbol{A}$ 中）；式（3-1-12′）对应第 3 次变换结果（对第 2 次变换结果下三角元素进行相同操作后，结果仍放在 $\boldsymbol{A}$ 中，因这次是最后一次变换，$\boldsymbol{A}$ 就是 $\boldsymbol{A}^{-1}$ 了）。将该规律扩展到 n 阶对称正定矩阵的求逆计算，则 $\underset{n\times n}{\boldsymbol{A}}$ 的第 $k(k=1,2,\cdots,n)$ 次变换结果下三角元素计算如图 3-1-1 所示。

$$
\begin{array}{c}
 \\ i=1 \\ i=2 \\ \cdots \\ i=n-k \\ \cdots \\ i=n-1 \\ i=n
\end{array}
A=\left[\begin{array}{cccccc|c}
j=1 & j=2 & \cdots & j=n-k & \cdots & j=n-1 & j=n \\
a_{1,1}^{(k-1)}-a_{1,0}^{(k-1)}\frac{a_{1,0}^{(k-1)}}{a_{0,0}^{(k-1)}} & & & & & & \\
a_{2,1}^{(k-1)}-a_{2,0}^{(k-1)}\frac{a_{1,0}^{(k-1)}}{a_{0,0}^{(k-1)}} & a_{2,2}^{(k-1)}-a_{2,0}^{(k-1)}\frac{a_{2,0}^{(k-1)}}{a_{0,0}^{(k-1)}} & & \text{I} & & & \\
\cdots & \cdots & \ddots & & & & \\
a_{i,1}^{(k-1)}-a_{i,0}^{(k-1)}\frac{a_{1,0}^{(k-1)}}{a_{0,0}^{(k-1)}} & a_{i,2}^{(k-1)}-a_{i,0}^{(k-1)}\frac{a_{2,0}^{(k-1)}}{a_{0,0}^{(k-1)}} & \cdots & a_{i,i}^{(k-1)}-a_{i,0}^{(k-1)}\frac{a_{j,0}^{(k-1)}}{a_{0,0}^{(k-1)}} & & & \\
\cdots & \cdots & \cdots & \cdots & \ddots & & \\
a_{n-1,1}^{(k-1)}-a_{n-1,0}^{(k-1)}\frac{a_{1,0}^{(k-1)}}{a_{0,0}^{(k-1)}} & a_{n-1,2}^{(k-1)}-a_{n-1,0}^{(k-1)}\frac{a_{2,0}^{(k-1)}}{a_{0,0}^{(k-1)}} & \cdots & a_{n-1,i}^{(k-1)}-a_{n-1,0}^{(k-1)}\frac{a_{n-k,0}^{(k-1)}}{a_{0,0}^{(k-1)}} & \cdots & a_{n-1,n-1}^{(k-1)}+a_{n-1,0}^{(k-1)}\frac{a_{n-1,0}^{(k-1)}}{a_{0,0}^{(k-1)}} & \\
\hline
-\frac{a_{1,0}^{(k-1)}}{a_{0,0}^{(k-1)}} & -\frac{a_{2,0}^{(k-1)}}{a_{0,0}^{(k-1)}} & \cdots\ \text{II} & -\frac{a_{n-k,0}^{(k-1)}}{a_{0,0}^{(k-1)}} & \cdots & \frac{a_{n-1,0}^{(k-1)}}{a_{0,0}^{(k-1)}} & \text{III}\ \frac{1}{a_{0,0}^{(k-1)}}
\end{array}\right]
$$

图 3-1-1　n 阶对称正定矩阵下三角存储第 k 次变换结果计算示意

图 3-1-1 中，第 k 次变换结果由第 $k-1$ 次变换结果计算，计算分为三个区域顺序进行：

Ⅰ区（行号 $i=1,2,\cdots,n-1$，列号 $j=1,2,\cdots,n-1$ 所对应的元素），特点是第 i 行元素均有因子 $a_{i,0}^{(k-1)}$，第 j 列元素均有因子 $-\frac{a_{j,0}^{(k-1)}}{a_{0,0}^{(k-1)}}$（$j=1,2,\cdots,n-k$）或 $\frac{a_{j,0}^{(k-1)}}{a_{0,0}^{(k-1)}}$（$j=n-k+1,\cdots,n-1$），因此，按 $i=1,2,\cdots,n-1$ 循环进行每行的元素计算时，图中第 i 行、第 j 列对应的矩阵 $\boldsymbol{A}$ 的下三角元素 $a_{i-1,j-1}^{(k)}$ 便为

$$
a_{i-1,j-1}^{(k)}=\left.\begin{array}{l}
a_{i,j}^{(k-1)}-a_{i,0}^{(k-1)}\dfrac{a_{j,0}^{(k-1)}}{a_{0,0}^{(k-1)}},\quad 1\leqslant j\leqslant n-k \\
a_{i,j}^{(k-1)}+a_{i,0}^{(k-1)}\dfrac{a_{j,0}^{(k-1)}}{a_{0,0}^{(k-1)}},\quad n-k<j\leqslant n-1
\end{array}\right\}
$$

由于 $a_{i,j}^{(k-1)}$ 与 $a_{i,j}^{(k)}$ 放在 **A** 的同一个位置，略去上角标，上式即

$$a_{i-1,j-1}=\begin{cases} a_{i,j}-a_{i,0}\dfrac{a_{j,0}}{a_{0,0}}, & 1\leqslant j\leqslant n-k \\ a_{i,j}+a_{i,0}\dfrac{a_{j,0}}{a_{0,0}}, & n-k<j\leqslant n-1 \end{cases} \tag{3-1-14}$$

Ⅱ区（行号 $i=n$，列号 $j=1,2,\cdots,n-1$ 所对应的元素），特点是其值对应为第 j 列元素的因子 $-\dfrac{a_{j,0}^{(k-1)}}{a_{0,0}^{(k-1)}}$（$j=1,2,\cdots,n-k$）或 $\dfrac{a_{j,0}^{(k-1)}}{a_{0,0}^{(k-1)}}$（$j=n-k+1,\cdots,n-1$），因此，图中第 n 行、第 j 列对应的 **A** 的下三角元素 $a_{n-1,j-1}^{(k)}$ 便为

$$a_{n-1,j-1}^{(k)}=\begin{cases} -\dfrac{a_{j,0}^{(k-1)}}{a_{0,0}^{(k-1)}}, & 1\leqslant j\leqslant n-k \\ \dfrac{a_{j,0}^{(k-1)}}{a_{0,0}^{(k-1)}}, & n-k<j\leqslant n-1 \end{cases}$$

略去上角标，即

$$a_{n-1,j-1}=\begin{cases} -\dfrac{a_{j,0}}{a_{0,0}}, & 1\leqslant j\leqslant n-k \\ \dfrac{a_{j,0}}{a_{0,0}}, & n-k<j\leqslant n-1 \end{cases} \tag{3-1-15}$$

Ⅲ区（行号 $i=n$，列号 $j=n$ 所对应的元素），特点是仅有一个元素，即

$$a_{n-1,n-1}^{(k)}=\frac{1}{a_{0,0}^{(k-1)}}$$

略去上角标，即

$$a_{n-1,n-1}=\frac{1}{a_{0,0}} \tag{3-1-16}$$

以上便是针对对称正定矩阵求逆仅存下三角元素的“变量循环重新编号法”。

例 3-1-4 设 $\underset{n\times n}{\boldsymbol{A}}$ 为 n 阶对称正定矩阵，试采用“变量循环重新编号法”编写一个通用的求 $\boldsymbol{A}^{-1}$ 的 C 语言子函数，要求 **A** 为按行仅存下三角元素的一维数组。

解： 对比式（3-1-14）、式（3-1-15），为避免重复计算，在利用式（3-1-14）进行Ⅰ区的计算时，可以将第 i 行（$1\leqslant i\leqslant n-1$）公共因子 $a_{i,0}$ 单独保存在一个临时变量中，第 j 列（$1\leqslant j\leqslant i$）公共因子单独保存在一个临时数组中。具体子函数的源代码示例如下：

```
/**************************************************************************
*[函数名称] inverse_vlr
*[描    述] 采用变量循环重新编号法求对称正定矩阵的逆矩阵
*[输入参数] double *A --对称正定矩阵下三角元素按行对应的一维数组
*           int      n --对称正定矩阵的阶数
*[输出参数] double *A -  对称正定矩阵的逆矩阵(存储方法同输入参数 A)
*[返 回 值] true，计算成功；false，计算失败
*[函数调用] 无
*[建立日期] 2018-11-12
*[修改情况] 无
**************************************************************************/
```

```
bool inverse_vlr(double *A, int n)
{
    int i,j,k;
    double *aj0 = (double *)malloc(n* sizeof(double));//C语言动态申请内存
    for(k=1; k<=n; k++)//第 k 次变换
    {
        double a00 = A[0];//单独保存 A[0]
        // A[0]= 0 则计算失败
        if(a00+1.0 ==1.0)
        {
            free(aj0);//释放申请的动态内存
            return false;
        }
        // 第 I 区计算
        for(i=1; i<n; i++)//第 i 行
        {
            double ai0 = A[i*(i+1)/2];//单独保存第 i 行公共因子
            if(i <=n-k)//单独保存第 j 列公共因子
            {
                aj0[i] =-ai0/a00;
            }
            else
            {
                aj0[i] =  ai0/a00;
            }
            for(j=1; j<=i; j++)//第 i 行第 j 列计算
            {
                A[(i-1)*i/2+j-1] =A[i*(i+1)/2+j] +ai0*aj0[j];
            }
        }
        // 第 II 区计算
        for(j=1; j<n; j++)
        {
            A[(n-1)*n/2+j-1] =aj0[j];//利用单独保存的第 j 列公共因子
        }
        // 第 III 区计算
        A[n*(n+1)/2-1] =1.0/a00;//利用单独保存的 a00
    }
    // 计算成功
    free(aj0);
    return true;
}
```

二、参数平差的主要计算与C语言代码

(一) 公式汇总

参数平差的计算通常要输入未知参数的近似值。设线性误差方程为：

$$\underset{n\times 1}{\boldsymbol{V}}=\underset{n\times t}{\boldsymbol{A}}\underset{t\times 1}{\delta\hat{\boldsymbol{X}}}+\underset{n\times 1}{\boldsymbol{l}}，\underset{n\times 1}{\boldsymbol{l}}=\underset{n\times t}{\boldsymbol{A}}\underset{t\times 1}{\boldsymbol{X}_0}+\underset{n\times 1}{\boldsymbol{D}}-\underset{n\times 1}{\boldsymbol{L}}，\mathrm{rk}(\underset{n\times t}{\boldsymbol{A}})=t$$

随机模型为

$$\underset{n\times n}{\boldsymbol{P}}=\underset{n\times n}{\boldsymbol{Q}}^{-1}=\sigma_0^2\underset{n\times n}{\boldsymbol{\Sigma}}^{-1}>0$$

则参数平差有关计算公式如下：

法方程 $$\boldsymbol{A}^{\mathrm{T}}\boldsymbol{PA}\delta\hat{\boldsymbol{X}}+\boldsymbol{A}^{\mathrm{T}}\boldsymbol{Pl}=\boldsymbol{0}$$

$$(\boldsymbol{N}\delta\hat{\boldsymbol{X}}+\boldsymbol{U}=\boldsymbol{0}) \tag{3-1-17}$$

未知参数改正数的平差值 $$\delta\hat{\boldsymbol{X}}=-\boldsymbol{N}^{-1}\boldsymbol{U} \tag{3-1-18}$$

残差向量 $$\boldsymbol{V}=\boldsymbol{A}\delta\hat{\boldsymbol{X}}+\boldsymbol{l} \tag{3-1-19}$$

未知参数的平差值 $$\hat{\boldsymbol{X}}=\boldsymbol{X}_0+\delta\hat{\boldsymbol{X}} \tag{3-1-20}$$

观测量的平差值 $$\hat{\boldsymbol{L}}=\boldsymbol{L}+\boldsymbol{V} \tag{3-1-21}$$

未知参数平差值的函数 $$\underset{k\times 1}{\hat{\boldsymbol{Y}}}=\varphi(\hat{\boldsymbol{X}}) \tag{3-1-22}$$

观测量平差值的函数 $$\underset{s\times 1}{\hat{\boldsymbol{Z}}}=f(\hat{\boldsymbol{L}}) \tag{3-1-23}$$

验后单位权方差 $$\mu^2=\frac{\boldsymbol{V}^{\mathrm{T}}\boldsymbol{PV}}{n-t} \tag{3-1-24}$$

未知参数平差值的权逆阵及协方差阵

$$\boldsymbol{Q}_{\hat{X}}=\boldsymbol{N}^{-1}，\boldsymbol{\Sigma}_{\hat{X}}=\mu^2\boldsymbol{N}^{-1} \tag{3-1-25}$$

观测量平差值的权逆阵及协方差阵

$$\boldsymbol{Q}_{\hat{L}}=\boldsymbol{AN}^{-1}\boldsymbol{A}^{\mathrm{T}}，\boldsymbol{\Sigma}_{\hat{L}}=\mu^2\boldsymbol{Q}_{\hat{L}} \tag{3-1-26}$$

残差的权逆阵及协方差阵

$$\boldsymbol{Q}_{V}=\boldsymbol{P}^{-1}-\boldsymbol{Q}_{\hat{L}}，\boldsymbol{\Sigma}_{V}=\mu^2\boldsymbol{Q}_{V} \tag{3-1-27}$$

未知参数平差值函数的权逆阵及协方差阵

$$\boldsymbol{Q}_{\hat{Y}}=\boldsymbol{\varphi}\boldsymbol{N}^{-1}\boldsymbol{\varphi}^{\mathrm{T}}，\boldsymbol{\Sigma}_{\hat{Y}}=\mu^2\boldsymbol{Q}_{\hat{Y}} \tag{3-1-28}$$

观测量平差值函数的权逆阵及协方差阵

$$\boldsymbol{Q}_{\hat{Z}}=\boldsymbol{FQ}_{\hat{L}}\boldsymbol{F}^{\mathrm{T}}，\boldsymbol{\Sigma}_{\hat{Z}}=\mu^2\boldsymbol{Q}_{\hat{Z}} \tag{3-1-29}$$

其中，$\boldsymbol{\varphi}=\mathrm{d}\varphi/\mathrm{d}\hat{\boldsymbol{X}}$，$\boldsymbol{F}=\mathrm{d}f/\mathrm{d}\hat{\boldsymbol{L}}$。

关于不输入未知参数近似值以及非线性误差方程迭代求解的计算公式汇总，可参考本书第一部分第二章。

（二）主要算法和代码

分析前述汇总公式，参数平差涉及以下几种主要类型的计算：一是组成法方程时，$\boldsymbol{A}^{\mathrm{T}}\boldsymbol{P}\boldsymbol{A}(=\boldsymbol{N})$，$\boldsymbol{A}^{\mathrm{T}}\boldsymbol{P}\boldsymbol{l}(=\boldsymbol{U})$ 等矩阵相乘计算；二是求解平差值时，$\boldsymbol{N}^{-1}$ 计算和 $\boldsymbol{N}^{-1}\boldsymbol{U}$、$\boldsymbol{A}\delta\hat{\boldsymbol{X}}$ 等矩阵与向量乘积计算，三是精度估计时，二次型 $\boldsymbol{V}^{\mathrm{T}}\boldsymbol{P}\boldsymbol{V}$ 计算以及 $\boldsymbol{A}\boldsymbol{N}^{-1}\boldsymbol{A}^{\mathrm{T}}(=\boldsymbol{Q}_{\hat{L}})$，$\boldsymbol{\varphi}\boldsymbol{N}^{-1}\boldsymbol{\varphi}^{\mathrm{T}}(=\boldsymbol{Q}_{\hat{Y}})$，$\boldsymbol{F}\boldsymbol{Q}_{\hat{L}}\boldsymbol{F}^{\mathrm{T}}(=\boldsymbol{Q}_{\hat{Z}})$ 等矩阵相乘计算。其中，求解平差值的计算可参见本部分第一章第一节中的有关例题，下面主要介绍其他类型计算。

例 3-1-5　已知 $\underset{n\times t}{\boldsymbol{A}}$、$\underset{n\times 1}{\boldsymbol{l}}$、$\underset{n\times n}{\boldsymbol{P}}$，$\boldsymbol{P}$ 为相关权矩阵，试给出求 $\underset{t\times t}{\boldsymbol{N}}(=\boldsymbol{A}^{\mathrm{T}}\boldsymbol{P}\boldsymbol{A})$ 和 $\underset{t\times 1}{\boldsymbol{U}}(=\boldsymbol{A}^{\mathrm{T}}\boldsymbol{P}\boldsymbol{l})$ 的算法和主要代码。

解：根据矩阵相乘的定义，$\underset{t\times t}{\boldsymbol{N}}=\underset{t\times n}{\boldsymbol{A}^{\mathrm{T}}}\underset{n\times n}{\boldsymbol{P}}\underset{n\times t}{\boldsymbol{A}}$ 和 $\underset{t\times 1}{\boldsymbol{U}}=\underset{t\times n}{\boldsymbol{A}^{\mathrm{T}}}\underset{n\times n}{\boldsymbol{P}}\underset{n\times 1}{\boldsymbol{l}}$，即

$$\begin{bmatrix} n_{11} & n_{12} & \cdots & n_{1t} \\ n_{21} & n_{22} & \cdots & n_{2t} \\ \vdots & \vdots & & \vdots \\ n_{t1} & n_{t2} & \cdots & n_{tt} \end{bmatrix} = \begin{bmatrix} a_{11} & a_{21} & \cdots & a_{n1} \\ a_{12} & a_{22} & \cdots & a_{n2} \\ \vdots & \vdots & & \vdots \\ a_{1t} & a_{2t} & \cdots & a_{nt} \end{bmatrix} \begin{bmatrix} p_{11} & p_{12} & \cdots & p_{1n} \\ p_{21} & p_{22} & \cdots & p_{2n} \\ \vdots & \vdots & & \vdots \\ p_{n1} & p_{n2} & \cdots & p_{nn} \end{bmatrix} \begin{bmatrix} a_{11} & a_{12} & \cdots & a_{1t} \\ a_{21} & a_{22} & \cdots & a_{2t} \\ \vdots & \vdots & & \vdots \\ a_{n1} & a_{n2} & \cdots & a_{nt} \end{bmatrix}$$

$$= \begin{bmatrix} \sum_{k=1}^{n} a_{k1}p_{k1} & \sum_{k=1}^{n} a_{k1}p_{k2} & \cdots & \sum_{k=1}^{n} a_{k1}p_{kn} \\ \sum_{k=1}^{n} a_{k2}p_{k1} & \sum_{k=1}^{n} a_{k2}p_{k2} & \cdots & \sum_{k=1}^{n} a_{k2}p_{kn} \\ \vdots & \vdots & & \vdots \\ \sum_{k=1}^{n} a_{kt}p_{k1} & \sum_{k=1}^{n} a_{kt}p_{k2} & \cdots & \sum_{k=1}^{n} a_{kt}p_{kn} \end{bmatrix} \begin{bmatrix} a_{11} & a_{12} & \cdots & a_{1t} \\ a_{21} & a_{22} & \cdots & a_{2t} \\ \vdots & \vdots & & \vdots \\ a_{n1} & a_{n2} & \cdots & a_{nt} \end{bmatrix}$$

$$= \begin{bmatrix} \sum_{k=1}^{n}\sum_{s=1}^{n} p_{ks}a_{k1}a_{s1} & \sum_{k=1}^{n}\sum_{s=1}^{n} p_{ks}a_{k1}a_{s2} & \cdots & \sum_{k=1}^{n}\sum_{s=1}^{n} p_{ks}a_{k1}a_{st} \\ \sum_{k=1}^{n}\sum_{s=1}^{n} p_{ks}a_{k2}a_{s1} & \sum_{k=1}^{n}\sum_{s=1}^{n} p_{ks}a_{k2}a_{s2} & \cdots & \sum_{k=1}^{n}\sum_{s=1}^{n} p_{ks}a_{k2}a_{st} \\ \vdots & \vdots & & \vdots \\ \sum_{k=1}^{n}\sum_{s=1}^{n} p_{ks}a_{kt}a_{s1} & \sum_{k=1}^{n}\sum_{s=1}^{n} p_{ks}a_{kt}a_{s2} & \cdots & \sum_{k=1}^{n}\sum_{s=1}^{n} p_{ks}a_{kt}a_{st} \end{bmatrix}$$

$$\begin{bmatrix} u_{1} \\ u_{2} \\ \vdots \\ u_{t} \end{bmatrix} = \begin{bmatrix} a_{11} & a_{21} & \cdots & a_{n1} \\ a_{12} & a_{22} & \cdots & a_{n2} \\ \vdots & \vdots & & \vdots \\ a_{1t} & a_{2t} & \cdots & a_{nt} \end{bmatrix} \begin{bmatrix} p_{11} & p_{12} & \cdots & p_{1n} \\ p_{21} & p_{22} & \cdots & p_{2n} \\ \vdots & \vdots & & \vdots \\ p_{n1} & p_{n2} & \cdots & p_{nn} \end{bmatrix} \begin{bmatrix} l_{1} \\ l_{2} \\ \vdots \\ l_{n} \end{bmatrix}$$

$$=\begin{bmatrix}\sum_{k=1}^{n}a_{k1}p_{k1} & \sum_{k=1}^{n}a_{k1}p_{k2} & \cdots & \sum_{k=1}^{n}a_{k1}p_{kn}\\ \sum_{k=1}^{n}a_{k2}p_{k1} & \sum_{k=1}^{n}a_{k2}p_{k2} & \cdots & \sum_{k=1}^{n}a_{k2}p_{kn}\\ \vdots & \vdots & & \vdots\\ \sum_{k=1}^{n}a_{kt}p_{k1} & \sum_{k=1}^{n}a_{kt}p_{k2} & \cdots & \sum_{k=1}^{n}a_{kt}p_{kn}\end{bmatrix}\begin{bmatrix}l_1\\ l_2\\ \vdots\\ l_n\end{bmatrix}$$

$$=\begin{bmatrix}\sum_{k=1}^{n}\sum_{s=1}^{n}p_{ks}a_{k1}l_s\\ \sum_{k=1}^{n}\sum_{s=1}^{n}p_{ks}a_{k2}l_s\\ \vdots\\ \sum_{k=1}^{n}\sum_{s=1}^{n}p_{ks}a_{kt}l_s\end{bmatrix}$$

不难发现

$$\left.\begin{aligned}n_{ij}&=\sum_{k=1}^{n}\sum_{s=1}^{n}p_{ks}a_{ki}a_{sj}\,(1\leqslant i,j\leqslant t)\\ u_i&=\sum_{k=1}^{n}\sum_{s=1}^{n}p_{ks}a_{ki}l_s\,(1\leqslant i\leqslant t)\end{aligned}\right\}$$

改为 C 语言描述为

$$\left.\begin{aligned}n_{ij}&=\sum_{k=0}^{n-1}\sum_{s=0}^{n-1}p_{ks}a_{ki}a_{sj}\,(0\leqslant i,j\leqslant t-1)\\ u_i&=\sum_{k=0}^{n-1}\sum_{s=0}^{n-1}p_{ks}a_{ki}l_s\,(0\leqslant i\leqslant t-1)\end{aligned}\right\}$$

由于 **N** 为对称矩阵，程序中只保存其下三角元素即可，与之匹配，只计算下三角元素 n_{ij} 的算法描述为

$$\left.\begin{aligned}n_{ij}&=\sum_{k=0}^{n-1}\sum_{s=0}^{n-1}p_{ks}a_{ki}a_{sj}\,(0\leqslant i\leqslant t-1,0\leqslant j\leqslant i)\\ u_i&=\sum_{k=0}^{n-1}\sum_{s=0}^{n-1}p_{ks}a_{ki}l_s\,(0\leqslant i\leqslant t-1)\end{aligned}\right\}\tag{3-1-30}$$

假设已经申明了一维数组：

```
double A[n*t], l[n], P[n*(n+1)/2], N[t*(t+1)/2], U[t];
//使用一维数组存储对称矩阵下三角元素
```

并对数组 N、U 进行了初始化为 0 赋值，则可以使用下述代码计算 **N**、**U**：

```
for (int i= 0; i<t; i++) //按矩阵 N 的行进行循环
{
    for (int j= 0; j<= i; j++) //按矩阵 N 的列进行循环(注:仅计算下三角元素)
    {
        for (int k= 0; k< n; k++) //矩阵 A 的第 k 行
        {
            for (int s= 0; s< n; s++) //矩阵 A 的第 s 行
            {
                N[ij(i,j)] += P[ij(k,s)] *A[k*t+i] *A[s*t+j];
            }
        }
    }
    for (int k= 0; k< n; k++) //矩阵 A 的第 k 行
    {
        for (int s= 0; s< n; s++) //向量 l 的第 s 行
        {
            U[i] += P[ij(k,s)] *A[k*t+i] *l[s];
        }
    }
}
```

但是，上述代码并不够优化：一是出现了两套 k、s 循环，降低了计算效率；二是不利于按观测值循环组成法方程的应用程序设计。通过观察式（3-1-30）不难发现：$\boldsymbol{A}$ 的第 k、s 行元素（对应第 k、s 个观测值）均会出现在 $\boldsymbol{N}$ 的所有元素中；$\boldsymbol{A}$ 的第 k 行元素、$\boldsymbol{l}$ 的第 s 行元素（对应第 k、s 个观测值）也均会出现在 $\boldsymbol{U}$ 的所有元素中，故优化后计算 $\boldsymbol{N}$、$\boldsymbol{U}$ 的代码如下：

```
for (int k= 0; k< n; k++) //矩阵 A 的第 k 行
{
    for (int s= 0; s< n; s++) //矩阵 A 的第 s 行
    {
        for (int i= 0; i< t; i++) //按矩阵 N 的行进行循环
        {
            U[i] += P[ij(k,s)] *A[k*t+i] *l[s];
            for (int j= 0; j<= i; j++) //按 N 的列进行循环(仅计算下三角元素)
            {
                N[ij(i,j)] += P[ij(k,s)] *A[k*t+i] *A[s*t+j];
            }
        }
    }
}
```

例 3-1-6 已知 $\underset{n\times t}{\boldsymbol{A}}$、$\underset{n\times 1}{\boldsymbol{l}}$、$\underset{n\times n}{\boldsymbol{P}}$，$\boldsymbol{P}=\mathrm{diag}(p_1, p_2, \cdots, p_n)$ 为对角阵，试给出求 $\underset{t\times t}{\boldsymbol{N}}(=\boldsymbol{A}^{\mathrm{T}}\boldsymbol{PA})$ 和 $\underset{t\times 1}{\boldsymbol{U}}(=\boldsymbol{A}^{\mathrm{T}}\boldsymbol{Pl})$ 的主要代码。

解： 本例是例 3-1-5 的特例。分析式（3-1-30）知，当 $k\neq s$ 时，因 $p_{ks}=0$，故 $p_{ks}a_{ki}a_{sj}=0$，式（3-1-30）退化为

$$\left.\begin{aligned} n_{ij} &= \sum_{k=0}^{n-1} p_k a_{ki} a_{kj}\,(0\leqslant i\leqslant t-1, 0\leqslant j\leqslant i) \\ u_i &= \sum_{k=0}^{n-1} p_k a_{ki} l_k\,(0\leqslant i\leqslant t-1) \end{aligned}\right\} \tag{3-1-31}$$

注意，$p_{kk}=p_k$，即 $\boldsymbol{P}$ 的第 k 个对角线元素。

假设已经申明了一维数组：

```
double A[n*t], l[n], P[n], N[t*(t+1)/2], U[t]; //数组 P[n]即权阵 P 的对角线元素
```

并对数组 N、U 进行了初始化为 0 赋值，则计算 $\boldsymbol{N}$、$\boldsymbol{U}$ 的优化代码如下：

```
for (int k=0; k<n; k++) //矩阵 A 的第 k 行(即按观测值循环)
{
    for (int i=0; i<t; i++) //按矩阵 N 的行进行循环
    {
        U[i] +=P[k] *A[k*t+i] *l[k];
        for (int j=0; j<=i; j++) //按矩阵 N 的列进行循环(仅计算下三角元素)
        {
            N[ij(i,j)] +=P[k] *A[k*t+i] *A[k*t+j];
        }
    }
}
```

很多应用场合，观测值相互独立，为进一步提高计算效率和节省内存，通常基于本例代码实现所谓的“法方程叠加技术”（原理可见综测 B 问答题 1），即在第一重循环中的开始部分，通过形成第 k 个观测值所对应 $\boldsymbol{A}$ 矩阵中行向量的代码，实现每来一个观测值就更新一遍 $\boldsymbol{N}$、$\boldsymbol{U}$ 所有元素，当遍历所有观测值后，也就完成了 $\boldsymbol{N}$、$\boldsymbol{U}$ 的计算。不难理解，此时不再需要存储矩阵 $\boldsymbol{A}$，仅需开辟一个行向量数组 double a[t] 来临时保存 $\boldsymbol{A}$ 的行向量即可。此外，还可将 $\boldsymbol{l}^{\mathrm{T}}\boldsymbol{Pl}=\sum_{k=0}^{n} p_k l_k^2$ 放在第一重循环中计算，以利用公式 $\boldsymbol{V}^{\mathrm{T}}\boldsymbol{PV}=\boldsymbol{l}^{\mathrm{T}}\boldsymbol{Pl}+\boldsymbol{U}^{\mathrm{T}}\delta\hat{\boldsymbol{X}}$ 等间接计算公式进行后续的 μ 计算。

例 3-1-7 已知 $\underset{n\times 1}{\boldsymbol{V}}$、$\underset{n\times n}{\boldsymbol{P}}$（相关权矩阵），试给出计算 $\boldsymbol{V}^{\mathrm{T}}\boldsymbol{PV}$ 的算法和主要代码。

解： 观测值相互独立时，$\boldsymbol{V}^{\mathrm{T}}\boldsymbol{PV}=\sum_{i=1}^{n} p_i v_i^2$，计算非常简单，若采用“法方程叠加技

术”，还可以参考例 3-1-6 进行计算；当观测值相关时，C 语言算法为 $V^{\mathrm{T}}PV = \sum_{k=0}^{n-1}\sum_{s=0}^{n-1} p_{ks}v_k v_s$，代码如下：

```
VTPV = 0.0;
for (int k=0; k<n; k++)
{
    for (int s=0; s<n; s++)
    {
        VTPV += P[ij(k,s)]*V[k]*V[s];
    }
}
```

其中，P[•] 为相关权矩阵 $\underset{n\times n}{P}$ 仅存下三角元素对应的一维数组，V[•] 为残差向量 $\underset{n\times 1}{V}$，子函数 ij() 见本部分第一章第一节。

例 3-1-8　已知 $\underset{n\times t}{A}$、$\underset{t\times t}{N^{-1}}$，试给出计算 $AN^{-1}A^{\mathrm{T}}(=\underset{n\times n}{Q_{\hat{L}}})$ 的算法和主要代码。

解： 仿照例 3-1-5 的推导，不难得出，计算 $Q_{\hat{L}}$ 的 C 语言算法为

$$(Q_{\hat{L}})_{ij} = \sum_{k=0}^{t-1}\sum_{s=0}^{t-1} n_{ks}a_{ik}a_{js}\,(0 \leqslant i,j \leqslant n-1)$$

式中，n_{ks} 为 N^{-1} 的第 k 行、第 s 列元素。

假设已经申明了一维数组：

```
double A[n*t], N[t*(t+1)/2], QLC[n*(n+1)/2]; //仅存储对称矩阵下三角元素
```

并对数组 QLC 进行了初始化为 0 赋值，则 $Q_{\hat{L}}$ 的计算代码如下：

```
for (int i=0; i<n; i++) //按矩阵 QLC 的行进行循环
{
    for (int j=0; j<=i; j++) //按矩阵 QLC 的列进行循环(仅计算下三角元素)
    {
        for (int k=0; k<t; k++) //矩阵 A 的第 k 列
        {
            for (int s=0; s<t; s++) //矩阵 A 的第 s 列
            {
                QLC[ij(i,j)] += N[ij(k,s)] *A[i*t+k] *A[j*t+s];
            }
        }
    }
}
```

其中，QLC[•] 对应为 $\underset{n\times n}{Q_{\hat{L}}}$ 仅存下三角元素的一维数组，N[•] 对应为 $\underset{n\times n}{N^{-1}}$ 仅存下三角元素的一维数组，A[•] 对应为 $\underset{n\times t}{A}$ 按行进行一维存储的数组，子函数 ij() 见本部分第一章第

一节。

根据该例，类似可写出计算$\boldsymbol{\varphi N}^{-1}\boldsymbol{\varphi}^{\mathrm{T}}(=\boldsymbol{Q}_{\hat{Y}})$和$\boldsymbol{FQ}_{\hat{L}}\boldsymbol{F}^{\mathrm{T}}(=\boldsymbol{Q}_{\hat{Z}})$的C语言算法和代码。

(三) 参数平差简单编程

例 3-1-9 已知各观测值独立等精度，参数平差的误差方程为

$$\begin{bmatrix}v_1\\v_2\\v_3\\v_4\\v_5\end{bmatrix}=\begin{bmatrix}1&0&0\\-1&-1&0\\0&1&0\\0&0&1\\0&1&1\end{bmatrix}\begin{bmatrix}\delta\hat{x}_1\\\delta\hat{x}_2\\\delta\hat{x}_3\end{bmatrix}+\begin{bmatrix}0\\-2\\0\\0\\-10\end{bmatrix}('')$$

试编程求$\delta\hat{\boldsymbol{X}}$、$\boldsymbol{V}$、$\mu$、$\boldsymbol{\Sigma}_{\hat{X}}$、$\boldsymbol{\Sigma}_{\hat{L}}$、$\boldsymbol{\Sigma}_{V}$。要求：

(1) 从数据文件（Data.txt）中读入误差方程（$\boldsymbol{A}$、$\boldsymbol{l}$）及权阵$\boldsymbol{P}$的对角线元素；

(2) 将计算结果输出到数据文件（Result.txt）。

解：依题意，可将数据输入文件（Data.txt）内容与格式设计为

```
 5   3

 1   0  0      0
-1  -1  0     -2
 0   1  0      0
 0   0  1      0
 0   1  1    -10

 1   1  1  1   1
```

文件第一行分别为观测值和未知参数个数；最后一行依次为5个观测值的权；中间部分顺序为5个观测值的误差方程式系数和自由项。

将数据输出文件（Result.txt）内容与格式设计为

```
===参数平差基本计算(观测值独立)===

误差方程:
      1.000   0.000   0.000        0.000
     -1.000  -1.000   0.000       -2.000
      0.000   1.000   0.000        0.000
      0.000   0.000   1.000        0.000
      0.000   1.000   1.000      -10.000

   观测值的权:
      1.000   1.000   1.000   1.000   1.000

   未知参数改正数的平差值(秒):
```

```
  1      2.000
  2      2.000
  3      4.000

残差(秒):
  1     -2.000
  2     -2.000
  3      2.000
  4      4.000
  5     -4.000

单位权中误差(秒) =4.690

参数平差值的协方差阵(秒^2):
  1    13.750000
  2    -5.500000   11.000000
  3     2.750000   -5.500000   13.750000

观测量平差值的协方差阵(秒^2):
  1    13.750000
  2    -8.250000    13.750000
  3    -5.500000    -5.500000    11.000000
  4     2.750000     2.750000    -5.500000    13.750000
  5    -2.750000    -2.750000     5.500000     8.250000    13.750000

残差的协方差阵(秒^2):
  1     8.250000
  2     8.250000     8.250000
  3     5.500000     5.500000    11.000000
  4    -2.750000    -2.750000     5.500000     8.250000
  5     2.750000     2.750000    -5.500000    -8.250000     8.250000
```

文件既包括读入数据又包括计算结果，其中具体数值为程序实际运行结果（见练习题 1-2-42）。

代码保存在主函数文件（main. cpp）和子函数库文件（subroutine. h）中，分别包含主函数（main）和四个自编子函数（ij，inverse _ vlr，ParaAdjIndependent，PrintM2）。main 函数调用了 ParaAdjIndependent、ij、PrintM2；ParaAdjIndependent 调用了 ij、inverse _ vlr。

main. cpp 内容示例如下：

```
//标准 C 的头文件
# include < stdlib. h>
# include < stdio. h>
# include < math. h>
//自编子函数库
# include "subroutine. h"
//主函数
void main()
{
    // 定义临时变量
    int i,j,k,s;
    double sum;

    // 定义输入、输出文件指针并将其指向输入、输出文件
    FILE *fpin = NULL;//输入文件指针
    FILE *fpout = NULL;//输出文件指针
    if( (fpin= fopen("Data. txt","r")) = = NULL)
    {
        printf("\n 打开输入文件(Data. txt)出错,程序退出运行! \n");
        exit(1);
    }
    if( (fpout= fopen("Result. txt","w")) = = NULL)
    {
        printf("\n 打开输出文件(Result. txt)出错,程序退出运行! \n");
        exit(1);
    }

    // 从输入文件中读入观测值个数、未知参数个数后,定义相关矩阵并申请动态内存
    int n,t;
    fscanf(fpin,"%d d%",&n,&t);//读入观测值的个数 n,未知参数的个数 t
    double *A = (double *)malloc((n*t)*sizeof(double));//矩阵 A
    double *l = (double *)malloc(n*sizeof(double));//向量 l
    double *P = (double *)malloc(n*sizeof(double));//观测量的权矩阵 P(对角矩阵)
    double *dXC = (double *)malloc(t*sizeof(double));
    //未知参数改正数的平差值向量
    double *V = (double *)malloc(n*sizeof(double));//残差向量 V
```

```
double *N = (double *)malloc((t*(t+1)/2)*sizeof(double));
//法方程系数矩阵 N
double *DXC = (double *)malloc((t*(t+1)/2)*sizeof(double));
//未知参数平差值的协方差矩阵
double *DLC = (double *)malloc((n*(n+1)/2)*sizeof(double));
//观测量平差值的协方差矩阵
double *DV = (double *)malloc((n*(n+1)/2)*sizeof(double));
//残差向量的协方差矩阵

// 从输入文件中读入 A、l、P
for(i=0; i<n; i++)
{
    for(j=0; j<t; j++) fscanf(fpin,"%lf",&A[i*t+j]);
    fscanf(fpin,"%lf",&l[i]);
}
for(i=0; i<n; i++) fscanf(fpin,"%lf",&P[i]);
fclose(fpin);  //关闭输入文件

// 向输出文件中写入 A、l、P 以便检核
fprintf(fpout,"===参数平差基本计算(观测值独立)===\n");
fprintf(fpout,"\n 误差方程:\n");
for(i=0; i<n; i++)
{
    for(j=0; j<t; j++) fprintf(fpout,"%8.3lf",A[i*t+j]);
    fprintf(fpout,"    %8.3lf\n",l[i]);
}
fprintf(fpout,"\n 观测值的权:\n");
for(i=0; i<n; i++) fprintf(fpout,"%8.3lf",P[i]);

// 调用观测值相互独立时的参数平差计算子函数,进行一些基本计算
double miu = ParaAdjIndependent(n,t,A,l,P,dXC,N,V);
//注:输出的 N 实际为 N 的逆;miu 为单位权中误差

// 向输出文件中写入未知参数改正数的平差值、残差、单位权中误差
fprintf(fpout,"\n\n 未知参数改正数的平差值(秒):\n");
for(i=0; i<t; i++) fprintf(fpout,"%4d %10.3lf\n",i+1,dXC[i]);
fprintf(fpout,"\n 残差(秒):\n");
for(i=0; i<n; i++) fprintf(fpout,"%4d %10.3lf\n",i+1,V[i]);
fprintf(fpout,"\n 单位权中误差:miu(秒) = %.3lf\n",miu);

// 计算并向输出文件中写入参数平差值的协方差阵
```

```
    for(i=0; i<t; i++)
    {
        for(j=0; j<=i; j++) DXC[ij(i,j)] =miu *miu *N[ij(i,j)];
    }
    PrintM2(fpout,DXC,t,t,"%12.6f","参数平差值的协方差阵(秒^2)",true);

    //计算并向输出文件中写入观测量平差值的协方差阵、残差的协方差阵
    for(i=0; i<n; i++)//按 DLC、DV 的行进行循环
    {
        for(j=0; j<=i; j++)//按 DLC、DV 的列进行循环(仅计算下三角元素)
        {
            sum =0.0;
            for(k=0; k<t; k++)//矩阵 N 逆的第 k 列
            {
                for(s=0; s<t; s++)//矩阵 N 逆的第 s 列
                {
                    sum +=N[ij(k,s)] *A[i*t+k] *A[j*t+s];
                }
            }
            DLC[ij(i,j)] =miu *miu *sum;
            if(i ==j) DV[ij(i,i)] =miu *miu *(1.0/P[i]) - DLC[ij(i,i)];
            else DV[ij(i,j)] =-DLC[ij(i,j)];
        }
    }
    PrintM2(fpout,DLC,n,n,"%12.6f","观测量平差值的协方差阵(秒^2)",true);
    PrintM2(fpout,DV,n,n,"%12.6f","残差的协方差阵(秒^2)",true);

    //关闭输出文件并释放申请的内存空间
    fclose(fpout); free(A); free(l); free(P); free(dXC); free(V);
    free(N); free(DXC); free(DLC); free(DV);

    //向屏幕输出计算完毕提示信息
    printf("\n 计算完毕,请按任意键返回。\n");
    getchar();
}
```

subroutine.h 内容示例如下：

```
/****************************************
*   函数声明 与 源代码
****************************************/
int ij(int i, int j);
bool inverse_vlr(double *A, int n);
double ParaAdjIndependent (int n, int t, double * A, double * l, double * P,
double *dXC,double *N,double *V);
void PrintM2(FILE * fp, double *M, int n, int t, char * fmt, char * title, bool
IsLabel);

/*************************************************************************
*[函数名称]ij
*[描      述]根据对称矩阵的行列号计算其对应的下三角一维数组的索引号
*[输入参数]int i --对称矩阵的行号(从 0 行开始编号)
*          int j --对称矩阵的列号(从 0 行开始编号)
*[输出参数]无
*[返 回 值]下三角一维数组的索引号(从 0 行开始编号)
*[函数调用]无
*[建立日期]2018-11-12
*[修改情况]无
*************************************************************************/
int ij(int i, int j)
{
    return (i>=j)? i*(i+1)/2+j : j*(j+1)/2+i ;
}
/*************************************************************************
*[函数名称]inverse_vlr
*[描      述]采用变量循环重新编号法求对称正定矩阵的逆矩阵
*[输入参数]double *A --对称正定矩阵下三角元素按行对应的一维数组
*          int n -----对称正定矩阵的阶数
*[输出参数]double *A --输入参数的逆矩阵
*[返 回 值]true, 计算成功; false, 计算失败
*[函数调用]无
*[建立日期]2018-11-12
```

```
 *[修改情况] 无
*************************************************************************/
bool inverse_vlr(double *A, int n)
{
    //(函数体内容请见例 3-1-4)
}
/*************************************************************************
*[函数名称] ParaAdjIndependent
*[描    述] 已知 A,l,P 时进行参数平差的有关计算,适用于观测值相互独立的情况
*[输入参数] int n ------- 观测值个数
*           int t ------- 必要观测量个数
*           double *A ---- 误差方程系数矩阵(n 行 t 列,一维存储)
*           double *l ---- 误差方程自由项向量(n 行 1 列)
*           double *P ----- 观测值的权矩阵(n 行 n 列,仅存对角线元素,一维存储)
*[输出参数] double *dXC --- 未知参数改正数平差值向量(t 行 1 列)
*           double *N ---- 法方程系数阵的逆矩阵(t 行 t 列,仅存下三角元素,一维存储)
*           double *V ---- 残差向量(n 行 1 列)
*[返 回 值] double ------ 验后单位权中误差(<0, 异常; =0, n=t; >0, n>t)
*[函数调用] ij,inverse_vlr
*[建立日期] 2018-11-12
*[修改情况] 无
*************************************************************************/
double ParaAdjIndependent (int n, int t, double *A, double *l, double *P, double *dXC,double *N,double *V)
{
    // n<t 计算失败
    if(n<t) return -1.0;
    // 定义临时变量
    int i,j,k;
    // 定义法方程自由项向量(U)并申请动态内存
    double *U = (double *)malloc(t*sizeof(double));
    // 有关量的初始化(置 0.0 操作)
    for(i=0; i<t; i++) { dXC[i] = 0.0; U[i] = 0.0; }
    for(i=0; i<t* (t+1)/2; i++) N[i] = 0.0;
    for(i=0; i<n; i++) V[i] = 0.0;
    // 组成法方程(求 N,U)
    for(k=0; k<n; k++) // 矩阵 A 的第 k 行(按观测值循环)
    {
        for(i=0; i<t; i++) // 按 N 的行进行循环
        {
```

```
            U[i] += P[k] *A[k*t+i] *l[k];
            for(j=0; j<=i; j++)// 按 N 的列进行循环(仅计算下三角元素)
            {
                N[ij(i,j)] += P[k] *A[k*t+i] *A[k*t+j];
            }
        }
    }
    // 求 N 的逆
    if(inverse_vlr(N,t) == false)// 若无法求逆则计算失败
    {
        free(U);
        return -1.0;
    }
    // 求未知参数改正数的平差值
    for(i=0; i<t; i++)
    {
        for(j=0; j<t; j++) dXC[i] += N[ij(i,j)] *U[j];
        dXC[i] = -dXC[i];
    }
    free(U);// 释放申请的内存空间
    // 求残差及 VTPV
    double VTPV = 0.0;
    for(i=0; i<n; i++)
    {
        V[i] = l[i];
        for(j=0; j<t; j++) V[i] += A[i*t+j]*dXC[j];
        VTPV += P[i] *V[i] *V[i];
    }
    // 返回验后单位权中误差
    if(n == t) return 0.0;
    else return sqrt(VTPV/(n-t));
}
/*****************************************************************************
*[函数名称]PrintM2
*[描    述]按指定格式向指定文件中输出对称矩阵的下三角元素
```

```
 * [输入参数] FILE *fp ------ 文件指针(指定文件)
 *          double *M ----- 对称矩阵下三角元素对应的一维数组
 *          int n --------- 对称矩阵的阶数
 *          int t --------- 输出时设置的每行最多显示的元素个数
 *          char *fmt ----- 元素的输出格式(如"%lf","%4d"等)
 *          char *title ---- 对称矩阵的名称,若为 NULL,则不输出名称
 *          bool IsLabel --- 是否输出对称矩阵的行号: true, 输出; false, 不输出
 * [输出参数] 无
 * [返 回 值] 无
 * [函数调用] 无
 * [建立日期] 2018-11-12
 * [修改情况] 无
******************************************************************************/
void PrintM2(FILE *fp,double *M,int n,int t,char *fmt,char *title,bool IsLabel)
{
    // 是否输出矩阵名称
    if(title) fprintf(fp,"\n%s:",title);
    // 按指定格式输出下三角元素
    int index = 0;
    for(int i=0; i<n; i++)
    {
        if(IsLabel) fprintf(fp,"\n%4d ",i+1);// 输出行号
        else fprintf(fp,"\n");// 不输出行号
        for(int j=0; j<=i; j++)// 下三角元素
        {
            if(j>0 && j%t==0) fprintf(fp,"\n");
            fprintf(fp,fmt,M[index++]);
        }
    }
    fprintf(fp,"\n");
}
```

已知 $\boldsymbol{A}$、$\boldsymbol{l}$、$\boldsymbol{P}$ 进行参数平差的编程计算，本书称为参数平差的简单编程。必须指出，参数平差应用广泛，很难给出非常通用的程序。其一，计算内容往往视应用需求而定，前面汇总的计算不一定都要进行；其二，有些应用已有规定格式的数据输入文件，程序设计者要在程序内部形成 $\boldsymbol{A}$、$\boldsymbol{l}$、$\boldsymbol{P}$，使得该部分代码很难通用；其三，一些特殊应用可能需要对常规算法进行改进。本例虽与实际应用编程相差较大，但可作为参数平差解算的基础代码。另外，一些基于参数平差模型发展的现代平差方法，也常常以参数平差法代码为基础进行改化。

下一章介绍的几个简单应用，将增加在程序中形成 $\boldsymbol{A}$、$\boldsymbol{l}$、$\boldsymbol{P}$ 的练习，以便为更复杂的参数平差应用编程做好准备。

三、条件平差的主要计算与C语言代码

（一）公式汇总

设线性条件方程为

$$\underset{r\times n}{\boldsymbol{B}}\,\underset{n\times 1}{\boldsymbol{V}}+\underset{r\times 1}{\boldsymbol{W}}=\boldsymbol{0},\quad \underset{r\times 1}{\boldsymbol{W}}=\underset{r\times n}{\boldsymbol{B}}\,\underset{n\times 1}{\boldsymbol{L}}+\underset{r\times 1}{\boldsymbol{B}_0},\quad \mathrm{rk}(\underset{r\times n}{\boldsymbol{B}})=r$$

随机模型为

$$\underset{n\times n}{\boldsymbol{P}}=\underset{n\times n}{\boldsymbol{Q}}^{-1}=\sigma_0^2\underset{n\times n}{\boldsymbol{\Sigma}}^{-1}>0$$

条件平差有关计算公式如下：

法方程
$$\boldsymbol{BP}^{-1}\boldsymbol{B}^{\mathrm{T}}\boldsymbol{K}+\boldsymbol{W}=\boldsymbol{0}$$
$$(\boldsymbol{NK}+\boldsymbol{W}=\boldsymbol{0}) \tag{3-1-32}$$

联系数向量
$$\boldsymbol{K}=-\boldsymbol{N}^{-1}\boldsymbol{W} \tag{3-1-33}$$

残差向量
$$\boldsymbol{V}=\boldsymbol{P}^{-1}\boldsymbol{B}^{\mathrm{T}}\boldsymbol{K} \tag{3-1-34}$$

观测量的平差值
$$\hat{\boldsymbol{L}}=\boldsymbol{L}+\boldsymbol{V} \tag{3-1-35}$$

观测量平差值的函数
$$\underset{u\times 1}{\boldsymbol{Z}}=f(\hat{\boldsymbol{L}}) \tag{3-1-36}$$

验后单位权方差
$$\mu^2=\frac{\boldsymbol{V}^{\mathrm{T}}\boldsymbol{PV}}{r} \tag{3-1-37}$$

残差的权逆阵及协方差阵

$$\boldsymbol{Q}_{\boldsymbol{V}}=\boldsymbol{P}^{-1}\boldsymbol{B}^{\mathrm{T}}\boldsymbol{N}^{-1}\boldsymbol{BP}^{-1},\quad \boldsymbol{\Sigma}_{\boldsymbol{V}}=\mu^2\boldsymbol{Q}_{\boldsymbol{V}} \tag{3-1-38}$$

观测量平差值的权逆阵及协方差阵

$$\boldsymbol{Q}_{\hat{L}}=\boldsymbol{P}^{-1}-\boldsymbol{Q}_{\boldsymbol{V}},\quad \boldsymbol{\Sigma}_{\hat{L}}=\mu^2\boldsymbol{Q}_{\hat{L}} \tag{3-1-39}$$

观测量平差值函数的权逆阵及协方差阵

$$\boldsymbol{Q}_{\hat{Z}}=\boldsymbol{FQ}_{\hat{L}}\boldsymbol{F}^{\mathrm{T}},\quad \boldsymbol{\Sigma}_{\hat{Z}}=\mu^2\boldsymbol{Q}_{\hat{Z}} \tag{3-1-40}$$

其中，$\underset{u\times n}{\boldsymbol{F}}=\mathrm{d}f/\mathrm{d}\hat{\boldsymbol{L}}$。

关于非线性条件方程的求解，可参考本书第一部分第三章。

（二）主要算法和代码

分析前述汇总公式，条件平差涉及以下主要计算：

一是组成法方程时，$\underset{r\times n}{\boldsymbol{B}}\,\underset{n\times n}{\boldsymbol{P}^{-1}}\,\underset{n\times r}{\boldsymbol{B}^{\mathrm{T}}}(=\boldsymbol{N})$ 的计算。参见上一节 $\underset{n\times t}{\boldsymbol{A}}\,\underset{t\times t}{\boldsymbol{N}^{-1}}\,\underset{t\times n}{\boldsymbol{A}^{\mathrm{T}}}$，其算法为

$$n_{ij}=\sum_{k=0}^{n-1}\sum_{s=0}^{n-1}q_{ks}b_{ik}b_{js}\,(0\leqslant i,j\leqslant r-1)$$

式中，q_{ks} 为$\boldsymbol{Q}=\boldsymbol{P}^{-1}$ 的第 k 行、第 s 列元素。考虑后续计算会多次遇到 $\boldsymbol{BP}^{-1}$（$\boldsymbol{P}^{-1}\boldsymbol{B}^{\mathrm{T}}$ 为

其转置），为提高计算效率，可令 $\underset{r\times n}{\boldsymbol{M}}=\boldsymbol{BP}^{-1}$，则 $\boldsymbol{M}$、$\boldsymbol{N}=\boldsymbol{MB}^{\mathrm{T}}$ 的算法为

$$m_{ij}=\sum_{k=0}^{n-1}b_{ik}q_{kj}\ (0\leqslant i\leqslant r-1;\ 0\leqslant j\leqslant n-1)$$

$$n_{ij}=\sum_{k=0}^{n-1}m_{ik}b_{jk}(0\leqslant i,j\leqslant r-1)$$

若 $\boldsymbol{Q}$ 为对角阵，即 $q_{kj}=0(k\neq j)$，m_{ij} 算法特例化为

$$m_{ij}=b_{ij}q_{jj}=b_{ij}/p_j\ (0\leqslant i\leqslant r-1;\ 0\leqslant j\leqslant n-1)$$

二是求解平差值时，$\boldsymbol{N}^{-1}$、$-\underset{r\times r}{\boldsymbol{N}^{-1}}\underset{r\times 1}{\boldsymbol{W}}$（$=\boldsymbol{K}$）和$\underset{n\times r}{\boldsymbol{M}^{\mathrm{T}}}\underset{r\times 1}{\boldsymbol{K}}$（$=\boldsymbol{V}$）的计算。$\boldsymbol{N}^{-1}$ 的算法可见本部分第一章第一节，后两者的算法为

$$k_i=-\sum_{j=0}^{r-1}n_{ij}w_j(0\leqslant i\leqslant r-1)$$

$$v_i=\sum_{j=0}^{r-1}m_{ji}k_j(0\leqslant i\leqslant n-1)$$

式中，n_{ij} 为 $\boldsymbol{N}^{-1}$ 的第 i 行、第 j 列元素，m_{ji} 同理。

三是精度估计时，$\underset{1\times n}{\boldsymbol{V}^{\mathrm{T}}}\underset{n\times n}{\boldsymbol{P}}\underset{n\times 1}{\boldsymbol{V}}$、$\underset{n\times r}{\boldsymbol{M}^{\mathrm{T}}}\underset{r\times r}{\boldsymbol{N}^{-1}}\underset{r\times n}{\boldsymbol{M}}(=\boldsymbol{Q}_{\boldsymbol{V}})$ 和 $\underset{u\times n}{\boldsymbol{F}}\underset{n\times n}{\boldsymbol{Q}_{\hat{L}}}\underset{n\times u}{\boldsymbol{F}^{\mathrm{T}}}(=\boldsymbol{Q}_{\hat{Z}})$ 的计算。当观测值相关时，因 $\boldsymbol{V}^{\mathrm{T}}\boldsymbol{PV}=-\underset{1\times r}{\boldsymbol{W}^{\mathrm{T}}}\underset{r\times 1}{\boldsymbol{K}}$ 计算简便，可使用算法 $\boldsymbol{V}^{\mathrm{T}}\boldsymbol{PV}=-\sum_{i=0}^{r-1}w_ik_i$；当观测值不相关时，还可使用算法 $\boldsymbol{V}^{\mathrm{T}}\boldsymbol{PV}=\sum_{i=0}^{n-1}p_iv_i^2$。参见上一节$\underset{t\times n}{\boldsymbol{A}^{\mathrm{T}}}\underset{n\times n}{\boldsymbol{P}}\underset{n\times t}{\boldsymbol{A}}$，$\underset{n\times r}{\boldsymbol{M}^{\mathrm{T}}}\underset{r\times r}{\boldsymbol{N}^{-1}}\underset{r\times n}{\boldsymbol{M}}$ 的算法为

$$(\boldsymbol{Q}_{\boldsymbol{V}})_{ij}=\sum_{k=0}^{r-1}\sum_{s=0}^{r-1}n_{ks}m_{ki}m_{sj}(0\leqslant i,j\leqslant n-1)$$

参见上一节 $\underset{n\times t}{\boldsymbol{A}}\underset{t\times t}{\boldsymbol{N}^{-1}}\underset{t\times n}{\boldsymbol{A}^{\mathrm{T}}}$，$\underset{u\times n}{\boldsymbol{F}}\underset{n\times n}{\boldsymbol{Q}_{\hat{L}}}\underset{n\times u}{\boldsymbol{F}^{\mathrm{T}}}$ 的算法为

$$(\boldsymbol{Q}_{\hat{Z}})_{ij}=\sum_{k=0}^{n-1}\sum_{s=0}^{n-1}(\boldsymbol{Q}_{\hat{L}})_{ks}f_{ik}f_{js}(0\leqslant i,j\leqslant u-1)$$

（三）条件平差简单编程

例 3-1-10 已知改正数条件方程为

$$\begin{bmatrix}1&1&0&-1&0&0\\1&0&1&0&0&-1\\0&1&-1&0&1&0\end{bmatrix}\begin{bmatrix}v_1\\v_2\\v_3\\v_4\\v_5\\v_6\end{bmatrix}+\begin{bmatrix}5\\0\\5\end{bmatrix}=\boldsymbol{0}$$

对应的观测值向量为 $\boldsymbol{L}=[2.455\quad 1.114\quad 4.568\quad 3.564\quad 3.459\quad 7.023]^{\mathrm{T}}$（m），$\boldsymbol{L}$ 的权阵为 $\boldsymbol{P}=\mathrm{diag}\left(1,\ 1,\ 1,\ \frac{1}{2},\ \frac{1}{2},\ \frac{1}{2}\right)$，试编程求 $\boldsymbol{V}$、$\hat{\boldsymbol{L}}$、μ、$\boldsymbol{\Sigma}_{\boldsymbol{V}}$、$\boldsymbol{\Sigma}_{\hat{L}}$。要求：

（1）从数据文件（Data. txt）中读入已有数据；

(2) 将计算结果输出到数据文件 (Result. txt)。

解: 依题意，可将数据输入文件 (Data. txt) 内容与格式设计为

```
6 3

1 1 0 -1 0 0 5
1 0 1 0 0 -1 0
0 1 -1 0 1 0 5

2.455 1.114 4.568 3.564 3.459 7.023

1 1 1 0.5 0.5 0.5
```

分别对应于：观测值个数、多余观测个数；系数矩阵 **B** 和闭合差 **W**；观测向量 **L**；权阵 **P** 的对角线元素。

将数据输出文件 (Result. txt) 内容与格式设计为

```
===条件平差基本计算(观测值独立)===

   条件方程:
      1.000    1.000    0.000   -1.000    0.000    0.000        5.000
      1.000    0.000    1.000    0.000    0.000   -1.000        0.000
      0.000    1.000   -1.000    0.000    1.000    0.000        5.000
   观测值:
      2.455    1.114    4.568    3.564    3.459    7.023

   观测值的权:
      1.000    1.000    1.000    0.500    0.500    0.500

   观测值的残差(mm)及平差值(m):
      1      -1.000        2.454
      2      -2.000        1.112
      3       1.000        4.569
      4       2.000        3.566
      5      -2.000        3.457
      6       0.000        7.023

   单位权中误差(mm) =1.826

   残差的协方差阵(mm^2):
      1      1.333333
      2      0.666667      1.333333
```

```
    3     0.666667    -0.666667    1.333333
    4    -1.333333    -1.333333    0.000000    4.000000
    5     0.000000     1.333333   -1.333333    1.333333    4.000000
    6    -1.333333     0.000000   -1.333333   -1.333333   -1.333333    4.000000

  观测量平差值的协方差阵(mm^2):
    1     2.000000
    2    -0.666667     2.000000
    3    -0.666667     0.666667    2.000000
    4     1.333333     1.333333    0.000000    2.666667
    5     0.000000    -1.333333    1.333333   -1.333333    2.666667
    6     1.333333     0.000000    1.333333    1.333333    1.333333    2.666667
```

文件既包括读入数据又包括计算结果，其中具体数值为程序实际运行结果（见练习题 1-3-29）。

代码保存在主函数文件（main.cpp）和子函数库文件（subroutine.h）中，分别包含主函数（main）和四个自编子函数（ij、inverse_vlr、CondAdjInd、PrintM2）。main 函数调用了 CondAdjInd、ij、PrintM2，CondAdjInd 调用了 ij、inverse_vlr。

main.cpp 内容示例如下：

```
// 标准 C 的头文件
#include <stdlib.h>
#include <stdio.h>
#include <math.h>
// 自编子函数库
#include "subroutine.h"
// 主函数
void main()
{
    // 定义临时变量
    int i,j;

    // 定义输入、输出文件指针并将其指向输入、输出文件
    FILE *fpin  =NULL;// 输入文件指针
    FILE *fpout =NULL;// 输出文件指针
    if( (fpin=fopen("Data.txt","r")) ==NULL)
    {
        printf("\n 打开输入文件(Data.txt)出错，程序退出运行！ \n");
        exit(1);
    }
    if( (fpout=fopen("Result.txt","w")) ==NULL)
    {
```

```
    printf("\n打开输出文件(Result.txt)出错,程序退出运行!\n");
    exit(1);
}

// 从输入文件中读入观测值个数、多余观测个数后,定义相关矩阵并申请动态内存
int n,r;
fscanf(fpin,"%d %d",&n,&r);// 读入观测值的个数 n,多余观测个数 r
double*B = (double *)malloc((r*n)*sizeof(double));// 矩阵 B
double*W = (double *)malloc(r*sizeof(double));// 闭合差向量 W
double*L = (double *)malloc(n*sizeof(double));// 观测值向量 L
double*P = (double *)malloc(n*sizeof(double));// 观测量的权矩阵 P(对角矩阵)
double*V = (double *)malloc(n*sizeof(double));// 残差向量 V
double*DV = (double *)malloc((n*(n+1)/2)*sizeof(double));// 残差的协方差矩阵
double*DLC = (double *)malloc((n*(n+1)/2)*sizeof(double));
// 观测量平差值的协方差矩阵

// 从输入文件中读入 B、W、L、P
for(i=0; i<r; i++)
{
    for(j=0; j<n; j++) fscanf(fpin,"%lf",&B[i*n+j]);
    fscanf(fpin,"%lf",&W[i]);
}
for(i=0; i<n; i++) fscanf(fpin,"%lf",&L[i]);
for(i=0; i<n; i++) fscanf(fpin,"%lf",&P[i]);
fclose(fpin);// 关闭输入文件

// 向输出文件中写入 B、W、L、P 以便检核
fprintf(fpout,"===条件平差基本计算(观测值独立)===\n");
fprintf(fpout,"\n条件方程:\n");
for(i=0; i<r; i++)
{
    for(j=0; j<n; j++) fprintf(fpout,"%8.3lf",B[i*n+j]);
    fprintf(fpout,"  %8.3lf\n",W[i]);
}
fprintf(fpout,"\n观测值:\n");
for(i=0; i<n; i++) fprintf(fpout,"%8.3lf",L[i]);
fprintf(fpout,"\n观测值的权:\n");
for(i=0; i<n; i++) fprintf(fpout,"%8.3lf",P[i]);
```

```
// 调用观测值相互独立时的条件平差计算子函数,进行一些基本计算
double miu = CondAdjInd(n,r,B,W,P,V,DV,DLC);// 注:输出的 DV,DLC 为权逆阵

// 向输出文件中写入观测值的残差、平差值、单位权中误差
fprintf(fpout,"\n\n 观测值的残差(mm)及平差值(m):\n");
for(i=0; i<n; i++) fprintf(fpout,"%4d %10.3lf %10.3lf\n", i+1,V[i],
                            L[i]+0.001*V[i]);
fprintf(fpout,"\n 单位权中误差:miu(mm) = %.3lf\n",miu);

// 计算并向输出文件中写入残差的协方差阵、观测量平差值的协方差阵
for(i=0; i<n; i++)// 按 DV、DLC 的行进行循环
{
    for(j=0; j<=i; j++)// 按 DV、DLC 的列进行循环(仅计算下三角元素)
    {
        DV[ij(i,j)] =miu *miu *DV[ij(i,j)];
        DLC[ij(i,j)] =miu *miu *DLC[ij(i,j)];
    }
}
PrintM2(fpout,DV,n,n,"%12.6f","残差的协方差阵(mm^2)",true);
PrintM2(fpout,DLC,n,n,"%12.6f","观测量平差值的协方差阵(mm^2)",true);

// 关闭输出文件并释放申请的内存空间
fclose(fpout); free(B); free(W); free(L); free(P); free(V); free(DV); free(DLC);

// 向屏幕输出计算完毕提示信息
printf("\n 计算完毕,请按任意键返回。\n");
getchar();
}
```

subroutine.h 内容示例如下:

```
/****************************************
*   函数申明 与 源代码
****************************************/
int ij(int i, int j);
bool inverse_vlr(double *A, int n);
double CondAdjInd(int n,int r,double *B,double *W,double *P,double *V,double *
DV,double *DLC);
void PrintM2(FILE *fp,double *M,int n,int t,char *fmt,char *title,bool IsLabel);

(注:下面略去了与例 3-1-9 中相同的函数)
```

```
/*****************************************************************************
 *[函数名称] CondAdjInd
 *[描    述] 已知 B,W,P 时进行条件平差的有关计算,适用于观测值相互独立的情况
 *[输入参数] int n ---------- 观测值个数
 *           int r ---------- 多余观测个数
 *           double *B ---- 改正数条件方程系数矩阵(r 行 n 列,一维存储)
 *           double *W ---- 改正数条件方程自由项向量(r 行 1 列)
 *           double *P ---- 观测值的权矩阵(n 行 n 列,仅存对角线元素,一维存储)
 *[输出参数] double *V ---- 残差向量(n 行 1 列)
 *           double *DV --- 残差向量的权逆阵(n 行 n 列,仅存下三角元素,一维存储)
 *           double *DLC -- 观测量平差值的权逆阵(n 行 n 列,仅存下三角元素,一维存储)
 *[返 回 值] double -------- 验后单位权中误差
 *[函数调用] ij,inverse_vlr
 *[建立日期] 2021-05-20
 *[修改情况] 无
*****************************************************************************/
double CondAdjInd(int n,int r,double *B,double *W,double *P,double *V,double *
DV,double *DLC)
{
    // 定义临时变量
    int i,j,k,s;
    // 定义 M(=BQ),K 和法方程系数阵 N 并申请动态内存
    double *M = (double *)malloc(r*n*sizeof(double));
    double *N = (double *)malloc(r*(r+1)/2*sizeof(double));
    double *K = (double *)malloc(r*sizeof(double));
    // 有关量的初始化(置 0 操作)
    for(i=0; i<r*n; i++) M[i] = 0.0;
    for(i=0; i<r*(r+1)/2; i++) N[i] = 0.0;
    for(i=0; i<r; i++) K[i] = 0.0;
    for(i=0; i<n; i++) V[i] = 0.0;
    for(i=0; i<n*(n+1)/2; i++) { DV[i] = 0.0; DLC[i] = 0.0; }
    // 求 M(=BQ)
    for(i=0; i<r; i++)
    {
        for(j=0; j<n; j++) M[i*n+j] =B[i*n+j] / P[j];
    }
    // 组成法方程(求 N)
    for(i=0; i<r; i++)
    {
        for(j=0; j<=i; j++)
        {
            for(k=0; k<n; k++) N[ij(i,j)] +=M[i*n+k] *B[j*n+k];
```

```
    }
}
// 求 N 的逆
if(inverse_vlr(N,r) ==false)// 若无法求逆则计算失败
{
    free(M);  free(N);  free(K);
    return -1.0;
}
// 求 K
for(i=0; i<r; i++)
{
    for(j=0; j<r; j++) K[i] -=N[ij(i,j)] *W[j];
}
// 求 V、VTPV
double VTPV = 0.0;
for(i=0; i<n; i++)
{
    for(j=0; j<r; j++) V[i] +=M[j*n+i] *K[j];
    VTPV +=P[i] *V[i] *V[i];
}
// 求 DV、DLC
for(i=0; i<n; i++)
{
    for(j=0; j<=i; j++)
    {
        for(k=0; k<r; k++)
        {
            for(s=0; s<r; s++)
            {
                DV[ij(i,j)] +=N[ij(k,s)] *M[k*n+i] *M[s*n+j];
            }
        }
        DLC[ij(i,j)] =-DV[ij(i,j)];
        if(i==j) DLC[ij(i,j)] +=1.0 / P[i];
    }
}
```

```
    //释放申请的内存空间
    free(M);free(N);free(K);
    //返回单位权中误差
    return sqrt(VTPV/r);
}
```

已知 $\boldsymbol{B}$、$\boldsymbol{W}$、$\boldsymbol{P}$ 进行条件平差的编程计算，本书称之为条件平差的简单编程。下一章的附合导线条件平差，将增加在程序中形成 $\boldsymbol{B}$、$\boldsymbol{W}$、$\boldsymbol{P}$ 的练习。目前，较大型条件平差应用编程已难遇到。

第二章　测量平差应用编程

测量平差应用编程，就是通过编写的计算机程序来解决实际中的测量平差问题，如水准网平差、水平网平差、GNSS 向量网平差等。测量平差应用广泛，远不局限于上述控制网的平差，夸张些讲，凡是数据处理场合均可能涉及。本章通过几个简单实例的介绍和练习，旨在达到理解测量平差应用编程基本内容及为今后更复杂应用打好基础的目的。

一、数字高程模型拟合

（一）概述

数字高程模型（digital elevation model，DEM）的概念由米勒（Miller）于 1958 年提出，也称数字地形模型（digital terrain model，DTM），是一种以数字形式按一定结构组织的、表示实际地形特征空间分布的实体地面模型，也是地形地理位置和起伏的数字描述。根据其空间分布特征，可分为网格状数据和离散数据。网格状数据将 DEM 覆盖区划分为规则格网，每个格网的大小和形状都相同，用相应矩阵元素的行列号来实现网格点的二维地理空间定位，第三维为特征值。离散数据 DEM 的平面二维地理空间定位由不规则分布的离散样点平面坐标实现，第三维仍为高程属性特征值。获取 DEM 数据的方法有多种，如直接从地面测量获取；根据航空或航天影像，通过摄影测量途径获取；从地形图上采集等。

DEM 作为地球空间框架数据的基本内容，是各种地理信息的载体，可生成三维方块图、视线图、等高线图、地貌晕渲图等，在测绘、水文、气象、工程建设、军事等领域有广泛的应用。实际应用中，利用已有 DEM 数据进行数学建模是核心技术之一。

（二）拟合原理

基于已知数据点建立数字高程模型的方法有整体拟合法、移动曲面法、加权平均法、哈迪（Hardy）多面函数法、样条函数法、最小二乘配置法等。实践中，经常会使用已建立的模型进行未知高程点的内插。

不同建模方法各有优缺点，本节针对广为使用的多项式整体拟合法进行介绍，该法传统上使用参数平差求解。

1. 函数模型

整体拟合法是将拟合范围内的高程视为平面位置的一个函数，但因真实的函数形式未知，需要选取已知的函数去拟合或逼近。最常用的函数为多项式曲面，通式为

$$\widetilde{H}_i=a_0+a_1\widetilde{x}_i+a_2\widetilde{y}_i+a_3\widetilde{x}_i^2+a_4\widetilde{x}_i\widetilde{y}_i+a_5\widetilde{y}_i^2+a_6\widetilde{x}_i^3+a_7\widetilde{x}_i^2\widetilde{y}_i+a_8\widetilde{x}_i\widetilde{y}_i^2+a_9\widetilde{y}_i^3+\cdots \tag{3-2-1}$$

式中，下标 i 表示第 i 个点，$\widetilde{H}_i$ 为其高程值，($\widetilde{x}_i$，$\widetilde{y}_i$) 为其平面坐标，a_j($j=0$，1，…) 为多项式曲面系数。一般视地形起伏情况，常将多项式曲面取为下列情形之一：

平面

$$\widetilde{H}_i=a_0+a_1\widetilde{x}_i+a_2\widetilde{y}_i \tag{3-2-2}$$

双线形多项式

$$\widetilde{H}_i=a_0+a_1\widetilde{x}_i+a_2\widetilde{y}_i+a_3\widetilde{x}_i\widetilde{y}_i \tag{3-2-3}$$

二次曲面

$$\widetilde{H}_i=a_0+a_1\widetilde{x}_i+a_2\widetilde{y}_i+a_3\widetilde{x}_i^2+a_4\widetilde{x}_i\widetilde{y}_i+a_5\widetilde{y}_i^2 \tag{3-2-4}$$

将上述多项式视为参数平差的函数模型，利用拟合范围内的已知数据点（x_i，y_i，H_i）（$i=1$，2，…，n），在点数多于系数个数时便可解算出多项式中的系数平差值 $\hat{a}_j$。其中，H_i 通常被当做独立等精度观测值，x_i、y_i 虽然有误差也被忽略。

以二次曲面为例，第 i 个点的误差方程式为

$$\hat{H}_i=H_i+v_i=\hat{a}_0+\hat{a}_1x_i+\hat{a}_2y_i+\hat{a}_3x_i^2+\hat{a}_4x_iy_i+\hat{a}_5y_i^2 \tag{3-2-5}$$

矩阵形式的误差方程为

$$\begin{bmatrix} v_1 \\ v_2 \\ \vdots \\ v_n \end{bmatrix}=\begin{bmatrix} 1 & x_1 & y_1 & x_1^2 & x_1y_1 & y_1^2 \\ 1 & x_2 & y_2 & x_2^2 & x_2y_2 & y_2^2 \\ \vdots & \vdots & \vdots & \vdots & \vdots & \vdots \\ 1 & x_n & y_n & x_n^2 & x_ny_n & y_n^2 \end{bmatrix}\begin{bmatrix} \hat{a}_0 \\ \hat{a}_1 \\ \vdots \\ \hat{a}_5 \end{bmatrix}+\begin{bmatrix} -H_1 \\ -H_2 \\ \vdots \\ -H_n \end{bmatrix} \tag{3-2-6}$$

即

$$\underset{n\times 1}{\boldsymbol{V}}=\underset{n\times 6}{\boldsymbol{A}}\ \underset{6\times 1}{\hat{\boldsymbol{X}}}+\underset{n\times 1}{\boldsymbol{l}} \tag{3-2-7}$$

2. 随机模型

由于仅 H_i 被视为观测值且独立等精度，故观测值权阵可简单取为单位阵，即

$$\underset{n\times n}{\boldsymbol{P}}=\boldsymbol{I} \tag{3-2-8}$$

3. 其他说明

按参数平差公式解算出系数 $\hat{a}_j$，建立了数字高程模型，即式（3-2-5)，然后用内插点的坐标（x_k，y_k）替换模型中的 x_i、y_i 便可得高程 $\hat{H}_k$，从而解决了内插问题。实际上，利用建立的模型也可以计算拟合范围外的点的高程，这类外推点的外推值精度往往低于内插值精度且随外推距离增加迅速降低。

参数平差求解出的单位权中误差 μ，作为一项指标，反映了所建模型与已有数据点的吻合程度。极端情况下，可能会出现所选模型与已知数据点吻合得非常好但内插出的值却与真实值相差甚远的“龙格现象”，常发生在高次多项式拟合时。

数据拟合在实践中广泛存在，DEM 拟合只是应用之一，以上介绍的多项式整体拟合法具有一定的通用性。

（三）文件结构设计

为了增强程序应用时的通用性，减少人机交互，通常采用文件接口的形式，对程序涉

及的输入、输出数据进行文件设计，包括数据输入文件、中间结果文件和最终结果文件。

数据输入文件设计既要方便程序使用者准备数据，又要包含尽量去除冗余信息的必要数据。就平差程序设计而言，必要数据是指能够用于列出数学模型的已知数据、观测数据及精度信息等。最终结果文件设计必须包含使用者所关心的结果数据，以方便使用者阅读的形式组织。中间结果文件视情况可有可无，也可合并在最终结果文件中，主要用于程序运行中出错原因的诊断或一些关键信息的了解。本节的应用较简单，仅考虑了数据输入文件和最终结果文件。

1. **数据输入文件**

数字高程模型拟合应用中，是否进行未知高程点的内插是可选项，故可设计两个数据输入文件，让它们分别对应建模所用必要数据和内插所用必要数据，如表 3-2-1、表 3-2-2。

表 3-2-1 数字高程模型拟合数据输入文件内容及说明（Known. txt）

n t	总体信息。第一行：n（int 型），参加拟合的已知数据点总数；第二行：t（int 型），所选多项式曲面的系数个数，如平面为 3、二次曲面为 6 等
1 x_1 y_1 H_1 … … … … n x_n y_n H_n	具体数据。每行分别为已知数据点点号（int 型）、x 坐标（double 型）、y 坐标（double 型）、高程 H（double 型）；x、y 的单位只要统一即可，H 的单位为 m

表 3-2-2 未知高程点内插信息输入数据文件内容及说明（UnKnown. txt）

m	总体信息。m（int 型），待内插的总点数，为 0 时表示不用内插
1 x_1 y_1 ⋮ ⋮ ⋮ m x_m y_m	具体数据。每行分别为内插点点号（int 型）、x 坐标（double 型）、y 坐标（double 型）；x、y 的单位应与表 3-2-1 中的单位相同

2. **最终结果文件**

为了便于阅读和了解全部结果信息，可将拟合结果和内插结果合在一起，如表 3-2-3 所示。

表 3-2-3 数字高程模型拟合内插最终结果文件内容与格式（Result. txt）

==== 拟合结果 ==== $a0$ = *.****** …… $a5$ = *.****** miu= *.*** (m)	拟合结果。具体数值由实例决定。$a0$～$a5$ 为二次多项式曲面拟合值，double 型，“*. ******”表示保留小数点后六位，其单位视表 3-2-1 中的单位而定；miu 为单位权中误差，double 型，单位同高程单位，为 m
==== 内插结果 ==== 1 *.*** *.*** *.*** /m … … … …	内插结果。只有表 3-2-2 中的 $m>0$ 时才会输出，具体数值由实例决定。对应表 3-2-2，每行分别为点号（int 型）、x 坐标（double 型）、y 坐标（double 型）、内插高程（double 型）

(四) 函数与数据结构设计

由前述原理，数字高程模型拟合的主要流程与模块如图 3-2-1 所示。每个模块对应比较独立的功能，还可以细分为更多的子模块，这些（子）模块通常被编写为一个个子函数。为完成数据处理流程，主函数负责组织调用所有一级模块，后者再组织调用其下一级模块，以此类推。模块级别是相对的，有些公用模块既可以出现在主函数中，又可以出现在子函数中。

平差应用程序实质也是对数据进行存储和操作。各子函数根据功能加工输入的数据（输入参数），产生所期望的输出参数和返回值供上一级函数使用。从避免冗余、易于今后扩展等角度，可对程序涉及的所有数据进行总体设计，最终决定出哪些数据是作为全局性的还是区域性的，是采用常数、变量、数组存储还是结构体存储等。本节应用没有复杂的数据结构，不再专门列出，可以结合代码细加体会。

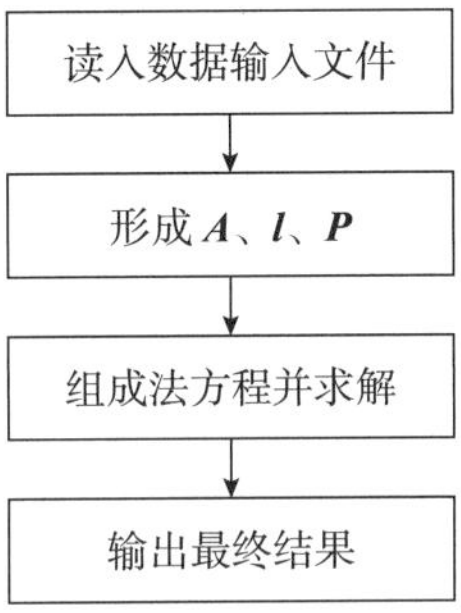

图 3-2-1　DEM 拟合主要流程与模块

作为参考，本节应用主函数（main）仅设置“组成法方程并求解”一个一级模块（即 ParaAdjIndependent1 子函数），该模块会调用 ij、inverse _ vlr 两个子函数（见本部分第一章）。主函数文件（DEM. cpp）内容示例如下：

```
/***********************************************************************************
                    实习内容：数字高程模型拟合
                    程序说明：1. 可以进行内插
                              2. 程序固定为二次多项式曲面拟合，若为其他曲面需修改
                    程序版本：2.0
                    创建日期：2021.09.06
                    程序编者：***
***********************************************************************************/
/*标准 C 头文件 */
# include < stdlib. h>
# include < stdio. h>
# include < math. h>
/*自编子函数库 */
```

```
# include "subroutine. h"
/*主函数 */
void main()
{
    int     i, j;// 临时变量
    int     tmpDH;// 点号,临时变量
    double tmpX, tmpY, tmpH;// X,Y,H,临时变量
    int     n, t, m;// 已知点个数,模型系数个数,内插点个数
    double *XYH_Known, *XYH_UnKnown;// 一维数组,分别存放已知点与内插点的 X,Y,H(m)
    double *A, *l, *P, *N, *X, *V, *QV;// 参数平差涉及的数组,均为一维数组存取
    double miu;// 单位权中误差
    FILE   *fpin, *fpout;// 文件指针

    /*1.1 读入数据输入文件: Known. txt */
    // 打开 Known. txt
    if( (fpin= fopen("Known. txt","r")) ==NULL ){
         printf("\nCannot open the file Known. txt!"); exit(1);}
    // 读入总点数及多项式曲面模型系数个数
    fscanf(fpin,"%d %d",&n,&t);
    // 读入已知点点号,X,Y,H(m)
    XYH_Known =(double *)malloc(n*3*sizeof(double));
    // C 动态申请内存,C++:new double [3*n];
    i=0;
    while( fscanf(fpin,"%d",&tmpDH) ! =EOF ){ // 点号
            fscanf(fpin,"%lf",&tmpX);// X 坐标
            fscanf(fpin,"%lf",&tmpY);// Y 坐标
            fscanf(fpin,"%lf",&tmpH);// 高程 H
            XYH_Known[i*3] =tmpX;
            XYH_Known[i*3+1] =tmpY;
            XYH_Known[i*3+2] =tmpH;
            i++;}
    // 关闭 Known. txt
    fclose(fpin);
    // 检查读入的数据
    printf("\n====请检查数据文件: Known. txt====\n\n");
    for(j=0; j< n; j++)printf("%5d %10.1f %10.1f %10.1f\n",j+1,
                          XYH_Known[j*3], XYH_Known[j*3+1], XYH_Known[j*3+2]);
    getchar();// 等待任意键继续
```

```
/*1.2 读入数据输入文件: UnKnown.txt */
if( (fpin=fopen("UnKnown.txt","r")) ==NULL ){
     printf("\nCannot open the file UnKnown.txt!");exit(1);}
fscanf(fpin,"%d",&m);// m==0,无内插; m>0,有内插
XYH_UnKnown = (double *)malloc(m*3*sizeof(double));
if(m>0)// 有内插,继续读下面的数据
{
    i=0;
    while( fscanf(fpin, "%d",&tmpDH) !=EOF ){// 点号
            fscanf(fpin,"%lf",&tmpX);// X 坐标
            fscanf(fpin,"%lf",&tmpY);// Y 坐标
            XYH_UnKnown[3*i] =tmpX;
            XYH_UnKnown[3*i+1] =tmpY;
            i++; }
    printf("\n==== 请检查数据文件: UnKnown.txt====\n\n");
    for(j=0; j< m; j++) printf("%5d %10.1f %10.1f\n",
                            j+1, XYH_UnKnown[3*j], XYH_UnKnown[3*j+1]);
    getchar();
}
fclose(fpin);

/*2. 形成 A, l, P */
// A, l
A = (double *)malloc(n*t*sizeof(double));// 按行一维存取
l = (double *)malloc(n*sizeof(double));
for(i=0; i< n; i++)
{
    // ?????????????????????????????????????????????????????
    // ???                  空 1: 形成 A,l                 ???
    // ?????????????????????????????????????????????????????
}
// P
P = (double *)malloc(n*3*sizeof(double));// 仅存取对角线元素
for(i=0; i< n; i++) P[i]=1.0;
printf("\n==== 请检核 A, l, P ====\n\n");
for(i=0;i< n;i++)printf("A[%2d] %2.1f %10.1e %10.1e %10.1e %10.1e %10.1e |%
6.1f |%5.1f\n", i,A[i*t],A[i*t+1],A[i*t+2],A[i*t+3],A[i*t+4],A[i*t+5],l
[i],P[i]);
getchar();

/*3. 调用参数平差求解子函数 */
N = (double *)malloc(t*(t+1)/2*sizeof(double));// 按行仅存取下三角元素
```

```
    X = (double *)malloc(t* sizeof(double));
    V = (double *)malloc(n* sizeof(double));
    QV = (double *)malloc(n* sizeof(double));// 残差 V 的权逆阵的对角线元素
    miu = ParaAdjIndependent1(n,t,A,l,P,N,X,V,QV);

    /* 4. 输出最终结果 */
    // 拟合结果
    if( (fpout= fopen("Result.txt","w")) == NULL ){// 打开输出文件
        printf("\nCannot open the file Result.txt!"); exit(1);}
    printf("\n ==== 拟合结果 ==== \n\n");// 输出到屏幕
    fprintf(fpout,"\n ==== 拟合结果 ==== \n\n");// 输出到文件
    for(i= 0; i< t; i++) printf("a%-2d= %12.6f\n",i,X[i]);
    for(i= 0; i< t; i++) fprintf(fpout,"a%-2d= %12.6f\n",i,X[i]);
    printf("\n miu= %-8.3f(m)\n",miu);
    fprintf(fpout,"\n miu= %-8.3f(m)\n",miu);
    // 内插结果
    if(m> 0)// 有内插时才输出
    {
        // ????????????????????????????????????????????????????????????
        // ???              空 3: 计算内插点高程并输出内插结果              ???
        // ????????????????????????????????????????????????????????????
    }
    fclose(fpout);// 关闭输出文件

    /*释放占用内存 */
    free(XYH_Known); free(XYH_UnKnown); free(A); free(l); free(P);
    free(N); free(X); free(V); free(QV);// C++: delete [] XYH_Known;

    /*等待程序结束 */
    printf("\n ==== 请按任意键结束程序! ==== \n\n");
    getchar();
}
```

子函数库文件（subroutine.h）内容示例如下：

```
/**************************************
*  函数申明 与 源代码
**************************************/
int    ij(int i, int j);
bool   inverse_vlr(double *A, int n);
double ParaAdjIndependent1(int n, int t, double A[], double l[], double P[],
                           double N[], double X[], double V[], double QV[])
```

```
//(ij 和 inverse_vlr 的源代码见例 3-1-9,此处略)

/******************************************************************************
*[函数名称]ParaAdjIndependent1
*[描    述]已知 A,l,P 时进行参数平差的有关计算,适用于观测值相互独立的情况
*[输入参数]int n --------观测值个数
*          int t --------必要观测量个数
*          double *A -----误差方程系数矩阵(n 行 t 列,一维存储)
*          double *l -----误差方程自由项向量(n 行 1 列)
*          double *P ----- 观测值的权矩阵(n 行 n 列,仅存对角线元素,一维存储)
*[输出参数]double *N ----- 法方程系数阵的逆矩阵(t 行 t 列,仅存下三角元素,一维存储)
*          double *X -----未知参数平差值向量(t 行 1 列)
*          double *V -----残差向量(n 行 1 列)
*          double *QV------残差向量的权逆阵(n 行 n 列,仅存对角线元素,一维存储)
*[返 回 值]double ------- 验后单位权中误差(< 0, 异常; = 0, n= t; > 0, n> t)
*[函数调用]ij,inverse_vlr
*[建立日期]2018- 11- 12
*[修改情况]无
******************************************************************************/
double ParaAdjIndependent1(int n, int t, double A[], double l[], double P[],
                           double N[], double X[], double V[], double QV[])
{
    // ????????????????????????????????????????????????????????????
    // ???           空 2: 按接口要求组成法方程并解算               ???
    // ????????????????????????????????????????????????????????????
}
```

关于上述代码的三处空缺，作为练习，需自行编出。另外，也可以进一步思考如何将程序改化为能够自动适应多项式曲面系数不同组合时的拟合与优选。

（五）算例

例 3-2-1　设内插点的平面坐标为（190.0，210.0），从 DEM 数据库检索到附近 9 个格网点的已知数据如表 3-2-4，试用前述编制的程序内插出该点高程。

表 3-2-4　已知点数据

点号	1	2	3	4	5	6	7	8	9
x	−1 000.0	−1 000.0	−1 000.0	0.0	0.0	0.0	1 000.0	1 000.0	1 000.0
y	−1 000.0	0.0	1 000.0	−1 000.0	0.0	1 000.0	−1 000.0	0.0	1 000.0
H/m	230.0	234.1	236.5	245.3	255.0	253.9	260.4	269.9	270.6

解：对照表 3-2-1，数据输入文件（Known. txt）内容如下：

```
9
6

1  -1000.0    -1000.0  230.0
2  -1000.0        0.0  234.1
3  -1000.0     1000.0  236.5
4      0.0    -1000.0  245.3
5      0.0        0.0  255.0
6      0.0     1000.0  253.9
7   1000.0    -1000.0  260.4
8   1000.0        0.0  269.9
9   1000.0     1000.0  270.6
```

对照表 3-2-2，数据输入文件（UnKnown.txt）内容如下：

```
1

1  190.0  210.0
```

程序运行的最终结果文件（Result.txt）如下（参见表 3-2-3）：

```
====    拟合结果    ====

a0 =   253.766667
a1 =     0.016717
a2 =     0.004217
a3 =    -0.000001
a4 =     0.000001
a5 =    -0.000004

miu= 1.596   (m)

====    内插结果    ====

1  190.000  210.000  257.667/m
```

二、附合导线参数平差

（一）概述

在地面上按要求选定一系列点，相邻点间互相通视并连成一条折线，该线称为导线；将若干条导线交错连接构成的网称为导线网。导线网和三角网（测角、测边、边角同测）是平面控制网布设的两种主要方法，尽管导线网图形结构要弱一些（未知点数相同时多余观测会少些），但布设灵活，易于实施，仍在实际中被广为使用。平面控制网的主要目的是确定未知点的水平坐标，设这些坐标为未知参数，列出方向或角度、边长等观测值的误差方程，易于发挥参数平差编程优点，能够很好适应各种网形。至于导线网的特例——附合导线，因其形状固定，仅有三个条件方程，采用条件平差编程亦可。

以下附合导线平差是在高斯平面上进行的，水平坐标指高斯平面自然坐标，观测值是经过必要改正的平面观测值。

1. 导线测量原理

导线网中至少需要一个已知点和一个起始方位角，通过观测相邻点间的边长和各点的转折角或方向位角，方能推算出未知点的坐标，如图 3-2-2 所示。

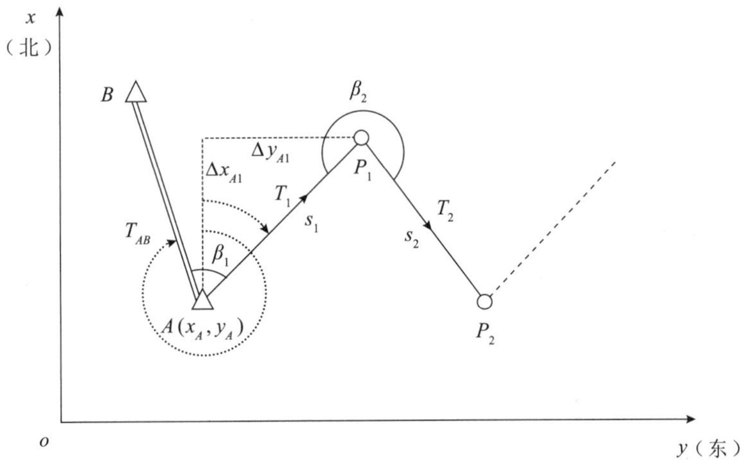

图 3-2-2　导线测量原理

图 3-2-2 中，需要利用已知数据（x_A，y_A）（A 点坐标）、T_{AB}（A 至 B 方向的坐标方位角）以及 β_1（观测角）、s_1（观测边），计算出 T_1（A 至 P_1 的方位角）、Δx_{A1} 与 Δy_{A1}（P_1 点相对 A 点的坐标增量），进而得（x_1，y_1）（未知点 P_1 的坐标）。即

$$T_1 = T_{AB} + \beta_1 - 360^\circ$$

$$\left.\begin{aligned}\Delta x_{A1} &= s_1 \cos T_1 \\ \Delta y_{A1} &= s_1 \sin T_1\end{aligned}\right\}$$

$$\left.\begin{aligned}x_1 &= x_A + \Delta x_{A1} \\ y_1 &= y_A + \Delta y_{A1}\end{aligned}\right\}$$

依次类推，由（x_1，y_1）、T_1 以及 β_2、s_2 可得 T_2、（x_2，y_2），等等。可见，导线测量中，确定 1 个未知点坐标至少需要 1 个角度观测值和 1 个边长观测值。

2. 附合导线

图 3-2-3 为双定向附合导线或普通单一附合导线，即本书简称的附合导线。图中，已知数据或起算数据包括 $A(x_A, y_A)$、T_{AB}、$C(x_C, y_C)$、T_{CD}；观测数据包括 $\beta_i(i=1, \cdots, n+1)$、$s_i(i=1, \cdots, n)$；坐标推算路线上的推算方位角为 $T_i(i=1, \cdots, n+1)$。沿推算路线看，β_i 称为左角，它们与坐标方位角一样，均按顺时针量取为正。此外，图中 A 点编号为1，C 点编号为 $n+1$，2，…，n 为未知点编号。可见，附合导线中观测值个数为 $2n+1$；必要观测量个数为 $2(n-1)$；多余观测量个数为 3，与 n 的大小无关。

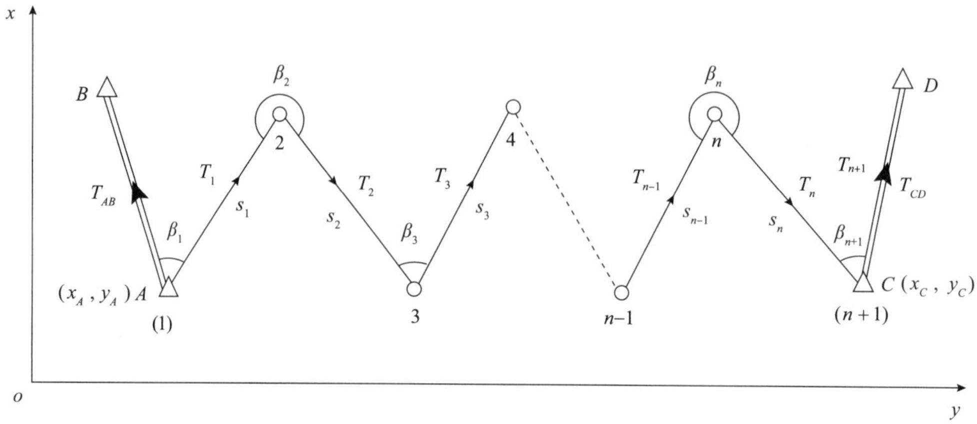

图 3-2-3　附合导线

（二）平差模型

1. 函数模型

1）方向观测值的误差方程式

如图 3-2-4 所示，在测站 i 观测有 1，…，j，k 等方向，其中，方向 1 为零方向。为了使各方向值与坐标参数联系起来，需为测站 i 引入虚拟度盘零刻度线的方位角 z_i 参数（常称定向角参数），它对所有方向是相同的。虚拟度盘零刻度线非常接近零方向，图中为显示清晰进行了放大。特别需注意，若在测站 i 进行了多次设站观测，则每次设站应分别引入一个定向角参数。

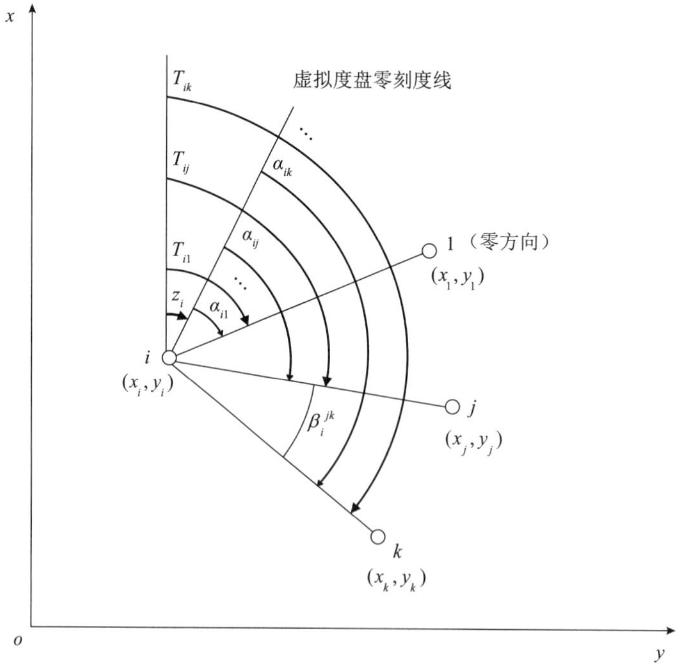

图 3-2-4　定向角、方向值及角度值

不失一般性，以 j 方向为例，其方向值 α_{ij} 的误差方程式为

$$v_{ij}=\hat{T}_{ij}-\hat{z}_i-\alpha_{ij} \tag{3-2-9}$$

$\hat{T}_{ij}$ 可由 i、j 两点的平差坐标（$\hat{x}_i$，$\hat{y}_i$）和（$\hat{x}_j$，$\hat{y}_j$）表达为

$$\hat{T}_{ij}=\arctan\left(\frac{\hat{y}_j-\hat{y}_i}{\hat{x}_j-\hat{x}_i}\right) \tag{3-2-10}$$

令（$\hat{x}_i$，$\hat{y}_i$）和（$\hat{x}_j$，$\hat{y}_j$）的近似值为（x_i^0，y_i^0）和（x_j^0，y_j^0），相应改正数为（$\delta\hat{x}_i$，$\delta\hat{y}_i$）和（$\delta\hat{x}_j$，$\delta\hat{y}_j$），上式可线性化为

$$\begin{aligned}\hat{T}_{ij}&\approx\arctan\left(\frac{y_j^0-y_i^0}{x_j^0-x_i^0}\right)+\left(\frac{\partial\hat{T}_{ij}}{\partial\hat{x}_i}\right)_0\delta\hat{x}_i+\left(\frac{\partial\hat{T}_{ij}}{\partial y_i}\right)_0\delta\hat{y}_i+\left(\frac{\partial\hat{T}_{ij}}{\partial\hat{x}_j}\right)_0\delta\hat{x}_j+\left(\frac{\partial\hat{T}_{ij}}{\partial y_j}\right)_0\delta\hat{y}_j\\&=T_{ij}^0+a_{ij}\delta\hat{x}_i+b_{ij}\delta\hat{y}_i-a_{ij}\delta\hat{x}_j-b_{ij}\delta\hat{y}_j\end{aligned} \tag{3-2-11}$$

系数 a_{ij} 和 b_{ij} 分别为

$$a_{ij}=\left(\frac{\partial\hat{T}_{ij}}{\partial\hat{x}_i}\right)_0=\frac{y_j^0-y_i^0}{(s_{ij}^0)^2}=\frac{\sin T_{ij}^0}{s_{ij}^0},\ b_{ij}=\left(\frac{\partial\hat{T}_{ij}}{\partial y_i}\right)_0=-\frac{x_j^0-x_i^0}{(s_{ij}^0)^2}=-\frac{\cos T_{ij}^0}{s_{ij}^0} \tag{3-2-12}$$

其中，s_{ij}^0 和 T_{ij}^0 是由近似坐标（x_i^0，y_i^0）和（x_j^0，y_j^0）计算的近似边长和近似方位角。

$\hat{z}_i$ 可表达为

$$\hat{z}_i=z_i^0+\delta\hat{z}_i \tag{3-2-13}$$

其中，z_i^0 为定向角参数 $\hat{z}_i$ 的近似值，可取为 T_{i1}^0。

于是，将式（3-2-11）、式（3-2-13）代入式（3-2-9），方向观测值误差方程式的形式为

$$v_{ij}=-\delta\hat{z}_i+a_{ij}\delta\hat{x}_i+b_{ij}\delta\hat{y}_i-a_{ij}\delta\hat{x}_j-b_{ij}\delta\hat{y}_j+l_{ij},\ l_{ij}=T_{ij}^0-z_i^0-\alpha_{ij} \tag{3-2-14}$$

这里默认：α_{ij}、T_{ij}^0、z_i^0、v_{ij}、$\delta\hat{z}_i$、l_{ij} 单位为弧度（rad）；$\delta\hat{x}_i$、$\delta\hat{y}_i$、$\delta\hat{x}_j$、$\delta\hat{y}_j$ 单位为米（m）；a_{ij}、b_{ij} 单位为弧度每米（rad/m）。

关于式（3-2-14），进一步说明如下：

（1）i、j 中某点为已知点，式中含其坐标改正数的项应消失，如 i 为已知点时，有

$$v_{ij}=-\delta\hat{z}_i-a_{ij}\delta\hat{x}_j-b_{ij}\delta\hat{y}_j+l_{ij},\ l_{ij}=T_{ij}^0-z_i^0-\alpha_{ij}$$

i、j 均为已知点时，有

$$v_{ij}=-\delta\hat{z}_i+l_{ij},\ l_{ij}=T_{ij}^0-z_i^0-\alpha_{ij}$$

（2）为防止系数过小引起有效数字损失，通常将该式两端同乘以 ρ''，即

$$v''_{ij}=-\delta\hat{z}''_i+a'_{ij}\delta\hat{x}_i+b'_{ij}\delta\hat{y}_i-a'_{ij}\delta\hat{x}_j-b'_{ij}\delta\hat{y}_j+l''_{ij},\ l''_{ij}=(T_{ij}^0-z_i^0-\alpha_{ij})\times\rho'' \tag{3-2-15}$$

其中，α_{ij}、T_{ij}^0、z_i^0 单位为仍为弧度；v''_{ij}、$\delta\hat{z}''_i$、l''_{ij} 单位为角秒(″)，s；$\delta\hat{x}_i$、$\delta\hat{y}_i$、$\delta\hat{x}_j$、$\delta\hat{y}_j$ 单位仍为米，m；$a'_{ij}=a_{ij}\times\rho''$和 $b'_{ij}=b_{ij}\times\rho''$单位为(″)/m。有时，还将式（3-2-15）中的坐标改正数改为以 cm 为单位，以使坐标改正数的系数更接近于 1，即

$$v''_{ij}=-\delta\hat{z}''_i+a^*_{ij}\delta\hat{x}_i+b^*_{ij}\delta\hat{y}_i-a^*_{ij}\delta\hat{x}_j-b^*_{ij}\delta\hat{y}_j+l''_{ij}，l''_{ij}=(T^0_{ij}-z^0_i-\alpha_{ij})\times\rho'' \tag{3-2-16}$$

其中，$\delta\hat{x}_i$、$\delta\hat{y}_i$、$\delta\hat{x}_j$、$\delta\hat{y}_j$ 单位为 cm；$a^*_{ij}=a'_{ij}/100$、$b^*_{ij}=b'_{ij}/100$ 单位为(″)/cm。

2）角度观测值的误差方程式

角度观测值实质是其两边方向观测值之差，如图 3-2-4 所示，$\beta_i^{jk}=\alpha_{ik}-\alpha_{ij}$，故其改正数也为两边方向值改正数之差。取式（3-2-15），则有

$$\begin{aligned}v''^{jk}_i&=v''_{ik}-v''_{ij}=(a'_{ik}-a'_{ij})\delta\hat{x}_i+(b'_{ik}-b'_{ij})\delta\hat{y}_i-a'_{ik}\delta\hat{x}_k-b'_{ik}\delta\hat{y}_k+\\&a'_{ij}\delta\hat{x}_j+b'_{ij}\delta\hat{y}_j+l''^{jk}_i，l''^{jk}_i=(T^0_{ik}-T^0_{ij}-\beta_i^{jk})\times\rho''\end{aligned} \tag{3-2-17}$$

角度观测值的误差方程式不再含有定向角改正数；i、j、k 中某点为已知点，含其坐标改正数的项应消失。

3）边长观测值的误差方程式

i、j 两点间边长观测值 s_{ij} 的误差方程为

$$v_{s_{ij}}=\hat{s}_{ij}-s_{ij}=\sqrt{(\hat{x}_j-\hat{x}_i)^2+(\hat{y}_j-\hat{y}_i)^2}-s_{ij}$$

线性化后可得

$$v_{s_{ij}}=c_{ij}\delta\hat{x}_i+d_{ij}\delta\hat{y}_i-c_{ij}\delta\hat{x}_j-d_{ij}\delta\hat{y}_j+l_{s_{ij}}，l_{s_{ij}}=s^0_{ij}-s_{ij} \tag{3-2-18}$$

式中，

$$c_{ij}=\left(\frac{\partial\hat{s}_{ij}}{\partial\hat{x}_i}\right)_0=-\frac{x^0_j-x^0_i}{s^0_{ij}}=-\cos T^0_{ij}，d_{ij}=\left(\frac{\partial\hat{s}_{ij}}{\partial\hat{x}_i}\right)_0=-\frac{y^0_j-y^0_i}{s^0_{ij}}=-\sin T^0_{ij} \tag{3-2-19}$$

c_{ij}、d_{ij} 无单位，其他量的单位可均为 m 或 cm 等；i、j 中某点为已知点，含其坐标改正数的项应消失。

2. 随机模型

对于具有两类观测值（方向或角度、边长）的水平控制网，通常认为两类观测值之间是相互独立的；方向值之间、边长值之间也是相互独立的。但是，角度值是由两个方向值做差得到，具有共同方向的角度值是相关的。水平控制网平差既可以将方向值、边长值作为观测值，又可以将角度值、边长值作为观测值。当存在大于 2 个方向数的测站时，前者更易于编程实现严密平差，后者实用中往往忽略角度相关性而变成近似平差。由于附合导线每测站仅涉及两个方向（图 3-2-3），故 $\beta_i(i=1，2，\cdots，n+1)$ 也相互独立，此时以角度作为观测值编程，避免了不感兴趣的定向角参数求解，实现严密平差反而更简单些。

因为有角度和边长两类观测值，附合导线平差时至少有一类观测值的权会有单位，它们的单位应与角度改正数和边长改正数的单位相匹配，下面以两类改正数的单位分别为角

秒（式（3-2-15））和米（式（3-2-18））来说明。

角度独立等精度，设它们的中误差为 m''_β，边长中误差由下式计算

$$m_s = a + b \cdot s \tag{3-2-20}$$

其中，a 是与距离无关的固定误差，b 是与距离有关的相对误差（比例误差）。不同的文献中关于 a、b、s 的单位经常不同，这里指定 a、s 的单位为 m，b 无单位，m_s 的单位相应为 m。可取 $\mu = m''_\beta$，则所有角度的权为单位权

$$p_\beta = 1 \tag{3-2-21}$$

边长 s 的权相应为

$$p_s = (m''_\beta)^2 / m_s^2 \tag{3-2-22}$$

单位为 $(''/\mathrm{m})^2$。于是，$\boldsymbol{V}^\mathrm{T}\boldsymbol{PV}$ 的单位为 $('')^2$。

综合起来，附合导线平差时，观测值向量的权阵为对角阵，对角线元素可由式（3-2-21）和式（3-2-22）来确定。

（三）文件结构设计

1. 数据输入文件

数据输入文件包含起算数据和总体信息、观测值、观测值精度信息三块内容，如表 3-2-5 所示。

表 3-2-5　附合导线数据输入文件内容及说明（Data. txt）

3　x_A　y_A　T_{AB} $n+1$　3　x_C　y_C　T_{CD}	起算数据和总体信息。第一行：3（int 型）表示该行后面给出的是 1 对坐标（double 型）和 1 个方位角（double 型），若将 3 改为 4，后面应依次为 A 的一对坐标和 B 的一对坐标；第二行：$n+1$（int 型）为总点数（不含 B、D 两点），3 的含义同第一行。坐标单位为 m；方位角格式为度分秒连写形式，如 33°2′21.38″应输入为 330221.38；同一行中的数据用空格隔开
1　β_1　s_1 …　…　… n　β_n　s_n $n+1$　β_{n+1}	观测值。前 n 行每行分别为角度与边长观测对的编号（int 型），角度 β_i（double 型，度分秒连写），s_i（double 型，单位为 m）；第 $n+1$ 行仅有 1 个角度观测值
m''_β　a　b	观测值精度信息。依次为角度中误差（单位为角秒）、边长固定误差（单位为 m）、边长比例误差（无单位），均为 double 型

2. 最终结果文件

最终结果文件包含读入数据信息和迭代收敛结果两块内容，如表 3-2-6 所示。因函数模型为非线性模型，附合导线参数平差采用迭代方式求解。

表 3-2-6 附合导线最终结果文件内容及说明（Result. txt）

==== 数据信息 ==== （参见表 3-2-5，略）	读入的数据信息。将程序读入的数据重写一遍，以便检核和验证结果文件的信息
==== 迭代次数：* ==== 观测角度改正数（秒）和观测边长改正数（m）： 1 *. *** *. *** … … … n *. *** *. *** $n+1$ *. *** $VTPV$ = *. ** miu（秒）= *. * 坐标平差值（m）及其中误差（m）： 未知点 x mx y my 1 *. *** *. *** *. *** *. *** … … … … … $n-1$ *. *** *. *** *. *** *. ***	迭代收敛解结果。具体数值由实例决定，其中，迭代次数、观测对号、未知点号为整数，其他输出结果为实数；“*. *”表示小数点后保留一位，依此类推

（四）函数与数据结构设计

图 3-2-5 是关于非线性误差方程迭代求解的主要流程与模块，其中，$|\delta\hat{x}_i|_{max}<\varepsilon$ 表示某次迭代时 $\delta\hat{\boldsymbol{X}}$ 元素绝对值的最大值不超过指定的小正数 ε，否则，就将 $\hat{\boldsymbol{X}}$ 作为新的参数近似值进行下次迭代，直至满足条件为止。线性误差方程不用迭代求解，后两个模块常常合并。

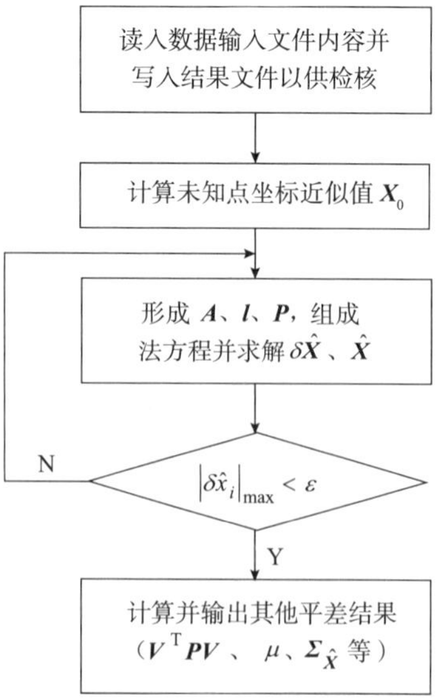

图 3-2-5 非线性模型参数平差主要流程与模块

作为参考，主函数文件（ParaAdj. cpp）内容示例如下：

```
/**********************************************************************************
            实习内容：附合导线按角度和边长进行参数平差迭代求解
            程序说明：1. 适用于至少有 1 个未知点的附合导线
                      2. 角度为左角，改正数单位为";边长和坐标改正数单位为 m
                      3. 收敛小正数设为 0.001m
            程序版本：1.0
            创建日期：2021.05.13
            编 写 者：***
**********************************************************************************/
/*标准 C 头文件 */
# include < stdlib.h>
# include < stdio.h>
# include < math.h>
/*自编子函数库及常数 */
# include "subroutine.h"
/*主函数 */
void main()
{
    /*1.1 读取数据输入文件(Data.txt) */
    int    i;
    int    Pnumber;// 总点数(不含 B、D 两点)
    double xA, yA, T0;// A 点坐标及 A 至 B 的方位角
    double xC, yC, Tn1;// C 点坐标及 C 至 D 的方位角
    double *angle, *s;// 观测角度和观测边长数组
    double mb, a, b;// 角度中误差及边长中误差的固定误差、比例误差
    // 打开数据输入文件(Data.txt)
    FILE *fpin;
    if( (fpin= fopen("Data.txt","r")) ==NULL ){
        printf("\n 不能打开 Data.txt 文件! \n"); exit(1);}
    // A 点坐标及 A 至 B 的方位角
    int    Tmode;
    double xB, yB;
    fscanf(fpin, "%d",&Tmode);
    if( Tmode==3 ){fscanf(fpin, "%lf %lf %lf",&xA,&yA,&T0); T0 =dms2rad(T0);}
    else if( Tmode==4 ){fscanf(fpin, "%lf %lf %lf %lf",&xA,&yA,&xB,&yB); T0 =
calT(xA,yA,xB,yB);}
    else{
    printf("\n 已知方位角 T0 输入模式:%d 没有定义! \n",Tmode); exit(1);}
// 总点数，C 点坐标及 C 至 D 的方位角
```

```
double xD, yD;
fscanf(fpin, "%d %d",&Pnumber,&Tmode);// Pnumber,总点数(不含 B、D 点)
if( Pnumber < =2 ){
    printf("\n\n 总点数(=%1d)太少或无未知点, 无平差问题! \n\n", Pnumber);
exit(1);}
if( Tmode= =3 ){
    fscanf(fpin, "%lf %lf %lf",&xC,&yC,&Tn1);Tn1 =dms2rad(Tn1);}
else if( Tmode= =4 ){
    fscanf(fpin, "%lf %lf %lf %lf",&xC,&yC,&xD,&yD); Tn1 =calT(xC,yC,xD,yD);}
else{ printf("\n 已知方位角 Tn+1 输入模式:%d 没有定义! \n",Tmode); exit(1);}
// 观测角度和观测边长
angle =(double *)malloc(Pnumber* sizeof(double));
// 角度观测值(左角),C 动态申请内存
s =(double *)malloc((Pnumber-1)*sizeof(double));// 边长观测值
int tempDH;
for( i=0; i< Pnumber-1; i++){
    fscanf(fpin, "%d %lf %lf",&tempDH,&angle[i],&s[i]);
    angle[i] =dms2rad(angle[i]);}
fscanf(fpin, "%d %lf",&tempDH,&angle[Pnumber-1]);
angle[Pnumber-1] =dms2rad(angle[Pnumber-1]);
// 观测角度中误差(单位:秒)、观测边长的中误差(a,单位:米; b,无单位)
fscanf(fpin, "%lf %lf %lf",&mb,&a,&b);
// 关闭 Data.txt
fclose(fpin);

/* 1.2 打开并输出读入数据到文件(Result.txt) */
FILE *fpout;
if( (fpout=fopen("Result.txt","w")) = =NULL ){
    printf("\n 不能打开文件 Result.txt! \n"); exit(1);}
PrintData(fpout,Pnumber,xA,yA,T0,xC,yC,Tn1,angle,s,mb,a,b);// 输出读入的数据

/* 2. 计算坐标近似值 */
int UnkownP =Pnumber-2;// 未知点个数
int t =2*UnkownP;// 未知参数个数
double *X =(double *)malloc(t*sizeof(double));
// 未知点坐标,既用于存储近似坐标又用于存储平差坐标
calX0(Pnumber,xA,yA,T0,angle,s,X);

/* 3. 迭代求解 */
int n =2* Pnumber -1;// 总观测值个数
```

```
    double * A = (double *)malloc(n*t*sizeof(double));// 按行存储为一维数组
    double *l = (double *)malloc(n*sizeof(double));
    double *P = (double *)malloc(n*sizeof(double));// 对角阵,仅存对角线元素
    double *N = (double *)malloc((t*(t+1)/2)*sizeof(double));
    // 法方程系数阵,仅存下三角
    double *dX = (double *)malloc(t*sizeof(double));// 未知参数改正数向量
    // 开始迭代
    for(int No=1; ; No++)
    {
        // 3.1 形成 A, l, P
        for(i=0; i< n*t; i++) A[i]=0.0;// 需要初始化为 0.0
        calAlP(Pnumber,UnkownP,t,xA,yA,xC,yC,X,T0,Tn1,angle,s,mb,a,b,A,l,P);

        // 3.2 计算 dX
        double maxfabsdxi = caldX(A,l,P,N,dX,n,t);

        // 3.3 计算 X
        for(i=0;i< t;i++) X[i]=X[i]+dX[i];

        // 3.4 判断是否收敛
        if(maxfabsdxi > =1.0e-3)// 未收敛
        {    printf("\n 第%d 次迭代: maxfabsdxi=%-12.4lf>  0.001 m\n",No,maxfabsdxi);
             continue;}
        else// 收敛
        {    printf("\n 第%d 次迭代: maxfabsdxi=%-12.4lf\n",No,maxfabsdxi);
             break;}
    }

    /*  4. 输出收敛结果 */
    PrintResult(fpout,A,l,P,N,dX,X,Pnumber,n,t,No);
    printf("\n\n 平差完毕! 结果请见: Result.txt.\n\n");
    getchar();// 任意键返回

    /* 释放申请的动态内存, 关闭输出文件 */
    free(angle); free(s); free(X); free(A); free(l); free(P); free(N); free(dX);
    fclose(fpout);
}
```

子函数库文件（subroutine.h）包括的常数和子函数示例如下：

```
//  定义的常数
# define  RU  206264.806247096363
# define  PAI 3.14159265358979312
```

```
    //将度分秒连写的角度化为弧度值返回
    double dms2rad(double a);
    //计算高斯平面坐标(xA,yA)至(xB,yB)的方位角(弧度)并返回
    double calT(double xA,double yA,double xB,double yB);
    //将弧度值化为度分秒连写的角度返回
    double rad2dms(double a);
    //输出读入的数据
    void PrintData(FILE *fpout,int Pnumber,double xA,double yA,double T0,
        double xC,double yC,double Tn1,double *angle,double *s,doublemb,double a,
double b);
    //计算未知点坐标近似值
    void calX0(int Pnumber,double xA,double yA,double T0,double *angle,double *s,
double *X);
    //计算角度误差方程式系数 aij,bij 及方位角 Tij(返回值)
    double calab(double xi,double yi,double xj,double yj,double &aij,double &bij);
    //计算边长误差方程系数 cij,dij 及边长 sij(返回值)
    double calcd(double xi,double yi,double xj,double yj,double &cij,double &dij);
    //形成 A, l, P
    void calAlP(int Pnumber,int UnkownP,int t,double xA,double yA,double xC,double
yC, double *X,double T0,double Tn1,double *angle,double *s,double mb,double a,double
b, double *A,double *l,double *P);
    //对称矩阵下标提取子函数
    int ij(int i,int j);
    //对称正定矩阵求逆子函数(按行仅存下三角元素)
    bool inverse_vlr(double *A,int n);
    //组成法方程并求解未知参数
    double caldX(double *A,double *l,double *P,double *N,double *dX,int n,int t);
    //输出迭代收敛结果
    void PrintResult(FILE *fpout,double *A,double *l,double *P,double *N,double *dX,
    double*X,int Pnumber,int n,int t,int No);
```

其中，PrintData 调用 rad2dms，calAlP 调用 calab、calcd，caldX 调用 ij、inverse _ vlr；calX0 计算未知点近似坐标的原理见本章第三节。上述子函数的代码，作为练习，需自行编出。另外，除了本节给出的附合导线习惯点名编号外，也可以思考有无其他点名编号方法。

（五）算例

例 3-2-2 已知图 3-2-3 中的未知点个数为 3，$x_A=1\ 000.000$ m，$y_A=1\ 000.000$ m，$T_{AB}=20°00'00''$；$x_C=1\ 160.370$ m，$y_C=5\ 691.400$ m，$T_{CD}=43°37'28.00''$；角度中误差均为$\pm1''$，边长中误差均为±0.002 m，具体观测值见表 3-2-7。试用前述编制的程序对该

附合导线进行参数平差。

表 3-2-7　角度及边长观测值

观测值编号	角度观测值 /(° ′ ″)	边长观测值 /m
1	50 00 20.3	1120.233
2	210 35 28.0	1200.112
3	160 40 30.1	1500.982
4	201 58 46.4	1002.098
5	120 22 21.9	

解：对照表 3-2-5，数据输入文件（Data. txt）内容如下：

```
   3  1000.000  1000.000  200000.00
5  3  1160.370  5691.400  433728.00

1   500020.3  1120.233
2  2103528.0  1200.112
3  1604030.1  1500.982
4  2015846.4  1002.098
5  1202221.9

1  0.002  0.0
```

程序运行后的最终结果文件（Result. txt）如下（参见表 3-2-6）：

```
====   数据信息   ====

A点坐标(xA,yA)及A至B的方位角;C点坐标(xC,yC)及C至D的方位角:
A   1000.000   1000.000   200000.000
C   1160.370   5691.400   433728.000

观测角度和观测边长:
1    500020.300   1120.233
2   2103528.000   1200.112
3   1604030.100   1500.982
4   2015846.400   1002.098
5   1202221.900
```

```
观测角度中误差(单位:秒),观测边长的中误差(a,单位:米; b,无单位):
1.0    0.002    0.000e+000

      ====    迭代次数: 2    ====

观测角度改正数(秒)和观测边长改正数(m):
1          2.248        0.006
2         -0.756        0.006
3          0.698        0.006
4         -1.221        0.006
5          0.331

VTPV = 43.03  miu(秒) = 3.8

坐标平差值(m)及其中误差(m):
未知点      x            mx          y            my
  2     1383.029     0.013     2052.722     0.007
  3     1162.324     0.018     3232.371     0.008
  4     1390.080     0.012     4715.979     0.007
```

三、附合导线条件平差

(一) 平差模型

1. 函数模型

如图 3-2-3 所示，附合导线中，无论未知点有多少，多余观测数总为 3，这 3 个条件方程式分别为 1 个方位角条件和 1 对坐标条件。

1) 方位角条件

沿推算路线，由 T_{AB} 推算的方位角 T_{n+1} 的平差值应等于已知方位角 T_{CD}。推算方位角 $T_i(i=1, 2, \cdots, n+1)$ 的表达式如下：

$T_1=T_{AB}+\beta_1$(若 $T_1\geqslant 360°$则减去 360°)

$T_2=T_1+180°+\beta_2$($T_1+180°$为 T_1 的反方向方位角，若 $T_1+180°\geqslant 360°$则减去 360°；若 $T_2\geqslant 360°$则再减去 360°)

……

$T_{n+1}=T_n+180°+\beta_{n+1}$ ($T_n+180°$为 T_n 的反方向方位角，若 $T_n+180°\geqslant 360°$则减去 360°；若 $T_{n+1}\geqslant 360°$则再减去 360°)

于是，方位角条件方程式可列为

$$\hat{T}_{n+1}=T_{AB}+\sum_{i=1}^{n+1}\hat{\beta}_i+n\times 180^\circ=T_{CD}$$

即

$$\sum_{i=1}^{n+1}v_{\beta_i}+w_T=0,\ w_T=T_{n+1}-T_{CD} \tag{3-2-23}$$

其中，$+n\times 180^\circ$作为常数部分示意并不影响式（3-2-23）；v_{β_i} 默认以弧度为单位，其他量的单位应与之匹配。若将 v_{β_i} 改为以秒为单位，则有

$$\sum_{i=1}^{n+1}v''_{\beta_i}+w''_T=0,\ w''_T=(T_{n+1}-T_{CD})\times\rho'' \tag{3-2-24}$$

2）坐标条件

沿推算路线，由已知坐标 x_A、y_A 推算的坐标 x_{n+1}、y_{n+1} 的平差值应等于已知坐标 x_C、y_C。推算坐标 x_i、$y_i(i=1,2,\cdots,n+1)$ 的表达式如下

$$x_1=x_A,\ y_1=y_A$$

$$x_2=x_1+s_1\cos T_1,\ y_2=y_1+s_1\sin T_1$$

……

$$x_{n+1}=x_n+s_n\cos T_n,\ y_{n+1}=y_n+s_n\sin T_n$$

于是，坐标条件方程式可列为

$$\hat{x}_{n+1}=x_A+\sum_{i=1}^{n}\hat{s}_i\cos\hat{T}_i=x_C \tag{3-2-25}$$

$$\hat{y}_{n+1}=y_A+\sum_{i=1}^{n}\hat{s}_i\sin\hat{T}_i=y_C \tag{3-2-26}$$

考虑到

$$\hat{s}_i=s_i+v_{s_i}$$

$$\hat{T}_i=T_i+\sum_{j=1}^{i}v_{\beta_j}=T_i+v_{T_i}$$

将式（3-2-25）、式（3-2-26）中的 $\hat{s}_i\cos\hat{T}_i$、$\hat{s}_i\sin\hat{T}_i$ 在 s_i、T_i 处线性化，以前者为例有

$$\begin{aligned}x_C&\approx x_A+\sum_{i=1}^{n}s_i\cos T_i+\sum_{i=1}^{n}\cos T_i\cdot v_{s_i}-\sum_{i=1}^{n}s_i\sin T_i\cdot v_{T_i}\\&=x_{n+1}+\sum_{i=1}^{n}\cos T_i\cdot v_{s_i}-\sum_{i=1}^{n}\left[s_i\sin T_i\cdot\sum_{j=1}^{i}v_{\beta_j}\right]\\&=x_{n+1}+\sum_{i=1}^{n}\cos T_i\cdot v_{s_i}-\sum_{i=1}^{n+1}(y_{n+1}-y_i)\cdot v_{\beta_i}\end{aligned} \tag{3-2-27}$$

后者类似，为

$$y_C=y_{n+1}+\sum_{i=1}^{n}\sin T_i\cdot v_{s_i}+\sum_{i=1}^{n+1}(x_{n+1}-x_i)\cdot v_{\beta_i} \tag{3-2-28}$$

以上两式中，x_i、$y_i(i=1, 2, \cdots, n+1)$ 为推算坐标，$T_i(i=1, 2, \cdots, n)$ 为推算方位角，$v_{\beta_{n+1}}$ 的系数为 0。

于是，线性化后的坐标条件方程式为

$$\sum_{i=1}^{n}\cos T_i \cdot v_{s_i} - \sum_{i=1}^{n+1}(y_{n+1}-y_i)\cdot v_{\beta_i} + w_x = 0,\quad w_x = x_{n+1} - x_C \tag{3-2-29}$$

$$\sum_{i=1}^{n}\sin T_i \cdot v_{s_i} + \sum_{i=1}^{n+1}(x_{n+1}-x_i)\cdot v_{\beta_i} + w_y = 0,\quad w_y = y_{n+1} - y_C \tag{3-2-30}$$

式中默认：v_{s_i} 以米为单位，v_{β_i} 以弧度为单位，其他量的单位应匹配。若将 v_{β_i} 改为以角秒为单位，则有

$$\rho''\sum_{i=1}^{n}\cos T_i \cdot v_{s_i} - \sum_{i=1}^{n+1}(y_{n+1}-y_i)\cdot v''_{\beta_i} + w''_x = 0,\quad w''_x = (x_{n+1} - x_C)\times\rho'' \tag{3-2-31}$$

$$\rho''\sum_{i=1}^{n}\sin T_i \cdot v_{s_i} + \sum_{i=1}^{n+1}(x_{n+1}-x_i)\cdot v''_{\beta_i} + w''_y = 0,\quad w''_y = (y_{n+1} - y_C)\times\rho'' \tag{3-2-32}$$

还可以写出 v_{s_i} 以厘米为单位、v_{β_i} 以角秒为单位的条件方程式，不再给出。

2. **随机模型**

见本部分第二章第二节。

（二）文件结构设计

基本同本部分第二章第二节，最终结果文件稍有变化，见本节算例。

（三）函数与数据结构设计

附合导线条件平差的主要流程与模块见图 3-2-6。

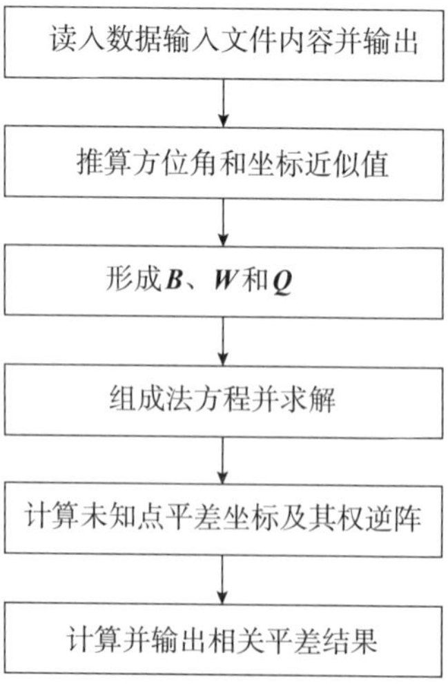

图 3-2-6　附合导线条件平差主要流程与模块

作为参考，主函数文件（CondAdj.cpp）内容示例如下：

```
/************************************************************************************
   实习内容：附合导线按角度和边长进行条件平差
   程序说明：1. 适用于至少有 1 个未知点的附合导线
             2. 角度为左角,改正数单位为秒;边长改正数单位为米
   程序版本：1.0
   创建日期：2021.05.16
   编 写 者：***
************************************************************************************/
   /* 标准 C 头文件 */
   # include < stdlib.h>
   # include < stdio.h>
   # include < math.h>
   /* 自编子函数库及常数 */
   # include "subroutine.h"
   /* 主函数 */
   void main()
   {
       /* 1.1 读取输入数据文件(Data.txt) */
       int i;
       int Pnumber;// 总点数(不含 B、D 两点)
       double xA, yA, T0;// A 点坐标及 A 至 B 的方位角
       double xC, yC, Tn1;// C 点坐标及 C 至 D 的方位角
       double *angle, *s;// 观测角度和观测边长数组
       double mb, a, b;// 角度中误差及边长中误差的固定部分和比例部分
       // 打开 Data.txt
       FILE *fpin;
       if( (fpin= fopen("Data.txt","r")) = = NULL ){
            printf("\n 不能打开 Data.txt 文件! \n"); exit(1);}
       // A 点坐标及 A 至 B 的方位角
       int Tmode;
       double xB, yB;
       fscanf(fpin, "%d",&Tmode);
       if( Tmode= = 3 ){
           fscanf(fpin, "%lf %lf %lf",&xA,&yA,&T0); T0 = dms2rad(T0);}
       else if( Tmode= = 4 ){
           fscanf(fpin, "%lf %lf %lf %lf",&xA,&yA,&xB,&yB); T0 = calT(xA,yA,xB,
yB);}
       else {
           printf("\n 已知方位角 T0 输入模式:%d 没有定义! \n",Tmode); exit(1);}
       // 总点数,C 点坐标及 C 至 D 的方位角
       double xD, yD;
```

```
    fscanf(fpin, "%d %d",&Pnumber,&Tmode);// Pnumber,总点数(=n+1,不包含B、D点)
    if( Pnumber < =2 ){
        printf("\n\n总点数(=%1d)太少或没有未知点, 无平差问题! \n\n",Pnumber);
exit(1);}
    if( Tmode= =3 ){
        fscanf(fpin, "%lf %lf %lf",&xC,&yC,&Tn1);Tn1 =dms2rad(Tn1);}
    else if( Tmode= =4 ){
        fscanf(fpin, "%lf %lf %lf %lf",&xC,&yC,&xD,&yD); Tn1 = calT(xC,yC,xD,
yD);}
    else {
        printf("\n已知方位角 Tn1 输入模式:%d 没有定义! \n",Tmode); exit(1);}
    // 观测角度、观测边长
    angle = (double *)malloc(Pnumber*sizeof(double));// 角度观测值(左角)
    s = (double *)malloc((Pnumber-1)*sizeof(double));// 边长观测值
    int tempDH;
    for( i=0; i< Pnumber-1; i++){
        fscanf(fpin, "%d %lf %lf",&tempDH,&angle[i],&s[i]);
        angle[i] =dms2rad(angle[i]);}
    fscanf(fpin, "%d %lf",&tempDH,&angle[Pnumber-1]);
    angle[Pnumber-1] =dms2rad(angle[Pnumber-1]);
    // 观测角度中误差(单位:秒),观测边长的中误差(a,单位:米; b,无单位)
    fscanf(fpin, "%lf %lf %lf",&mb,&a,&b);
    // 关闭 Data.txt
    fclose(fpin);

    /* 1.2 打开并输出读入数据到文件(Result.txt) */
    FILE *fpout;
    if( (fpout=fopen("Result.txt","w")) = =NULL ){
        printf("\n不能打开文件 Result.txt! \n"); exit(1);}
    PrintData(fpout,Pnumber,xA,yA,T0,xC,yC,Tn1,angle,s,mb,a,b);

    /* 2. 推算方位角和坐标近似值 */
    double *T = (double *)malloc((Pnumber+1)*sizeof(double));// 方位角数组[0,
n+1],T[0]=T0
    double *X = (double *)malloc(Pnumber*sizeof(double));// x坐标[0,n],x[0]=xA
    double *Y = (double *)malloc(Pnumber*sizeof(double));// y坐标[0,n],y[0]=yA
    calTXY(Pnumber,xA,yA,T0,angle,s,T,X,Y);

    /* 3. 形成 B, W, Q */
    int     n  =2*Pnumber-1; // 总观测值个数
```

```
double *B = (double *)malloc(3*n*sizeof(double));
double *W = (double *)malloc(3*sizeof(double));
double *Q = (double *)malloc(n*sizeof(double));
// P逆,即 Q,对角阵,仅存对角线元素
calBWQ(Pnumber,T,X,Y,angle,s,Tn1,xC,yC,mb,a,b,n,B,W,Q);

/* 4. 组成法方程并求解: V, VTPV, QL^, miu, L^ */
double VTPV;
double *V = (double *)malloc(n*sizeof(double));
double *QL1 = (double *)malloc((n*(n+1)/2)*sizeof(double));
// QL^的下三角元素
double miu = calAdjVal(n,B,W,Q,V,VTPV,QL1);
for(i=0; i< Pnumber; i++)  angle[i] = angle[i] + V[i]/RU;// 角度平差值(弧度)
for(i=0; i< Pnumber-1; i++)  s[i] = s[i] + V[Pnumber+i];// 边长及改正数单位为 m

/* 5. 计算未知点平差坐标及其权逆阵: X^, Y^, QXY */
calTXY(Pnumber,xA,yA,T0,angle,s,T,X,Y);// 未知点坐标平差值 X^(m),Y^(m)
int t = 2*(Pnumber-2);// 2倍未知点个数
double *QXY = (double *)malloc((t*(t+1)/2)*sizeof(double));
// 未知点坐标平差值权逆阵
calQXY(Pnumber,t,n,angle,s,T,X,Y,QL1,QXY);

/* 6. 计算并输出相关平差结果 */
PrintResult(fpout,Pnumber,V,VTPV,miu,X,Y,QXY);
printf("\n\n 平差完毕! 结果请见:Result.txt.\n\n");
getchar();// 任意键返回

/* 释放动态申请内存,关闭输出文件 */
free(angle); free(s); free(T); free(X); free(Y); free(B);
free(W); free(Q); free(V); free(QL1); free(QXY);
fclose(fpout);
}
```

子函数库文件（subroutine.h）包括的常数和子函数示例如下：

```
//定义的常数,同附合导线参数平差
# define RU  206264.806247096363
# define PAI 3.14159265358979312
//将度分秒连写的角度化为弧度值返回,同附合导线参数平差
double dms2rad(double a);
//计算高斯平面坐标(xA,yA)至(xB,yB)的方位角(弧度)并返回,同附合导线参数平差
double calT(double xA,double yA,double xB,double yB);
//将弧度值化为度分秒连写的角度返回,同附合导线参数平差
double rad2dms(double a);
```

```
    //输出读入的数据,同附合导线参数平差
    void PrintData(FILE *fpout, int Pnumber, double xA, double yA, double T0,
double xC, double yC, double Tn1, double *angle, double *s, double mb, double a,
double b);
    //推算方位角和坐标
    void calTXY(int Pnumber,double xA,double yA,double T0,double *angle,double
*s, double *T,double *X,double *Y);
    //形成 B,W,P 逆(即 Q)
    void calBWQ(int Pnumber,double *T,double *X,double *Y,double *angle,double
*s,double TN1, double xC,double yC,double mb,double a,double b,int n,double *B,
double *W,double *Q);
    //对称矩阵下标提取子函数,同附合导线参数平差
    int ij(int i,int j);
    //对称正定矩阵求逆子函数(按行仅存下三角元素),同附合导线参数平差
    bool inverse_vlr(double *A,int n);
    //求解法方程
    double calAdjVal(int n, double *B, double *W, double *Q, double *V, double
&VTPV,double *QL1);
    //计算坐标平差值的权逆阵(下三角元素)
    void calQXY(int Pnumber,int t,int n,double *angle,double *s,double *T,doub-
le *X, double *Y,double *QL1,double *QXY);
    //输出求解结果
    void PrintResult(FILE *fpout,int Pnumber,double *V,double VTPV,double miu,
double *X, double *Y,double *QXY);
```

其中，PrintData 调用 rad2dms，calAdjVal 调用 ij、inverse _ vlr；calQXY、PrintResult 调用 ij。上述子函数的代码，作为练习，需自行编出。

（四）算例

例 3-2-3 数据同例 3-2-2，试用编制的程序对该附合导线进行条件平差。

解：数据输入文件（Data. txt）内容同例 3-2-2；程序运行后的最终结果文件（Result. txt）如下：

```
    ====  数据信息  ====

    A点坐标(xA,yA)及A至B的方位角;C点坐标(xC,yC)及C至D的方位角:
    A   1000.000   1000.000   200000.000
    C   1160.370   5691.400   433728.000
```

```
观测角度和观测边长:
1      500020.300    1120.233
2    2103528.000    1200.112
3    1604030.100    1500.982
4    2015846.400    1002.098
5    1202221.900

观测角度中误差(单位:秒),观测边长的中误差(a,单位:米; b,无单位):
1.0    0.002    0.000e+000

     ====    平差结果    ====

观测角度改正数(秒)和观测边长改正数(cm):
1          2.248        0.571
2         -0.756        0.604
3          0.698        0.603
4         -1.221        0.599
5          0.331

VTPV = 43.02   miu(秒) = 3.8

坐标平差值(m)及其中误差(cm):
未知点      x              mx         y            my
   2     1383.029         1.3     2052.722        0.7
   3     1162.324         1.8     3232.371        0.8
   4     1390.080         1.2     4715.979        0.7
```

四、GNSS 向量网平差

(一) 概述

从控制测量角度，布设 GNSS（全球导航卫星系统）网主要用于确定控制点的三维坐标（如图 3-2-7，E 为已知点，其他为未知点）。GNSS 控制网的平差一般分为基线解算和向量网平差。GNSS 基线向量就是根据 2 台或 2 台以上 GNSS 接收机采集的同步观测数据（即同一时段观测 GNSS 卫星所得数据）形成的差分观测值，通过参数估计方法计算出的两两接收机间的三维坐标差及其协方差矩阵。基线向量采用空间直角坐标差表示，是既具有长度特性又具有方向特性的矢量。顺便指出，利用基线解算软件进行基线解算时，还可能包括其他附属结果。基线解算模式主要有单基线解模式、多基线解模式和整体解模式。

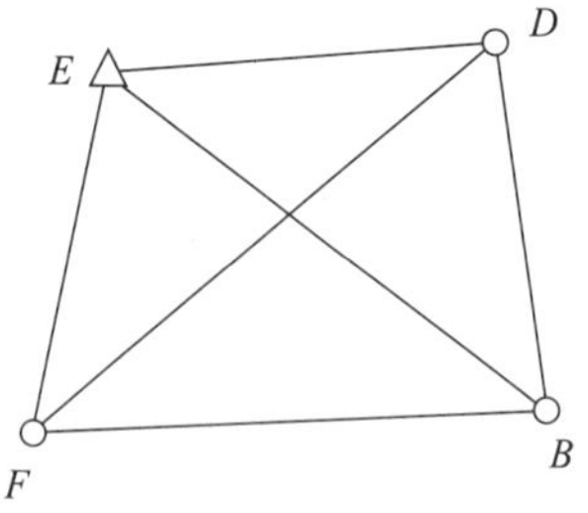

图 3-2-7 GNSS 控制网

单基线解模式，即无论同一时段中有多少台接收机进行了同步观测，每次总是仅提取 2 台接收机的数据解出一条基线，直至所有基线全部解算完毕。例如，5 台接收机进行同步观测，则需要解算 10 次。由于其以基线为单位进行解算，该模式也被称为基线模式（baseline mode）。单基线解模式是实用中最简单也是最常用的一种，其优点是模型简单，一次求解的参数较少，计算量小，缺点是解算结果无法反映同步观测基线间的相关性，后续的（基线）向量网平差不够严密。虽然存在上述不足，但大多数情况下仍能满足一般工程应用要求，是目前工程应用中最常用的模式，绝大多数商用软件采用这一模式进行基线解算。

多基线解模式，即对同一时段中所有同步观测的 n 台接收机观测数据一并处理，以得到 $n-1$ 条函数独立的基线结果（平差值及其协方差矩阵）。由于其以时段为单位进行基线解算，也被称为时段模式（session mode）。多基线解模式通常用于有高质量要求的应用，如大地控制网。与单基线解算模式相比，其优点是数学模型严密，能够给出 $n-1$ 条基线完整的相关协方差矩阵，不足是数学模型和解算过程比较复杂，计算量较大。目前，绝大多数科学研究软件进行基线解算时，采用该解算模式。

整体解模式，即一并处理项目中所有观测数据，以得出整个网所有相互线性独立的基线向量结果（平差值及其协方差矩阵）。由于其以整个项目为单位进行解算，也被称为战役模式（campaign mode）。实际上，整体解模式将基线解算和向量网平差融为一体。整体解模式除了具有多基线的优点外，还避免了同一基线的不同时段解不一致以及不同时段基线所组成的环闭合差不为 0 的问题，是最严密的基线解算方式。但是，该模式也是所有模式中最复杂的一种，对计算机的存储能力、计算性能要求都非常高。目前，只有少数大型的高精度定位、定轨软件使用该模式，如 Bernese、GAMIT 等。

本节介绍的 GNSS 向量网平差是以已知点三维坐标作为起算数据（固定值）、以未知点三维坐标为未知参数、以时段解基线向量（下称向量组）为观测值的参数平差，其中，已知点坐标和基线向量属于同一空间直角坐标系。

（二）平差模型

1. 函数模型

记总点数为 t_P，已知点数为 t_k，未知点数为 $t_u(t_u=t_P-t_k)$，向量组数为 m，总向量

数为 n，为结合后面编程，将点号、向量（组）等编号取为从 0 开始，并约定已知点编号在前，未知点编号在后，未知参数仅包含未知点的三维坐标改正数。

1）单向量误差方程

设 $s(=0, 1, \cdots, n-1)$ 号向量的起、至点号为 i_1、$i_2(i_1, i_2=0, 1, \cdots, t_P-1)$，有

$$\begin{bmatrix} v_{\Delta X_{i_1 i_2}} \\ v_{\Delta Y_{i_1 i_2}} \\ v_{\Delta Z_{i_1 i_2}} \end{bmatrix} = \begin{bmatrix} \hat{X}_{i_2} \\ \hat{Y}_{i_2} \\ \hat{Z}_{i_2} \end{bmatrix} - \begin{bmatrix} \hat{X}_{i_1} \\ \hat{Y}_{i_1} \\ \hat{Z}_{i_1} \end{bmatrix} - \begin{bmatrix} \Delta X_{i_1 i_2} \\ \Delta Y_{i_1 i_2} \\ \Delta Z_{i_1 i_2} \end{bmatrix} \tag{3-2-33}$$

等式右端最后一项即 s 号向量，有时也记为 $[\Delta X_s \quad \Delta Y_s \quad \Delta Z_s]^{\mathrm{T}}$。令平差坐标为

$$\begin{bmatrix} \hat{X}_i \\ \hat{Y}_i \\ \hat{Z}_i \end{bmatrix} = \begin{bmatrix} X_i^0 \\ Y_i^0 \\ Z_i^0 \end{bmatrix} + \begin{bmatrix} \delta\hat{X}_{i-t_k} \\ \delta\hat{Y}_{i-t_k} \\ \delta\hat{Z}_{i-t_k} \end{bmatrix}$$

坐标改正数下标 $i-t_k \geqslant 0$ 时，表示未知点 i 在所有未知点中的编号，反之，$i-t_k<0$ 则表示 i 点为已知点，此时坐标近似值为已知值，坐标改正数应消失。基于这一默认，式（3-2-33）可表示为

$$\begin{bmatrix} v_{\Delta X_{i_1 i_2}} \\ v_{\Delta Y_{i_1 i_2}} \\ v_{\Delta Z_{i_1 i_2}} \end{bmatrix} = \begin{bmatrix} \delta\hat{X}_{i_2-t_k} \\ \delta\hat{Y}_{i_2-t_k} \\ \delta\hat{Z}_{i_2-t_k} \end{bmatrix} - \begin{bmatrix} \delta\hat{X}_{i_1-t_k} \\ \delta\hat{Y}_{i_1-t_k} \\ \delta\hat{Z}_{i_1-t_k} \end{bmatrix} + \left(\begin{bmatrix} X_{i_2}^0 \\ Y_{i_2}^0 \\ Z_{i_2}^0 \end{bmatrix} - \begin{bmatrix} X_{i_1}^0 \\ Y_{i_1}^0 \\ Z_{i_1}^0 \end{bmatrix} - \begin{bmatrix} \Delta X_{i_1 i_2} \\ \Delta Y_{i_1 i_2} \\ \Delta Z_{i_1 i_2} \end{bmatrix} \right) \tag{3-2-34}$$

再令总未知参数向量为

$$\underset{3t_u \times 1}{\delta\hat{\boldsymbol{X}}} = \begin{bmatrix} \delta\hat{X}_0 & \delta\hat{Y}_0 & \delta\hat{Z}_0 & \delta\hat{X}_1 & \delta\hat{Y}_1 & \delta\hat{Z}_1 & \cdots & \delta\hat{X}_{t_u-1} & \delta\hat{Y}_{t_u-1} & \delta\hat{Z}_{t_u-1} \end{bmatrix}^{\mathrm{T}}$$

式（3-2-34）可简记为

$$\underset{3\times 1}{\boldsymbol{v}_s} = \underset{3\times 3t_u}{\boldsymbol{a}_s} \underset{3t_u\times 1}{\delta\hat{\boldsymbol{X}}} + \underset{3\times 1}{\boldsymbol{l}_s} \tag{3-2-35}$$

其中，

$$\underset{3\times 3t_u}{\boldsymbol{a}_s} = \begin{bmatrix} \underset{3\times 3}{\boldsymbol{0}} & \cdots & \underset{3\times 3}{\boldsymbol{0}} & -\underset{3\times 3}{\boldsymbol{I}} & \underset{3\times 3}{\boldsymbol{0}} & \cdots & \underset{3\times 3}{\boldsymbol{0}} & \underset{3\times 3}{\boldsymbol{I}} & \underset{3\times 3}{\boldsymbol{0}} & \cdots & \underset{3\times 3}{\boldsymbol{0}} \end{bmatrix}^{\mathrm{T}}$$

若 $i_1-t_k<0$ 或 $i_2-t_k<0$，则不含 $-\boldsymbol{I}$ 或 $\boldsymbol{I}$。

2）总向量误差方程

由式（3-2-35），总向量误差方程可分块为

$$\begin{bmatrix} \boldsymbol{v}_0 \\ \boldsymbol{v}_1 \\ \vdots \\ \boldsymbol{v}_{n-1} \end{bmatrix} = \begin{bmatrix} \boldsymbol{a}_0 \\ \boldsymbol{a}_1 \\ \vdots \\ \boldsymbol{a}_{n-1} \end{bmatrix} \delta\hat{\boldsymbol{X}} + \begin{bmatrix} \boldsymbol{l}_0 \\ \boldsymbol{l}_1 \\ \vdots \\ \boldsymbol{l}_{n-1} \end{bmatrix} \tag{3-2-36}$$

但考虑向量组内部的向量相关而不同组的向量不相关，总向量误差方程按向量组分块更合适。按 m 个向量组分块的等价总向量误差方程为

$$\begin{bmatrix} \boldsymbol{V}_0 \\ \boldsymbol{V}_1 \\ \vdots \\ \boldsymbol{V}_{m-1} \end{bmatrix} = \begin{bmatrix} \boldsymbol{A}_0 \\ \boldsymbol{A}_1 \\ \vdots \\ \boldsymbol{A}_{m-1} \end{bmatrix} \delta\hat{\boldsymbol{X}} + \begin{bmatrix} \boldsymbol{l}'_0 \\ \boldsymbol{l}'_1 \\ \vdots \\ \boldsymbol{l}'_{m-1} \end{bmatrix} \tag{3-2-37}$$

设第 k 向量组的向量数为 n_{k}（$n_0+n_1+\cdots+n_{m-1}=n$），则该组的误差方程可表示为

$$\boldsymbol{V}_{\mathrm{k}} = \begin{bmatrix} \boldsymbol{v}_{N_{\mathrm{k}}} \\ \boldsymbol{v}_{N_{\mathrm{k}}+1} \\ \vdots \\ \boldsymbol{v}_{N_{\mathrm{k}}+n_{\mathrm{k}}-1} \end{bmatrix} = \begin{bmatrix} \boldsymbol{a}_{N_{\mathrm{k}}} \\ \boldsymbol{a}_{N_{\mathrm{k}}+1} \\ \vdots \\ \boldsymbol{a}_{N_{\mathrm{k}}+n_{\mathrm{k}}-1} \end{bmatrix} \delta\hat{\boldsymbol{X}} + \begin{bmatrix} \boldsymbol{l}_{N_{\mathrm{k}}} \\ \boldsymbol{l}_{N_{\mathrm{k}}+1} \\ \vdots \\ \boldsymbol{l}_{N_{\mathrm{k}}+n_{\mathrm{k}}-1} \end{bmatrix} \tag{3-2-38}$$

式中，$N_k=\sum_{j=0}^{k-1} n_j$，表示第 k 向量组的首向量在总向量中的序号且 $N_0=0$；第 N_k+j 号向量的残差向量 $\boldsymbol{v}_{N_k+j}$ 为 $[v_{\Delta X_{N_k+j}} \quad v_{\Delta Y_{N_k+j}} \quad v_{\Delta Z_{N_k+j}}]^{\mathrm{T}}$。

2. 随机模型

因向量组内部的向量相关而不同组的向量不相关，总向量的权阵按向量组分块为准对角阵，即

$$\boldsymbol{P} = \begin{bmatrix} \boldsymbol{\Sigma}_0^{-1} & & & \\ & \boldsymbol{\Sigma}_1^{-1} & & \\ & & \ddots & \\ & & & \boldsymbol{\Sigma}_{m-1}^{-1} \end{bmatrix} = \begin{bmatrix} \boldsymbol{P}_0 & & & \\ & \boldsymbol{P}_1 & & \\ & & \ddots & \\ & & & \boldsymbol{P}_{m-1} \end{bmatrix} \tag{3-2-39}$$

其中，第 k 向量组的协方差阵 $\boldsymbol{\Sigma}_k$ 是向量

$$[\Delta X_{N_k} \quad \Delta Y_{N_k} \quad \Delta Z_{N_k} \quad \Delta X_{N_k+1} \quad \Delta Y_{N_k+1} \quad \Delta Z_{N_k+1} \quad \cdots \quad \Delta X_{N_k+n_k-1} \quad \Delta Y_{N_k+n_k-1} \quad \Delta Z_{N_k+n_k-1}]^{\mathrm{T}}$$

的协方差阵。$\boldsymbol{\Sigma}_k$、$\boldsymbol{P}_k$ 对称正定，编程时可仅保存下三角元素且使用相同内存单元。

3. 其他说明

比较式（3-2-33）和式（3-2-34），s 号向量的残差和自由项计算规律类似，即分别将起、至点的平差坐标之差和近似坐标之差与基线分量相减，故编程时可将总基线向量的残差与自由项计算归为一个子函数，并采用同一数组存放所有点的近似坐标或平差坐标（已知点的近似坐标和平差坐标均为其已知值）。

根据式（3-2-37）和式（3-2-39），设总法方程为

$$\boldsymbol{A}^{\mathrm{T}}\boldsymbol{P}\boldsymbol{A}\delta\hat{\boldsymbol{X}} + \boldsymbol{A}^{\mathrm{T}}\boldsymbol{P}\boldsymbol{l} = \boldsymbol{0} \tag{3-2-40}$$

则

$$\boldsymbol{A}^{\mathrm{T}}\boldsymbol{P}\boldsymbol{A} = \boldsymbol{A}_0^{\mathrm{T}}\boldsymbol{P}_0\boldsymbol{A}_0 + \boldsymbol{A}_1^{\mathrm{T}}\boldsymbol{P}_1\boldsymbol{A}_1 + \cdots + \boldsymbol{A}_{m-1}^{\mathrm{T}}\boldsymbol{P}_{m-1}\boldsymbol{A}_{m-1} \tag{3-2-41}$$

$$\boldsymbol{A}^{\mathrm{T}}\boldsymbol{P}\boldsymbol{l} = \boldsymbol{A}_0^{\mathrm{T}}\boldsymbol{P}_0\boldsymbol{l}'_0 + \boldsymbol{A}_1^{\mathrm{T}}\boldsymbol{P}_1\boldsymbol{l}'_1 + \cdots + \boldsymbol{A}_{m-1}^{\mathrm{T}}\boldsymbol{P}_{m-1}\boldsymbol{l}'_{m-1} \tag{3-2-42}$$

即总法方程的系数阵和自由项可由第 k 向量组的 $\boldsymbol{A}_k^{\mathrm{T}}\boldsymbol{P}_k\boldsymbol{A}_k$、$\boldsymbol{A}_k^{\mathrm{T}}\boldsymbol{P}_k\boldsymbol{l}'_k$ 累加而成。$\boldsymbol{A}_k^{\mathrm{T}}\boldsymbol{P}_k\boldsymbol{A}_k$、$\boldsymbol{A}_k^{\mathrm{T}}\boldsymbol{P}_k\boldsymbol{l}'_k$ 的计算可以借助例 3-1-5 介绍的优化代码，即

```
for (int s1=0; s1< 3* nk; s1+ + ) // 矩阵 Ak 的第 s1 行
{
    for (int s2=0; s2< 3* nk; s2+ + ) // 矩阵 Ak 的第 s2 行
    {
        for (int i=0; i< 3* tu; i+ + ) // 按矩阵 ATPA 的行进行循环
        {
            ATPl[i] + =Pk[ij(s1,s2)] * Ak[s1* 3* tu+ i] * lk[s2];
            for (int j=0; j< =i; j++) // 按矩阵 ATPA 的列进行循环(仅计算下三角元素)
            {
                ATPA[ij(i,j)] +=Pk[ij(s1,s2)] * Ak[s1* 3* tu+i] * Ak[s2* 3* tu+j];
            }
        }
    }
}
```

但是，考虑 $\boldsymbol{A}_k$ 为稀疏矩阵（大量元素为 0，例如，假设 $\boldsymbol{A}_k$ 的第 S_1 行是 i_1 号点至 i_2 号点向量的 ΔX 分量，则误差方程式为 $v_{s_1}=-\delta\hat{X}_{i_1-t_k}+\delta\hat{X}_{i_2-t_k}+l_{s_1}$，该行元素中最多仅有 -1 或 1 两个不为 0 的元素），上述基于矩阵 $\boldsymbol{A}_k$ 全元素的 i、j 循环存在大量不必要运算。为节省内存，提高计算效率，可以考虑不必形成 $\boldsymbol{A}_k$，直接针对 $\boldsymbol{A}_k$ 行向量非 0 元素进行操作的代码来代替 i、j 循环。

(三) 文件结构设计

1. 数据输入文件

数据输入文件的内容包含总体信息、点名及坐标信息、向量观测值信息，如表 3-2-8 所示。

表 3-2-8 GNSS 向量网数据输入文件内容及说明（Data. txt）

总点数 已知点数 向量组数 向量总数	总体信息；均为 int 型，数据用空格隔开，下同
点名 X 坐标 Y 坐标 Z 坐标 … … … …	点名及坐标信息；每点占一行，点名为 char 型（长度不超过 20），坐标均为 double 型（单位为 m）。要求已知点必须排在未知点前面，点的顺序（从 0 开始）即程序中的点号
向量组编号 组内向量数 向量起点名 向量终点名 ΔX ΔY ΔZ … … … … … 组内向量协方差阵下三角元素 ……	向量观测值信息；按向量组顺序依次排列，每个向量组包括三部分内容。第一部分即首行，为向量组编号（所有向量组从 1 开始连续编号，程序内部从 0 编号，int 型）和组内向量数（int 型）；第二部分为该组向量观测值的排列，每个向量占一行，依次为向量的起点名、至点名（均为 char 型，长度不超过 20），X 坐标差、Y 坐标差、Z 坐标差（均为 double 型，单位为 m）；第三部分是对应第二部分的坐标差的协方差阵下三角元素（均为 double 型，单位为 m^2），协方差阵每行元素前加以行的自然编号（int 型），若某行元素个数大于 4 则换行（这样的续行不再加行号）

2. 最终结果文件

最终结果文件的内容包含读入数据信息及平差结果，如表 3-2-9 所示。

表 3-2-9 GNSS 向量网最终结果文件内容及说明（Result. txt）

==== 数据信息 ==== （参见表 3-2-8，略）	读入数据信息。将程序读入的数据重写一遍，以便检核和验证结果文件的信息
==== 平差结果 ==== 向量改正数 deltaX(cm) deltaY(cm) deltaZ(cm) * * * *.** *.** *.** ……… … … … VTPV(m^2)=*.****** miu(m)= *.****** 坐标改正数 dX(cm) dY(cm) dZ(cm) * *.** *.** *.** … … … … 平差坐标及精度 X(m)/+-mX(cm) Y(m)/+-mY(cm) Z(m)/+-mZ(cm) * *.**** *.**** *.**** …… … … * *.****+-*.** *.****+-*.** *.****+-*.** …… … …	平差结果。具体数值由实例决定；“*.*”表示小数点后保留一位，依此类推。向量改正数下面接着的行是：向量所在向量组编号、向量的起点名、向量的至点名、X 坐标差的改正数、Y 坐标差的改正数、Z 坐标差的改正数。 坐标改正数下面接着的行是：未知点点名、X 近似坐标的改正数、Y 近似坐标的改正数、Z 近似坐标的改正数。 平差坐标及精度下面接着的行是：先已知点点名、已知坐标（X，Y，Z）行，再未知点点名、平差坐标及其中误差行。点的排列顺序同表 3-2-8

（四）函数与数据结构设计

如前所述，本节采用已知点在前未知点在后、已知点先编号未知点后编号的原则，针对 GNSS 向量网平差时误差方程系数阵 **A** 为稀疏矩阵的特点，直接对其行中非 0 元素进行操作，从而不必形成矩阵 **A**（水准网和导线网的参数平差均可类似处理），主要流程与模块如图 3-2-8 所示。

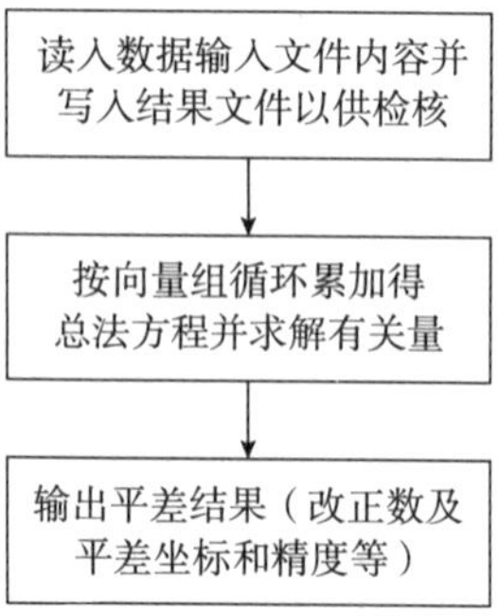

图 3-2-8 GNSS 向量网平差主要流程与模块

作为参考，主函数文件（GNSSVecAdj.cpp）内容示例如下：

```
/*******************************************************************************
        实习内容：GNSS 向量网参数平差
        程序说明：1. 数据输入文件中坐标信息部分要求已知点排在未知点前
                  2. 已知点坐标作为固定值不得改正数
        程序版本：1.0
        创建日期：2020.09.26
        编 写 者：***
*******************************************************************************/
  /* 标准 C 头文件 */
  # include < math.h>
  # include < stdio.h>
  # include < stdlib.h>
  # include < string.h>
  /* 自编子函数库 */
  # include "subroutine.h"
  /* 主函数 */
  void main()
  {
      int i,j,k; // 临时变量

      /* 1.1 读入数据输入文件(Data.txt) */
      // 打开数据输入文件(Data.txt)
      FILE * fpin;
      if( (fpin=fopen("Data.txt","r")) ==NULL ){
          printf("\n 不能打开 Data.txt 文件! \n"); exit(1);}
      // 总体信息
      int Pnumber;// 总点数
      int knPnumber;// 已知点数
      int Anumber;// 向量组数或同步区数
      int Vnumber;// 总向量数
      fscanf(fpin, "%d %d %d %d",&Pnumber,&knPnumber,&Anumber,&Vnumber);
      // 点名和坐标
      char **Pname =(char **)malloc(Pnumber*sizeof(char));
      // 点名数组,已知点在前
       double *XYZ  =(double *)malloc(3*Pnumber*sizeof(double));
      // (X,Y,Z)数组,对应点名数组
      for(i=0; i< Pnumber; i++)
      {
          Pname[i] =NULL;
          char name[20];// 临时点名
          fscanf(fpin,"%s",name);
```

```
    j=GetStationNumber(Pnumber,Pname,name);
    //j为点号(0-Pnumber-1),即点名数组的下标
    if( j< 0 ){printf("\n读取坐标时出错: 点名多于总点数! \n"); exit(1);}
    fscanf(fpin, "%lf %lf %lf",XYZ+3*j,XYZ+3*j+1,XYZ+3*j+2);
    //所有点坐标值(m)
}
//基线向量及其协方差阵
int *dir0 = (int *)malloc((Anumber+1)*sizeof(int));
//向量组首向量在总向量中的序号数组
double **P = (double **)malloc(Anumber*sizeof(double));
//各向量组的协方差阵/权阵
int *dir1 = (int *)malloc(Vnumber*sizeof(int));//向量起点点号数组
int *dir2 = (int *)malloc(Vnumber*sizeof(int));//向量至点点号数组
int *AreaNumber = (int *)malloc(Vnumber*sizeof(int));//向量所属向量组号数组
double *L = (double *)malloc(3*Vnumber*sizeof(double));
//按deltaX,deltaY,deltaZ顺序
dir0[0] =0;//第一个向量组的首向量序号为0
for(i=0; i< Anumber; i++)//按向量组循环
{
    int d;//向量组编号
    fscanf(fpin,"%d",&d);
    if( d!=i+1 ){printf("向量组编号不连续! \n"); exit(1);}
    int jd;//向量组内向量数
    fscanf(fpin,"%d",&jd);
    dir0[i+1] =dir0[i] +jd;
    for(j=dir0[i]; j< dir0[i+1]; j++)//循环读入向量组内的向量
    {
        char P1[20], P2[20];//向量的起点名和至点名,临时字符串
        fscanf(fpin, "%s %s", P1, P2);
        dir1[j] =GetStationNumber(Pnumber,Pname,P1);//第j条向量的起点点号
        dir2[j] =GetStationNumber(Pnumber,Pname,P2);//第j条向量的至点点号
        fscanf(fpin, "%lf %lf %lf", L+3*j, L+3*j+1, L+3*j+2);
        //deltaX,deltaY,deltaZ
        if( dir1[i]< 0 || dir1[i]< 0 ){
            printf("\n读取向量数据时出错: 点名多于总点数! \n"); exit(1);}
        AreaNumber[j] =i;//第j条基线属于第i向量组
    }
    int ni =3*jd;//第i向量组的观测值个数
    double *Pi = (double *)malloc((ni*(ni+1)/2)*sizeof(double));
    //第i向量组向量的协方差阵的下三角元素(m^2)
    P[i] =Pi;
```

```
        int s = 0;
        for(j=0; j< ni; j++)// 循环读入向量组向量的协方差阵元素
        {
            int line; // 行号
            fscanf(fpin,"%d",&line);
            for(k=0; k<=j; k++){fscanf(fpin,"%lf",Pi+s); s++;}
            }
        }
        // 关闭数据输入文件(Data.txt)
        fclose(fpin);

        /*1.2 打开并输出内容到文件(Result.txt) */
        FILE *fpout;
        if( (fpout=fopen("Result.txt","w")) ==NULL ){
             printf("\n 不能打开文件 Result.txt! \n"); exit(1);}
        PrintData(fpout, Pnumber, knPnumber, Anumber, Vnumber, Pname, XYZ, dir0,
dir1,dir2,L,P);

        /*2. 组成法方程并解算 */
        int t =3*(Pnumber- knPnumber);// 3 倍未知点数
        int tt =t*(t+1)/2;// 法方程系数阵下三角元素个数
        double *ATPA = (double *)malloc(tt*sizeof(double));
        // 法方程系数阵,按行仅存下三角元素
        double *dXYZ = (double *)malloc(t*sizeof(double));// 未知点坐标改正数向量
        double *V = (double *)malloc(3*Vnumber*sizeof(double));// 残差向量
        double VTPV, miu;// VTPV 和单位权中误差
        miu =GNSSVecAdj(Pnumber,knPnumber,Anumber,Vnumber,
                                    XYZ,dir0,dir1,dir2,L,P,ATPA,dXYZ,V,VTPV);

        /*3. 输出平差结果 */
        PrintResult(fpout,Pnumber,knPnumber,Vnumber,AreaNumber,
                                    dir1,dir2,Pname,V,XYZ,dXYZ,VTPV,miu,ATPA);
        printf("\n\n 平差完毕! 结果请见: Result.txt.\n\n");
        getchar();// 按任意键返回

        /*释放申请的动态内存,关闭输出文件 */
        for(i=0; i< Pnumber; i++)   free(Pname[i]);
        for(i=0; i< Anumber; i++)   free(P[i]);
        free(XYZ);  free(dir0);  free(dir1);  free(dir2);
        free(AreaNumber);  free(L);  free(ATPA);  free(dXYZ);  free(V);
        fclose(fpout);
    }
```

子函数库文件（subroutine.h）包括的子函数示例如下：

```
// 点名存储或查找,返回点名对应的点号(点号从 0 开始)
int GetStationNumber(int Pnumber, char **Pname, char *name);
// 输出数据文件
void PrintData(FILE *fpout,int Pnumber,int knPnumber,int Anumber,int Vnumber,
char **Pname, double *XYZ,int *dir0,int *dir1,int *dir2,double *L,double **P);
// 对称矩阵下标提取子函数
int ij(int i,int j);
// 对称正定矩阵求逆子函数(按行仅存下三角元素)
bool inverse_vlr(double *A, int n);
// 计算误差方程自由项或残差向量
void callV(int Vnumber,int *dir1,int *dir2,double *XYZ,double *L,double *V);
void calATPAi(int nk,int knPnumber,int *dir1,int *dir2,double *Pk,double *lk,
    double *ATPA,double *ATPl)
/****************************************************************************
*  [函数名称] calATPAi
*  [描    述] 将一个向量组累加至法方程
*  [输入参数] int nk ---------组内观测值个数(=3* 组内向量数)
*             int knPnumber --- 已知点数
*             double *dir1 ---  组内向量的起点点号数组
*             double *dir2 ---  组内向量的至点点号数组
*             double *Pk -----  组内向量的权矩阵(按行仅存下三角元素)
*             double *lk -----  组内向量误差方程的自由项
*  [输出参数] double *ATPA ---  总法方程系数阵(按行仅存下三角元素)
*             double *ATPl ---  总法方程自由项
*  [返 回 值] 无
*  [函数调用] ij
*  [建立日期] 2020-09-22
*  [修改情况] 无
****************************************************************************/
{
    for(int s1=0; s1<nk; s1++)
     {
        int i1 =3*(dir1[s1/3]-knPnumber) +s1%3;// 误差方程中系数为-1 的未知参数编号
        int i2 =3*(dir2[s1/3]-knPnumber) +s1%3;
        // 误差方程中系数为+1 的未知参数编号
        for(int s2=0; s2<nk; s2++)
        {
```

```
                int j1 = 3*(dir1[s2/3]-knPnumber) + s2%3;
                int j2 = 3*(dir2[s2/3]-knPnumber) + s2%3;
                double p12 = Pk[ij(s1,s2)] ;
                double l   = lk[s2];
                if(i1>=0) ATPl[i1] -=p12*l;// 未知点时才累加
                if(i2>=0) ATPl[i2] +=p12*l;
                if(i1>=j1 && j1>=0) ATPA[ij(i1,j1)] +=p12;
                // 均为未知点且对应 ATPA 下三角元素
                if(i1>=j2 && j2>=0) ATPA[ij(i1,j2)] -=p12;
                if(i2>=j1 && j1>=0) ATPA[ij(i2,j1)] -=p12;
                if(i2>=j2 && j2>=0) ATPA[ij(i2,j2)] +=p12;
            }
        }
    }
    // 组成法方程并解算
    double GNSSVecAdj(int Pnumber,int knPnumber,int Anumber,int Vnumber,
        double *XYZ,int *dir0,int *dir1,int *dir2,double *L,double **P,
        double *ATPA,double *dXYZ,double *V,double &VTPV);
    // 输出平差结果
    void PrintResult(FILE *fpout,int Pnumber,int knPnumber,int Vnumber,int *
        AreaNumber, int *dir1,int *dir2,char **Pname,double *V,double *XYZ,
        double *dXYZ, double &VTPV,double &miu,double *ATPA);
```

其中，calATPAi 调用 ij；GNSSVecAdj 调用 ij、inverse _ vlr、callV、calATPAi；PrintResult 调用 ij。上述未给出的子函数代码，作为练习，需自行编出。另外，也可以思考如何使用部分参数加权平差达到固定已知点的平差效果以及使用部分参数加权平差会带来哪些好处。

（五）算例

例 3-2-4　已知图 3-2-7 中共有四组基线解，总基线数为 11，具体数据见下面的 Data. txt 文件。试用前述编制的程序对该 GNSS 向量网进行参数平差。

解：对照表 3-2-8，数据输入文件（Data. txt）内容示例如下：

```
4  1  4  11

E  -2696225.53050   4683062.63880   3376832.81810
B  -2700177.63350   4681527.95950   3375839.60350
D  -2699182.70680   4680027.05690   3378669.13320
F  -2697018.65340   4684079.95810   3374834.17150

1  3
```

```
E  D   -2957.16260   -3035.57970    1836.34360
E  B   -3952.07950   -1534.70290    -993.22100
E  F    -793.13140    1017.30470   -1998.66120
   1  7.850861760e-005
   2 -2.471685801e-005  1.190623713e-003
   3 -2.489406265e-005  7.620061882e-004  5.858825110e-004
   4  2.149060269e-005  6.430515318e-006  1.462952011e-006  3.733648757e-005
   5  3.062423575e-006  4.609655566e-004  3.510663102e-004  3.381210927e-005
      9.179258569e-004
   6  7.417859564e-006  3.459507505e-004  2.954371054e-004  2.482898906e-005
      6.887376146e-004  5.796751063e-004
   7  2.210917883e-005  5.300236223e-006 -1.825758347e-006  2.073106811e-005
      9.943359488e-006  7.278269034e-006  4.642445807e-005
   8 -1.048520922e-006  4.628159498e-004  3.540182086e-004  8.882737949e-006
      4.661941757e-004  3.523800695e-004  5.984046242e-005  9.618365275e-004
   9  1.150444983e-005  3.404885022e-004  2.908193245e-004  7.134728484e-006
      3.516319393e-004  3.007066556e-004  4.582382852e-005  7.133950503e-004
      5.986017666e-004
2  3
B  F    3158.95990    2552.02550   -1005.41900
B  E    3952.09250    1534.71290     993.22300
B  D     994.94560   -1500.89960    2829.56980
   1  5.339296663e-005
   2 -1.680970084e-005  8.097319010e-004
   3 -1.693021603e-005  5.182331854e-004  3.984531420e-004
   4  1.461555517e-005  4.373332511e-006  9.949397952e-007  2.539219127e-005
   5  2.082725244e-006  3.134983055e-004  2.387568697e-004  2.299529500e-005
      6.242726740e-004
   6  5.044815973e-006  2.352778260e-004  2.009239749e-004  1.688596010e-005
      4.684039230e-004  3.942315449e-004
   7  1.503624294e-005  3.604640413e-006 -1.241680945e-006  1.409900291e-005
      6.762384532e-006  4.949881778e-006  3.157283386e-005
   8 -7.130891396e-007  3.147567403e-004  2.407644278e-004  6.041065877e-006
      3.170542397e-004  2.396503449e-004  4.069693125e-005  6.541359049e-004
   9  7.824067277e-006  2.315630027e-004  1.977834658e-004  4.852261210e-006
      2.391415487e-004  2.045077460e-004  3.116435140e-005  4.851732113e-004
      4.071033871e-004
3  2
D  E    2957.15350    3035.59070   -1836.34160
D  B    -994.93420    1500.89760   -2829.56780
   1  2.384382743e-005
   2  4.157187908e-005  4.813254192e-004
```

```
  3  2.994591633e-005   3.520064681e-004   2.881076716e-004
  4  1.130259115e-005   1.455147099e-005   1.139533495e-005   2.427402116e-005
  5  1.555022391e-005   2.398265841e-004   1.749393652e-004   3.119979203e-005
     5.152830888e-004
  6  1.022005497e-005   1.757934382e-004   1.432121865e-004   2.023070179e-005
     3.631564333e-004   2.881880621e-004
4  3
F  E      793.12290    -1017.31930     1998.64660
F  D    -2164.04340    -4052.90120     3834.96170
F  B    -3158.97010    -2551.99860     1005.43200
  1  5.154152150e-004
  2  2.895495303e-004   3.167327078e-003
  3  2.620949254e-004   2.223689751e-003   1.761601201e-003
  4  3.746331264e-004   1.611639130e-004   1.558940793e-004   7.550239674e-004
  5  1.571959784e-004   1.693438674e-003   1.176569568e-003   3.241298821e-004
     3.599687646e-003
  6  1.578749395e-004   1.170304162e-003   9.156947389e-004   2.974905469e-004
     2.362272115e-003   1.760961571e-003
  7  4.547136016e-004   1.583931540e-004   1.618286822e-004   3.821031803e-004
     1.566002452e-004   1.577269631e-004   5.149463577e-004
  8  1.589510099e-004   1.796997515e-003   1.235843543e-003   1.574211642e-004
     1.749378761e-003   1.208523663e-003   2.509436271e-004   3.317908966e-003
  9  1.670922541e-004   1.224973980e-003   9.585523730e-004   1.497209976e-004
     1.217479761e-003   9.556923806e-004   2.203127077e-004   2.251221500e-003
     1.736276800e-003
```

程序运行后的最终结果文件（Result. txt）如下（参见表 3-2-9）：

```
        ====   数据信息   ====

          （见 Data.txt，略）

        ====   平差结果   ====

向量改正数    deltaX(cm)   deltaY(cm)   deltaZ(cm)
1  E  D         1.05        -2.51        -0.78
1  E  B        -0.85         0.04        -0.29
1  E  F        -0.17         1.17         1.54
2  B  F        -0.51        -0.66        -0.29
2  B  E        -0.45        -1.04         0.09
2  B  D        -0.98        -0.27        -1.01
3  D  E        -0.14         1.41         0.58
3  D  B        -0.16         0.47         0.81
4  F  E         1.02         0.29        -0.08
```

4	F	D	2.44	-2.01	2.00
4	F	B	1.53	-2.03	-1.01

VTPV(m^2)=3.077518e+001　miu(m)=1.132386e+000

坐标改正数	dX(cm)	dY(cm)	dZ(cm)
B	1.50	-2.32	-0.93
D	2.42	-2.29	2.07
F	-1.02	-0.29	0.08

平差坐标及精度

	X(m)/+- mX(cm)	Y(m)/+- mY(cm)	Z(m)/+- mZ(cm)
E	-2696225.5305	4683062.6388	3376832.8181
B	-2700177.6185+-0.33	4681527.9363+-1.59	3375839.5942+-1.23
D	-2699182.6826+-0.36	4680027.0340+-1.59	3378669.1539+-1.21
F	-2697018.6636+-0.49	4684079.9552+-2.00	3374834.1723+-1.47

参考文献

［1］隋立芬，宋力杰，柴洪洲，等，2018．误差理论与测量平差基础［M］．2版．北京：测绘出版社．

［2］黄维彬，1992．近代平差理论及其应用［M］．北京：解放军出版社．

［3］宋力杰，2009．测量平差程序设计［M］．北京：国防工业出版社．

［4］解放军测绘学院大地教研室，1984．最小二乘法与测量平差［R］．本科用．郑州：中国人民解放军测绘学院．

［5］武汉大学测绘学院测量平差学科组，2014．误差理论与测量平差基础［M］．3版．武汉：武汉大学出版社．

［6］武汉大学测绘学院测量平差学科组，2015．误差理论与测量平差基础习题集［M］．3版．武汉：武汉大学出版社．

［7］王穗辉，2015．误差理论与测量平差［M］．2版．上海：同济大学出版社．

［8］吴俊昶，刘大杰，于正林，1998．控制网测量平差［M］．北京：测绘出版社．

［9］刘长建，柴洪洲，2015．军队优质课程误差理论与测量平差基础的教学主线及其作用分析［J］．中国人民解放军信息工程大学教学研究（2）：27-29．

［10］刘长建，马高峰，张西光，2015．课程教学环节中学员科技创新能力培养的实践与思考［J］．中国人民解放军信息工程大学教学研究（3）：28-32．

［11］刘长建，2017．关于误差椭圆教学内容设计的新思考［J］．测绘通报（5）：143-146．

［12］刘长建，柴洪洲，马高峰，2016．专业课程编程类实习教学方法探索［J］．中国人民解放军信息工程大学教学研究（1）：69-72．

［13］刘长建，柴洪洲，吴洪举，等，2009．GPS水准多项式拟合自动优选算法［J］．测绘科学技术学报，26（1）：49-51．

［14］刘长建，柴洪洲，张金辉，等，2022．基于知识“三性”培养的误差理论与测量平差基础课程建设和反思［J］．测绘通报（S1）：158-162．

［15］马洪磊，刘长建，柴洪洲，等，2022．部分参数加权平差的教学内容扩展［J］．测绘通报（S1）：163-169．